FLORE

COMPLÈTE

D'INDRE ET LOIRE.

FLORE

COMPLÈTE

D'INDRE ET LOIRE

PUBLIÉE

PAR LA SOCIÉTÉ D'AGRICULTURE,

SCIENCES, ARTS ET BELLES-LETTRES,

ET DÉDIÉE

à M. d'Entraigues,

PRÉFET DU DÉPARTEMENT.

Précédée d'une Introduction à l'étude de la Botanique.

TOURS,

CHEZ Ad. MAME ET Cie., IMPRIMEURS-LIBRAIRES.

1833.

Membres résidans de la Société.

MM.

Baron ANGELLIER, ancien préfet.
BLAIN, avocat.
DE BOIS LE COMTE, propriétaire.
Le Ch[er]. DE BOUFFRET.
CALMELET, ancien député.—*Président.*
CHAMPOISEAU, manufacturier.
CHAUVEAU, bibliothécaire de la ville.—*Secrétaire.*
DEHEN.—*Secrétaire-adjoint.*
DUJARDIN, professeur.
DURRANS, peintre.
FARÉ, ancien secrétaire-général du département.
FOREST, conseiller de préfecture.
HOUSSARD, propriétaire.
JACQUEMIN.
JEUFFRAIN (André).
MARGUERON, correspondant de l'Académie royale de médecine.
Comte DE MONTLIVAULT.—*Vice-président.*
MOREAU-MÉGESSIER, juge.
Comte ODART.—*Vice-président honoraire.*
PISCATORY, membre de la chambre des députés.
RAVEROT, conservateur du musée.
TONNELLÉ, médecin.
VILLOTEAU, membre de l'Institut d'Égypte.

A

Maître des Requêtes, Chev.^er de la Légion d'honneur,
Préfet d'Indre & Loire.

Monsieur le Préfet,

Le Jardin de la France, l'ancienne Touraine, avait besoin d'une Flore qui, en faisant connaître toutes les plantes du pays, servît à répandre de plus en plus le goût de la Botanique, de cette science si utile à l'agriculture, à la médecine et aux arts.

La Société désirait depuis longtemps cette Flore ; elle avait invité les botanistes du département à s'en occuper : son voeu a été entendu.

Plusieurs manuscrits, d'un mérite remarquable, lui ont été adressés, et sont devenus les principaux matériaux de l'Ouvrage qu'elle publie aujourd'hui et dont elle vous offre la dédicace.

En vous dédiant, monsieur le Préfet, la Flore du département, la Société n'est que l'organe de la reconnaissance publique pour l'intérêt que vous portez aux Sociétés savantes et à tout ce qui est de leur domaine. Elle espère que vous voudrez bien en accepter l'hommage.

La Société sait qu'elle peut compter en tout temps sur votre appui et que ses voeux pour l'établissement d'un Jardin botanique et d'une Ferme modèle, trouveront en vous un puissant interprète près du Conseil-général ; en concourant à la réalisation de ces vues éminemment utiles, vous aurez acquis de nouveaux droits à l'estime et à l'affection de vos administrés, et particulièrement de la Société qui se félicite de vous compter au nombre de ses Membres.

Nous avons l'honneur de vous offrir,

Monsieur le Préfet,

l'assurance de notre haute considération.

Les Membres de la Société.

PRÉFACE.

En publiant cette Flore du département, la Société d'agriculture n'a d'autre but que d'être utile et de propager le goût et la connaissance de la botanique ; elle espérait arriver complètement à son but, en concourant à l'établissement d'un jardin botanique pour lequel M. le Préfet offrait un terrain assez vaste dans le jardin de la préfecture ; mais ce projet, deux fois reconnu vraiment utile par le conseil-général, s'est trouvé ajourné. *

La Société a été déterminée à faire cette publication par l'envoi que lui a fait M. *Derouet-Picaut*, membre correspondant, du résultat de ses recherches ; déjà M. *Diard* avait adressé un catalogue des plantes trouvées par lui dans l'arrondissement de Loches ; elle a dû alors, avec les observations et les travaux de ses membres résidans, être en mesure de publier un travail complet.

La Société a confié à une commission le soin de coordonner cet ouvrage et d'en diriger l'impression, et M. DUJARDIN a été chargé de la rédaction ; mais M. *Derouet*, en outre du très-bon travail préparatoire qu'il avait fourni, a bien voulu mettre ses herbiers à la disposition de la commission, et se rendre à toutes ses réunions pour fournir encore le tribut de ses lumières et de son expérience.

* La Société d'agriculture demandait 4,500 francs seulement pour cet établissement, qui devait être à la fois école de culture, de greffe et de naturalisation ; et le conseil-général, près de cesser ses fonctions, dans la même séance où il rejetait cette demande, a voté l'aliénation de 4 ares de ce terrain moyennant 5,000 francs, en faveur d'un particulier.

M. *Jacquemin*, membre de la commission, a exploré avec soin les parties du département qui étaient moins connues sous le rapport de la botanique, et en a rapporté un grand nombre d'indications précieuses.

La commission n'a négligé aucun moyen pour rendre le travail plus complet; elle a demandé et accueilli tous les renseignemens; elle a reçu de M. *Odart* des notes précieuses sur la vigne et sur les arbres fruitiers; et, de plus, un travail sur les plantes cultivées, qui a dû faire partie de cet ouvrage. Elle doit des remerciémens aussi à M. *Diard*, dont elle cite souvent le catalogue, et dont malheureusement elle n'a pu vérifier les désignations; à M. *de Romand*, qui a donné de fort bons renseignemens et communiqué les herbiers de feu M. *Baillot*; et enfin, à MM. *Bretonneau*, *Leclerc fils*, *Delaunay*, *Parmentier*, *Rolland*, *Porcher*, etc.

Tout amour-propre d'auteur a dû être écarté de ce travail; car on n'avait en vue que de faciliter une étude qui de jour en jour devient plus difficile dans les ouvrages des botanistes; on a donc dû adopter entièrement la marche de M. *Decandolle* dans son *Prodrome*, en la simplifiant, et, quand cet ouvrage a manqué, en chercher la suite dans le *Botanicon gallicum* publié sous les auspices du célèbre professeur, par M. *Duby*.

On s'est efforcé de n'employer que les termes du langage ordinaire et ceux qu'on peut trouver dans un dictionnaire français, quoique bien souvent le terme technique eût été préférable; mais on devait se souvenir que cet ouvrage s'adresse principalement à ceux qui n'ont pas encore les premières notions de la botanique.

Dans l'introduction qui précède la Flore, on a cherché à donner ces premières notions, en aidant par des figures l'explication des termes ; et dans le tableau suivant on a donné, le plus simplement possible, le moyen d'arriver à la connaissance des familles.

Aujourd'hui que tous les jardiniers savent le nom latin des plantes, qui est le même pour tous les botanistes du monde, il serait préférable de l'employer exclusivement. Voulant faire quelques pas vers ce résultat, on a supprimé dans cette Flore un grand nombre de vieux noms que bien à tort on appelle noms vulgaires ; et on n'a conservé les noms français, que lorsqu'ils sont véritablement usités. Quant aux Cryptogames, il était inutile de présenter une traduction que chacun peut faire en disant *Agaric, Bolet,* etc., au lieu de *Agaricus, Boletus,* etc.

Les travaux successifs des botanistes ont introduit dans la science des changemens importans, de sorte que les livres un peu anciens ne sont plus d'accord avec ceux qu'on publie aujourd'hui ; pour racheter cet inconvénient, nous avons indiqué les dénominations employées dans la Flore française ou dans celle des environs de Paris, ou encore celles de *Linné* et de quelques autres auteurs. *

Dans la description des plantes, on n'a eu recours aux abréviations que pour des mots si souvent répétés, qu'on les devine aisément, c'est ainsi que cal. pour calice, cor. pour corolle, infér. pour inférieur, uniloc. pour uniloculaire, etc., ne peuvent jamais causer d'embarras.

Les indications de taille ** et de couleur, quoique très-variables, sont si précieuses pour guider les commençans, qu'on a dû les donner au moins

* En indiquant ainsi Lam. (Lamarck), Fl.Fr. (Flore française), Th. (Flore des environs de Paris de Thuillier), et L. (Linné).

** Dans les indications de taille, P. veut toujours dire pouce.

approximativement; et l'on a fait de même pour l'époque de la floraison.

Quant aux Cryptogames, on n'a point eu la prétention de donner toujours la description complète, mais plus souvent un simple renseignement, parce que ceux qui entreprennent cette étude pénible doivent, plus tard, recourir à des ouvrages spéciaux.

Les indications de lieu n'ont été données que lorsqu'elles sont vraiment utiles; mais on a suppléé en indiquant par les lettres CC. C. R. RR. si les plantes sont très-communes, ou seulement communes, rares, ou très-rares. En effet, le commençant ne devra pas s'attendre à trouver dans ses premières courses les plantes rares; et celles au contraire que l'on voit partout, le long des murs, des fossés ou des champs, sont marquées CC.

En inscrivant quelquefois le nom du botaniste par qui une plante a été trouvée, on a voulu indiquer qu'elle n'a point été trouvée par d'autres, et que c'est à lui seulement qu'on doit s'en rapporter.

Enfin, en décrivant sous forme de notes les plantes plus communément cultivées dans les jardins, on a voulu répondre à la fois à un besoin réel, et au titre de l'ouvrage.

On a décrit, comme trouvées dans le pays, 2,572 plantes, dont 1,220 Phanérogames, en comprenant les rectifications notées dans l'errata. Si le goût de la botanique continue à se répandre, comme tout porte à le croire, on doit espérer que de nouvelles plantes seront indiquées, surtout parmi les Cryptogames, qu'on n'est pas toujours sûr d'observer deux fois au même lieu.

INTRODUCTION.

Si le nom de science, rappelant toujours l'idée d'une étude difficile et aride, a quelque chose d'effrayant pour les esprits qui préfèrent les jouissances plus faciles, nous aurions tort, voulant répandre le goût de la Botanique de dire qu'elle est une science; en vain dirions-nous que c'est la plus aimable des sciences. Mais la Botanique, si, comme les autres branches de l'histoire naturelle, elle conduit à la connaissance des lois sublimes de la création. Si de plus elle amène insensiblement les notions des autres sciences, qui toutes sont liées comme les mailles d'un vaste réseau, elle ne met point comme ces études le zèle des commençans à l'épreuve par des préliminaires rebutans ou abstraits; au contraire, elle n'offre que des jouissances, depuis le début jusqu'au terme des recherches; disons plus jusqu'au terme de la vie; en effet la connaissance des végétaux ne s'oublie pas, et l'on revoit toujours avec plaisir, une plante à laqu'elle un souvenir se rattache.

La plupart des sciences présentent un amas de termes techniques, un vocabulaire particulier que l'on croirait souvent avoir été imaginé pour en défendre l'accès comme un épouvantail; cet inconvénient disparaît pour la botanique qui peut n'employer que les expressions du langage ordinaire, ou, seulement pour désigner les parties de la plante, des termes qu'on est sûr de trouver dans un dictionnaire français.

Aussi nous ne pensons pas que personne, pas même les femmes, qu'une éducation plus complète met aujourd'hui de niveau pour la culture de l'esprit avec les hommes instruits, nous ne pensons pas que personne puisse craindre d'aborder l'étude de la botanique, quand surtout on en verra les commencemens rendus plus faciles.

Que faut-il donc pour entreprendre cette étude ? seulement la volonté, et le désir d'ajouter à son existence quelques sensations délicieuses.

C'est par l'observation, c'est par des faits, qu'elle doit être commencée, et dans ce cas, la pratique doit devancer un peu la théorie, sinon, les principes ne pouvant s'appliquer à un objet tracé d'avance et peint en quelque sorte dans la pensée, ne seraient point compris.

Il aura donc fallu tâcher d'abord de connaître quelques végétaux, apprendre leur vrai nom, soit d'un botaniste, soit d'un livre, en partant de la dénomination vulgaire; puis les examiner soigneusement avec le secours d'un microscope ou d'une loupe pour en mieux distinguer les principaux organes. C'est alors que pourront être comprises les définitions du végétal et de ses parties. Le végétal est un être doué de la vie, c'est-à-dire, qui naît, s'accroît et meurt, comme les animaux, mais qui a de moins la *sensibilité* et la faculté de changer de lieu; par son feuillage, il respire l'air et se nourrit des élémens de l'atmosphère; par ses racines, il puise dans le sol les sucs dont se forme la sève qui circule entre ses fibres. *

Tout être vivant, n'ayant qu'un existence limitée, doit se reproduire par des germes qui deviendront d'autres êtres

* Les végétaux sont essentiellement formés de tissu *fibreux* (fig. 2) et de tissu *cellulaire* (fig. 1). Le tissu fibreux présente une foule de petits canaux par lesquels la sève est conduite dans toute la plante; le tissu cellulaire est formé de lames entrecroisées et laissant entr'elles des mailles ou cellules, qui, par l'humidité, s'imbibent de proche en proche.

Les plantes des trois premières classes, appelées aussi *vasculaires*, présentent les deux espèces de tissus; mais les plantes de la dernière classe ou les *Acotylédones*, qu'on appèle aussi *Plantes cellulaires*, ne contiennent que le tissu cellulaire.

On sépare les Plantes vasculaires en *Exogènes* et *Endogènes*; dans les premières, l'accroissement de la tige se fait à l'extérieur, c'est-à-dire entre le bois et l'écorce, de sorte que le tronc est formé de couches ligneuses superposées (fig. 3); la plus récente s'appelle *aubier*, et les feuillets intérieurs de l'écorce portent le nom de *liber*; ces plantes sont appelées aussi *Dicotylédones*, parce que leur graine, en germant, se partage en deux lobes ou *cotylédons* (fig. 5). Quelques *exogènes* ont pourtant un plus grand nombre de *cotylédons*, comme les *Conifères* (fig. 107).

Dans les *Endogènes*, l'accroissement de la tige a lieu à l'intérieur par le prolongement des tiges, de sorte que le tronc est un simple faisceau de fibres (fig. 4), et il n'y a pas de moëlle ni d'écorce véritable. On les appelle aussi *Monocotyledones*, parce que leur graine, en germant, reste formée d'une seule pièce, mais on pourrait dire également qu'elles ont des cotylédons alternes (fig. 109). On les partage en deux *classes*, suivant que les fleurs sont distinctes, *Phanérogames*, et non distinctes, *Cryptogames*.

semblables ; les graines sont donc pour le végétal, ce que les œufs sont pour les oiseaux, les insectes ; aussi a-t-on nommé *ovaire*, la partie de la fleur qui les contient.

La graine * pour multiplier sûrement le végétal, et l'ovaire** pour protéger la graine, ont été modifiés d'une foule de manières, et l'on ne peut se lasser d'admirer l'infinie prévoyance de l'Auteur de toutes choses, dans ces détails de structure.

La graine est entourée d'enveloppes quelquefois très-dures qui la mettent à l'abri de la voracité des animaux et souvent même la conservent intacte dans l'estomac des oiseaux, qui la resement ailleurs ; quelquefois elle est hérissée de pointes qui s'accrochent à la toison des moutons et se trouve par eux transportée dans un autre lieu ; celles enfin qu'une membrane ailée ou une aigrette rend plus légères, sont portées au loin par les vents. ***

Les moyens qui ont dû amener le développement et la fécondation du germe ne sont pas moins admirables, et toute la structure de la fleur, ce bel ornement du végétal

* La graine (fig. 105-109) est formée du germe qui se développe en enfonçant dans le sol sa *radicule*, et élevant sa petite tige ou *plumule* ; il est muni d'un ou de deux cotylédons. L'enveloppe charnue et nourricière de la graine s'appelle *périsperme* ; les enveloppes dures et protectrices s'appellent *spermodermes*. Le point d'attache est l'*ombilic*, c'est par là que la radicule perce les enveloppes.

** L'ovaire est dit *monosperme* ou *polysperme*, suivant qu'il contient une ou plusieurs semences. Dans le premier cas, il figure quelquefois une graine nue, et alors il est *pseudosperme*. La *noix* est le fruit monosperme à enveloppe osseuse. L'enveloppe charnue de l'ovaire s'appelle *péricarpe* ; et s'il contient une seule graine on lui donne le nom de *drupe*, et celui de *baie* s'il en contient plusieurs. L'ovaire polysperme sec a le nom général de *capsule*, et l'on appelle *valves* les pièces dont il est formé, d'où résultent les dénominations de *capsule univalve*, *bivalve*, *multivalve*, etc.

On donne le nom particulier de *follicule* à une capsule d'une seule pièce s'ouvrant longitudinalement comme dans certaines *Renonculacées* (fig. 43), dans les *Apocynées*, etc.

Gousse ou *légume*, fruit des *Légumineuses*, est une capsule à deux valves présentant les graines attachées d'un seul côté.

La *silique* (fig. 46) ou fruit des *Crucifères*, est une capsule à deux valves latérales, avec une cloison qui porte les graines sur les deux faces, attachées alternativement de chaque côté.

La *silicule* (fig. 47) n'est qu'une silique plus courte.

Lorsqu'il y a plusieurs ovaires distincts pour une fleur, on leur donne le nom de *carpelles*.

Le *cône* ou *strobile*, est un fruit composé d'un grand nombre d'ovaires monospermes renfermés entre les bractées, qui se développent en écailles ligneuses contigues.

Le *placenta* est le support des graines dans l'ovaire ; il peut être *central*, comme dans les *Cariophyllées* (fig. 51), ou *pariétal*.

*** Telles sont les graines de *Composées* (fig. 67 et 70).

tes. Sous le nom d'espèce on réunit toutes les plantes qui se ressemblent, autant que si elles provenaient des graines d'un même pied, et les différences légères dans la grandeur ou dans la couleur, dans le feuillage plus velu ou plus découpé, constituent de simples variétés.

Un groupe d'espèces, ayant les mêmes caractères dans la forme du fruit et de la fleur, est ce qu'on appelle *genre ;* on lui donne un nom commun auquel on ajoute un adjectif ou un autre mot spécifique pour désigner chaque espèce ; le nom du genre est ordinairement dérivé de quelque caractère saillant, et le nom d'espèce exprimant souvent une particularité de forme ou de couleur est applicable à des espèces de genre différent ; d'où résultent deux avantages ; l'un, c'est qu'il suffit de charger sa mémoire de 500 mots environ pour dénommer plus de 1200 plantes, en grouppant ces mots deux à deux ; l'autre c'est que la dénomination de chaque plante, ayant un rapport direct avec la plante même, aide à la reconnaître ou bien, à l'aspect de la plante, on peut retrouver la dénomination.

Les genres ont été ensuite réunis en familles naturelles dont le nom dérive du genre principal, connu pour les famille des *rosacées*, des *renonculacées*, des *jaminées*, ou bien exprime un caractère commun très-remarquable, comme pour les *composées*, les *légumineuses*, les *ombellifères*, les *labiées*, etc.

Enfin les familles sont groupées en classes et en sous-classes peu nombreuses, de sorte que l'esprit, guidé par cette classification, n'a jamais à chercher le nom d'une plante entre 1200, mais seulement à chercher une classe entre 3 ou 4, une famille entre 12 ou 15, un genre dans un nombre peu considérable, et une espèce entre 10 ou 15 au plus ; les ca-

elle est *décurrente* (fig. 34) si elle se prolonge en bas sur la tige, ou *engaînante* (fig. 35) si elle l'enveloppe comme une gaîne ou un fourreau.

Le *pétiole*, ou support de la feuille, est quelquefois *ailé* ou élargi en forme de feuille ; souvent il est nul, et dans ce cas la feuille est *sessile*.

On appelle *feuilles radicales* celles qui partent de la racine, et *caulinaires* celles qui partent de la tige.

Les *bractées* sont des feuilles différentes des autres, et accompagnent la fleur.

Les *stipules* sont des expansions foliacées à la base des feuilles.

ractères des familles, des genres, des espèces sont bien précis assurément, mais ils exigent pour être aperçus, et plus encore pour être étudiés dans un livre, une attention soutenue, bien pénible et bien difficile pour un commençant, les erreurs seront donc fréquentes dans la détermination des espèces, parce qu'on aura pu se tromper d'abord dans l'observation d'un caractère, et se trouver, ainsi, rejeté bien loin de la famille et du genre auxquels on devait arriver. La cause de cette difficulté c'est que toute classification ne montre un objet qu'en rapport avec celui qui précède et avec le suivant, tandis que dans la nature au contraire, chaque objet est lié par une foule de rapports, avec ceux qui l'entourent.

Néanmoins, nous le savons par expérience, on peut étudier seul la botanique; il ne faut que recueillir des plantes, et les déterminer de son mieux par le moyen d'un livre, en s'attachant de préférence aux plus communes, à celles dont les caractères sont bien marqués; on se trompera souvent sans doute, mais plus on se trompera plus on aura acquis, car les rectifications ne manqueront pas d'arriver plus tard, et la vérité sera mieux gravée dans la mémoire par le souvenir de l'erreur commise.

On conçoit alors combien il est important dans les herborisations de reconnaître une plante par quelque caractère saillant au premier aperçu, et pour ainsi dire par divination ou d'une manière empyrique; aussi le meilleur manuel de botanique serait, à notre avis, celui qui rendrait sensibles ces caractères saillans, et les exprimerait avec clarté dans le langage ordinaire; avec le secours d'un tel livre, on aurait souvent la satisfaction de reconnaître une plante qu'on cherche sans l'avoir déjà vue, ou bien à l'aspect d'une plante inattendue, on éprouverait ce plaisir non moins vif, dont chacun peut se faire une idée, en se rappelant combien on désire deviner le nom d'un inconnu, qui captive notre attention.

Quand une fois on connaît un certain nombre de plantes, elles deviennent pour l'esprit autant de jallons, et rendent bien plus faciles la détermination d'une nouvelle quantité de genres et d'espèces, en fournissant des termes de comparaison de plus en plus rapprochés, et l'on arrive bientôt ainsi à compléter ses connaissances.

Essayons maintenant d'évaluer le travail que pourrait imposer la botanique, en se bornant aux végétaux qui nous entourent; c'est à peine si nous pourrons trouver dans toute la Touraine 1200 plantes phanérogames, en laissant de côté d'abord, les cryptogames, telles que les mousses, les champignons, qui n'ayant pas de fleurs distinctes, fixent moins l'attention, et sont rarement étudiées, il faut pourtant y ajouter 400 à 500 plantes habituellement cultivées dans les jardins, et que l'on doit désirer connaître autant que les plantes sauvages. Parmi celles-ci on peut établir encore une distinction; 800 environ se trouvent plus ou moins communément, elles seront recueillies dans une première année de recherches, et constituent véritablement la Flore du pays; les autres sont rares, ou confinées dans des localités particulières, il faudra les chercher avec plus de soin, pendant des années peut-être, avant de les avoir trouvés toutes; quelques-unes enfin, une centaine environ, sont très-rares et paraissent avoir été semées ou naturalisées chez nous par le hasard; telles sont les 4 ou 5 plantes échappées de l'ancien jardin de Marmoutier*, et qui, sur les murs et les rochers, semblent attendre la destruction des derniers restes de cette abbaye, pour disparaître à leur tour, telles sont encore ces autres plantes** jadis apportées d'Auvergne par la Loire quand ce fleuve, il y a plus d'un siècle, rompant une digue, couvrit de sable des champs, à la Ville-aux-Dames et ailleurs; elles disparaissent successivement à mesure que les traces de ce désastre sont effacés par la culture; la *crucianelle* n'y est plus depuis dix ans, la *centaurée tachetée* n'a point été retrouvée cette année, et l'*anarrhinum,* charmante fleur bleue en épis, est circonscrite dans un si petit espace qu'il suffirait d'un botaniste trop avide pour la détruire tout à fait; d'autres sont semées par les vents, par les eaux courantes, par les

* La Sarriette Julienne, l'Échinops, la Scrophulaire printanière, l'Hysope, l'Osyris.

** Le Bryum alpinum, l'Anarrhinum, etc.

oiseaux, ou encore apportées avec les semences des diverses cultures *; on les voit pendant quelques années, puis elles disparaissent jusqu'à ce qu'un autre hasard les reproduise de la même manière. On peut aussi rappeler ce fait que des graines enfouies dans la terre à une trop grande profondeur ou préservées de l'action de l'air d'une manière quelconque, peuvent, après de longues années, germer et produire des végétaux inconnus dans la localité, lorsque des travaux de terrassement ou des démolitions les ont ramenées à la surface **, toutefois ces plantes doivent être regardées plutôt comme curieuses en raison de leur rareté que comme appartenant réellement à notre Flore.

Pour mieux concevoir le caractère de la végétation dans le département d'Indre et Loire, jetons un coup d'œil sur le pays lui-même. Il ne présente qu'une plaine légèrement ondulée et creusée de vallées nombreuses, mais peu profondes; de sorte qu'on y distingue seulement trois expositions, les plaines élevées, la pente des côteaux et les vallées. Le sol des plaines élevées repose, dans plus de la moitié du département, sur un terrain d'argiles mêlées de silex, et dans ce cas il est souvent presque stérile; un cinquième de la superficie totale est supporté par le terrain appelé *formation d'eau douce*, et alors le sol est plus fertile. Tous les plateaux, surtout au nord de la Loire, sont entièrement exposés à l'action desséchante des vents froids du nord-est, de sorte que le climat paraît y être différent de celui des grandes vallées, et la végétation y est de 15 ou 25 jours en retard, au printemps. Sur les pentes des côteaux, la craie se montre souvent à nu. Quant aux vallées, recouvertes d'un riche terrain d'alluvion, elles méritent seules le nom pompeux de jardin de la France, qu'on n'est guère tenté de donner au pays, si l'on s'éloigne des rivières; c'est là ce qui justifie cette comparaison faite jadis de la Touraine avec un habit de gros drap brodé d'or.

Il n'y a donc point chez nous de montagnes ni de vallées profondes; la plus grande différence de niveau excède à peine

* La Saponaire des vaches, le Silène anglais, l'Astrolobium, etc.
** La Luzerne orbiculaire.

300 pieds, et n'est ordinairement que de 200. Nous n'avons point de rochers de grès, non plus que des granites, des schistes, des calcaires anciens, comme on en voit dans les départemens voisins, qui doivent ainsi avoir une flore plus riche que la nôtre. En effet, la nature des couches inférieures influe beaucoup sur la qualité de la terre végétale et par conséquent sur la végétation de la surface; aussi voyons-nous dans notre département presque toutes les landes sur le terrain d'argiles avec silex, et les bonnes terres à blé sur le terrain d'eau douce; mais en général l'exposition et le genre de culture ont encore plus d'influence; les forêts, les landes, les champs, les chemins et les vallées ont des plantes qui leur sont propres et qu'on y retrouve toujours, quand même les couches inférieures seraient différentes. Il est donc à propos de considérer les plantes par rapport à ces diverses habitations.

Aux bois et aux forêts appartient 150 ou 200 plantes, parmi lesquelles il faut compter les arbres composant la famille des Amentacées, dont les fleurs sont en chaton. Si l'on parcourt les bois dans le mois d'avril, on les voit ornés de violettes, de ficaires, d'anémones et de pulmonaires, auxquelles succèdent, quand le nouveau feuillage a paru, les orchis, la melitte, la pervenche et les campanules.

Les plantes qui ne pourront ainsi vivre à l'ombre, fixent leur habitation sur les lizières des bois et c'est là seulement que se trouvent quelques unes d'elles.

Les landes ont aussi leur parure; elles la doivent surtout aux bruyères, charmans arbustes qui devraient orner nos jardins, s'ils n'étaient souvent rebelles à la culture. Rien de plus gracieux, en effet, que la bruyère ciliée avec ses grappes élégantes de fleurs roses se détachant sur la verdure des fougères et mêlées aux fleurs jaunes du genet et de l'ajonc.

Deux cents ou 300 plantes sont propres aux champs cultivés et paraissent, soit au temps de la moisson, comme les bluets, le coquelicot, le miroir de Venus, soit au premier printemps, comme les véroniques, soit dans les champs en repos, ou après la récolte; toutes sont annuelles, comme les cultures dont elles partagent le séjour; celles au contraire qui sont vivaces, trouvent au bord des champs et des chemins et le long des fossés un refuge contre le fer de la charrue.

Quelques unes par une sorte d'instinct, comme le seneçon, la mercuriale, recherchent le sol plus fertile et mieux cultivé des jardins, et auraient bientôt envahi tout le terrain, si les jardiniers ne luttaient sans cesse contre cette multiplication.

Les côteaux exposés au midi et leurs pelouses sèches ont aussi leurs végétaux particuliers, qui semblent retrouver là un climat plus méridional; on y voit la globulaire aux jolies fleurs bleues, le lin à feuilles menues et l'hippocrepis.

Certaines plantes ne se pourront trouver que dans les terrains sablonneux, qu'on a utilisés depuis quelques années par des semis de pins.

Mais les vallées surtout doivent être riches en végétaux, à cause de la fertilité du sol d'alluvion et du voisinage des eaux. Le gazon des prairies est formé d'une foule de plantes différentes, qui pour la plupart appartiennent à la famille des Graminées, et entre lesquelles on voit briller au premier printemps les renoncules, les paquérettes et les cardamines, puis les orchis, les lychnis, les pédiculaires, les marguerites qui forment une seconde parure; près des eaux se trouvent la reine des prés, l'eupatoire, la lysimaque, et si les prés sont marécageux ou tourbeux ils ont encore d'autres végétaux qui leur sont propres, comme la parnassia et la gentiane et enfin après toutes ces fleurs paraît le colchique, étalant sur le gazon ses fleurs roses sans feuilles; on l'admirerait plus volontiers s'il n'annonçait la fin des beaux jours.

Les marais et les ruisseaux ne sont pas moins riches, et c'est là qu'on voit le lis des étangs, le beau nymphéa, étalant sur les eaux profondes ses larges feuilles et ses grandes fleurs blanches. L'iris des marais, le butome ou jonc fleuri, la sagittaire, la renoncule aquatique se trouvent plus près des bords, et le myosotis les orne encore de ses charmantes fleurs bleues devenues un symbole de souvenir.

Tels sont les conseils et les renseignemens que nous offrons aux amis de la botanique, de cette science qu'on peut cultiver sans dépense, sans fatigue et qui maintient la santé de l'âme et du corps, non par les vertus des simples, tant vantées jadis, mais par l'exercice salutaire, par les promenades agréables où elle nous entraîne. Parcourez la campagne, leur dirons-nous encore, suivez dans nos charmans vallons le cours des ruisseaux, pénétrez dans nos forêts et recueillez d'abord tous ces végétaux si variés, dont vous serez entourés, vous étudierez ensuite, vous comparerez, et en essayant au moyen des livres, d'appliquer les noms botaniques à vos plantes, vous aurez appris sans peine à les connaître.

CLEF ANALYTIQUE

Ou Méthode pour arriver à la connaissance des familles et des genres anomaux par l'analyse des caractères.

1	Fructification visible.	2
	Fructification non visible à l'œil nu, ou non distincte.	153
2	Fleurs réunies dans un involucre commun.	3
	Fleurs non réunies dans un involucre commun.	4
3	Anthères soudées.	COMPOSÉES, page 128
	Anthères libres.	5
4	Périgone double, calice et corolle	6
	Périgone simple ou nul.	85
5	Étamines insérées sur le calice.	DIPSACÉES, p. 126
	Etamines insérées sur la corolle.	GLOBULARIÉES, p. 204
6	Corolle polypétale.	7
	Corolle monopétale.	52

Fleurs polypétales.

7	Ovaire libre.	8
	Ovaire adhérent au calice.	42
8	Plusieurs ovaires ou carpelles.	9
	Un seul ovaire.	12
9	Calice de plusieurs pièces ou polysépale.	10
	Calice d'une seule pièce ou gamosépale.	11
10	Étam. libres, pét. imbriqués avant la flor.	RENONCULACÉES, p. 2
	Etam. soudées en tube par les filets; pétal. tordus avant la floraison.	[MALVACÉES, p. 34
11	Feuilles charnues *(Plantes grasses)*.	CRASSULACÉES, p. 96
	Feuilles non charnues.	ROSACÉES (2e. et 3e. tribu), p. 71
12	Corolle régulière.	13
	Corolle irrégulière.	36
13	11 étamines ou plus.	14
	7-10 étamines.	23
	6 étamines ou moins.	29
14	Pétales en nombre indéfini.	NYMPHÉACÉES, p. 8
	Pétales en nombre défini.	15
15	Calice d'une seule pièce.	16
	Calice de 2 pièces ou sépales.	18
	Calice de 3 à 6 pièces.	19
16	Arbres.	AURANTIACÉES (note) p. 37; AMYGDALÉES (tribu de [Rosacées) p. 67
	Herbes ou arbustes.	17

17	Pétales insérés sur le réceptacle.	HYPÉRICINÉES, p. 37
	Pétales insérés au sommet du calice.	*Salicaire*, p. 93
18	4 pétales.	PAPAVÉRACÉES, p. 8
	5 pétales.	*Pourpier*, p. 94
19	Arbres.	TILIACÉES, p. 36
	Herbes ou arbustes.	20
20	Pétales entiers.	21
	Pétales supérieurs laciniés.	RÉSÉDACÉES, p. 21
21	Ovaires pédicellés.	*Caprier*, p. 22
	Ovaires sessiles.	22
22	Filets des étamines libres.	CISTINÉES, p. 22
	Filets des étam. soudés en tube.	MALVACÉES (étrang.), note, p. 36
23	Pétales nuls.	CORIARIÉES (note) p. 47, et *Scleranthus*, p. 96
	3-9 pétales.	24
24	Arbres.	MÉLIACÉES (note), p. 40, et ACÉRINÉES, p. 39
	Herbes ou arbustes.	25
25	Calice à 4-5 divisions, ou à 4-5 dents.	26
	Calice à 8-12 dents; 4-6 pétales.	LYTHARIÉES, p. 93
	Calice à 2 valves : 5 pétales.	*Pourpier*, p. 94
26	Style nul.	ZYGOPHYLLÉES (note) p. 46
	1 style.	27
	2-5 styles.	28
27	Calice à 5 sépales; carp. se détachant à la maturité.	GÉRANIÉES, 42
	Calice à 3-5 divisions; carpelles toujours adhérens.	RUTACÉES, 46
28	Feuilles ternées ou à 3 folioles.	OXALIDÉES, 45
	Feuilles non ternées, alternes ou radicales.	*Saxifrage*, 101
	Feuilles non ternées, opposées.	CARIOPHYLLÉES, p. 26
29	Calice d'une seule pièce.	30
	Calice de 3 à 6 pièces.	34
30	Arbristeaux sarmenteux.	AMPÉLIDÉES, p. 40
	Arbres ou arbrisseaux non sarmenteux.	31
	Herbes.	32
31	Feuilles simples.	*Fusain*, p. 47
	Feuilles épineuses.	*Houx*, p. 47
	Feuilles en petites écailles.	*Tamarisc* (note), p. 94
	Feuilles ternées ou pinnées.	*Staphylea* (note), p. 48; *Ailanthus*, [*Sumac* et *Pistachier*, p. 49
32	Capsule à 2 loges.	33
	Capsule uniloculaire.	*Montia*, p. 94, et PARONYCHIÉES, p. 95
33	Calice campanulé.	*Peplis*, p. 93
	Calice tubuleux à 6-12 dents.	*Salicaire*, p. 93
34	Filets des étamines soudés en anneau à la base.	LINÉES, p. 33
	Etamines non soudées à la base.	35
35	6 étamines, dont 2 plus courtes.	CRUCIFÈRES, p. 11
	3-10 étam. presque égales.	*Epinevinette*, p. 7, et DROSÉRACÉES, p. 25
36	Un éperon à la base du calice ou de la corolle.	37
	Eperon nul.	40
37	5-6 étamines; éperon à la corolle.	38
	8 étamines; éperon au calice.	*Capucine*, p. 45
38	Calice à 5 sépales.	VIOLARIÉES, p. 23
	Calice à 2 sépales.	39
39	6 étamines : style filiforme.	FUMARIACÉES, p. 10
	5 étamines; style nul.	BALSAMINÉES (note), p. 45

40	6 étamines.	*Ibéride* (Crucifères), p. 15
	7 étamines.	*Pélargonium* (note), p. 43 ; HIPPOCASTANÉES, p. 39
	8 étamines.	POLYGALÉES, p. 26
	10 étamines, et plus.	41
41	Pétales laciniés.	RÉSÉDACÉES, p. 24
	Pétales entiers.	LÉGUMINEUSES, p. 49
42	Carpelles réunis dans un fruit uniloculaire, ou solitaires.	43
	Carpelles réunis dans un fruit à plusieurs loges.	44
	2 carp. séparés à la maturité ; fleurs en ombelle.	OMBELLIFÈRES, p. 102
43	Tiges charnues. (*Plantes grasses*).	NOPALÉES (note), p. 99
	Arbrisseaux à tiges sèches.	GROSSULARIÉES, p. 100
44	Pétales en nombre indéfini. (*Plantes grasses*).	FICOIDÉES (note), p. 99
	Pétales en nombre défini.	45
45	2-10 étamines.	46
	20 étamines ou plus	48
46	Fruit séparé horizontalement en 2 loges.	*Grenadier*, p. 84
	Fruit non séparé horizontalement.	47
47	Feuilles opposées, sans stipules.	*Myrte* et *Syringa* (notes), p. 85
	Feuil. alternes, munies de stipules.	ROSÉES et POMACÉES (tribus des Rosacées), p. 76 et 80
48	Arbrisseaux ou arbustes.	49
	Herbes grimpantes.	CUCURBITACÉES, p. 85
	Herbes non grimpantes.	50
49	Calice à 4 dents.	*Cornouiller*, p. 117
	Calice à 5 dents.	*Lierre*, p. 117
	Calice à 4-5 lobes.	RHAMNÉES, p. 48
50	Fleurs monoïques. (*Herbes aquatiques*).	*Myriophyllæ*, p. 91
	Fleurs hermaphrodites.	51
51	Ovaire à plusieurs loges.	ONAGRAIRES, p. 88
	Ovaire à 2 loges.	SAXIFRAGÉES, p. 100

Fleurs monopétales.

52	Etamines insérées sur le réceptacle.	*Plumbago*, p. 205
	Etamines insérées sur le calice.	53
	Etamines insérées sur la corolle.	64
53	Fruit monosperme.	54
	Fruit à 2 ou plusieurs semences.	56
54	Plante parasite ; fruit en baie.	*Gui*, p. 120
	Plante non parasite ; fruit non en baie.	55
55	Fleurs réunies sur un récept. commun, avec un invol.	DIPSACÉES, p. 126
	Fleurs en corymbe ou en panicule.	*Valériane* et *Centranthe*, p. 124-125
56	Fruit en baie sèche ou charnue.	57
	Fruit en capsule.	59
57	Fleurs monoïques.	*Momordique* et *Courge*, p. 87
	Fleurs hermaphrodites.	58
58	Arbrisseaux ou arbustes.	*Arbousier* (note), p. 160 ; et CAPRIFOLIACÉES, p. 117
	Herbes.	RUBIACÉES, p. 120
59	Herbes.	60
	Arbrisseaux ou arbustes.	ERICINÉES, p. 159
60	8-10 étam. ; herbe charnue, parasite.	*Monotropa*, p. 161
	1-5 étamines.	61

61	Calice libre.	*Montia*, p. 94
	Calice adhérent à l'ovaire.	62
62	2-6 étamines.	*Valerianella*, p. 124
	5 étamines.	63
63	Corolle non fendue.	CAMPANULACÉES, p. 156
	Corolle fendue longitudinalement.	LOBÉLIACÉES, p. 155
64	Fleurs réunies sur un récep. commun, avec un invol.	GLOBULARIÉES, 204
	Fleurs non réunies.	65
65	5 étamines ou plus.	66
	2-4 étamines.	72
66	Fruit en follicule.	APOCYNÉES, p. 164
	2 ou 4 cariopsides ou graines nues.	BORRAGINÉES, p. 170
	Fruit en capsule ou en baie.	67
67	Feuilles pinnées.	POLÉMONIACÉES (note), p. 168
	Feuilles pectinées ou en peigne.	*Hottonia*, p. 202
	Feuilles simples ou non pinnées.	68
68	Étamines opposées aux lobes de la corolle.	PRIMULACÉES, p. 202
	Étamines alternes avec les lobes de la corolle.	69
69	Capsule à 1-4 semences.	70
	Caps. ou baie à plusieurs semences.	SOLANÉES, 113, et GENTIANÉES, 166
70	5 styles.	*Statice*, p. 205
	1 style.	71
71	1 calice.	CONVOLVULACÉES, p. 168
	Calice nul, mais représenté par un involucre.	NYCTAGINÉES, p. 207
72	4 cariopsides ou graines nues.	LABIÉES, p. 188
	Fruit simple.	73
73	2 étamines.	74
	4 étamines.	76
74	Corolle munie d'un éperon.	LENTIBULARIÉES. p. 201
	Corolle sans éperon.	75
75	Herbes.	*Véronique*, p. 186
	Arbres ou arbrisseaux.	JASMINÉES, p. 162
76	Corolle régulière, scarieuse ; étamines égales.	PLANTAGINÉES, p. 206
	Corolle irrégulière, colorée ; étamines inégales.	77
77	Fruit en drupe ou en baie.	VERBÉNACÉES, p. 200
	Fruit en capsule.	78
78	Cloison de la capsule opposée aux valves.	ACANTHACÉES, p. 201
	Cloison de la capsule parallèle aux valves.	79
79	Capsule uniloculaire.	*Lindernia* et *Limosella*, p. 180
	Capsule à 2 loges.	80
80	Calice à 5 divisions ou à 2-3 lobes.	81
	Calice à 2 dents ou à divisions.	83
81	Calice ventru.	*Pédiculaire*, p. 184
	Calice non ventru.	82
82	Corolle campanulée.	*Digitale*, p. 177
	Corolle personnée, à gorge fermée.	*Linaire* et *Muflier*, p. 178
	Corolle globuleuse.	*Scrophulaire*, p. 180
	Corolle tubuleuse.	*Gratiole* et *Anarrhinum*, p. 177
83	Calice ventru.	*Rhinanthe*, p. 185
	Calice non ventru.	84
84	Capsule obtuse.	*Euphraise*, p. 185
	Capsule aigue.	*Mélampyre*, p. 184, et *Bartsia*, p. 185

Fleurs incomplètes.

85	Fleurs nues ou entourées d'un involucre commun.	86
	Fleurs toutes munies d'un périgone particulier.	97
86	Plantes flottantes ou submergées; fl. monoïques ou dioïques.	87
	Plantes croissant sur la terre.	89
87	Feuilles lenticulaires, nageantes, sans tige.	LEMNACÉES, p. 294
	Herbes submergées et munies de tiges.	88
88	Étamines nulles; rameaux verticillés, sans feuilles.	CHARACÉES, p. 296
	1 étamine; tiges garnies de feuilles.	*Zanichellia* et *Nayade*, p. 243
89	Arbres ou arbustes.	90
	Herbes à suc laiteux.	*Euphorbe*, p. 219
	Herbes sans suc laiteux.	93
90	Feuilles pinnées.	*Frêne*, p. 163
	Feuilles lobées ou palmées.	*Platane*, 233; *Figuier* et *Mûrier*, p. 224
	Feuilles entières, dentées ou sinuées.	91
91	Ovaire pédicellé, à 3 semences.	*Euphorbe*, p. 219
	Ovaire sessile.	92
92	Filets des étamines libres; feuil. non piquantes.	AMENTACÉES, p. 226
	Filets des étam. nuls ou soudés; feuilles jamais dentées, souvent piquantes.	*Conifères*, p. 234
93	Tige grimpante.	*Houblon*, p. 224
	Tige non grimpante.	94
94	Plantes sans feuilles, à rameaux verticillés.	ÉQUISÉTACÉES, p. 297
	Plantes munies de feuilles.	95
95	Fleurs réunies autour d'un spadice, ou en chaton.	96
	Fleurs en épi lâche.	*Triglochin*, p. 241
96	Feuilles linéaires.	TYPHACÉES, p. 267
	Feuilles non linéaires.	AROIDÉES, p. 266
97	7 étamines ou plus.	98
	1-6 étamines.	112
98	1 ovaire.	99
	2 ovaires.	*Pimprenelle*, p. 76
	5 ovaires ou plus.	110
99	Périgone à 10-12 lobes. (*Herbes aquatiques*).	*Cératophylle*, p. 92
	Périgone à 8 divisions.	*Parisette*, p. 254
	Périgone à 2-6 lobes.	100
100	Arbres, arbrisseaux ou plantes ligneuses.	101
	Herbes.	104
101	Feuilles pinnées.	JUGLANDÉES, p. 225
	Feuilles non pinnées.	102
102	1 stigmate.	LAURINÉES *et* THYMELÉES, p. 216
	2-6 stigmates.	103
103	Fruit à 2-3 coques.	EUPHORBIACÉES, p. 219
	Fruit non à 2-3 coques.	AMENTACÉES et *Conifères*, p. 226-234
104	Fleurs enfermées dans une spathe.	HYDROCHARIDÉES, p. 238
	Fleurs non enfermées dans une spathe.	105
105	Fruit en baie.	*Adoxa*, p. 101, et *Phytolacca* (note), p. 212
	Fruit en capsule.	106
106	Capsule à 2-6 loges.	107
	Capsule uniloculaire.	108

107	Fleurs hermaphrodites; feuilles réniformes.	*Asarum* (note), p. 218
	Fl. dioïques ou monoïques; feuil. non réniformes.	EUPHORBIACÉES, 219
108	1 style.	*Stellera*, p. 216
	2-3 styles.	109
109	Feuilles opposées.	*Scleranthus*, p. 96
	Feuilles alternes.	*Polygonum*, p. 214
110	9 étamines.	*Butome*, p. 239
	Etamines en nombre indéfini.	111
111	Feuilles sagittées.	*Sagittaire*, p. 240
	Feuilles non sagittées.	quelques RENONCULACÉES, p. 6-7
112	Périgone coloré, figurant des pétales.	113
	Périgone en glume ou figurant un calice.	125
113	1-2 étamines.	ORCHIDÉES, p. 244
	3 étamines.	114
	4 étamines.	PLANTAGINÉES, p. 206
	5 étamines.	115
	6 étamines.	117
114	Arbustes.	*Osyris*, p. 217
	Herbes.	IRIDÉES, p. 250
115	Périg. double ou muni d'un invol.	NYCTAGINÉES et PLUMBAGINÉES, 250
	Périgone simple ou sans involucre.	116
116	Feuilles engaînantes à la base.	POLYGONÉES, p. 214
	Feuil. non engaînantes.	ELÉAGNÉES (note), 218, et *Thesium*, 217
117	1 ovaire; style unique ou nul.	118
	Plusieurs ovaires ou plusieurs styles.	123
118	Périgone prolongé en languette.	*Aristoloche*, p. 218
	Périgone non prolongé en languette.	119
119	Périgone adhérent à l'ovaire.	120
	Périgone libre.	121
120	Plante grimpante.	*Tamus*, p. 255
	Plantes non grimpantes.	*Agave* (note), 262, et AMARYLLIDÉES, 252
121	Fruit en baie.	122
	Fruit en capsule.	LILIACÉES, p. 255
122	Feuilles filiformes, en faisceau.	*Asperge*, p. 253
	Feuilles larges, non en faisceau.	*Fragon* et *Convallaria*, p. 254
123	Plusieurs ovaires.	*Triglochin*, p. 241, et *Alisma*, p. 240
	1 ovaire.	124
124	Cariopside ou fruit sec, monosperme.	*Polygonum*, p. 214
	Capsule polysperme.	*Colchique*, p. 262
125	Arbres ou arbrisseaux.	126
	Arbustes ou herbes.	128
126	Feuil. pinnées ou lobées.	*Pistachier* (note), 49; *Figuier* et *Mûrier*, 224
	Feuilles entières.	127
127	Fruit à 3 cornes et à 3 loges.	*Buis*, p. 219
	Fruit non à 3 loges.	AMENTACÉES et *Conifères*, p. 226-234
128	Périgone à 8-12 lobes.	129
	Périgone à 1-6 lobes.	130
129	Feuilles divisées.	*Cératophylle*, p. 92
	Feuilles simples.	*Peplis*, p. 93
130	Feuilles composées ou digitées.	131
	Feuilles simples, rarement pinnatifides.	133

131	Fleurs dioïques.	*Chanvre*, p. 222
	Fleurs monoïques ou hermaphrodites.	132
132	Herbes nageantes.	*Myriophylle*, p. 91
	Herbes terrestres.	*Alchimille*, *Pimprenelle* et *Sanguisorbe*, 75-76
133	6 étamines	134
	4-5 étamines.	135
	1-3 étamines.	144
134	Plusieurs ovaires.	*Triglochin*, p. 241
	1 ovaire monosperme ou cariopside.	Polygonées, p. 214
	1 capsule à plusieurs semences.	Joncées, p. 263
135	Style unique ou nul.	136
	2-3 styles.	140
	4 styles.	*Épinard*, p. 221
136	Plusieurs ovaires.	*Potamogéton*, p. 241
	1 ovaire.	137
137	Périgone adhérent à l'ovaire.	*Isnardia*, p. 89, et Santalacées, p. 217
	Périgone non adhérent à l'ovaire.	138
138	Périgone double.	Plantaginées, p. 206
	Périgone simple.	139
139	Fl. hermaphrodites.	*Arroche*, 210; *Ansérine*, 209; et *Pariétaire*, 223
	Fleurs monoïques ou dioïques.	Urticées, p. 222
140	Fruit à 3 loges.	*Buis*, p. 219
	Fruit à 1 loge.	141
141	Capsule fendue circulairement.	Amarantacées, p. 207
	Fruit ne s'ouvrant pas.	142
142	Feuilles engaînantes.	*Polygonum*, p. 214
	Feuilles non engaînantes.	143
143	Périgone adhérent à la base de l'ovaire.	*Bette*, p. 211
	Périgone tout-à-fait libre.	Urticées, p. 222, et Chénopodées, p. 209
144	Feuilles verticillées.	*Hippuris* (additions), p. 450
	Feuilles non verticillées.	145
145	Feuilles non engaînantes; fleurs non glumacées.	146
	Feuilles engaînantes; fleurs glumacées.	151
146	Périgone à 1-2 divisions ou nul. (*Herbes aquatiques*).	147
	Périgone à 3-6 divisions.	148
147	2 bractées opposées à la base de la fleur.	*Callitriche*, p. 91
	Sans bractées à la base de la fleur.	*Nayade* et *Zanichellia*, p. 243
148	3 étamines.	149
	1-2 étamines.	150
149	Feuilles ensiformes, presque engaînantes.	Typhacées, p. 268
	Feuilles non ensiformes	*Polycnemum*, 209, et *Amarante*, p. 208
150	Capsule à 3 coques et 3 semences.	*Euphorbe*, p. 219
	Capsule non à 3 coques.	*Blitum* (note), p. 212
151	Périgone à 6 divisions.	*Jonc*, p. 263
	Périgone à 1-2 valves.	152
152	Glume univalve; périgone presque nul; gaînes des feuilles entières.	Cypéracées, p. 266
	Glume ordinairement à 2 valves; périgone de chaque fleur à 1-2 valves; gaînes des feuilles fendues.	Graminées, p. 276

CLEF ANALYTIQUE.

CRYPTOGAMES.

153	Plantes munies de tiges, de feuilles et de racines.	154
	Plantes d'une contexture homogène, sans tiges ni feuilles.	157
154	Feuilles roulées en crosse dans leur jeunesse.	*Fougères*, p. 298, et MARSILÉACÉES, p. 301
	Feuilles non roulées.	155
155	Plantes à rameaux verticillés.	ÉQUISÉTACÉES et CHARACÉES, 296-297
	Plantes à rameaux nuls ou non verticillés.	156
156	Fructifications sessiles.	HÉPATIQUES, 320; LYCOPERDACÉES (note), 302
	Fructifications pédicellées.	HÉPATIQUES, 320; MOUSSES, 303
157	Expansion membraneuse ou filamenteuse (Thalle).	158
	Sans expansion ou thalle.	159
158	Thalle crustacé.	LICHENS, p. 323
	Thalle en forme de feuilles (fronde) ou de filamens.	ALGUES, p. 430
159	Spor. ou germes renfermées d'abord dans un récept. coriace.	160
	Sporules nues ou fixées sur un récept. charnu, subéreux ou gélatineux, ou renfermées dans un réceptacle filamenteux.	161
160	Récept. coriace ou ligneux, d'une context. celluleuse.	HYPOXYLÉES, 351
	Récept. fibreux, formé de filamens entrecroisés.	LYCOPERDACÉES, 413
161	Réceptacle charnu, subéreux ou gélatineux, recouvert d'un hyménium (*membrane fructifère*) dans lequel sont placées les sporules.	CHAMPIGNONS, p. 366
	Sporidies fixées sur un stroma vrai ou faux ou sur des filamens tubuleux.	162
162	Sporidies courtes, simples, rarement cloisonnées, fixées ou incrustées sur un stroma.	URÉDINÉES, p. 423
	Filamens tubuleux ou terminés en tête, continus ou cloisonnés, stériles ou portant des sporules.	MUCÉDINÉES, 431

COUP-D'OEIL

SUR

LES VÉGÉTAUX

CULTIVÉS

DANS LE DÉPARTEMENT D'INDRE ET LOIRE,

Par M. le Cte ODART, *V. P. H. de la Société.*

Il nous a semblé qu'il était convenable pour rendre cet ouvrage d'un intérêt général pour les habitans de ce département, avant d'entrer dans les détails de la Botanique proprement dite, de jetter un coup-d'œil sur les végétaux qui y sont un objet du culture.

Nul doute que lors du séjour de nos rois en Touraine, la culture des plantes potagères, et surtout celle des plantes d'agrément n'ait reçu un puissant encouragement de l'accroissement de la population et de la nature de cet accroissement composé de riches consommateurs sur lesquels la détresse publique n'avait eu qu'une influence momentanée. Toutefois, presqu'aucun vestige du goût de nos ancêtres pour la culture des végétaux ne nous est resté ; nous ne pouvons en découvrir que dans le soin qu'ils mettaient à établir leurs vastes potagers près des eaux, comme il est facile de s'en convaincre à l'aspect de ceux des châteaux de La Motte-Sonzay, Azay-le-Rideau et Chenonceaux, bâtis au commencement du 16.e siècle. On pourrait encore regarder comme un témoignage de ce même goût, l'existence d'une belle allée d'ifs servant d'avenue à un château près de Chinon, qui avait bien 150 ans lorsque nous l'avons vue sur pied en 1803, ainsi que la belle orangerie de Villandry, qui datait d'un siècle, que le propriétaire a laissé périr, et dont il s'est chauffé en l'année néfaste de 1793. Mais il est trop vrai que les faits nous échappent : aucun historien n'a accordé la moindre place à l'état de l'agriculture et du jardinage ; les procédés agronomiques et d'horticulture ne se sont conservés que par tradition. Nous savons seulement que c'est à Olivier de Serres que la Touraine eut l'obligation des plantations de mûriers qui y furent faites de 1602 à 1603, quoique cet arbre y fût déjà connu depuis une cinquantaine d'années. Son théâtre d'agriculture est une preuve des progrès que l'art agricole avait faits en France long-temps avant qu'il eut attiré l'attention des autres peuples, si l'on en excepte la Flandre, où les fermes étaient dès-lors cultivées comme des jardins. Cependant nous voyons que la Touraine était déjà appelée le Jardin de la France en 1570, non à cause de son climat, dit Liébaut, *mais pour ses bons fruits et l'habileté de ses jardiniers*. Pourquoi n'était-ce pas de la Touraine, mais du Poitou, qu'on envoyait alors à Paris des cerises précoces, dont, du reste, La Bruyère-Champier ne fait pas grand cas, et dont, selon lui, la maturité avait été hâtée par de la chaux et des arrosemens d'eau chaude : moyens à l'efficacité desquels nous avons de la peine à croire. La culture du melon remonte probablement à l'expédition de Charles VIII en Italie. Nous savons du moins par Ruel que les artichauds furent apportés de Florence au commencement du 16.e siècle. L'Espagne nous apprit l'usage des truffes, qui sont devenues un objet de commerce dans le canton de Richelieu ; et elle nous transmit la scorsonnère. L'abricot fut introduit dans le même temps, car La Bruyère-Champier, qui écrivait en 1560, en parle comme d'un fruit nouveau. Le même mettait au premier rang les prunes de Tours : ce qui nous prouve que leur réputation date de loin. Comme l'acacia (*robinia pseudo-acacia*) fut apporté en France en 1600 par Jean Robin, et le marronnier d'Inde quelques années après : on peut croire qu'ils furent d'abord destinés à l'embellissement de la demeure de nos rois, et par conséquent que les premiers furent plantés en Touraine.

Si nous pouvons nous flatter d'avoir des amateurs en plus grand nombre, déciderons-nous aussi qu'il y en ait de plus zélés qu'au 16.e siècle, où nous voyons Quiqueran de Beaujeu, évêque de Senez, et Dubellay, évêque du Mans, faire des efforts incroyables pour augmenter le nombre des végétaux connus ; ce dernier poussait la précaution jusqu'à faire passer à l'eau bouillante la terre destinée à ses plantes précieuses, afin de détruire les insectes. La première création dont notre province ait pu se faire honneur, est celle du parc de Chanteloup, vers 1770, qui depuis est tombé aux mains d'acquéreurs pareils aux soldats qu'Auguste récompensait avec les terres des vaincus : pour eux le plus beau cèdre du Liban * qui fut en France après celui du jardin du roi, n'a pas eu plus d'enchantement que l'agreste buisson. Si nous avons à déplorer des pertes irréparables dans ce genre, nous reconnaissons avec satisfaction, que du moment où la population a été rendue à une destinée plus calme par la chûte de Napoléon, le goût des belles plantes a pris singulièrement d'extension : depuis le plus modeste artisan qui s'échappe le soir de son atelier pour aller cultiver ses Rosiers et ses Dahlias, jusqu'au plus riche capitaliste qui a fait choix du séjour de la campagne, plus pour le charme qu'on y trouve, que pour les revenus qu'on en tire, chacun recherche les

* Le plus beau que nous possédions maintenant se trouve dans le parc de Grammont.

plantes d'agrément, et même avec ardeur celles dont la nouveauté ou la mode rehausse encore le prix.

Parmi les collections les plus remarquables de plantes rares, nous devons citer en première ligne le beau parc deChenonceaux, où elles sont cultivées avec affection : on y trouve en profusion les Cyprès de la Louisiane(*Schubertia*), les Cèdres du Liban, les Pins de diverses espèces, les Magnolias, un bel échantillon de la délicieuse famille des Mimosas *, l'Acacia arbre de soie ou Julibrisin, un grand nombre de Pélargoniums, et la seule culture d'Ananas que nous connaissions dans le département ; enfin, une foule d'autres plantes exotiques réunies à toutes les richesses botaniques de la province, parmi lesquelles nous avons remarqué les Pervenches, l'élégante Coronille variée, et dans les fossés le Butome ombellé, plus éclatant qu'aucun phlox exotique.

Un autre établissement, qui fait honneur au goût de son propriétaire (M. Gabiou), est situé à quelques lieues de Loches ; il renferme parmi les nombreuses plantes de serre, beaucoup de plantes du Cap, dont quelques-unes même ne sont pas au jardin du roi.

Enfin, la collection du docteur Bretonneau, qui a mis à la former et met à l'entretenir toute la sagacité dont il a toujours fait preuve, non-seulement dans l'exercice de la médecine, mais à quelqu'étude et à quelque goût qu'il se soit livré, ne mérite pas moins que les précédentes d'être un objet de curiosité, et sera bientôt la plus connue par sa proximité de la ville de Tours.

Si l'aspect de ces beaux établissemens nous donne lieu de nous féliciter de quelques progrès en horticulture sous le rapport du nombre des belles plantes cultivées, et de quelques procédés ** de culture pour leur rapide multiplication et leur entretien, nous avons à regretter que sur plusieurs points nous n'ayions pas d'égales félicitations à faire au pays.

Nos jardiniers se livrent trop au commerce par commission : car ils font venir la plupart de leurs plantes *** de Paris et même d'Angers ; cependant il leur serait aussi facile qu'aux jardiniers de ces deux villes de se procurer de nouvelles variétés, et de les multiplier ainsi que celles déjà connues. S'ils nous fournissent des melons cantaloups, ce n'est que depuis une vingtaine d'années, et plus d'un mois après Paris, d'où on les tire dès la St.-Jean et pendant tout le mois de juillet. Langeais s'en tient à ses médiocres sûcrins, et dans une ville qui devrait se glorifier d'être la capitale d'une province

* Nous pouvons nous flatter de posséder le plus bel individu de cette espèce depuis le désastre arrivé à celui du jardin du Roi. Si l'on veut le voir dans tout son éclat, c'est dans la dernière quinzaine du mois d'août, chez M. H. Gouin, à Tours.

** C'est surtout dans les procédés de chauffage des serres, d'une manière a la fois économique et sûre, que les progrès nous semblent les plus sensibles; le thermosyphon remplit toutes les conditions désirables, en maintenant la chaleur à un degré à peu près uniforme, et nous en connaissons déjà 7 à 8 à Tours et dans les environs.

*** Des Magnolias, des Hortensias bleus, des Dahlias, des Elychrises, des Rosiers, etc.

appelée le Jardin de la France, nous en sommes encore au même point où l'on était en 1696, quand Mme de Maintenon écrivait le 10 mai qu'une nouveauté qui depuis quatre jours faisait la vanité des princes, était un plat de petits pois. Si nous sommes peu habiles dans l'art d'obtenir des primeurs, nous nous donnons aussi peu de peine pour la recherche des variétés de légumes qui peuvent en prolonger la jouissance et en relever le mérite. Dès la fin de juillet on ne mange plus de bons haricots verts, parce que les jardiniers ne connaissent pas les excellentes variétés dites *prédomes*, qui, en même temps qu'elles sont les plus tendres, sans parchemin et sans filets, sont aussi celles qui durent le plus longtemps.

Une chose plus surprenante encore dans un pays renommé pour ses bons fruits, c'est que nous laissons aux habitans d'une commune d'un département limitrophe, le soin de fournir des alberges à nos confiseurs, la commune de Montgamet qui a donné son nom à une variété d'abricot. Toutefois, l'esprit des ténèbres n'aveugle plus nos paysans au point d'en voir aucun disposé à suivre le conseil d'un auteur du 16e. siècle, conseil pris dans les anciens auteurs géoponiques et copié par Liébault, d'arroser sa vigne avec une infusion de drogues purgatives, ou pour détourner la grêle de présenter un miroir à la nuée lorsqu'elle approche. *

La classe des végétaux de grande culture peut être divisée selon la nature des terrains que chacun affectionne; car si le chantre mélodieux des travaux champêtres a dit avec justesse que Bacchus aimait les collines, il aurait pu dire également que Flore et Pomone préféraient les vallons et les abris, en abandonnant les plaines à Cérès.

Nous pouvons donc en faire trois classes assez distinctes relativement à leur position : les plantes et arbres des bassins de rivière, ceux des collines, et ceux des plaines élevées. Les terrains des bassins de la Loire, du Cher et de la Vienne, ceux même de l'Indre, quand l'eau n'est pas trop rapprochée de leur surface, sont les plus propres à la culture des plantes du plus haut prix ; mais sont en même temps les plus féconds en plantes parasites, telles que les Liserons, les Seneçons, les mercuriales, etc. C'est dans ces terrains qu'on cultive les plantes potagères : les plus précieuses des Crucifères, comme les choux et les navets de diverses sortes ; les Légumineuses si usuelles, telles que les haricots, les pois, etc. ; les Cucurbitacées, les Alliacées, etc. ; et dans l'enceinte des villes ou leur voisinage, les artichauds, les asperges, les cardons, et les plantes condimentaires. Quelques variétés intéressantes ont été introduites, et sont devenues communes : les choux-rouges, le chou-rosette ou de Bruxelles, les cantaloups, l'oignon d'Égypte ou *bulbifère*, précieux pour le double avantage de la sûreté de sa récolte et de l'économie de sa culture ; le navet de Suède, également propre à la culture potagère et à la grande culture ; enfin, en plantes textiles, un nouvelle variété de chanvre dit de Piémont, dont la qualité et les proportions gigan-

* Mizauld (*Secretorium agri Euchiridion primum*, *lutetia* 1560).

tesques récompensent amplement de ses soins le cultivateur; mais pourquoi le lin n'est-il connu que de ceux qui sont sortis de ce département, tandis qu'il est cultivé avec succés et profit dans deux départemens voisins ?* Convenons cependant que certaines cultures ne perdent rien à être stationnaires, parce qu'elles ont atteint leur plus haut degre de perfection, notamment celle de la réglisse (*glycirrhiza glabra*) du fenu grec, vulgairement nommé *sennegrain;* du maïs, de la coriandre et de l'anis, particulières au canton de Bourgueil : ces deux dernières le sont aussi, mais en petite quantité, dans les varennes de Tours.

Un progrès notable serait l'introduction de la bette-rave, cultivée pour la fabrication du sucre dans deux établissemens ** de quelque importance, si elle n'y était pas l'objet d'une spéculation spéciale faite par des propriétaires pourvus de grands moyens pour les former; encore ne sommes-nous pas sans de justes inquiétudes sur le succès de celui de ces établissemens où la betterave, sortie des terres des vallées, ne réussit sur celle de la plaine qu'à grands frais, tels que l'importation de tourteaux de colza. Dans cette lutte de l'art puissamment secondé par la fortune contre la nature, nous craignons que le premier, après quelques années d'un triomphe trop incertain, ne finisse par succomber. Le véritable progrès serait la culture usuelle de cette racine avec la destination directe et immédiate de servir à la nourriture du bétail, comme le sont la rabe ou rebioule, et les pommes de terre, introduites l'une et l'autre dans la grande culture sous le ministère d'un véritable ami de son pays, Turgot. Nous ne connaissons qu'un seul domaine où elle soit cultivée dans ce but, l'exploitation rurale de Gaudru, dirigée par MM. Beaumont de la Barthe, si digne de servir de modèle et d'être étudiée par tout adepte de l'art agricole qui veut abréger son temps d'épreuves. C'est déjà un pas vers l'amélioration des méthodes agronomiques que l'adoption de la rabe semée en récolte dérobée après le seigle, très-communément dans l'ouest du département; c'en serait un plus décidé de lui substituer le navet de Suède ou *rutabaga*, dont la chair est plus ferme et plus sucrée, et qui, ayant besoin d'une plus longue durée de végétation pour parvenir à son état normal, forcerait à rompre l'éternel assolement triennal.

Les Cucurbitacées se trouvent aussi en abondance dans cette partie du vaste bassin de la Loire qui précède sa jonction avec la Vienne; c'est principalement pour la nourriture du bétail. On fait avec leurs graines de l'huile assez bonne que les consommateurs préfèrent même à celle de noix. Comme cette partie du département, formée des bassins des quatre rivières, la Vienne, l'Indre, le Cher et la Loire, fournit aussi en abondance des chanvres, des graines des légumineuses et des bulbes des alliacées, et du côté de Bourgueil des racines de réglisse et des graines d'anis et de coriandre, il est remarquable de quelle diversité de culture elle est favorisée; ce qui est en même temps un signe certain de la prospérité et de l'intelligence des culti-

* Sarthe et Maine et Loire. — ** Grillemont et Richelieu.

vateurs ; mais il s'y récolte peu de blé, ils y suppléent par le maïs.

C'est encore dans ces mêmes terrains et dans la même partie occidentale, entre Chinon et les rives de la Loire, que sont cultivés ces innombrables pruniers de S.te-Catherine, qui fournissent les fruits cuits connus sous le nom de Pruneaux de Tours. Nous avons encore ici à regretter qu'il ne soit venu à l'esprit d'aucun propriétaire d'essayer la culture du prunier d'Agen ou Robe de Sergent (*prunus dactylifera*). Cet arbre, dont les fruits sont plus beaux et aussi abondans que ceux du prunier de S.te-Catherine, sont comme ceux-ci convertis en pruneaux, et, dans cet état, beaucoup plus recherchés dans le commerce. Un arbre fruitier de la même classe, l'albergier, est fort multiplié aux environs de Tours, dans les varennes de la droite de la Loire, où il est à l'abri des vents froids. Mais ce sont surtout les arbres soumis à la taille et conduits en espalier, qui se plaisent dans ces terres naturellement profondes et riches en humus. Quoique le pêcher se rencontre assez souvent dans les vignes, sa présence y est fortuite, et il n'est vraiment cultivé avec succès qu'en espalier et dans les terrains de la classe dont nous nous occupons. On s'attache généralement à un trop petit nombre de bonnes variétés : *la mignonne*, *la galande*, *l'admirable jaune* et *le téton de Vénus* ; quelques-unes, qui les valent bien, sont rares ou entièrement ignorées, telles que *la pêche de Malte*, *la bourdine* et *la persique*. Depuis quelques années trois jardiniers habiles donnent de bons exemples pour la conduite de ces arbres : celui du *Petit-Bois*, commune de Mettray ; celui de Chanceaux, près Loches ; et le sieur Fourneau, à Tours ; ce dernier, étant à la disposition du public, on peut espérer que les bonnes méthodes de direction du pêcher se répandront.

Les meilleures variétés de pommier réussissent bien dans ces vallées ouvertes et y sont communes. Pour les empêcher de prendre une trop grande étendue, les voir rapporter plus tôt et de plus beaux fruits, on préfère les avoir greffés sur paradis ; cependant on en élève de pepins une assez grande quantité, et comme c'est ordinairement la Reinette franche de laquelle on les tire, on les appelle *pepins de Reinette*, qui sont toujours très-inférieures à la variété mère.

Le poirier y est aussi très-commun, mais surtout en espalier ; et dans l'intention d'en réduire la taille et d'avoir plus promptement de plus beaux fruits, on ne l'a communément que greffé sur coignassier.

En général, ces terrains étant faciles à cultiver et d'un riche produit, on y laisse peu de place aux grands végétaux qui s'y plairaient le plus : les peupliers, les frênes et les aulnes. Ces derniers sont cependant assez communs sur les bords de l'Indre qui ont le moins d'élévation au-dessus de l'eau. On trouve aussi assez fréquemment le long des routes des peupliers d'Italie, et même la variété appelée improprement peuplier de Suisse, mieux de Virginie (*populus virginiana*), rarement l'ancien peuplier français dit bouillard (*populus nigra*). S'il n'est pas très-juste de comprendre les aulnes et les frênes parmi les arbres cultivés, car en général ils viennent spontanément, il n'en est pas de même du saule, qui est toujours planté par grande bouture ou perche de 7 à 8 pieds ; il est d'un très-grand usage, et ses variétés encore plus : l'osier rouge (*salix purpurea*), si commode pour les jardiniers et les vignerons, qu'ils ont soin d'en avoir toujours sur les lieux de leur travail ; l'osier jaune (*salix vitellina*), employé par les tonnelliers ; enfin, l'osier vert (*salix viminalis*), le plus recherché des vanniers et le plus cultivé dans les îles de nos rivières et sur leurs rives, particulièrement celles de l'Indre, où on lui consacre les meilleurs terrains dans plusieurs communes du canton d'Azay-le-Rideau.

C'est aussi ces terrains de prédilection qui se couvrent annuellement, et sans aucune peine préparatoire, de ces abondantes récoltes en fourrage, desquelles on peut dire que c'est le plus riche comme le plus humble présent de la nature. Si les prairies du Cher, de la Vienne et de la Cisse, se recommandent par l'excellence de leurs foins, celles de l'Indre et ses affluens, ainsi que de toutes les petites rivières ou gros ruisseaux dont le cours est embarrassé d'usines, peuvent s'en croire dédommagés par l'abondance de leurs récoltes ; et même dans quelques parties qui doivent cet avantage à leur position à l'égard du cours d'eau ainsi qu'à la nature du terrain, elles jouissent du même bienfait que le Nil répand sur ses rives le dépôt d'un limon nourricier qui ravive le sol, dont les produits réunissent alors la qualité à l'abondance. Dans ces heureuses circonstances elles sont composées en grande partie de fiorin, vulgairem.t éternue (*agrostis decumbens*), de lotier corniculé, de la gesse des prés (*latherus pratensis*), de la fine et substantielle cretelle (*cynosusus*). Mais le plus souvent ces prairies ne ressentent que les fâcheux effets d'une submersion prolongée, et sont réduites à la plus mince valeur par l'abondance des plantes aquatiques, qui sont riches en volume, pauvres en substance nourricière ; telles que les joncs, les *rouches* (*carex*), les *pilets* (*arundo*), etc. ; d'autres fois, quand ce n'est pas de la position dont on a à se plaindre, c'est de la nature du terrain qui favorise la végétation des mauvaises plantes, telles que le rhinanthe, vulgairement *cocrête* ou *tartari*, d'une abondance si désastreuse dans certains prés, la colchique si dangereuse, le populage ou souci des marais, les ænanthes, les patiences, la grande centaurée ou têtard, etc.

La classe des végétaux cultivés sur les collines ne nous arrêtera pas longtemps ; car à l'exception de quelques cerisiers et amandiers qui y réussissent assez bien, on n'y trouve guère que la vigne, encore faut-il qu'elles ne soient pas trop rapides. Quand cette dernière condition n'est pas remplie, on les abandonne à la végétation spontanée du chêne et de faibles plantes de mince produit pour le propriétaire, mais souvent d'un grand prix pour le botaniste. Il est encore à regretter que le commerce soit obligé de nous fournir la liqueur agréable tirée de la cerise, et même l'excellente espèce d'amande qui forme une des ressources de nos desserts d'hiver, quand il s'en exporte des communes tant douces qu'amères pour une somme assez considérable, des cantons de l'Ile-Bouchard, Richelieu et S.te-Maure.

Quoique nous regardions comme incontestable que la qualité du vin tienne à la nature du terrain, il ne l'est pas moins autant qu'une différence très-caractéristique provient de la nature du plant, autrement dit *cépage* ; ainsi les bons vins de Joué et de Chambray ont beaucoup d'analogie avec ceux de Bourgogne, parce que les plants sont les mêmes ; nos vins de la côtes du Cher, avec ceux de Saintonge, parce que le côq, si commun dans nos vignobles, l'est aussi dans ces derniers sous le nom de *pied de perdrix ;* enfin, la même raison explique pourquoi les vins de Chinon, et particulièrement ceux de Bourgueil, rappellent ceux de Bordeaux par leur bouquet et leur peu d'action sur le cerveau, parce que le *breton* des premiers n'est autre que le *carmenet* du Médoc. Ce que nous avançons n'est point une simple conjecture, mais nous a été démontré par la comparaison des plants de ces divers pays avec ceux de nos cantons vignobles. Les excellens vins blancs de Vouvray et de Rochecorbon sont produits uniquement par deux plants connus sous le nom de *gros* et *menu pineau* *, qui, plus favorisés que les cépages rouges, réunissent la qualité à l'abondance ; mais il est remarquable qu'un des premiers crus de ce canton, le clos *du Bouchet*, soit sans inclinaison à l'horison, et que le terrain soit une bonne terre franche très-propre à la culture du blé. On trouvera dans le cours de cet ouvrage la dénomination des *cépages* qui, par leur abondance dans quelques localités, impriment au vin un cachet particulier. Quoique nous n'en ayions cité qu'une douzaine de variétés, nous n'ignorons pas qu'il s'en trouve un plus grand nombre dans nos vignobles ; il paraîtrait même que ce nombre va toujours en augmentant, car Liébaut, au 16.e siècle, n'en connaissait que 19 variétés ; Olivier de Serres, au commencement du 17.e, en cite une quarantaine, et nous avons lieu de croire que le nombre passe maintenant la centaine, chargée de plus de deux mille dénominations. **

En arrivant aux plaines, qui forment notre dernière classe, nous sentons la nécessité d'une subdivision selon la nature des terres. Quand elles sont d'une consistance moyenne, douces au toucher, peu perméables à l'eau qui en bat facilement la surface, et d'une profondeur de 2 à 3 pieds ou plus, on les appelle en ce pays *bournais*, et ce sont celles qui sont éminemment propres à la culture du blé ; quand elles sont plus tenaces, sans être battues par les pluies dont le bénéfice pour elles est de courte durée, parce que l'eau est promptement absorbée par le voisinage de la craie ou de la pierre à chaux, nous les appelons *aubuis* ou *terres chaudes ;* on y voit encore de bonnes récoltes de blé, mais la paille y est moins longue que dans les premières, et le grain sujet à y avorter, ce qu'on appelle *échaudoir*. Enfin, quand elles sont siliceuses, sableuses, maigres, c'est-à-dire dépourvues d'humus et d'une certaine moëlle naturelle,

* Ni l'un ni l'autre n'est le *pineau blanc* de Bourgogne, dont le synonyme, dans l'arrondissement de Tours, est *l'arnoison blanc*.

** MM. Audibert, chefs du plus vaste établissement horticole du midi, en portent au-delà de 300 dans leur catalogue ; mais il y a évidemment des doubles et même des triples emplois.

et que le sous-sol très-rapproché est du tuf ou des bancs de pierres ou du sable, on n'y met que du seigle, et dans quelques communes de l'arrondissement de Chinon, du sarrasin (*polygonum fagopyrum*). Au blé succède l'avoine dans les terres de la première classe, l'orge au seigle dans celles de la 2e. et de la 3e. classe. Quelques terres de la première reçoivent quelquefois de la luzerne, si profitable aux cultivateurs quand elle est faite avec soin ; mais plus souvent du trèfle, parce qu'il suspend moins longtemps la récolte du blé et qu'il est moins difficile sur le terrain que la luzerne. L'introduction du trèfle fut une amélioration bien décidée, mais bien tardive, en cette province ; car elle ne remonte guère qu'à une trentaine d'années sur la rive droite de la Loire, et à une vingtaine sur la rive gauche, tandis que sa culture était déjà commune dans le Maine dès 1762, comme nous le voyons dans les mémoires de la Société royale d'agriculture de la généralité de Tours de cette même année. On a la ressource du sainfoin (*onobrychis sativa*) dans les terres de la 2e. et même de la 3e. classe, sur lesquelles on a encore des récoltes satisfaisantes à l'aide du plâtrage ; cette dernière plante est surtout commune dans les cantons de S.te-Maure et Richelieu.

En parlant des plantes fourragères, nous n'en pouvons oublier deux qui rendent des services importans aux fermiers, la vesce (*vicia sativa*) et la gesse (*lathyrus cicera*) ; il est peu de sols sur lesquels la première ne prospère ; la seconde demande une terre meilleure, mais elle vous dédommage de la préférence qu'elle exige par l'abondance de ses graines qui sont d'une grande ressource pour la basse cour, et même pour les pauvres qui en font quelquefois du pain.

Les pommes de terre peuvent être comprises maintenant dans la culture des plaines. Cette culture en grand ne remonte pas à plus d'une cinquantaine d'années, et nous la devons au zèle des sociétés d'agriculture secondé par des années désastreuses, et à celui du ministre Turgot, dont l'esprit éclairé était si animé de vues d'amélioration de l'agriculture, et qui avait trouvé un si digne interprête dans notre intendant M. du Cluzel.

C'est ici la place de nos grands végétaux les plus rustiques, du pommier à cidre dans les terres à blé pour les cantons qui ne cultivent pas la vigne ; du noyer qui réussit même dans les terres crayeuses ou sableuses, et qui est si abondant que non-seulement l'huile qu'on tire de son fruit fournit à la consommation du pays, mais qu'il s'en exporte en état de noix une assez grande quantité. Dans les campagnes un peu éloignées des chefs-lieux, on trouve le chêne autour des champs, destiné alors à la glandée. Quoique le châtaignier soit assez commun pour fournir du cercle, et son fruit une partie de l'approvisionnement de la ville de Tours, on regrette qu'il ne le soit pas assez, pour se passer d'en tirer du département de la Vienne. Le mûrier se trouve à la vérité quelquefois dans les vallées, où il donne des produits plus abondans et plus hâtifs ; mais nous devons croire, par analogie avec les divers produits de ces deux positions, que la soie a plus de nerf et d'éclat quand elle provient de mûriers plantés sur les plaines ; nous espérons même, par l'introduction d'une nouvelle et précieuse variété, le voir cultiver en prairie (le mûrier Perrotet) *multicaulis, cucullatus* de M. Bonafous.

Les propriétaires ruraux connaissent si bien le mérite du cormier, qu'il est surprenant que les jardiniers n'en élèvent pas. et que nous devions aux oiseaux le petit nombre de ceux que nous possédons, et auxquels nous donnons généralement des soins ; on sait de quelle ressource son fruit est pour le pauvre, et le corps de l'arbre, quand il a rendu de longs services, pour nos pressoirs. L'acacia (*Robinia pseudo-acacia*) est devenu si commun, que c'est un devoir de le mentionner ; il ne l'est pas encore assez, car il est propre à une foule d'usages : il fait des haies d'une grande beauté ; il embellit nos jardins par son feuillage et ses fleurs odorantes, surtout sa belle variété (*spectabilis*), et on regrette que personne n'ait eu l'idée d'en faire des taillis, comme dans le bordelais, où il est employé à faire des échalas qui sont d'une aussi longue durée que ceux du chêne. Nous avons réservé pour nos avenues le majestueux platane, l'arbre du Portique, l'utile ormeau, et le tilleul au feuillage si touffu ; comme ces trois arbres demandent une bonne terre franche, qu'on n'a pas toujours à sa disposition, la Providenee, qui a gardé des ressources pour l'industrie et le travail, nous a accordé le *peuplier blanc de Hollande*, sans contredit le plus rustique de la famille, l'un des plus beaux, fournissant le meilleur bois, et cependant de la végétation la plus rapide. Enfin, il s'élève sur d'anciennes bruyères, dans la partie nord-ouest du département, des forêts de pins du Maine ; et dans quelques cantons des Bois de la même espèce, soit sur des bruyères, soit sur des terres de la dernière classe.

Beaucoup d'autres végétaux d'agrément ou d'utilité auraient mérité une mention particulière, mais de plus longs détails nous feraient sortir des bornes qui nous sont assignées par l'objet spécial de cet ouvrage ; c'était un devoir pour un membre de la Société d'agriculture, qui a passé trente ans de sa vie dans les champs, d'offrir le tribut de son expérience, quelque faible qu'il soit, pour sa part de collaboration à un ouvrage qui paraît sous ses auspices.

FLORE

D'INDRE ET LOIRE.

I. PLANTES VASCULAIRES

OU COTYLÉDONÉES.

Plantes formées de tissu cellulaire et de vaisseaux, présentant une partie inférieure ou racine dirigée en bas, et une partie supérieure ou tige dirigée en haut; avec des feuilles et des fleurs distinctes; et, se reproduisant par des graines composées d'un germe ou embryon enfermé dans un spermoderme, avec un ou plusieurs cotylédons.

PREMIÈRE CLASSE.

Plantes Dicotylédones ou Exogènes.

Tige formée de bois et d'écorce, et s'accroissant par le dépôt de nouvelles couches entre ces deux substances. Feuilles à nervures ramifiées ou anastomosées ; fleurs distinctes ; embryon à deux cotylédons opposés ou rarement à cotylédons plus nombreux.

Sous Classe. I. Thalamiflores.

Calice de plusieurs pièces, toutes les parties de la fleur attachées séparément au réceptacle.

I. FAMILLE : RENONCULACÉES.

Périgone double, l'un et l'autre libre et hypogyne; 3-6 sépales souvent pétaloïdes; pétales en nombre égal ou multiple, quelquefois en capuchon, quelquefois nuls; étamines hypogynes, libres, en nombre indéfini; pistils nombreux insérés sur le réceptacle commun; carpelles pseudospermes ou capsulaires, et, dans ce cas, mono ou polyspermes. Herbes ou arbrisseaux à feuilles alternes, excepté dans la Clématite.

+ *Carpelles nombreux pseudospermes.*

1. CLEMATITE. *CLEMATIS.* Calice pétaloïde à 4 sépales, caduc; pétales nuls; carpelles terminés par le style développé en queue plumeuse. Feuilles opposées, tiges sarmenteuses.

1. C. DES HAIES. *C. vitalba.* Vulg. *Viorne, Herbe-aux-gueux.* Feuilles pinnées à 3-5 folioles cordiformes; fleurs paniculées, blanchâtres. ♄ dans les haies. CC.

On cultive fréquemment la *C. flammula*, dont les fleurs sont très-odorantes.

L'ATRAGÈNE (*C. alpina*) rentre dans une tribu du genre Clématite, caractérisée par des pétales nombreux.

2. PIGAMON. *THALICTRUM.* Calice pétaloïde, pétales nuls, carpelles comprimés, secs. Herbes vivaces. Fleurs en panicule, étamines pendantes. Feuilles composées.

1. P. JAUNATRE. *T. flavum.* Vulg. *Rue des prés.* Tige droite, rameuse; panicule dressée, resserrée; feuilles composées de folioles cunéiformes, trifides. ♃ dans les prés humides, Pont de la Motte: fleurit en juin. 24 à 36 pouces. C.

2. P. FLUET. *T. minus.* Tige simple; panicule lâche, penchée; folioles arrondies, dentées au sommet; calice à 4 sépales ne dépassant pas les étamines. ♃. prés secs, St.-Côme. 12 à 24 pouces. R.

3. ANEMONE. *ANEMONE.* Involucre foliacé, écarté de la fleur; calice pétaloïde à 5-15 sép.; pétales nuls. Herbes à feuilles radicales décomposées.

1. A. DES BOIS. *A. nemorosa.* Vulg. *Sylvie.* 6 sépales ovales, blancs ou rosés ; feuilles découpées en 3 segmens trifides, dentés ; folioles de l'involucre semblables, pétiolées. Rhizôme cylindrique, rampant. Carpelles ovoïdes, mutiques ; pédoncules uniflores. ♃. dans les bois en avril. 6 pouces. CC.

2. A. PULSATILLE. *A. pulsatilla.* Vulg. *Herbe au vent.* 6 Sépales oblongs, lancéolés, bleus ou violets, poilus en dehors. Feuilles décomposées, à divisions linéaires ; fleurs penchées. Pédoncules uniflores de 4 à 6 pouces ; carpelles surmontés d'une queue velue. ♃. dans les bois, à Mazière, Chinon ; en avril. RR.

L'Anémone des Fleuristes (*A. coronaria*), se trouve sauvage dans la France méridionale. Elle est caractérisée par sa racine tubéreuse (Vulg. *Patte d'Anémone*), par ses feuilles en trois segmens multifides, par ses involucres sessiles et ses graines laineuses, mais sans queue. L'Anémone œil de Paon (*A. pavonina*), que l'on cultive aussi, diffère par ses feuilles moins divisées et par ses sépales deux fois plus nombreux.

L'Hépatique des jardins (*Hepatica triloba*), forme un genre voisin que distinguent ses feuilles entières et son involucre de 3 folioles rapproché de la fleur et figurant un calice.

4. ADONIDE. *ADONIS.* Calice à 5 sépales, corolle à 5-8 pétales ; carpelles ovales, mucronés, réunis en épi. Herbes à tiges rameuses, à feuilles multifides.

1. A. D'AUTOMNE. *A. autumnalis.* Vulg. *Goutte de sang.* Sépales glabres ; 8 pét. ovales, obtus. 12 à 18 pouces. ⊙ dans les moissons, N.-D. d'Oé, Dolus, Loches. R. On la cultive dans les jardins.

1. A. D'ÉTÉ. *A. Æstivalis.* Sépales hispides à la base, 5 pétales étroits. Fleurs plus pâles et moins nombreuses. ⊙ mêmes lieux. Elle paraît n'être qu'une variété de l'espèce précédente.

5. RATONCULE. *MYOSURUS.* 5 Sépales caducs, prolongés au-dessous du point d'attache ; 5 pétales à onglets filiformes ; carpelles aigus, réunis en un épi très-allongé ; 5-10 étam. Herbe à feuilles simples, radicales, linéaires.

1. R. NAINE. *M. minimus.* Pédoncules simples, nombreux, de même long. que les feuilles. 2-4 p. ⊙ fleurit en avril, dans les champs cultivés, humides, sur les plateaux, et s'aperçoit difficilement. R.

6. RENONCULE. *RANUNCULUS.* 5 sépales caducs ; 5 pét. munis à la base d'une petite écaille ou nectaire ; carpelles comprimés, mucronés, lisses ou hérissés de tubercules ou d'épines, réunis en tête.

* *Pétales blancs à onglets jaunes ; carpelles striés transversalement.*

1. R. AQUATIQUE. *R. Aquatilis.* Tige nageante, les feuilles submergées multifides, capillacées ; et les feuilles flottantes à trois lobes

cunéiformes, dentés au sommet; pétales ovales, plus grands que le calice. ♃. dans les eaux. CC.

Variétés : α. *Heterophyllus.* Feuilles flottantes, tripartites.

β. *Capillaceus.* Feuilles pétiolées, toutes capillacées.

γ. *Cespitosus.* Feuilles pétiolées, toutes hors de l'eau, multifides, à divisions circonscrites en cercle; pétiole élargi à la base en deux oreillettes engainantes. Au bord des eaux.

δ. *Stagnatilis.* Feuilles sessiles, toutes submergées, capillacées, divisions courtes. Eaux profondes.

ε. *Peucedanifolius.* Feuilles pétiolées, divisées en longues lanières parallèles. Eaux courantes.

2. R. TRIPARTITE. *R. tripartitus.* Semblable à la précédente pour les tiges et les feuilles, et à la suivante pour ses fleurs petites et à pétales oblongs. ♃. dans les eaux. R.

3. R. A FEUILLE DE LIERRE. *R. Hederaceus.* Tige rampante, feuilles presque réniformes à 3 ou 5 lobes, larges, entiers, obtus. Fleurs petites, pétales oblongs à peine plus longs que le calice. ♃. Près des eaux courantes. R.

** *Carp. lisses, fl. jaunes, feuilles entières, allongées.*

4. R. FLAMMETTE. *R. flammula.* Vulg. *Petite-Douve.* Feuilles glabres, lancéolées, linéaires, ou un peu ovales; les inférieures pétiolées. Tige couchée à la base, pleine; pédoncules opposés aux feuilles, velus, ainsi que les calices. ♃. bois et lieux humides, en été. 10 à 18 pouces. C.

Variété : β. *Reptans.* Tige rampante, radicante. Forêt de Loches.

5. R. GRANDE DOUVE. *R. lingua.* Feuilles lancéolées, un peu dentées, sessiles, semi-amplexicaules. Tige droite, glabre. Fleurs terminales, quelquefois solitaires; pédoncules sillonnés. ♃. marais, en été. 24 à 36 pouces. Vivier des Landes, Loches. RR.

*** *Carp. lisses, fl. jaunes, feuilles découpées.*

6. R. A FEUILLE DE CERFEUIL. *R. chærophyllos.* Tige droite à une ou rarement deux fleurs; calice étalé, presque réfléchi. Feuilles radicales, pubescentes, pétiolées à 3 folioles multifides. Carpelles comprimés en épi. ♃ pelouses sèches, en mai. 6 pouces. R.

7. R. ACRE. *R. acris.* Tige dressée, multiflore, rameuse; feuilles pubescentes, palmées; lobes découpés en dents aigues, les supér. linéaires; calice redressé. ♃. dans les prés. 24 pouces. CC.

Cette espèce et les deux suivantes deviennent doubles par la culture et se voient fréquemment dans les jardins, où on les appelle *Boutons d'or* ou *Bassinets.*

8. R. RAMPANTE. *R. repens.* Tiges couchées, radicantes, redressées pour la fleur; feuilles en 3 segmens cunéiformes, trilobés, dentés; calice redressé; pédoncule silonné. ♃. les prés humides, le bord des fossés. CC.

9. R. BULBEUSE. R. *bulbosus*. Tige dressée, bulbeuse au collet de la racine ; feuilles en trois segmens trifides, dentés, celui du milieu pétiolé ; calice réfléchi ; pédoncules sillonnés. ♃. 12 à 18 pouces, les prés, les haies. CC.

10. R. LAINEUSE. *R. lanuginosus*. Tige dressée, très-velue ; feuilles trifides, soyeuses ; lobes largement dentés ; cal. poilu, redressé ; pédonc. pub. cylindriques. ♃. 10 à 18 p., en mai, dans les bois. C.

11. R. DES BOIS. *R. nemorosus*. Elle diffère de la précédente dont elle n'est peut-être qu'une variété, par ses feuilles radicales seulement à moitié fendues en trois lobes cunéiformes, trifides, dentés au sommet, et par ses pédoncules sillonnés : enfin, les poils qui couvrent la tige et les pétioles sont hérissés et non couchés, un peu rougeâtres. ♃ lieux frais et ombragés, au pied du côteau du Cher regardant le nord, Athée ; mai, juin. 8 à 12 p. R.

12. R. SCÉLÉRATE. *R. sceleratus*. Tige dressée ; feuilles glabres, les radicales pétiolées, en 3 segmens trilobés, les caulinaires divisées en 3 lobes linéaires. Cal. glabre ; fleurs petites ; carp. très-petits en capitule oblong. ⊙ 24 à 36 p. dans les terrains humides, en été. R. (Beaucoup plus âcre que les autres Renoncules, qui toutes sont plus ou moins vénéneuses).

13. R. TÊTE D'OR. *R. auricomus*. Tige glabre ; feuilles glabres, les radicales pétiolées, réniformes, découpées, souvent tripartites, les caulinaires divisées en lobes linéaires. Cal. pubescent. ♃ 12 p. dans les bois, en avril. Grammont, Loches. R.

**** *Carpelles hérissés de pointes ou tuberculés ; fleurs jaunes. Plantes annuelles.*

14. R. DES CHAMPS. *R. arvensis*. Feuilles glabres, les radicales tripartites, les caulinaires multifides à lobes linéaires ; tige droite, multiflore ; carp. peu nombreux, épineux, terminés par le style en bec recourbé. ⊙ dans les moissons. 12 p. CC.

15. R. DES MARES. *R. philonotis*. Feuilles trilobées, lobes dentées, celui du milieu pétiolé ; cal. réfléchi, velu : carp. comprimés avec un rang de petits tubercules. ⊙ dans les prés et les champs humides. Elle ressemble à la *R. bulbeuse*, mais en diffère par sa racine simplement fibreuse. Elle varie beaucoup de grandeur. CC.

16. R. A PETITE FLEUR. *R. parviflorus*. Feuilles velues, arrondies, à trois lobes grossièrement dentés : tig. velues, couchées ; pédoncules opposés aux feuilles ; calice aussi long que la fleur, réfléchi ; carp. tuberculés, terminés par le style. ⊙ dans les haies, en mai, 8 à 10 p. La Ville-aux-Dames, Loches. R.

La Renoncule des jardins (*R. asiaticus*), dont les racines fasciculées portent le nom de griffe, a fourni à la culture un grand nombre de variétés.

7. FICAIRE. *FICARIA*. Calice caduc à 3 sép., 8 à 9 pétales appendiculés à la base. Carp. nombreux, obtus.

1. F. RANUNCULOÏDE. *F. ranunculoïdes*. Vulg. *petite Chélidoine*. Fleurs

jaunes, feuilles en cœur, tiges basses, racine formée de petits tubercules. ♃ lieux humides, en avril. CC.

++ *Carp. capsulaires, polyspermes, quelquef. soudés.*

8. POPULAGE. *CALTHA*. Calice à 5 sépales colorés, pétaloïdes ; corolle nulle ; 5-10 capsules comprimées.

1. P. DES MARAIS. *C. palustris.* Vulg. *souci d'eau.* Tige dressée, feuilles en cœur, arondies, crénelées, les radicales portées sur un long pétiole, les caulinaires sessiles. Fleurs grandes, jaunes. ♃ au bord des eaux, en avril. 8 à 14 p. CC. Il double par la culture.

9. HELLEBORE. *HELLEBORUS*. Calice à 5 sép. persistans, arrondis ; 8-10 pétales tubulés, très-courts ; 3-10 ovaires à style allongé ; 3-5 capsules coriaces, dressées, libres.

1. H. FÉTIDE. *H. fœtidus.* Vulg. *pied de griffon.* Tige feuillée, mumultiflore. Feuilles divisées en 5-7 lobes lancéolés, dentés, glabres. Fleurs verdâtres, penchées. ♃ 18 à 24 pouces, dans les haies et les bois en avril. C.

On cultive sous le nom de *Rose de Noël*, l'Hellebore noir, dont les fleurs roses et très-grandes sont portées par une hampe radicale uni ou biflore.

10. ISOPYRE. *ISOPYRUM*. Calice à 5 sép. caducs, pétaloïdes ; 5 pétales égaux, tubulés, bilabiés ; 15 à 20 étam. ; caps. membraneuses, oblongues, comprimées.

1. I. THALICTROÏDE. *I. thalictroïdes.* 1-3 Caps. racines rampantes ; Feuilles glauques, uni ou bi-ternées ; tiges feuillées ; fl. blanches ; pétioles dilatés en oreillettes membraneuses. ♃ dans les bois, en avril. 6-8 p. R.

11. NIGELLE. *NIGELLA*. Calice coloré à 5 sép. pétaloïdes, caducs ; 5-10 pétales bilabiés ; 5-10 ovaires plus ou moins soudés à la base, et terminés par les styles longs, recourbés.

1. N. DES CHAMPS. *N. arvensis.* Fleurs bleuâtres, sans involucre ; feuilles multifides ; caps. réunies jusqu'au milieu. ☉ dans les moissons. 8 à 12 p. C.

La Nigelle de Damas (*N. Damascena*), se sème d'elle-même dans les jardins ; ses feuilles, finement découpées, lui ont mérité le nom vulgaire de *Cheveux de Vénus* ou *Patte d'araignée.* Elle est caractérisée par les feuilles qui entourent la fleur comme un involucre, et par ses capsules réunies jusqu'au sommet.

12. ANCOLIE. *AQUILEGIA*. Calice caduc à 5 sép. colorés, pétaloïdes ; 5 pétales concaves en capuchon,

à limbe obliquement tronqué ; 5 caps. droites, rapprochées, acuminées.

1. A. VULGAIRE. *A. vulgaris.* Tige feuillée, multiflore ; feuilles glabres, un peu glauques, deux ou trois fois ternées, à lobes arrondis, crénelés. ♃ 24 à 36 p. dans les bois de Chambray, Loches ; en juin. C.

On la cultive aussi dans les jardins, à fleurs violettes ou roses.

13. DAUPHINELLE. *DELPHINIUM*. Calice caduc à 5 sép. pétaloïdes, irréguliers, le supérieur prolongé en éperon ; 4 pétales souvent réunis en un seul prolongé en un éperon contenu dans celui du calice. 1-5 capsules droites.

1. D. DES CHAMPS. *D. consolida.* Tige à rameaux divergens ; feuilles multifides, à divisions linéaires ; fleurs éparses, bleues : caps. solitaires, glabres. ⊙ dans les moissons. 10 à 16 pouces. CC.

Le *Pied d'alouette* ou *Bec d'oiseau*, qui se sème de lui-même dans les jardins, est le *D. ajacis.* Il se distingue à ses fleurs en épis, à ses rameaux serrés et à ses capsules pubescentes. On cultive aussi, sous le nom de *Pied d'alouette vivace*, le *D. elatum.*

La famille des Renonculacées fournit encore à la culture plusieurs espèces des genres *Aconit* et *Pivoine*, notamment l'*Aconit napel*, dont les fleurs bleues ont la forme d'un casque ; la *Pivoine officinale* (*Pæonia officinalis*) dont les fleurs rouges très-grandes produisent deux ou trois capsules épaisses, pubescentes.

II. FAMILLE : BERBÉRIDÉES.

Calice caduc de 3-6 sépales ; pétales et étamines en nombre égal et opposés aux sépales ; ovaire solitaire, ovoïde, uniloculaire, formant une baie ou une capsule à une ou plusieurs semences.

14. ÉPINE-VINETTE. *BERBERIS*. Cal. à 6 sép. avec 3 écailles extérieures ; baie oblongue à 2 ou 3 graines. Premières feuilles changées en épines fasciculées.

1. E. COMMUNE. *B. vulgaris.* Arbrisseau à feuilles ovales, ciliées et dentées, formant un buisson épineux. ♄ dans les haies, Saint-Georges. R.

III. FAMILLE : NYMPHEACÉES.

Réceptacle développé en un vase charnu renfermant les ovaires et couronné par les stigmates; 4-6 sépales colorés, persistans; pétales oblongs, en plusieurs rangées; étam. nombreuses à filets aplatis, insérés en plusieurs rangées sur le récept. ainsi que les pétales; 8-24 carp. membraneux, polysp., à un style, renfermés dans le réceptacle. Herbes aquatiques à rhizôme submergé, à feuilles longuement pétiolées; pédoncules longs, radicaux, uniflores.

15. NENUPHAR. *NYMPHÆA.* 4 Sép. à la base du réceptacle; pét. et étam. adhérens au réceptacle qui recouvre les carpelles, en sorte que le fruit paraît presque inférieur. Stigmate multifide.

1. N. BLANC. *N. alba.* Vulg. *Lis des étangs*, *Volet blanc.* Feuilles très-grandes, en cœur, arrondies. ♃ sur les étangs et les rivières, en juin et juillet. CC.

16. NUPHAR. *NUPHAR.* 5 Sép.; pétales plus courts que le calice, insérés de même que les étamines à la base du réceptacle, de sorte que le fruit paraît supérieur et forme une baie lisse. Stigmate orbiculaire entier. Fl. jaunes.

1. N. JAUNE. *N. lutea.* Vulg. *Volet jaune.* Feuilles très-grandes, arrondies. ♃ sur les eaux, pendant l'été. CC.

IV. FAMILLE : PAPAVERACÉES.

Calice à 2 sépales concaves, caducs; corolle régulière à 4 pétales irrégulièrement pliés avant l'épanouissement; étamines libres, nombreuses; ovaire unique, libre, formé de 2-3 carp. réunis en forme de silique, ou de 10-12 carp. réunis en une capsule régulière, arrondie; style court ou nul; stig. étalé en rayons. Semences nombreuses. Herbes à feuilles alternes, découpées ou pinnatilobées, à racines fibreuses et contenant un suc laiteux blanc ou jaune.

17. PAVOT. *PAPAVER.* Stigm. sessile, étalé en 4-20 rayons, couronnant l'ovaire, qui devient une caps. globuleuse ou oblongue, à cloisons imparfaites et s'ouvrant par des trous au-dessous du stigmate.

* *Capsules hérissées.*

1. P. EN MASSUE. *P. argemone.* Caps. en massue; sépales presque glabres; feuilles bipinnatifides; pétales étroits, d'un rouge pâle, à onglet noir. ⊙ dans les moissons. C.

2. P. HYBRIDE. *P. hybridus.* Caps. globuleuse; sép. poilus; feuilles pinnatifides à lobes multifides, linéaires. Fleurs rouges. ⊙ dans les moissons. R.

** *Capsules glabres.*

3. P. DOUTEUX. *P. dubium.* Caps. en massue; sépales poilus; tige hérissée de poils écartés: pédoncules avec des poils couchés; feuilles pinnatifides. ⊙ lieux arides, décombres, Rochecorbon. C.

4. P. COQUELICOT. *P. rhœas.* Vulg. *Ponceau.* Capsule arrondie: sép. poilus; tiges rudes; feuilles pinnatifides à lobes dentés. ⊙ dans les moissons. CC. — Devient double par la culture et présente une foule de nuances différentes.

5. P. SOMNIFÈRE. *P. somniferum.* Vulg. *Pavot.* Tige et calice glabres et glauques, ainsi que les feuilles qui sont amplexicaules et incisées. ⊙ originaire du Levant, se sème lui-même dans les lieux cultivés.

Variétés : α. *Nigrum.* A caps. globuleuses, graines noires, trous de la capsule ouverts. C'est celui qui fournit l'*huile d'œillette*, et dont les fleurs variées par la culture ornent nos jardins.

β. *Album.* A capsule ovoïde, graines blanches, trous de la capsule fermés. C'est celui qui fournit l'*opium* dans le Levant.

18. CHELIDOINE. *CHELIDONIUM.* Caps. allongée en forme de silique, uniloculaire, bivalve, s'ouvrant de la base au sommet.

1. C. ÉCLAIRE. *C. majus.* Vulg. l'*Éclaire.* Tige rameuse à suc jaune; feuilles multilobées à lobes obtus, glabres; fleurs jaunes presque en ombelle. ♃ le long des murs. CC.

V. FAMILLE : FUMARIACÉES.

Calice petit, caduc, membraneux, à 2 sépales ; 4 pét. irréguliers, libres ou réunis à la base ; un ou les deux extérieurs prolongés en éperon à la base ; les pét. extérieurs linéaires ; 6 étam. réunies par les filets en deux faisceaux opposés aux pét. extér. ; ovaire unique libre, style filiforme ; stigmate bilobé. Fruit sec en forme de silique, bivalve, polysperme, s'ouvrant d'elle-même ou en silicule bivalve, indéhiscente, à 2 graines, ou enfin globuleux, indéhiscent, monosperme. Herbes à fleurs en grappe.

19. CORYDALIS. *CORYDALIS*. Un des pétales éperonné ; silique bivalve, oblongue, comprimée, polysperme.

1. C. BULBEUSE. *C. bulbosa*. Feuilles glauques, biternées ; racine bulbeuse : fleurs rougeâtres. ♃ dans les bois, Couzières, en avril. 8 à 12 p. R.

20. FUMETERRE. *FUMARIA*. Un des pétales renflé à la base en éperon court ; carp. globuleux, mutique, indéhiscent, monosperme. Herbes annuelles à feuilles décomposées, glauques.

1. F. OFFICINALE. *F. officinalis*. Fruits globuleux, un peu déprimés ; tige dressée, pédoncules deux fois plus longs que les bractées ; fleurs roses avec une tache noire. ⊙ dans les champs, mai et juin. 6 à 10 pouces. CC.

2. F. MOYENNE. *F. media*. Plus élevée que la précédente ; elle en diffère aussi par ses pétioles roulés en vrilles. ⊙ dans les champs, juin et juillet. 12 à 15 p. C.

3. F. A PETITE FLEUR. *F. parviflora*. Fruits glob. un peu mucronés ; tige étalée, couchée ; pédicules un peu plus longs que les bractées ; fleurs blanches avec une tache noirâtre, en épi court. ⊙ Beaulieu, *M. Diard*.

VI. FAMILLE : CRUCIFÈRES.

Calice à 4 sép. ; 4 pét. à onglet, alternes, égaux et disposés en croix ; 6 étam. dont 2 plus courtes ; 1 style, 2 stigmates ; ovaire unique à deux loges devenant une capsule à 2 valves séparées par une cloison que l'on appelle *silique* quand elle est allongée, et *silicule* quand elle est très-courte ; la cloison et les valves sont quelquefois peu distinctes. Herbes ou sous-arbrisseaux à feuilles presque toujours alternes, à graines oléagineuses.

I.er SOUS-ORDRE. — PLEURORHIZÉES (O =).

Cotylédons plans, appliqués l'un sur l'autre ; radicule sur la même ligne que les cotylédons, (*comme au signe ci-dessus*) ; semences comprimées.

1.re Tribu. *Arabidées ou Pleur. siliqueuses.*

21. GIROFLÉE. *CHEIRANTHUS*. Cal. serré, présentant deux bosses à la base ; silique comprimée, stigm. bilobé ; graines disposées sur un rang, comprimées.

1. G. de muraille. *C. cheiri.* Feuilles lancéolées, aigües ; fleurs jaunes. ♃ sur les vieux murs, en mars et avril. CC. Elle donne, par la culture, des fleurs plus larges, nuancées de pourpre-brun, simples ou doubles ; l'une de ses variétés porte le nom vulg. de *Ramoneuse*.

Les autres Giroflées cultivées dans les jardins appartiennent au genre *Mathiola* caractérisé par le stigmate bifide prolongé en cornes de chaque côté ; ce sont : la Giroflée des jardins (*Mathiola incana*), plante vivace ou bisannuelle à feuilles cotonneuses, à fleurs pourpres, roses ou blanches, souvent doubles ; et la Quarantaine (*Mathiola annua*), qui est plus petite et annuelle.

22. CRESSON. *NASTURTIUM*. Calice ouvert, égal ; pétales entiers ; stigm. un peu bilobé ; silique cylindrique ou raccourcie ; valves concaves sans nervures ; sem. petites, irrégulières, non bordées, sur 2 rangs.

1. C. officinal. *N. officinale* (*Sisymbrium nasturtium* L.) Vulg. *Cresson de fontaine.* Feuilles pinnées à lobes ovales ; siliques cylindriques ; fl. blanches en grappes. ♃ dans les fontaines et les ruisseaux, en été. CC.

2. C. SAUVAGE. *N. sylvestre* (*Sisym. sylvestre* L.) Feuilles pinnées à segmens lancéolés, dentés; racine rampante; siliq. ovales, alongées; pétales jaunes, plus grands que le calice. ♃ lieux humides, en été. 10-15 p. CC.

3. C. DES PYRÉNÉES. *N. Pyrenaicum.* Feuilles radicales, pétiolées, ovales ou en lyre; feuilles caulinaires, amplexicaules, pinnatifides, à lobes linéaires, entiers; siliq. courtes, terminées en pointes fines par le style. Fleurs jaunes, très-petites. ♃ collines sèches, Rochecorbon, en été. R.

4. C. DES MARAIS. *N. palustre.* Feuilles pinnatifides à lobes confusément dentés, glabres, munies à la base d'oreillettes amplexicaules, ciliées; siliq. ovales, oblongues; racine fusiforme; pét. jaunes égaux au cal. ⊙ grèves de la Loire; juillet et août. 12 à 14 p. C.

5. C. AMPHIBIE. *N. amphibium* (*Sisym. amphibium* L.) Feuilles très-variables, oblongues, lancéolées, pinnatifides ou dentées en scie. Siliq. oval. obl.; racine fibreuse; pét. jaunes plus grands que le cal. ♃ dans les eaux ou au bords des eaux, en été. 20 à 30 p. CC.

23. BARBARÉE. *BARBAREA.* Calice serré, pétales entiers; silique tétragone à valves concaves, carénées; semences sur un rang. Herbes annuelles, glabres, à fleurs jaunes.

1. B. VULGAIRE. *B. vulgaris.* Vulg. *Herbe de Ste.-Barbe.* Feuilles inférieures en lyre, les supérieures ovales; siliq. rapprochées, crénelées. ♃ prés humides, bords des chemins, en mai et juin. 14 à 16 pouces. C.

2. B. PRÉCOCE. *B. præcox.* Vulg. *Cresson de jardin.* Feuilles infér. en lyre, les supér. pinnatifides à lobes entiers, linéaires; siliques écartées. ♃ Il se propage quelquefois de lui-même hors des jardins. Pérusson, près Loches, avril et mai. 14 à 18 p.

24. TOURETTE. *TURRITIS.* Calice un peu écarté; pétales à limbe entier, oblong; silique allongée, serrée contre la tige; valves planes à nervures; semences très-nombreuses, sur deux rangs. Fl. blanches.

1. T. GLABRE. *T. glabra* (*arabis perfoliata* Lam.) Tiges simples, droites; feuil. radicales, poilues, dentées; feuilles caulinaires amplexicaules, très-entières, glabres: siliq. six fois plus longues que le pédoncule (de 2 pouces). ♂ lieux arides, St.-Côme, la Ville-aux-Dames, Pérusson, en juin. 20 à 30 p. R.

25. ARABETTE. *ARABIS.* Calice serré, pétales entiers; siliq. linéaire, couronnée par le stigm.; valves planes à nervures; semences sur un rang. Fl. blanches.

1. A. VELUE. *A. hirsuta* (*Turritis hirsuta* L.) Tige simple, droite, hérissée de poils ainsi que les feuilles, dont les radicales sont oblongues, pétiolées, et les caulinaires lancéolées, sessiles; siliq. rapprochées de la tige. ♂ dans les bois secs, Joué, Rochecorbon, en mai et juin. 15 à 20 p. C.

2. A. RAMEUSE. *A. thaliana.* Feuilles oblongues, poilues, un peu dentées ; les feuilles radicales sont pétiolées et forment une rosette d'où s'élèvent plusieurs tiges rameuses presque nues ; siliq. grêles, écartées. ⊙ sur les murs, dans les lieux secs, en avril. 6 à 12 p. CC.

3. A. TOURETTE. *A. turrita.* Tige simple, pubescente ; feuilles pubescentes, amplexicaules, acuminées, un peu dentées ; siliques très-longues, recourbées ; fleurs grandes, jaunâtres. ♂ lieux incultes et montueux, juin. 12 à 18 p. R. (*M. Baillot*).

On cultive dans les jardins l'Arabette printannière (*A. verna*), dont les fleurs blanches forment des touffes d'un charmant effet, au mois d'avril ; ses feuilles sont pubescentes, crénelées.

26. CARDAMINE. *CARDAMINE.* Cal. un peu écarté, pét. très-ouverts ; siliq. sessiles, linéaires, comprimées ; valves planes, sans nervures, s'ouvrant avec élasticité de la base au sommet ; style presque nul ; semences ovales sur un seul rang.

1. C. DES PRÉS. *C. pratensis.* Vulg. *cresson des prés.* Feuilles pinnatifides, les radicales à lobes arrondis, et les caulinaires à segm. linéaires, entiers ; stigmate en tête ; fleurs roses ou d'un lilas pâle. ♃ dans les prés humides, en avril et mai. 12 à 15 p. CC.

2. C. VELU. *C. hirsuta.* Feuilles pinnatifides, un peu hérissées de poils, les radicales à lobes pétiolés, arrondis, les supérieures à lobes presque sessiles, oblongs ; tige dressée, grêle ; siliq. rapprochées ; fl. blanches. ⊙ dans les vignes, en avril. 8 à 10 p. CC. On rencontre souvent la variété suivante.

Variété : β. *Glabra.* Tout-à-fait glabre.

3. C. STIPULÉE. *C. impatiens.* Feuilles pinnatifides à lobes ovales, un peu dentés, les infér. rapprochés de la tige, aigus, en forme de stipules ; fl. blanches. ⊙ bois humides, près du Loir, mai. 6-12 p. R.

2.e TRIBU. *Alyssinées, ou Pleurorhizées siliculeuses à cloison large.*

Valves planes ou concaves, non carénées ; cloison dans le plus grand diamètre du fruit.

27. ALYSSUM. *ALYSSUM.* Cal. un peu ouvert ; pét. entiers ; étam. dentées ; silicule comprimée, arrondie, terminée en pointe par le style ; loges à 1 ou 2 graines.

1. A. DES CHAMPS. *A. campestre.* Tiges étalées ; feuilles lancéolées, linéaires, un peu hérissées, vertes ; fl. petites, jaunes, à pétales un peu bifides ; cal. caduc ; silic. arrondies, tuberculeuses, hérissées. ⊙ champs sablonneux, mai. 6 à 8 p. RR. (*M. Baillot*).

2. A. CALYCINAL. *A. calycinum.* Tiges grêles, étalées ; feuil. lancéolées, linéaires, blanchâtres ; silicules convexes au milieu ; calice

persistant ; fl. jaunes, très-petites, rassemblées à l'extrémité des tiges, qui s'alongent ensuite, de sorte que les fruits sont en épi. ⊙ champs sablonneux, en mai-juillet. 4 à 6 p. C.

On cultive l'Alyssum des rochers (*A. saxatile*), vivace, à tiges couchées, à feuilles lancéolées, cotonneuses ; les belles touffes de fleurs jaunes qu'il présente au printemps lui ont mérité le nom de *Corbeille d'or*.

28. EROPHILE. *EROPHILA*. Calice un peu écarté ; pétales bipartis ; silicule ovale, allongée ; cloison membraneuse ; stigmate sessile ; semences nombreuses en deux rangées.

1. E. PRINTANIÈRE. *E. vulgaris* (*Draba verna*). Feuilles radicales, oblongues, souvent hérissées de poils, formant une petite rosette d'où s'élèvent plusieurs hampes filiformes à 5-15 fleurs blanches, petites. ⊙ sur les murs, en avril. 3 à 4 p. CC.

Dans la tribu des Alyssinées se trouve aussi la Lunaire (*Lunaria biennis*), cultivée dans les jardins pour ses fleurs pourprées assez grandes, et pour ses silicules ; elles sont ovales, planes, très-grandes, transparentes, à cloison persistante, nacrée, et forment son principal caractère.

Le Cochléaria officinal (*Cochlearia officinalis*), et le Cochléaria rustique (*Cochlearia armoracia*), vulg. *grand raifort sauvage*, appartiennent aussi à cette tribu. Ils sont caractérisés par leur silicule globuleuse ou oblongue à style très-court, et distingués, le premier par ses feuilles arrondies en forme de cuiller, le second par sa racine très-grosse, par ses feuilles radicales, grandes, oblongues, crénelées, et sa tige haute de deux pieds garnie de feuilles découpées ; leurs fleurs sont blanches ; ils se resément souvent eux-mêmes dans les jardins, et le 2.e se trouve aussi quelquefois dans les terrains voisins.

3.e TRIBU. *Thlaspidées, ou Pleurorhizées siliculeuses à cloison étroite.*

Valves carénées ou en nacelle ; cloison dans le plus petit diamètre du fruit.

29. THLASPI. *THLASPI*. Anc.t *Tabouret*. Pét. entiers, étam. sans dents ; silicule émarginée ; valves carénées, ailées ; semences nombreuses, ovales. Fl. blanches.

1. T. DES CHAMPS. *T. arvense*. Feuilles oblongues, dentées ; tiges dressées ; silicule arrondie, très-applatie ; semences striées. ⊙ dans les champs, en été. 8 à 10 p. Les feuilles ont une couleur glauque ainsi que dans les deux espèces suivantes. C.

2. T. PERFOLIÉ. *T. perfoliatum*. Feuilles un peu dentées, les radicales pétiolées, les caulinaires amplexicaules, en cœur ; silicule en cœur ; semences non striées ; pétales égaux au calice. ⊙ dans les champs, en été. 8 à 10 p. C.

3. T. A ODEUR D'AIL. *T. alliaceum*. Feuilles oblongues un peu dentées, les radicales pétiolées, les caulinaires munies à la base d'oreillettes aigues embrassant la tige ; silic. ventrues, ovales ; semences non striées. ⊙ forêt d'Amboise. 8 à 18 p. R.

30. TEESDALIA. *TEESDALIA*. Calice caduc ; pét. entiers, égaux ou inégaux ; étam. munies d'une petite écaille à la base ; silicule ovale, émarginée ; style nul ; 2 graines orbiculaires dans chaque loge. Fl. blanches très-petites. Herbes à feuilles radicales pinnatilobées en rosette.

1. T. IBERIDE. *T. iberis.* Pétales inégaux ; tiges avec quelques feuilles. ⊙ lieux secs, en avril. 2 à 6 p. R.

2. T. A TIGE NUE. *T. lepidium.* Pétales égaux, feuilles très-étroites, tiges tout-à-fait nues. ⊙ lieux secs, sablonneux, Couzière, en avril. 2 à 3 pouces. RR.

31. IBERIDE. *IBERIS.* Pétales inégaux, étamines sans dents, silicule très-applatie, émarginée, à valves carénées, prolongées en aile au sommet ; style persistant, filiforme ; loges monosp. Fl. blanches ou pourprées.

1. I. DES CHAMPS. *I. amara.* Feuilles lancéolées, aigues, avec quelques dents écartées ; fleurs en corymbe qui s'alonge après la floraison, de sorte que les silicules forment une grappe alongée. ⊙ dans les moissons. 8 à 10 p. C.

On le cultive dans les jardins sous le nom de *Thlaspi* pour ses fleurs blanches. On cultive également l'Ibéride ombellée (*I. umbellata*), dont les fleurs sont violettes, et dont les silicules forment une ombelle.

II.e SOUS-ORDRE. — NOTORHIZÉES (O ||).

Cotylédons plans ; radicule dorsale ou appliquée sur le milieu (*comme au signe ci-dessus*) ; semences ovales, non marginées.

4.e TRIBU. *Sisymbriées ou Notor. siliqueuses.*

Silique biloculaire, s'ouvrant d'elle-même, à valves concaves ou carénées.

32. SISYMBRE. *SISYMBRIUM.* Calice écarté, pétales entiers, étam. sans dents, silique sessile, cylindrique, valves concaves ; style presque nul ; 2 stigm. distincts ; semences ovales ou oblongues sur un seul rang.

1. S. OFFICINAL. *S. officinale* (*Erysimum officinale* L.) Vulg. *herbe au chantre.* Tige droite, divisée en rameaux écartés, pubescente ainsi que les feuilles, qui sont roncinées ; siliques appliquées contre la tige ; fleurs très-petites, jaunes. ♃ lieux incultes, bord des chemins, en été. 12 à 18 p. CC.

2. S. A PETITES FLEURS. *S. sophia.* Tige droite, très-rameuse : feuilles bipinnatifides à divisions linéaires ; pétales plus petits que le calice ; fl. jaunes, très-petites. ⊙ au bord des chemins, en été. 12-15 p. CC.

3. S. A LARGES FEUILLES. *S. irio.* Tige glabre, simple et peu rameuse : feuilles glabres, roncinées, à lobes dentés ; lobe terminal alongé ; siliques redressées ; fl. jaunes, petites. ⊙ au bord des chemins, en été. 10 à 12 p. C.

33. ALLIAIRE. *ALLIARIA.* Calice écarté, caduc ; étam. sans dents ; siliq. presque tétragone ; style très-court ; semences presque cylindriques. Fl. blanches.

1. A. OFFICINALE. *A. officinalis.* (*Erysimum alliaria* L.) Feuilles en cœur, pétiolées, dentées ; siliques beaucoup plus longues que le pédoncule. ♃ dans les haies, en mai. 12 à 24 p. Remarquable par son odeur d'ail. C.

34. ERYSIMUM. *ERYSIMUM.* Anc.[1] *Vélar.* Calice serré, pétales entiers, étam. sans dents ; siliq. tétragones, à valves carinées ; style presque nul ; 2 stigm. écartés ; sem. ovales ou oblongues sur un rang.

1. E. GIROFLÉE. *E. cheiranthoides.* Feuilles lancéolées, un peu dentelées, un peu rudes, d'un beau vert ; fleurs jaunes, petites. ⊙ dans les champs, Rochecorbon, Montlouis, en été. 12 à 18 p. R.

2. E. A FEUILLES D'ÉPERVIÈRE. *E. strictum* (*E. hieracifolium*). Feuilles lancéolées, dentées, pubescentes. ♂ Trouvée autrefois par M. *Baillot* dans les îles de la Loire.

La Julienne des jardins (*Hesperis matronalis*) et la *Malcomia maritima* vulg. *Gazon de Mahon*, font partie de la tribu des Sisymbriées.

5.e TRIBU. *Camelinées, ou Notorhizées siliculeuses à cloison large.*

Silicule à 2 ou à une loge, à valves concaves ; semences nombreuses, arrondies, oblongues, non marginées.

35. CAMELINE. *CAMELINA.* Pétales entiers ; étam. sans dents ; silicule ovale ou globuleuse, surmontée par le style filiforme persistant. Fl. jaunes.

1. C. CULTIVÉE. *C. sativa.* (*Myagrum sativum* L.) Feuilles radicales, oblongues, presque entières : les caulinaires lancéolées, auriculées à la base. ⊙ dans les moissons, en juin et juillet. 15-24 p. R. On la cultive dans quelques départemens pour retirer l'huile de ses semences.

36. NESLIE. *NESLIA.* Pét. entiers ; étam. sans dents ;

silicule coriace, indéhiscente, globuleuse, comprimée; la cloison disparaît souvent et fait paraître la silicule uniloculaire; les valves ne sont pas distinctes; graines solitaires, globuleuses. Fleurs jaunes.

1. N. PANICULÉE. *N. paniculata.* (*Myagrum paniculatum* L.) Feuilles velues, rudes, amplexicaules, sagittées. ⊙ dans les champs, N.-D. d'Oé, en juin et juillet. 18 p. R.

6.e TRIBU. *Lépidinées, ou Notorhizées siliculeuses à cloison étroite.*

Valves carénées ou très-concaves; graines solitaires ou peu nombreuses, ovoïdes, non marginées.

37. SENNEBIÈRE. *SENNEBIERA.* Calice étalé, pétales entiers, stigmate sessile; silicule orbiculaire, comprimée, biloculaire, à loges monospermes; les valves globuleuses, rugueuses ou hérissées de pointes, ne s'ouvrent pas. Fl. blanches très-petites.

1. S. CORNE DE CERF. *S. coronopus.* (*Coronopus vulgaris* Lam.) Herbe très-basse, à feuilles pinnatifides, glabres, formant d'abord une rosette appliquée à la terre, avec quelques fleurs sessiles au centre; des tiges couchées se développent ensuite et portent des fleurs axillaires: silicule hérissée. ⊙ dans les chemins, en été. CC.

38. CAPSELLE. *CAPSELLA.* Pétales entiers, étamines sans dents, stigmate sessile; silicule triangulaire, aplatie; loges à 8-10 graines.

1. C. BOURSE A PASTEUR. *C. bursa-pastoris.* (*Thlaspi bursa-pastoris* L.) Feuilles très-variables, les radicales ordinairement pinnatifides, en rosette, les caulinaires sagittées. Fleurs blanches, petites. ⊙ au bord des chemins. 12 à 15 p. CC.

39. PASSE-RAGE. *LEPIDIUM.* Calice étalé; silicule ovale, comprimée, déhiscente, à 2 loges monospermes. Herbes à fleurs blanches, très-petites, paniculées.

1. P. A FEUILLES DE GRAMEN. *L. iberis.* (*L. graminifolium* L.) Tige très-rameuse; feuilles glabres, les radicales oblongues, dentées ou pinnatifides, les caulinaires linéaires, entières; silicules ovales, aigues, terminées en pointe par le stigmate. ♃ au bord des chemins, dans les murs, en juillet et août. 18 à 24 p. CC.

2. P. A LARGES FEUILLES. *L. latifolium.* Tiges droites, très-rameuses, glabres et glauques, ainsi que les feuilles qui sont grandes (6 à 8 p.),

lancéolées, un peu dentées, les inférieures sont pétiolées, les autres sessiles ; silicules terminées en pointe. ♃ lieux humides, près de la Choisille, près de l'Indre, juin et août. 24 à 36 p. R.

3. P. CHAMPÊTRE. *L. campestre.* (*Thlaspi campestre* L.) Tige rameuse, pubescente ; feuilles pubescentes, les radicales pétiolées, sinuées, un peu en lyre, les caulinaires sessiles, sagittées, dentées, serrées contre la tige ; silicules arrondies, échancrées, style très-court, dans l'échancrure. ⊙ dans les champs, au bord des chemins, mai et juin. 8 p. C.

4. P. CRESSON ALÉNOIS. *L. sativum.* Plante glauque et glabre, très-rameuse ; feuilles inférieures pinnées ou bipinnées, les supérieures simples, linéaires ; silicules orbiculaires, ailées, émarginées. ⊙ originaire de l'Orient, il est cultivé dans les jardins et se propage quelquefois de lui-même dans les lieux incultes, mai et juin. 12-16 p. C.

5. P. DES RUINES. *L. ruderale.* Plante glabre, d'une odeur fétide, très-rameuse ; feuilles radicales pinnatifides, celles des rameaux linéaires, très-entières ; silicules ovales, un peu échancrées, plus courtes que le pédoncule. Fleurs très-petites, quelquefois sans pétales avec 2 ou 4 étamines. ⊙ dans les décombres, près l'Hospice, mai et juin. 8 à 12 p. R.

7.e TRIBU. *Isatidées, ou Notorhizées à silicule uniloculaire, monosperme, sans cloison; valves peu distinctes ou indéhiscentes.*

40. PASTEL. *ISATIS.* Calice égal, ouvert ; pétales entiers, étamines sans dents, stigmate sessile ; silicule oblongue, déprimée, à valves ailées au sommet. Fleurs jaunes, feuilles entières.

1. P. DES TEINTURIERS. *I. tinctoria.* Vulg. *Guède.* Tige droite, rameuse, glabre ; feuilles supérieures lancéolées, amplexicaules, auriculées à la base, glauques. Fleurs jaunes paniculées. Silicules pendantes, noirâtres. ♂ côteaux exposés au midi, St.-Georges, en été. 20 à 30 p. R. On la cultive dans quelques départemens.

41. MYAGRE. *MYAGRUM.* Calice redressé ; pétales à peine plus longs que le calice ; style court, persistant ; silicule subéreuse, dilatée au sommet en deux lacunes vides, et portant au-dessous une seule loge monosperme.

1. M. PERFOLIÉ. *M. perfoliatum.* Tige droite ; feuilles glabres, glauques, les radicales oblongues, sinuées, les caulinaires amplexicaules, sagittées. Fleurs petites, d'un jaune pâle, paniculées. ⊙ dans les moissons, à Ballan, Dolus. 18 p. R.

3.e SOUS-ORDRE. — ORTHOPLOCÉES (O ≫).

Cotylédons ployés au milieu, et formant une gouttière où est reçue la radicule (*comme au signe ci-dessus*); semences non marginées, globuleuses.

8.e TRIBU. *Brassicées, ou Orthoplocées siliqueuses.*

42. CHOU. *BRASSICA*. Calice droit, resserré; silique cylindrique; style court, obtus; semences rondes, sur un seul rang.

1. C. POTAGER. *B. oleracea.* Feuilles très-glabres, sinueuses ou lobées, un peu charnues, couvertes d'une poussière qui les fait paraître glauques. Fleurs jaunes, grandes, paniculées. ♂ La culture a obtenu depuis longtemps un grand nombre de variétés de cette utile plante. La sève abondante qu'elle puise dans le terreau des jardins a produit un développement excessif, soit des feuilles dans les *Choux-pommés*, soit de la tige dans les *Choux-rave*, soit des pédoncules de la fleur qui forment une masse charnue dans les *Choux-fleur*; de là résultent, en comprenant le *Chou-vert* qui se rapproche le plus de l'espèce sauvage, cinq variétés principales, subdivisées en sous-variétés nombreuses, constamment reproduites par le semis.

Variétés : *A.* Chou-sans-tête, chou-vert. *B. O. acephala.* Tige haute quelquefois de six pieds, garnie au sommet de feuilles étalées, que l'on cueille successivement pour les bestiaux.

Une sous-variété plus basse est préférée pour la cuisine.

Le *Chou de Bruxelles*, que l'on commence à cultiver beaucoup, est une sous-variété du *B. acephala.*

B. Chou-pommé et frisé. *B. O. bullata.* Tige courte; feuilles concaves, crêpues, rapprochées en tête, jaunâtres au centre. La sous-variété cultivée en Touraine porte le nom de *Chou-pancalier*, nom que l'on donne ailleurs à un Chou-vert.

C. Chou-cabus. *B. O. capitata.* Tige très-courte; feuilles concaves, non crêpues, rapprochées en tête, très-serrées, blanchâtres au centre.

S.-*Var.* : α. *Depressa.* A tête plus large que haute.
β. *Conica.* A tête plus haute que large : *Chou pain de sucre.*
γ. *Rubra.* Feuilles extérieures colorées en rouge : *Chou rouge.*

D. Chou-rave. *B. O. caulo-rapa.* Tige renflée, globuleuse à l'origine des feuilles. Très-peu cultivé.

E. Chou-fleur. *B. O. botrytis.* Pédoncules courts, charnus, rassemblés en corymbe avant la floraison; fleurs souvent avortées.

Le *Brocoli*, très-cultivé aussi, diffère du Chou-fleur par ses dimensions plus fortes et par ses feuilles découpées.

2. C. CHAMPÊTRE. *B. campestris.* Feuilles un peu charnues, couvertes d'une poussière bleuâtre, les inférieures hispides, ciliées, découpées en lyre, les supérieures glabres, amplexicaules, cordiformes. Fleurs jaunes. ♂ ⊙ On cultive plusieurs de ses variétés.

Variétés : α. C. Colza. *B. C. oleifera.* Racine grêle, tige allongée. Sa graine fournit l'huile à quinquet. Peu cultivé. Sa graine se donne aux oiseaux sous le nom de *navace.*

β. Chou-navet. *B. C. napo-brassica.* Racine gonflée, charnue, conique, très-blanche.

Une autre variété à racine grosse, globuleuse, jaunâtre, porte le nom de *Ruta baga*, ou *Navet de Suède.* Elle est cultivée en grand chez quelques riches propriétaires.

3. C. NAVET. *B. napus.* Feuilles glabres, courvertes d'une poussière bleuâtre, les radicales en lyre, les caulinaires pinnatifides et crénelées, celles du sommet amplexicaules, cordiformes et lancéolées; fleurs jaunes en panicule droite; siliques noueuses, écartées. ♂.

Variétés : *A.* La Navette d'hiver. *B. N. oleifera.* Racine grêle. Sa graine sert à faire l'*huile de rabette.* Peu cultivé, et seulement pour en donner la graine aux oiseaux.

B. Le Navet. *B. N. esculenta.* Sa racine gonflée, fusiforme, sert d'aliment; elle est blanche, jaune, ou noire extérieurement.

4. C. TURNEPS. *B. rapa.* Vulg. *la Rabe.* Feuilles rudes, hérissées, sans poussière, les radicales en lyre, les caulinaires découpées, celles du sommet entières, lisses. ♂. Sa racine, très-gonflée et déprimée, sert à la nourriture pour les bestiaux. Il a aussi une variété oléifère dont la racine est grêle. Très-cultivé, se sème après la récolte du seigle.

5. C. GIROFLÉE. *B. cheiranthos.* Feuilles pétiolées, hérissées, pinnatifides, à lobes sinués, dentés, oblongs, feuilles supérieures à lobes linéaires; tige hérissée à le base; silique terminée par le style formant un bec conique qui contient une ou deux graines. Fl. jaunes, grandes. ♂ ou ♃. lieux arides, la Ville-aux-Dames, Cinq-Mars, en juin et juillet. 12 à 24 pouces.

43. MOUTARDE. *SINAPIS.* Présente les caractères du genre *chou*, et en diffère par son calice très-étalé. Fleurs jaunes.

1. M. NOIRE. *S. nigra.* Vulg. *Russe.* Tige droite, élevée, rude: feuilles inférieures en lyre, les supérieures lancéolées, pétiolées, très-entières; siliques glabres, lisses, un peu tétragones, terminées en pointe par le style court, rapprochées de la tige. ⊙ dans les champs, en été. 30 à 40 p. C.

2. M. DES CHAMPS. *S. arvensis.* Vulg. *Russe.* Tige droite, hérissée; feuilles hérissées, les radicales oblongues, sinuées ou lobées, les supérieures ovales, sessiles, dentées; silicules glabres, anguleuses, renflées par intervalle, écartées de la tige et terminées par un bec long

de 4 à 5 lignes comprimé. ⊙ dans les vignes et dans les champs, en été. 10 à 14 p. CC.

3. M. BLANCHATRE. *S. incana.* Tige rameuse couverte de poils blanchâtres; feuilles en lyre, rudes; siliques glabres, courtes (1 à 3 lig.), rapprochées de la tige. ⊙ dans les moissons, Loches. R. *M. Diard.*

4. M. D'ORIENT. *S. orientalis.* Siliques un peu tétragones, couvertes de poils renversés, plus courtes que le bec mince qui les termine. ⊙ dans les moissons. Loches. R. *M. Diard.*

44. DIPLOTAXIS. *DIPLOTAXIS.* **Calice écarté; pétales entiers, à limbe ovale; siliques linéaires, comprimées; valves planes, avec une nervure au milieu; style conique, vide ou portant une ou deux semences; sem. ovoïdes, sur 2 rangs. Fl. jaunes assez grandes.**

1. D. A FEUILLES MENUES. *D. tenuifolia.* Plante glabre d'une odeur fétide; feuilles inférieures pinnatifides, à lobes linéaires, entiers ou pinnatifides, feuilles supérieures entières; pédoncule court; siliques dressées, à style court, sans graines. ♃ lieux incultes, sur les murs, en été. 18 à 24 p. CC.

2. D. DES VIGNES. *D. viminea.* Plante petite, glabre, à feuilles radicales, lyrées, très-obtuses, à tiges nues, tombantes; siliques sessiles, dressées, à style court. ⊙ dans les vignes, Rochecorbon, en été. 6 à 10 pouces. C.

3. D. DES MURS. *D. muralis.* Plante un peu velue. à tiges nues, dressées; feuilles radicales oblongues, dentées, sinuées ou lyrées, glabres, un peu glauques; siliques sessiles, dressées, aplaties. ⊙ lieux incultes, sur les murs, en été. 8 à 12 p. C.

9.e TRIBU. *Raphanées, ou Orthoplocées à siliques articulées.*

45. RADIS. *RAPHANUS.* **Calice redressé, gibbeux à la base; silique cylindrique, coriace, subéreuse, terminée en pointe par le style conique; valves non distinctes; semences globuleuses.**

1. R. CULTIVÉ. *R. sativus.* Silique cylindrique à deux loges séparées par un étranglement, terminées par un bec court, à peine plus longues que le pédoncule; racine renflée, charnue; feuilles rudes, pinnatifides, à lobes arrondis. ⊙ Cultivé dans les jardins, il présente deux variétés principales.

Variétés : A. *Radicula*, à racine blanche ou rose, subdivisée en deux sous-variétés :

α. *Rotunda*, à racine ronde, vulg. *Radis.*

β. *Oblonga*, à racine oblongue, vulg. *petite rave.*

B. *Nigra*, à racine plus dure et plus grosse, noire en-dehors, vulg. *radis noir, raifort.*

2. R. SAUVAGE. *R. rapistrum.* Vulg. *ravenelle.* Silique uniloculaire, striée, terminée en pointe très-longue, et formée de 3 à 8 articles monospermes, séparés par des étranglemens ; feuilles lyrées, rudes ainsi que la tige ; fl. jaunâtres rayées de violet. ⊙ dans les champs, les moissons, en mai et juin. 12 à 14 p. G.

VII. FAMILLE : CAPPARIDÉES.

Calice à 4 sépales ; 4 pétales en croix, souvent inégaux, à onglet ; étamines nombreuses, insérées au fond du calice ; ovaire pédicellé, ovoïde, oblong, composé de deux carpelles étroitement unis ; style unique.

46. CAPRIER. *CAPPARIS.* Silique presque charnue, comme une baie, pédicellée. Arbrisseaux à feuilles simples, entières, pétiolées, alternes, avec des épines tenant la place des stipules.

1. C. ÉPINEUX. *C. spinosa.* Rameaux flexibles ; feuilles arrondies, épines recourbées ; pédoncules uniflores, solitaires ; étamines très-longues. ♄ Naturalisé dans les rochers exposés au midi, à St.-Georges, Rochecorbon, Chinon, fleurit en juillet et août.

VIII. FAMILLE : CISTINÉES.

Calice persistant à 5 sépales, dont 2 extérieurs, plus petits, disparaissent quelquefois, les 3 intérieurs sont tordus avant l'épanouissement ; 5 pétales hypogynes, égaux, caducs ; étamines nombreuses, hypogynes, libres ; un style filiforme ; ovaire libre, devenant une capsule polysperme à 3-5 valves, à 3-5 loges, ou quelquefois uniloculaire. Herbes ou sous arbrisseaux à feuilles simples, avec ou sans stipules ; fleurs jaunes, blanches ou pourprées, très-fugaces.

47. HELIANTHÊME. *HELIANTHEMUM.* Capsule à 3 valves portant les semences.

* *Feuilles sans stipules à la base.*

1. H. TACHÉ. *H. guttatum.* Herbacé, velu ; tige peu rameuse ; feuilles oblongues, lancéolées ; fleurs en panicule, sans bractées, à pétales jaunes, marqués d'une tache brune à la base. ☉ lieux arides et sablonneux, la Ville-aux-Dames, en été. 8 à 12 p. R.

2. H. A FEUILLES DE BRUYÈRE. *H. fumana.* Tige tortueuse, rameuse, couchée ; feuilles linéaires, rapprochées ; fleurs presque solitaires, jaunes. ♄ côteaux calcaires, Rochecorbon, Cinq-Mars, Loches, terrains sablonneux, la Ville-aux-Dames, en mai et juin. 4 à 6 p. R.

** *Feuilles stipulées.*

3. H. COMMUN. *H. vulgare.* Tige couchée, rameuse ; feuilles oblongues, un peu velues, vertes en dessus, blanchâtres en dessous, un peu roulées sur les bords ; pédoncules et calices velus ; fleurs jaunes. ♃ lieux secs, sur les côteaux, en été. 4 à 6 p. C.

4. H. DES APPENNINS. *H. Apenninum.* Tige un peu ligneuse, à rameaux écartés ; feuilles pétiolées, oblongues, linéaires, glauques en dessus, blanchâtres en dessous ; calice pubescent, strié, blanchâtre : fleurs blanches. ♄ côteaux arides, Rochecorbon, en juin et juillet. 8 à 12 p. RR.

5. H. OBSCUR. *H. obscurum.* Tige un peu ligneuse, redressée, très-rameuse ; feuilles ovales, hérissées, vertes des deux côtés ; stipules ciliées, plus longues que le pétiole ; fleurs jaunes. ♄ côteaux de l'Indre, Loches, en été. 8 à 10 p. RR.

De la même famille, sont les *Cistes,* très-nombreux dans l'Europe méridionale, et dont les jardiniers cultivent en pot plusieurs espèces.

IX. FAMILLE : VIOLARIÉES.

Calice persistant à 5 sépales libres ou un peu réunis à la base ; 5 pétales alternes, inégaux, l'inférieur terminé en éperon ; 5 étamines rapprochées par le sommet, à filets élargis ; un style ; un ovaire uniloculaire, polysperme, à 3 valves. *Herbes à feuilles alternes, stipulées.*

48. VIOLETTE. *VIOLA.* Sépales prolongés à la base ; pédonc. uniflores, solitaires aux aisselles des feuilles.

1. V. ODORANTE. *V. odorata.* Tige presque nulle, à rejets rampans ; feuilles en cœur arrondi, crénelées, glabres ; sépales obtus ; stigmate aigu, recourbé ; capsules globuleuses, pubescentes. ♃ dans les bois et les haies, en mars et avril. CC.

2. V. HÉRISSÉE. *V. hirta.* Elle diffère de la précédente par les feuilles et surtout les pétioles velus, ainsi que les capsules ; les sépales sont ciliés au bord ; les fleurs, d'un bleu pâle, sont inodores. ♃ dans les bois, Baudry, Cangé, en avril et mai. R.

3. V. DE CHIEN. *V. canina.* Tige allongée, rugueuse : feuilles glabres, en cœur ; sépales subulés ; pédoncules glabres ; capsule allongée, triangulaire, à valves acuminées ; stigmate aigu, recourbé ; fleurs d'un bleu pâle, inodores. ♃ dans les haies, en avril et mai. CC.

4. V. PENSÉE. *V. tricolor.* Tiges rameuses, diffuses, glabres ; feuilles allongées, crénelées ; stipules pinnatifides, à lobe moyen, oblong, crénelé ; stigmate en entonnoir poilu ; pétales étalés, de couleur différente. ⨀ Cette plante présente un grand nombre de variétés, nous avons surtout les suivantes.

Variétés : α. Des jardins. *Hortensis.* Pétales beaucoup plus grands que le calice, les supérieurs très-veloutés. ⨀ Se sème d'elle-même dans les jardins.

β. Dégénérée. *Degener.* Pétales un peu plus grands que le calice, peu veloutés, stipules très-grandes. ⨀ dans les potagers.

γ. Des champs. *Arvensis.* Pétales de la longueur du calice, faiblement colorés, blanchâtres. ⨀ dans les moissons et les champs sablonneux, en été. 6 p. C.

X. FAMILLE : RÉSÉDACÉES.

Calice persistant à 4-6 sépales continus avec le pédoncule ; 4-6 pétales hypogynes, alternes, inégaux, souvent laciniés ; 10-24 étamines, 3-6 ovaires libres ou soudés, couronnés par autant de styles courts ; semences attachées au milieu des carpelles. *Herbes à feuilles alternes, à fleurs petites, en épis alongés.*

49. RÉSÉDA. *RESEDA.* 10-24 étamines ; 3-6 carpelles réunis en une capsule triangulaire, s'ouvrant au sommet, uniloculaire, à semences nombreuses.

1. R. CALYCINAL. *R. phyteuma.* Tige un peu rude, à rameaux nombreux, étalés, redressés ; feuilles ondulées, lancéolées, obtuses ou trilobées ; calices très-grands à 6 sépales ; fl. blanches, à 3 stigmates ; fruits en épis lâches. ⨀ champs sablonneux, la Ville-aux-Dames, en juin. 8 à 12 p. RR.

2. R. JAUNE. *R. lutea.* Tige glabre, à rameaux nombreux, étalés, redressés ; feuilles ondulées, pinnatifides, les supérieures trifides ;

calice à 6 sépales ; fleurs jaunes à 3 stigmates ; fruits en épis lâches. ♃ au bord des chemins, en été. 12 à 18 p. C.

Le Réséda odorant (*R. odorata*), originaire d'Afrique, se propage de lui-même dans les jardins.

3. R. GAUDE. *R. luteola*. Vulg. *la gaude*. Tige droite, à rameaux rapprochés ; feuilles entières, ondulées, lancéolées ; calice à 4 sépales ; 4 stigmates ; fruits en long épi serré. ♂ lieux incultes, bords des chemins, en été. 20 à 30 p. CC. On la cultive pour la teinture.

50. ASTROCARPE. *ASTROCARPUS*. 12-15 étamines; 4-6 carpelles disposés en étoile sur un réceptacle en forme de pédoncule, une à deux graines dans chaque carpelle, qui s'ouvre longitudinalement vers le centre.

1. A. SÉSAMOÏDE. *A. sesamoïdes* (*Reseda sesamoïdes* L.) Tiges nombreuses, couchées, grêles, terminées par un long épi de fleurs blanches redressé ; feuilles linéaires, obtuses, entières. ♃ terrains sablonneux, St.-Martin-le-Beau, Montbazon, en mai. 8 à 10 p. R.

XI. FAMILLE : DROSÉRACÉES.

Calice persistant à 5 sépales ; 5 pétales hypogynes, alternes ; 5 étamines ; 1 ovaire à 3-5 styles devenant une capsule polysperme, à 3-5 valves, sur le milieu desquelles sont fixées les semences.

51. ROSSOLIS. *DROSERA*. Pétales sans appendices ; 3-5 styles bifides, disposés en étoile ; capsule à 3 valves. Herbes à feuilles radicales en rosette, hérissées de poils rougeâtres, glanduleux.

1. R. A FEUILLES RONDES. *D. rotundifolia*. Feuilles arrondies, à pétioles poilus ; hampes trois fois plus longues que les feuilles et terminées par un épi de fleurs blanches. ⨀ lieux tourbeux, forêt de Chinon, en juillet. 6 à 10 p. RR.

2. R. A FEUILLES LONGUES. *D. intermedia* (*D. longifolia* L.) Feuilles ovales, alongées, à pétioles glabres ; hampes de la longueur des feuilles. ⨀ mêmes lieux. RR.

52. PARNASSIE. *PARNASSIA*. 5 pétales arrondis, veinés, munis à la base d'écailles bordées de poils blancs, glanduleux ; 4 stigmates persistans ; capsules uniloculaires, à 4 valves.

1. P. DES MARAIS. *P. palustris*. Tige simple, uniflore, munie d'une feuille amplexicaule ; feuilles radicales, pétiolées, en cœur. Fleurs blanches. ♃ prés marécageux, Neuillé, Savigné, en août. 8 à 10 p. R.

XII. FAMILLE : POLYGALÉES.

Calice à 5 sépales, 2 intérieurs en forme de pétales, 3 extér. plus petits ; 3-5 pétales hypogynes réunis en tube avec les filets des étamines, et seulement séparés au sommet ; 8 étamines réunies en 2 faisceaux ; 1 style, 1 stigmate, 1 ovaire libre à 2 ou rarement à 1-3 loges monospermes. *Herbes à feuilles alternes, articulées, sans stipules ; fleurs irrégulières, en épi.*

53. POLYGALA. *POLYGALA.* Calice persistant, sépales intérieurs formant deux ailes ; pétales réunis en tube, l'inférieur en forme de carène ; capsule comprimée, ovale ou en cœur. Fleurs bleues ou roses, rarement blanches.

1. P. COMMUN. *P. vulgaris.* Tiges simples, dressées ; feuilles linéaires, lancéolées ; ailes du calice un peu plus longues que la corolle et plus courtes que la capsule. ♃ pelouses sèches, bord des bois, dans le printemps et l'été. 6 à 8 p. CC.

2. P. AMER. *P. amara.* Tiges couchées, puis redressées ; feuilles radicales ovales, arrondies, feuilles caulinaires, linéaires ; ailes ovales égalant la corolle ; capsules arrondies. ♃ pelouses sèches, Baudry, en été. 3 à 4 p. C.

Variétés : α. *Austriaca.* Très-amère ; fleurs petites, blanchâtres ; ailes devenant vertes après la floraison.

β. *Alpina.* Sans amertume ; fleurs bleues peu nombreuses ; tiges couchées formant des touffes basses.

Nota. La XIII.[e] fam., celle des *Frankéniacées,* ne comprend que le genre *Frankénia,* formé de plantes maritimes.

XIV. FAMILLE : CARIOPHYLLÉES.

Fleurs régulières ; calice souvent persistant, à 4-5 sépales libres ou soudés en un tube à 4-5 dents, autant de pétales alternes, à onglet, insérés sur un réceptacle (*anthophore*) plus ou moins élevé dans le calice, et souvent munis d'écailles entourant la gorge de la corolle; étamines en nombre double; 2-5 styles; ovaire simple, inséré au sommet du réceptacle, à 2-5 valves devenant une capsule polysperme, qui s'ouvre au sommet et présente autant de loges qu'elle a de valves; ou, plus souvent, devient uniloculaire; placenta central. *Herbes à feuilles entières opposées.*

1.re Tribu. *SILÉNÉES. Calice en tube à 4-5 dents.*

54. GYPSOPHILE. *GYPSOPHILA.* Calice campanulé à 5 lobes membraneux sur les bords; 5 pétales à peine onguiculés; 10 étamines; 2 styles; capsule uniloculaire; semences rondes.

1. G. des murs. *G. muralis.* Tige dichotome, paniculée, très-rameuse; fleurs axillaires, solitaires, à pétales crénelés, roses. ⊙ dans les champs sablonneux, en juillet et août. 6 à 8 p. C.

55. OEILLET. *DIANTHUS.* Calice en tube à 5 dents, avec 2 ou 3 écailles opposées, imbriquées à la base; 5 pétales à onglet très-long; 10 étamines; 2 styles; capsule uniloculaire; semences plates.

1. Œ. des fleuristes. *D. cariophyllus.* Fleurs solitaires, très-larges; écailles calicinales, très-courtes, ovales; feuilles linéaires, canaliculées, glauques. ♃ sur les rochers exposés au midi, en juillet. C. Les Œillets doubles, si recherchés des amateurs, sont des variétés de cette plante.

2. Œ. prolifère. *D. prolifer.* Fleurs réunies en tête; bractées ovales; écailles calicinales, ovales, surpassant le calice, qui est glabre; feuilles denticulées. ⊙ au bord des levées, en juin. 12-15 p. C.

3. Œ. velu. *D. armeria.* Fleurs en tête; bractées lancéolées, aigues; écailles calicinales prolongées en pointe, égales au calice; feuilles subulées, velues, ainsi que le calice. ⊙ lieux stériles, en juillet. 15 à 18 p. C.

4. Œ. des Chartreux. *D. carthusianorum.* Tige droite, simple; bractées ovales, aristées, plus courtes que les fleurs, qui sont en tête, avec le calice glabre, muni d'écailles ovales, aristées, plus courtes que le tube; feuilles étroites, glabres, à 3 nervures; pétales rouges, crénelés. ♃ lieux stériles, prairie du Cher, en été. 12 à 18 p. C.

On voit fréquemment dans les jardins l'*Œ. barbu* (*D. barbatus*), vulg. *Œillet de poëte*. Ses feuilles sont assez larges, lancéolées, aigues, et ses fleurs nombreuses, d'un beau rouge ou variées, sont réunies en faisceaux et entremêlées avec les écailles calicinales, longues, linéaires, qui le font en effet paraître barbu. L'*OEillet mignardise*, dont le nom botanique est *D. moschatus*, est aussi employé à faire des bordures d'un charmant effet.

56. SAPONAIRE. *SAPONARIA.* **Calice en tube à 5 dents, nu à la base ; pétales à onglet ; 10 étamines ; 2 styles ; capsules uniloculaires.**

1. S. DES VACHES. *S. vaccaria.* Plante glauque, glabre ; tige droite, terminée par les fleurs roses, en panicule ; calice renflé en pyramide à 5 angles ; feuilles ovales, lancéolées, sessiles ; corolle à gorge nue. ⨀ dans les moissons, St.-Côme, en été. 14 à 18 p. R.

2. S. OFFICINALE. *S. officinalis.* Tige droite, pubescente ; feuilles ovales, lancéolées, glabres : fleurs en panicule verticillée, d'un blanc rose, à calice jaunâtre, pubescent ; pétales émarginés, munis d'une écaille linéaire. ♃ au bord des chemins, îles de la Loire, en juillet et août. 18 à 24 pouces. C. Elle fournit à la culture une variété à fleurs doubles.

57. CUCUBALE. *CUCUBALUS.* **Calice campanulé à 5 dents, persistant ; 5 pétales bifides, à onglet ; corolle à gorge couronnée ; capsule charnue, uniloculaire.**

1. C. BACCIFÈRE. *C. bacciferus.* Tige faible, un peu grimpante, pubescente, à rameaux écartés ; feuilles ovales, pubescentes ; pétales blancs, écartés. ♃ dans les haies, les lieux ombragés, Marmoutiers, juillet et août. 30 à 40 p. R.

58. SILÈNE. *SILENE.* **Calice nu, tubuleux ou renflé, à 5 dents ; 5 pétales bifides à onglet, souvent avec une écaille autour de la gorge ; 10 étamines ; 3 styles ; capsule pédicellée, présentant 6 dents au sommet quand elle s'ouvre.**

1. S. ENFLÉ. *S. inflata* (*Cucubalus Behen* L.) Tiges rameuses ; feuilles glabres, glauques, les inférieures spatulées, les supérieures lancéolées, réunies à la base ; fleurs blanches, paniculées, à pétales nus, bifides ; calice vésiculeux, enflé ; styles très-longs. ♃ au bord des chemins, dans les champs, en été. 15 à 18 p. CC. Il présente une variété poilue.

2. S. DIOÏQUE. *S. otites.* Tiges droites, légèrement pubescentes, presque nues ; feuilles inférieures spatulées ; fleurs petites, verdâtres, à pétales linéaires, entiers, souvent dioïques, en épis verticillés ; fleurs femelles à calice sphérique, fleurs mâles à calice en massue, avec les étamines saillantes. ♃ lieux sablonneux, stériles, Ciran, Loches, en été. 12 à 15 p. R. *M. Diard.*

3. S. CONIQUE. *S. conica.* Tige droite, souvent simple, velue ; feuilles linéaires, molles, velues ; fleurs solitaires ou paniculées, à pétales roses, bifides ; calice conique à 30 stries, velu. ⨀ terrains sablonneux ; la Ville-aux-Dames, bord de la Loire, en été. 6 à 9 p. C.

4. S. D'ANGLETERRE. *S. Anglica.* Tige grêle, droite, rameuse, velue ;

feuilles lancéolées, aigues ; fleurs petites, blanches, en épi, à gorge couronnée, à pétales en cœur ; calice cylindrique, ventru, à 10 stries, à dents très-longues, aigues. ⊙ dans les moissons, Varennes, en été. 12 à 16 p. RR.

5. S. DE FRANCE. *S. Gallica.* Tige grêle, droite, rameuse, hérissée ; feuilles inférieures spatulées, les supérieures lancéolées, obtuses ; fleurs roses, à pétales entiers, en épi, d'un seul côté, à gorge couronnée ; calice hérissé, cylindrique, ventru, à 10 stries, à dents courtes, aigues. ⊙ dans les moissons, Varennes, en été. 12 à 18 p. R.

6. S. PENCHÉ. *S. Nutans.* Plante un peu pubescente, à rameaux nombreux, couchés à la base, puis redressés ; feuilles inférieures nombreuses, spatulées, les supérieures linéaires, lancéolées ; fleurs paniculées, penchées d'un côté, à pétales jaunâtres, étroits, bifides, souvent roulés en dedans, munis d'écailles alongées ; calice cylindrique, ventru. ♃ lieux secs, Rochecorbon, côteaux de l'Indre, en été. 12 à 18 p. C. Elle répand une odeur suave, le soir.

7. S. A BOUQUETS. *S. armeria.* Plante très-glabre, glauque, visqueuse sous les articulations, rameuse ; feuilles ovales, lancéolées ; fleurs roses en corymbe, à gorge couronnée ; pétales en cœur ; calice en massue. ⊙ dans les moissons, Chenonceaux, Bléré, en été. 8 à 16 p. R. On le cultive sous le nom de *Muscipula* dans les jardins, où il se resème lui-même.

59. LYCHNIS. *LYCHNIS.* Calice en tube à 5 dents, nu ; 5 pétales à onglet, munis souvent d'une écaille à la gorge ; 10 étamines ; 5 styles ; caps. à 1 ou 5 loges.

1. L. DIOÏQUE. *L. dioica.* Calice gonflé ; fleurs blanches dioïques, en panicule dichotome ; pétales échancrés, en cœur ; capsule conique ; feuilles ovales, velues, ainsi que la tige. ♃. au bord des chemins, dans les haies, en été. 15 à 20 p. CC. La variété double, à fleurs roses, est cultivée par les jardiniers sous le nom de *Jacée.*

2. L. LACINIÉ. *L. floscuculli.* Tiges droites, un peu glabres ; calice campanulé, à 10 côtes ; fleurs roses, en panicule dichotome ; pétales élégamment déchiquetés ; feuilles lancéolées, linéaires. ♃ dans les prés humides, en avril et mai. 14 à 20 p. CC. La *Véronique des jardiniers*, jolie fleur rose, ressemblant à un petit œillet, est la variété double de cette plante.

3. L. NIELLE. *L. githago.* (*Agrostema githago* L.) Calice coriace, à dents très-longues, velues ; feuilles linéaires, velues, ainsi que la tige ; fleurs roses, à petales entiers. ⊙ dans les moissons, en juin. 24 à 30 pouces. CC.

La *Croix de Malte* ou *de Jérusalem*, la *Coquelourde* et la *Bourbonnaise*, qui ornent les jardins, sont aussi des plantes de ce genre ; la première, *Lychnis Chalcedonica*, est caractérisée par ses fleurs en tête, d'un rouge vif, à pétales bifides, et dont le calice est en massue ; la seconde, *L. coronaria*, est toute cotonneuse, ses fleurs, d'un rouge pourpre, simples ou doubles, sont solitaires, grandes, à pétales dentelés ; la troisième, *L. viscaria*, a les pétales roses, entiers, les feuilles glabres, linéaires, et les tiges gluantes au-dessous des nœuds. On ne cultive que la double.

2.e Tribu. *ALSINÉES. Calice à 4 ou 5 sépales.*

60. SAGINE. *SAGINA*. Calice persistant à 4-5 sépales ; corolle à 4-5 pétales ou nulle ; 4-5 étamines ; capsule polysperme, uniloculaire, à 4-5 valves.

1. S. couchée. *S. procumbens*. Glabre ; rameaux couchés ; feuilles linéaires, mucronées ; pédoncules droits, penchés après la floraison ; pétales courts, obtus ; sépales ovales, obtus, plus courts que la capsule, qui a 4 valves. ☉ lieux humides, terrains sablonneux, Ballan, en été. 1 à 2 pouces. C.

2. S. apétale. *S. apetala*. Tige droite, pubescente ; rameaux dichotomes ; feuilles linéaires, mucronées ; pédoncules longs, droits ; pétales très-courts, arrondis ou nuls ; sépales lancéolés, obtus. ☉ sur les murs, dans les lieux sablonneux, Ballan, en été. 2 à 4 p. R.

3. S. droite. *S. erecta*. Tiges droites, presque uniflores, glabres ; feuilles linéaires, aigues ; pédoncules raides ; 4 pétales courts, lancéolés, entiers : 4 étamines ; 4 styles courts : 4 sépales lancéolés, aigus. ☉ lieux stériles, Azay-sur-Indre, en avril et mai. 2 à 4 p. R.

61. ÉLATINE. *ELATINE*. Calice à 3-4 sépales ; 3-4 pétales sans onglet ; 6-8 étamines ; 4 styles ; capsule à 4 valves et à 4 loges ; sem. nombreuses, cylindriques.

1. E. a six étamines. *E. hexandra*. Tiges couchées, rameuses ; feuilles ovales, opposées ; fleurs alternes, roses, petites, pédonculées, à 3 sépales, 3 pétales et 6 étamines. ♃ au bord des mares, Manthelan, en été. 2 pouces. RR.

62. HOLOSTÉE. *HOLOSTEUM*. Calice à 5 sépales ; 5 pétales dentés ; 5-4 et plus souvent 3 étamines ; 3 styles ; capsule à une loge, à 6 dents recourbées au sommet ; semences nombreuses.

1. H. en ombelle. *H. umbellatum* (*Alsine umbellata* Lam.) Plante glauque ; à tiges étalées, puis redressées, pubescentes ; feuilles ovales, oblongues ; fleurs en ombelles ; pédoncules réfléchis après la floraison. ☉ sur les murs et les talus, en avril. 4 à 6 p. C.

63. SPERGULE. *SPERGULA*. Vulg. *Spargoule* ou *Spargoute*. Calice à 5 sépales ; 5 pétales entiers ; 5-10 étamines ; 5 styles ; capsule uniloculaire à 6 valves, graines nombreuses.

1. S. des champs. *S. arvensis*. Tiges rameuses, étalées, un peu visqueuses ; feuilles linéaires, verticillées par 8 ou 10, deux fois plus courtes que les entre-nœuds, munies de petites stipules ovales, diaphanes ; fleurs blanches, paniculées ; pédoncules réfléchis après la floraison ; graines globuleuses, noires, un peu hérissées. ☉ champs sablonneux, la Ville-aux-Dames, en été. 4 à 8 p. C.

2. S. A CINQ ÉTAMINES. *S. pentandra.* Diffère de la précédente, dont elle n'est peut-être qu'une variété, par ses fleurs à 5 étamines, et par ses graines comprimées et entourées d'un cercle membraneux, blanchâtres. ⊙ mêmes lieux.

64. LARBREA. *LARBREA.* **Calice quinquéfide ; 5 pétales bifides, insérés sur le calice ainsi que les 10 étamines ; 5 styles ; capsule uniloculaire, polysperme, partagée en 6 valves au sommet.**

1. L. AQUATIQUE. *L. aquatica* (*Stellaria aquatica* Lam.) Tiges glabres, couchées ; feuilles lancéolées, sessiles ; fleurs petites, blanches, en panicules latérales ; pédoncules longs, réfléchis après la floraison ; pétales plus courts que le calice. ♃ marécages, levée de Grammont, en été. 8 à 10 p. RR.

65. STELLAIRE. *STELLARIA.* **Calice à 5 sépales ; 5 pétales bifides ; 10 étamines ou rarement de 3 à 8 ; 3 styles ; capsule uniloculaire, polysperme, s'ouvrant en 6 valves au sommet. Fleurs blanches.**

1. S. DES OISEAUX. *S. media* (*Alsine media* Lam.) Vulg. *mouron des oiseaux, morgeline.* Tiges nombreuses, couchées, avec une rangée de poils, alternativement placée à chaque entre-nœud ; feuilles pétiolées, ovales, aigues, un peu en cœur ; fleurs solitaires, axillaires. ⊙ dans les lieux cultivés, au bord des chemins, en tout temps. 6 à 8 pouces. CC.

2. S. HOLOSTÉE. *S. holostea.* Tiges dressées, faibles, rameuses, quarrées : feuilles lancéolées, aigues, denticulées et rudes au bord, les supérieures plus larges et plus courtes ; pédoncules très-longs, filiformes ; pétales deux fois plus longs que le calice. ♃ dans les haies, en mai. 12 à 18 p. CC.

3. S. GRAMINÉE. *S. graminea.* Tiges faibles, étalées, redressées, quarrées ; feuilles linéaires, aigues, à bords lisses ; fleurs en panicule étalée, à pétales de la longueur du calice. ♃ au bords des bois, dans les buissons, en juin. 8 à 12 p. C.

4. S. GLAUQUE. *S. glauca.* Tiges dressées, faibles, quarrées ; feuilles glauques, lancéolées, linéaires, à bords lisses ; pétales deux fois plus longs que le calice. ♃ lieux humides, près du Cher, en juin. 10-16 p. R.

66. SABLINE. *ARENARIA.* **Calice à 5 sépales ; 5 pétales entiers ; 10 étamines, dont quelquefois une partie manque ; 3 styles ; capsule uniloculaire, polysperme, à 3-6 valves au sommet.**

* *Capsule à 3 valves, feuil. linéaires, munies de stipules scarieuses.*

1. S. DES MOISSONS. *A. segetalis.* Tige filiforme, rameuse, droite, glabre ; stipules laciniées ; sépales scarieux, plus longs que la co-

rolle, marqués d'une ligne verte au milieu ; fleurs blanches. ⊙ dans les moissons, Athée, en mai et juin. 4 à 5 p. R.

2. S. ROUGEATRE. *A. rubra.* Tiges rameuses, couchées, velues (de 5 à 6 p.) ; feuilles charnues ; stipules ovales ; sépales lancéolés, un peu obtus, scarieux au bord ; fleurs roses. ⊙ champs sablonneux, près de la Loire, en été. C.

** *Feuilles sans stipules.*

3. S. A FEUILLES MENUES. *A. tenuifolia.* Tige filiforme, droite, rameuse, dichotome ; feuilles subulées ; sépales subulés, striés, beaucoup plus longs que les pétales ; fleurs petites, blanches ; capsule à 3 valves de la longueur du calice. ⊙ sur les murs, dans les champs arides, en mai et juin. 4 à 5 p. CC.

Variété : 6. Visqueuse (*Viscidula*), plus petite, couverte de poils glanduleux, peu serrés.

4. S. SÉTACÉE. *A. setacea.* Tiges nombreuses, minces, très-rameuses ; feuilles sétacées, fasciculées, ciliées à la base, tournées d'un même côté ; sépales aigus, à bords blancs, membraneux, presque égaux à la corolle ; fleurs petites, blanches, en panicule ; capsule à 3 valves plus longue que le calice. ♃ sur les murs, les rochers, en été. 5-6 p. R.

5. S. DE MONTAGNE. *A. montana.* Tiges stériles, longues, couchées ; rameaux florifères, redressés, pubescents ; feuilles lancéolées, linéaires, pubescentes ; pédoncules longs, terminaux, uniflores, penchés après la floraison ; pétales blancs, beaucoup plus grands que le calice ; capsule globuleuse à 6 valves égalant le calice. ♃ dans les landes, près de Rillé, en juin. 5 à 6 p. RR.

6. S. A FEUILLES DE SERPOLET. *A. serpillifolia.* Tiges très-rameuses, raides, formant des touffes étalées ; feuilles petites, ovales, très-aigues, ciliées, sessiles ; sépales aigus dépassant la corolle et plus courts que la capsule, qui a 6 dents au sommet ; fleurs petites, blanches. ⊙ lieux arides, sur les murs, en été. 1 à 3 p. CC.

7. S. TRINERVÉE. *A. trinervia.* Tige faible, rameuse (de 6 à 8 p.) ; feuilles assez grandes (8 lignes), ovales, aigues, ciliées au bord, à 3 nervures ; pédoncules longs, penchés après la floraison ; sépales aigus, membraneux au bord, dépassant beaucoup la corolle et aussi longs que la capsule, qui a 6 dents recourbées au sommet. ⊙ lieux ombragés. Baudry, en été. R.

67. CERAISTE. *CERASTIUM.* Calice à 5 sépales ; 5 pétales bifides ; 10 étamines ; 5 styles ; capsule uniloculaire, cylindrique ou globuleuse, à 10 dents au sommet. Fleurs blanches.

* *Calice de la longueur des pétales, ou les dépassant.*

1. C. COMMUNE. *C. vulgatum.* Tiges redressées, hérissées de poils ainsi que les feuilles qui sont ovales, très-obtuses ; fleurs presque en ombelle, plus longues que le pédoncule, et à pétales plus courts que

le calice ; capsule oblongue, amincie, deux fois plus longue que le calice. ⊙ ou ♂ dans les champs, avril et mai. 8 à 12 p. CC.

Variété : 6. *Glomeratum*. Plus petit et plus velu ; fleurs ramassées en paquets.

2. C. VISQUEUX. *C. viscosum*. Plante hérissée de poils courts, glanduleux ; tiges dressées ; feuilles lancéolées, oblongues ; fleurs en ombelle dichotome ; pétales et pédoncules égalant le calice ; capsules penchées. ⊙ lieux sablonneux, Ville-aux-Dames, en mai et juin. 5 à 6 pouces. C.

3. C. A CINQ ÉTAMINES. *C. semidecandrum*. Plus petit que le précédent, il en diffère par le nombre de ses étamines et par ses pédoncules plus longs que la fleur ; ses feuilles sont aussi plus aigues, et ses pétales sont plus courts. ⊙ lieux sablonneux, en mai. 2 à 4 p. C.

C. A COURTS PÉTALES. *C. brachypetalum*. Tige droite, couverte de poils roux ou jaunâtres ; pédoncules plus longs que les fleurs, qui sont en panicule ; calice velu plus long que les pétales. ⊙ lieux stériles, en été. 8 à 10 pouces. C.

** *Calice plus court que les pétales.*

5. C. AQUATIQUE. *C. aquaticum*. Tiges faibles, couchées ; feuilles sessiles, en cœur ; fleurs en panicule dichotome, lâche ; capsule pendante, globuleuse, presque aussi longue que le calice. ⊙ dans les fossés, Grammont, Loches, en juin et juillet. 12 à 18 p. RR.

6. C. DES CHAMPS. *C. arvense*. Tiges couchées (8 p.), pubescentes ; feuilles linéaires, lancéolées, un peu velues ; fleurs grandes, en panicule dichotome, à pédoncules longs, pubescens ; capsule oblongue, deux fois plus longue que le calice. ♃ bord des chemins, en mai. CC.

On cultive dans les jardins, sous le nom d'*Argentine* ou *Corbeille d'argent*, le *C. tomentosum*, remarquable par ses feuilles étroites, spatulées, couvertes, ainsi que les tiges et les calices, d'un duvet blanc.

XV. FAMILLE : LINÉES.

Calice à 3-4 ou plus souvent à 5 sépales ; pétales en nombre égal et alternes, caducs, à onglet, tordus avant la floraison, quelquefois soudés entre eux à la base ; étamines en nombre égal, opposées aux sépales, réunies à leur base par les filets soudés en anneau et alternant avec des filets stériles ; ovaire globuleux, avec autant de loges et de styles qu'il y a de sépales, et devenant une capsule formée de carpelles à 2 semences, à bords repliés, s'ouvrant au sommet. *Herbes ou sous-arbrisseaux à feuilles entières, sans stipules.*

68. LIN. *LINUM.* 5 Sépales entiers, 5 pétales, 5 étamines, 5 ou très-rarement 3 styles.

1. L. DE FRANCE. *L. Gallicum.* Tiges nombreuses, droites, minces; feuilles alternes, linéaires, lancéolées, glabres; fleurs jaunes, petites, en panicule lâche; pétales obtus, deux fois plus longs que les sépales, qui sont linéaires, ciliés à la base; pédoncules de la longueur du calice. ⊙ dans les champs, Chatenay, Joué, Manthelan, en août. 8 à 12 pouces. C.

2. L. CULTIVÉ. *L. usitatissimum.* Tige droite; feuilles lancéolées, linéaires; fleurs bleues, en corymbe, à pétales crénelés, trois fois plus grands que le calice, dont les sépales sont ovales, membraneux au bord. ⊙ cultivé dans quelques cantons, il se reséme souvent lui-même; en mai. 18 à 24 p.

Le Lin vivace (*L. perenne*), cultivé pour ses jolies fleurs bleues, vient de Sibérie; il diffère du précédent par ses feuilles très-menues, écartées, et par ses pétales entiers.

3. L. A FEUILLES ÉTROITES. *L. angustifolium.* Tiges nombreuses, dressées; feuilles linéaires, roulées en dessous, aigues, à 2-3 nervures; fleurs bleues, à pétales entiers, doubles des sépales, qui sont ovales, à 3 nervures. ♃ collines sèches, près de Loches et de Château-la-Vallière, en juin. 10 p. RR.

4. L. A FEUILLES MENUES. *L. tenuifolium.* Tiges rameuses à la base, redressées; feuilles nombreuses, raides, linéaires; sépales lancéolés, acuminés, munis au bord de poils glanduleux et plus longs que la capsule; pétales rosés, de longueur triple. ♃ côteaux arides, Rochecorbon, St.-Antoine, Montbazon, en été. 8 à 10 p. C.

5. L. PURGATIF. *L. catharticum.* Tige filiforme, droite, dichotome au sommet; feuilles inférieures opposées, ovales, les supérieures alternes, lancéolées, ovales; fleurs petites, blanches. ⊙ sur les pelouses, côteaux de la Loire, en été. 4 à 6 p. CC.

69. RADIOLE. *RADIOLA.* 4 Sépales soudés jusqu'au milieu, trifides au sommet; 4 pét., 4 étam., 4 styles.

1. R. MULTIFLORE. *R. linioïdes* (*Linum radiola* L.) Très-petite plante à feuilles opposées, ovales, sessiles; tige rameuse, dichotome; fleurs d'un blanc verdâtre. ⊙ dans les allées humides des bois, Chatenai, forêt de Chinon, en juin-août. 1 pouce. C.

XVI. FAMILLE : MALVACÉES.

Calice formé de 3-4, et plus souvent de 5 sépales soudés à la base, et muni ordinairement de bractées ou sépales extérieurs, qui forment un second calice ; 5 pétales égaux, alternes, tordus avant la floraison, presque toujours soudés à la base, entre eux et avec les filets des étamines, qui sont nombreuses, inégales, et réunies inférieurement en tube ; styles en nombre égal à celui des carpelles ; carpelles réunis circulairement autour d'un axe commun, uniloculaires, monospermes ou polyspermes, et, dans ce dernier cas, formant une capsule à plusieurs loges. *Herbes, arbrisseaux ou arbres à feuilles alternes, souvent pétiolées et stipulées.*

70. MAUVE. *MALVA.* Calice 5-fide, persistant, entouré d'un involucre de 3 folioles sétacées ; carpelles capsulaires, monospermes, nombreux, disposés en cercle ; feuilles lobées ; fleurs axillaires.

1. M. ALCÉE. *M. alcea.* Tige droite, presque simple, hérissée de poils rayonnans ; feuilles poilues, les inférieures arrondies, à 5 lobes, les supérieures palmées, entièrement divisées ; fleurs roses, grandes; pétales en cœur ; folioles de l'involucre obtuses ; fl. axillaires, solitaires ; fruit glabre. ♃ lieux incultes, près du pont St.-Sauveur, en été. 24 pouces. R.

2. M. MUSQUÉE. *M. moschata.* Tige rameuse à la base, hérissée de poils simples, ainsi que les feuilles qui, dans le haut de la plante, sont multifides, à divisions linéaires ; calice gonflé, comme vésiculeux ; folioles de l'involucre linéaires : fl. axillaires, solitaires ; fruit hérissé. ♃ lieux incultes, bord des chemins, Grammont, Fondettes, en été. 12 à 18 p. C. Une variété (*M. laciniata*) a toutes les feuilles multifides, une autre est tout-à-fait glabre.

3. M. SAUVAGE. *M. sylvestris.* Tige droite, rameuse ; feuilles glabres, à 5 ou 7 lobes aigus ; fleurs grandes, pourprées, aux aisselles des feuilles ; fruits glabres. ♂ lieux incultes, bord des chemins, en été. 12 à 15 p. CC.

4. M. A FEUILLES RONDES. *M. rotundifolia.* Tiges rameuses (de 8-10 p.), couchées ; feuilles arrondies, à 5 lobes peu marqués ; fleurs petites, d'un rose pâle, deux fois plus longues que le calice, réunies par 4 ou 5 aux aisselles des feuilles ; fruits pubescens. ♃ lieux incultes, en été. CC.

La *Mauve frisée* (*M. crispa*), cultivée seulement pour ses feuilles, a une tige droite de 2 à 3 pieds, des feuilles grandes, anguleuses et crêpues, et des fleurs sessiles, blanchâtres, très-petites.

La *Mauve fastigiée* (*M. fastigiata*), semée jadis par M. Rouiller, du côté de St.-Côme, s'y est longtemps reproduite d'elle-même ; elle diffère de la Mauve alcée par ses feuilles en cœur, à 5 lobes aigus, dont l'intermédiaire est prolongé en pointe ; ses fleurs, grandes, solitaires, axillaires, sont rapprochées au sommet de la plante, presque en corymbe.

71. GUIMAUVE. *ALTHEA.* Calice 5-fide, persistant, entouré d'un involucre de 6 à 9 folioles ; carpelles capsulaires, monospermes, disposés en cercle.

1. G. OFFICINALE. *A. officinalis.* Plante couverte d'un duvet blanchâtre, à tiges droites, à feuilles pétiolées, en cœur, dentées, quelquefois trilobées ; fleurs rosées ; pédoncules courts, axillaires, multiflores. ♃ lieux humides, en été. 18 à 24 p. C. Les paysans la plantent souvent près de leurs habitations.

2. G. HÉRISSÉE. *A. hirsuta.* Plante hérissée de poils rudes, à tiges couchées, rameuses ; feuilles en cœur, glabres en dessus, les supérieures à 5 lobes ; fleurs roses ; pédoncules uniflores, plus longs que les feuilles ; divisions du calice ciliées, longues et aigues. ⊙ lieux arides, côteaux de Rochecorbon, Fondettes, en été. 8 p. R.

A ce genre appartient aussi la *Rose-trémière* ou *Passe-rose* (*Althea rosea*), belle plante originaire de Syrie, dont les grandes fleurs, solitaires aux aisselles des feuilles, sont disposées le long d'une tige droite, haute de 6 à 8 pieds.

La famille des Malvacées, fournit encore à nos jardins la *Lavatère à grandes fleurs* (*Lavatera trimestris*), plante d'automne, à fleurs grandes, roses ou blanches ; celle *en arbre* (*L. arborea*), et quelques autres *Lavatères* dont le caractère générique est d'avoir les folioles de l'involucre soudées jusqu'au milieu, et des carpelles nombreux, monospermes, réunis autour d'un axe dilaté au sommet; et en outre, quelques espèces du genre *Ketmie* (*Hibiscus*), qui n'a que 5 stigmates et 5 carpelles polyspermes, réunis en une capsule à 5 loges ; notamment la *K. de Syrie* (*H. Syriacus*), arbrisseau cultivé fréquemment sous le nom d'*Althea frutex* et la *K. vésiculeuse* (*H. trionum*), plante d'automne à fleurs d'un jaune pâle, avec le fond presque noir.

Le Cotonnier (*Gossypium*), est encore une Malvacée, dont les semences, entourées d'un long duvet, sont contenues dans une capsule polysperme, à 3 ou 5 loges. On en compte plusieurs espèces.

XVII. FAMILLE : TILIACÉES.

Calice caduc à 4-5 sépales ; 4-5 pétales alternes, entiers ; étamines libres, nombreuses ; ovaire unique, formé de 4-10 carpelles soudés, et devenant une capsule à plusieurs loges et à plusieurs semences, dont la plupart avortent souvent ; stigmates distincts, en nombre égal ; styles soudés. *Arbres ou arbrisseaux à feuilles simples, alternes, stipulées.*

72. TILLEUL. *TILIA.* Calice à 5 sépales ; 5 pétales ; ovaire globuleux, velu, à 5 loges dispermes, dont une

seule se développe, de sorte que le fruit est une petite noix coriace à 1 ou 2 semences.

1. T. SAUVAGE. *T. microphylla.* Il diffère du suivant par ses feuilles plus petites, glabres ainsi que les jeunes rameaux, mais portant de petits paquets de poils roussâtres à l'aisselle des nervures ; ses fleurs sont axillaires, et ses fruits globuleux et fragiles. ♄ dans les bois. R.

2. T. A LARGES FEUILLES. *T. platiphylla.* Feuilles larges, en cœur, arrondies, acuminées, dentées, un peu velues en dessous ainsi que les jeunes rameaux ; fruits ligneux, à 5 côtes : fleurs jaunâtres, odorantes, en corymbe ; pédoncule muni d'une bractée alongée, jaunâtre. ♄ Ce bel arbre, que l'on trouve quelquefois dans les bois, est cultivé dans les jardins et sur les promenades publiques ; il fleurit en juin.

NOTA. La XVIII.e famille (*Aurantiacées*) contient le genre Citronnier, (*Citrus*), dont les principales espèces, le *Cédrat* (*C. medica*), le *Citron* (*C. limonum*), la *Bergamotte* (*C. limetta*), l'*Orange douce* (*C. aurantium*), et la *Bigarade* (*C. vulgaris*), croissent en pleine terre dans le midi de la France, et se cultivent ici en caisse.

Le caractère du genre est d'avoir un calice persistant, court, à 4-5 dents, avec 5-8 pétales caducs, des étamines nombreuses, réunies en plusieurs faisceaux à la base ; un style et un ovaire unique formé de 7 à 12 carpelles polyspermes, portant les semences à l'angle intérieur.

XIX. FAMILLE : HYPÉRICINÉES.

Calice persistant, 5-fide ou à 4-5 sépales alternes avec les pétales, qui sont en nombre égal et tordus avant la floraison ; étamines nombreuses, à longs filamens, réunies à la base en un, ou plusieurs faisceaux ; ovaire unique, libre, à plusieurs styles, quelquefois soudés ; stigmates simples ; le fruit est une capsule ou une baie à loges aussi nombreuses que les styles ; semences nombreuses. *Herbes ou arbrisseaux à feuilles opposées ; fleurs jaunes.*

73. ANDROSÈME. *ANDROSÆMUM.* Fruit en baie, presque uniloculaire ; calice 5-fide, à lobes inégaux ; 5 pétales ; 3 styles ; étamines nombreuses, réunies à la base.

1. A. OFFICINAL. *A. officinale.* Vulg. *Toute-saine.* Sous-arbrisseau glabre, à feuilles assez grandes, sessiles, ovales, oblongues ; fleurs

terminales, pédonculées; fruit rougeâtre. ♄ dans les bois frais, Chemillé, Loches, en juin et juillet. 24 à 30 p. R. On le trouve communément dans les jardins, où il se reséme lui-même.

74. MILLEPERTUIS. *HYPERICUM*. Fruit en capsule membraneuse; 3 styles, ou rarement 5; 5 pétales; 5 sépales ordinairement égaux; feuilles souvent couvertes de points translucides qui paraissent autant de trous lorsqu'on regarde à travers.

1. M. CARRÉ. *H. quadrangulum.* Tige carrée, droite, rameuse; feuilles ovales, obtuses, sessiles, marquées de points translucides, avec quelques points noirs au bord; fleurs nombreuses, en panicule; sépales aigus, entiers; anthères marquées de points noirs. ♃ lieux humides, en juillet et août. 14 à 18 p. C.

2. M. COUCHÉ. *H. humifusum.* Tiges faibles, couchées, glabres; feuilles petites, ovales, oblongues, avec quelques points translucides et d'autres points noirs au bord, de même que sur les pétales; sépales linéaires, quelqufois un peu dentelés, surpassant la corolle: fleurs axillaires, éparses, rassemblées à l'extrémité des tiges; 15 à 20 étamines. ♃ ou ♂ dans les champs et les bois, en été. 3 à 6 p. C.

3. M. COMMUN. *H. perforatnm.* Tige droite, glabre; feuilles ovales, obtuses, sessiles, marquées de points nombreux; sépales linéaires, entiers; fleurs en panicule; styles divergens; anthères marquées de points noirs. ♃ au bord des chemins, en été. 12 à 18 p. CC.

4. M. A FEUILLES RONDES. *H. elodes.* Tige faible, cylindrique, simple, velue; feuilles ovales, arrondies, sessiles, cotonneuses, marquées de points; fleurs peu nombreuses. en panicule: sépales linéaires, dentés, bordés de cils glanduleux. ♃ dans les marais, Semblançay, St.-Flovier, en juin et juillet. 8 p. R.

5. M. VELU. *H. hirsutum.* Tige droite, cylindrique, velue ainsi que les feuilles, qui sont ovales, oblongues, marquées de nervures et de points; fleurs en panicule alongée; sépales linéaires, bordés de dents glanduleuses. ♃ dans les bois, Baudry, en été. 18 à 24 p. C.

6. M. DE MONTAGNE. *H. montanum.* Tige droite, simple, cylindrique, glabre; feuilles grandes, ovales, obtuses, amplexicaules, glabres, marquées de points peu visibles et bordées de points noirs; sépales linéaires, bordés de dents glanduleuses. ♃ dans les bois, Chemillé, Loches, en été. 18 p. RR. *M. Diard.*

7. M. ÉLÉGANT. *H. pulchrum.* Tige droite, cylindrique, rougeâtre et glabre, ainsi que les feuilles qui sont amplexicaules, en cœur, obtuses, roulées sur les bords et marquées de points; pétales marqués de points noirs; sépales ovales, glanduleux. ♃ dans les bois secs, en été. 14 à 18 p. CC.

Le Millepertuis à grandes fleurs (*H. calycinum*), remarquable par ses étamines en longues houppes, se voit souvent dans les jardins; ses tiges sont couchées, et ses feuilles opposées, grandes, ovales, lisses.

XX. FAMILLE : ACÉRINÉES.

Calice persistant, à 5 ou rarement à 4-9 dents; pétales en nombre égal, alternes; 5-12 ou plus souvent 8 étamines; ovaire double, avec un style et 2 stigmates, avortant quelquefois, ce qui rend les fleurs incomplettes et polygames; fruit formé de 2 carpelles (ou *samares*) uniloculaires, à 1-2 semences, terminés par une aile membraneuse. *Arbres à feuilles opposées, sans stipules.*

75. ÉRABLE. *ACER.* Fleurs polygames à 7-9 étamines ou rarement à 5; calice à 5 lobes ou à 5 sépales; fruit formé de 2 carp. surmontés d'une aile membraneuse.

1. É. COMMUN. *A. campestre.* Arbre peu élevé ou en buisson, à écorce gercée; feuilles en cœur, à 5 lobes, grossièrement dentées; fleurs en grappes, droites: ailes des fruits très écartées. ♄ dans les haies et les bois, fleurit en avril. CC.

2. E. SYCOMORE. *A. pseudoplatanus.* Bel arbre cultivé dans les jardins et sur les promenades. Ses fleurs verdâtres sont en grappe pendante; ses fruits à ailes peu écartées, et ses feuilles grandes, à 5 lobes aigus, inégalement dentés, poilues en dessous aux nervures. Il fleurit en avril.

3. E. PLANE. *A. platanoïdes.* Il diffère du précédent par ses fleurs jaunes, pédonculées, en corymbe redressé; et par ses feuilles glabres, à 5 lobes partagés en plusieurs divisions ou grandes dents aigues. Il fleurit en mai et se reséme aussi lui-même.

On voit dans les grands jardins plusieurs autres Érables, et en particulier l'*E. à feuilles de frêne* (*A. negundo*), originaire d'Amérique, dont les feuilles, d'un vert jaunâtre, sont élégamment ailées.

XXI. FAMILLE : HIPPOCASTANÉES.

Calice campanulé à 5 lobes; 5 ou 4 pétales inégaux; 7-8 étamines libres; 1 style. L'ovaire est à 3 loges dispermes, mais, en se développant, il devient une capsule globuleuse, coriace, à 2-3 valves ne contenant que 2 ou 4 semences très-grosses,

les autres étant avortées. ***Arbres à feuilles opposées, palmées.***

76. MARRONNIER. *ÆSCULUS.* 4-5 pétales étalés, à limbe ovale ; filets des étamines courbés en dedans ; capsule épineuse.

1. M. D'INDE. *Æ. hippocastanum.* Grand arbre à feuilles palmées, composées de 5-7 folioles, lancéolées, un peu cunéiformes, dentées ; fleurs blanches, tachetées de rouge et de jaune, en grandes grappes, droites. ♄ Originaire de l'Inde ; il s'est naturalisé en France.

Le genre *Pavia*, de la même famille, fournit à nos jardins quelques belles espèces ; il est caractérisé par son calice tubuleux, ses pétales étroits, rapprochés ; ses étamines droites, et ses capsules sans épines.

La XXII.e famille (*Méliacées*) comprend l'*Azédarach bipinné* (*Melia azedarach*), bel arbre de Syrie, naturalisé dans la France méridionale, et l'*A. toujours vert* (*M. semper virens*), arbrisseau d'orangerie, appelé vulgairement *Lilas des Indes*. Le caractère des Azédarachs est d'avoir un calice à 5 sépales réunis à la base ; 5 pétales linéaires, écartés ; 10 étamines ; 1 style, et un fruit charnu contenant un noyau dur à 5 loges monospermes. Leurs feuilles sont élégantes, bipinnées.

XXIII. FAMILLE : AMPÉLIDÉES.

Calice très-petit, entier ou légèrement denté ; 4-5 pétales ; 4-5 étamines ; ovaire unique, libre, globuleux et surmonté d'un style très-court ou d'un stigmate sessile ; le fruit est une baie à deux loges dispermes ; les semences sont très-dures et avortent souvent. — Arbrisseaux sarmenteux, grimpans, à feuilles infér. opposées, les supérieures sont opposées à un pédoncule en vrille. Fleurs très-petites, verdâtres.

77. VIGNE. *VITIS.* 5 pétales réunis au sommet en forme de coiffe, et se détachant ensemble par la base à l'instant de la floraison ; 5 étamines, style nul.

1. V. CULTIVÉE. *V. vinifera.* Feuilles lobées, sinuées et dentées, nues ou cotonneuses. ♄ Fleurit en juin.

2. V. LACINIÉE. *V. laciniosa.* Vulg. *cioutat, chasselas à feuilles de persil.* Les feuilles très-découpées de cette espèce, sont ce qui la distinguent de la précédente, dont elle n'est peut-être qu'une variété.

La *Vigne vierge* (*Ampelopsis hederacea*), cultivée pour son beau feuillage, qui devient rouge à l'automne, appartient à la même famille. Elle diffère de la vigne parce que ses pétales se séparent du sommet à la base, et qu'elle a un style et un stigmate en tête ; ses feuilles palmées sont formées de 3 à 5 folioles glabres, pétiolées, dentées.

Il existe plus de mille variétés de la vigne. Voici celles que l'on cultive davantage dans le département, suivant M. *le comte Odart*, vice-président de la Société d'agriculture :

A. *Vins rouges*, dans le 1.er arrondissement. Les vins de Joué, Chambray, Ballan, etc., dits *vins nobles*, et qui peuvent être regardés comme les plus délicats du département, sont produits : 1.° par le *petit arnoison* ou *Orléans*, appelé *auvernat* dans l'Orléanais, *plant doré* en Champagne, et *pineau* ou *morillon* en Bourgogne : sa grappe est petite et sa végétation peu vigoureuse ; 2.° par la *malvoisie* ou *pineau gris* (ailleurs *griset, muscadet*), dont les grains, à peau très-mince, d'un rouge clair, ardoisé, sont très-sucrés ; 3.° par le *meunier* ou *Orléans farineux*, reconnaissable à ses feuilles cotonneuses: il est inférieur aux deux premiers, mais beaucoup plus productif; 4.° le *gros arnoison*, et 5.° l'*arnoison blanc* ou *pineau blanc* de Bourgogne, se mêlent quelquefois aussi aux trois premiers. Tous ces plants, originaires de Bourgogne, mûrissent plus hâtivement, et se vendangent quinze jours avant les autres.

Les gros vins, dits aussi *vins du Cher*, sont les plus abondans et ceux que les marchands achètent de préférence à cause de leur couleur bien nourrie, et parce qu'ils supportent bien le mélange avec des vins blancs; dans cette même classe rentrent les vins de plusieurs cantons sur la rive droite de la Loire. Ils proviennent principalement d'un plant très-répandu dans toute la France, appelé chez nous *coq* (on prononce *cô*), et ailleurs *plant de roi, Bourguignon, boucarès*, etc.; sa végétation est vigoureuse ; il varie à pédicelle rouge ou vert (queue rouge ou verte) ; on lui adjoint généralement le *groleau*, plant qui paraît particulier au pays; sa grappe est longue et presque cylindrique, tandis que celle du *coq* est ailée. Enfin, l'excès de couleur qu'exigent les marchands est donné par un raisin appelé *gros noir* ou *teinturier*, il n'a pas d'autre qualité et donne même de l'âpreté au vin quand le cuvage est prolongé ; son bois et ses feuilles, surtout à l'automne, sont d'une couleur rouge très-foncée. Depuis une vingtaine d'années, on cultive de plus en plus un plant dit *coq de Bordeaux*, qui résiste mieux à la coulûre. M. le comte Odart s'est occupé aussi avec succès de propager le *gamet noir* et le *liverdun* ou *ericé noir*, qui unissent la fécondité à une assez bonne qualité.

Les vins communs, pour lesquels la quantité est préférée à la qualité, à Fondettes, Mettray, St.-Barthélemy, etc., sont produits par le *morillon* ou *auvergnat*, qui a une grappe fournie à gros grains très-serrés (ce n'est point le morillon de Bourgogne), et par un autre plant également très-fécond, que l'on connaît sous le nom de *gouais noir* en Bourgogne, et que chez nous on appelle *Bourgogne*. On leur ajoute également le *gros noir*. Un plant appelé le *Macé-doux*, abondant, mais de qualité médiocre, se trouve beaucoup du côté d'Amboise.

Dans le 2.e arrondissement (Bourgeuil, St.-Nicolas), on cultive surtout le *Breton*, plant originaire du Bordelais, où il porte les noms de *carmenet*, *merlot* ou *murleau* ; il donne un vin léger, agréable, riche en sève et en bouquet ; mais il mûrit tard, et difficilement dans plusieurs localités.

Dans le 3.e arrondissement, la culture de la vigne est beaucoup moins importante, et on y emploie les mêmes plans que dans le premier.

B. *Vins blancs*. Les côteaux de Vouvray et de Rochecorbon, qui fournissent les meilleurs vins blancs de la Touraine, sont exclusivement plantés en *gros* et *menu pineau*, l'un à très-grosses et longues grappes de grains serrés, oblongs ; l'autre à grappes courtes et à grains ronds. Le premier donne de la force au vin, l'autre de la douceur. Le *gros pineau*, appelé *picardan* en Languedoc, est aussi connu sous le nom de *chenin* à Chinon et dans les départemens voisins ; ces deux plans se vendangent fort tard, et après avoir outrepassé la maturité.

Pour les vins blancs ordinaires, les plans sont mêlés sans discernement ; on y voit l'*arnoison blanc*, le *gouais blanc*, très-fécond, mais donnant un vin plat, et plusieurs autres dont les noms varient dans chaque localité ; on doit remarquer pourtant les *sûrins jaune et vert*, dont le goût propre est facile à reconnaître, on les nomme *fié* dans l'arrondissement de Chinon ; ce sont eux aussi que l'on cultive sous le nom de *sauvignon* dans les meilleurs vignobles du Bordelais.

Dans les cantons de Richelieu et l'Ile-Bouchard, de même que dans les départemens traversés par la Charente, on cultive un plant appelé *Folle-blanche*, qui donne un vin assez agréable, mais de peu de durée, destiné presque tout à la fabrication de l'eau-de-vie.

C. *Raisin de table.* Le *chasselas blanc* est cultivé de préférence, parce que, outre son excellente qualité, il se garde aisément : on voit aussi sa variété rose. Le *muscat blanc* se trouve aussi dans tous les jardins, ses grappes, trop serrées, ne mûrissent pas toujours ; il a des variétés rouge et noire moins estimées. Le *muscat d'Alexandrie* (*raisin de Jésus* ou *bicane*), remarquable par la grosseur de ses grains alongés, le *Corinthe blanc*, dont les grains, au contraire, sont fort petits, sucrés, et presque sans pépins, et le *raisin de Magdeleine*, petit raisin noir qui n'a d'autre mérite que sa précocité, sont aussi cultivés quelquefois.

XXIV. FAMILLE : GÉRANIACÉES.

Calice persistant, à 5 sépales (souvent inégaux, ainsi que les pétales, dans les espèces étrangères); 5 pétales alternes, égaux, à onglet ; 10 étamines presque toujours soudées par la base, et dont souvent plusieurs sont stériles ; ovaire composé de 5 carpelles uniloculaires, membraneux, appliqués à la base du réceptacle qui est prolongé en pointe et entouré des 5 styles formant un bec terminé par les 5 stigmates ; à la maturité, les styles, en se tordant sur eux-mêmes, détachent chaque carpelle qui ne s'ouvre point et contient une seule semence. *Herbes ou sous-arbrisseaux à feuilles opposées entre elles, ou opposées aux pédoncules.*

78. GÉRANIUM. *GERANIUM.* 10 étamines, dont 5 alternativement plus grandes, avec une glande à la base ; arêtes des carpelles glabres, se détachant comme par ressort et se roulant de la base au sommet.

1. G. DES PRÉS. *G. pratense.* Tige droite, élevée, pubescente, ainsi que les feuilles qui sont palmées, à 6 ou 7 lobes dentés ; pédoncules

biflores, presque en corymbe ; pétales entiers, grands, bleus ; filets des étamines dilatés à la base. ♃ dans les prés, Loches, en mai et juin. 24 p. R. *M. Diard.*

2. G. MOLLET. *G. molle.* Plante couverte d'un duvet blanchâtre, à tiges dressées, rameuses ; feuilles réniformes, à 7-9 lobes trifides ; pétales roses, bifides, de la longueur du calice, dont les sépales sont sans arêtes ; carpelles glabres, ridés ; semences lisses. ⊙ dans les décombres, dans les bois, en mai et juin. 8 à 12 p. C.

3. G. NAIN. *G. pusillum.* Diffère du précédent parce qu'il est moins pubescent, que ses fleurs sont plus petites, et que ses carpelles sont pubescens, non ridés. ⊙ mêmes lieux, en été. 5 à 8 p. C.

4. G. A FEUILLES RONDES. *G. rotundifolium.* Tige droite, ferme, rameuse ; feuilles pubescentes, arrondies, à 5-7 lobes trifides, peu marqués ; pétales entiers, de la longueur du calice, dont les sépales sont terminés en arête ; carpelles velus ; semences réticulées. ⊙ dans les prés, les lieux cultivés, en été. 8 à 12 p. CC.

5. G. COLOMBIN. *G. colombinum.* Tige rude, couchée, rameuse ; feuilles pubescentes, à 5 lobes multifides, découpures linéaires ; pétales émarginés ; pédoncules très-longs ; carpelles glabres ; semences réticulées. ⊙ dans les champs, en été. 8 à 10 p. CC.

6. G. DISSÉQUÉ. *G. dissectum.* Diffère du précédent par ses pédoncules plus courts que les feuilles, et par ses carpelles velus. ⊙ mêmes lieux. 10 à 18 p. CC.

7. G. HERBE A ROBERT. *G. robertianum.* Plante souvent colorée en rouge, d'une odeur forte, à tiges faibles, rameuses ; feuilles à 3 ou 7 divisions pinnatifides ; pétales roses, entiers, deux fois plus longs que le calice. ⊙ ou ♂ dans les haies, en été. 12 à 15 p. CC.

8. G. SANGUIN. *G. sanguineum.* Herbacé, vivace, à feuilles arrondies, à 7 lobes, devenant rouges à l'automne, et caractérisé par ses pédoncules à une seule fleur grande, pourprée ; il est cultivé dans les jardins, et a été trouvé par M. *Bretonneau* dans la forêt de Chinon.

Cette foule de Géraniums, remarquables par leurs fleurs ou leur odeur, que l'on cultive en pot, appartient au genre *Pélargonium*, dont les sépales et les pétales sont inégaux, qui n'a que 4-7 étamines fertiles, et dont les arêtes ou styles sont barbus intérieurement. Parmi les *Pélargonium*, presque tous du Cap de Bonne-Espérance, cultivés dans les jardins, il faut distinguer le *P. triste*, dont les racines tuberculeuses poussent chaque année des feuilles radicales bipinatifides et des fleurs jaunâtres tachées de brun, odorantes le soir ; le *P. tricolor*, qui a 5 étamines fertiles, velues, tandis que tous les suivans en ont 7 ; le *P. tetragonum*, dont la tige charnue a 3 ou 4 angles, et qui n'a souvent que 4 pétales ; le *P. zonale*, très-commun, dont les feuilles arrondies, lisses, marquées d'une bande noire, sentent mauvais, comme celles du *P. inquinans*, qui sont un peu pubescentes : l'un et l'autre ont les fleurs d'une seule couleur, souvent d'un rouge vif ; le *P. fragrans* et le *P. odoratissimum*, dont les feuilles sont molles et pubescentes, le premier est ligneux et a ses fleurs petites, blanches, marquées de lignes rouges, l'autre les a plus petites encore, tout-à-fait blanchâtres ; le *P. fulgidum*, à fleurs d'un rouge éclatant et à feuilles fendues en 3 lobes dont l'intermédiaire plus grand et pinnatifide ; le *P. bicolor*, dont les deux pétales supérieurs sont d'un rouge foncé, bordés de blanc ; le *P. peltatum* (*à feuilles de lierre*), dont les feuilles charnues sont peltées ; le *P. grandiflorum*, à feuilles glabres, à 5 lobes aigus, dentés, presque palmées, et dont les fleurs, grandes, blanches, ont les deux pétales supérieurs marqués de veines rouges; le *P. cucullatum*, caractérisé par ses feuilles réniformes, dentées, pubescentes, formant le capuchon: ses fleurs sont d'un blanc violâtre; le *P. acerifolium* (*à odeur de citron*), dont les feuilles palmées, un peu velues, sont très-odorantes; le *P. Daveyanum*, à fleurs d'un rouge foncé, marquées de veines noires: ses feuilles, ondulées, réniformes, un peu lobées, sont molles et velues; le *P. capitatum* (vulg. *Géranium rosa*), dont les feuilles sentent en effet la rose; et les *P. sanguineum, viscosum, radula, palmatum, anemonæfolium*, etc. Les autres sont, pour la plupart, des Hybrides, obtenus par le semis des graines d'une espèce, fécondées avec le pollen d'une autre espèce, et chaque année de nouvelles variétés se produisent ainsi.

79. ÉRODIUM. *ERODIUM.* 10 étamines réunies à la base, dont 5 stériles (sans anthères), avec une glande à la base; arêtes des carpelles barbues intérieurement, et tordues en spirale alongée quand elles se détachent.

1. E. A FEUILLES DE CIGUE. *E. cicutarium.* Tiges couchées ou étalées, rameuses; feuilles alongées, à segmens sessiles, découpés; pédoncules alongés, multiflores; pétales inégaux. ⊙. Elle présente les variétés suivantes.

Variétés : α. Précoce *Præcox.* Sans tige; feuilles étalées, à segmens un peu découpés; pétales plus grands que le calice. — Sur les promenades et dans les jardins, au printemps. CC.

β. A feuille de pimprenelle. *Pimpinellæfolium.* Tige alongée, par suite redressée; feuilles à long pétiole et à découpures aigues; pétales égaux au calice. Dans les prés. 8 à 10 p. CC.

γ. A feuille de cerfeuil. *Chærophyllum.* Tiges nombreuses, couchées; feuilles à segmens finement découpés; fleurs pâles. Dans les lieux secs et pierreux. CC.

δ. Velu. *Pilosum.* Diffère de la variété γ. par ses poils nombreux et ses fleurs foncées. Dans les lieux sablonneux, la V.-aux-Dames. C.

ε. A feuille de cigüe. *Cicutæfolium.* Presque sans tige; segmens des feuilles oblongs, à découpures obtuses; fleurs pâles ou roses. Sur les levées. CC.

2. E. MUSQUÉ. *E. moschatum.* Tige couchée; feuilles pinnées, à segmens pétiolés, ovales, inégalement dentés; pédoncules multiflores, hérissés de poils glanduleux. ♃ lieux secs, Pérusson. *M. Diard.*

XXV. FAMILLE : TROPÉOLÉES.

Calice irrégulier à 5 sépales colorés, dont un, supérieur, éperonné; 5 pétales inégaux, insérés sur le calice, alternes avec les sépales, les 2 supérieurs sessiles, les 3 inférieurs à onglet; 8 étamines libres; un style; 3 stigmates; ovaire triangulaire, formé de 3 carpelles monospermes, rapprochés. *Herbes à feuilles alternes, peltées, sans stipules.*

80. CAPUCINE. *TROPÆOLUM.* Carpelles pseudospermes, arrondis en rein, sillonnés, à écorce spongieuse.

1. C. GRANDE. *T. majus.* Tige faible, grimpante, rameuse; feuilles glabres, arrondies, peltées. ☉. Originaire du Pérou, elle se reproduit d'elle-même dans les jardins; elle est vivace en serre chaude.

NOTA. La XXVI.e famille, celle des *Balsaminées*, comprend l'*Impatiens noli tangere*, qu'on trouve en France dans les bois, et la *Balsamine (Balsamina hortensis)*, originaire de l'Inde et cultivée dans tous les jardins. Dans cette famille, le calice a deux sépales; la corolle a 4 pétales en croix, dont l'inférieur prolongé en éperon; il y a 5 étamines, un ovaire surmonté de 5 stigmates sessiles, qui devient une capsule alongée à 5 valves s'ouvrant avec élasticité.

XXVII. FAMILLE : OXALIDÉES.

Calice persistant, à 5 lobes ou 5 sépales égaux; 5 pétales égaux, quelquefois soudés à la base, tordus avant la floraison; 10 étamines soudées à la base, 5 plus grandes opposées aux pétales, et les 5 autres plus petites; 5 styles; ovaire à 5 loges, devenant une capsule membraneuse à 5-10 valves, s'ouvrant longitudinalement aux angles; semences fixées à l'angle central des loges, et munies d'une *arille* ou enveloppe particulière qui s'ouvre avec élasticité et chasse la graine lorsqu'elle est mûre.

81. OXALIS. *OXALIS.* Anc.t *alleluia, surelle.* Capsule alongée, presque cylindrique; feuilles alternes, à 3 folioles, d'une saveur acide.

1. O. OSEILLE. *O. acetosella.* Tige nulle; rhizôme écailleux; feuilles longuement pétiolées; folioles en cœur, un peu velues; pédoncules radicaux, à une fleur, portant deux petites bractées au milieu; fleurs blanches ou rosées, assez grandes. ♃. Forêts de Loches et de Chinon, en avril. 4 à 6 p. RR. C'est de cette plante qu'on extrait principalement le sel d'oseille en Suisse.

2. O. CORNICULÉE. *O. corniculata.* Tige rameuse, rampante, velue ainsi que les feuilles; pédoncules en ombelle, plus courts que le pé-

tiole : pétales émarginés, jaunes. ♃. Champs sablonneux, bords de la Loire, en été. 6 p. R.

3. O. REDRESSÉE. *O. stricta.* Rhizôme écailleux ; tige droite, rameuse vers le haut, presque glabre ainsi que les feuilles ; pédoncules à 2-6 fleurs de la longueur des feuilles ; pétales entiers, jaunes. ♃. Champs sablonneux, St.-Côme, en été. 8 à 10 p. R.

NOTA. La XXVIII.e famille, celle des *Zygophyllées*, diffère de la précédente par son style unique, par ses semences non arillées, et sur-tout par ses feuilles stipulées et opposées. Elle comprend le genre *Tribulus*, qu'on trouve dans la France méridionale, et fournit aussi à nos jardins la *Fabagelle* (*Zygophyllum fabago*), dont les feuilles sont formées de deux folioles opposées ; et le *Mélianthus major* (*Pimprenelle d'Afrique*), qui a ses feuilles glauques, pinnées comme celles de la Pimprenelle, mais plus grandes : c'est un bel arbuste d'orangerie, à fleurs rouges en touffes très-serrées.

XXIX. FAMILLE : RUTACÉES.

Calice à 3-5 sépales, ordinairement 4, plus ou moins soudés à la base ; pétales en nombre égal, alternes, souvent à onglet ; étamines en nombre double, rarement triple, insérées sur un disque charnu entourant l'ovaire, et qui porte aussi les pétales ; autant de carpelles et de stigmates que de sépales ; style unique ; fruit formé de carpelles ordinairement distincts, uniloculaires, s'ouvrant à deux valves ; semences munies d'une arille ou enveloppe propre, qui devient, à la maturité, une coque bivalve. *Herbes ou arbrisseaux à feuilles sans stipules.*

82. RUE. *RUTA*. Pétales recoquillés ; étamines en nombre double, avec autant de pores nectarifères à la base de l'ovaire ; carpelles réunis en une caps. globuleuse.

1. R. COMMUNE. *R. graveolens.* Fleurs jaunes, à 4 pétales ; feuilles sur-décomposées, glauques, à lobes oblongs, le terminal presque ovale. ♃ ou ♄. Côteaux de l'Indre, Courçay, en juillet et août. 14 à 18 pouces. Elle s'est probablement échappée des jardins.

Cette famille fournit à la culture un grand nombre de plantes, parmi lesquelles il faut distinguer : 1°. la *Fraxinelle* (*Dictamnus fraxinella*), remarquable par ses feuilles pinnées, odorantes, et ses fleurs rouges ou blanches, irrégulières, en grappes terminales, entourées pendant l'été d'une atmosphère de vapeurs inflammables ; 2°. les *Diosma*, charmans arbustes de serre, à feuilles étroites, comme celles des bruyères, couvertes de points glanduleux ; ils ont 5 pétales, 5 sépales, et 5 étamines sessiles, alternes avec des filamens stériles ; 5 carpelles rapprochés, à une ou deux semences ; on rencontre plus souvent les *D. imbricata*, *ericoides*, *umbellata*, *capitata* et *serratifolia* ; et 3.° enfin, le *Correa alba*, arbuste d'orangerie, qui donne au mois de mars ses fleurs blanches, à 4 pétales soudés à la base ; ses feuilles, ovales, petites, sont opposées et couvertes d'un duvet blanchâtre.

Le *Redoul* (*Coriaria myrtifolia*), arbuste de la France méridionale, forme une famille particulière, les *Coriariées*.

Sous Classe. II. Caliciflores.

Calice gamosépale, c'est-à-dire à sépales plus ou moins soudés ; support (*torus*) des étamines et des pétales soudé à l'intérieur du calice, de sorte que les étamines et les pétales paraissent attachés au bord du calice ; pétales libres ou soudés ; ovaire libre ou contenu dans le calice.

XXX. FAMILLE : CÉLASTRINÉES.

4-5 sépales soudés à la base ; pétales alternes, en nombre égal, autant d'étamines opposées aux sépales ; ovaire libre, à 2-4 loges, entouré d'un disque charnu ; 1 style quelquefois nul ; stigmate à 2-4 divisions ; fruit en capsule ou en baie : semences souvent arillées. *Arbres ou arbrisseaux.*

83. FUSAIN. *EVONYMUS.* Calice plan, à 4-6 lobes, surmonté d'un disque ; 1 style ; capsule à 3-5 angles, à 3-5 loges ; 1-4 sem. attachées au milieu des valves.

1. F. D'EUROPE. *E. Europæus.* Vulg. *Garais.* Arbrisseau à bois compacte, jaune ; rameaux lisses ; feuilles lancéolées, ovales, finement dentées ; pédoncules à 3 fleurs verdâtres ; capsules roses, à 4 angles obtus. ♄ dans les haies, St.-Georges, en mai. C.

84. HOUX. *ILEX.* Calice persistant à 4-5 dents ; pétales libres ou soudés en roue ; ovaire à 4 loges, cou-

ronné par 4-5 stigmates sessiles, quelquefois réunis en un seul, et devenant une baie ronde à 4-5 noyaux oblongs, monospermes.

1. H. ÉPINEUX. *I. aquifolium.* Arbrisseau toujours vert, à écorce lisse ; feuilles ovales, aigues, luisantes, ondulées et dentées, avec de fortes épines ;(quand il s'élève en arbre ses feuil. n'ont plus d'épines); pédoncules axillaires, courts, multiflores ; fleurs blanches ; fruits rouges. ♄ dans les haies et les bois ; fleurit en avril et mai. CC.

Le *Staphylea pinnata* (vulg. *faux pistachier, nez coupé*), appartient à cette famille ; c'est un arbrisseau élégant, commun dans les jardins, et reconnaissable à ses fleurs blanches, ovoïdes, en grappes pendantes, et à ses feuilles pinnées, à 5-7 folioles ovales-lancéolées.

XXXI. FAMILLE : RHAMNÉES.

Calice en tube adhérent à l'ovaire, à 4-5 lobes ; pétales alternes, en nombre égal ; autant d'étamines opposées aux pétales ; ovaire plus ou moins adhérent au calice, à 2-4 loges monospermes ; un style ; 2-4 stigmates ; fruit en baie, rarement capsulaire ; semences non arillées. *Arbrisseaux ou arbustes à feuilles simples, alternes, stipulées.*

85. NERPRUN. *RHAMNUS.* Calice souvent fendu circulairement après la floraison, de sorte que la partie supérieure tombe seule, et l'autre reste adhérente au fruit ; pétales quelquefois nuls ; fruit en baie ; fleurs petites, verdâtres, souvent dioïques.

1. N. PURGATIF. *R. catharticus.* Feuilles ovales, dentées ; rameaux terminés en épine ; fleurs en faisceaux, à 4 parties, polygames et dioïques ; baies à 4 graines. ♄ dans les haies, Meslay, N.-D. d'Oé, en mai. C.

2. N. BOURDAINE. *R. frangula.* Feuilles ovales, très-entières ; fleurs complètes, à 5 parties, réunies en faisceaux. ♄ dans les bois, en mai. CC. Son charbon sert à la fabrication de la poudre à canon.

On cultive dans tous les jardins l'*Alaterne* (*R. alaternus*), dont le feuillage persistant, d'un beau vert, garnit très-bien les treillages ; ses fleurs sont dioïques. Il paraît se propager de lui-même dans les rochers de Sainte-Radegonde.

Le *Jujubier* (*Zyziphus vulgaris*), arbrisseau épineux, caractérisé par son fruit rouge, en drupe, avec un seul noyau biloculaire à 2 semences, fait partie de la famille des Rhamnées, qui fournit aussi à nos jardins le *Phyllica ericoïdes* (vulg. *bruyère du cap*), joli arbuste d'orangerie, dont les fleurs blanches, très-petites, sont réunies en tête à l'extrémité des rameaux nombreux, et durent presque tout l'hiver.

NOTA. La XXXII.e famille, celle des *Térébinthacées*, dont les fleurs très-petites sont souvent polygames ou dioïques, et quelquefois même sans pétales, diffère des *Rhamnées* parce que l'ovaire est libre, et que les étamines ne sont pas opposés aux pétales ; elle est formée d'arbres ou arbrisseaux pleins d'un suc propre, résineux, très-odorant ou vénéneux, à feuilles souvent composées, alternes, sans stipules. Elle contient les genres *Pistachier* et *Sumac*, dont plusieurs espèces croissent dans la France méridionale : ce sont le *Pistachier cultivé* (*Pistacia vera*), le *Lentisque* (*P. lentiscus*), et le *Térébinthe* (*P. terebinthus*) : le *Sumac à feuilles d'orme* (*Rhus coriaria*), le *Fustet* (*Rhus cotinus*), et le *Rhus radicans*. Ces mêmes arbrisseaux se trouvent fréquemment dans nos jardins, où l'on cultive aussi le *Sumac de Virginie* (*R. typhinus*), remarquable par ses touffes de fleurs rouges très-serrées ; l'*Ailantus glandulosa* (vulg. *vernis du Japon*), bel arbre à feuilles pinnées, à fleurs vertes en panicule ; et le *Ptelea trifoliata* (vulg. *Orme à trois feuilles*). Ce dernier a les feuilles formées de 3 folioles grandes, lancéolées ; ses fleurs sont verdâtres, à 4 parties, en corymbe, et son fruit ressemble à celui de l'orme.

XXXIII. FAMILLE : LÉGUMINEUSES.

Calice à 5 sépales, souvent inégaux, plus ou moins soudés à la base, et présentant ainsi 5 dents ou 5 divisions, ou quelquefois 2 lèvres, la supérieure de 2, et l'inférieure de 3 sépales ; corolle papilionacée (dans les légumineuses de notre pays), formée de 4-5 pétales inégaux, quelquefois réunis en tube à la base ; le supérieur, plus large et symétrique, est appelé *l'étendard ;* les deux latéraux, un peu courbés, sont les *ailes*, et les deux inférieurs, ordinairement soudés et enveloppant le pistil et les étamines, sont la *carène ;* 10 étamines libres ou réunies par les filamens en un ou 2 faisceaux entourant l'ovaire. L'ovaire unique, libre, terminé par un style et un stigmate, est à 2 valves membraneuses et appelé *légume* ou *gousse ;* il est uniloculaire, ou devient biloculaire, quand les valves se replient longitudinalement en dedans ; ou, enfin, il est rendu multiloculaire et articulé par des étranglemens entre chaque graine ; semences lisses, attachées à la suture supérieure. *Herbes, arbrisseaux ou arbres à feuilles alternes, stipulées, simples ou plus souvent composées.*

1re. TRIBU. *LOTÉES*. *9 étamines réunies et une seule libre, ou toutes réunies ; lég. non articulé ; cotylédons foliacés.*

Ire. SOUS-TRIBU. *GÉNISTÉES. Étamines toutes réunies ; légume uniloculaire ; feuilles simples ou à 3 folioles.*

86. AJONC. *ULEX*. Calice à 2 lèvres, muni de deux écailles ou bractées à la base ; carène en deux pièces ; légume renflé, dépassant à peine le calice. *Sous-arbrisseaux rameux, très-épineux, à fleurs jaunes, nombreuses.*

1. A. D'EUROPE. *U. Europæus.* Tige droite, à rameaux écartés, pubescens ainsi que les feuilles, qui sont linéaires, en épines ; calice velu, à dents peu marquées ; bractées ovales. ♄ dans les landes, en mars et avril. CC.

2. A. NAIN. *U. nanus.* Tige couchée, rameaux et feuilles glabres ; calice presque glabre, à dents lancéolées, séparées ; bractées à peine visibles. ♄ dans les landes, Baudry, en septembre et octobre. C.

87. GENÊT. *GENISTA*. Calice campanulé, à 2 lèvres, la supérieure bifide, l'inférieure à 3 dents soudées ; carène ne cachant pas les étamines ; légume oblong, polysperme. *Fleurs jaunes.*

1. G. ANGLAIS. *G. anglica.* Tiges minces, dures, épineuses, à rameaux écartés : feuilles simples, glabres, ovales, lancéolées ; fleurs petites. peu nombreuses, pédonculées, axillaires ; légume court, renflé. ♄ dans les landes, forêts d'Amboise et de Chinon, etc. en avril et mai. 12 à 18 p. C.

2. G. DES TEINTURIERS. *G. tinctoria.* Vulg. *Genêtrole.* Arbuste à racines rampantes ; tiges redressées ; rameaux herbacés, striés, terminés par des fleurs jaunes, en épi : feuilles simples, lancéolées, presque glabres ; légume aplati, glabre. ♄ dans les bois et les lieux incultes, en juin. 24 p. CC.

3. G. HERBACÉ. *G. sagittalis.* Tige couchée, rameaux redressés, élargis en membrane, ailés, velus ainsi que les feuilles, qui sont simples, ovales, lancéolées ; fleurs en épi terminal, sans feuilles, carène velue au milieu ; légume pubescent. ♄ dans les bois, Chatenay, Larçay, St.-Martin-le-Beau, en juin. 10 à 14 p. C.

88. CYTISE. *CYTISUS*. Calice campanulé à 2 lèvres, la supérieure souvent entière, et l'infér. légèrement dentée ; carène beaucoup plus petite que les ailes et en-

loppant les étamines et le pistil ; légume comprimé, polysperme. *Arbrisseaux et arbustes à feuilles ternées.*

1. C. A BALAIS. *C. scoparius.* (*Genista scoparia* L.) Vulg. *le Genêt.* Tige droite, à rameaux nombreux, anguleux, glabres ; feuilles pétiolées, petites, velues, les inférieures à 3 folioles oblongues ; fl. jaunes, pédonculées, axillaires, solitaires ; légumes comprimés, poilus au bord. ♄ dans les bois et les lieux stériles. CC.

Le *Cytise des Alpes* (*C. laburnum*), vulg. *faux ébénier*, se voit dans tous les grands jardins, où il se reproduit souvent de lui-même ; il est caractérisé par ses fleurs jaunes, en grappes simples, longues et pendantes, ses feuilles pétiolées, à 3 folioles, ovales, et ses légumes pubescens.

On cultive aussi le *Cytise à feuilles sessiles* (*C. sessilifolius*), dont les feuilles à trois petites folioles ovales, sont sessiles seulement à l'extrémité des rameaux que terminent des touffes de fleurs jaunes, munies d'une triple bractée sous le calice.

Le *Genêt d'Espagne*, que l'on cultive partout, est le *Spartium junceum*, qui diffère des Genêts et des Cytises par son calice membraneux, fendu en dessus, et par sa carène acuminée, dont les deux pétales se séparent aisément.

89. ONONIS. *ONONIS*. Anc.[1] *Bugrane*. Calice campanulé à 5 divisions linéaires, alongées ; étendard grand, strié ; légume gonflé, ovale ou oblong ; semences peu nombreuses. *Herbes ou arbustes, souvent épineux à l'extrémité des rameaux, feuilles simples ou à 3 folioles ; fleurs roses ou jaunes, axillaires.*

1. O. GLUANTE. *O. natrix.* Plante un peu ligneuse, très-rameuse, velue, gluante ; feuilles à 3 folioles oblongues, dentées au sommet ; stipules ovales, acuminées ; pédoncules uniflores, munis d'une arête ; fleurs jaunes, grandes, à étendard rayé de rouge, en épi terminal garni de feuilles. ♃ lieux arides, bords du Cher, Montlouis, Savonnières, en juin et juillet. 12 à 15 p. C.

2. O. DES CHAMPS. *O. procurrens.* (*O. arvensis* Lam.) Tiges couchées (12 à 15 p.) ; rameaux redressés, peu épineux, pubescens et visqueux ainsi que les feuilles, qui ont 3 folioles ovales, arrondies, un peu dentées ; fleurs roses, assez grandes, pédonculées ; calice velu ; légume à 2 semences, plus court que les dents du calice. ♃. Dans les champs, Ballan, en été. R.

3. O. ÉPINEUSE. *O. spinosa.* Vulg. *Arrête-bœuf.* Tiges couchées, redressées, velues, à rameaux toujours épineux ; feuilles à 3 folioles oblongues, presque entières ; fleurs roses, solitaires, axillaires, sessiles : calice glabre ; légume velu, plus long que les dents du calice. ♃ dans les champs, au bord des chemins, en été. 8 à 12 p. CC.

Variété : ß. Glabre. *Glabra.* (*O. antiquorum* Lam.) Rameaux presque glabres. Loches. *M. Diard.*

4. O. A PETITE FLEUR. *O. columnæ.* (*O. parviflora* Lam.) Tiges courtes, pubescentes, presque simples, en touffes ; feuilles à 3 folioles dentées ainsi que les stipules, les supérieures simples ; fleurs jaunes, petites, plus courtes que le calice, sessiles, formant un épi mêlé de

feuilles. ♃ collines sèches, Vouvray, Rochecorbon, en été. 3-6 p. RR.

90. ANTHYLLIS. *ANTHYLLIS.* Calice renflé, persistant, tubuleux, à 5 dents ; pièces de la corolle presque égales ; légume recouvert par le calice.

1. A. VULNÉRAIRE. *A. vulneraria.* Tiges couchées, puis redressées, pubescentes ainsi que les feuilles, qui sont pinnées, à 5-13 folioles, dont la terminale très-grande ; fleurs blanches, jaunes ou rougeâtres, réunies en tête avec une bractée digitée ; calice velu, blanchâtre. ♃ pelouses sèches, Grammont, Rochecorbon, Ballan, en été. 6-20 p. C.

Le *Sophora japonica*, bel arbre cultivé dans les grands jardins, est rangé dans une tribu particulière (les *Sophorées*), caractérisée par des étam. libres et une gousse uniloculaire ; ses feuilles sont pinnées, à 11-13 folioles, ses fleurs jaunâtres, en panicule, et son légume est noueux.

2.ᵉ SOUS-TRIBU. *TRIFOLIÉES. Légume uniloculaire ; étamines en deux faisceaux* (9 *et* 1) ; *feuilles ordinairement palmées, à* 3-5 *folioles ; tiges herbacées.*

91. LUZERNE. *MEDICAGO.* Calice cylindrique, à 5 divisions ; carène écartée de l'étendard ; lég. contourné en rein, en faux ou en spirale ; feuilles à 3 folioles.

* *Légume non épineux.*

1. L. LUPULINE. *M. lupulina.* Tige mince, couchée ; folioles ovales, en coin, dentées au sommet ; stipules lancéolées, entières ; fleurs jaunes, très-petites, sessiles, en épi court, sur un long pédicule ; légume noir, petit, monosperme, réniforme. ♂. Dans les champs, au bords des chemins, en été. 10 à 12 p. CC.

2. L. EN FAUCILLE. *M. falcata.* Tiges couchées, puis redressées, pubescentes ainsi que les feuilles, dont les folioles sont oblongues, dentées au sommet ; stipules entières ; fleurs variant du jaune au vert et au violet, en grappes ; légumes glabres, en faucille. ♃. Au bord des chemins, en été. 14 à 18 p. CC.

3. L. CULTIVÉE. *M. sativa.* Tige dressée, rameuse, glabre ; folioles ovales-oblongues, dentées, mucronées ; stipules lancéolées, dentées ; fleurs violettes, en grappes ; légumes glabres, plus contournés. ♃. Cultivée en prairies artificielles, elle se propage d'elle-même au bord des champs, en été. 14 à 24 p. CC.

4. L. ORBICULAIRE. *M. orbicularis.* Tiges couchées (de 8 à 12 p.), rameuses, glabres ; folioles en cœur, dentées au sommet ; stipules à découpures très-étroites ; pédoncules à 1-2 fleurs jaunes ; légume glabre, roulé en spirale large et mince, aplati sur les deux faces, à plusieurs tours. ⊙. Pelouses sèches, Dières, Chenonceaux, en été. R.

La *Luzerne à écusson* (*M. scutellata*), qui diffère de la précédente parce qu'elle est velue, que ses stipules sont seulement dentées, et que ses gousses sont très-convexes en dessus, a été trouvée une fois dans des démolitions à Tours.

** *Légume épineux, tourné en colimaçon.*

5. L. DENTICULÉE. *M. denticulata.* (*M. muricata* L.) Tiges faibles, couchées, glabres ; folioles ovales, en cœur, dentelées ; stipules ciliées, dentées ; pédoncules courts, portant 3-7 fleurs jaunes, petites ; légume glabre, plat des deux côtés, à deux tours bordés d'aiguillons crochus. ⊙ lieux secs, moissons, en été. 10 à 12 p. C.

6. L. APICULÉE. *M. apiculata.* Diffère de la précédente, dont elle est peut-être une variété, par ses gousses à 3 tours bordées d'aiguillons courts et non crochus. ⊙ pelouses sèches, moissons. C.

7. L. NAINE. *M. minima.* Tiges couchées (3 à 4 p.), rameuses, velues ainsi que les feuilles, dont les folioles sont petites, en cœur, avec 3 dents au sommet ; pédoncules courts, à 2-5 fleurs jaunes ; légumes un peu velus, globuleux, à 3-5 tours garnis de pointes recourbées. ⊙ lieux secs, levées de la Loire, en été. CC.

8. L. TACHÉE. *M. maculata.* Tiges couchées (12 à 15 p.), glabres ou peu velues ; folioles en cœur, dentées, tachées de noir au milieu ; stipules dentées ; pédoncules à 3-5 fleurs jaunes ; gousse glabre, blanchâtre, comprimée, à 3-5 tours garnis d'aiguillons droits, réfléchis. ⊙ dans les prés et les lieux incultes. CC.

9. L. DE GÉRARD. *M. Gerardi.* (*M. villosa* Lam.) Tiges couchées (4 à 6 p.), rameuses, velues ainsi que les feuilles ; stipules sétacées, dentées ; pédoncules courts, à 1-2 fleurs jaunes ; légume gros, ovoïde-arrondi, cotonneux et comme drapé, à 4-5 tours renflés, avec des aiguillons peu nombreux. ⊙ pelouses sèches, Ballan, juin. R.

92. TRIGONELLE. *TRIGONELLA.* Calice campanulé, 5-fide ; carène très-petite, ailes et étendard écartés, et figurant une corolle à 3 pétales ; légume polysperme, oblong, terminé en pointe longue. *Herbes à odeur forte, feuilles à 3 folioles.*

1. T. FENU GREC. *T. fœnum græcum.* Vulg. *Sénegrain.* Tige droite, simple, glabre ; folioles ovales ; stipules lancéolées, entières, velues ainsi que les calices ; fleurs d'un jaune pâle, sessiles, solitaires ou géminées ; légume très-long. Cultivée en grand dans le canton de Bourgueil ; elle se trouve quelquefois ailleurs, dans les champs de vesce ou de lentille ; en juin et juillet. 12 à 18 p.

93. MÉLILOT. *MELILOTUS.* Calice tubuleux à 5 dents inégales ; carène simple ; ailes plus courtes que l'étendard ; gousse coriace, plus longue que le calice. Feuilles à 3 folioles ; fleurs en grappe longue.

1. M. OFFICINAL. *M. officinalis.* Tige droite, rameuse ; folioles lancéolées, oblongues ; stipules sétacées ; légume un peu velu, à 2 graines, ovale, gonflé, de la longueur du style, et noircissant à la maturité ; fleurs jaunes. ⊙ dans les champs, en été. 12 à 20 p. CC.

M. *Diard* indique à St.-Baud et à Louroux, le *M. altissima*, qui n'est sans doute qu'une variété de celui-ci.

94. TRÈFLE. *TRIFOLIUM.* Calice tubuleux, persistant, à 5 dents; carène plus courte que l'étendard et les ailes; légume petit, ovale, plus court que le calice, à 1-2 graines, s'ouvrant à peine, ou plus rarement à 3-4 graines, et dépassant un peu le calice. *Feuilles à 3 folioles; corolle souvent monopétale.*

* *Fl. en épi oblong, sans bractées; calice velu, non renflé.*

1. T. ROUGE. *T. rubens.* Tige droite, raide, glabre ainsi que les folioles, qui sont oblongues, très-obtuses et dentelées; stipules larges, très-longues; fleurs en épis terminaux, souvent par paire; calice très-strié, à dents sétacées, courtes, excepté l'inférieure qui égale la corolle. ♃ au bord des bois, Rochecorbon, en été. 14 p. R.

2. T. INCARNAT. *T. incarnatum.* Tige droite, velue; folioles arrondies, un peu en cœur, crénelées, velues; stipules larges et très-courtes; fleurs rosées, en épis solitaires, pédonculés; calices très-velus, sillonnés, à dents toutes égales à la corolle, et étalées. ⊙ dans les prés sablonneux, contre le Cher. 12 à 15 p. C. On le cultive quelquefois sous le nom de *Farouche* ou *Trèfle de Roussillon*, et alors il varie un peu.

3. T. DES CHAMPS. *T. arvense.* Tige droite, rameuse, velue; folioles linéaires, un peu dentées au sommet, velues; stipules étroites, membraneuses, terminées en pointe longue; épis oblongs, très-velus, formant un petit plumet; fleurs roses, polypétales, très-petites, presque cachées par les dents longues et poilues du calice. ⊙ dans les moissons. 8 à 12 p. CC.

Variété : 6. Grêle. *Gracile.* Presque glabres; épis à peine velus lors de la maturité; dents du calice colorées au sommet. ⊙ îles de la Loire. 4 à 5 p. C.

** *Fleurs en tête, ovales, coniques, sessiles entre les feuilles; calice non renflé.*

4. T. STRIÉ. *T. striatum.* Tige rameuse, redressée, grêle, poilue; folioles ovales, en coin, pubescentes; stipules courtes, larges, acuminées; fleurs rosées, polypétales; calice ventru, strié, blanchâtre, à dents aigues, droites, plus courtes que la corolle. ⊙ bord des chemins, levée de Grammont, Ballan, en juin. 3 à 6 p. R.

5. T. RUDE. *T. scabrum.* Tige couchée, grêle, poilue; folioles ovales, en cœur, pubescentes; stipules petites; fleurs blanches, rougeâtres, monopétales; calice à dents raides, étalées après la floraison. ⊙ lieux secs et sablonneux, la Ville-aux-Dames; en mai et juin. 4 à 6 p. RR.

*** *Fleurs en tête, ovales, souvent munies de bractées; calice velu, non renflé.*

6. T. JAUNATRE. *T. ochroleucum.* Tiges grêles, redressées, velues; feuilles écartées, à folioles ovales, oblongues, obtuses, ciliées, les supérieures plus étroites; stipules alongées, entières, beaucoup plus courtes que le pétiole; fleurs monopétales, alongées, d'un blanc jaunâtre, assez grandes, en tête alongée garnie de feuilles; calice glabre, silloné, à dents linéaires, ciliées, l'inférieure plus longue. ♃ pelouses sèches, la Tranchée, Chatenay, en juin. 8 à 12 p. C.

7. T. HÉRISSÉ. *T. squarrosum.* Tige rameuse, un peu couchée; folioles lancéolées ou ovales, échancrées, velues; stipules étroites, membraneuses, glabres, terminées en pointe longue; calice strié, à dents inégales, ciliées, étalées après la floraison, et comme épineuses, l'inférieure de la longueur de la corolle, qui est rougeâtre. ⊙ au bord des chemins, Ville-aux-Dames, en été. 8 p. R.

8. T. INTERMÉDIAIRE. *T. medium.* Tige rameuse, flexueuse, redressée, glabre; folioles coriaces, oblongues, à bords entiers, ciliés, pubescentes en dessous; stipules étroites; fleurs rouges, assez grandes; dents du calice inégales, velues, l'inférieure deux fois plus longue, mais plus courte que la corolle. ♃ dans les bois, les landes, Chatenay, Ballan, en juin. 10 à 15 p. C.

9. T. DES PRÉS. *T. pratense.* Tiges redressées; folioles ovales, obtuses, entières, un peu velues, souvent tachées de noir: stipules larges, blanchâtres, glabres; fleurs rouges, monopétales, en têtes globuleuses, presque sessiles; dents du calice poilues, inégales, 2 ou 3 fois plus courtes que la corolle. ♃ dans les prés. CC. On le cultive fréquemment en prairies artificielles.

10. T. A PETITES FEUILLES. *T. microphyllum.* Plus petit en tout que le précédent, dont il est peut-être une variété. Il a les folioles dentelées et les supérieures avec une petite pointe, et les dents du calice plus longues, plus velues et plus raides. ♃ dans les vignes, Rochecorbon. 6 à 8 p. C.

**** *Fleurs en tête globuleuse, souvent rabattues après la floraison; calice glabre, strié, non renflé.*

11. T. RAMPANT. *T. repens.* Vulg. *Trèfle blanc.* Tiges grêles, rampantes, rameuses; feuilles à long pétiole; folioles ovales, arrondies, obtuses, dentelées; stipules étroites, scarieuses; fleurs blanches ou rosées, en tête portée sur un long pédoncule axillaire; dents du calice plus courtes que la corolle; légume à 4 graines. ♃ au bord des chemins, dans les prés, de mai en septembre. CC.

12. T. DE MICHELI. *T. Michelianum.* Tige droite, faible, fistuleuse; folioles ovales, en cœur, fortement dentées; stipules foliacées, larges, aigues; fleurs blanchâtres, pédicellées, réunies en tête lâche, axillaire; dents du calice sétacées, écartées, deux fois plus longues que le tube du calice, mais plus courtes que la corolle. ⊙ dans les fossés humides, la Ville-aux-Dames, en juin. 8 à 12 p. R.

13. T. ÉLÉGANT. *T. elegans.* Tiges pleines, solides, rameuses, redressées; folioles ovales, finement dentelées; stipules foliacées, étroites, terminées en pointe longue; fleurs d'un blanc rosé, à pédicelle court, réunies en tête serrée sur un pédoncule axillaire, assez long; dents du calice presque égales, subulées, plus courtes que la corolle; légume à 2 graines. ⊙ îles de la Loire, en été. 8 à 10 p. R.

***** *Fleurs en tête; calice renflé et vésiculeux après la floraison.*

14. T. SEMEUR. *T. subterraneum.* Tiges couchées, velues; folioles en cœur, dentelées, velues; stipules larges, lancéolées, aigues; fleurs blanches, réunies par 4-5 en tête, et s'enfonçant en terre après la floraison, les fleurs qui restent à la surface sont stériles, les autres seules donnent une gousse monosperme enfermée dans le calice renflé. ⊙ pelouses sèches, Beaumont-lès-Tours, en été. 3 à 8 p. R.

15. T. FRAISIER. *T. fragiferum.* Tiges rampantes, formant une touffe basse; folioles ovales; stipules linéaires, alongées; fleurs roses, sessiles, en tête, sur un pédoncule long; calices gonflés, membraneux, velus, à dents inégales, plus courtes que la corolle; légume à 2 graines. ♃ au bord des chemins, sur les pelouses, en été. 3 à 5 p. CC.

****** *Fleurs jaunes en tête, ovales, pédonculées; pétales persistans et brunâtres après la floraison.*

16. T. HOUBLONNÉ. *T. agrarium.* Tige droite, ferme, rameuse, pubescente; feuilles à court pétiole, à folioles sessiles, ovales, oblongues, dentelées: stipules foliacées, lancéolées, aigues, plus longues que le pétiole; pédoncule long; étendard en cœur; dents du calice inégales, glabres, la supérieure plus petite; légumes monospermes. ⊙ dans les prés humides, en été. 12 à 18 p. CC.

17. T. JAUNE. *T. procumbens.* Tiges filiformes, rameuses, couchées: pétioles courts; folioles ovales, en cœur, dentelées, celle du milieu pétiolée; stipules ovales, ciliées, deux fois plus courtes que le pétiole; pédoncules égaux aux feuilles ou plus longs; fleurs serrées. ⊙ dans les moissons et les prés secs, en été. 8 p. CC.

Variétés: β. Champêtre, *Campestre.* Tiges droites, rameuses; pédoncules de la longueur des feuilles.

γ. Nain, *Nanum.* Tige très-courte (1 à 3 p.), presque simple; pédoncule terminal de la longueur des feuilles.

18. T. FILIFORME. *T. filiforme.* Tige rameuse, étalée, un peu velue; folioles ovales, en cœur, dentées, celle du milieu pétiolée; stipules larges, ovales, de la longueur du pétiole; pédoncules longs, filiformes; fleurs sessiles, peu nombreuses, presque en ombelle; dents du calice inégales, les deux supérieures très-petites, plus courtes que le tube. ⊙ dans les prés, au bord des bois, en été. 8 p. C.

Variété: β. *Dubium.* Fleurs plus nombreuses; tiges droites, élevées, très-rameuses. Loches. *M. Diard.*

95. LOTIER. *LOTUS.* Calice tubuleux à 5 divisions acuminées, égales ; carêne en bec ; légume cylindrique ou comprimé ; style droit.

1. L. CORNICULÉ. *L. corniculatus.* Tiges couchées ; folioles ovales, en coin ou linéaires, glabres ou velues ; stipules ovales ; bractées lancéolées, linéaires ; pédoncules très-longs, portant 8 à 10 fleurs jaunes ou mêlées de rouge. ♃ très-commun partout.

Variétés : α. Des champs, *Arvensis.* Presque glabre, tiges couchées, folioles ovales. Dans les champs et les chemins. 8 à 15 pouces.
β. Élevé, *Major.* Tiges droites, plus ou moins velues, fistuleuses. Dans les haies humides. 18 à 24 p.
γ. Velu, *Villosus.* Très-velu, tiges droites. Dans les bois, les lieux humides. 12 à 18 p.
δ. A feuilles étroites, *Tenuifolius.* Tiges filiformes, redressées ; folioles et stipules linéaires. Lieux incultes, décombres. 12 à 15 p.

On cultive souvent le *L. St.-Jacques* (*L. Jacobeus*), à cause de ses fleurs veloutées, presque noires ; ses folioles sont très-étroites.

96. TÉTRAGONOLOBE. *TETRAGONOLOBUS.* Calice à 5 divisions égales, acuminées, ailes plus courtes que l'étendard ; carêne en bec ; style flexueux ; légume cylindrique, à 4 ailes.

1. T. SILIQUEUX. *T. siliquosus.* (*Lotus siliquosus* L.) Tige couchée, velue ; folioles ovales, en coin, entières, velues ; pédoncules axillaires, très-longs, portant une seule fleur jaune, grande, avec deux ou trios bractées linéaires à la base du calice ; stipules obtuses, aussi longues que le pétiole. ☉ fossés humides, Savonnières, Château-la-Vallière, en été. 8 à 10 p. RR.

3ᵉ. SOUS-TRIBU. *GALÉGÉES. Légume à une loge ; étamines diadelphes ; fleurs en épi.*

97. RÉGLISSE. *GLYCYRHIZA.* Calice nu, tubuleux, 5-fide, à 2 lèvres ; étendard droit ; carêne droite, bifide ; style filiforme, glabre ; légume comprimé, à 1-4 graines.

1. R. GLABRE. *G. glabra.* Tiges herbacées ; feuilles pinnées, à 13 ou 15 folioles ovales, un peu gluantes en-dessous, sans stipules ; fleurs rougeâtres, en épis lâches ; pédoncules plus courts que les feuilles ; légume glabre à 3-4 semences. ♃ Cultivée en grand dans le canton de Bourgueil et à Luynes ; en juillet. 24 p.

98. ROBINIER. *ROBINIA.* Calice à 5 dents lancéolées, les 2 supérieures plus courtes, rapprochées ; carêne obtuse ; étamines caduques ; style barbu en devant ; légume polysperme, à valves planes.

1. R. BLANC. *R. pseudoacacia.* Vulg. *Acacia blanc.* Bel arbre à rameaux épineux ; feuilles pinnées, à 17-21 folioles ovales ; fleurs blanches, odorantes, en grappes lâches ; légume glabre. Originaire de l'Amérique ; il croît spontanément en France.

On voit fréquemment dans les jardins la variété *Umbraculifera*, à rameaux nombreux, pendans, sans épines, appelée *Acacia parasol* ; elle ne fleurit pas, et se propage seulement par la greffe.

On cultive aussi le *R. hispida* (*Acacia rose*), et le *R. viscosa* (*Acacia visqueux*), charmans arbrisseaux à fleurs roses, inodores, à feuilles pinnées ; ils se distinguent, l'un par ses rameaux hérissés de poils durs ou épines molles, rougeâtres, et l'autre par ses rameaux enduits d'une glu très-collante, et par ses pétioles et ses calices rouges.

Le *Baguenaudier* (*Colutea arborescens*), arbrisseau à fleurs jaunes, si remarquable par ses légumes gonflés et pleins d'air comme des vessies, appartient à cette division ; il se reproduit souvent lui-même dans les jardins et les bosquets. Ce même genre (*Colutea*), caractérisé par son légume et par son style barbu en arrière, fournit à nos serres le *B. d'Ethiopie* (*C. Ethiopica*), petit arbrisseau dont les fleurs sont d'un rouge vif, et les feuilles blanchâtres. Nous avons aussi le *Galega officinalis*, plante de pleine terre, à fleurs blanches ou bleues, en épi, et l'*Amorpha fruticosa* ou *Indigo bâtard*, bel arbre à feuilles pinnées et à fleurs d'un bleu foncé.

4e. SOUS-TRIBU. *ASTRAGALÉES. Les valves, repliées longitudinalement en dedans, rendent le légume biloculaire; étamines diadelphes* (9 *et* 1). *Herbes ou sous-arbrisseaux à feuilles pinnées.*

99. ASTRAGALE. *ASTRAGALUS.* Calice à 5-dents ; carêne obtuse.

1. A. A FEUILLE DE RÉGLISSE. *A. glyciphyllos.* Tiges presque glabres, couchées (de 15 à 30 p.) ; stipules libres ; 11-13 folioles ovales ; fleurs jaunâtres, en épi ovale, à pédoncule plus court que les feuilles. ♃. Au bord des bois, dans les haies, îles de la Loire, en été. C.

2e. TRIBU. *HÉDYSARÉES. Légume divisé en loges ou articles monospermes (rarement formé d'un seul article) ; étamines ordinairement réunies en un ou deux faisceaux ; feuilles pinnées, avec impaire, souvent à folioles nombreuses ; cotylédons foliacés.*

100. CORONILLE. *CORONILLA.* Calice campanulé, à 5 dents courtes, les 2 supérieures rapprochées, presque soudées ; onglets des pétales souvent plus longs que le calice ; carêne aigue ; légume grêle, cylindrique, divisé en articles alongés.

1. C. NAINE. *C. minima.* Tiges grêles, ligneuses, étalées, glabres ; stipules soudées, à deux dents, opposées aux feuilles, celles du haut

grandes, membraneuses, caduques; 7-12 folioles ovales, obtuses; ombelles de 7-8 fl. jaunes. ♃ côteaux arides, Rochecorbon. 4-10 p. R.

2. C. BIGARRÉE. *C. varia.* Tiges herbacées, glabres, étalées; stipules très-petites, aigues; 9-13 folioles oblongues, mucronées: ombelles de 16-20 fleurs roses. ♃ au bord des chemins et des bois, Varennes, Baudry, Chenonceaux, en juin et juillet. 18-24 p. C.

La *Coronilla emerus* (vulg. *Sécuridaca*), se voit communément dans les jardins, où elle se propage d'elle-même; c'est un charmant arbuste de 3 à 4 pieds, dont les fleurs jaunes, à onglets très-longs, sont réunies par 3, et dont les feuilles ont 5-7 folioles obovées. On cultive aussi, mais en pot, la *C. glauque* (*C. glauca*), plus petite, à fleurs jaunes, réunies en ombelle de 7-8; ses feuilles ont 5-7 folioles très-obtuses, très-glauques. Enfin, la *C. juncea*, dont les rameaux verts, effilés, peu garnis de feuilles, ressemblent à du jonc, se rencontre également dans les jardins: ses fleurs sont plus nombreuses.

101. ASTROLOBIUM. *ASTROLOBIUM.* Calice sans bractées, tubuleux, à 5 dents presque égales; carène très-petite, comprimée; légume cylindrique, à plusieurs articles, ne s'ouvrant pas.

1. A. SCORPION. *A. scorpioides* (*Ornithopus scorpioides* L.) Tige droite, glabre; feuilles à 3 folioles larges, entières, celle du milieu plus grande; pédoncule plus long que la feuille, portant 3-4 fleurs jaunes, petites. ⊙ aux Quatre-Carrois, près Loches.

102. ORNITHOPUS. *ORNITHOPUS.* Calice tubuleux, à 5 dents presque égales, entouré de bractées; carène très-petite, comprimée; légume comprimé, à plusieurs articles, ne s'ouvrant pas.

1. O. COMPRIMÉ. *O. compressus.* Tiges couchées (de 8 à 12 p.), rameuses, pubescentes; feuilles velues, plus longues que les pédoncules, à folioles nombreuses, sessiles, lancéolées; fleurs jaunes, petites, réunies par 3-4; légume comprimé, strié, velu, très-long, terminé par un bec recourbé; calice velu, plus court que la corolle. ⊙ lieux sablonneux, arides, la V.-aux-Dames, Montbazon, en été. C.

2. O. DÉLICAT. *O. perpusillus.* Tiges grêles, couchées (6 à 8 p.), velues; feuilles étroites, velues, à folioles nombreuses, petites, ovales; pédoncule égalant ou dépassant la feuille, terminé par un ombelle de très-petites fleurs variées de rouge, de blanc et de jaune; légumes pubescens, terminés par un bec droit, très-court. ⊙ mêmes lieux. C.

103. HIPPOCRÉPIS. *HIPPOCREPIS.* Calice à 5 dents égales; pétales à onglets longs; carène fendue; style filiforme, aigu, glabre; légume formé d'articulations courbées chacune en forme de fer à cheval.

1. H. EN OMBELLE. *H. comosa.* Tiges herbacées, couchées (8-12 p.); 9 folioles petites, ovales, oblongues; pédoncules plus longs que la feuille et terminés par une ombelle de 7-8 fleurs jaunes, réfléchies. ♃ côteaux et pelouses sèches, Rochecorbon, Ballan, en juin. C.

104. ONOBRYCHIS. *ONOBRYCHIS.* Calice à 5 dents; carêne comme tronquée, ailes très-courtes; légume sessile, comprimé, monosperme, coriace, épineux ou ailé, ne s'ouvrant pas.

1. O. cultivé. *O. sativa.* Vulg. *Sainfoin, Esparcette.* Tiges couchées à la base, puis redressées, terminées par de longs épis de fleurs roses, rayées; feuilles à 17-21 folioles oblongues, mucronées; légume pubescent, ridé, épineux sur les bords. ♃ dans les lieux secs, en juin. 15 à 18 p. CC. On le cultive fréquemment en prairies artificielles.

Le genre *Sainfoin* (*Hedysarum*), ne diffère du précédent que par ses gousses formées de plusieurs articles comprimés, orbiculaires: il fournit à la culture le *Sainfoin d'Espagne* (*H. coronarium*), remarquable par ses beaux épis de fleurs rouges; ses légumes sont glabres et épineux.

3e. Tribu. *VICIÉES. Feuilles ordinairement pinnées, terminées par une vrille; étamines en deux faisceaux* (9 *et* 1); *légume uniloculaire, polysperme, s'ouvrant à la maturité; cotylédons charnus.*

105. FÊVE. *FABA.* Calice tubuleux, à 5 dents, les 2 supérieures plus courtes; étendard plus long que les ailes et la carêne; légume grand, coriace, gonflé; semences oblongues.

1. F. commune. F. *vulgaris.* Tige droite, glabre ainsi que les feuilles, qui ont 4-6 folioles ovales, grandes, épaisses et glauques; vrilles presque nulles; fleurs axillaires, blanches, avec une tache noire. ⊙ Cultivée partout; fleurit en juin.

106. VESCE. *VICIA.* Calice tubuleux, à 5 dents, les 2 supérieures plus courtes; style filiforme, courbé à angle droit, velu en dessus et en dessous à l'extrémité.

1. V. multiflore. *V. cracca.* Vulg. *Lizeau.* Tige faible, rameuse, grimpante; 14 à 18 folioles nombreuses, oblongues, mucronées, légèrement velues; stipules linéaires, semi-sagittées; pédoncules aussi longs que la feuille, portant une grappe de fleurs violettes, longues, tournées d'un même côté; légume oblong, comprimé, glabre. ⊙ dans les moissons, qu'elle fait quelquefois verser. 24 p. CC.

2. V. de Gérard. *V. Gerardi.* Diffère de la précédente, dont elle est peut-être une variété, par ses tiges presque simples, plus élevées, et par ses folioles plus étroites, couvertes de poils blanchâtres. ♃ dans les haies et les buissons, îles de la Loire, en été. 24 à 36 p. CC.

3. V. cultivée. *V. sativa.* Tige un peu velue, anguleuse, ferme, couchée à la base, puis redressée; 10-14 folioles ovales ou oblongues, rétuses, avec une petite pointe; stipules semi-sagittées, dentées; fleurs violettes, sessiles, par paire; divisions du calice linéaires, presque égales. ⊙ cultivée comme excellent fourrage.

Variétés : 6. Des moissons, *Segetalis.* Folioles oblongues, tronquées, velues ainsi que les gousses. 18 p. C.

χ. A feuilles étroites, *Angustifolia.* Plus petite en tout, et à folioles longues, linéaires, obtuses; fl. ordinairement solitaires. Champs sablonneux, la Ville-aux-Dames, en été. 8 à 12 p. C.

4. V. PRINTANIÈRE. *V. lathyroides.* (*Ervum soloniense* L.) Tiges filiformes, rameuses, flexueuses, un peu velues (formant des touffes de 3 à 8 p.); 4-6 folioles ovales, en cœur, mucronées, les supérieures linéaires, tronquées; stipules semi-sagittées, entières; fleurs petites, violettes, sessiles, solitaires; dents du calice presque égales, linéaires, parallèles; légume glabre, étroit. ⊙ champs sablonneux, Ville-aux-Dames, en avril et mai. C.

5. V. JAUNE. *V. lutea.* Tige rameuse, poilue; 10 folioles velues, ovales, oblongues; stipules semi-sagittées, dentées; fleurs jaunâtres, solitaires, sessiles, assez grandes, à étendard glabre; dents du calice inégales, écartées; légume comprimé, velu. ⊙ dans les moissons. 8 pouces. CC.

6. V. DES HAIES. *V. sepium.* Tige faible, anguleuse, grimpante; 10 à 12 folioles ovales, rétuses, ciliées; pédoncules très-courts, portant 3 à 5 fleurs violettes; calice oblique, à dents inégales; légume large, aplati, légèrement cilié. ♃ dans les bois et les haies, en été. 15 à 24 p. CC.

107. ERS. *ERVUM.* Calice à 5 divisions linéaires, égalant presque la corolle; stigmate glabre.

1. E. LENTILLE. E. *lens.* Tige très-rameuse; 8-10 folioles oblongues, presque glabres; pédoncules aussi longs que les feuilles, à 2-3 fleurs très-petites, blanchâtres; légume large, ovale, tronqué, glabre, à 2 semences applaties. ⊙ Fréquemment cultivé pour ses graines appelées *lentilles*; on le trouve aussi dans les moissons, en juin. 12 pouces. C.

2. E. VELU. *E. hirsutum.* Vulg. *Gerson, Lizeau.* Tige grêle, grimpante, rameuse; 12-18 folioles linéaires, obtuses, avec une petite pointe; pédoncules plus courts que les feuilles, à 2-6 fleurs petites, blanches; légume petit, oblong, comprimé, hérissé, à 2 semences rondes. ⊙ dans les champs et les moissons, en été. 18 à 24 p. CC.

3. E. ERVILIER. *E. ervilia.* Tige rameuse, anguleuse, redressée, glabre ainsi que les feuilles, qui ont 18 à 24 petites folioles oblongues; pédoncules très-courts, à 2 fleurs blanchâtres, petites; gousses oblongues, cylindriques, noueuses, à quatre graines arrondies, fort grosses. ⊙ dans les moissons et les champs de vesce, en été. 8 à 12 pouces. R.

4. E. TÉTRASPERME. *E. tetraspermum.* Tiges faibles, filiformes, en touffes rameuses; 4-8 folioles oblongues, linéaires, mucronées; pédoncule filiforme, plus court que les feuilles, à 1-4 fl. très-petites, blanches ou bleuâtres; légume petit, alongé, comprimé, glabre, à 4 semences rondes. ⊙ dans les moissons et les lieux secs, en été. 12 à 18 pouces. CC.

Variété: 6. Grêle, *Gracile*. (*Vicia gracilis*). 8-12 fol. très-étroites; pédoncules très-longs, souvent uniflores.

108. POIS. *PISUM*. Calice à 5 lobes foliacés, les 2 supérieurs plus courts; étendard grand, réfléchi; style comprimé, velu en dessus; légume alongé; stipules très-grandes.

1. P. CULTIVÉ. *P. sativum*. Vulg. *pois rond*, *pois vert*. Tige grimpante, simple, glabre et glauque ainsi que les feuilles, qui ont 4 à 6 folioles ovales, entières, et sont terminées par une vrille très-rameuse; stipules ovales, crénelées, amplexicaules; pédoncules à 2 ou plusieurs fleurs blanches ou roses, avec les ailes plus foncées. ⨀ Cultivé partout, il présente un grand nombre de variétés et sous-variétés, dont les plus communes en Touraine, sont: 1.° le *Pois Jouannet*, que l'on sème en décembre; le *Pois quarantaine*, semé 15 jours plus tard; et le *Pois Michaux* ou *Michemolette*, semé en février et mars: ils sont ronds, d'un blanc jaunâtre à la maturité, on ne les mange qu'en vert; le *P. quarantaine* est le plus petit. 2.° Le *petit* et *le gros Pois vert;* ils sont ronds, verts à la maturité, se mangent en vert, mais surtout, secs, en purée. On les cultive en grand dans les champs: ils sont tous des sous-variétés du *P. saccharatum* ou du *P. humile;* on connaît peu la variété *P. quadratum;* en effet, le *Pois carré vert* et le *Pois de Clamart* ou *Carré fin*, sont cultivés seulement chez quelques propriétaires, ainsi que le *Pois ridé* ou *Carré anglais*.

109. GESSE. *LATHYRUS*. Calice campanulé, à 5 dents, les 2 supérieures plus courtes; style courbé, aplati et élargi à l'extrémité, velu en devant; légume oblong, polysperme. *Stipules semi-sagittées; feuilles à 2-6 folioles, ou remplacées par les pétioles dilatés, ou par les stipules foliacées.*

* *Espèces vivaces, à pédoncules multiflores: feuilles à 2 folioles.*

1. G. SAUVAGE. *L. sylvestris*. Tiges alongées, ailées, très-glabres: folioles linéaires, lancéolées (de 3 à 4 p.), coriaces, glabres; feuilles surpassant les stipules et égalant le pédoncule, qui porte 6-12 fleurs rosées, assez grandes; légume comprimé. ♃ côteaux arides, dans les haies, St.-Georges, en juillet et août. 24 à 36 p. R.

La *G. à larges feuilles* (*L. latifolius*), vulg. *Pois vivace*, se trouve dans beaucoup de jardins; elle diffère de la précédente par ses folioles et ses stipules plus larges; ses fleurs, roses, grandes, sont en bouquets.

2. G. DES PRÉS. *L. pratensis*. Tiges carrées, faibles, rameuses; folioles oblongues ou linéaires, lancéolées; stipules assez grandes, plus courtes que les folioles; pédonc. deux fois plus longs que la feuille,

portant 4 à 8 fleurs jaunes ; calice velu, à dents presque égales. ♃ dans les haies, les prés humides, en juin et juillet. 12 à 18 p. CC.

3. G. TUBÉREUSE. *L. tuberosus.* Tige faible, carrée ; folioles oblongues. obtuses ; stipules étroites, égalant le pétiole ; pédoncules à 3-6 fleurs roses, deux ou trois fois plus longs que la feuille ; légume comprimé, glabre. ♃ au bord des champs, en été. 15 à 20 p. C. La racine est formée de tubercules noirâtres, gros comme le pouce, bons à manger.

** *Espèces annuelles ; pédoncules à 1-3 fleurs ; feuilles nulles ou à 2 folioles.*

4. G. SANS FEUILLES. *L. aphaca.* Tige faible, dressée ; pétioles filiformes, sans folioles ; stipules sagittées, ovales, très-grandes, appliquées contre la tige, et figurant des feuilles opposées ; pédoncules longs, articulés au sommet, portant une fleur jaune, petite ; légume large, comprimé. ⨀ dans les moissons. 8 à 12 p. CC.

5. G. DE NISSOLI. *L. Nissolia.* Tige mince, droite ; pétioles sans folioles, dilatés en forme de feuille linéaire, très-longue, à 3 nervures ; stipules très-petites ou nulles ; fleurs violettes, solitaires, sur un pédoncule très-long ; légume comprimé. ⨀ dans les moissons, à St.-Barthélémy. 8 p. RR.

6. G. SPHÉRIQUE. *L. sphericus.* (*L. axillaris* Lam.) Tiges dressées, carrées, presque ailées au sommet ; folioles linéaires, très-longues ; stipules linéaires, semi-sagittées, aussi longues que le pédoncule et le pétiole ; fleurs petites, rouges, solitaires ; légume un peu noueux, marqué de nervures nombreuses ; sem. rondes. ⨀ dans les champs, N.-D. d'Oé, la Ville-aux-Dames, en juin. 8 à 12 p. C.

7. G. ANGULEUSE. *L. angulatus.* Tiges dressées, carrées ; folioles linéaires, acuminées ; stipules linéaires, aigues, dépassant à peine le pétiole ; fleurs petites, rougeâtres, solitaires, sur un pédoncule filiforme, 2 ou 3 fois plus longs que les stipules et égalant à peine la feuille, muni d'une longue arête ; légume étroit, comprimé ; sem. anguleuses. ⨀ les champs secs et sablonneux, la Ville-aux-Dames, Montbazon, en juin. 10 à 12 p. R.

8. G. CULTIVÉE. *L. sativus.* Vulg. *Pois de brebis*, *Pois de mouton.* Tiges étalées, ailées ; folioles linéaires, oblongues ; stipules ovales, ciliées, égalant à peine le pétiole ; fleurs blanches, roses ou violettes, solitaires, sur un pédoncule articulé et muni d'une petite bractée au sommet, plus long que le pétiole ; lobes du calice lancéolés, foliacés, 3 fois plus longs que le tube ; légume court, ovale, large et ailé au dos ; semences arrondies, presque triangulaires, tronquées. ⨀ Cultivée seulement par quelques propriétaires, fleurit en juin.

9. G. CHICHE. *L. cicera.* Vulg. *Jarosse.* Diffère du précédent par ses stipules lancéolées, un peu dentées, ciliées ; et par son légume oblong, creusé en gouttière au dos et non ailé ; ses fleurs sont plus petites, rougeâtres. ⨀ Cultivée communément comme fourrage.

10. G. VELUE. *L. hirsutus.* Tiges rameuses, étalées, ailées ; folioles oblongues ; pédoncule dépassant la feuille, portant 2-3 fleurs assez

petites, d'un violet pourpré : lobes du calice ovales, de la longueur du tube ; légume oblong, hérissé. ⊙ dans les champs et les moissons, en été. 18 à 30 p. C.

La *Gesse odorante* (*L. odoratus*), vulg. *Pois de senteur*, se trouve dans tous les jardins, où elle se resème elle-même ; elle est hérissée de poils rudes, ses tiges sont ailées, ses folioles grandes, ovales ; et ses pédoncules beaucoup plus longs que la feuille, portant 2-3 fleurs grandes, odorantes, violettes, roses ou blanches.

110. OROBE. *OROBUS*. Calice campanulé, à 5 lobes, les 2 supérieurs plus petits ; style grêle, linéaire, velu à l'extrémité ; lég. cylindrique, oblong, polysperme ; feuilles terminées par un filet court, à 8-10 folioles ; stipules semi-sagittées.

1. O. PRINTANIER. *O. vernus*. Tige simple, légèrement velue ainsi que les feuilles, qui ont 6 folioles ovales, lancéolées, acuminées ; fleurs pourprées, nombreuses, tournées d'un même côté sur un pédoncule plus court que la feuille ; dents du calice larges, à peine aussi longues que le tube. ♃ dans les bois, Grammont, en mars et avril. 10 à 12 p. R.

2. O. NOIR. *O. niger*. Tige rameuse, anguleuse, flexueuse, presque glabre ; 6 à 12 folioles ovales : fleurs d'un rouge violet, nombreuses, sur un pédoncule velu plus long que la feuille ; calice velu à dents inégales, plus courtes que le tube ; légume comprimé. ♃ bois des environs de Loches, en mai et juin. 18 p. Il devient noir en séchant. *M. Diard*.

3. O. TUBÉREUX. *O. tuberosus*. Tiges couchées, tuberculeuses, inférieurement très-glabres ainsi que les feuilles ; 4-6 folioles ovales, marquées de points enfoncés ; fleurs pourprées, par 3-4 sur un pédoncule surpassant à peine la feuille. ♃ dans les bois, en mai et juin. 12 à 16 p. CC.

4. O. BLANC. *O. albus*. Tige simple ; feuilles à 4-6 folioles linéaires, mucronées ; stipules assez larges, plus courtes que le pétiole ; fleurs blanchâtres, alongées, nombreuses, sur un pétiole plus long que la feuille ; dents du calice très-inégales, les inférieures beaucoup plus longues : légume comprimé, glabre. ♃ prairie de Chanceaux, bords de l'Indre, Chenonceaux, en avril et mai. 10 à 15 p. R.

4ᵉ. TRIBU. *PHASÉOLÉES. Feuilles avec ou sans stipules, ternées ou pinnées avec impaire, ou plus rarement palmées ; étamines réunies en un ou plus souvent en deux faisceaux* (9-1) ; *légume uniloculaire, polysperme ; cotylédons charnus.*

111. HARICOT. *PHASEOLUS*. Calice campanulé à 2 lèvres, la supérieure à 2 dents, l'inférieure à 3 divisions ; carène tordue en spirale avec le style et les éta-

mines ; étamines diadelphes ; légume comprimé ou cylindrique, contenant plusieurs semences séparées par une membrane mince. *Tiges volubles : folioles stipulées, ternées ; fleurs en grappes, axillaires.*

1. H. COMMUN. *P. vulgaris.* Folioles ovales, acuminées ; fleurs en grappes, pédonculées, plus courtes que la feuille ; légume droit, pendant, un peu noueux, terminé en pointe longue. ⊙. Originaire de l'Inde ; il forme une des principales cultures du département, d'où l'on exporte en quantité considérable la variété blanche, appelée vulgairement *pois blanc*. Les autres variétés, moins importantes, sont : le *gros haricot gris* (vulg. *pois de pied*), cultivé en grand, surtout à Chouzé ; le *petit haricot gris*, blanc, veiné de violet, cultivé abondamment dans les Varennes, et que l'on mange en vert ou en sec ; on mange sous le nom de *pois chiches*, ses jeunes gousses ; c'est pour cet usage seulement que l'on trouve aussi chez les jardiniers, le *Haricot noir* et le *H. jaune*, qui méritent en effet la préférence : le *H. rouge*, marqué de veines plus foncées, à légume rose, se cultive assez abondamment, et se mange en sec et en vert ; enfin, on a, en petite quantité, le *H. rouge sang de bœuf*, plus foncé, plus long, à gousse blanche.

2. H. COMPRIMÉ. *P. compressus.* Vulg. *haricot de Soissons.* Diffère du précédent par ses gousses comprimées, mucronées, et par ses semences aplaties. On le cultive moins communément que les autres.

Le *H. sphérique* (*P. sphæricus*), vulg. *haricot de Prague*, plus élevé que le *H. commun*, et qui a ses semences presque rondes, jamais blanches, est à peine connu, de même que les autres espèces et variétés : il ne se trouve que chez quelques amateurs.

Le *H. multiflore* (*P. multiflorus*), vulg. *haricot d'Espagne*, remarquable par ses fleurs rouges ou blanches en grappes, et par la grosseur de ses fruits, est fréquemment employé pour garnir des treillages.

112. LUPIN. *LUPINUS.* Calice profondément divisé en 2 lèvres ; carène aigue ; étamines réunies par les filamens en un tube entier ; 5 anthères rondes, plus précoces, les 5 autres oblongues, plus tardives ; légume coriace, oblong, comprimé. *Feuilles palmées, à 5-9 lobes alongés.*

1. L. A FEUILLES ÉTROITES. *L. angustifolius.* Tige droite, simple ; feuilles pétiolées, à 5-7 folioles linéaires, très-velues ; fleurs bleues, alternes, en épi droit ; légume velu, à 6 semences. ⊙ champs sablonneux, la Ville-aux-Dames, Bléré, en juin. 10 à 12 p. R.

On voit souvent dans les jardins le *L. velu* (*L. hirsutus*), un peu plus grand.

A cette même tribu, appartiennent le *Dolichos* et le *Lablab*, ressemblant à des haricots ; les *Erithryna*, remarquables par leurs fleurs très-longues, d'un beau rouge, et le *Kennedya monophylla*, joli arbuste de serre, reconnaissable à ses feuilles simples, oblongues, pétiolées, et à ses fleurs violettes, marquées de deux taches vertes, petites et en grappes, sa tige est mince et voluble.

Dans toutes les Légumineuses précédentes, formant le sous-ordre des Papilionacées, la radicule est appliquée latéralement sur le bord des cotylédons, et la corolle est papilionacée. Il existe un grand nombre d'autres Papilionacées, avec la radicule droite, et la corolle plus ou moins irrégulière ; elles forment le sous-ordre des *Mimosées* et celui des *Césalpiniées* ; dans le premier, les sépales et les pétales sont valvés ; les étamines sont hypogynes ; la corolle est formée de 4-5 pétales souvent soudés et réguliers ; les fleurs sont souvent polygames. Il fournit à la culture un grand nombre d'*acacias* confondus avec les *mimosas*, dont ils diffèrent par leurs étamines beaucoup plus nombreuses (de 10 à 20), et par leur légume uniforme, bivalve ; il faut distinguer les *Acacia paradoxa*, *saligna*, *falcata*, *stricta*, *longifolia* et *alata*, arbustes de serre, dans lesquels les feuilles manquent et sont remplacées par une dilatation du pétiole, leurs fleurs sont très-petites, jaunes, réunies en petites touffes globuleuses, hérissées par les étamines ; le premier, très-commun, est plus petit, ses fausses feuilles sont ovales (de 6 à 8 lignes), comme coupées latéralement, ses capitules sont solitaires, sessiles ; dans le second, les fausses feuilles sont linéaires, et les capitules sont solitaires, à pédicelle court ; le troisième, a les capitules réunis en grappes, et les fausses feuilles linéaires, un peu courbées ; enfin, le dernier a les tiges même ailées, et figurant une feuille irrégulière, pinnatifide, avec quelques épines et des capitules solitaires. Les autres *Acacias* cultivés, ont les feuilles élégamment bipinnées, ce sont : l'*A. julibrisin* ou *arbre de soie*, bel arbre de pleine terre, dont les fleurs, d'un blanc rosé, sont remarquables par de longues étam. en houppes soyeuses, l'*A. farnesiana*, l'*A. lophanta* et l'*A. eburnea*, etc.

La *Sensitive* (*Mimosa pudica*), si remarquable par ses feuilles irritables, à 4 pinnules composées chacune de 30 petites folioles, se voit souvent dans les jardins, ses fleurs sont rosées, à 4-5 étamines, et ses gousses sont articulées, ce qui forme le caractère du genre.

Le sous-ordre des *Césalpiniées*, a les pétales imbriqués, quelquefois nuls, les étam. sont périgynes, les fleurs papilionacées ou presque en rose ; on cultive quelquefois l'*Arachis-hypogea* ou *Pistache de terre*, dont la gousse s'enfonce d'elle-même en terre pour mûrir ses sem., assez grosses et oléagineuses ; elle a ses étamines soudées, ce qui forme le caractère d'une tribu (les *Geoffrées*). Une autre tribu (les *Cassiées*) a ses étamines libres, elle comprend : 1.° le *Cercis siliquastrum*, vulg. *arbre de Judée*, qui croît presque spontanément dans les grands jardins, ses fleurs sont presque papilionacées, roses, et paraissent en faisceaux sur les branches avant les feuilles, qui sont simples, en cœur, arrondies, glabres et entières ; 2.° le *févier d'Amérique* ou *triacanthos* (*gleditschia triacanthos*), se voit assez souvent, c'est un grand arbre à feuilles bipinnées, composées de folioles très-nombreuses (100 à 200), linéaires, oblongues, remarquable par ses épines à 3 pointes, qui continuent à se développer sur le tronc et les branches, et deviennent ainsi extraordinairement fortes ; ses fleurs, blanchâtres, en grappe, sont irrégulières ; 3.° le genre *Casse* (*cassia*), qui a 5 pétales inégaux, en rose, et 10 étam. inégales, dont les 3 inférieures plus longues, et les 3 supérieures déformées ; on en cultive plusieurs espèces, notamment la *C. à grandes fleurs* (*C. corymbosa*), sous-arbrisseau d'orangerie, à feuilles composées de 6 folioles oblongues, qui se replient la nuit : ses fleurs, jaunes, sont nombreuses et assez grandes ; enfin, le *Bonduc* (*Guilandina bonduc*), bel arbre à feuilles bipinnées, dont les 5 pétales sont égaux.

XXXIV. FAMILLE : ROSACÉES.

Calice à 5 sépales égaux, réunis en tube à la base, souvent persistant, libre ou adhérent à l'ovaire ; 5 pétales réguliers, quelquefois avortés, (rarement 4), insérés sur le calice avec les étamines, qui sont en nombre indéfini ; carpelles nombreux, tantôt solitaires par avortement, tantôt figurant un ovaire unique par leur réunion entr'eux et avec le tube du calice ; ovaires uniloculaires ; styles simples, distincts ou soudés ; 1-2 ou rarement plusieurs semences dans chaque carpelle. *Herbes, arbrisseaux ou arbres à feuilles alternes, avec deux stipules à la base.*

1.re TRIBU. *AMYGDALÉES* (ou DRUPACÉES). *Carpelles ordinairement solitaires, surmontés d'un style filiforme, et devenant un fruit charnu* (drupe) *à noyau solitaire, avec 1-2 semences ; calice caduc à* 5 *lobes ;* 20-30 *étamines égales. Arbres ou arbrisseaux à feuilles dentelées, glanduleuses à la base ou sur le pétiole.*

113. AMANDIER. *AMYGDALUS.* Drupe velouté, dont l'enveloppe fibreuse se dessèche et se détache irrégulièrement ; noyau lisse ou percé de trous ; fleurs presque sessiles, précédant les feuilles.

1. A. COMMUN. *A. communis.* Feuilles oblongues, lancéolées ; fleurs solitaires. ♄. Croît spontanément le long des côteaux.

Variétés : α. Amer. *Amara.* Style égalant presque les étamines, qui sont velues à la base.

β. Doux. *Dulcis.* Feuilles d'un vert cendré; fleurs plus précoces ; styles dépassant beaucoup les étamines ; fruits acuminés. Cultivé partout et principalement à Richelieu et à l'Ile-Bouchard : il est souvent mêlé avec le précédent.

χ. A coque molle. *Fragilis.* Vulg. *A. casse-pouce.* Fl. presque roses, à pétales larges, émarginés, et poussant en même temps que les feuilles. Cultivé seulement dans les jardins, où l'on est étonné de ne pas trouver l'*Amande-sultane,* que la Provence et le Languedoc fournissent à nos desserts.

114. PÊCHER. *PERSICA.* Diffère de l'Amandier par son drupe très-charnu, lisse ou velouté, et son noyau marqué de sillons rugueux.

1. P. COMMUN. *P. vulgaris.* Fruit cotonneux, velouté. ♄. Originaire de la Perse : croît spontanément dans les vignes, et donne alors, sans être greffé, des fruits assez bons. On cultive principalement, suivant M. le comte *Odart*, 1.° la *grosse Mignonne*, qui mûrit la première ; ses couleurs sont claires, elle est légèrement aplatie

dans la hauteur avec un sillon bien marqué ; ses fleurs sont grandes, et les glandes des feuilles réniformes ; 2.° la *Galande* ou *Belle-garde*, qui mûrit immédiatement après, a la chair plus ferme, les couleurs plus foncées du côté exposé au soleil ; elle n'est pas aplatie et n'a qu'un sillon peu marqué, ses fleurs sont petites, et les glandes des feuilles globuleuses ; 3.° la *Madelaine tardive*, qui mûrit dans la 1.re quinzaine de septembre ; son fruit est un peu anguleux, ses fleurs sont de moyenne grandeur, et ses feuilles dépourvues de glandes ; 4.° le *Téton de Vénus*, la meilleure de toutes, ainsi nommée du mamelon qui la surmonte ; ses fleurs sont petites, et les glandes réniformes ; 5.° l'*Admirable jaune*, également terminée en pointe, qui a les fleurs petites, et se reproduit bien de noyau ; elle est commune dans les vignes ; elle mûrit à la fin de septembre, en plein vent, et 15 jours plus tôt en espalier.

2. P. LISSE. *P. lævis*. Vulg. *Brugnon*. Fruit lisse. ♄. Moins commun dans les jardins.

115. ABRICOTIER. ***ARMENIACA.*** **Drupe charnu, velouté ; noyau lisse, obtus d'un côté, et aigu de l'autre, entouré d'un sillon.**

1. A. COMMUN. *A. vulgaris*. Feuilles ovales ou en cœur ; fleurs sessiles. ♄. Originaire de l'Arménie.

Ses variétés les plus communes, sont : l'*Abricot commun*, qui mûrit à la mi-juillet ; l'*Abricot pêche*, mûr un mois plus tard, dont la couleur est plus foncée à l'extérieur et à l'intérieur, est surtout caractérisé par le sillon du noyau, prolongé en tube dans l'épaisseur du noyau ; et enfin, l'*Albergier*, arbre assez grand, rarement greffé, dont les fruits petits, rabotteux et colorés, mûrissent à la mi-août.

116. PRUNIER. ***PRUNUS.*** **Drupe ovoïde ou oblong, charnu, très-glabre, couvert d'une poussière bleuâtre ; noyau comprimé, lisse, aigu des deux côtés, et un peu sillonné vers les bords ; fleurs pédicellées, paraissant avant les feuilles.**

1. P. ÉPINEUX. *P. spinosa*. Vulg. *Prunellier, Épine noire*. Arbrisseau à rameaux épineux ; pédoncules solitaires ; fl. blanches ; feuil. obovées ou ovales, finement dentées ; lobes du calice obtus, plus longs que le tube. ♄. Dans les haies, en mars et avril. CC.

2. P. DOMESTIQUE. *P. domestica*. Vulg. *Prunier*. Arbre à feuilles lancéolées, ovales ; pédonc. solitaires ; fleurs blanches, très-entières. ♄. On distingue plusieurs variétés principales, et un grand nombre de sous-variétés.

Variétés : α. *Armenioïdes*. Fruit arrondi, jaune ; noyau obtus : il faut y rapporter la *Mirabelle*, cultivée surtout pour les confiseurs ; son fruit, petit, ferme, très-sucré, mûrit à la mi-août.

β. *Claudiana*. A fruits ronds, un peu déprimés, verts, tachetés de rouge ; chair verdâtre ; noyau court, mucroné ; le *P. de Reine-Claude* ou *d'abricot vert*, très-multiplié dans nos environs à cause de sa fertilité et de son excellente qualité, en est une sous-variété ; il mûrit dans la première quinzaine d'août.

δ. *Damascena.* A fruits ronds, déprimés, violets; noyau court, à carène saillante et à sommet obtus ; la *Prune de monsieur,* assez belle, très-féconde, mais peu sucrée, très-commune à la fin de juillet, se rapporte à cette variété.

ε. *Turonensis.* A fruits obovés, arrondis: noyau large, ridé, obtus, ou avec une très-petite pointe au sommet ; carêne saillante. La *Royale de Tours,* malgré ses qualités supérieures, est assez rare, et les autres sous-variétés sont à peine connues.

ζ. *Juliana.* A fruits ronds, ovoïdes, petits, bleus ou violets, avec le sillon et l'ombilic à peine marqués; le noyau a un col saillant, et il est terminé en pointe. Le *Prunier de Saint-Julien*, est semé en grande quantité pour recevoir la greffe des autres variétés de Pruniers, ou des Abricotiers et Pêchers. A cette variété appartient le *P. de Damas,* très-cultivé à cause de sa fécondité, quoique d'une qualité médiocre; et d'autres sous-variétés moins bonnes, qui, séchées au four, sont connues sous le nom de *Pruneaux ;* il faut y rapporter aussi la *Précoce de Tours.*

η. *Catharinea.* A fruits ronds, ovoïdes, d'un jaune de cire, avec l'ombilic saillant ; noyau obtus, souvent prolongé et tronqué à la base. La *Prune de Sainte Catherine,* qui mûrit à la fin d'août ou au commencement de septembre, est l'objet d'une grande culture dans l'arrondissement de Chinon : on la convertit en pruneaux secs, connus dans le commerce sous le nom de *Pruneaux de Tours.*

ι. *Pruneautiana.* Rameaux disposés en pyramide ; fruits ovales, plus ou moins obtus ou alongés, violets, rarement verts, à ombilic saillant ; noyau très-comprimé, alongé, saillant à la base, plus ou moins aigu au sommet. Parmi ses nombreuses sous-variétés, il faut distinguer le *Diapré rouge* ou *Prune de Rochecorbon,* fort rare dans ce pays, où il paraît avoir pris naissance : on voit aussi quelquefois l'*Impériale violette,* presque grosse comme un œuf, et la *Prune d'Agen.*

Les variétés γ. et θ. du prodrome, sont presque inconnues. On cultive le Prunier à fleurs doubles dans quelques jardins.

117. CERISIER. *CERASUS.* Drupe charnu, globuleux ou imbriqué à la base, très-glabre, luisant ; noyau presque globuleux, lisse ; pédonc. unifl. ou rameux.

1. C. MÉRISIER. *C. avium.* Fleurs en ombelle, sur des pédoncules longs, uniflores, paraissant presque en même temps que les feuilles, qui sont ovales, lancéolées, pubescentes en dessous ; fruit petit, rouge ou noirâtre, peu charnu. ♄. Dans les bois, en avril. C.—Le *Kirschwasser* s'extrait, par la distillation, des fruits du mérisier en Suisse.

2. C. BIGARREAUTIER. *C. duracina.* Grand arbre à rameaux redressés ; feuilles grandes, pendantes ; fleurs en ombelles, sur des pédoncules très-longs, uniflores ; fruits en cœur, à chair ferme, à noyau ovale. ♄. Assez communément cultivé.

3. C. GUIGNIER. *C. juliana.* Rameaux redressés ; fleurs en ombelles, sur des pédoncules uniflores, longs ; fruits ovoïdes, déprimés, cordiformes, à chair molle, non acide ; feuilles glabres. ♄. On en cultive un grand nombre de variétés, mais la plupart médiocres, provenant de noyaux ou de rejetons.

4. C. COMMUN. *C. caproniana.* Arbre peu élevé, à rameaux étalés ; fleurs en ombelle, sur des pédoncules ordinairement courts et raides ; fruits globuleux, déprimés, à chair molle, acide, et dont la pellicule peut se détacher aisément ; noyau rond. ♄. Il croît spontanément dans les bois et sur les pentes des côteaux escarpés, et fournit un grand nombre de variétés, dont les principales sont :

Variétés : α. *Montmorencyana.* A fruits globuleux, déprimés, d'un rouge pâle, dont la chair est blanchâtre, plus ou moins acide ; les pédoncules un peu longs, et les feuilles ovales, acuminées ; elle comprend toutes les Cerises aigres venues de noyau et de rejetons, et la *vraie Cerise de Montmorency,* la meilleure des Cerises aigres, peu cultivée, comme moins fertile.

γ. *Gobetta.* A fruits rouges, déprimés, avec le sillon bien marqué, et la chair blanchâtre ; le pédoncule est court, les feuilles sont rétrécies aux extrémités : c'est la *C. de Montmorency, à gros fruits ;* elle est peu commune, et mûrit au commencement de juillet.

ε. *Multiplex.* A fleurs blanches, doubles ou semi-doubles ; pistils simples ; fruits rares, d'un rouge pâle, avec la chair peu épaisse, très-acide. On le cultive pour la beauté de ses fleurs.

θ. *Griotta.* A fruits plus tardifs, globuleux, déprimés, d'un rouge noir, à chair rouge ; à laquelle il faut rapporter la *grosse Griotte noire commune,* dont on fait les cerises à l'eau-de-vie, et la *Griotte de Portugal,* plus belle, mais moins commune.

ι. *Cordigera.* Fruits ovoïdes, arrondis, comprimés, à chair rouge. On cultive cette variété sous le nom de *Cerise d'Angleterre,* ou *Royale hâtive.*

Les variétés β. *Pallescens,* δ. *Polygyna,* ζ. *Persicifolia,* et η. *Variegata,* sont peu connues. En général, on ne cultive que des Cerises de peu de valeur, au lieu de multiplier des sous-variétés à la fois fécondes et bonnes, comme la *Royale tardive,* la *Cerise guigne,* et la *Belle de Chatenay* ou *Cerise de Spa.*

2. C. TARDIF. *C. semperflorens.* (*C. serotinus*). A rameaux penchés ; feuilles ovales ; fleurs solitaires, tardives ; calice dentelé ; fruit globuleux, rouge. ♄. Dans les vergers. C.

Le *Laurier-cerise* (*C. laurocerasus*), originaire d'Asie, est naturalisé dans les jardins, où l'on voit souvent aussi l'*Azaréro* ou *Laurier de Portugal* (*C. lusitanica*), qui a des feuilles ovales, lancéolées, grandes, fermes et luisantes, persistantes, à pétiole rouge comme les rameaux ; ses fleurs sont en grappes plus longues que la feuille ; l'autre a ses feuilles également persistantes et luisantes, d'un beau vert, et ses fleurs blanchâtres, petites, en grappes droites, plus courtes que la feuille. On l'appelle vulg. *Laurier-amande.*

Le *Mérisier à grappe* (*C. padus*), se propage presque de lui-même ; c'est un arbrisseau à fleurs blanches, en grappes alongées ; ses feuilles, ovales, lancéolées, minces, sont caduques.

2e. TRIBU. *SPIRÉACÉES. Carpelles libres (plus souvent 5), distincts, ou rarement presque soudés, terminés en pointe par le style, et devenant des capsules presque bivalves qui s'ouvrent par la suture intérieure et contiennent 1-4 semences non arillées. — Arbrisseaux ou herbes.*

118. SPIRÉE. *SPIREA.* Calice persistant, à 5 lobes; 10-50 étamines insérées avec les pétales sur le réceptacle (*torus*) adhérent au calice; carpelles solitaires ou nombreux et distincts, rarement soudés à la base, et contenant 2-6 semences.

1. S. ULMAIRE. *S. ulmaria.* Vulg. *Reine des prés.* Tige droite, peu rameuse; feuilles pinnatifides-interrompues, blanches et cotonneuses en dessous; lobe terminal plus grand, trilobé; sépales réfléchis; styles alongés; carpelles glabres, contournés; fleurs blanches, en panicule. ♃. Dans les prés humides, en juin. 18 à 30 p. CC.

Le genre *Spirée* fournit à nos jardins plusieurs jolis arbrisseaux de pleine terre, ce sont : 1.° la *S. à feuilles de saule* (*S. salicifolia*), dont les fleurs petites, rosées, mêlées de rougeâtre, terminent les tiges en juin, et forment des panicules ou épis que les étamines saillantes font paraître comme plumeux; 2.° la *S. à feuilles de sorbier* (*S. sorbifolia*), dont les fleurs blanches, en panicules semblables, mais plus gros, paraissent en mai, au milieu des feuilles grandes, élégamment pinnées, à 15-19 folioles, et stipulées; 3.° la *S. cotonneuse* (*S. tomentosa*), dont les fleurs, aussi en panicule, sont roses, et qui a les feuilles ovales, rousses et cotonneuses en dessous; 4.° la *S. à feuilles d'obier*, (*S. opulifolia*), à fleurs blanches, en ombelles, sur des pédicelles uniflores, ses ovaires sont soudés à la base, ses carpelles vésiculeux, et ses feuil. ovales, trilobées; 5.° la *S. à feuilles de millepertuis* (*S. hypericifolia*), et sa variété *à feuilles crénelées* (*S. crenata*), ses fleurs blanches, petites, à pédicelles assez courts, sont réunies en corymbes ou en ombelles le long des rameaux dès le commencement de mai; et ses feuilles petites, obovées, oblongues, sont entières ou dentées. On voit plus rarement les *S. lævigata*, *corymbosa*, *aruncus* et *lobata*, ces deux dernières sont herbacées ainsi que la *Filipendule* (*S. filipendula*), qui est au contraire très-commune; de ses racines tuberculeuses poussent des feuilles en rosette, pinnatifides, interrompues, à lobes oblongs, linéaires, dentés, et des tiges droites, peu garnies de feuilles (de 15 à 20 p.), terminées en juin par un corymbe lâche de fleurs d'un blanc jaunâtre.

3e. TRIBU. *DRYADÉES. Calice à 5 lobes (rarement 4 lobes ou plus de 5), portant souvent des petites bractées alternes figurant un double rang de lobes; carpelles nombreux, libres, secs ou en baie, insérés sur le réceptacle, et ne contenant qu'un germe; style latéral. — Herbes ou arbrisseaux avec 2 stipules fixées latéralement au pétiole.*

119. BENOITE. *GEUM.* Calice concave à 5 lobes, avec 5 petites bractées extérieures, alternes; les carpelles nombreux, secs, surmontés d'une arête portant le style, recourbée en hameçon ou droite après la floraison, sont disposés en tête sur un réceptacle convexe, poilu. — Herbes à feuilles pinnatifides, stipulées.

1. B. OFFICINALE. *G. urbanum.* Tige droite, rameuse, poilue; feuil. radicales pinnatifides à 5 lobes, celles de la tige à 3 lobes larges, ovales, crénelés, les supérieures à un lobe; stipules grandes, arrondies; fleurs jaunes, petites, dressées, presque solitaires; pétales obovés, de la longueur du calice, qui est réfléchi; carpelles velus. ♃. Dans les bois et les haies, en été. 15 à 18 p. CC.

120. RONCE. *RUBUS.* Calice étalé, à peine concave, à 5 lobes; carpelles nombreux, surmontés d'un style presque latéral et devenant autant de petits drupes charnus, et disposés en un fruit globuleux autour du réceptacle, qui est saillant, conique, non charnu. — Arbrisseaux à feuilles pétiolées, ordinairement composées de 3-5 folioles grandes.

1. R. FRAMBOISIER. *R. idæus.* Tiges cylindriques, munies d'aiguillons courts, recourbés; feuilles pinnées ou ternées, glabres en dessus, blanches et cotonneuses en dessous; stipules très-étroites, sétacées; fleurs blanches, presque en corymbe; calice et carpelles cotonneux. ♄. Cultivé et comme naturalisé dans les jardins.

2. R. BLEUATRE. *R. cæsius.* Tiges rampantes, cylindriques, glabres, glauques; aiguillons minces, presque droits; feuilles palmées, à 3-5 folioles ovales, doublement dentées, vertes des deux côtés, légèrement velues; lobes du calice ovales, terminés en pointe longue; carpelles gros, bleuâtres, peu nombreux. ♄. Au bord des champs. 12 à 24 pouces. C.

3. R. A FEUILLE DE COUDRIER. *R. corylifolius.* Tige ligneuse, anguleuse; aiguillons droits; feuilles palmées, à 3-5 folioles ovales, en cœur, doublement dentées, velues en dessous; fleurs en panicule simple; lobes du calice ovales, acuminés, réfléchis après la floraison; carpelles gros, bleuâtres. ♄. Dans les haies, en été. C. Elle a une variété (*R. villosus*) à feuilles velues des deux côtés.

4. R. DES HAIES. *R. fruticosus.* Tige droite, à 5 angles; aiguillons recourbés: feuilles palmées, à 3-5 folioles pétiolées, ovales, oblongues, aigues, glabres en dessus, cotonneuses et blanchâtres en dessous; panicule composée, resserrée; lobes du calice réfléchis; fleurs rosées; ♄. Dans les haies et les bois, en juin et juillet. CC. Ses fruits, presque noirs sont appelés *Mûres*. On trouve quelquefois la variété à fleurs doubles blanches, et plus rarement celle à fleurs roses.

5. R. COTONNEUSE. *R. tomentosus.* Tige dressée, anguleuse, munie d'aiguillons; feuilles palmées, à 3-5 folioles brièvement pétiolées, obovées, en coin, pubescentes en dessus, et laineuses en dessous; panicule décomposée, étroite; divisions du calice réfléchies. ♄. Dans les bois, Loches. RR.

6. R. GLANDULEUSE. *R. glandulosus.* Tige faible, cylindrique, hérissée de poils, avec des aiguillons minces, un peu recourbés; feuil. palmées, à 3, rarement à 5 folioles, velues, ovales, vertes des deux côtés; pédoncules couverts de poils glanduleux; fleurs en panicule lâche; lobes du calice lancéolés, acuminés. ♄. Forêt de Loches, en juin et juillet. RR.

121. FRAISIER. *FRAGARIA.* Calice concave à 5 lobes, avec 5 bractées extérieures, alternes, plus étroites; 5 pétales; carpelles nombreux, secs, fixés sur le réceptacle, qui devient charnu et tombe à la maturité; style latéral.—Herbes à rejets rampans, à feuilles ternées.

1. F. ORDINAIRE. *F. vesca.* Carpelles très-nombreux à la superficie du réceptacle: étamines nombreuses: feuilles à 3 folioles sessiles, plissées, pubescentes en dessus, velues en dessous, bordées de grandes dents aigues: pédoncules laineux; sépales réfléchis après la floraison, plus courts que les pétales. ♃. Dans les bois, en avril. CC. Parmi les nombreuses variétés qu'il fournit à la culture, il faut distinguer le *F. de tous les mois* (*F. semper florens*).

2. F. MAJAUFE. *F. majaufea.* Carpelles nombreux, logés dans des enfoncemens du réceptacle; étamines peu nombreuses: feuilles à 3 folioles plissées, minces, velues en dessous; calice redressé après la floraison et appliqué sur le fruit, qui en garde l'empreinte. ♃. Cultivé fréquemment.

3. F. DU CHILI. *F. Chilensis.* Carpelles peu nombreux, logés dans des enfoncemens du réceptacle; fleurs grandes, tardives, souvent dioïques par avortement; feuilles à 3 folioles glauques, coriacés, à larges crénelures, velues en dessus et en dessous; réceptacles gros, blancs à l'intérieur; calice soyeux en dessous. ♃. Originaire du Chili: fréquemment cultivé; il a fourni des variétés et des hybrides, notamment la *Fr. ananas*, dont les feuilles sont glabres en dessus, et les fruits anguleux, plus délicats et moins abondans.

Les autres espèces cultivées, *F. breslingea* et *F. elatior*, et leurs variétés, sont peu connues en Touraine.

122. POTENTILLE. *POTENTILLA.* Calice concave, à 4-5 lobes, avec 4-5 petites bractées en dehors; 4-5 pétales; réceptacle sec, persistant, convexe.—Herbes ou sous-arbrisseaux à feuilles composées.

1. P. TORMENTILLE. *P. tormentilla.* (*Tormentilla erecta* L.) Racine tubéreuse; tige dressée, grêle, dichotome, velue; feuilles sessiles, palmées, à 3 folioles oblongues, en coin, dentées profondément;

stipules nulles, ou grandes, amplexicaules, à 3 dents ; fleurs jaunes, petites, solitaires, sur de longs pédoncules axillaires ; bractées palmées ; divisions du calice lancéolées, linéaires, aussi longues que la corolle. ♃. Dans les bois, en été. 8 à 12 p. CC.

Variété : 6. *Nemoralis*. Tiges couchées ; feuilles pétiolées ; stipules lancéolées, souvent entières.

2. P. RAMPANTE. *P. reptans*. Vulg, *Quinte-feuille, Picot*. Plante basse, à rejets rampans, très-longs ; feuilles à long pétiole, palmées, à 5 folioles, obovées, dentées ; stipules petites, linéaires ; fl. jaunes, grandes, solitaires, sur de longs pédoncules axillaires ; lobes du calice plus petits que la corolle ; réceptacle velu. ♃. Terrains argileux, humides, en été. CC.

3. P. PRINTANIÈRE. *P. verna*. Tiges velues, étalées, en touffes basses ; feuilles petites, les inférieures palmées, à 5 lobes en coin, obovés, dentés ; stipules inférieures linéaires, entières, aigues ; fleurs jaunes, presque en panicule ; lobes du calice lancéolés, aigus, plus courts que les pétales. ♃. Lieux secs, bords des chemins, en avril. 3 à 4 pouces. CC.

4. P. ARGENTÉE. *P. argentea*. Tige dressée, cotonneuse ; feuilles palmées, à 5 lobes découpés ou pinnatifides, glabres en dessus, blancs en dessous ; fleurs jaunes, nombreuses, en corymbe ; lobes du calice lancéolés, plus courts que la corolle ; carpelles ridés. ♃. Lieux secs, Chatenay, en été. 8 à 10 p. C.

5. P. ANSERINE. *P. anserina*. Vulg. *Argentine*. Plante basse, à rejets filiformes, rampants ; feuilles pinnatifides, interrompues, à lobes obovés, oblongs, profondément dentés, presque glabres en dessus, blancs et soyeux en dessous ; stipules multifides ; pédonc. solitaires de la longueur des feuilles ; fleurs jaunes ; lobes du calice lancéolés, ♃. Lieux humides, bords des rivières, en été. CC.

6. P. COMARUM. *P. comarum*. (*Comarum palustre* L.) Racine rampante ; tige cylindrique, redressée ; feuilles pinnatifides, à 5-7 fol. étroites, oblongues, dentées, presque glabres ; stipules coriaces, larges à la base et engaînantes ; fleurs rouges à pétales étroits, aigus, plus petits que le calice, dont les bractées extérieures sont très-petites, réfléchies ; carpelles lisses. ♃. Dans les marais, forêt de Chinon, en juin. 14 à 18 p. RR.

7. P. BLANCHE. *P. alba*. (*P. splendens*). Tiges faibles, couchées ; fl. blanches, peu nombreuses ; feuil. radicales palmées à 5 lobes, celles de la tige à 3 lobes ovales-oblongs, dentés au sommet, presque glabres en dessus, soyeux en dessous : lobes du cal. égaux à la corolle, soyeux, très-étroits. ♃. Dans les bois secs, Chatenay, en été. 5-6 p. RR.

8. P. FRAISIER. *P. fragaria* (*Fragaria sterilis* L.) Tiges nombreuses, couchées, pubescentes ainsi que les feuilles, qui sont palmées, à 3 folioles obovées, arrondies ; stipules larges, membraneuses, obtuses ; pédoncules radicaux, à 2 fleurs blanches ; lobes du calice lancéolés. ♃. Dans les bois et les haies, Chatenay, en mars et avril. C. Elle ressemble au fraisier.

123. AIGREMOINE. *AGRIMONIA.* Calice creusé, turbiné, à 5 lobes au bord, hérissé en dehors de poils qui s'alongent en pointes crochues après la fforaison; 5 pétales; 15 étamines; 2 styles; 2 carpelles membraneux, renfermés dans le calice, qui devient dur et figure une capsule.

1. A. EUPATOIRE. *A. officinalis.* Tige velue, simple, droite, terminée par un long épi de fleurs jaunes, petites, sessiles, écartées, munies chacune d'une bractée trifide; fruit renfermé dans le calice hérissé qui s'accroche aux vêtemens; feuilles velues, pinnatifides, interrompues, à lobes ovales-oblongs, crénelés, et disposés en rosette avant le développement de la tige. ♃. Au bord des champs et des bois, en été. 18 à 24 p. CC.

4e. TRIBU. *SANGUISORBÉES. Fleurs souvent polygames, dioïques; calice à 3-8 lobes, formant un tube, resserré au sommet, qui renferme les carpelles et s'accroît souvent avec eux; pétales ordinairement nuls ou formant une corolle en roue à 4 lobes; étamines peu nombreuses; 1-2 carpelles secs, monospermes, portant un style latéral.—Herbes ou sous-arbrisseaux à feuil. composées, à fleurs très-petites.*

124. ALCHIMILLE. *ALCHIMILLA.* Calice tubuleux, un peu resserré au sommet, divisé au bord en 8 dents alternativement plus grandes et très-petites; pétales nuls; 1-2 carpelles portant latéralement un style filiforme terminé en tête.

1. A. DES CHAMPS. *A. arvensis.* (*Aphanes arvensis* L.) Petite plante formant des touffes de 3 à 4 p.; à fleurs vertes, peu apparentes, réunies entre les stipules, ses tiges couchées, rameuses, sont garnies de feuilles pubescentes, à court pétiole, découpées en 3 lobes bifides ou trifides; les plus petites dents du calice sont à peine visibles; il n'y a qu'une ou deux étamines fertiles. ⊙ Dans les champs, en été. CC.

125. SANGUISORBE. *SANGUISORBA.* Fleurs hermaphrodites; calice à 4 lobes, muni de 2 écailles à la base; pétales nuls; 4 étamines; 2 carpelles surmontés par le style en pinceau au sommet.

1. S. OFFICINALE. *S. officinalis.* Fleurs en épis serrés, ovales-oblongs, d'un rouge brun, portés sur de longs pédoncules; tige droite, sillonnée, rameuse; feuilles presque toutes radicales, glabres, longues,

pinnées, à folioles-ovales, en cœur, grossièrement dentées et portées sur des pétiolules stipulés. ♃. Dans les prés, au bas de Grammont, en été. 24 à 36 p. RR.

126. PIMPRENELLE. *POTERIUM.* Fleurs monoïques ou polygames ; calice en tube resserré au sommet, à 4 lobes au bord, et muni de 3 écailles à la base ; pétales nuls ; 20-30 étamines ; 2 carpelles surmontés d'un style filiforme, avec le stigmate en pinceau.

1. P. COMMUNE. *P. sanguisorba.* Fl. en épis serrés, globuleux, d'un vert rougeâtre, terminant les tiges, qui sont droites et rameuses ; les feuil. presque toutes radicales, sont alongées, pinnées, glauques, glabres ou quelquefois un peu velues, à folioles égales, arrondies, grossièrement dentées. ♃. Côteaux et prés secs, en été. 12 à 16 p. CC. On la cultive aussi dans les jardins, pour l'assaisonnement des salades.

5e. TRIBU. *ROSÉES. Calice en tube resserré au sommet, à 5 lobes au bord souvent pinnatifides ou munis d'appendices ; 5 pétales ; carpelles nombreux, secs, durs, ne s'ouvrant pas, hérissés de poils rudes, et fixés à l'intérieur du calice qui se gonfle en une baie charnue ; les styles, partant du côté intérieur des carpelles, dépassent le tube du calice, et sont ou libres ou soudés. — Arbrisseaux chargés d'aiguillons, à feuilles ailées avec impaire.*

127. ROSIER. *ROSA.* Seul genre de la tribu.

I.re SECTION. (*Synstylæ*). *Styles réunis en colonne ; fruit ovoïde ou globuleux ; feuilles souvent persistantes ; stipules soudées.*

1. R. DES CHAMPS. *R. arvensis.* Rejetons flexibles ; aiguillons inégaux, en faux ; feuilles caduques, à 5-7 folioles glauques en dessous, et glabres ou un peu ciliées ; stipules étroites, bifides et écartées au sommet ; fleurs blanches, solitaires ou en corymbe ; sépales courts, entiers ; style formant une colonne alongée, glabre ; fruits ovoïdes ou arrondis, coriaces, d'un rouge de carmin, glabres ou un peu hérissés ainsi que les pédoncules. ♄.

Variétés : α. Commun. *Vulgaris.* (*R. repens.*) Folioles ovales-aigues. ♄. Dans les haies et les lieux incultes, en juin. CC.

β. A deux bractées. *Bibracteata.* Pédoncules munis de deux ou plusieurs bractées longues, fleurs plus nombreuses. ♄. Dans les haies et les buissons. R.

2. R. A LONGS STYLES. *R. stylosa.* Rejetons dressés ; aiguillons forts, recourbés ; feuilles pubescentes, à 5 folioles ovales, acuminées, fine-

ment dentées ; stipules grandes, terminées en pointe courte ; pétioles cotonneux ; fleurs rosées, presque solitaires ; sépales pinnatifides ; styles réunis en colonne glabre, renflée au sommet. ♄. Dans les haies.

Variétés : α. De Desvaux. *Desvauxiana.* Feuilles pubescentes, non glanduleuses ; pédoncules et calice glabres. ♄. Loches. R.

6. Odorante. *Leucochroa.* (*R. brevistyla* Lam.) Feuilles glabres, non glanduleuses ; pédoncules hérissés ; calices glabres ; fleurs à onglet jaune. ♄. Chatenay, en mai et juin. R.

A cette section appartiennent le *Rosier musqué (R. moschata)*, et le *Rosier multiflore (R. multiflora)*, l'un et l'autre se trouvent souvent à fleurs doubles dans les jardins, et sont caractérisés, le premier par ses feuilles à 5-7 folioles lancéolées, glabres, ses stipules très-étroites, aigues, et ses sépales longs, un peu découpés ; et le second, par ses rameaux très-longs, flexibles, cotonneux ainsi que les pédoncules, les calices et les feuilles, par ses stipules pectinées et ses sépales courts : il a les styles velus.

2e. SECTION. (*Chinenses*). *Styles libres, dépassant un peu le calice ; sépales entiers, rabattus ; fruit ovoïde ou globuleux ; feuilles persistantes, luisantes, coriaces ; stipules presque libres, très-étroites.*

3. R. DE BENGALE. *R. indica.* Tiges droites, vertes ; aiguillons forts, écartés et en faux ; 3-5 folioles ovales, acuminées ; pédoncules presque articulés. ♄. Originaire de la Chine ; il est tout-à-fait naturalisé dans les jardins, ainsi que sa variété à fleurs pourpres.

Parmi ses autres variétés, il faut citer le *R. noisette (R. noisettiana)*, dont les fleurs, d'un rose pâle, sont en panicule, très-nombreuses ; il diffère par ses stipules entières, du *Bengale ordinaire*, qui les a denticulées, ciliées. Et le *R. thé (R. fragrans)*, remarquable par son odeur et par la grandeur de ses fleurs ; il a les folioles grandes, lancéolées, le pédoncule flexible, renflé, et le fruit globuleux, très-gros, d'abord rouge, puis noir. Il fournit des sous-variétés nombreuses, à fleurs rouges, roses, blanches ou jaunâtres.

Dans cette 2e. Section est aussi le *R. de Banks* (*R. Banksiæ*), lisse, glabre, souvent sans épines, à fol. lancéolées, à peine dentées ; ses fruits sont globuleux.

3e. SECTION. (*Cinnamoneæ*). *Styles libres, dépassant rarement le calice ; sépales presque entiers, souvent rapprochés après la floraison ; stipules nulles ou soudées au pétiole ; fruits globuleux ou déprimés.*

4. R. DE PROVINS. *R. Gallica.* Aiguillons inégaux ; stipules étroites, écartées au sommet ; 5-7 folioles raides, coriaces, ovales ou lancéolées, pendantes, avec les pétioles et les nervures pubescens ; sépales étalés durant la floraison ; fruit globuleux, très-coriace, hérissé de poils glanduleux ; fleurs d'un rouge plus ou moins foncé. ♄. Dans les haies, à Chatenay, ainsi que la variété *Naine* (*Pumila*), dont les folioles sont plus arrondies.

La même Rose a été trouvée à fleurs doubles par M. *de Romand*, dans les landes près de la Gagnerie.

Cette espèce est une de celles qui ont fourni le plus de variétés par le semis ; la plupart sont remarquables par leur riche couleur d'un pourpre foncé et velouté. On cultive fréquemment celle à fleurs panachées.

5. R. CANELLE, *R. cinnamomea*. Vulg. *Rosier de mai*. Rameaux dressés, raides; 5-7 folioles ovales-oblongues, inégales, dentelées, pubescentes, et cendrées en dessous; stipules dilatées, ondulées; sépales étalés, élargis à l'extrémité; pédoncules courts; fruits globuleux, couronnés par les sépales, rapprochés. ♄. Dans les jardins, et comme spontané dans quelques bosquets.

On voit dans les jardins le *R. à gros fruit* (*R. turbinata*), presque sans épines, à 5-7 folioles ovales en cœur, grandes, ridées, un peu velues en dessous, et à stipules très-grandes, amplexicaules.

6. R. A FEUILLE DE PIMPRENELLE. *R. pimpinellifolia*. Tige grêle, couverte d'aiguillons inégaux, droits, très-nombreux; 7-9 folioles petites, ovales-arrondies, minces, coriaces, à dents aigues; stipules étroites, élargies au sommet; sépales étalés, puis rapprochés en couronne sur le fruit, qui est coriace. ♄. Dans les jardins, en juin. 15 à 24 pouces.

7. R. ÉGLANTIER. *R. eglanteria*. Jeunes tiges couvertes d'aiguillons nombreux, qui deviennent plus rares par la suite; folioles ovales, lisses, à dents aigues, glanduleuses et odorantes : stipules étroites, entières, écartées au sommet; pédoncules et calices lisses; sépales étalés, pinnatifides. On voit fréquemment dans les haies de jardins les variétés *Lutea* (*jaune*), et *Punicea* (*R. capucine*), qui paraissent se propager d'elles-mêmes : il n'est jamais double, et fleurit en mai.

Le *R. jaune* (*R. sulphurea*), n'est connu qu'avec ses fleurs très-doubles; il est chargé d'épines minces, très-nombreuses; ses folioles sont obovées, glabres et glauques, dentées, et ses stipules étroites, un peu frangées.

4°. SECTION. (*Caninæ*). *Styles libres, renfermés dans le calice ou le dépassant; sépales pinnatifides, rabattus après la floraison, souvent caduques; fruit ovoïde; stipules soudées au pétiole.*

8. R. DE CHIEN. *R. canina*. Aiguillons forts, écartés, comprimés, en faux; folioles un peu coriaces, souvent doublement dentées, à dents aigues; stipules un peu larges, aigues, finement dentelées; sépales pinnatifides, caducs; fruit coriace, d'un rouge vif; fleurs rosées. ♄. Dans les haies. CC. — Ses jets vigoureux sont transplantés dans les jardins sous le nom d'*églantier*, pour recevoir la greffe des autres espèces. On trouve dans le département les variétés suivantes.

Variétés : α. Glabre. *Glabra*. Pétioles glabres ou à peine velus; fol. ovales, aigues, glabres; fruits et pédoncules lisses.

β. A feuilles obtuses. *Leucantha*. (*Obtusifolia*). Pétioles un peu velus, souvent glanduleux; folioles ovales-arrondies, acuminées, velues en dessous; fruits et pédoncules lisses.

γ. Fastigiée. *Fastigiata*. Aiguillons forts; pétioles un peu velus; fol. ovales, aigues, velues en dessous; fruits lisses, pédonc. hérissés.

δ. Hérissée. *Hispida*. Pétioles glabres; folioles ovales, aigues, glabres; fruits et pédoncules hérissés.

ε. Des buissons. *Dumetorum*. Pétioles cotonneux; folioles ovales, un peu aigues, cotonneuses en dessous : fruits et pédoncules presque lisses.

9. R. ROUILLÉ. *R. rubiginosa.* Feuilles couvertes en dessous de poils glanduleux rougeâtres, odorantes, à 5-7 folioles ovales ou arrondies, dentées ; aiguillons forts, comprimés, recourbés ; fruits ovoïdes, d'un rouge vif, hérissés ainsi que les pédoncules ; fleurs d'un rose foncé : lobes du calice pinnatifides, glanduleux. ♄. Dans les haies, en juin. C.

Variétés : α. Commun. *Vulgaris.* Fruits presque solitaires, plus ou moins hérissés de poils glanduleux ainsi que les pédoncules ; fol. ovales, obtuses : aiguillons recourbés.

β. A ombelle. *Umbellata.* (*R. umbellata* Lam.) Fleurs réunies par 3-6 ; fruits ovales, globuleux, presque lisses ; pédoncules hérissés ; fol. ovales, arrondies ; aiguillons recourbés.

γ. Des haies. *Sepium.* (*R. sepium* Lam.) Aiguillons forts ; folioles obovées, oblongues ou lancéolées ; pétiole glabre ; fruits et pédonc. lisses. ♄. A Rochecorbon.

10. R. COTONNEUX. *R. tomentosa.* Feuilles cotonneuses et glanduleuses en dessous, à folioles ovales, presque doublement dentées : fruits d'un rouge vif, hérissés ainsi que les pédoncules ; fl. rosées. ♄. Bois de Baudry. R.

Le *R. velu* (*R. villosa*), diffère du précédent par ses feuilles plus velues, ses aiguillons droits, et surtout par son fruit plus gros et moins rouge. La variété *Pomifera* se trouve chez les jardiniers ; son fruit est de la grosseur d'une noix, bon à manger.

11. R. A CENT FEUILLES. *R. centifolia.* Aiguillons presque droits ; 5-7 folioles ovales, molles, glanduleuses au bord, poilues en dessous ; stipules larges, acuminées ; sépales étalés pendant la floraison ; calice et pédoncules hérissés de poils glanduleux, gluans et odorans. — Le nombre de ses variétés est considérable, voici les principales :

Variétés : α. Commun. *Vulgaris.* Folioles ovales, planes, dentées ; sépales ciliés, cotonneux ; on n'a que celui à fleurs doubles. — Dans tous les jardins.

β. Vilmorin. *Carnea.* Pédoncules et calices glanduleux, gluans ; fleurs d'un rose pâle, comme transparentes, en corymbe lâche, boutons pourprés.

γ. Unique. *Mutabilis.* Pédoncules et calices glanduleux ; fleurs blanches, en corymbe lâche ; boutons pourprés.

δ. Mousseux. *Muscosa.* Aiguillons inégaux, minces, très-nombreux ; pédoncules et calices couverts de poils glanduleux, mousseux.

ε. Œillet. *Cariophyllea.* Calice oblong et pédoncule glanduleux, visqueux ; pétales petits, acuminés ou dentés, droits, à onglet long.

ζ. Pompon. *Pomponia.* Plus petit dans toutes ses parties.

12. R. DE DAMAS. *R. Damascena.* (*R. semper florens, R. bifera*). Vulg. *Rose de tous les mois.* Aiguillons nombreux, inégaux, forts et élargis à la base ; 5-7 folioles grandes, ovales, un peu raides : sépales rabattus pendant la floraison ; ovaire alongé, souvent dilaté au sommet ;

calice et pédoncule hérissés de poils glanduleux. ♄. Très-commun dans les jardins.

13. R. BLANC. *R. alba.* Folioles ovales-arrondies, terminées en pointe courte, glauques ainsi que les jeunes tiges; aiguillons minces, recourbés; pétioles et nervures un peu cotonneux; sépales pinnatifides; pétales blancs, étalés. ♄. Dans les jardins, avec sa variété à fleurs couleur de chair (*R. incarnata*).

Le nombre des Roses cultivées à Tours chez les principaux jardiniers et chez quelques amateurs, s'élève à plus de 600; mais elles peuvent être rapportées presque toutes à une des espèces ci-dessus : *R. indica, centifolia, gallica* ou *pimpinellifolia.*

6e. TRIBU. (*POMACEÆ*). *Calice campanulé ou renflé, devenant charnu à la maturité et adhérent aux carpelles qu'il renferme, à 5 lobes au bord; 5 pétales caducs; 5 ovaires uniloculaires, surmontés par autant de styles simples ou soudés; fruit formé par le calice charnu et les carpelles, qui sont cartilagineux ou osseux, bivalves ou ne s'ouvrant pas, à 1-2 semences (ou polyspermes dans le Coignassier). — Arbres ou arbrisseaux à feuilles simples, rarement pinnées, stipulées.*

128. AUBÉPINE. *CRATÆGUS.* Calice renflé; pétales étalés, arrondis; ovaire à 2-5 loges, autant de styles glabres; fruit ovoïde, charnu, fermé par les dents du calice, ou par le disque qui porte les étam. et s'épaissit ensuite; noyau osseux. — Arbrisseaux épineux, à feuilles anguleuses ou dentées.

1. A. COMMUNE. *C. oxyacantha.* (*Mespilus oxyacantha* Lam.) Vulg. *Aubépine, mai.* Feuilles obovées, en coin, presque entières ou trifides, ou laciniées, glabres, luisantes; fleurs blanches, en corymbe; 1-3 styles. ♄. Dans les haies, en mai. CC. — On cultive de charmantes variétés à fleurs doubles, roses ou blanches.

Variété : 6. *Obtusata.* (*Oxyacanthoides*). Feuilles obovées, presque rhomboïdales, finement dentées, à 3 lobes obtus au sommet.

Le *Buisson ardent (C. pyracantha)*, orne les jardins et les bosquets de ses fruits d'un rouge vif, pendant l'hiver; ses feuilles sont glabres, persistantes, ovales, lancéolées, crénelées; ses fleurs blanches, rosées, à 5 styles, paraissent en mai. On cultive aussi quelquefois l'*Azerolier (C. azarolus)*, qui diffère de l'Aubépine parce qu'il est pubescent et plus grand; et l'*Amélanchier (Amelanchier vulgaris)*, qui forme un genre caractérisé par ses ovaires à 5 loges monospermes, dont 3-5 seulement se développent dans le fruit; ses feuilles ovales et ses rameaux sont pubescens au printemps; ses fleurs blanches sont en corymbe, et ses fruits sont d'un bleu presque noir.

129. NÉFLIER. ***MESPILUS.*** **Calice à 5 lobes foliacés; pétales presque ronds; 2-5 styles glabres; fruit turbiné, élargi au sommet, tronqué et terminé par un disque large, que bordent les lobes épaissis du calice, pépins durs et osseux.**

1. N. COMMUN. *M. germanica.* Vulg. *Mélier.* Feuilles lancéolées, denticulées, cotonneuses en dessous; fleurs grandes, rosées, solitaires. ♄. Cultivé dans les haies; fleurit en mai. C. — Ses fruits, appelés *Méles*, se voient assez communément sur les marchés.

130. POIRIER. ***PYRUS.*** **Calice à tube renflé et à 5 lobes au bord; 5 styles, rarement 3 ou 2; fruit fermé au sommet, à 5 loges contenant deux semences (*pépins*) à enveloppe coriace. — Arbres ou arbrisseaux.**

1. P. COMMUN. *P. communis.* 5 styles libres; fruit turbiné, non ombiliqué à la base; pédicelles en ombelle; feuilles simples, ovales, dentées, glabres ainsi que les rameaux et les bourgeons. ♄.

Variétés : α. Sauvage. *Achras.* Épineux; feuilles ovales, acuminées, très-entières, longuement pétiolées, et un peu cotonneuses au printemps; fruit alongé à la base. ♄. Dans les bois.
6. Faux poirier. *Pyraster.* Épineux; feuil. arrondies, aigues, finement dentées, toujours glabres; fruit arrondi à la base. ♄. Dans les bois.
χ. Cultivé. *Sativa.* Sans épine.

Parmi les innombrables sous-variétés de ce dernier, nous citerons les suivantes, comme plus communes en Touraine, d'après M. *Odart*, en commençant par les plus précoces : 1.° la *Blanquette*, petite poire jaune, cassante, alongée; l'arbre est très-fécond, ses fleurs sont fort grandes. 2.° La *P. de Madelaine*, *P. jouannet* ou *Citron des carmes*, de moyenne grosseur; d'un vert-jaunâtre uniforme, mûre à la mi-juillet. 3.° La *Belle verge* ou *Cuisse-madame*, ainsi nommée de sa forme alongée et de la vigueur des jeunes pousses de l'arbre; elle est abondante et paraît presque en même temps. 4.° Le *Rousselet*, petite poire, mûre à la fin d'août, rouge d'un côté et verte de l'autre, employée en grande quantité par les confiseurs. 5.° Le *Revilé*, qu'on apporte sur les marchés en septembre, par charges, d'Azay-le-Rideau et de quelques autres communes; c'est une poire presque aussi grosse que la *Madelaine*, fondante, quelquefois un peu âcre, mais d'un goût agréable. 6.° Le *Beurré*, cultivé presque toujours en espalier, et mûr la fin de septembre. 7.° La *P. de St.-Michel* ou *Doyenné*, qui mûrit en même temps, est jaune-clair, à pédoncule renflé et très-court. sa forme est régulière et peu alongée; ce fruit est moins beau en plein vent, mais plus savoureux : c'est ainsi qu'on le cultive en grande quantité au milieu des terres labourables, du côté d'Azay-le-Rideau, pour faire ce qu'on appelle des *poires tapées*. 8.° On cultive et on emploie de même le *Messire-Jean*, un peu plus tardif : c'est le type des bonnes poires cassantes. 9.° La *P. d'Angleterre,* poire très-abondante, mûre à la fin de septembre : elle est d'un vert cendré, rétrécie du côté de la queue. 10.° La *Verte-longue,* également abondante, mais un peu meilleure. 11.° Le *Bon-chrétien*, fruit très-gros, anguleux, d'une forme pyramidale tronquée ; il se conserve très-bien jusqu'à la fin d'avril ; aussi est-il le plus cultivé en espalier.

Depuis une quinzaine d'années, on cultive aussi deux autres Poires très-fertiles, la *P. duchesse* et le *Beurré d'Aremberg;* la première participe aux propriétés du *Bon-chrétien* et du *St.-Michel,* dont on pourrait la croire une hybride ; elle est anguleuse, à pédoncule très-court, et mûrit dans la première quinzaine de novembre ; l'autre ressemble au *Beurré* par sa saveur, et de plus, il se garde jusqu'en hiver.

On trouve, en outre, dans les jardins, un grand nombre d'autres variétés : le *S.-Germain*, la *Crassane*, la *Louise-bonne*, la *Virgouleuse*, etc.

2. P. A FEUILLE DE SAUGE. *P. salvifolia.* Vulg. *Poirier de Sauge.* Diffère du précédent par ses feuilles lancéolées, entières, cotonneuses ainsi que les bourgeons, et glabres seulement en dessus quand la saison est plus avancée ; fruit très-acerbe, vert, coloré en rouge du côté exposé au soleil. ♄. Il se trouve sauvage, et on le cultive du côté de Château-Regnault pour faire du cidre.

3. P. ACERBE. *P. acerba.* Vulg. *Aigrasseau.* 5 styles presque soudés à la base ; fruit ordinairement globuleux, déprimé, et toujours ombiliqué à la base ; fleurs blanches, portées sur des pédicelles simples, en ombelle ; feuilles ovales-aigues, crénelées, toujours glabres ainsi que les calices. ♄. Dans les bois ; fleurit en avril. C.—On emploie son fruit, très-acerbe, à faire de *la boisson*, et l'on transplante autour des champs les jeunes pieds, arrachés dans les bois, pour recevoir la greffe de l'espèce suivante.

4. P. POMMIER. *P. malus.* Diffère du précédent par ses feuilles cotonneuses en dessous, ainsi que les calices ; ses fleurs sont rosées et son fruit est plus gros. ♄. Sauvage dans les bois, il a donné par la culture des variétés innombrables, dont les plus cultivées sont : 1.° Le *Pommier de Calville*, son fruit, très-gros et chargé de grosses côtes saillantes, a la chair grenue ; une sous-variété, la *C. blanche*, est d'un jaune pâle, quelquefois un peu teintée de rouge du côté du soleil ; une autre est *rouge* en dehors et même un peu dans l'intérieur ; elle est plus alongée, elle se conserve jusqu'en mars, et la *blanche* encore plus long-temps. 2.° Le *P. de Reinette* ou *Reinette franche*, se cultive abondamment, surtout aux environs d'Azay-le-Rideau, dans les champs ; son fruit est jaune, ponctué de brun ; il se conserve jusqu'en juillet ; l'arbre est grand et médiocrement fécond, il a les fleurs très-grandes ; on a souvent la sous-variété *R. grise*, dont la peau, d'un jaune verdâtre, est plus épaisse et qui a une saveur plus acide ; la *R. du Canada,* la plus grosse de toutes, ne se voit guères qu'à basse tige dans les jardins ; on cultive de préférence dans les campagnes, un pommier appelé *Pépin de Reinette*, parce qu'on l'obtient toujours par les semences de ce fruit ; il en a presque

l'apparence, mais il est moins bon et beaucoup plus productif. 3.° Le *P. de Rambourg*, fort commun et fertile ; ses feuilles et ses fleurs sont grandes ; son fruit gros, très-déprimé, d'un jaune très-pâle, se conserve jusqu'à la fin d'octobre, et se mange ordinairement cuit. 4.° Le *P. d'Api*, remarquable par ses rameaux droits et longs ; ses feuilles sont petites, alongées, et son fruit lisse et vivement coloré, se conserve jusqu'en avril. 5.° Le *P. de fenouillet* ou *d'anis*, arbre petit et délicat, dont le fruit, très-abondant sur les marchés, est petit, déprimé, rude au toucher, et d'un gris fauve, sa chair tendre et sucrée est parfumée d'un goût d'anis ou de fenouil.

Ces divers Pommiers, pour être cultivés à basse tige dans les jardins, sont greffés sur une variété naine appelée *P. paradis*, remarquable par l'extrême fragilité de ses racines. Les Pommiers à haute tige ou de plein vent, sont greffés sur *franc* : on désigne ainsi des Pommiers venus de semences : on en laisse un grand nombre sans les greffer, et leurs fruits, de qualité médiocre, sont connus sous le nom de *fausses-pommes* ; on ne se sert des *aigrasseaux* que pour recevoir la greffe des Pommiers à cidre. Ces derniers sont très-communs dans les cantons de Château-la-Vallière, Neuvy et Château-Regnault ; la plupart des variétés ont été tirées de Normandie, et M. *Odart*, qui nous fournit ces renseignemens, y a reconnu le *Fréquin*, dont le fruit, d'une saveur amère, est alongé, jaune, et un peu rouge d'un côté ; le *Capendu* ou *Court-pendu*, dont le pédoncule est en effet très-court, et le *Gros-doux*, belle pomme blanche, tendre et très-sucrée, aussi bonne à manger qu'à faire du cidre.

On cultive aussi communément, surtout à Cheillé et Rivarennes, les Pommiers de *Lockard blanc*, de *Lockard troche*, et le fertile Pommier d'*Étourneau*, appelé aussi *Roi-Durand*, son fruit, assez bon à manger, mais plus propre à la fabrication du cidre, est de moyenne grosseur, doux, un peu fade, à peau rouge ou flagellée de rouge ; la pomme de *Lockard blanc* est également bonne pour les deux usages, elle est teinte de rouge du côté du soleil, mûrit en novembre, et se conserve jusqu'en janvier : le *Lockard troche* est moins bon à manger, mûrit plus tôt, et ne se conserve pas.

5. P. ALISIER. *P. torminalis.* 2-5 styles soudés, glabres ; fl. blanches, à pédoncules rameux, en corymbe ; fruit brun, turbiné, paraissant tronqué par suite de la chute des lobes du calice : feuilles ovales, découpées en lobes aigus, dentées, d'abord pubescentes, puis glabres en dessous. ♄. Dans les bois, et souvent cultivé. C. — Ses fruits, appelés *alises*, d'une saveur acide, se mangent quand on les a laissés ramollir sur la paille.

6. P. SORBIER. *P. sorbus* Vulg. *Cormier*. 2-5 styles ; fleurs blanches, à pédoncules rameux, en corymbe ; fruit d'un vert rougeâtre, turbiné ; feuilles pinnées, avec impaire, à folioles dentées, velues d'abord en dessous, puis glabres ; bourgeons glabres, glutineux, aigus. ♄. Dans les bois, et souvent cultivé. C.—Ses fruits, appelés *Cormes*, sont employés, soit verts, soit séchés au four, pour faire des boissons,

7. P. DES OISEAUX. *P. aucuparia.* 2-5 styles ; fleurs blanches, à pé-

doncules rameux, en corymbe; fruits d'un rouge vif, globuleux; feuilles pinnées, avec impaire, à folioles dentées, presque glabres; bourgeons cotonneux. ♄. Cultivé fréquemment dans les jardins et sur les promenades.

On cultive pour ses belles fleurs rouges le *P. du Japon* (*P. japonica*), arbrisseau d'orangerie, et l'on a en pleine terre quelques pommiers à fleurs doubles.

131. COIGNASSIER. *CYDONIA*. Calice à 5 lobes grands, dentés; étamines droites; 5 styles; fruit turbiné, fermé au sommet, à 5 loges polyspermes, cartilagineuses.

1. C. COMMUN. *C. vulgaris*. Arbrisseau à feuil. ovales, très-entières, cotonneuses en dessous ainsi que les calices; fleurs grandes, solitaires, rosées. ♄. Dans les bois et les haies, et cultivé soit pour son fruit dont on fait des gelées, soit pour recevoir la greffe des poiriers à basse tige.

Les *Calycanthus* ou *pompadoura*, que l'on voit quelquefois dans les jardins, forment une famille caractérisée par ses fleurs odorantes, sans pétales, mais à lobes du calice nombreux, épais et colorés; ils ressemblent d'ailleurs aux Rosacées par les autres parties de la fleur. Le *Calycanthus floridus* et le *Calycanthus prœcox* (ou *Chimonantherus fragrans*), sont des arbrisseaux de pleine terre, à feuilles ovales, opposées.

XXXV. FAMILLE : GRANATÉES.

Calice coriace, à tube renflé et divisé au bord en 5-7 lobes; 5-7 pétales; étamines très-nombreuses; style filiforme; stigmate en tête; fruit grand, arrondi, couronné par les lobes du calice qui lui sert d'écorce, divisé horizontalement en deux chambres, la supérieure a 5-7 loges, l'inférieure, plus petite, a 3 loges; semences nombreuses, formant autant de petites baies à chair transparente, acide, et attachées à des cloisons dirigées de la circonférence au centre.— *Arbrisseaux presque épineux, à feuilles caduques, oblongues, entières.*

132. GRENADIER. *PUNICA*. Caractères de la famille.

1. G. CULTIVÉ. *P. granatum*. Fleurs d'un rouge vif, feuilles lancéolées; fréquemment cultivé en espalier, où ses fruits mûrissent bien. ♄. On le cultive aussi à fleurs doubles.

La XXXVI.e famille, celle des *Myrtacées*, a le calice à 4-6 ou plus souvent 5 sépales soudés en tube et renfermant l'ovaire ; les pétales sont en nombre égal et les étamines en nombre double ou multiple ; le fruit est formé de 4-6 carpelles qui ne se développent pas tous, soudés en un ovaire polysperme, et surmontés d'autant de styles ordinairement réunis en un seul ; elle fournit à nos jardins : 1.° le *Myrte commun* (*Myrtus communis*), et ses variétés à fleurs doubles et à feuilles plus petites ou panachées ; son fruit est une baie noire à 2-3 loges, couronnée par le calice ; 2.° le *Syringa* (*Philadelphus coronarius*), arbrisseau de pleine terre, dont les fleurs d'un blanc jaunâtre, ordinairement à 4 pétales, sont très-odorantes ; son fruit est sec, à plusieurs loges, avec les semences entourées d'une arille membraneuse, et ses feuilles sont ovales, acuminées, dentées, glabres, un peu ridées, non persistantes.

XXXVII. FAMILLE : CUCURBITACÉES.

Fleurs dioïques, monoïques, ou plus rarement hermaphrodites ; calice à 5 sépales soudés à la base en un tube resserré supérieurement et renfermant le support (*torus*) et les carpelles ; corolle persistante après la dessication, à 5 pétales libres ou soudés, insérés sur le support, ce qui les fait quelquefois paraître soudés au calice ; 5 étamines libres ou plus souvent soudées en trois faisceaux ; anthères très-longues, flexueuses ; un style à 3-5 stigmates épais, bilobés ; 3-5 carpelles (dont un seul se développe) charnus, enveloppés dans le calice, et formant une baie à 1-5 loges, à écorce dure ; semences attachées à l'angle interne des cloisons, et entourées d'une arille pleine d'eau qui devient membraneuse par la dessication.—*Herbes grimpantes, souvent rudes ; feuilles pétiolées, alternes, avec des vrilles axillaires ; pédoncules axillaires, articulés au milieu.*

133. GOURDE. *LAGENARIA*. Calice campanulé, à 5 lobes subulés, plus courts que le tube ; pétales libres ; *fleurs mâles* à 5 étamines en 3 faisceaux, *fl. femelles* à 3 stigmates presque sessiles ; semences obovées, bilobées au sommet, à bord renflé.—*Fleurs monoïques, blanches.*

1. G. COMMUNE. *L. vulgaris.* Plante pubescente, à feuilles en cœur,

presque entières ; fleurs très-étalées, réunies en faisceaux ; fruits pubescens d'abord, puis glabres et lisses à la maturité, à écorce ligueuse. ⊙. Originaire de l'Inde ; elle est cultivée dans les campagnes le long des maisons.

134. CONCOMBRE. *CUCUMIS*. Calice tubuleux, campanulé, à lobes subulés, à peine de la longueur du tube ; pétales soudés entr'eux ; *fleurs mâles* à 5 étam. en 3 faisceaux, *fl. femelles* à 3 stigmates épais ; fruits à 3-6 loges ; semences ovales, comprimées, non marginées.—*Fleurs monoïques ou hermaphrodites, jaunes.*

1. C. MELON. *C. melo.* Vulg. *le Melon.* Tige couchée, rude ; feuilles arrondies, anguleuses, pétiolées ; calice des fleurs mâles un peu ventru à la base et dilaté au sommet ; fruit ovoïde ou globuleux, sillonné. ⊙. Originaire d'Asie ; il est cultivé de temps immémorial, surtout dans ce pays, et a donné plusieurs variétés importantes.

Variétés : α. Réticulé. *Reticulatus.* Fruit rond ou oblong, à écorce réticulée, grise. Le *Sucrin de Tours* et le *Melon de Langeais* en sont des sous-variétés ; ce dernier est caractérisé par des côtes bien marquées ; il est l'objet d'une culture assez importante sur la rive droite de la Loire, et on l'apporte sur les marchés en telle abondance, que son prix n'est quelquefois que de 10 à 15 centimes.

β. Cantaloup. *Cantalupo.* Fruit grand, verruqueux, à larges côtes, saillantes, d'un vert foncé ; il est cultivé seulement dans les jardins, et son prix est ordinairement entre 1 et 3 francs.

Les autres variétés, telles que le *Melon d'hiver,* sont fort rares.

2. C. CULTIVÉ. *C. sativus.* Tige rude ; feuilles pétiolées, en cœur, à 5 lobes obtus, le terminal plus grand ; fleurs réunies par 3 sur de courts pédoncules ; calice des fleurs mâles à tube campanulé ; pétales aigus ; fruit oblong, lisse. ⊙. Originaire de l'Inde ; il est cultivé fréquemment : ses fruits, avant leur développement, sont appelés *Cornichons.* On cultive une variété particulière pour cet usage.

Le *Pastèque*, ou *Melon d'eau* (*C. citrullus*), est cultivé seulement dans quelques jardins ; ses feuilles sont presque pinnatifides, glauques et velues ; ses fruits sont globuleux et glabres.

135. BRYONE. *BRYONIA*. Fleurs monoïques ou dioïques, à pétales à peine soudés par la base ; *fleurs mâles* à étamines en 3 faisceaux et calice à 5 dents, *fleurs femelles* à style trifide ; fruit globuleux ; semences peu nombreuses, ovales ; vrilles simples.

1. B. DIOÏQUE. *B. dioica.* Tige grimpante ; feuilles en cœur, palmées, à 5 lobes dentés, le terminal plus grand, et marquées de points rudes, fleurs dioïques, verdâtres, en grappes ; filamens velus à la base ; fruits rouges. ♃. Dans les haies, en été. CC.

136. MOMORDIQUE. *MOMORDICA.* Fleurs monoïques, solitaires, axillaires ; *fleurs mâles* à calice à 5 lobes, à tube très-court ; corolle à 5 lobes ; étamines en 3 faisceaux, à anthères soudées ; *fl. femelles* à style trifide, avec 3 filamens stériles ; ovaire à 3 loges ; fruit ovoïde, couvert d'aiguillons, et lançant avec élasticité ses semences.

1. M. ÉLASTIQUE. *M. elaterium.* Vulg. *Concombre sauvage.* Plante glauque, rude, hérissée, à tige basse, rampante, sans vrilles : feuilles en cœur, un peu lobées, crénelées, à longs pétioles ; fleurs jaunes, petites. ⊙ Lieux stériles, Ballan, en été. RR.

137. COURGE. *CUCURBITA.* Fleurs monoïques, à corolle campanulée, jaune ; pétales soudés entr'eux et avec le calice ; *fleurs mâles* à calice campanulé ; étamines en 3 faisceaux soudés ; *fl. femelles* à calice renflé en massue, campanulé au sommet, et se détachant circulairement au dessous du bord après la floraison ; 3 stigmates ; fruit à 3-5 loges ; semences ovales, comprimées, bordées.

1. C. CITROUILLE. *C. maxima.* Feuilles en cœur, ridées, à longs pétioles hérissés de pointes ; tube du calice obové, terminé en un col court ; fruit globuleux, déprimé. ⊙. On ne connaît pas sa patrie ; elle est cultivée en grand pour la nourriture des bestiaux ; on l'appelle aussi *potiron.*

1. C. GIRAUMON. *C. pepo.* Feuilles en cœur, obtuses, à 5 lobes peu marqués, dentelés ; tube du calice terminé en col : fruit presque rond ou oblong. ⊙. Originaire d'Orient : également cultivée.

On cultive plus rarement dans les jardins la *C. bonnet d'électeur* (*C. melopepo*), dont le fruit est jaunâtre, de forme pyramidale, avec des angles saillans. Ce qu'on appelle *Coloquinte* ou *Fausse-orange*, n'est point la Coloquinte usitée en médecine, c'est la *Cucurbita aurantia*, dont les fruits lisses ou couverts de verrues, sont d'un jaune-orange vif, et quelquefois marqués de côtes vertes.

La *Grenadille bleue* ou *Fleur de la passion* (*Passiflora cærulæa*), se voit fréquemment dans les jardins ; c'est un arbuste grimpant, remarquable par ses fleurs grandes, composées de 10 sépales blancs, avec une rangée de filets ou rayons bleus et violets, disposés en couronne entourant 5 grandes étamines écartées au sommet, et un ovaire surmonté de 3 stigmates divergens en forme de clous ; de l'aisselle des feuilles, qui sont palmées, à 5-7 lobes, partent des vrilles. Cette belle plante, ainsi que quelques autres Passiflores plus rares, est de la famille des *Passiflorées*, voisine des *Cucurbitacées*, et caractérisée par ses fleurs formées de 5-10 sépales, sans pétales, avec 5 étamines réunies en tube à la base et 3 stigmates ; son l'ovaire libre, ovoïde, pedicellé, devient un fruit sec ou charnu, uniloculaire, à 3 valves ; ses feuilles ont stipulées.

XXXVIII. FAMILLE : ONAGRAIRES.

Tube du calice adhérent à l'ovaire totalement ou par la base ; bord du calice à 2-5 ou plus souvent à 4 lobes ; pétales en nombre égal et alternes, ordinairement réguliers, insérés au sommet du tube, quelquefois nuls ; étamines en nombre égal ou double, ou moitié moindre ; style filiforme, stigmate en tête ou divisé ; ovaire à plusieurs loges devenant une capsule ou une baie à 2-4 loges ; semences nombreuses attachées à l'angle central de chaque loge.—*Herbes ou arbrisseaux à feuilles simples, souvent opposées.*

1.re TRIBU. (*Onagrœ*). *Capsule à plusieurs loges polyspermes ; tube du calice prolongé au-delà de l'ovaire; étamines en nombre double des pétales.*

138. ÉPILOBE. *EPILOBIUM.* Calice à 4 sépales réunis à la base en un tube long, à 4 angles, contenant l'ovaire qui devient une capsule à 4 valves et 4 loges ; semences nombreuses, munies d'aigrettes ; 4 pétales ; 8 étamines ; fleurs pourprées ou rosées.

1. E. A ÉPI. *E. spicatum.* Fleurs pourprées, irrégulières, à étamines penchées, disposées en épi à l'extrémité des tiges, qui sont raides ; feuilles éparses, lancéolées, entières, très-longues. ♃. Dans les bois. Baudry, en été. 36 à 48 p. R. — On la cultive aussi dans les jardins sous le nom de *Laurier St.-Antoine.*

2. E. DE MONTAGNE. *E. montanum.* Tige droite, simple ou rameuse ; feuilles presque sessiles, étroites, lancéolées, inégalement dentées ; fleurs petites, roses, à pétales plus longs que le calice ; stigmate à 4 lobes. ♃. Dans les lieux stériles et pierreux, en été. 13 à 16 p. CC.

3. E. DE MARAIS. *E. palustre.* Tige cylindrique, glabre, brunâtre, un peu pubescente au sommet ; feuilles sessiles, glabres, lancéolées, étroites, presqu'entières ; fleurs petites, roses ; stigmate non divisé ; capsule pubescente. ♃. Dans les eaux, en été. 12 à 16 p. R.

4. E. VELU. *E. hirsutum.* Tige rameuse, velue ainsi que les feuilles qui sont lancéolées, oblongues, à dents irrégulières, un peu recourbées, amplexicaules ; fleurs grandes, pourprées, régulières ; stigmate

à 4 lobes ; sépales mucronés. ♃. Près des eaux, bords du Cher ; en été. 30 à 40 p. CC.

5. E. MOLLET. *E. molle.* (*E. parviflorum*). Tige raide, velue ; feuilles sessiles, oblongues, lancéolées, dentelées, mollement pubescentes ; fleurs petites, roses ; stigmate à 4 lobes. ♃. Près des eaux et dans les lieux ombragés ; en été. 16 à 24 p. CC.

6. E. TÉTRAGONE. *E. tetragonum.* Tige droite, à 4 angles, presque glabre ; feuilles étroites, oblongues, lancéolées, aigues, dentelées, glabres, amincies, en pétioles et décurrentes sur la tige ; stigmate non divisé ; capsule un peu velue. ♃. Près des eaux et dans les lieux incultes, en été. 18 à 20 p. CC.

139. ÉNOTHÈRE. *OENOTHERA*. Anc^t. *Onagre*. Calice à 4 sépales réunis en un long tube, à 4 ou à 8 angles, contenant l'ovaire, qui devient une capsule oblongue, à 4 valves et à 4 loges ; semences nombreuses, nues.

1. E. BISANNUELLE. *OE. biennis.* Tige droite, rameuse, velue ; feuilles ovales, lancéolées ; étamines plus courtes que la corolle ; pétales grands, jaunes, en cœur ; étamines et style dressés. ♂. Originaire de Virginie ; elle s'est naturalisée dans toute l'Europe depuis l'année 1614. Iles de la Loire, les Varennes, en été. 18 à 24 p. C.

L'*E. à grandes fleurs* (*OE. grandiflora*), se multiplie elle-même dans les jardins ; elle diffère de la précédente par ses tiges plus fortes, par ses fleurs plus grandes, à pétales plus échancrés, et à étamines penchées.

On cultive quelquefois d'autres Énothères, ainsi que la *Gaura biennis* et la *Clarckia pulchella*, petite plante remarquable par ses fleurs pourprées, a 4 pétales déchiquetés.

Il faut rapporter à une autre tribu des Onagraires, le *Fuchsia coccinea*, charmant arbuste de serre que l'on voit fréquemment ; ses fleurs, pendantes, ont un calice rouge alongé, à 4 lobes aigus et renflé à la base, renfermant les 4 pétales qui sont violets et roulés ensemble, il en sort 8 étam. très-longues et un style filiforme ; son fruit est une baie d'un violet foncé, à 4 loges ; ses feuilles sont opposées, par 2 ou 3, lancéolées, un peu dentées. On cultive plus rarement le *F. gracilis*, dont les feuilles et les fleurs sont plus petites ; et le *F. arborescens*, qui a de grandes feuilles lancéolées, verticillées.

2e. TRIBU. (*Jussieœ*). *Fruit en capsule, à plusieurs loges; tube du calice non prolongé au-delà de l'ovaire.*

140. ISNARDE. *ISNARDIA*. Calice persistant à 4 lobes et à tube ovoïde, court, adhérent à l'ovaire ; 4 pétales alternes, quelquefois très-petits ou nuls ; étamines devant les lobes du calice ; style filiforme, caduc ; stigmate en tête ; capsule à 4 angles, à 4 valves et à 4 loges polyspermes.—Herbes aquatiques.

1. I. DES MARAIS. *I. palustris.* Tige couchée, rampante, glabre ; feuilles opposées, ovales-aigues, amincies en pétiole ; fleurs soli-

taires, sessiles, sans pétales. ⊙. Dans les marais, près du Cher, en été. 3 à 6 p. RR. *M. Baillot.*

141. CIRCÉE. *CIRCÆA.* Calice court, à 2 divisions; 2 pétales en cœur; 2 étamines alternes; stigm. émarginé; capsule ovoïde, hérissée de poils recourbés, à 2 valves à 2 loges monospermes.

1. C. PARISIENNE. *C. lutetiana.* Tige dressée, pubescente; feuilles ovales, aigues, denticulées, souvent un peu velues; lobes du calice rougeâtres, réfléchis; fleurs petites, blanches, rosées. ♃. Dans les haies et les bois ombragés, Sainte-Radegonde, Baudry, en juillet. 10 à 12 p. R.

3e. TRIBU. (*Hydrocaryes*). *Fruit en noix cornue, dure, ne s'ouvrant pas, n'ayant souvent à la maturité qu'une seule semence. — Herbes nageantes.*

142. MACRE. *TRAPA.* Tube du calice adhérent à l'ovaire, et à 4 lobes au bord; 4 pétales; 4 étamines; style filiforme, renflé à la base; ovaire à 2 loges, dont une seule se développe.

1. M. NAGEANTE. *T. natans.* Vulg. *Chataigne d'eau.* Fruit à 4 cornes aigues, opposées, en croix; feuilles rhomboïdales, dentées, en rosette sur l'eau; petioles renflés; fleurs blanches. ⊙. Dans les étangs; Rillé, étang de Jumeau. C. — Elle se multiplie aussi à Vernou et à Rosnay, où elle a été semée.

XXXIX. FAMILLE : HALORAGÉES.

Tube du calice adhérent à l'ovaire, divisé au bord ou paraissant nul; pétales insérés au sommet du calice entre les lobes, ou nuls; étamines insérées avec les pétales, en nombre égal, ou double, ou moindre; fruit formé de plusieurs carpelles soudés, devenant autant de loges monospermes, ne s'ouvrant pas, et surmonté par autant de stigmates sans style. — *Herbes aquatiques, à fleurs petites, souvent monoïques ou dioïques.*

1re. Tribu. (*Cercodianæ*). *Calice divisé au bord en plusieurs lobes; pétales et loges du fruit en nombre égal; étamines en nombre égal ou double.*

143. MYRIOPHYLLE. *MYRIOPHYLLUM.* Vulg. *Volant d'eau.* Calice à 4 lobes; fleurs monoïques ou rarement hermaphrodites; *fleurs mâles* à 4 pétales très-caducs; 4-6 ou plus souvent 8 étamines; *fl. femelles* sans pétales; à 4 carpelles presque soudés, arrondis; 4 stigmates pubescens. — *Herbes nageantes, à feuilles verticillées par 4, pinnatifides, à lobes capillaires; fleurs verticillées, sessiles, en épi sortant de l'eau, les supérieures mâles, les infér. femelles.*

1. **M. a épi.** *M. spicatum.* Fleurs rougeâtres, en épi presque nu; feuilles florales plus courtes que les fleurs, presque toutes entières. ♃. Dans les eaux. 24 à 48 p. CC.

2. **M. verticillé.** *M. verticillatum.* Feuilles à lobes opposés; épi terminal garni de feuilles; feuilles florales presque semblables aux autres, dépassant beaucoup les fleurs. ♃. Dans les eaux. 24-48 p. CC.

2e. Tribu. (*Callitrichinæ*). *Calice non distinct; pétales nuls; une ou rarement 2 étamines; fruit à 4 loges et à 4 semences. — Herbes aquatiques.*

144. CALLITRICHE. *CALLITRICHE.* Fleurs polygames, le plus souvent monoïques; fleurs munies de 2 bractées opposées figurant des pétales; *fleurs mâles* à une, rarement 2 étamines saillantes; *fl. femelles* à 2 styles; ovaire comprimé, tétragone, marqué de 2 sillons, et formé de 4 carpelles pseudospermes.

1. **C. printanier.** *C. verna.* Feuilles à 4 nervures, les supérieures plus grandes, rapprochées en petites rosettes à la surface des eaux; fruits sessiles, triangulaires, à angle obtus sur le dos. ⊙. Dans les fossés et au bord des ruisseaux. CC.

Variétés: α. Commun. *Vulgaris.* Toutes les feuil. obovées, alongées.
β. Intermédiaire. *Intermedia.* Feuilles inférieures linéaires, obtuses ou émarginées, les supérieures ovales.
γ. En étoile. *Stellata.* (*Æstivalis* T.) Toutes les feuilles ovales, tiges courtes.
δ. En gazon. *Cespitosa.* Toutes les feuilles ovales, petites, raides; tiges courtes, disposées en étoiles.

ε. A feuilles menues. *Tenuifolia.* Toutes les feuilles linéaires, les supérieures à 3 nervures, peu marquées.

2. C. PÉDONCULÉ. *C. pedunculata.* Feuilles inférieures linéaires, les supérieures oblongues, à 3 nervures ; fruits pédonculés, triangulaires, à angle obtus sur le dos. ☉. Dans les eaux. R.—C'est peut-être encore une variété du *C. verna,* ainsi que l'espèce suivante.

2. C. D'AUTOMNE. *C. autumnalis.* Toutes les feuilles à une seule nervure, éparses sur la tige, égales et tronquées; fruits plus grands, sessiles, munis d'une aile membraneuse sur le dos. ☉ Dans les eaux. R.

Cette famille, formée de plantes dont les rapports sont peu sensibles, contient aussi la *Pesse (Hippuris vulgaris)*, que l'on trouve dans les départemens voisins ; ses tiges, dressées au fond des eaux, sont garnies de feuilles linéaires, verticillées par 6-12, et ses fleurs sessiles, très-petites, verdâtres, sont formées d'un calice sans dents, contenant l'ovaire et portant une seule étamine ; le fruit est une petite noix monosperme.

XL. FAMILLE : CÉRATOPHYLLÉES.

Fleurs monoïques ; calice libre, à 10-12 lobes égaux ; pétales nuls ; *fleurs mâles* à 2-20 étam. sans filamens, rassemblées au centre du calice ; *fleurs femelles* avec un style filiforme, recourbé ; un ovaire libre, ovoïde, uniloculaire, devenant une noix monosperme terminée en pointe par le style.—*Herbes aquatiques submergées; fleurs axillaires, solitaires, sessiles.*

145. CÉRATOPHYLLE. *CERATOPHYLLUM.* Anc. *Cornifle.* Seul genre de la famille.

1. C. NAGEANT. *C. demersum.* Tiges flexibles, nageantes, rameuses; feuilles rapprochées, d'un vert foncé, verticillées par 6-8, divisées en lobes linéaires, dentés ou épineux ; fruit muni de trois longues cornes, l'une au sommet, les 2 autres à la base. ♃. Dans les eaux tranquilles, en été. 24 à 30 p. CC.

2. C. SUBMERGÉ. *C. submersum.* Diffère du précédent par sa tige plus profondément submergée, par ses feuilles à peine dentées et par ses fruits sans épines. ♃. Dans les eaux tranquilles, dans le Cher, en été. 24 à 30 p. C.

XLI. FAMILLE : LYTHRARIÉES.

Calice persistant, libre, en tube ou campanulé, à dents inégales; pétales caducs (quelquefois nuls) insérés au sommet du calice entre les dents; étamines en nombre égal, double ou triple, insérées au fond ou au milieu du calice; style filiforme; ovaire libre, formé de 2-4 carpelles soudés, et devenant une capsule à 1-2 loges, entourée par le calice; semences nombreuses, fixées au centre. —*Herbes à feuilles simples, sans stipules.*

146. SALICAIRE. *LYTHRUM.* Calice cylindrique, strié, à 4-6 dents plus larges, dressées, avec 4-6 autres dents alternes, subulées, souvent très-petites ou nulles; 4-6 pétales insérés au sommet du calice et alternes avec les plus larges dents; étamines en nombre égal ou double (ou quelquefois moindre); capsule oblongue, polysperme, à 2 loges, cachée par le calice.

1. S. COMMUNE. *L. salicaria.* Tige droite, élevée, quadrangulaire, un peu velue; feuilles lancéolées, en cœur à la base; fleurs pourprées, presque sessiles, formant de beaux épis alongés au sommet des tiges; 6-7 pétales; 12-14 étamines; calice coloré. ♃. Au bord des eaux, en juillet et août. 36 à 48 p. CC.

2. S. A FEUILLES D'HYSSOPE. *L. hyssopifolia.* Tige basse, divisée en rameaux étalés, puis redressés; feuilles linéaires, obtuses: fl. petites, pourprées, solitaires, axillaires, presque sessiles, plus courtes que les feuilles; 5-6 pétales; 5 étamines. ⨀. Lieux humides, la Ville-aux-Dames, Semblançay; en été. 4 à 10 p. R.

147. PEPLIS. *PEPLIS.* Calice campanulé à 12 lobes, 6 plus larges, dressés, et 6 plus étroits, alternes, étalés; 6 pétales très-petits, quelquefois nuls; 6 étam. opposées aux lobes les plus larges; style très-court; capsule polysperme, à 2 loges.

1. P. POURPIER. P. *portula.* Petite plante rougeâtre, à tige étalée, couchée; feuilles opposées, ovales, arrondies au sommet, et rétrécies

en pétiole ; fleurs rougeâtres. solitaires, sessiles aux aisselles des feuil. ⊙. Lieux humides, la Ville-aux-Dames, forêts de Château-Regnault et d'Amboise, en été. C.

Le *Tamarisc* (*Tamarix gallica*), joli arbrisseau, assez commun dans les jardins, a les feuilles très-petites, entourant comme des écailles (ainsi que celles du Cyprès) les rameaux minces et flexibles que terminent des épis de petites fleurs rosées, à 4-5 sépales, autant de pétales et d'étamines, et 3 stigmates. Il fait partie de la famille des Tamariscinées (la XLII.e) caractérisée par son ovaire libre, devenant une capsule uniloculaire à 3 valves, avec des semences nombreuses attachées aux valves ; ses fleurs ont un calice à 4-5 lobes, 4-5 pétales, des étamines en nombre égal ou double, un style et 3 stigmates.

XLIII. FAMILLE : PORTULACÉES.

Calice libre, ou soudé au fond de l'ovaire, ordinairement à 2 sépales opposés, quelquefois à 3 5 lobes ; 3, 4 ou 6 pétales libres ou soudés en tube très-court, rarement nuls ; étamines en nombre variable insérées avec les pétales ; ovaire arrondi, uniloculaire ; un style terminé en plusieurs stigmates, qui sont quelquefois sessiles au sommet de l'ovaire ; capsule s'ouvrant transversalement, ou en 3 valves, de la base au sommet ; semences nombreuses ; réceptacle central. — *Herbes à feuilles grasses ou charnues, entières, sans stipules.*

148. POURPIER. *PORTULACA.* Calice persistant, comprimé, à 2 valves ; 5 pétales ; 6-12 étam. ; ovaire uniloculaire, soudé à la base du calice, et devenant une capsule polysperme.

1. P. CULTIVÉ. P. *oleracea.* Tiges rameuses. charnues, glabres, couchées (de 6 à 10 p.); feuilles lisses, sessiles, en coin ; fleurs jaunes, sessiles. ⊙. Dans les lieux cultivés, en août. C.—On le cultive aussi dans les jardins, et on l'appelle *pourpier doré* quand ses feuilles ont pris une teinte jaunâtre.

149. MONTIA. *MONTIA.* Calice persistant, à 2-3 valves ; corolle monopétale à 5 lobes, dont 3 plus petits ; 3-5 étamines ; 1 style caduc, court, à 3 lobes au sommet ; capsule uniloculaire, à 3 valves et 3 semences.

1. M. DES FONTAINES. *M. fontana.* Petite plante glabre, charnue

à tige couchée, redressée; feuilles opposées, oblongues, obtuses, entières; fleurs petites, blanchâtres, pédonculées, axillaires, en petits faisceaux. ⊙. Lieux humides, en été. 1 à 2 p. R.

XLIV. FAMILLE : PARONYCHIÉES.

Calice à 5 sépales plus ou moins soudés à la base; pétales petits, figurant des écailles ou des étamines stériles, insérés entre les lobes du calice, quelquefois nuls; étamines opposées aux sépales et en nombre égal ou moindre; 2-3 styles plus ou moins soudés à la base; ovaire libre, devenant un fruit sec, petit, à 3 valves, ou ne s'ouvrant pas.—*Herbes ou sous-arbrisseaux très-rameux, à feuilles petites, sessiles et entières, ordinairement opposées, avec ou sans stipules; fl. très-petites, souvent herbacées.*

1re. Tribu. (*Telephieæ*). 5 *pétales et* 5 *étamines insérés au fond du calice, qui a* 5 *lobes;* 3 *styles.*

150. CORRIGIOLE. *CORRIGIOLA*. Calice persistant, 5 pétales égaux au calice; style court; 3 stigmates; capsule monosperme, à 3 valves.

1. C. des rivages. *C. littoralis.* Tiges rameuses, couchées (8 à 10 p.); feuilles alternes, linéaires; fleurs blanches, très-petites, ramassées en paquets. ⊙. Près des eaux, grèves de la Loire, en été. C.

2e. Tribu. (*Illecebreæ*). *Calice à* 5 *divisions; pétales en nombre égal ou nul;* 2-5 *étamines insérées au fond du calice;* 2 *styles; capsule monosp., ne s'ouvrant pas.*

151. HERNIAIRE. *HERNIARIA*. Calice à 5 lobes; 5 pétales filiformes, alternes, quelquefois nuls; 5 étam. dont 2-3 manquent quelquefois; 2 styles courts, distincts ou soudés à la base; capsule monosperme, ne s'ouvrant pas, cachée par le calice.

1. H. glabre. *H. glabra.* Petite plante d'un vert jaunâtre, très-rameuse, étalée sur la terre; feuilles petites, ovales, glabres, ou un

peu ciliées; stipules très-petites, ciliées; fleurs sessiles, réunies aux aisselles des feuilles, glabres. ⊙ ou ♃. Dans les champs. Tiges de 2 à 4 pouces. CC.

2. H. HÉRISSÉE. *H. hirsuta.* Diffère de la précédente parce qu'elle est toute hérissée de poils, et que ses fleurs sont moins serrées. ♃. Dans les champs. CC.

3ᵉ. TRIBU. (*Scleranthecæ*). *Calice à 4-5 divisions et à tube renflé; pétales nuls;* 1-10 *étam. insérées au sommet du calice; fruit membraneux, monosperme, renfermé dans le tube du calice; feuilles sans stipules.*

152. SCLÉRANTHUS. *SCLERANTHUS.* Anc.: *Gnavelle.* Calice tubuleux, resserré au col, à 5 dents; 2 styles; 2 stigmates; fleurs herbacées; capsule coriace, couronnée par les dents du calice.

1. S. VIVACE. *S. perennis.* Tige couchée, redressée, rameuse; feuil. opposées, linéaires: lobes du calice membraneux, obtus, rapprochés sur le fruit. ♃. Lieux secs et sablonneux, îles de la Loire, en été. 3 à 4 pouces. R.

2. S. ANNUEL. *S. annuus.* Tige étalée, rameuse: feuilles opposées, linéaires; lobes du calice non membraneux, acuminés, étalés. ⊙. Dans les champs, en été. 3 à 5 p. C.

Cette même famille, dont les caractères sont très-difficiles à étudier, contient encore la *Paronyque verticillée (Illecebrum verticillatum),* petite plante à tiges filiformes, couchées, garnies de feuilles ovales, stipulées, avec des petits paquets de fleurs axillaires, sessiles, d'un blanc mêlé de rose, que l'on trouve autour du département.

XLV. FAMILLE : CRASSULACÉES.

Calice à 3-20 sépales plus ou moins soudés à la base; pétales alternes, en nombre égal, libres ou soudés; étamines en nombre égal ou double, insérées avec les pétales au fond du calice; carpelles libres, uniloculaires, surmontés d'un style, opposés aux pétales et aussi nombreux, disposés en cercle et s'ouvrant par une fente à l'angle interne, semences attachées en 2 rangs à ce même angle; une écaille est attachée à la base de chaque carpelle. —*Herbes à feuilles charnues*, vulg. *plantes grasses.*

153. TILLÉE. ***TILLÆA.*** **Fleurs à 3 ou 4 parties ; étamines en nombre égal ; carpelles resserrés au milieu, à 2 semences.**

1. T. MOUSSE. *T. muscosa.* Très-petite plante à tiges nombreuses, couchées ; feuilles opposées et soudées à la base ; fleurs blanches, sessiles. ⊙. Dans les allées des bois, en été. 1 à 2 p. RR.

154. SÉDUM. ***SEDUM.*** **Anc.t** ***Orpin.*** **Fleurs à 4-7, ou plus souvent à 5 parties ; étamines en nombre double ; écailles ovales, entières, à la base des carpelles.**

1. S. REPRISE. *S. telephium.* Feuilles planes, grandes, ovales, dentées, sessiles ; tige droite, cylindrique, terminée par les fleurs rougeâtres ou vertes en corymbe garni de feuilles. ♃. Dans les haies, au bord des champs, en été. 12 à 18 p. C.

2. S. PANICULÉ. *S. cepæa.* Feuilles planes, spatulées, obtuses, entières ; tige couchée, faible, terminée par une panicule lâche de fleurs blanches, petites, à pétales terminés en pointe. ⊙. Sur le bord des fossés et des bois, Grammont, forêt de Chinon, Loches. C.

Variétés : 6. A feuilles de Caille-lait. *Galioides.* Feuilles supérieures presque opposées, les inférieures verticillées.
x. A feuilles d'Alsiné. *Alsinæfolium.* Feuilles alternes, ovales.

3. S. BLANC. *S. album.* Feuilles cylindriques, obtuses, étalées, glabres, éparses sur les tiges, qui sont redressées et terminées par un corymbe de fleurs blanches, à anthères brunes ; pétales un peu aigus. ♃. Sur les murs, en juin et juillet. 5 à 8 p. CC.

4. S. VELU. *S. villosum.* Feuilles cylindriques, un peu aplaties en dessus, éparses sur les tiges, et pubescentes ainsi que les pédoncules, qui sont axillaires et portent 1-3 fleurs rougeâtres, disposées en corymbe ; pétales obtus. ⊙. Lieux sablonneux, humides ; la Ville-aux-Dames, St.-Christophe, en été. 3 à 5 p. R.

5. S. ROUGEATRE. *S. rubens.* (*Crassula rubens* L.) Feuilles cylindriques, oblongues, obtuses, glabres, rougeâtres comme toute la plante ; rameaux très-écartés, en corymbe ; tige droite ; fleurs sessiles, d'un seul côté des rameaux ; sépales et pétales très-aigus ; 5 ou 10 étamines. ⊙. Dans les vignes et les champs, en été. 2 à 4 p. CC.

6. S. RÉFLÉCHI. *S. reflexum.* Feuilles cylindriques, aigues, rétrécies à la base, éparses et rapprochées contre la tige, que termine un corymbe de fleurs jaunes, penché ou réfléchi avant l'épanouissement. ♃. Sur les murs et sur les talus secs, en juillet. 8 à 10 p. CC.

7. S. BRULANT. *S. acre.* Feuilles courtes, ovoïdes, sessiles, rapprochées ; fleurs jaunes, peu nombreuses à l'extrémité des tiges, qui sont rapprochées et divisées en 2 ou 3 rameaux. ♃. Sur les murs et les rochers, en mai et juin. 2 à 3 p. CC.

155. JOUBARBE. *SEMPERVIVUM*. Calice à 6-12 divisions, autant de pétales et d'ovaires ; étamines en nombre double ; écailles des carpelles ovales, larges.

1. J. DES TOITS. *S. tectorum.* Feuilles ovales, épaisses, acuminées, ciliées, réunies en rosettes serrées ; tiges droites, garnies de feuilles éparses plus petites, et divisées au sommet en rameaux écartés qui portent d'un seul côté les fleurs rougeâtres, assez grandes, à 10 étamines. ♃. Sur les murs et les toits dans la campagne, en juillet. 10 à 14 pouces. C.

On voit quelquefois dans les jardins la *Joubarbe fil d'araignée* (*S. arachnoideum*), et la *J. en arbre* (*S. arboreum*), celle-ci a une grosse tige nue, rameuse, avec des rosettes de feuilles oblongues à l'extrémité des rameaux, ses fleurs sont jaunes ; l'autre forme sur la terre des petites rosettes de feuilles aigues, couvertes de poils blancs tendus au milieu comme une toile d'araignée; ses fleurs rougeâtres sont en corymbe à l'extrémité des tiges, hautes de 5 à 7 pouces ; en juin et juillet.

Les PLANTES GRASSES cultivées en serre, et remarquables, souvent, par l'éclat de leurs fleurs autant que par la bizarrerie de leur feuillage, appartiennent pour la plupart aux genres *Crassula*, *Rochea* et *Cotyledon*, de cette famille, et aux familles XLVI.e des NOPALÉES et XLVII.e des FICOÏDÉES; celle-ci est caractérisée par son calice monosépale, sur lequel sont insérés des pétales nombreux linéaires en rayons, et des étamines en nombre indéfini, et par son fruit sec ou charnu à plusieurs loges polyspermes surmontées d'autant de styles ; celle des *Nopalées* a le calice monosépale, adhérent à l'ovaire ; les lobes du calice très-nombreux, ainsi que les pétales et les étamines, qui sont insérés sur un disque recouvrant le sommet de l'ovaire ; le fruit est une baie uniloculaire contenant des semences nombreuses au milieu d'une pulpe molle ; le style est unique, terminé par plusieurs stigmates.

Les *Crassula* diffèrent des *Sedum*, parce qu'avec 5 sépales, 5 pétales et 5 carpelles, elles n'ont que 5 étamines ; les plus communes sont : 1.° la *C. lactea*, qui donne en hiver ses fleurs en étoiles blanches, nombreuses, paniculées ; ses feuilles, assez grandes, arrondies et épaisses, sont marquées de points blancs au bord ; 2.° la *C. spathulata*, plus petite, à tiges longues et traînantes qui recouvrent entièrement le vase où elle est plantée ; ses feuilles pétiolées, presque rondes, sont crénelées, et ses fleurs petites, rosées, sont en panicule ; et 3.° la *C. perfoliata* ou *perfossa*, dont les feuilles opposées et soudées semblent enfilées sur la tige.

Les *Rochea* n'ont également que 5 étamines, mais leurs 5 pétales sont réunis en tube ; on cultive, 1.° la *R. falcata*, à feuilles très-glauques, oblongues, épaisses et courbées de côté ; ses fleurs, assez petites, forment une large ombelle d'un rouge vif à l'extrémité des tiges ; 2.° la *R. coccinea*, dont les feuil. plus petites, lancéolées, oblongues, sont rapprochées en quatre rangées le long des tiges ; ses fleurs, d'un rouge vif, sont longues d'un pouce, réunies en bouquets ; et 3.° la *R. versicolor*, qui diffère de la précédente par ses feuilles un peu plus étroites, et par la couleur de ses fleurs d'un blanc rosé, bordées de rouge.

Le *Cotyledon orbiculata*, vulg. *Pourpier d'Afrique*, a la corolle rougeâtre, en tube beaucoup plus long que le calice, avec 5 lobes roulés en dehors, 10 étamines et 5 carpelles surmontés de styles filiformes; sa tige, grosse et ligneuse, est garnie de larges feuilles glauques, opposées, obovées, en spatule, et terminée par une panicule de fleurs pendantes.

La famille des *Nopalées*, ou *Cactées*, ne comprend que l'ancien genre *Cactus*, aujourd'hui divisé en plusieurs autres; elle fournit à nos jardins : 1.° la *Mamillaria pusilla*, formée de tubercules ou mamelons cotonneux terminés par une touffe d'épines rayonnantes et réunies en une masse ronde; ses fleurs, d'un blanc rougeâtre, sessiles, ne sont pas très-apparentes; 2.° le *Melocactus communis*, plus rare, formant une masse charnue, arrondie, à 12-18 angles munis d'épines roussâtres en faisceaux, et surmonté d'une touffe de mamelons épineux mêlés d'un duvet épais; 3.° le *Cierge du Pérou*, (*Cereus peruvianus*), dont la tige droite, rameuse, à 8 angles obtus munis de petites épines, peut s'élever jusqu'à la hauteur de 40 pieds, mais qui ne fleurit pas chez nous; on s'en sert pour greffer d'autres espèces; 4.° le *C. flagelliforme* (*C. flagelliformis*), vulg. *Serpentaire*, à tiges flexibles, cylindriques, articulées, hérissées de petites épines; ses fleurs, qu'il donne abondamment, sont d'un beau rouge, longues de 3 à 4 pouces, avec les étamines blanches; 5.° le *C. à grandes fleurs* (*C. grandiflorus*), dont les tiges, à 5 ou 6 angles, sont plus grosses, articulées, flexibles, rampantes, couvertes de petites épines rayonnantes; ses fleurs, qu'ils donne quelquefois, sont très-grandes, blanches en dedans, jaunes en dehors, et odorantes; mais elles ne s'ouvrent que le soir, et sont fanées le lendemain; 6.° le *C. speciosissimus*, dont les tiges sont dressées, à 3 ou 4 angles dentés, et munies de quelques petites épines; ses fleurs, d'un rouge éclatant, avec des nuances violettes à l'intérieur, et les étamines blanches, sont très-grandes et assez nombreuses; 7.° le *C. phyllanthoïdes*, ou *Cactus speciosus*, à rameaux plats, articulés, en forme de feuilles allongées et crénelées; les fleurs, roses, très-abondantes, sortent entre les crénelures; 8.° le *C. truncatus*, qui diffère du précédent par ses rameaux plus courts, échancrés au sommet, et par ses fleurs plus petites; 9.° le *C. akermanii*, que l'on commence à cultiver, a les fleurs aussi grandes que celles du *C. speciosissimus*, mais sans violet; ses rameaux ressemblent à ceux du *C. speciosus*; 10.° l'*Opuntia vulgaris*, vulg. *Raquette*, très commun et spontané dans la France méridionale, il est formé d'articulations ovales, aplaties, parsemées de petites touffes d'épines très-fines, qui entourent d'abord les feuilles petites et caduques; les fleurs sont jaunes, assez grandes : il a des variétés à grandes épines; 11.° l'*O. cylindrica*, ou *Cactus cylindricus*, à tiges cylindriques, couvertes de tubercules en losange : on ne connaît pas sa fleur, et on le cultive seulement pour recevoir la greffe des autres espèces.

Le genre *Ficoïde* (*Mesembrianthemum*), de la famille des *Ficoïdées*, contient plus de 300 espèces, dont 20 environ sont cultivées dans les jardins; voici les plus remarquables : 1.° *F. glaciale* (*M. crystallinum*), plante annuelle, à feuilles larges, ovales, ondulées, couvertes de vésicules transparentes, qui paraissent autant de gouttes d'eau glacée; ses fleurs sont blanches, presque sessiles; 2.° *M. linguœforme*, vivace ainsi que les suivans, sans tige, feuil. épaisses, alongées en forme de langue; fleurs jaunes, grandes, presque sessiles; 3.° *M. acinaciforme*, à tiges redressées; feuilles en sabre; fleurs roses, grandes, solitaires à l'extrémité des rameaux; avec 12-17 stigm.; 4.° *M. deltoïdes*, tiges droites, rameuses; feuilles très-glauques, courtes, épaisses, à 3 angles, dentelées : fleurs roses, petites, odorantes; 5.° *M. violaceum*, à tiges minces, un peu ligneuses, rameuses et très-étalées; la plante est entièrement couverte de jolies fleurs violettes tout l'été; ses feuilles sont petites, linéaires, cylindriques; 6.° *M. coccineum*, un peu plus grand, à fleurs d'un rouge orangé, à feuilles linéaires, cylindriques; 7.° *M. bicolorum*, qui diffère du précédent par ses feuilles plus longues et par ses pétales jaunes en dedans, et d'un rouge orangé à l'extérieur; 8.° *M. aureum*, dont la tige, plus forte et plus élevée, est garnie de feuilles cylindriques, aigues, à 3 angles; ses fleurs solitaires, grandes, sont d'un jaune orangé; 9.° *M. noctiflorum*, tige ligneuse, dressée; feuilles demi-cylindriques; fleurs blanches ou rosées, rougeâtres en dehors, s'ouvrant le soir, tandis que presque toutes les autres ne s'épanouissent qu'au soleil.

XLVIII. FAMILLE : GROSSULARIÉES.

Calice persistant, régulier, coloré, campanulé, à 4-5 lobes, adhérent à l'ovaire; 4-5 pétales égaux insérés entre les lobes du calice; 4-5 étamines insérées entre les pétales; un style divisé en 2, 3 ou 4; ovaire uniloculaire, devenant une baie ronde couronnée par le calice; plusieurs semences arillées, suspendues à deux lignes opposées de l'enveloppe. — *Arbrisseaux à feuilles alternes, lobées.*

156. GROSEILLER. *RIBES*. Calice à 5 lobes; 5 pétales petits; 5 étamines; 1 style bifide.

1. G. ÉPINEUX. *R. uva crispa*. Vulg. *Gr. à maquereau*. Tiges munies d'aiguillons; feuilles un peu velues, à 3-5 lobes obtus; pédoncules à 1-2 fleurs; gorge du calice poilue. ♄. Dans les haies, fleurit en mai. C.—Il est aussi cultivé dans les jardins, et alors ses feuilles sont plus grandes, souvent glabres.

2. G. ROUGE. *R. rubrum*. Tiges sans aiguillons; feuilles à 3-5 lobes dentés, peu profonds, légèrement pubescentes en dessous; fleurs en grappes; pétales en cœur. ♄. Cultivé partout dans les jardins; il varie à fruits rouges ou blancs. On le trouve quelquefois dans les bois, mais il ne paraît pas y être tout-à-fait indigène.

3. G. NOIR. *R. nigrum*. Vulg. *Cassis*. Tiges sans épines; feuilles à 3-5 lobes, couvertes de points glanduleux en dessous, et odorantes; fleurs peu nombreuses, en grappes lâches; fruits noirs; pétales oblongs. ♄. Cultivé dans les jardins.

XLIX. FAMILLE : SAXIFRAGÉES.

Calice persistant, à 4-5 sépales plus ou moins soudés; autant de pétales alternes, rarement nuls; 8-10 étamines libres, opposées aux pétales et aux sépales; 2 ou rarement 4 ou 5 styles persistans;

ovaire fixé au fond du calice, à 2 loges, formé de 2 carpelles soudés et portant sur le bord des semences nombreuses; fruit en capsule ou en baie à 4-5 loges. — *Herbes à feuilles alternes ou radicales, souvent charnues.*

157. SAXIFRAGE. *SAXIFRAGA.* Calice à 5 sépales plus ou moins soudés avec l'ovaire; 5 pétales entiers, à onglet; 2 styles; capsule à 2 loges s'ouvrant entre les styles.

1. S. TRIDACTYLE. *S. tridactylites.* Petite plante rougeâtre, à tige droite, velue; feuilles inférieures entières, spatulées, les supérieures à 3 lobes obtus ou linéaires; fleurs blanches peu nombreuses, au sommet des tiges; calice long, adhérent à l'ovaire. ⊙. Sur les murs, dans les lieux secs, en avril et mai. 2 à 3 p. CC.

2. S. GRANULÉE. *S. granulata.* Racine formée de petits bulbes ou tubercules nombreux; feuilles inférieures réniformes, crénelées à long pétiole, les supérieures sessiles, lobées; fleurs blanches, assez grandes, en panicule au sommet des tiges, qui sont presque sans feuilles; lobes du calice lancéolés, obtus, trois fois plus courts que les pétales. ♃. Dans les prés et au bord des champs humides, en mai. 10 à 16 p. C.—Elle fournit une charmante variété à fleurs doubles que l'on cultive dans les jardins.

On cultive aussi, en pleine terre, la *Saxifrage de Sibérie* (*S. crassifolia*), plante vivace à feuilles ovales, radicales, larges, persistantes, et dont les fleurs roses, en panicule serrée, paraissent en avril ou mai; la *S. ombreuse* (*S. ombrosa*), très-commune, et remarquable par ses feuilles radicales, spatulées, crénelées, disposées en rosettes du milieu desquelles s'élève une tige grêle, nue, de 8 à 12 pouces, terminée en mai par une panicule lâche de petites fleurs blanches pointillées de jaune et de rouge; enfin, on a aussi la *S. de la Chine* (*S. sarmentosa*), à feuilles rondes, crénelées, tachées de vert plus pâle; ses fl. sont blanches, marquées de rouge; et la *S. mousse* ou *Gazon turc* (*S. hypnoides*), formant de petites touffes basses et serrées; ses tiges flexibles et nombreuses, sont garnies de feuilles divisées en 3-7 lobes linéaires; ses fleurs sont petites et blanches.

158. ADOXA. *ADOXA.* Calice à 4-5 lobes soudés entre eux et avec l'ovaire, muni de 2-4 écailles extérieures; pétales nuls; 8-10 étamines; 4-5 styles; baie globuleuse à 4-5 loges monospermes; semences membraneuses au bord.

1. A. MUSQUÉE. *A. moschatelina.* Feuilles glauques, radicales, pétiolées, à 3 folioles divisées en 3 lobes dentés; racine rampante, écailleuse; tige grêle, avec deux feuilles opposées, à 3 folioles dentées; fleurs verdâtres, réunies en tête par 4 ou 5. ♃. Lieux couverts et frais, Mettray, Chenonceaux, en mai et juin. 4 à 5 p. RR.

L. FAMILLE : OMBELLIFÈRES.

Calice adhérent à l'ovaire, à 5 dents au bord ou sans dents; 5 pétales insérés sur l'ovaire ou sur une glande qui le recouvre, tantôt bifides, tantôt entiers, rétrécis en *languette* à l'extrémité, et recourbés ou à pointe seulement repliée ; 5 étamines alternes et insérés avec les pétales ; 2 styles écartés, souvent persistans ; fruit formé de deux carpelles soudés par une surface plus ou moins large, revêtus par le calice, et se détachant, à la maturité, de la base au sommet ; carpelles marqués au dos de 5 *côtes principales* (une *carénale* au milieu, les 2 extérieures *latérales*, et 2 *intermédiaires*), avec d'autres *côtes secondaires* dans chaque intervalle (2 intérieures et 2 extér.); on y remarque ordinairement, en outre, des *rayûres* ou *bandelettes* (*vittæ*) diversement colorées, produites par des canaux qui contiennent un principe odorant (résine ou essence).—*Herbes à feuil. alternes, souvent décomposées; fleurs en* OMBELLES, *c'est-à-dire, portées toutes à la même hauteur par des pédoncules multiflores partant tous du même point en s'écartant, et divisés à leur sommet en pédicelles uniflores partant aussi du même point, et formant une* OMBELLULE ; *on appelle involucre et involucelle les folioles entourant à la base l'ombelle et l'ombellule.*

1er. Sous-Ordre. *OMBELLIFÈRES PARFAITES A COTES NOMBREUSES*, *5 côtes principales et 4 côtes secondaires dans chaque intervalle.*

1re. Tribu. *DAUCINÉES. Fruit comprimé sur le dos ; côtes principales filiformes, munies de poils raides, les secondaires plus saillantes, épineuses.*

159. CAROTTE. *DAUCUS*. Calice à 5 dents ; pétales

obovés, émarginés, avec une languette repliée, les extérieurs plus grands, profondément trifides; rayons à l'ombelle; côtes latérales sur la face de jonction des carpelles; les côtes secondaires égales avec un rang d'aiguillons; une rayûre dans chaque intervalle; involucre et involucelles de plusieurs folioles; 2 rayûres à la jonction.

1. G. COMMUNE. *D. carotta.* Racine fusiforme; tige droite, rameuse, hérissée; feuilles velues, 2 ou 3 fois pinnées, à folioles découpées en lobes linéaires, aigus; folioles de l'involucre linéaires, pinnatifides, lisses, ciliées; aiguillons du fruit rapprochés; fleurs blanches ou rosées, en ombelle plane, de 20-30 rayons, qui se resserre en corbeille pour mûrir les graines; le fleuron du centre est souvent rouge ou brun. ♂. Dans les prés, au bord des champs, en été. 16 à 24 p. CC.—La carotte cultivée ne diffère de la carotte sauvage que par sa racine plus grosse, plus charnue, et par des dimensions en général plus fortes.

160. ORLAYA. *ORLAYA.* (*Caucalis* L.) Diffère du genre précédent par le fruit plus comprimé, et par les côtes secondaires à 2-3 rangs de pointes, avec les extérieures plus saillantes.

1. O. A GRANDES FLEURS. *O. grandiflora.* Tige glabre, basse, à rameaux écartés; feuilles bipinnées; folioles de l'involucre et de l'involucelle entières, lancéolées, acuminées, membraneuses au bord; pétales extérieurs très-grands; côtes secondaires intérieures à 3 rangées de pointes, et les extérieures à 2 rangées. ⊙. Dans les champs, Mettray, St.-Antoine, Manthelan, en juillet. 6 à 8 p. R.

2e. TRIBU. *CAUCALINÉES. Fruit resserré latéralement ou cylindrique: côtes principales filiformes, munies de poils raides ou d'aiguillons, les secondaires plus saillantes et épineuses, ou cachées par les pointes nombreuses de l'intervalle.*

161. CAUCALIS. *CAUCALIS.* Calice à 5 dents; pétales émarginés, avec une languette repliée, les extérieurs bifides, formant des rayons; côtes latérales sur la face de jonction des carpelles; côtes secondaires saillantes, avec un rang de pointes; une rayûre entre chaque côte secondaire; semences recourbées; deux rayûres à la jonction; invol. et involucelle variables.

1. C. FAUSSE CAROTTE. *C. daucoides.* Tige droite, rameuse, presque glabre; feuilles tripinnatifides; involucre et involucelles presque nuls ou formés de 1-3 folioles très-petites, caduques; côtes princi-

pales garnies de très-petites pointes ; fleurs très-petites, blanches, rougeâtres en dehors ; ombellules à 1-3 fleurs. ⊙. Bords des champs, joué, Luynes, en été. 6 à 12 p. C.

162. TURGENIA. *TURGENIA.* (*Caucalis* L.) Diffère du genre précédent par les côtes principales, excepté les latérales, munies de 2-3 rangées de pointes égales ; involucre et involucelles de plusieurs folioles.

1. T. A LARGES FEUILLES. *T. latifolia.* Tige rude, droite, rameuse ; feuilles pinnées à folioles découpées, décurrentes ; involucre et involucelles de plusieurs folioles ovales ; fleurs rosées, petites ; fruits gros, rougeâtres. ⊙. Dans les moissons, au bord des champs, en été. 12 à 18 pouces. CC.

163. TORILIS. *TORILIS.* (*Caucalis* L.) Diffère aussi par les côtes principales garnies de poils raides, et par les secondaires cachées sous le grand nombre des pointes occupant l'intervalle ; une rayûre sous les pointes ; involucre variable, involucelle à plusieurs folioles.

1. T. NODIFLORE. *T. nodosa.* (*Caucalis nodiflora* Lam.) Tige couchée (de 6 à 12 p.), rude ; feuilles 2-3 fois pinnatifides, à lobes aigus ; ombelles latérales, presque sessiles ; folioles de l'involucre et de l'involucelle linéaires, hérissées de poils ; aiguillons des côtes secondaires souvent caducs, et ne laissant qu'un tubercule à leur base ; fleurs blanches, petites, peu nombreuses. ⊙. Lieux secs, au bord des chemins, levée de Grammont, en été. CC.

2. T. HÉRISSÉE. *T. anthriscus.* Tige élevée, rameuse, hérissée ; feuilles rudes, pinnées, à folioles oblongues, pinnatifides, dentées ; foliole terminale lancéolée, alongée ; ombelles sur de longs pédoncules, à 4-8 rayons ; involucre et involucelle à 4-5 folioles linéaires, hérissées ; fleurs blanches ou pourprées, assez grandes ; fruits gros, ovoïdes, couverts d'aiguillons recourbés, persistans, disposés en lignes. ⊙. Dans les champs et les moissons, joué, N.-Dame d'Oé, en été. 18 à 24 p. C.

3. T. DES CHAMPS. *T. infesta.* (*Caucalis arvensis* Lam.) Diffère du précédent par ses rameaux plus nombreux, étalés ; par son involucre nul, et par ses fruits recouverts d'aiguillons noirs, en hameçon, disposés sans ordre. ⊙. Dans les champs et les moissons, en été. 10 à 12 pouces. R.

5ᵉ. TRIBU. *CORIANDRÉES. Fruit globuleux ou formé de deux carpelles presque globuleux ; côtes principales flexueuses, peu marquées, les latérales très près de la ligne de jonction des carpelles ; côtes secondaires plus saillantes, mais non ailées ; semence recourbée.*

164. CORIANDRE. *CORIANDRUM.* Calice à 5 dents ;

pétales émarginés, avec une languette repliée, les extérieurs plus grands, bifides, formant des rayons; 2 rayures ou bandelettes seulement sur la face de jonction, et non entre les côtes; involucre nul; carpelles difficiles à séparer.

1. C. CULTIVÉE. *C. sativum.* Tige cylindrique, droite, glauque, ainsi que les feuilles qui sont décomposées, à lobes linéaires; fleurs blanches. ⊙. Cultivée en grand dans le canton de Bourgueil, elle s'y reproduit souvent spontanément; mais on la trouve rarement ailleurs; en juillet. 18 p.—Elle sent fortement la punaise.

2e. SOUS-ORDRE. *OMBELLIFÈRES PARFAITES A SILLONS PEU NOMBREUX, c'est-à-dire, côtes secondaires nulles, et côtes principales apparentes sur tout le carpelle ou seulement au sommet.*

4e. TRIBU. *TORDYLINÉES. Fruit aplati sur le dos ou lenticulaire, entouré d'un rebord, gonflé, noueux; côtes très-minces sur le dos, les latérales confondues avec le bord renflé; semence aplatie.*

165. TORDYLE. *TORDYLIUM.* Calice à 5 dents; pétales émarginés, à languette repliée, les extérieurs plus grands, bifides, en rayons; côtes également distantes, avec une rayûre intermédiaire; involucre et involucelle à plusieurs folioles.

1. T. ÉLEVÉ. *T. maximum.* Tige droite, rameuse, velue et rude, ainsi que les feuil. qui sont pinnées, les inférieures à folioles ovales-lancéolées, crénelées, les supérieures à folioles plus étroites, la terminale très-longue; fleurs petites en ombelle resserrée, blanches ou rougeâtres; fruit hérissé. ⊙. Au bord des champs, en été. 18-24 p. R.

5e. TRIBU. *PEUCÉDANÉES. Fruit aplati sur le dos ou lenticulaire, entouré d'un rebord large qui est lisse, plat ou convexe; côtes principales filiformes, très-minces, les latérales très-rapprochées du bord, les carpelles se touchent par toute leur surface, de sorte que le fruit n'a qu'une seule aile de chaque côté; semence aplatie.*

166. BERCE. *HERACLEUM.* Calice à 5 dents; pétales émarginés, avec une languette repliée, les extérieurs bifides, souvent en rayons; une rayûre entre les côtes; involucre caduc, involucelle à plusieurs folioles.

1. B. BRANC-URSINE. *H. sphondylium.* Tige droite, rameuse, cannelée, rude; feuilles hérissées, pinnées ou paraissant pinnatifides par suite de la dilatation des pétioles; folioles larges, à 3-5 lobes cré-

nelés ; folioles des involucelles linéaires ; fruits glabres ; fl. blanches, en ombelle grande, rayonnante. ♃. Dans les prés, les lieux humides, bords de la Loire, le Louroux, en été. 36 à 40 p. C.

167. PANAIS. *PASTINACA*. Bord du calice entier ou peu visible ; pétales arrondis, presque inégaux, entiers, roulés, à languette large, retuse ; côtes latérales distinctes du bord, et éloignées des 3 côtes intermédiaires, qui sont également distantes entr'elles ; involucre et involucelle nuls ou presque nuls.

1. P. CULTIVÉ. *P. sativa.* Tige droite, profondément sillonnée, feuilles pubescentes, simplement pinnées, à 5-11 folioles lancéolées, grossièrement dentées, les supérieures souvent décurrentes ; carpelles glabres ; fleurs jaunâtres. ♂. Au bord des chemins, dans les haies, en été. 18 p. C.—Cultivé dans les jardins pour sa racine fusiforme, charnue, il y devient glabre et plus grand dans toutes ses parties.

168. PEUCÉDANUM. *PEUCEDANUM*. Calice à 5 dents ; pétales émarginés ou presque entiers, rétrécis, en languette repliée ; carpelles aplatis ; côtes filiformes, avec 1-3 rayûres dans chaque intervalle ; involucre variable, involucelle à plusieurs folioles.

1. P. OFFICINAL. *P. officinale.* Tige droite, glabre, striée ; feuilles 3 ou 4 fois pinnées, à folioles linéaires ; involucre de 2-3 folioles très-petites, caduques ; folioles de l'involucelle minces et égales ; carpelles glabres, ovales ; fleurs jaunes. ♃. Dans les bois, à Frété, près de Loches. 36 p. R. *M. Diard.*

2. P. PARISIEN. *P. parisiense.* (*P. gallicum.*) Tige droite et simple, glabre, striée ; feuilles 3-4 fois pinnées, à folioles linéaires, aigues, écartées, entières ; involucre de 8-12 folioles fines ; fleurs blanches, en ombelle, à 6-15 rayons. ♃. Dans les prés, en juillet. 36 p. CC.

3. P. A FEUILLES DE CARUM. *P. carvifolium.* (*Selinum Chabræi* Lam.) Tige droite, élancée, glabre, striée ; feuilles étroites, pinnées, à folioles pinnatifides, disposées en coin, et comme verticillées, à lobes multifides ; involucre nul, involucelles de 2-3 folioles linéaires, subulées ; carpelles à 4-6 rayûres sur la face de jonction, et à 2 ou 3 rayûres entre chaque côte ; fleurs blanches, en ombelle large, à 10 rayons inégaux. ♃. Dans les prés, bords de la Loire, en été. 24-36 p. R.

4. P. DES CERFS. *P. cervaria* (*Athamantha cervaria* L.—*Selinum* Lam.) Tige droite, presque nue, peu rameuse ; feuilles larges, bipinnées, à folioles fermes, glauques, lancéolées-ovales, inégalement dentées et obliquement dilatées en cœur à la base, les supérieures embrassant la tige par une gaîne large ; involucre et involucelle de plusieurs folioles linéaires, subulées ; fleurs blanches, en ombelle large, à 15 ou 20 rayons inégaux. ♃. Lieux pierreux, dans les taillis, Loches, Chanceaux. R. *M. Diard.*

5. P. DES MONTAGNES. *P. oreoselinum.* (*Athamantha oreoselinum* L.—

Selinum Lam.) Tige cylindrique, rameuse; feuilles 3 fois pinnées, à folioles fermes, cunéiformes, trifides ou pinnatifides, aigues, écartées; involucre et involucelle de plusieurs folioles linéaires; fleurs blanches, en ombelle large, à 11-15 rayons. ♃. Côteaux de Saint-Cyr, Montlouis, en été. 24 à 30 p. R.

6e. TRIBU. *ANGÉLICÉES. Fruit aplati sur le dos, entouré d'un rebord large formant une aile double de chaque côté, parce que les carpelles ne sont joints que par le milieu; les 3 côtes du dos filiformes ou développées en aile, les latérales confondues avec l'aile du bord qui est au moins deux fois plus large que celles du dos.*

169. ARCHANGÉLIQUE. *ARCHANGELICA*. Calice à 5 dents; pétales ovales, entiers, terminés par une pointe recourbée; carpelles couverts de rayûres nombreuses; semence libre dans le péricarpe; involucre nul; involucelle à plusieurs folioles d'un côté.

1. A. OFFICINALE. *A. officinalis.* Vulg. *Angélique.* Tige droite, rameuse, glabre, striée; feuilles bipinnées, à folioles ovales, lancéolées, inégalement et grossièrement dentées, la terminale à plusieurs lobes. ♃. Cultivée dans les jardins pour les confiseurs.

170. ANGÉLIQUE. *ANGELICA*. Bord du calice nul; pétales lancéolés, entiers, terminés par une pointe droite ou recourbée; une seule rayûre entre chaque côte, et 2 ou 4 sur la face de jonction des carpelles qui ne sont soudés que par une ligne étroite, mais tout-à-fait adhérens aux semences; involucre nul ou presque nul.

1. A. SAUVAGE. *A. sylvestris.* (*Imperatoria sylvestris* Lam.) Tige droite, striée, un peu pubescente, cotonneuse au sommet ainsi que les pédoncules; feuilles 2 ou 3 pinnées, à folioles lancéolées, aigues, glabres, non décurrentes, dentées à dents aigues; pointe des pétales presque droite; fleurs blanches, en larges ombelles; feuilles supérieures à gaîne très-large. ♃. Lieux et bois humides, Ballan, forêt de Chinon, en juin et juillet. 30 à 40 p. R.

7e. TRIBU. *SÉSELINÉES. Fruit cylindrique ou comprimé latéralement, et alors les carpelles sont plus ou moins distincts; côtes filiformes ou ailées, égales entr'elles, les latérales quelquefois un peu plus larges, formant le bord.*

** A feuil. entières ou formées par une dilatation du pétiole.*

171. BUPLÈVRE. *BUPLEVRUM*. Bord du calice nul; pétales égaux, arrondis, entiers, repliés, à languette large, rétuse ; fruit couronné par le support du style ; fleurs jaunes.

1. B. FLUET. *B. tenuissimum.* Tige droite, rameuse, grêle ; rameaux alongés, étalés ; feuilles linéaires lancéolées, aigues, acuminées à la base ; fleurs presque sessiles, en ombellules latérales ou terminales ; involucre et involucelles de 3-5 petites folioles linéaires, dépassant l'ombellule ; fruit globuleux, à côtes fines, intervalles granuleux, rudes, sans rayûres. ⊙. Au bord des champs, Saint-Georges, en juillet. 12 à 15 p. R.

2. B. A FEUILLES RONDES. *B. rotundifolium.* Vulg. *perce-feuille.* Tige droite, lisse, rameuse au sommet ; feuilles ovales, obtuses, les supérieures traversées par la tige ; involucre nul ; involucelle de 5 fol. arrondies, terminées en pointe ; côtes très-fines, intervalles granuleux. ⊙. Dans les moissons et les vignes, en juillet. 12 à 16 p. C.

3. B. FAUX. *B. falcatum.* Tige flexueuse, rameuse ; feuilles lancéolées, courbées en faux, à 5-6 nervures, amplexicaules, les radicales pétiolées ; involucre de 3-5 folioles linéaires, inégales ; involucelles de 5-6 folioles plus courtes que l'ombellule ; côtes élevées, un peu ailées, intervalles lisses, à 3 rayûres. ♃. Lieux arides, côteaux de l'Indre, en juillet. 24 à 30 p. RR.

Le *Buplevrum fruticosum*, arbrisseau de la France méridionale, est cultivé dans les jardins pour son feuillage persistant.

** *A feuilles découpées.*

172. BOUCAGE. *PIMPINELLA.* Bord du calice nul ; pétales émarginés, à languette repliée ; fruit latéralement comprimé, ovoïde, couronné par les styles et par leur support gonflé ; côtes filiformes, égales ; rayûres nombreuses ; semence convexe ; involucre et involucelle nuls. — Fleurs blanches, feuilles supérieures à gaîne très-large.

1. B. ÉLEVÉ. *P. magna.* Tige droite, sillonnée, glabre ; feuil. larges, pinnées, les radicales à folioles ovales, dentées ou lobées, les supérieures à folioles pinnatifides, à lobes linéaires ; fruit glabre. ♃. Dans les bois, au bord des eaux, Grammont, en juillet. 24-30 p. C.

2. B. DÉCOUPÉE. *P. dissecta.* Diffère de la précédente par ses feuilles pinnées, à folioles pinnatifides, sessiles, dont les lobes sont presque linéaires, aigus et arqués. ♃. Lieux sablonneux, arides, en été. R.

3. B. SAXIFRAGE. *P. saxifraga.* Tige droite, striée ; feuilles glabres, les radicales pinnées, à 5-7 folioles sessiles, ovales-arrondies, les supérieures à fol. presque pinnatifides, à divisions linéaires ; fruits glabres. ♃. Pâturages secs, en été. 12 à 18 p. C.

4. B. ANIS. *P. anisum.* Tige glabre, rameaux étalés ; feuilles radicales arrondies, à lobes dentés, celles de la tige pinnées, à lobes en coin ou lancéolés, les supérieures à trois divisions linéaires ; fruits

pubescens avant la maturité. ⊙. Cultivé abondamment dans la Varenne, entre le Cher et la Loire, où il est semé avec la graine d'oignon.

173. BERLE. *SIUM.* Bord du calice à 5 dents, ou presque nul; pétales émarginés, à languette repliée; fruit latéralement comprimé, couronné par les styles et par leur support aminci au bord; côtes égales, filiformes, obtuses; rayûres nombreuses; semence presque cylindrique; involucre variable; involucelle à plusieurs folioles.—Fleurs blanches.

1. B. A LARGES FEUILLES. *S. latifolium.* Tige droite, épaisse, rameuse; feuilles glabres, pinnées, à folioles sessiles, lancéolées, oblongues, aigues, également dentées; involucre de plusieurs folioles linéaires, inégales; ombelles larges, pédonculées, opposées aux feuilles; côtes latérales confondues avec le bord; 3-4 rayûres dans chaque intervalle. ♃. Dans les marais, Chanceaux, en juillet. 36 p. R.

2. B. A FEUILLES ÉTROITES. *S. angustifolium.* Diffère de la précédente par sa tige plus rameuse, étalée; par ses folioles découpées en dents profondes, inégales, et par ses carpelles cylindriques, avec les côtes latérales un peu séparées du bord, et les rayûres nombreuses. ♃. Dans les fossés, Rochecorbon, Loches, en été. 24 à 36 p. C.

174. LIVÊCHE. *LIGUSTICUM.* Bord du calice à 5 dents, ou presque nul; pétales obovés-oblongs, rétrécis en une languette repliée; fruit presque cylindrique; côtes égales, aigues, presque ailées, les latérales confondues avec le bord; rayûres nombreuses; semence demi-cylindrique.

1. L. DES PRÉS. *L. silaus.* (*Peucedanum silaus* L.) Tige droite, striée; feuilles deux ou trois fois pinnées; folioles à 3 ou 5 lobes lancéolés, aigus; invol. presque nul; involucelle à plusieurs folioles linéaires; fleurs jaunes. ♃. Dans les prés, en été. 24 p. C.

175. PODAGRAIRE. *ÆGOPODIUM.* Bord du calice nul; pétales émarginés, à languette repliée; fruit latéralement comprimé, oblong, couronné par les styles; côtes filiformes; rayûres nulles; involucre et involucelle nuls.

1. P. OFFICINALE. *Æ. podagraria.* Tige assez épaisse, profondément sillonnée, rameuse; feuilles une ou deux fois ternées, à folioles lancéolées-ovales, à dents aigues, obliques et en cœur à la base; fleurs blanches. ♃. Dans les haies, près des maisons, Loches, en juillet. 24 p. R. *M. Diard.*

176. CARUM. *CARUM*. Diffère du précédent par une rayûre entre les côtes ; l'involucre et l'involucelle sont rarement nuls.

1. C. VERTICILLÉ. *C. verticillatum.* (*Sium verticillatum* Lam.) Racine formée d'un faisceau de bulbes ; tige grêle, droite, presque simple ; feuilles étroites, alongées, pinnées ; folioles multifides, à divisions capillaires et comme verticillées autour du pétiole ; involucre et involucelle formés de petites folioles linéaires ; carpelles linéaires. ♃. Prés marécageux, bois humides, Chatenay, en juin et juillet. 12 à 18 pouces. R.

177. DRÉPANOPHYLLE. *DREPANOPHYLLUM*. Bord du calice à 5 dents ; pétales courbés, émarginés, à languette repliée ; fruit cylindrique, alongé, couronné par les styles ; côtes filiformes, égales, les latérales formant le bord, une rayûre filiforme entre chacune ; involucre à plusieurs folioles, celles de l'involucelle plus longues d'un côté.

1. D. FAUCILLÈRE. *D. falcaria.* (*Sium falcaria* L.) Tige droite, très-rameuse au sommet ; feuilles pinnées, à folioles linéaires, très-longues, décurrentes, recourbées, finement dentées ; fleurs blanches, en ombelles nombreuses, à 15-20 rayons. ♃. Dans les moissons, à Saint-Barthélémy, en juillet. 18 à 24 p. R.

178. PERSIL. *PETROSELINUM*. Bord du calice nul ; pétales arrondis, entiers ou à peine émarginés, recoubés et rétrécis en languette repliée ; fruit ovoïde, latéralement resserré ; une rayûre entre les côtes, qui sont égales, filiformes ; folioles de l'involucre peu nombreuses.

1. P. CULTIVÉ. P. *sativum.* (*Apium petrosselinum* L.) Tige droite, rameuse, glabre ainsi que les feuilles ; feuilles inférieures bipinnées, à folioles ovales, profondément dentées, les supérieures linéaires, entières ; fleurs jaunâtres, en ombelles pédonculées ; involucre de 1-3 folioles très-minces : folioles de l'involucelle plus nombreuses. ♂. Dans les jardins, où l'on cultive aussi une variété à feuilles crêpues, le *persil frisé*. 20 à 30 p.

2. P. DES MOISSONS. P. *segetum.* (*Sison segetum* L.—*Sium segetum* Lam.) Tige grêle, droite, rameuse ; feuilles toutes pinnées, à folioles lancéolées-ovales, dentées ; ombelles longuement pédonculées, à 2-3 rayons ; involucre de 2 fol., involucelle de 4-6 folioles lancéolées, très-courtes ; fruit globuleux, ovoïde ; styles très-courts. ⊙. Dans les moissons, à Beaulieu, St.-Germain. C. *M. Diard.*

179. ACHE. *APIUM*. Bord du calice nul ; pétales arron-

dis, entiers, avec une petite pointe roulée ; fruit arrondi, resserré latéralement ; côtes filiformes, égales, une rayûre dans chaque intervalle, et souvent 2 ou 3 entre les côtes extérieures ; invol. et involucelle nuls.

1. A. ODORANTE. *A. graveolens.* Tige épaisse, sillonnée, rameuse, glabre ainsi que les feuilles, qui sont pinnées, à 3 folioles larges, arrondies ou en coin, profondément dentées au sommet, luisantes ; fleurs jaunâtres, en ombelles sessiles. ♂. Dans les marais, et souvent dans les jardins comme plante médicinale ; fleurit en été. 18-24 p. C.

La culture a obtenu de cette plante des variétés plus tendres et douées d'un parfum agréable, on l'appelle alors *Céleri* ou *Api;* les jardiniers cultivent surtout trois variétés : l'*Api rouge* ou *gros Céleri violet de Tours*, dont les feuilles, à côtes très-épaisses, forment un seul pied très-fort ; l'*Api blanc,* dont les pieds sont formés d'une touffe de rejétons plus petits, et le *Céleri rave*, dont la racine est mangeable.

180. ÉTHUSE. *ÆTHUSA*. Bord du calice nul ; pétales émarginés, à languette repliée ; fruit globuleux, ovoïde, côtes épaisses, saillantes, en carène aigue, les latérales un peu plus larges, formant un bord presque ailé aux carpelles ; rayûres nulles, involucre d'une seule foliole, ou nul ; involucelle de 3 folioles pendantes d'un seul côté.

1. É. PETITE CIGUE. *Æ. cynapium.* Tige rameuse, lisse ; feuilles bipinnées ; folioles pinnatifides, à lobes linéaires, entiers ou découpés ; fleurs blanches, en ombelle terminale de 10-12 rayons. ⊙. Dans les lieux cultivés, où elle peut être confondue avec le persil ; en juin et juillet. 18 p. C.

181. SISON. *SISON*. Bord du calice nul ; pétales arrondis, courbés, profondément émarginés, avec une languette repliée ; fruit globuleux, ovoïde, comprimé latéralement, et couronné par les styles très-courts ; côtes égales, filiformes, les latérales formant le bord ; une rayûre courte dans chaque intervalle ; involucre et involucelle formés de folioles peu nombreuses.

1. S. AROMATIQUE. *S. amomum.* (*Sium amomum* Lam.) Tige grêle, droite, rameuse ; feuilles inférieures pinnées, à folioles ovales-lancéolées, lobées et dentées en-scie, les supérieures pinnatifides, à lobes linéaires, entiers ; ombelles latérales et terminales à 4 ou 5 rayons alongés, inégaux. ♂. Dans les haies, côteaux de St.-Georges, en août. 30 à 36 p. R.

182. SESELI. *SESELI*. Calice à 5 petites dents ; pétales

obovés, rétrécis en une languette repliée, émarginés ou presque entiers; fruit ovoïde ou oblong, couronné par les styles; côtes saillantes avec une rayûre dans chaque intervalle, ou rarement avec 2, entre les côtes latérales.

1. S. DE MONTAGNE. *S. montanum.* (*S. glaucum* L.) Tige droite, presque simple, striée; feuilles glauques, à gaînes entières, 3 fois pinnées; folioles linéaires, étroites : fleurs blanches ou rougeâtres, en ombelle à 8-10 rayons; fruits pubescens, rudes. ♃. Lieux arides, St.-Georges, en juillet. 15 à 18 p. C.

183. HELOSCIADIUM. *HELOSCIADIUM.* Bord du calice à 5 dents, et par suite nul; pétales ovales, entiers, aigus, terminés en pointe droite ou recourbée; fruit ovoïde ou oblong, latéralement comprimé; côtes égales, filiformes, saillantes, les latérales formant le bord; intervalles avec une rayûre.

1. H. INONDÉ. *H. inundatum.* (*Sium inundatum* Lam.) Tige creuse, rampante; feuilles inférieures multifides, capillaires, les supérieures pinnées, à folioles en coin ou lancéolées, découpées; fleurs blanches, en ombelles pédonculées, à 2-3 rayons, sans involucre; involucelles de plusieurs petites folioles linéaires. ♃. Dans les marais et les étangs, la Ville-aux-Dames, Charentilly, en été. R.

2. H. RAMPANT. *H. repens.* (*Sium repens* Lam.) Tige creuse, rampante; feuilles pinnées, à folioles ovales, lobées et dentées; ombelles pédonculées, opposées aux feuilles; involucre à 6 folioles linéaires-lancéolées; involucelles égalant l'ombellule. ♃. Dans les marais, Grammont, en été. RR.

3. H. NODIFLORE. *H. nodiflorum.* (*Sium nodiflorum* Lam.) Tige creuse, couchée; feuilles pinnées, à 5-9 folioles ovales-lancéolées, dentées; ombelles presque sessiles, opposées aux feuilles; involucre de 1-2 folioles : involucelle de 4-5 folioles lancéolées, aussi longues que l'ombellule. ♃. Dans les ruisseaux, en été. 18 à 24 p. CC.

184. FENOUIL. *FOENICULUM.* Bord du calice nul; pétales arrondis, entiers, roulés, à languette rétuse, presque carrée; fruit presque cylindrique; côtes saillantes, en carène obtuse, les latérales un peu plus larges, formant le bord; intervalles avec une rayûre, semence demi-cylindrique; invol. et involucelle nuls.

1. F. OFFICINAL. *F. officinale.* (*Anethum fœniculum* L.) Tige épaisse, luisante, striée, rameuse; feuilles décomposées en lobes capillaires, engaînant la tige par leur base; fleurs jaunes, en ombelles terminales, grandes. ♃. Sur les côteaux au midi, en juillet. 36-40 p. C.

185. OENANTHE. *OENANTHE*. Calice à 5 dents; pétales émarginés, à languette repliée ; fruit presque cylindrique, couronné par les styles redressés et par les dents du calice ; côtes obtuses, convexes, les latérales un peu plus larges, formant le bord ; intervalles avec une rayûre ; involucre variable, involucelle de plusieurs folioles; fleurs blanches, en ombellules très-serrées, celles du tour pédicellées, stériles, celles du milieu presque sessiles et fertiles.

1. OE. PHELLANDRIE. *Œ. phellandrium.* (*Phellandrium aquaticum* L.) Vulg. *Cigüe aquatique.* Tige creuse, très-épaisse, striée, rameuse ; feuilles larges, 3 fois pinnées, ou décomposées en lobes très-petits, linéaires, obtus : ombelles assez grandes, portées sur un pédoncule court, opposées aux feuilles ou terminales ; involucre nul ; involucelle de plusieurs folioles linéaires, plus courtes que l'ombellule. ♃. Dans les fossés et les marais, en été. 24 à 36 p. CC. — Au printemps, on voit sous l'eau ou à la surface, ses grosses tiges vertes terminées par les feuilles en touffes arrondies.

2. OE. FISTULEUX. *Œ. fistulosa.* Racine rampante ; tige redressée, faible, creuse et striée, souvent tordue ; feuilles radicales décomposées en lobes linéaires, courts, feuilles supérieures petites, pinnées, à folioles entières ou pinnatifides, à lobes lancéolés, aigus ; involucre nul ou formé d'une seule foliole linéaire dépassant l'ombelle, qui n'a que 5 rayons ; involucelles de plusieurs folioles dépassant un peu l'ombellule. ♃. Dans les marais, en juin et juillet. 20 à 24 pouces. CC.

3. OE. PIMPRENELLE. *Œ. pimpinelloides.* Racine formée de tubercules arrondis ou oblongs ; tige ferme, sillonnée ; feuilles radicales bipinnées, semblables au persil ; feuilles supérieures pinnées, à folioles linéaires, entières, alongées ; involucre souvent nul, et involucelle à folioles linéaires. ♃. Dans les prés, en été. 24 p. CC.—Les enfans recherchent et mangent avec plaisir ses racines, qu'ils appellent *anicots*.

4. OE. A FEUILLES DE PEUCÉDANUM. *Œ. peucedanifolia.* Racine formée de tubercules ovoïdes ; tige élevée, creuse : feuilles pinnées ou bipinnées, avec toutes les folioles linéaires, aigues ; involucre presque nul ; involucelle de plusieurs fol. linéaires, deux fois plus courtes que l'ombellule. ♃. Dans les fossés et les marais, Loches, en été. 36 p. RR. *M. Diard.*

A cette tribu appartiennent, la *vraie Cigüe* (*Cicuta virosa*), plante très-vénéneuse qui croît près des eaux dans quelques parties de la France ; et le *Crithmum maritimum*, cultivé dans les jardins sous le nom de *Criste marine*, et remarquable par ses feuilles charnues, pinnées, à folioles lancéolées ; on l'emploie comme assaisonnement dans les salades.

8e. Tribu. *SCANDICINÉES. Fruit comprimé latéralement, linéaire, alongé et souvent terminé en bec; côtes filiformes, un peu ailées, égales, quelquefois visibles seulement au sommet, les latérales formant le bord.*

186. CHÆROPHYLLUM. *CHÆROPHYLLUM.* Bord du calice nul; pétales émarginés, à languette repliée; ligne de jonction des carpelles profondément creusée; intervalles à une seule rayûre; involucre nul ou presque nul; involucelle de plusieurs folioles.

1. C. penché. *C. temulum.* Tige hérissée, rude, tachée de brun, à articulations renflées; feuil. pubescentes, les inférieures bipinnées, les supér. pinnées, à folioles ovales ou lancéolées, crénelées; fleurs blanches, en ombelles à 10-12 rayons, penchées avant la floraison; involucre nul ou d'une seule foliole; involucelle de 5 à 6 folioles linéaires-lancéolées, aigues, hérissées: fruit non terminé en bec. ♃. Dans les haies, les lieux incultes, en été. 20 à 24 p. CC.

187. ANTHRISCUS. *ANTHRISCUS.* Bord du calice nul; pétales tronqués ou émarginés, à languette repliée, souvent très-petite; fruit terminé en un bec, sur lequel paraissent les côtes; carpelles presque cylindriques, sans côtes; involucre nul; involucelle de plusieurs folioles.—Fl. blanches.

1. A. sauvage. *A. sylvestris.* (*Chærophyllum sylvestre* L.) Tige rameuse, sillonnée, velue à la base, à articulations renflées; feuilles 2 ou 3 fois pinnées, à folioles lancéolées, profondément dentées, aigues; ombelles à 6-12 rayons; involucelles de 5-6 folioles lancéolées, velues; fruit lisse. ♃. Dans les haies et les prés, îles de la Loire, en avril et mai. 18 à 24 p. C.

2. A. cerfeuil. *A. cerefolium.* (*Scandix cerefolium* L.—*Chærophyllum sativum* Lam.) Tige glabre, striée, droite et rameuse; feuilles molles, 2 ou 3 fois pinnées, à folioles ovales, découpées ou pinnatifides; ombelles latérales, presque sessiles, à 4-5 rayons; folioles des involucelles linéaires; fruit linéaire, lisse et noir. ⊙. Cultivé dans les jardins potagers.

3. A. hérissé. *A. vulgaris.* (*Scandix anthriscus* L.—*Caucalis scandicina* Lam.) Tige glabre, striée, couchée: feuilles 3 ou 4 fois pinnées, à folioles divisées en lobes obtus ou peu ciliés; ombelles latérales sessiles ou pédonculées; folioles des involucelles linéaires; fruits oblongs, hérissés. ⊙. Dans les haies, au bord des champs, levées de la Loire, en été. 8 à 16 p. C.

188. SCANDIX. *SCANDIX.* Bord du calice nul; pétales obovés, tronqués, à languette repliée; fruit laté-

ralement comprimé, surmonté d'un bec très-long ; 5 côtes obtuses, égales, les latérales formant le bord ; rayûres nulles ou peu marquées ; involucre nul ou presque nul ; involucelles de 5-7 folioles.

1. S. PEIGNE DE VÉNUS. *S. pecten Veneris.* Tige rameuse à la base, couchée, redressée ; feuilles pinnées ; folioles multifides, à divisions linéaires, aigues ; fleurs blanches, peu nombreuses ; ombelle à 2-3 rayons, soutenue par la feuille supérieure, ou sans involucre ; fol. de l'involucelle lancéolées, dressées ; carpelles un peu hérissés. ⊙. Dans les champs et les moissons, en mai et juin. 6 à 12 p. CC.

9e. TRIBU. *SMYRNÉES. Fruit gonflé, latéralement comprimé ou resserré ; 5 côtes, quelquefois effacées ; semence roulée en croissant.*

189. MACERON. *SMYRNIUM.* Bord du calice nul ; pétales lancéolés, entiers, à pointe repliée ; fruit resserré latéralement et formé de deux carpelles globuleux, réniformes ; les **3** côtes dorsales saillantes, aigues, les **2** latérales presque effacées, formant le bord ; rayûres nombreuses.

1. M. COMMUN. *S. olusatrum.* Tige striée, glabre, rameuse ; feuilles 1 ou 2 fois ternées, à folioles ovales-arrondies, crénelées ; fleurs jaunes, en ombelles à 12-15 rayons. ♃. Environs de Loches, en mai. 24 à 30 p. RR. *M. Diard.*

190. CONIUM. *CONIUM.* Bord du calice nul ; pétales émarginés, à languette repliée ; fruit ovoïde, latéralement comprimé ; côtes saillantes, ondulées, égales, les latérales formant le bord ; intervalles couverts de stries, sans rayûres ; folioles de l'involucre peu nombreuses ; involucelle de **3** folioles d'un même côté.

1. C. GRANDE CIGUE. *C. maculatum.* (*Cicuta major* Lam.) Tige droite, rameuse, creuse, tachetée ; feuilles 2 ou 3 fois pinnées, à folioles lancéolées, découpées ou pinnatifides ; fleurs blanches. ♂. Dans les haies, auprès des maisons, dans la Varenne, en été. 30 à 48 p. C.

3e. SOUS-ORDRE. *OMBELLIFÈRES IMPARFAITES.*

10e. TRIBU. *SANICULÉES. Fruit presque cylindrique ; 5 côtes principales, égales, les secondaires nulles ; intervalles couverts d'écailles ou d'aiguillons ; ombellules, et quelquef. ombelle entière, resserrées en tête.*

191. SANICLE. *SANICULA.* Calice à 5 dents foliacées ; pétales dressés, rapprochés, émarginés et repliés en une languette de la longueur du pétale ; fruit presque globuleux, couvert d'aiguillons recourbés, très-serrés, qui cachent les côtes ; rayûres nombreuses ; involucre et involucelle nuls.

1. S. d'Europe. *S. europæa.* Tige nue ; feuilles à long pétiole, palmées à 3-5 lobes en coin, trifides et dentés ; fleurs sessiles, blanches, en ombelle à 3 rayons. ♃. Dans les bois, Grammont, Larçay, en mai. 12 à 16 p. C.

192. PANICAUT. *ERYNGIUM.* Calice à 5 dents foliacées ; pétales dressés, rapprochés, oblongs, émarginés et repliés en une languette de la longueur du pétale ; fruit oblong ; carpelles couverts d'écailles cachant les côtes, et sans rayûres ; involucre de plusieurs folioles ; fleurs entremêlées de paillettes, et resserrées en tête.

1. P. champêtre. *E. campestre.* Vulg. *Chardon-rolant* ou *C. roulant.* Tige très-rameuse ; feuilles épineuses, les radicales bipinnées, à fol. ovales, décurrentes, diversement contournées ; folioles de l'involucre linéaires, épineuses, dépassant beaucoup les fleurs, qui sont blanchâtres. ♃. Dans les lieux incultes, en aout. 10 à 15 p. CC. — La plante sèche, forme une touffe épineuse, arrondie, que le vent fait rouler sur la terre, d'où lui vient le nom de *Chardon-roulant.*

L'*Astrance à larges feuilles* (*Astrantia major*), appartient à cette tribu, c'est une plante vivace à feuilles palmées, à 5 lobes trifides, aigus et dentés, dont les fleurs en tête, d'un blanc rougeâtre, sont entourées d'un large involucre blanc figurant une seule fleur radiée ; ses carpelles ont 5 côtes gonflées, obtuses et dentées ; on la cultive dans quelques jardins.

11ᵉ. Tribu. *HYDROCOTYLÉES. Fruit très-comprimé ; côtes principales presque effacées, côtes secondaires nulles ; ombelles simples ou imparfaites, formées de fleurs peu nombreuses en tête ou en verticille ; pétales étalés, entiers, aigus, à pointe droite ou un peu repliée.*

193. HYDROCOTYLE. *HYDROCOTYLE.* Bord du calice nul ; pétales ovales, égaux ; fruit aplati latéralement ; carpelles à 5 côtes filiformes, la carénale et les 2 latérales moins marquées ; sans rayûres.

1. H. commune. *H. vulgaris.* Tiges rampantes, minces ; feuilles peltées, rondes et crénelées, à long pétiole ; ombelle de 5-8 fleurs blanches. ♃. Dans les marais, la V.-aux-Dâmes, vallée de la Choisille, en juin et juillet. C.

LI. FAMILLE : CAPRIFOLIACÉES.

Calice d'une seule pièce, adhérent à l'ovaire, à bord entier ou divisé, souvent avec 2 bractées à la base ; corolle monopétale à 4-5 lobes, ou à 4-5 pétales plus larges à la base ; étamines alternes, en nombre égal, fixées à la corolle dans les monopétales, ou fixées au calice dans les autres ; style unique ou nul ; 1-3 stigmates ; baie ou capsule ordinairement couronnée par le bord du calice, à une ou à plusieurs loges mono ou polyspermes.— *Arbrisseaux à feuilles opposées ou alternes, sans stipules ; fleurs le plus souvent en corymbe.*

1re. Tribu. *HEDERACÉES. Calice sans bractées ; plusieurs pétales ; 1 style ; 1 stigmate ; drupe ou baie à loges monospermes.*

194. LIERRE. *HEDERA*. Calice à 5 dents ; 5 pétales ; 5 étamines ; baie à 5 loges, dont les cloisons disparaissent à la maturité.

1. L. rampant. *H. helix.* Tiges ligneuses, glabres, rampantes, produisant des racines sur toute leur longueur ; feuilles luisantes, à 5 angles ou à 5 lobes, les supérieures ovales ; fleurs verdâtres, en ombelle redressée ; fruit noir. ♄. Sur les vieux murs, dans les bois, et sur les troncs d'arbre ; fleurit en septembre. CC.

195. CORNOUILLER. *CORNUS*. Calice à 4 dents ; 4 pétales ; 4 étamines ; fruit en drupe, non couronné ; noyau à 2 loges.

1. C. sanguin. *C. sanguinea.* Arbrisseau à rameaux dressés, rougeâtres ; feuilles ovales, entières, pubescentes en dessous ; fleurs blanches, en ombelles terminales ; fruit noir. ♄. Dans les haies, en juin. CC.

On cultive quelquefois le *C. mâle* (*C. mas*), dont les fruits rouges et acides, sont bons à manger ; ses fleurs petites, jaunâtres, paraissent en avril avant les feuilles.

L'*Aucuba japonica*, arbrisseau à grandes feuilles lancéolées, persistantes, tachetées de jaune, et dont les fleurs petites et brunes, paraissent en avril, se voit souvent dans les jardins. Il est rapporté, avec les *Cornouillers*, à une famille particulière, celle des *Cornées*, dans le Prodrome de Decandolle, qui rapporte aussi le *Lierre* à la famille des *Araliacées*.

2e. Tribu. *SAMBUCINÉES. Calice petit, entouré de bractées ; style nul ; 3 stigmates ; corolle monopétale ; baie uniloculaire à 1-2 semences ; fleurs en corymbe ou en ombelle.*

195. SUREAU. *SAMBUCUS*. Calice à 5 divisions ; corolle en roue, à 5 lobes ; 5 étamines ; 3 semences.

1. S. yèble. *S. ebulus.* Tige épaisse, herbacée ; feuilles pinnées, à 7-9 folioles lancéolées, oblongues, dentées, d'une odeur désagréable, et munies à la base de stipules foliacées formant des oreillettes ; fleurs blanches en large ombelle terminale. ♃. Dans les champs humides et au bord des fossés, en juin. 20 à 30 p. CC.

2. S. noir. *S. nigra.* Vulg. *Sureau.* Arbrisseau, et quelquefois arbre, à rameaux droits, remplis de moëlle ; feuilles à 5-7 folioles ovales, lancéolées, dentées ; fleurs blanches, odorantes, en larges ombelles ; baies noires. ♄. Dans les haies des terrains humides, la Varenne, en juin. CC. — On cultive dans les jardins une variété à *feuilles découpées* (*S. laciniata*).

196. VIORNE. *VIBURNUM*. Calice à 5 lobes ; corolle campanulée, à 5 lobes ; 5 étamines ; 3 semences.

1. V. commune. *L. lantana.* Arbrisseau de 5 à 6 pieds, à rameaux alongés, droits, couverts d'une écorce farineuse ; feuil. cotonneuses, grisâtres, pétiolées, grandes, ovales, en cœur et dentelées ; fleurs blanches, en larges ombelles : fruit comprimé, charnu, rouge d'abord, puis noir. ♄. Dans les haies et les bois, en mai. CC.

2. V. obier. *V. opulus.* Arbrisseau de 5 à 6 pieds, entièrement glabre ; feuilles à 3 lobes aigus et dentés, portées par un pétiole muni de deux glandes ; fleurs blanches, en ombelles, celles du centre fertiles, et celles du bord plus grandes, stériles ; baies rouges. ♄. Bois humides, au bord des ruisseaux ombragés, vallée de la Choisille, Baudry, en mai. C. — Une variété, dont toutes les fleurs sont stériles et rassemblées en boule, est cultivée dans les jardins sous le nom de *Boule de neige.*

La *V. laurier-tin (Viburnum tinus)*, se voit dans tous les jardins ; c'est un bel arbrisseau à feuilles persistantes, ovales, entières et luisantes ; il est couvert, en mars et avril, d'ombelles de fleurs blanches petites, mais nombreuses ; son fruit est une baie couronnée par le calice.

3e. Tribu. *CAPRIFOLIÉES. Calice entouré de bractées ; 1 style ; stigmate à 3 lobes ; corolle monopétale ; baie à 2-4 loges, à 2 ou plusieurs semences.*

197. CHÈVREFEUILLE. *LONICERA*. Calice urcéolé, à 5 dents ; corolle tubuleuse, campanulée ou en entonnoir, à 5 divisions souvent inégales ; 5 étamines ; baie à 2-3 loges polyspermes.

1. C. DES BOIS. *L. periclymenum.* Arbrisseau à tige voluble, pubescente au sommet ; feuilles distinctes, ovales, souvent pubescentes ; fleurs jaunâtres ou rougeâtres, à tube velu et à lobes inégaux, réunies en tête à l'extrémité des rameaux. ♄. Dans les bois, en été. Il s'élève souvent à une grande hauteur, en se roulant autour des jeunes chênes. CC.

Variété : 6. A feuilles de chêne. (*Quercifolium*). Feuilles découpées, sinuées, un peu pubescentes. C.

2. C. XYLOSTÉON. *L. xylosteum.* Arbrisseau à rameaux nombreux, droits, pubescens dans leur jeunesse ; feuilles ovales, entières, pubescentes ; pédoncules à deux fleurs jaunâtres, en entonnoir, à lobes égaux. ♄. Dans les haies, près de Loches, en mai. R. *M. Diard.* — On le cultive fréquemment dans les grands jardins et les bosquets.

On cultive partout le *Chèvrefeuille des jardins* (*L. caprifolium*), différent de celui *des bois* par ses feuilles supérieures, soudées à la base, et traversées par la tige ; et par ses fleurs plus nombreuses, sessiles et verticillées, ou terminales ; il est, en outre, tout-à-fait glabre. Le *C. de la Chine* (*L. chinensis*), et le *C. du Japon* (*L. confusa*), se voient dans quelques jardins, leurs tiges sont pubescentes, volubles ; leurs feuilles sont pétiolées, ovales-aigues : ce dernier les a plus fermes et velues des deux cotés ; l'autre a seulement les nervures un peu poilues. On a aussi le *C. de Virginie* (*L. sempervirens*), à tiges également volubles, et remarquable par ses fleurs en entonnoir alongé, verticillées, d'un rouge vif en dehors, jaunes en dedans, mais sans odeur ; et enfin, on a très-communément le *C. de Tartarie* (*L. tatarica*), vulg. *Camérisier* ou *chamæcerasus*, ses rameaux, non volubles, minces et formant des buissons, sont garnis de feuilles ovales, en cœur ; ses fleurs roses, portées sur de courts pédoncules et réunies deux ensemble, paraissent en avril : il leur succède de petites baies soudées, ordinairement rouges, demi-transparentes.

Le *Symphoricarpos racemosus*, fait partie d'un genre distinct des *Chèvrefeuilles* par son ovaire à quatre loges, dont deux seulement contiennent les semences et sont monospermes ; c'est un arbrisseau à rameaux dressés, en touffe ; ses feuilles sont ovales, entières ; ses fleurs sont en entonnoir, très-petites, roses, à 5 lobes, et barbues à l'intérieur ; ses fruits, gros comme de petites cerises, sont d'un blanc de neige.

LII. FAMILLE : LORANTHÉES.

Calice d'une seule pièce, adhérent à l'ovaire, à bord presque entier ; corolle monopétale plus ou moins divisée, ou à plusieurs pétales élargis à la base ; étamines opposées aux pétales, et en nombre égal ou double ; style unique ou nul ; 1 stigmate ; baie ou capsule à une loge, et à écorce membraneuse. — *Arbrisseaux ordinairement parasites, et à feuilles opposées, sans stipules.*

197. GUI. *VISCUM.* Bord du calice entier, presque nul ; fleurs dioïques, à 4 petits pétales réunis par la base ; fleurs mâles à anthères sessiles sur le milieu des pétales ; fleurs femelles à stigmate presque sessile en tête ; fruit en baie monosperme.

1. G. COMMUN. *V. album.* Rameaux étalés, d'un vert jaunâtre ainsi que les feuilles, qui sont lancéolées, obtuses, sessiles ; fleurs jaunâtres, en épis axillaires ; baies rondes et blanches. 5. Sur le tronc et les branches des pommiers, des poiriers, des cormiers, etc., en mars et avril. 12 à 18 p. CC. — Il est excessivement rare sur le chêne.

LIII. FAMILLE : RUBIACÉES.

Calice adhérent à l'ovaire, à 4-5, ou rarement 6 lobes ; corolle monopétale, régulière, insérée au sommet du calice et divisée de même ; étamines en nombre égal, alternes et fixées à la corolle ; ovaire simple ; 1 style ; stimates en nombre égal aux loges de l'ovaire, qui n'a que 2 loges monospermes dans les espèces indigènes. — *Ces mêmes espèces sont des herbes à feuilles entières, verticillées, et à fleurs petites, en roue ou en tube.*

198. GARANCE. *RUBIA.* Corolle campanulée-étalée, à 4-5 lobes ; fruit formé de 2 baies glabres, arrondies.

1. G. ÉTRANGÈRE. *R. peregrina.* Tiges faibles, redressées, rudes sur les angles ; feuilles persistantes, luisantes, lancéolées, aigues, sessiles, verticillées par 4 ou 6, les supérieures souvent en cœur ; fleurs jaunâtres ; lobes de la corolle terminés en pointe fine. ♃. Dans les haies, en juin. 40 à 50 p. CC. — Elle est souvent confondue avec la *G. luisante* (*R. lucida*), qui en diffère par sa tige lisse.

2. G. DES TEINTURIERS. *R. tinctorum.* Tiges rameuses, redressées, à 4 angles hérissés d'aiguillons ; feuilles annuelles, verticillées par 4 ou plus souvent par 6, ovales-lancéolées ou lancéolées-aigues, à pétioles très-courts ; fleurs blanches, à lobes oblongs et obtus. ♃. Près des maisons autour de Loches, en été. 24 à 30 p. R. — La racine est très-employée en teinture, et quelques personnes dans le département la cultivent.

199. GAILLET. *GALIUM.* Anc.t *Caille-lait.* **Corolle en roue, à 4 lobes ; fruit non couronné par le calice.**

** Fruit glabre, non tuberculé ; fleurs jaunes.*

1. G. CROISETTE. *G. cruciata.* (*Valantia cruciata* L.) Tiges simples, velues, faibles ; feuilles verticillées par 4, ovales, velues, d'un vert jaunâtre, à 3 nervures ; fleurs polygames, presque verticillées ; pédoncules avec 2 folioles ou bractées. ♃. Dans les haies et les bois, en mai. 15 à 20 p. CC.

2. G. JAUNE. *G. verum.* Tige redressée, rameuse, pubescente ; feuilles verticillées par 8, linéaires, sillonnées. ♃. Dans les prés, au bord des chemins, en été. 15 à 20 p. CC.

*** Fruit glabre, non tuberculé ; fleurs blanches.*

3. G. DIVERGENT. *G. divaricatum.* Plus petit que l'espèce suivante, dont il est peut-être une variété ; il en diffère par ses tiges (de 3-6 p.) à peine rudes, terminées par des panicules très-rameuses et très-étalées ; ses feuilles, verticillées par 6, sont plus étroites et paraissent hérissées de pointes seulement quand on les regarde à la loupe. ⊙. Lieux sablonneux, en été. R.

4. G. ANGLAIS. *G. Anglicum.* (*G. Parisiense* Lam.) Tige faible, couchée (10 à 12 p.), très-rameuse, à rameaux filiformes, divergens ; feuilles verticillées par 6, linéaires-lancéolées, aigues, bordées de petites pointes, et rudes ainsi que la tige ; fleurs très-petites, en panicule terminale ; pédoncules bifides ou trifides. ⊙. Lieux secs et pierreux, en été. C. — Il ne diffère presque que par ses fruits du *G. litigiosum*, avec lequel il a été quelquefois réuni comme variété du *G. Parisiense.*

5. G. LISSE. *G. læve.* (*G. pusillum,* ou *montanum,* ou *sylvestre*). Tiges molles, couchées et redressées, glabres ainsi que les feuilles, qui sont linéaires-lancéolées, mucronées, planes, ordinairement vertic. par 7 ; fleurs presque en ombelle. ♃. Dans les bois et les pâturages secs, Chatenay, en été. 6 à 8 p. C.

6. G. COUCHÉ. *G. supinum.* Cette espèce, peu distincte, diffère de la précédente par ses feuilles un peu rudes au bord, et par ses tiges couchées, très-rameuses ; on a quelquefois réuni sous le même nom le *G. uliginosum*, et peut-être la différence tient-elle seulement à la localité où ces plantes ont crû. ♃. Dans les bois et les lieux arides, en été. 12 à 15 p. C.

7. G. A OMBELLES. *G. Bocconi.* (*G. nitidulum*). Cette espèce, considérée aussi par quelques auteurs comme simple variété du *G. læve,* est facile à reconnaître à cause de ses tiges grêles, couchées, peu rameuses, pubescentes à la base ainsi que les feuilles inférieures ; les verticilles sont composés de 6, 8 ou 10 feuilles linéaires, rudes et mucronées ; les fleurs sont en ombelle. ♃. Dans les bois et les lieux arides, Chatenay, en été. 6 à 10 p. CC.

8. G. DRESSÉ. *G. erectum.* Diffère du suivant par ses feuilles plus étroites, linéaires, rudes au bord, verticil. par 6-8 ; Il est aussi plus petit en tout. ♃. Prés humides, Pont-Cher, en été. 12 p. R.

9. G. BLANC. *G. mollugo.* Tige molle, anguleuse, à rameaux écartés, souvent hérissés de poils courts à la base et sur les articulations ; feuilles verticillées par 8, ovales ou lancéolées, mucronées, un peu dentelées ; fleurs nombreuses, en grappes alongées, à lobes de la corolle très-aigus. ♃. Dans les haies, au bord des champs, en été. 16 à 24 p. CC.—Il offre une variété moins commune dont les feuil. sont hérissées, et qui mérite d'être observée.

10. G. DES MARAIS. *G. palustre.* Tige presque lisse, à 4 angles, couchée, puis redressée ; feuilles obtuses, inégales, glabres et lisses, verticillées par 4-6, les infér. obovées, les supér. lancéolées. ♃. Au bord de l'eau, dans les fossés, en été. 18 p. CC.—Il varie beaucoup pour la forme de ses feuilles, et devient noir en séchant.

11. G. DES TOURBES. *G. uliginosum.* Il est peut-être une variété du *G. palustre* ; sa tige, plus grêle, est rude sur les angles ainsi que ses feuilles, qui sont plus étroites. Il a aussi quelques rapports avec le *G. supinum.* ♃. Dans les bois humides et les prés tourbeux, en mai et juin. 10 à 14 p. C.

*** *Fruit glabre, tuberculeux ; fleurs blanches.*

12. G. DU HARTZ. *G. harcynium.* Tige couchée, rameuse, glabre ainsi que les feuilles, qui sont verticillées par 4-6, lancéolées, obovées, mucronées ; rameaux nombreux, alongés ; pédoncules multiflores ; fruit un peu granuleux. ♃. Sur les pelouses sèches, près de Loches, en été. *M. Diard.*—Cette espèce est confondue souvent avec le *G. saxatile* de Linné.

13. G. BATARD. *G. spurium.* Paraît n'être qu'une variété du *G. aparine* (n°. 15), dont il diffère surtout par ses fruits glabres, simplement granuleux ; ses feuilles sont souvent verticillées par 6, et ses articulations ne sont pas velues. ⊙. Dans les champs, la Ville-aux-Dames. C.

14. G. A TROIS CORNES. *G. tricorne.* Tiges couchées, hérissées, rudes: feuilles verticillées par 6-8, lancéolées, bordées d'aiguillons recourbés en arrière ; pédoncules recourbés, à 3 fleurs, plus courts que les feuilles. ⊙. Dans les champs, Saint-Barthélémy, Loches, en été. 8 à 12 pouces. C.

**** *Fruit hérissé, fleurs blanches.*

15. G. GRATERON. *G. aparine.* Tige élevée, faible, munie d'aiguillons sur les angles, et velue aux articulations ; feuilles verticillées par 8, lancéolées, garnies, sur les bords et au milieu, d'aiguillons dirigés en arrière ; fruit couvert de poils recourbés ; pédoncules plus longs que les feuilles. ⊙. Dans les haies et les broussailles, en été. 24 à 36 pouces. CC.

Variété : 6. De Vaillant. *Vaillantii.* Plus petit en tout, à tige presque simple, moins velue aux articulations. 12 à 18 p. C.

16. G. PARISIEN. *G. litigiosum.* (*G. Parisiense* L.) Tiges rameuses, faibles, à 4 angles rudes; feuilles verticillées par 6, linéaires, dressées, glabres; fleurs très-petites, à pédoncules capillaires, bifides ou trifides, disposées en panicule écartée. ⊙. Lieux secs, Chambourg, près de Loches, en été. 8 p. R. *M. Diard.*

NOTA. L'étude très-difficile de ce genre peut être simplifiée si l'on s'attache d'abord aux espèces principales, *G. mollugo*, *palustre*, *anglicum*, *læve*, *aparine* et *tricorne*, pour y rapporter les autres comme variétés, excepté les deux premières, trop distinctes pour qu'on puisse les confondre avec d'autres.

200. ASPÉRULE. *ASPERULA.* Corolle en entonnoir, à 3 ou plus souvent à 4 lobes; fruit formé de 2 baies sèches non couronnées par le calice.

1. A. CYNANCHIQUE. *A. cynanchica.* Tiges rameuses, grêles, étalées, à rameaux redressés; feuilles infér. lancéolées-ovales, verticillées par 4, les supér. linéaires et opposées; fleurs rosées, en panicule resserrée. ♃. Sur les pelouses sèches et dans les lieux arides, en été. 6 à 9 pouces. CC.

2. A. DES CHAMPS. *A. arvensis.* Tiges rameuses, droites; feuilles par 6 ou 8, linéaires, obtuses, glabres; fleurs bleues, sessiles, rassemblées en tête au sommet des tiges et entourées de bractées ciliées. ⊙. Dans les moissons, Monnaye, Artanne, Loches, en juin. 12 à 18 pouces. C.

201. SHÉRARDE. *SHERARDIA.* Corolle en entonnoir, à 4 lobes; fruit couronné par les dents du calice, persistantes et développées.

1. S. DES CHAMPS. *S arvensis.* Tige rameuse, étalée, hérissée; feuil. verticillées par 6, aigues, hérissées; fleurs bleues, sessiles, en ombelle terminale, entourées de bractées glabres. ⊙. Dans les moissons, la Ville-aux-Dames, Monnaye, en juin. 4 à 6 p. C.

202. CRUCIANELLE. *CRUCIANELLA.* Corolle en entonnoir, à tube mince, et à 4 ou 5 lobes courts; 2 divisions au calice, profondes et opposées; fruit non couronné par le calice.

1. C. A FEUILLES ÉTROITES. *C. angustifolia.* Tige dressée, grêle, simple, glabre; feuil. verticillées par 6, linéaires, appliquées contre la tige; fleurs blanchâtres, dépassant peu le calice et les bractées, disposées en épi grêle, marqué de vert et de blanc. ⊙. Lieux sablonneux, la Ville-aux-Dames, en été. 8 à 15 p. RR.

Parmi les innombrables Rubiacées exotiques, les unes ont les loges du fruit polyspermes, telles sont les diverses espèces de *Quinquina (cinchona)*, qui ne croissent qu'en Amérique, et le *Jasmin du cap* (*Gardenia florida*), que l'on cultive en serre avec quelques autres *Gardenia.*

Les autres ont les loges plus ou moins nombreuses, monospermes, comme le *Caffeyer* (*Coffea arabica*), cultivé abondamment en Arabie, en Afrique et aux Antilles, mais que chez nous on ne peut conserver qu'en serre chaude; l'*Ipécacuanha* (*Psychothria emetica*), employé en médecine, et qui ne peut vivre hors des contrées les plus chaudes de l'Amérique; et enfin, le *Cephalanthus occidentalis*, arbuste assez joli, que l'on cultive souvent en terre de bruyère dans les jardins; ses feuilles sont grandes, ovales, lancéolées, opposées ou ternées; et ses fleurs, petites et blanches, sont en tête ronde à l'extrémité des rameaux; elles ont une corolle tubuleuse à 4 lobes dressés.

LIV. FAMILLE : VALÉRIANÉES.

Calice d'une seule pièce, adhérent à l'ovaire, à bord roulé, puis se développant en aigrette, ou redressé et denté; corolle monopétale, tubuleuse, insérée au sommet de l'ovaire, à 3-5 lobes, quelquefois inégale ou munie d'un éperon; 1-5 étam. insérées au tube de la corolle; 1 style; 1-3 stigmates; capsule à 1-3 loges monospermes, ne s'ouvrant pas, et dont 2 avortent ordinairement. — *Herbes à feuilles opposées, à fleurs en corymbe, en panicule ou en tête.*

203. VALÉRIANELLE. *VALERIANELLA*. Corolle régulière à 5 lobes, sans éperon; 3 étamines; capsule à 3 loges, couronnée par le bord droit et non roulé du calice. — *Fleurs très-petites, blanches ou teintes de violet, réunies en têtes serrées et entourées de bractées.*

1. V. MACHE. *V. olitoria.* (*Valeriana locusta* L.) Vulg. *Boursette, Mâche.* Tige faible, rameuse, étalée; feuilles lancéolées, très-entières; capsule nue, globuleuse, comprimée. ⊙. Dans les vignes et les champs, en avril et mai. 8 à 10 p. CC.—On la recueille en grande quantité en mars et avril pour la manger en salade, et quelquefois on la cultive aussi pour cet usage.

2. V. CARÉNÉE. *V. carinata.* Tige faible, rameuse, étalée; feuilles oblongues, entières; capsule oblongue, glabre, sans dents, creusée d'un côté et carénée de l'autre. ⊙. Dans les vignes et les moissons, Rochecorbon, au printemps. 6 p. C.—Ainsi que les espèces suivantes elle était considédée par *Linné* comme variété de la précédente; toutes peuvent également être mangées.

3. V. DENTÉE. *V. dentata.* Tige glabre, droite, rameuse, à quatre angles rudes; feuilles infér. lancéolées, entières, les supér. irrégulièrement dentées à la base; bractées glabres; capsule glabre, ovale,

couronnée par 3-5 dents inégales, dont une plus longue. ⊙. Dans les moissons, en mai et juin. 8 à 11 p. CC.

4. V. EN BEC. *V. auricula.* Diffère de la précédente, dont elle est peut-être une variété, par sa capsule longue, couronnée par le calice, formant une seule dent redressée, aigue, longue et concave à la base. ⊙. Dans les moissons, près de Loches. R.

5. V. A FRUIT VELU. *R. eriocarpa.* Tige droite, anguleuse, courte, poilue; feuilles infér. oblongues, spatulées, les supér. linéaires; bractées glabres; capsule ovale, anguleuse, hérissée, à 6 dents irrégulières. ⊙. Dans les moissons, Notre-Dame d'Oé, au printemps; 5 à 6 p. R.—Elle varie beaucoup de grandeur, et ses feuilles intermédiaires sont quelquefois dentées.

6. V. COURONNÉE. *V. coronata.* Tige droite, pubescente: feuilles lancéolées, dentées ou lobées, les supér. à 3-5 divisions; capsule velue, couronnée par le calice campanulé, à 6-8 dents alongées ou recourbées. ⊙. Dans les moissons, la Ville-aux-Dames, en mai et juin. 6 à 8 p. R.—La *V. hamata,* dont les dents sont recourbées en hameçon, n'en est qu'une variété.

204. CENTRANTHE. *CENTRANTHUS.* Corolle irrégulière, à 5 lobes, et munie d'un éperon; 1 étamine; capsule uniloculaire couronnée par le calice, qui se déroule en aigrette plumeuse.

1. C. A LARGES FEUILLES. *C. latifolius.* (*C. ruber* Lam.—*Valeriana rubra* L.) Vulg. *Valériane rouge.* Belle plante à tiges épaisses, creuses, redressées, garnies de feuilles ovales-lancéolées, lisses, entières, et terminées par de grosses panicules serrées de petites fleurs roses ou pourprées. ♃. Cultivée dans les jardins; elle se reproduit spontanément sur les vieux murs; en été. 20 à 30 p. C.

205. VALÉRIANE. *VALERIANA.* Corolle régulière à 5 lobes, sans éperon; 3 étamines; capsule uniloculaire, couronnée par le calice, qui se développe en aigrette plumeuse.

1. V. OFFICINALE. *V. officinalis.* Tige droite, glabre, sillonnée, presque simple; feuilles glabres, pinnées, à 15-21 folioles étroites, lancéolées; fleurs pâles, rosées, en corymbe terminal. ♃. Dans les lieux humides, vallée de la Choisille, en mai et juin. 30 à 40 p. CC.

2. V. DIOÏQUE. *V. dioica.* Tige droite, simple, glabre, lisse; feuilles radicales ovales, pétiolées, entières, feuilles supér. pinnées, à folioles entières, avec le lobe terminal plus grand, ovale; fleurs dioïques, pâles, rosées, en corymbe. ♃. Dans les prés humides, vallée de la Choisille, prairie du Cher, en avril et mai. 8 à 12 p. C.—Les fleurs femelles sont plus petites.

LV. FAMILLE : DIPSACÉES.

Calice en apparence double, l'intérieur, ou le véritable adhérent à l'ovaire, à bord diversement divisé ; l'extérieur, ou l'*involucelle*, d'une seule pièce, muni souvent à l'intérieur de 4-8 fossettes et entourant le fruit ; corolle insérée au sommet du calice, monopétale, tubuleuse, à bord obliquement découpé en 4-5 lobes ; 4-5 étam. distinctes, attachées à la corolle entre les nervures ; 1 style ; 1 ovaire uniloculaire, contenant une seule semence et devenant un fruit sec (ou *akène*), couronné par le bord du calice, qui grandit après la floraison. —*Herbes à feuil. opposées ou verticillées, à fleurs petites, quelquefois inégales, réunies sur un réceptacle commun garni de poils ou d'écailles, formant une tête* (capitule) *entourée par un involucre de plusieurs folioles.*

206. SCABIEUSE. *SCABIOSA*. Bord du calice muni de 5 poils raides ; corolle à 4 ou plus souvent à 5 lobes; involucelle à 8 fossettes, souvent cylindrique.

1. S. COLOMBAIRE. *R. columbaria.* Tige droite, grêle, un peu rameuse, pubescente ; feuilles pubescentes, les radicales lancéolées-aigues, dentées, les supér. bipinnatifides, à lobes aigus ; fleurs d'un bleu violacé pâle, en capitules peu serrés, les extér. plus grandes, formant des rayons ; involucre plus court que les feuilles. ♃. Au bord des champs et des prés, en été. 14 à 18 p. CC.

2. S. A RACINE TRONQUÉE. *S. succisa.* Tige pubescente, droite, presque simple ; feuilles entières, oblongues, lancéolées, un peu velues, fermes ; fleurs bleues, égales, formant des têtes arrondies ; involucre formé de 2-3 folioles dentées ; bord de l'involucelle court, ondulé ; poils du calice saillans. ♃. Dans les bois et les lieux secs, en été. 18 à 24 pouces. CC.

La *Scabieuse fleur de veuve* (*S. atropurpurea*), se resême elle-même dans les jardins ; elle est caractérisée par le pédicelle qui porte le bord du calice, et qui est deux fois plus long que le bord de l'involucelle, et par les poils raides du calice, deux fois plus longs encore ; ses fleurs sont d'un beau pourpre très-foncé.

207. KNAUTIA. *KNAUTIA.* Corolle à 4 lobes ; bord du calice presque en coupe ; involucelle comprimé, à 4 fossettes, renfermant étroitement le fruit, et muni d'un pédicelle court.

1. K. DES CHAMPS. *K. arvensis.* Tige un peu rameuse, cylindrique, velue ; feuilles sessiles, velues, les radicales pinnatifides, à lobes lancéolés, inégaux, les supér. à lobes linéaires ; folioles de l'involucre oblongues, obtuses ; bord de l'involucelle à dents très-petites ; calice surmonté de 8-10 poils raides ; fleurs d'un rose-bleuâtre, les extér. plus grandes, en capitules longuement pédonculés. ♃. Au bord des champs et des prés, en été. 18 à 24 p. CC.

La *Knautia sylvestris*, qui diffère de la précédente par ses fleurs rougeâtres toutes égales, et par ses feuilles lancéolées, dentées au sommet de la plante, ou entières et à pétiole ailé, dilaté vers le bas, a été trouvée autrefois par M. *Baillot.*

208. CARDÈRE. *DIPSACUS.* Bord du calice presque en coupe ; involucelle à 4 angles et 8 fossettes ; réceptacle alongé, garni de paillettes ou d'écailles épineuses ; folioles de l'involucre dépassant les écailles ; fleurs à 4 lobes, en tête ou en capitule oblong.

1. C. POILUE. *D. pilosus.* Tige très-rameuse, assez grêle, glabre et peu épineuse ; feuilles opposées, ovales, oblongues, dentées, un peu velues, les radicales pétiolées, avec deux oreillettes ; fleurs bleuâtres, formant une tête globuleuse, poilue ; écailles du réceptacle droites ; folioles de l'involucre courtes, dépassant à peine les écailles. ♂. Lieux humides, Rochecorbon, Loches, en septembre. 36 à 48 p. R.

2. C. SAUVAGE. *D. sylvestris.* Vulg. *Peigne.* Tige droite, peu rameuse, cannelée, épineuse : feuilles opposées, lancéolées, aigues, dentées au bord et épineuses sur la nervure, embrassant la tige, et réunies par le bord de manière à recueillir l'eau des pluie, d'où lui vient son nom (du mot grec *dipsa, soif*) ; fleurs d'un blanc violet, en têtes oblongues, avec les écailles droites, alongées, et les folioles de l'involucre recourbées, très-longues, et dépassant le capitule de fleurs. ♂. Au bord des chemins, en été. 36 à 48 p. C.

3. C. CHARDON A FOULON. *D. fullonum.* Diffère de la précédente par les écailles du réceptacle plus courtes, fortes et crochues, et par les folioles de l'involucre droites et plus courtes ; ses feuilles sont plus obtuses et ordinairement sans aiguillons. ♂. On la cultive quelquefois pour l'usage des apprêteurs de draps.

LVI. FAMILLE : COMPOSÉES.

Calice adhérent à l'ovaire, qu'il égale en longueur ou qu'il dépasse (et dans ce cas l'aigrette est pédicellée), à bord soit nul, soit entier, ou avec 5 dents ou 5 lobes, ou plus ordinairement formé de poils nombreux constituant une AIGRETTE qui est *poilue* quand ils sont simples, *rameuse* quand ils sont soudés à la base et libres au sommet, et enfin, *plumeuse* s'ils sont latéralement barbus comme des plumes.

Corolle insérée à l'extrémité du tube du calice, formée de 5 pétales plus ou moins soudés à la base et munis de deux nervures marginales qui se réunissent au sommet. Dans les fleurs, appelées *fleurons*, la corolle est régulière, en tube ou en entonnoir, à 5 lobes égaux, ou bien elle est un peu irrégulière soit dans la profondeur des divisions, soit dans leur disposition, qui fait paraître le fleuron *labié* ou *palmé*. La corolle est tout-à-fait irrégulière et prolongée d'un seul côté en languette, dans les *ligules* ou fleurs *ligulées*, qu'on appelle aussi *demi-fleurons*: ces deux sortes de fleurs peuvent être hermaphrodites, ou mâles, ou femelles; quelquefois même tout-à-fait neutres, c'est-à-dire sans étamines et sans ovaire.

Cinq étamines insérées avec la corolle, et alternes avec ses lobes; filamens libres, articulés; anthères oblongues ou linéaires, soudées en tube (ce qu'expriment aussi les noms de *synanthérées* et de *syngénésie*, employés pour désigner la même famille), s'ouvrant par une fente longitudinale, portant toujours au sommet une pointe ou appendice, et souvent à la base deux autres appendices.

Un style grêle, divisé au sommet en deux branches, poilues extérieurement dans les fleurs hermaphrodites, et non dans les fleurs femelles.

Un seul ovaire monosperme, devenant un fruit alongé, sec, uniloculaire, entouré par le tube du calice, renflé et soudé à l'enveloppe propre du fruit ; ne présentant pas de valves et ne s'ouvrant pas, implanté droit sur le réceptacle entre les fruits des autres fleurs partielles, et couronné par le bord du calice.

Herbes ou arbrisseaux à fleurs uniformes ou dissemblables, hermaphrodites, ou polygames, ou neutres, réunies en têtes (ou capitules) *terminant les tiges ou les rameaux, et appelées* fleurs composées *ou* calathides ; *elles sont portées sur un réceptacle commun, membraneux ou charnu, provenant d'une dilatation du pédoncule, et plus ou moins creusé de trous ou* alvéoles *dans lesquels sont fixés les fruits par la base ; autour du réceptacle, souvent chargé de poils, de paillettes ou d'écailles, se trouvent un ou plusieurs rangs de folioles ou d'écailles enveloppant le capitule de fleurs comme un calice ; on leur donne le nom d'*involucre, *et on dit que l'involucre est* imbriqué, *si les folioles sont disposées comme les écailles d'un poisson, ou,* caliculé, *s'il est formé de deux rangs de folioles dont les extérieures sont plus courtes ; si le capitule est formé de fleurons uniformes, la plante est dite* flosculeuse ; *si, en outre, elle est bordée par un rang de demi-fleurons formant autant de rayons, on l'appelle* fleur radiée ; *enfin, on l'appelle* semi-flosculeuse *si elle est toute formée de demi-fleurons.*

1er. Sous-Ordre. — CORYMBYFÈRES.

Fleurs flosculeuses ou radiées ; réceptacle membraneux ou à peine charnu ; stigm. non articulé sur le style.

* *Semences à aigrette plus ou moins poilue (excepté dans la Paquerette).*

209. EUPATOIRE. *EUPATORIUM.* Involucre cylindrique, formé d'écailles imbriquées, ovales, oblongues ; fleurons peu nombreux, tubuleux, hermaphrodites ; réceptacle nu ; aigrette poilue.

1. E. A FEUILLES DE CHANVRE. *E. cannabinum.* Tiges droites, pubescentes, rougeâtres ; feuilles pétiolées, opposées, divisées en trois folioles lancéolées, dentées, glabres en dessus ; fleurs rosées, petites, en corymbe serré. ♃. Au bord des eaux, vallée de la Choisille, en juillet et août. 36 à 48 p. CC.

210. TUSSILAGE. *TUSSILAGO.* Involucre simple, formé d'écailles membraneuses au bord ; fleurs flosculeuses ou radiées ; tous les fleurons hermaphrodites, ou ceux du bord seulement femelles ; aigrette poilue ; réceptacle nu.

1. T. PAS-D'ANE. *T. farfara.* Fleurs jaunes, radiées, solitaires, sur des hampes écailleuses (de 2 à 4 p.), et paraissant avant les feuilles, qui sont en cœur, anguleuses, cotonneuses, et presque appliquées sur la terre. ♃. Terrains argilleux, un peu humides, la Tranchée, en mars et avril. CC.

2. T. PÉTASITE. *T. petasites.* Tige creuse, épaisse, courte (8-10 p.), cotonneuse, munie de quelques écailles, naissant avant les feuilles et portant une grappe de fleurs rougeâtres, flosculeuses ; feuilles pétiolées, radicales, arrondies en cœur, dentées, pubescentes en dessous, très-grandes. ♃. Lieux humides, près d'un moulin à Cerelle ; fleurit en mars ou avril. RR.

Le *T. odorant* (*T. fragrans*), vulg. *Héliotrope d'hiver,* se voit fréquemmen dans les jardins, où il se propage de lui-même ; ses feuilles sont arrondies, en cœur, inégalement dentées, et toutes radicales ; et ses fleurs, qui paraissent en janvier et février, sont flosculeuses, blanchâtres, mêlées de violet.

211. SENEÇON. *SENECIO.* Involucre caliculé, formé de folioles sèches ou scarieuses au sommet ; fleurs flosculeuses ou radiées ; réceptacle nu ; aigrette poilue.

1. S. JACOBÉE. *S. Jacobæa.* Tige droite, striée, glabre, rameuse au sommet ; feuilles radicales pinnatifides et en lyre, les supérieures

pinnatifides, à lobes écartés, linéaires-lancéolés, dentés ou lobés, glabres ; écailles de l'invol. glabres, ovales-lancéolées ; fleurs jaunes en corymbe, à rayons étalés, assez grands ; semences velues. ♃. Dans les prés, au bord des chemins, en été. 18 à 24 p. CC.

2. S. AQUATIQUE. *S. aquaticus.* Diffère du précédent, dont il n'est peut-être qu'une variété, par ses feuilles infér. entières, obovées, et par ses feuilles supér. seulement dentées et en lyre ; son involucre est hémisphérique, et ses semences sont glabres. ♃. Dans les marais, prairie de la Cisse, Loches, en été. 24 à 30 p. R.

3. S. A FEUILLES DE ROQUETTE. *S. erucæfolius.* Ressemblant aussi au *S. Jacobée.* Racine rampante ; tige droite, un peu velue ou cotonneuse ainsi que les feuilles, qui sont pinnatifides, à lobes dentés ; écailles de l'invol. ovales-lancéolées ; semences velues. ♃. Dans les haies, au bord des vignes, Rochecorbon, en automne. 36 à 40 p. C.

4. S. DES FORÊTS. *S. sylvaticus.* Tige droite, rameuse au sommet ; feuilles radicales non divisées, dentées, les supér. pinnatifides, à lobes dentelés ; involucre presque cylindrique, glabre ; fleurs jaunes, petites, nombreuses, en corymbe ; ligules ou rayons très-petits roulés en dehors. ⨀. Dans les bois, Chatenay, Baudry, en été. 18-36 p. C.

5. S. VISQUEUX. *S. viscosus.* Diffère du précédent parce qu'il est couvert de poils gluans ; ses feuilles sont pinnatifides, plus larges ; ses fleurs plus grandes, et son invol. est hémisphérique, formé d'écailles lâches, velues. ⨀. Iles de la Loire, en été. 15 à 20 p. R.

6. S. COMMUN. *S. vulgaris.* Fleurs flosculeuses, jaunes, en corymbe resserré ; tige droite, glabre, rameuse ; feuilles amplexicaules, pinnatifides, dentées. ⨀. Dans les lieux cultivés, toute l'année. 8-12 p. CC.

On cultive dans tous les jardins le *Seneçon élégant* (*S. elegans*), charmante plante annuelle, plus grande que le *Seneçon commun*, dont elle a presque le feuillage ; ses fleurs nombreuses, radiées, ont les rayons d'un beau violet-pourpre ; elle donne aussi une variété à fleurs doubles violettes ou blanches, qui vit plusieurs années en serre.

212. DORONIC. *DORONICUM.* Involucre à 2 rangs de folioles égales ; fleurs jaunes, radiées, à rayons nombreux, linéaires, formés de fleurs femelles ; les fleurons du centre donnent un fruit couronné par une aigrette simple, et les ligules ou rayons donnent un fruit sans aigrette ; réceptacle nu.

1. D. A FEUILLES DE PLANTAIN. *D. plantagineum.* Tige simple, terminée par une seule fleur assez grande ; feuilles glabres, ovales, oblongues, les infér. pétiolées, sans oreillettes à la bese, les supér. sessiles, embrassant la tige. ♃. Dans les bois, Grammont, Château-Regnault, en mai. 15 à 18 p. RR.

Plusieurs espèces de *Doronic* sont bien dignes de la culture, à cause de leurs fleurs, d'un jaune brillant, entourées de rayons élégans et nombreux ; ce sont, en outre, de l'espèce décrite, le *D. pardalianches*, dont les tiges nombreuses, minces et plus garnies de feuilles, sont hautes de 2 à 3 pieds ; et le *D. caucasicum*, plante basse, dont les fleurs, presque radicales, paraissent en mars ou avril.

213. CHRYSOCOME. ***CHRYSOCOMA.*** **Involucre imbriqué, hémisphérique ou ovoïde, formé d'écailles linéaires; réceptacle nu, alvéolé; tous les fleurons en tube et hermaphrodites; aigrette poilue, ciliée; semences oblongues, velues.**

1. C. A FEUILLES DE LIN. *C. linosyris.* Tige droite, simple, grêle; feuilles nombreuses, linéaires, glabres; invol. lâche; fleurs jaunes, en corymbe. ♃. Côteaux arides, Rochecorbon, en août. 12-18 p. RR.

214. ERIGÉRON. ***ERIGERON.*** **Involucre oblong, imbriqué, formé d'écailles très-étroites; réceptacle nu; fleurs radiées, à rayons peu nombreux, très-étroits, formés de demi-fleurons femelles; aigrettes poilues.**

1. E. DU CANADA. *E. canadense.* Tige hérissée, droite, terminée par une panicule de fleurs petites, blanchâtres; feuilles lancéolées, linéaires, dentées, poilues. ⊙. Dans les lieux secs et sablonneux, en été. 12 à 24 p. CC.—Cette plante, cultivée d'abord dans le jardin botanique d'Upsal, s'est naturalisée dans toute l'Europe depuis deux siècles.

2. E. ACRE. *E. acre.* Tige droite, hérissée, rameuse; rameaux grêles, alongés, terminés par une fleur assez grosse, teinte de violet; feuilles radicales lancéolées, obtuses, les supér. aigues; écailles de l'involucre linéaires, très-aigues, velues; aigrette roussâtre, deux fois plus longue que les semences. ♃. Dans les lieux secs et stériles, talus des levées, en juillet et août. 10 à 15 p. C.

215. VERGE-D'OR. ***SOLIDAGO.*** **Involucre imbriqué; réceptacle nu; fleurs jaunes, radiées, à 5-6 rayons; aigrette poilue.**

1. V. FÉTIDE. *S. graveolens.* (*Erigeron graveolens* L.) Tige droite, rameuse; feuilles presque linéaires, très-entières, couvertes ainsi que les tiges de poils courts, gluans; fleurs petites, presque sessiles, à l'aisselle des feuilles, et souvent deux ensemble le long des rameaux; rayons très-courts, à peine visibles. ⊙. Champs humides, Château-Regnault, Amboise, la Chapelle-Blanche, en août. 12 à 14 p. R.

2. V. COMMUNE. *S. virga-aurea.* Tige droite, presque simple, rameuse au sommet, pubescente; feuilles rudes, un peu velues, dentées, les inférieures ovales, pétiolées, les supér. lancéolées; fleurs en grappes dressées et formant un épi alongé; pédicelles plus courts que les fleurs. ♃. Dans les bois, en août et septembre. 24 à 36 p. CC.

* On voit communément dans les jardins plusieurs espèces de *Verge-d'or*, notamment la *V. du Canada* (*S. canadensis*), dont les tiges, seulement hautes de deux pieds, sont garnies de feuilles lancéolées, dentées, rudes; et la *V. à tige verte* (*S. lateriflora*), qui s'élève à cinq pieds, ses feuilles sont lisses, lancéolées, linéaires, dentées, et ses fleurs très-petites, sont disposées en panaches recourbés d'un seul côté des rameaux.

216. PAQUERETTE. ***BELLIS.*** **Involucre hémisphérique, formé d'un simple rang de folioles lancéolées; fleurs radiées; réceptacle nu, conique; semences nues.**

1. P. VIVACE. *B. perennis.* Tige nulle; feuilles ovales, spatulées, un peu dentées, étalées en rosette; hampes uniflores; fleurons jaunes; rayons blancs ou teintés de rouge. ♃. Sur les pelouses, au bord des chemins, au printemps depuis le mois de mars. 3 à 5 p. CC.— On a obtenu, par la culture, des variétés charmantes à fleurs rouges, roses ou blanches, paraissant doubles à cause du développement de tous les fleurons en *ligules* ou en tubes.

217. CONYZE. ***CONYZA.*** **Involucre imbriqué, arrondi; réceptacle nu; tous les fleurons tubuleux, ceux du centre hermaphrodites, à 5 dents, ceux du bord femelles, plus grêles, à 3 dents; aigrette poilue, ciliée.**

1. C. RUDE. *C. squarrosa.* Tige droite, rameuse, rougeâtre; feuil. ovales, lancéolées, pubescentes, les infér. dentées, rétrécies en pétiole; fleurs jaunâtres, nombreuses, en corymbe serré garni de feuilles; écailles de l'involucre recourbées, rudes. ♂. Dans les haies, au bord des bois, Grammont, en août. 24 à 36 p. C.

218. INULE. ***INULA.*** **Involucre imbriqué; réceptacle nu; fleurs jaunes, radiées, d'une seule couleur; rayons étroits, nombreux, formés de fleurs femelles; anthères ordinairement munies de deux soies à la base; aigrette poilue, simple, ou entourée d'une seconde aigrette membraneuse.**

1. I. AUNÉE. *I. helenium.* Tige droite, peu rameuse, épaisse, velue; feuilles amplexicaules, ovales, un peu dentées, ridées, cotonneuses en dessous; fleurs grandes, en corymbe terminal; écailles extérieures de l'invol. ovales, cotonneuses, les intér. spatulées, colorées; aigrette simple; semences glabres. ♃. Prés humides, vallée de la Choisille, Brêches près de Château-la-Vallière, en été. 30 à 36 p. RR.

2. I. BRITANNIQUE. *I. Britannica.* Tige velue, blanchâtre, rameuse au sommet; fleurs assez grandes, peu nombreuses; feuil. amplexicaules, lancéolées, dentées à la base, poilues en dessous; écailles de l'invol. linéaires; aigrette simple. ♃. Au bord des chemins et des fossés, îles de la Loire, en été. 15 à 18 p. CC.

3. I. A FEUILLES DE SAULE. *I. salicina.* Tige glabre, droite, simple, un peu rameuse au sommet, et terminée par 3-4 fleurs assez grandes; feuilles lancéolées, recourbées, souvent amplexicaules, très-glabres, luisantes, finement dentées; écailles de l'invol. ciliées au bord, les extér. lancéolées; semences glabres. ♃. Dans les prés, au bord des bois, N.-D. d'Oé, Baudry, Chinon. en juillet. 12 à 15 p. R.

4. I. HÉRISSÉE. *I. hirta.* Diffère seulement de la précédente parce qu'elle est toute hérissée de poils raides, courts; les écailles extér.

de l'involucre sont aussi un peu plus longues. ♃. Pâturages près des bois, en été. 12 à 14 p. RR.

5. I. DYSSENTÉRIQUE. *I. dysenterica.* Tige pubescente, blanchâtre, paniculée; rameaux latéraux plus longs, étalés; feuil. amplexicaules, oblongues en cœur, nues, dentées, poilues en dessous; écailles de l'invol. très-fines; aigrette double, l'extér. courte, presque entière. ♃. Lieux humides, fossés, en été. 12 à 18 p. CC.

6. I. PULICAIRE. *I. pulicaria.* Tige droite, paniculée, velue et blanchâtre ainsi que les feuilles, qui sont amplexicaules, oblongues, entières et ondulées; pédoncules uniflores opposés aux feuilles; fleurs petites, presque globuleuses, à rayons très-petits; écailles de l'invol. linéaires; aigrette double, l'extérieure presque poilue. ♃. Fossés humides, au bord des chemins, en été. 6 à 8 p. CC.

219. GNAPHALE. *GNAPHALIUM.* Involucre imbriqué, formé d'écailles ordinairement colorées au bord; réceptacle nu; fleurons tous tubuleux, les uns hermaphrodites, les autres femelles; aigrette poilue ou dentée au sommet.

1. G. JAUNATRE. *G. luteoalbum.* Tige droite, simple; feuilles semi-amplexicaules, linéaires-lancéolées, un peu sinuées, blanchâtres, cotonneuses sur les deux faces, les infér. obtuses, les supér. aigues; fleurs jaunâtres, luisantes, rassemblées en paquets. ⊙. Lieux humides et sablonneux, en juillet et août. 8 à 10 p. C.

2. G. DES BOIS. *G. sylvaticum.* Tige droite, simple; feuilles lancéolées, cotonneuses en dessous, redressées; fleurs brunâtres, puis jaunes, sessiles, en épi garni de feuilles; invol. glabre. ♃. Dans les bois, Baudry, en juillet et août. 12 à 18 p. C.

3. G. DES MARAIS. *G. uliginosum.* Tige rameuse, étalée, couverte d'un duvet blanc; feuil. linéaires, cotonneuses, plus foncées; fleurs brunâtres, en paquets plus courts que les feuilles, à l'extrémité des rameaux; écailles de l'involucre lancéolées, luisantes. ⊙. Dans les marais et les champs humides, pendant tout l'été. 5 à 6 p. CC.

4. G. DES CHAMPS. *G. arvense.* (*Filago arvensis* L.) Tige droite, paniculée, couverte ainsi que les feuilles d'un duvet blanc, épais; feuilles courtes, linéaires; fleurs blanchâtres, très-cotonneuses, en épi terminal, rameux. ⊙. Champs sablonneux, en été. 6 à 9 p. C.

5. G. DE FRANCE. *G. Gallicum.* (*Filago gallica* L.) Tige grêle, rameuse, étalée; feuil. linéaires, aigues, blanchâtres; fleurs coniques, blanchâtres, en paquets axillaires ou terminaux, plus courts que les feuilles, ⊙. Champs sablonneux, en eté. 5 à 7 p. C.

6. G. D'ALLEMAGNE. *G. Germanicum.* (*Filago germanica* L.) Tige droite, à rameaux étalés, blanchâtre; feuil. courtes, oblongues, cotonneuses; fleurs jaunâtres, rassemblées en têtes arrondies aux bifurcations de la tige; écailles de l'invol. luisantes, lancéolées, acuminées. ⊙. Au bord des chemins et des fossés, en été. 6 à 8 p. C.

7. G. DE MONTAGNE. *G. montanum.* (*Filago montana* L.) Tige grêle, simple à la base, et partagée au sommet en rameaux dichotomes non

étalés; feuilles linéaires appliquées contre la tige et cotonneuses comme elle; fleurs jaunâtres surpassant un peu les feuilles, rassemblées 2 ou 3 ensemble aux bifurcations de la tige; invol. coniques, à 5 angles, cotonneux à la base, et formés d'écailles linéaires, aigues. ♂. Lieux secs, au bord des bois, Chatenay, en été. 3 à 5 p. C.

8. G. DIOÏQUE. *G. dioicum.* Racine rampante, d'où partent des touffes de feuilles oblongues, spatulées, cotonneuses en dessous; tige simple terminée par un corymbe resserré de fleurs dioïques; écailles intérieures de l'invol. alongées, obtuses, colorées en rose. ♃. Pelouses sèches, Savonnières, en mai. 3 à 5 p. RR. *M. Parmentier.*

Les *Immortelles* cultivées dans les jardins, appartiennent à ce genre; la *blanche* (*G. Margaritaceum*), est une plante vivace de pleine terre, à feuilles lancéolées, blanchâtres, cotonneuses; ses tiges, de 15 à 18 p., sont terminées par un corymbe de fleurs jaunes, dont l'involucre est formé d'écailles blanches, luisantes; la *jaune* (*G. orientale*), est plus délicate; ses feuilles sont plus étroites, ses tiges, de 12 à 15 p., sont peu garnies de feuilles, et ses fleurs sont globuleuses, d'un jaune-doré, luisantes, et se conservent longtems sèches. On appelle quelquefois aussi *Immortelles*, des *Elichrysum*, qui diffèrent par leurs fleurons tous tubuleux et hermaphrodites et par les calathides plus larges; les plus communes sont l'*E. bracteatum*, plante bisannuelle de 2 à 3 pieds, à tiges droites, peu rameuses, terminées par des fleurs solitaires, d'un jaune-doré; et l'*E. fulgidum*, vivace, à feuilles amplexicaules, oblongues, cotonneuses, et à fleurs réunies, d'un jaune éclatant.

A cette même section des Corymbifères munies d'aigrettes, appartiennent les genres *Aster* et *cinéraire*, caractérisés, le premier par son involucre imbriqué, à écailles extérieures étalées, par son réceptacle nu, ses aigrettes poilues, et par ses fleurs radiées, à ligules, ou rayons, femelles et fertiles, d'une autre couleur que les fleurons; le second par son involucre simple, son réceptacle nu, ses fleurs radiées, et son aigrette poilue. On cultive surtout: l'*Aster de la Chine* (*A. chinensis*), vulg. *Reine Marguerite*, plante annuelle à fleurs grandes, solitaires à l'extrémité de la tige et des rameaux, et paraissant doubles lorsque les fleurons se développent en ligules ou en tuyaux; les écailles de l'involucre sont très-grandes et ciliées; et l'on a en pleine terre un grand nombre d'*Asters* vivaces parmi lesquels on peut distinguer: 1.° l'*A. amellus*, vulg. *OEil de Christ*, remarquable par ses fleurs bleues, assez grandes, réunies au sommet de ses tiges, d'un à deux pieds; ses feuilles sont entières, lancéolées, obtuses, velues et rudes; 2.° l'*A. grandiflorus*, de même hauteur, avec les fleurs solitaires à l'extrémité des rameaux, d'un blanc pourpré, et les feuilles étroites, rudes, entières, presque amplexicaules: 3.° l'*A. rubricaulis*, reconnaissable à ses tiges rouges, de 3 à 4 pieds, garnies de feuilles entières, lancéolées, amplexicaules et glabres; ses fleurs sont bleuâtres, nombreuses; 4.° l'*A. novæ-angliæ*, haut de 5 à 6 pieds, à tiges rougeâtres, velues, terminées par 5-7 fleurs violettes, assez grandes; avec les feuilles molles, pubescentes, très-entières, étroites et embrassant la tige par des oreillettes à la base; 5.° l'*A. paniculatus* (Lam.), un des plus élevés, et caractérisé par ses feuilles dentées, lancéolées-aigues; ses tiges, très-rameuses, sont terminées par une panicule de fleurs petites, blanches d'abord, puis un peu bleuâtres; et 6.° enfin, l'*A. miser*, dont les fleurs blanches, très-petites, forment une panicule serrée à l'extrimité des tiges, grêles et flexibles, hautes de 3 pieds.

Les *Cinéraires* se cultivent en pot; les plus communes sont:

La *Cinéraire maritime* (*Cineraria maritima*), reconnaissable à ses tiges de deux pieds, garnies de feuilles pinnatifides, blanchâtres et terminées par un corymbe de fleurs jaunes; la *Cinéraire laineuse* (*Cineraria lanata*), dont les tiges ligneuses sont faibles et étalées, avec les feuilles en cœur et anguleuses, blanchâtres en dessous; ses fleurs sont d'un violet-pourpré; et la *C. à fleurs bleues* (*C. amelloides*), vulg. *Aster d'Afrique*, dont les fl. solitaires, élégantes, à fleurons jaunes entourés de 8-10 rayons bleus, sont portées sur de longs pédoncules axillaires; ses tiges sont un peu ligneuses, étalées et rameuses; ses feuilles sont ovales, rudes, non cotonneuses.

** *Semences nues, ou simplement munies d'arêtes.*

220. CHRYSANTHÈME. ***CHRYSANTHEMUM.*** **Involucre hémisphérique, imbriqué, formé d'écailles serrées, scarieuses au bord; fleurs radiées; réceptacle nu; semences nues ou couronnées par une courte membrane.**

1. C. DES PRÉS. *C. leucanthemum.* Vulg. *Marguerite des prés, grande Paquerette.* Tiges droites, peu rameuses, terminées par 4-8 fleurs grandes, jaunes au centre, avec les rayons blancs; feuil. inférieures ovales-spatulées, crénelées, les supér. oblongues, amplexicaules, profondément dentées ou pinnatifides; écailles de l'invol. noires au sommet. ♃. Dans les prés, au bord des champs; en juin et juillet. 15 à 20 pouces. CC.

2. C. MATRICAIRE. *C. parthenium.* (*Pyrethrum parthenium*). Tige droite, rameuse, pubescente; feuilles composées, planes, odorantes, pétiolées, à pinnules ovales, découpées; pédoncules rameux; fleurs très-nombreuses, en corymbe, à rayons blancs, courts, élargis; involucre pubescent, formé d'écailles linéaires, spatulées; semences à 4 angles. ♃. Lieux incultes, en été. 20 à 30 p. C. — On la cultive dans les jardins, ainsi qu'une variété dont les fleurs d'un blanc jaunâtre, sont formées de fleurons alongés en tuyaux, sans rayons.

3. C. INODORE. *C. inodorum.* Plante presque inodore, glabre, à tige droite, rameuse, étalée, garnie de feuilles sessiles, bipinnatifides, à divisions filiformes refendues en 2-3 parties; fleurs jaunes, à rayons blancs; réceptacle conique; semences à 3 angles couronnés par une membrane très-courte. ☉. Dans les champs, en été. 12 à 14 p. C.

4. C. DES MOISSONS. *C. segetum.* Tige droite, rameuse, glabre; feuil. glabres, oblongues, amplexicaules, semi-pinnatifides, dentées, les supér. découpées; fleurs assez grandes, entièrement jaunes, peu nombreuses. ☉. Dans les champs sablonneux, S.-Côme, Baudry, en été. 12 à 18 pouces. C.

On cultive dans tous les jardins le *Chrysanthème des Indes* (*C. indicum*), qui en fait le principal ornement à la fin de l'automne; c'est un arbuste dont les tiges nombreuses repoussent chaque année; ses feuilles, blanchâtres en dessous, sont profondément lobées; et ses fleurs, de diverses couleurs, très-grandes, ont presque tous les fleurons développés en ligules ou en tuyaux: dans ce cas, le réceptacle est garni de paillettes, ce qui avait d'abord fait nommer cette plante *Anthemis grandiflora*. Le *Chrysanthème des jardins* (*C. coronarium*), se voit fréquemment aussi; c'est une plante annuelle de 18 à 24 pouces, à feuilles vertes bipinnatifides; ses fl. sont tout-à-fait jaunes, ou bien ont les rayons blancs à l'extrémité; le *C. caréné* (*C. carinatum*), a les feuil. plus charnues ainsi que les écailles de l'involucre, qui forment alors de petites carênes; ses fleurs sont plus grandes, à fleurons presque noirs et à rayons blancs, jaunes à la base. On cultive en pot le *C. frutescent* (*C. frutescens*), arbuste à feuil. oblongues, pinnatifides, et dont les fleurs ressemblent à celles du *C. des prés*, mais sont plus petites. Il faut aussi rapporter à ce genre une autre plante (*C. parthenioides*) assez voisine du *C. parthenium*, et appelée également *Matricaire*; ses fleurs, très-doubles, formées de ligules, sont d'un blanc pur.

221. MATRICAIRE. *MATRICARIA.* Involucre hémisphérique, imbriqué, formé d'écailles obtuses ; fleurs radiées ; réceptacle nu, conique ; semences nues.

1. M. CAMOMILLE. *M. chamomilla.* Tige droite, striée, anguleuse, divisée en rameaux étalés ; feuilles très-odorantes, bipinnatifides, à divisions capillaires ; fleurs jaunes, avec les rayons, souvent rabattus. ♃. Dans les champs, N.-D. d'Oé, en été. 12 p. C.

222. CAMOMILLE. *ANTHEMIS.* Involucre hémisphérique, imbriqué, formé d'écailles presque égales, scarieuses au bord ; fl. radiées ; fleurons hermaphrodites ; ligules ou rayons lancéolés, femelles et fertiles; réceptacle conique, garni de pailles ; semences cylindriques ou à 3 angles, non bordées, nues ou couronnées d'une membrane courte.

1. C. PUANTE. *A. cotula.* Vulg. *Maroute.* Plante d'une odeur fétide, formant une touffe rameuse, étalée ; feuilles glabres ou légèrement pubescentes, bipinnatifides, à lobes divisés, subulés ; paillettes de l'invol. linéaires, aigues ; fleurs jaunes, à rayons blancs, larges et à 3 dents ; semences tuberculeuses. ♃. Dans les champs et les lieux incultes, en été. 8 à 12 p. CC.

2. C. BICOLORE. *A. mixta.* Tige rameuse, étalée, peu velue ; feuilles sessiles, semi-pinnatifides, velues, blanchâtres, à lobes dentés ; paillettes du réceptacle lancéolées, dures, aigues ; fleurs jaunes, à rayons blancs, jaunes à la base ; semences lisses. ☉. Champs sablonneux, en été. 8 à 12 pouces. C.

3. C. ROMAINE. *A. nobilis.* Plante d'une odeur suave, à rameaux nombreux, couchés ; feuil. un peu velues, bipinnées, à lobes linéaires, divisés en trois ; paillettes de l'invol. molles, lancéolées, obtuses ; fleurs jaunes, peu nombreuses, à rayons blancs. ♃. Champs et pâturages un peu humides, dans la Varenne, en été. 6 à 8 p. CC.—On a dans les jardins une variété dont tous les fleurons sont développés en ligules blanches, ce qui fait paraître les fleurs doubles.

4. C. DES CHAMPS. *A. arvensis.* Diffère de la précédente parce qu'elle est presque sans odeur, plus cotonneuse, que les paillettes de l'involucre sont lancéolées, aigues, et que les semences sont couronnées par une courte membrane. ♂. Dans les champs, en été. C.

223. ACHILLÉE. *ACHILLÆA.* Involucre ovoïde, imbriqué ; fleurs radiées, à fleurons hermaphrodites et à ligules ou rayons élargis, courts, peu nombreux, femelles ; récept. plat, garni de paillettes ; sem. nues.

1. A. PTARMIQUE. *A. ptarmica.* Tiges nombreuses, droites, terminées par un corymbe de fleurs assez grandes et peu rapprochées ; feuilles linéaires, glabres, finement dentées en scie. ♃. Dans les

prés humides, au bord des eaux, en juillet. 18 à 24 p. CC.—On en cultive une variété à fleurs doubles, dans les jardins, sous le nom de *Bouton d'argent.*

2. A. MILLE-FEUILLES. *A. millefolium.* Tiges droites, terminées par un corymbe de fleurs petites, rapprochées, blanches ou plus rarement roses ; feuilles un peu pubescentes, longues et étroites, formées de folioles nombreuses divisées en lobes linéaires, très-petits, et disposées le long du pétiole commun. ♃. Lieux incultes, au bord des chemins, en été. 12 à 18 p. CC.—On cultive dans les jardins la variété à fleurs pourprées, qui devient alors plus grande.

On cultive aussi quelques autres espèces d'*Achillées*, notamment l'*A. lutea* dont les fleurs sont jaunes, assez grandes, en corymbe serré ; ses feuilles sont découpées, cotonneuses, et ses tiges s'élèvent à 24 ou 36 p. ; — l'*A. ageratum*, et l'*A. aurea*, dont les fleurs sont également jaunes, se voient plus rarement.

224. ARMOISE. *ARTEMISIA*. Involucre ovoïde ou arrondi, imbriqué ; fleurons tous tubuleux, ceux du centre hermaphrodites, à 5 dents, ceux du tour peu nombreux, entiers, grêles, femelles et fertiles ; sem. nues ; réceptacle nu ou poilu.

1. A. ABSINTHE. *A. absinthium.* Tige droite, couverte de poils blanchâtres ; feuilles odorantes, pubescentes, blanchâtres, 1-2 fois pinnatifides, les inférieures à lobes obtus, les supérieures à lobes lancéolés, aigus ; fleurs jaunâtres, globuleuses, pendantes en grappes axillaires, mêlées de feuilles florales entières ; réceptacle poilu. ♃. Très-commune dans les jardins, fleurit en juillet et août. 18 à 24 p.

2. A. DES CHAMPS. *A. campestris.* Tige ligneuse, couchée, à rameaux redressés, effilés, nombreux ; feuilles inodores, glabres, découpées en 4-5 lobes linéaires : fleurs pédonculées, petites, presque ovoïdes, d'un vert jaunâtre ; involucre glabre ; réceptacle nu. ♃. Lieux stériles et pierreux, en été. 15 à 18 p. CC.

3. A. ESTRAGON. *A. dracunculus.* Tiges droites, rameuses ; feuilles odorantes, glabres, lancéolées, étroites, entières ; fleurs arrondies, pédonculées, droites, d'un jaune verdâtre, et disposées en épis. ♃. Originaire de Sibérie, et cultivée dans les jardins pour servir d'assaisonnement ; en juillet. 24 à 36 p.

4. A. COMMUNE. *A. vulgaris.* Tige herbacée, droite, glabre ; feuilles inodores, assez larges, découpées-pinnatifides, blanches, cotonneuses en dessous, et d'un vert foncé en dessus ; fleurs presque sessiles, oblongues, roussâtres, accompagnées de feuilles linéaires lancéolées et formant une panicule presque nue ; invol. cotonneux ; récept. nu. ♃. Au bord des chemins, dans les lieux incultes, en été. 24-36 p. CC.

L'*A. aurone* ou *Citronelle (A. abrotanum)*, se voit souvent dans les jardins, c'est un arbuste à rameaux droits, effilés, garnis de feuilles odorantes, multifides, à divisions capillaires, formant des touffes d'un vert grisâtre ; ses fleurs sont petites, jaunâtres, à involucre hémisphérique, pubescent, et à réceptacle nu.

225. TANAISIE. ***TANACETUM.*** Involucre hémisphérique, imbriqué; fleurs flosculeuses; fleurons du centre hermaphrodites, à 5 lobes, ceux du tour femelles et fertiles, à 3 lobes; réceptacle nu; semences couronnées par un rebord membraneux, entier.

1. T. COMMUNE. *T. vulgare.* Tige droite, élevée, glabre, terminée par un corymbe très-serré de fleurs jaunes; feuilles odorantes, bipinnatifides, glabres, à lobes dentés. ♃. Dans les lieux incultes, îles de la Loire, 36 à 48 p. C.—Elle est quelquefois admise dans les jardins, à cause de son beau feuillage et de ses fleurs.

226. LAMPOURDE. ***XANTHIUM.*** Plantes à fleurs verdâtres, monoïques, d'un aspect tout différent des autres Corymbifères; fleurs mâles tubuleuses, réunies dans un involucre formé de plusieurs folioles; réceptacle garni de paillettes; involucre des fleurs femelles d'une seule pièce, enveloppant tout-à-fait les fleurs, épineux à l'extérieur, et divisé intérieurement en deux loges uniflores; périgone nul; semences recouvertes par l'involucre fermé et durci.

1. L. GLOUTERON. *X. strumarium.* Tige droite, rameuse, grisâtre; feuilles rudes, en cœur, à 3 nervures inégalement dentées; fruits ovoïdes, terminés par deux pointes droites, et hérissés; aiguillons linéaires, droits, recourbés en hameçon court à la pointe: fleurs presque sessiles aux aisselles des feuilles. ⨀. Iles de la Loire, devant la Ville-aux-Dames, en juillet et août. 12 à 20 p. R.

2. L. À GROS FRUITS. *X. macrocarpum.* Diffère de la précédente par ses tiges plus élevées et moins rameuses; par ses feuilles presque triangulaires, dentées, et par ses fruits oblongs, terminés par deux pointes recourbées en dedans, et hérissés d'aiguillons crochus. ⨀. Se trouve aux mêmes lieux, mais plus rarement.

227. HÉLIANTHE. ***HELIANTHUS.*** Involucre imbriqué, à folioles étalées ou réfléchies; réceptacle large, couvert de paillettes; fleurs radiées; fleurons du centre hermaphrodites, ventrus; ligules ou rayons stériles; semences couronnées par deux arêtes molles et caduques.

1. H. TUBÉREUX. *H. tuberosus.* Vulg. *Topinambour, Canada.* Racine vivace, formée de gros tubercules, d'où partent chaque année des tiges droites, presque simples, herbacées, hautes de 6 à 10 pieds, et garnies de feuilles ovales, rudes, à 3 nervures, amincies en pétiole; écailles de l'involucre ciliées; fleurs jaunes, peu larges. ♃. Originaire du Brésil; il se reproduit indéfiniment dans les terrains où on l'a cultivé comme plante potagère.

Le *Soleil à grandes fleurs* (*Helianthus annuus*), originaire du Pérou, est aussi fréquemment cultivé ; c'est la plus grande des plantes annuelles : sa tige épaisse et garnie de feuilles hérissées en cœur, à 3 nervures, s'élève quelquefois à plus de 8 pieds ; et ses fleurs, presque larges d'un pied, sont portées par un pédoncule renflé, et penchées.

On a aussi dans les jardins le *Soleil vivace* (*H. multiflorus*), dont les tiges nombreuses, hautes de deux pieds, forment des touffes couronnées en août par des fleurs simples ou doubles, aussi grandes que celles de l'*H. tubéreux* ; il a les folioles de l'involucre lancéolées, à peine ciliées.

228. BIDENT. *BIDENS*. Involucre caliculé, à feuilles extérieures plus longues, étalées, et figurant quelquefois des bractées ; réceptacle plat, garni de paillettes ; fleurs ordinairement flosculeuses, à fleurons hermaphrodites ; semences couronnées par 2 ou 5 arêtes persistantes.

1. B. A FEUILLES DE CHANVRE. *B. tripartita*. Tige droite, glabre, rameuse ; feuilles divisées en 3 folioles lancéolées, dentées ; fleurs jaunes, flosculeuses, entourées de 4 ou 5 bractées plus longues. ⊙. Dans les fossés, près des eaux, en août. 20 à 30 p. CC.

2. B. PENCHÉ. *B. cernua*. Tige rameuse, couchée, puis redressée ; feuilles ovales, lancéolées, dentées, opposées et un peu soudées par leur base ; fleurs flosculeuses, et quelquefois radiées, terminales, un peu penchées, entourées de bractées ; semences à 4 arêtes. ⊙. Dans les fossés, en août. 8 à 10 p. C.

229. SOUCI. *CALENDULA*. Involucre simple, formé de folioles égales ; fleurs radiées ; fleurons du centre mâles, ceux du tour hermaphrodites, et les ligules ou rayons femelles et fertiles ; semences nues, membraneuses, irrégulières et recourbées.

1. S. DES CHAMPS. *C. arvensis*. Tige courte, velue, rameuse ; feuil. d'une odeur fétide, ovales, lancéolées, sessiles ; fleurs jaunes ; les semences sont, les unes alongées, presque droites, les autres en forme de nacelle, recourbées et couvertes de pointes. ⊙. Dans les vignes, en avril et mai. 6 à 10 p. CC.

Le *Souci des jardins* (*C. officinalis*), se resème lui-même dans les jardins, et donne des variétés à fleurs doubles d'un jaune-orangé, ou nuancées de jaune plus pâle ; toutes ses semences sont semblables, en forme de nacelle.

Cette section des Corymbifères sans aigrette fournit à nos jardins une foule de plantes, telles sont :

Les *Tagètes*, cultivés sous le nom de *Rose d'Inde* (*T. erecta*), et d'*OEillet d'Inde* (*T. patula*), et caractérisés par leurs fleurs radiées, à rayons peu nombreux, très-larges, avec l'involucre simple, formé d'écailles soudées, le réceptacle nu, et les semences très-minces, linéaires, couronnées par 5 arêtes.

La *Santoline commune* (*Santolina incana*), arbuste aromatique, à feuil. blanches, très-petites, linéaires, presque quarrées et dentées sur les 4 angles ; ses fleurs sont flosculeuses, jaunes, solitaires sur de longs pédoncules, et à involucre pubescent ; son caractère générique est d'avoir le réceptacle garni de paillettes, les semences nues, et tous les fleurons hermaphrodites.

La *Balsamite* ou *Menthe-coq (Balsamita suaveolens* ou *Tanacetum balsamita* L.), plante vivace, aromatique, à feuilles ovales, assez grandes, dentées, grisâtres ; et à fleurs jaunes, flosculeuses, petites, nombreuses, en corymbe à l'extrémité des tiges, qui sont hautes de deux pieds ; tous ses fleurons sont hermaphrodites, à 5 dents ; son réceptacle est nu, et ses semences sont couronnées par une membrane incomplète.

Les *Zinnia*, dont les fleurs radiées ont des rayons larges, peu nombreux, l'involucre simple, le réceptacle garni de paillettes, et les semences plates, alongées et surmontées de deux arêtes ; les plus communs sont, le *Zinnia rouge (Z. multiflora)*, et le *Z. élégant (Z. elegans)*, dont les fleurs, plus grandes, sont d'un beau rose.

Les *Dahlia*, à fleurs également radiées, dont les ligules ou rayons sont stériles ; l'involucre est double, l'extérieur formé de 5-8 folioles figurant des bractées, et l'intérieur formé de 8 folioles rapprochées ; le réceptacle est garni de paillettes aussi longues que les fleurs. On cultive partout le *D. pinnata (Georgina variabilis)*, et les nombreuses variétés qu'il a fournies par le semis.

Le *Coreopsis tinctoria*, à fleurs radiées dont les rayons jaunes, larges, peu nombreux, sont d'un brun foncé à la base ; ses feuilles sont découpées en lobes alongés, linéaires ; et ses tiges sont grêles. Ainsi que les autres *Coreopsis*, il a les fleurons du centre hermaphrodites, et les rayons neutres et stériles ; l'involucre formé de deux rangs de folioles, dont les extérieures sont étalées ; le réceptacle garni de paillettes, et les semences terminées par 2 arêtes nues.

Le *Silphium connatum*, grande plante vivace dont les tiges quadrangulaires, hautes de 6 à 8 pieds, sont garnies de feuilles ovales, opposées et soudées par la base ; ses fleurs, assez grandes, sont jaunes, radiées. On cultive aussi plusieurs autres espèces de *Silphium*, caractérisées par l'involucre formé de larges folioles imbriquées, obtuses, sèches sur les bords ; par le réceptacle garni de paillettes, et par les fruits comprimés, larges et surmontés de 2 cornes.

2°. Sous-Ordre. — CYNAROCÉPHALES.

Corolles toutes tubuleuses; réceptacle garni de paillettes; stigmate articulé au sommet du style ; feuil. alternes, ordinairement épineuses.

230. ÉCHINOPS. *ECHINOPS*. Vulg. *Boulette*. Involucres uniflores, nombreux, formés de plusieurs écailles linéaires très-aigues, couverts de poils raides à la base et réunis sur un réceptacle nu, globuleux, en une tête arrondie et munie à la base de très-petites écailles rabattues ; corolles à 5 dents ; semences à 5 angles, couronnées par une aigrette poilue, très-courte.

1. E. tête. *E. sphærocephalus*. Tige droite, rameuse, pubescente, sillonnée ; feuilles pinnatifides, dentées, épineuses, pubescentes en dessus, et laineuses, blanchâtres en dessous ; fl. bleuâtres ; semences coniques. ♃. Près de Marmoutier, dans les escarpemens du côteau : il paraît s'être échappé jadis du jardin de cette abbaye ; fleurit en juillet et août. 40 à 50 pouces. RR.

231. CARDONCELLE. *CARDUNCELLUS.* Involucre formé de folioles imbriquées, presque épineuses; fleurons nombreux, tous hermaphrodites, tubuleux, à 5 dents; filets des étamines hérissés de poils; paillettes du réceptacle découpées en soies linéaires; semences lisses; aigrette poilue.

1. C. NAIN. *C. mitissimus.* (*Carthamus mitissimus* L.) Tige très-courte, portant une seule fleur bleue assez grosse; feuilles non épineuses, étalées sur le sol, les radicales lancéolées, dentées, les supér. pinnatifides; involucre presque cylindrique, à écailles entières, non épineuses; les intér. prolongées en appendice, les extér. bordées de cils. ⊙. Côteaux exposés au midi, devant Montbazon, juillet, 4-6 p. R.

232. BARDANE. *LAPPA.* Involucre imbriqué, formé d'écailles terminées en épine molle recourbée en hameçon; réceptacle garni de paillettes; aigrette courte formée de poils raides, persistans.

1. B. COTONNEUSE. *L. tomentosa.* Diffère de l'espèce suivante par ses fleurs un peu plus petites, couvertes d'un duvet étendu comme des fils d'araignée. ♃. Au bord des chemins, en été. 24 à 36 p. R.

2. B. GLABRE. *L. glabra.* Tige rameuse, velue, épaisse, garnie de feuilles larges, pétiolées, ovales en cœur, cotonneuses et blanches en dessous; fleurs rougeâtres, involucres glabres. ♃. Au bord des chemins, en juillet et août. 24 à 36 p. CC. — Elle présente deux variétés, considérées précédemment comme des espèces distinctes.

Variétés : α. Grande Bardane (*major*). Fleurs plus grosses, solitaires, quelquefois sessiles.

6. Petite Bardane (*minor*). Fleurs deux fois plus petites, grouppées deux ou trois ensemble.

233. ONOPORDE. *ONOPORDUM.* Involucre ventru, imbriqué, formé d'écailles très-piquantes; réceptacle charnu, couvert de cellules; semences comprimées, à 4 angles, et transversalement sillonnées; aigrette poilue, caduque, poils réunis en anneau à la base.

1. O. ACANTHIN. *O. acanthium.* Anc.[1] *Pédane.* Tige élevée, rameuse, ailée, cotonneuse et blanchâtre ainsi que les feuilles, qui sont décurrentes, ovales-oblongues, sinuées, dentées, épineuses; écailles de l'involucre très-écartées, plus courtes que les fleurons; fleurs grandes, pourprées; pédoncule ailé. ♂. Au bord des chemins, en été. 36 à 40 p. CC. — C'est une des plantes confondues sous le nom de *Chardons.*

234. SILYBUM. *SILYBUM.* Involucre imbriqué, formé d'écailles étroitement resserrées et foliacées à la base, terminées au sommet par un appendice étalé, denté et épineux ; réceptacle garni de paillettes ; aigrette caduque, à poils ciliés.

1. S. CHARDON-MARIE. *S. marianum.* (*Carduus marianus* L.) Belle plante reconnaissable à ses feuilles marbrées de blanc, larges, sinuées ou pinnatifides, amplexicaules, épineuses et luisantes ; sa tige droite, glabre, peu rameuse, est terminée par des fleurs solitaires, grosses et pourprées. ⊙. Au bord des chemins, levée de la Loire, à Luynes, en juin et juillet. 18 à 24 pouces. C.

235. CHARDON. *CARDUUS.* Involucre imbriqué, formé d'écailles étroitement resserrées et foliacées à la base, terminées par une pointe épineuse, et étalées au sommet ; réceptacle garni de paillettes découpées en soies linéaires ; aigrette poilue, caduque, à poils réunis en anneau à la base.

1. C. PENCHÉ. *C. nutans.* Tige droite, rameuse, velue, anguleuse ; feuilles décurrentes, lancéolées, sinuées, épineuses, velues ; fleurs pourprées, solitaires, sur des pédoncules cotonneux, et penchées : écailles de l'involucre lancéolées, terminées en épine. ♂. Au bord des chemins, en été. 18 à 20 p. CC.

2. C. PETITES FLEURS. *C. tenuiflorus.* Tige cotonneuse, ailée, droite et rameuse ; feuilles décurrentes, sinuées, épineuses au bord et cotonneuses en dessous ; fleurs pourprées, petites, glabres et alongées, grouppées par 5-6 sur un pédoncule ailé, très-épineux et cotonneux. ⊙ ou ♂. Lieux incultes, au bord des chemins, en été. 24 à 30 p. C.

236. SARRETTE. *SERRATULA.* Involucre oblong, imbriqué d'écailles aigues non épineuses ; paillettes du réceptacle découpées en soies linéaires ; aigrette persistante formée de poils inégaux.

1. S. DES TEINTURIERS. S. *tinctoria* Tige un peu grêle, droite, rameuse, glabre ainsi que les feuilles, qui sont pinnatifides, à lobes dentés, le terminal plus grand ; fleurs rougeâtres, en corymbe, à fleurons égaux. ♃. Dans les bois, en août et septembre. 20 à 30 p. CC.

237. CIRSE. *CIRSIUM.* (*Carduus* L.) Involucre ovoïde, imbriqué d'écailles terminées en épine ; fleurons tous hermaphrodites et égaux ; paillettes découpées en soies linéaires ; style simple ; poils de l'aigrette plumeux, réunis en anneau à la base. — *Herbes à feuilles épineuses, appelées communément* Chardons.

1. C. DES MARAIS. *C. palustre.* Tige élevée, un peu cotonneuse, ailée, épineuse ; presque simple, et divisée au sommet en rameaux

courts, terminés par des fleurs pourprées, petites et ramassées en paquets ; feuilles décurrentes, lancéolées, sinuées, pinnatifides, très-épineuses au bord, velues en dessous ; folioles de l'invol. courtes, rapprochées, peu épineuses. ♃. Lieux humides et ombragés, en été. 36 à 48 pouces. C.

2. C. LANCÉOLÉ. *C. lanceolatum.* Tige droite, rameuse, velue ; feuil. décurrentes, rudes en dessus, cotonneuses en dessous, lancéolées, découpées en lobes anguleux, divergens et terminés chacun par une forte épine ; involucre un peu ventru, légèrement velu, à écailles lancéolées, les intér. aigues, les extér. étalées et terminées en épine; fleurs grandes, pourprées, presque solitaires. ♂. Au bord des chemins, en été. 30 à 40 p. CC.

3. C. COTONNEUX. *C. eriophorum.* Tige droite, épaisse, rameuse, velue ; feuilles larges, sessiles, non décurrentes, rudes en dessus, cotonneuses, blanchâtres en dessous, découpées, sur deux plans différens, en lobes alongés terminés par de fortes épines jaunâtres ; fleurs très-grosses, globuleuses, pourprées ; involucre couvert d'un duvet abondant étendu comme des fils d'araignée entre les épines étalées des écailles. ♃. Au bord des chemins et des champs, en été. 30 à 40 pouces. C.

4. C. DES CHAMPS. *C. arvense.* (*Serratula arvensis* L.) Racine rampante ; tige droite, rameuse, glabre, striée, terminée par un corymbe de fleurs petites, rougeâtres ; feuilles sessiles, oblongues, sinuées-pinnatifides, ondulées et épineuses au bord ; involucre peu épineux formé d'écailles très-resserrées, les intérieures lancéolées, les extér. ovales-lancéolées. ♃. Dans les champs et dans les moissons auxquelles il nuit quelquefois beaucoup ; en été. 20 à 24 p. CC.—On l'appelle aussi *Chardon hémorrhoïdal.*

5. C. SANS TIGE. *C. acaule.* Reconnaissable à sa fleur pourprée, solitaire, presque sessile, au centre d'une rosette de feuilles glabres, étalées sur le sol, pinnatifides, dentées et épineuses ; écailles de l'involucre glabres, lancéolées, mucronées, très-rapprochées. ♃. Sur les pelouses sèches, en été. CC.

6. C. BULBEUX. *C. bulbosum.* Diffère de l'espèce suivante par sa racine formée de tubercules plus prononcés et alongés ; par ses feuilles amplexicaules. pinnatifides, à divisions bilobées, redressées et dentées à leur base. ♃. Prés marécageux, Baudry, en été. 18 à 24 p. R.

7. C. ANGLAIS. *C. anglicum.* (*Carduus pratensis.*—*C. dissectus* Th.) Tige simple, presque nue, cotonneuse, uniflore, ou rarement à 2 fleurs pourprées : feuilles étroites, lancéolées, sinuées, dentées et épineuses au bord. sessiles et cotonneuses en dessous, les supérieures semi-amplexicaules ; écailles de l'involucre linéaires, lancéolées, acuminées, non épineuses. ♃. Dans les prés marécageux, Grammont, en été. 18 pouces. C.

238. ARTICHAUT. *CYNARA.* Involucre très-grand, ventru ; écailles nombreuses, charnues à la base, entières et munies d'une pointe ou d'une épine au som-

met ; réceptacle grand, charnu, couvert de paillettes découpées en soies linéaires; aigrette longue, plumeuse.

1. A. CARDON. *C. cardunculus.* Tige droite, rameuse, cotonneuse ; feuilles épineuses, toutes pinnatifides, décurrentes, cotonneuses en dessous ; fleurs bleuâtres ; écailles ovales, lancéolées, terminées en pointe raide. ♃. Cultivé dans les jardins pour les côtes et les pétioles de ses feuilles, qui deviennent blancs et tendres lorsque la plante a été liée et entourée de terre : on les mange alors sous le nom de *Cardons* ; les jardiniers en distinguent plusieurs variétés : le *Cardon de Tours* est une des plus estimées, le *Cardon d'Espagne* en diffère parce qu'il n'est pas épineux, et que ses côtes sont moins grosses.— Les fleurs de *Cardon* ont la propriété de faire cailler le lait.

2. A. COMMUN. *C. scolymus.* Tige élevée, rameuse, cannelée; feuil. décurrentes, pinnatifides, ou presque entières, cotonneuses en dessous, très peu épineuses ; fleurs terminales d'un bleu violacé : écailles de l'involucre obtuses. ♃. Cultivé dans les jardins, il n'a plus alors les écailles épineuses : ce sont ses fleurs non épanouies que l'on mange sous le nom d'*Artichauts.*

239. CENTAURÉE. *CENTAUREA.* Involucre imbriqué, formé d'écailles foliacées ou scarieuses ; fleurons du centre hermaphrodites, ceux du tour plus grands, neutres et stériles ; paillettes du réceptacle découpées en soies raides ; aigrette poilue.

1. C. JACÉE. *C. Jacea.* Tige rameuse, rude, anguleuse ; feuilles rudes, lancéolées, entières, excepté les radicales qui sont un peu dentées ; fleurs rougeâtres ; involucre pubescent à la base ; écailles ovales, prolongées en spatule au sommet, scarieuses et déchiquetées ; aigrette presque nulle. ♃. Dans les prés, au bord des champs, en été. 12 à 18 p. CC. — Elle varie beaucoup pour la forme de ses feuilles.

2. C. NOIRATRE. *C. nigrescens.* (*C. decipiens* Th.) Intermédiaire entre la *Centaurée Jacée* et la *C. noire ;* elle a, comme la première, les fleurons extérieurs rayonnans, et, comme la seconde, les écailles de l'involucre noirâtres et ciliées ; ses feuilles radicales sont irrégulièrement découpées, les supér. sont entières ; aigrette presque nulle. ♃. Dans les haies, au bord des chemins, Chatenay, en septembre. C.

3. C. NOIRE. *C. nigra.* Tige rameuse, anguleuse, rude ; feuilles radicales oblongues, sinuées, dentées, ou presque pinnatifides, les supérieures ovales, oblongues, dentées ou entières ; fleur rougeâtre, à fleurons égaux ; écailles extérieures de l'involucre dressées, noires au sommet, et plumeuses ; aigrette poilue, courte. ♃. Dans les bois et les prés ombragés, Chatenay, Loches, en juillet. 24 p. C.

4. C. BLUET. *C. cyanus.* Tige droite, divisée en rameaux grêles, dressés ; feuilles linéaires cotonneuses, sessiles, les supérieures entières, les radicales pinnatifides à la base ; fleurs bleues ; écailles extérieures de l'involucre ovales, ciliées. ⊙. Dans les moissons, en été. 18 à 24 p. CC.—On obtient par le semis des variétés blanches, roses ou violettes, cultivées dans les jardins.

5. C. TACHETÉE. *C. maculosa.* Tige presque en corymbe ; feuilles infér. bipinnatifides, les supér. pinnatifides ; fleurs rougeâtres ; invol. globuleux, à écailles striées, écartées, noires au sommet, aigues et ciliées. ♂. Champs sablonneux, entre la Ville-aux-Dames et la Loire. en juillet et août. 10 à 18 p. RR.

6. C. SCABIEUSE. *C. scabiosa.* Tige droite, rameuse ; feuilles un peu rudes. velues, pinnatifides, à lobes lancéolés, aigus, ceux des feuil. inférieures dentés ou pinnatifides ; fleurs grosses, rougeâtres ; fleurons extérieurs plus grands ; écailles de l'involucre ovales, noires au sommet, et ciliées. ♃. Au bord des champs et des bois, St.-Barthélémy, en juillet. 18 à 24 p. C.

7. C. CHAUSSE-TRAPPE. *C. calcitrapa.* Vulg. *Chardon étoilé.* Feuilles pinnatifides, molles, à découpures étroites, écartées et dentées, formant d'abord une rosette sur le sol, et d'où s'élève plus tard une tige poilue, divisée en rameaux étalés, nombreux ; fleurs rougeâtres, assez petites, mais remarquables par les épines de l'involucre, divergentes, très-longues, et surpassant beaucoup la fleur. ⊙ ou ♂. Au bord des chemins, en été. 12 à 14 p. CC.

Plusieurs autres *Centaurées* sont cultivées pour leurs fleurs, ce sont principalement, la *C. de montagne* ou *Barbeau de montagne (C. montana)*, la *C. odorante* ou *Barbeau jaune (C. amberboi)*, et la *C. d'Amerique (C. americana)*, plante annuelle, à tige haute de 24 à 30 pouces, droite, peu rameuse, avec des feuilles lancéolées, entières, et des fleurs roses, étalées en houppes de 3 à 4 p.; la deuxième est aussi annuelle, moitié moins grande, ses feuilles sont pinnatifides, et ses fleurs jaunes, sont aussi grosses que le bluet ; la première est vivace, elle a les feuilles lancéolées, entières, cotonneuses, et ses tiges simples, hautes d'un pied, sont terminées par de grandes fleurs bleues.

239. KENTROPHYLLUM. *KENTROPHYLLUM.* Involucre ventru, imbriqué ; écailles intérieures cartilagineuses, ciliées, épineuses au sommet, les extér. figurant des feuilles ou des bractées pinnatifides ; fleurons du centre hermaphrodites, ceux du tour stériles et plus grands ; aigrette formée de paillettes étroites.

1. K. LAINEUX. *K. lanatum.* (*Carthamus lanatus* L. — *Centaurea lanata* Lam.) Tige droite, cotonneuse, rameuse au sommet ; feuilles inférieures pinnatifides, dentées, épineuses, les supér. amplexicaules ; fleurs jaunes, assez grandes. ⊙. Lieux arides, en juillet et août. 12 à 18 p. CC. — On l'appelle quelquefois *Chardon bénit.*

240. CARLINE. *CARLINA.* Involucre ventru, imbriqué ; écailles extérieures sinuées, épineuses, écartées au sommet, les intérieures simples, alongées, luisantes, colorées, aigues, et étalées comme les rayons d'une fleur radiée ; paillettes du réceptacle découpées en soies linéaires ; semences pubescentes ; aigrette plumeuse.

1. C. COMMUNE. *C. vulgaris.* Tige couverte d'un duvet floconneux, à une ou à plusieurs fleurs ; feuilles lancéolées, sinuées ou pinnati-

fides, épineuses, pubescentes en dessous ; écailles formant les rayons, jaunâtres ; fleurons roussâtres. ♂. Lieux secs et pierreux, Rochecorbon, en août et septembre. 10 à 14 p. G.

241. XÉRANTHÊME. *XERANTHEMUM*. Involucre imbriqué, formé d'écailles scarieuses, non épineuses ; les intérieures plus longues, colorées, figurant des rayons ; fleurons du centre hermaphrodites, ceux du tour peu nombreux, femelles et stériles ; réceptacle garni de paillettes ; semences du centre couronnées par 5 arêtes, celles du tour nues.

1. X. A FLEURS CYLINDRIQUES. *X. inapertum*. (*X. cylindraceum* L.) Tige droite, cotonneuse, rameuse au sommet ; feuilles lancéolées, blanchâtres ; fleurs rougeâtres, cylindriques, portées sur de longs pédoncules ; écailles extérieures de l'involucre ovales, obtuses, cotonneuses au milieu, sèches au bord, les intérieures lancéolées-aigues, rapprochées. ⊙. Lieux arides, Céré, Loches, en été. 12-16 p. RR. *M. Baillot*.

Le *X. annuum* est cultivé souvent pour ses fleurs d'un rose violet, qui se conservent longtemps sèches, et que pour cette raison on appelle aussi *Immortelle* : il diffère du précédent surtout par les écailles intérieures de l'involucre étalées en rayons.

3e. Sous-Ordre. — CHICORACÉES.

Fleurs toutes ligulées et hermaphrodites ; réceptacle à peine charnu ; feuilles alternes.

* *Fruit comprimé ou à 4 angles ; aigrette blanche, poilue.*

242. LAITRON. *SONCHUS*. Involucre oblong, imbriqué, élargi et renflé à la base ; réceptacle nu ; semences longitudinalement striées ; aigrettes courtes, poilues.

1. L. DES CHAMPS. *S. arvensis*. Racine rampante, tige droite, simple, hérissée de poils glanduleux, noirâtres, plus nombreux sur les pédoncules et les involucres ; feuilles glabres, roncinées, dentées et un peu épineuses au bord, en cœur à la base ; fleurs jaunes, réunies par 5-7 en ombelle. ♃. Dans les champs, Mettray, en été. 18-24 p. C.

2. L. COMMUN. *S. oleraceus*. Tige lisse, simple ou rameuse : feuilles glabres, amplexicaules, de forme variable, oblongues-lancéolées, légèrement sinuées et ciliées au bord, ou roncinées, ou pinnatifides, avec le lobe terminal très-grand ; fleurs jaunes, en ombelle ; pédoncules cotonneux au sommet ; involucres glabres. ⊙. Il offre les variétés suivantes.

Variétés : α. Lisse. *Lævis.* Feuilles presque planes, très-peu épineuses. Dans les jardins, en été. 18 à 24 p. CC.

β. Rude. *Asper.* Feuilles crêpues au bord, et chargées de cils épineux. Dans les lieux stériles. 15 à 20 p. CC.

243. LAITUE. *LACTUCA.* Involucre oblong, imbriqué ; écailles inégales ; membraneuses au bord ; réceptacle nu ; aigrette pédicellée, poilue ; semences ovales, aplaties.

1. L. CULTIVÉE. *L. sativa.* Tige cylindrique, rameuse au sommet, glabre ainsi que les feuilles, qui sont sessiles, arrondies, celles de la tige en cœur ; fleurs petites, jaunes, en panicule terminale. ⊙. Dans les jardins. 24 à 30 p. — Elle a quelquefois les feuilles tachetées ou flagellées de rouge.

La culture a obtenu de cette plante une foule de variétés, qui peuvent être rapportées à trois variétés principales : la *Laitue romaine*, dont les feuilles sont alongées, unies, presqu'entières ; la *L. pommée*, dont les feuilles arrondies, concaves, forment une tête ronde, serrée ; et la *L. frisée*, dont les feuilles, plus ou moins découpées, sont crêpues et étalées.

2. L. SAUVAGE. *L. sylvestris.* (*L. scariola* L.) Tige élevée, dure, cylindrique, couverte d'aiguillons blancs ainsi que les côtes des feuilles ; fleurs jaunes, petites, en panicule alongée ; feuilles verticales, amplexicaules, oblongues, sinuées ou pinnatifides. ♂. Au bord des chemins, entre les pierres, en été. 24 p. CC.

3. L. VIREUSE. *L. virosa.* Diffère de la précédente, dont elle est peut-être une simple variété, par ses feuil. horizontales, simplement dentelées et non découpées, et par ses tiges sans aiguillons. ♂. Mêmes lieux, en été. 24 p. C.

4. L. A FEUILLES DE SAULE. *L. saligna.* Tige glabre, droite, flexueuse, grêle et peu rameuse ; feuilles amplexicaules, glabres ou munies d'aiguillons sur la nervure, les inférieures pinnatifides, à divisions linéaires, aigues, recourbées, avec le lobe terminal très-long ; les supér. linéaires-sagittées, entières ; fleurs jaunes, en épi alongé. ⊙. Au bord des champs, en été. 24 p. CC.

5. L. VIVACE. *L. perennis.* Tige droite, rameuse, glabre ; feuilles pinnatifides, à divisions linéaires, dentées ; les supér. linéaires, sagittées ; fleurs bleues ou violettes, grandes, en corymbe. ♃. Dans les champs, la Tranchée, en juin et juillet. 18 p. R.

244. CHONDRILLE. *CHONDRILLA.* Involucre formé d'écailles droites, linéaires, souvent caliculé ou muni d'un second rang d'écailles extérieures très-petites ; réceptacle nu ; aigrette pédicellée, poilue.

1. C. DES MURS. *C. muralis.* (*Prenanthes muralis* L.) Tige droite, simple, grêle et rougeâtre, terminée par une panicule de fleurs alongées, petites, peu nombreuses ; feuilles glabres, roncinées ou pin-

natifides, avec un lobe terminal plus grand, à 5 angles; involucre formé de 5-6 écailles; pédicelle de l'aigrette plus court que la semence, ☉. Sur les murs et dans les bois, en été. 12 à 18 p. C.

2. C. JONCIFORME. *C. juncea.* Tige presque nue, divisée en rameaux étalés, verts comme du jonc; feuilles radicales roncinées, les supérieures linéaires, entières; fleurs petites, jaunes, éparses le long des rameaux; involucre formé de 7-10 écailles; pédicelle de l'aigrette plus long que la semence. ♃. Au bord des champs et des chemins sablonneux, en été. 15 à 20 p. CC.

245. PRÉNANTHE. *PRENANTHES.* Involucre formé d'écailles imbriquées au bord, caliculé ou avec un rang d'écailles extérieures inégales, ovales; réceptacle nu; aigrette sessile, formée d'un simple rang de poils; ligules peu nombreuses.

1. P. ÉLÉGANT. *P. pulchra.* (*Crepis pulchra* L.) Tige droite, nue, rameuse, poilue à la base; feuilles un peu rudes, les infér. roncinées, les supér. amplexicaules, ovales-lancéolées, sagittées à la base; fleurs jaunes, en corymbe étalé; involucre formé de 15-20 écailles linéaires, lancéolées, les extér. ovales. ☉. Dans les vignes, St.-Cyr, Loches, en été. 15 à 18 p. R.

** *Fruit alongé, plus ou moins aminci au sommet; aigrette poilue, plumeuse ou nulle : involucre formé d'un seul rang d'écailles.*

246. LAMPSANE. *LAMPSANA.* Involucre caliculé, formé d'écailles linéaires, lancéolées, les extérieures très-petites; réceptacle nu; semences sans aigrette.

1. L. COMMUNE. *L. communis.* Tige droite, striée, rameuse; feuilles pétiolées, ovales, anguleuses, dentées ou en lyre, avec le lobe terminal très-grand; involucre glabre; fleurs jaunes, petites. ☉. Lieux cultivés, en été. 12 à 18 CC.

2. L. NAINE. *L. minima.* (*Hyoseris minima* L.) Tige ou hampe nue, filiforme, glabre, terminée par 2 à 3 petites fleurs jaunes portées sur des pédoncules creux, renflés; feuilles ovales-oblongues, dentelées, radicales et formant une rosette; involucre pubescent. ☉. Lieux stériles, Ballan, côteaux de l'Indre, en été. 5 à 6 p. R.

247. BARKAUSIE. *BARKAUSIA.* Involucre caliculé, marqué de côtes, à la maturité, avec les écailles extérieures écartées; réceptacle nu; aigrette poilue, pédicellée, très-blanche.

1. B. FÉTIDE. *B. fœtida.* (*Crepis fœtida* L.) Tige rameuse, velue, rude; feuilles hérissées, roncinées ou pinnatifides, les supér. lancéolées, profondément découpées à la base; involucres ovoïdes, hérissés de poils blanchâtres; fleurs jaunes, rougeâtres en dehors. ☉. Lieux

incultes, en été. 12 à 14 p. CC. — Cette plante a une odeur forte et désagréable d'amandes amères.

2. B. A FEUILLE DE PISSENLIT. *B. taraxacifolia.* (*Crepis taraxacifolia* Th.) Tige droite, sillonnée, rude, rougeâtre à la base; feuilles rudes, les radicales roncinées, obtuses, les supérieures amplexicaules, pinnatifides ou dentées à la base; involucre cotonneux, blanchâtre; écailles extérieures membraneuses au bord; fleurs jaunes, rouges en dehors. ♂. Dans les prés secs, en été. 18 à 24 p. C.

Variété: β. *Præcox.* Feuilles supérieures dilatées en oreillettes à la base. — Côteaux de Rochecorbon.

On cultive dans les jardins la *Barkausia rubra* (ou *Crepis rubra* L.), on l'appelle *Crépide rose*, à cause de la couleur de ses fleurs, qui sont grandes, nombreuses au sommet des tiges, presque nues, hautes de 10 à 15 pouces; elle est annuelle, et ses feuilles sont roncinées.

248. CRÉPIDE. *CREPIS.* Involucre caliculé, lâche, souvent marqué de côtes à la maturité; réceptacle nu; aigrette poilue, sessile, très-blanche.

1. C. ÉTALÉE. *C. diffusa.* Paraît être une simple variété de l'espèce suivante, dont elle diffère par ses tiges étalées dès la base, et par ses feuilles à dents écartées. ⊙. Lieux incultes, en eté. CC.

2. C. VERDATRE. *C. virens.* (*Lampsana capillaris* L.) Plus grêle et plus petite que la *C. des toits* (n.° 4), elle s'en distingue aussi par ses feuilles d'un vert luisant, lancéolées, roncinées; les supérieures sont lancéolées-sagittées, dentées à la base; ses pédoncules sont capillaires; ses graines sont courbées et marquées de côtes lisses. ⊙. Pâturages et lieux incultes, bords de la Loire, en été. 6 à 12 p. CC. —Cette plante varie souvent dans son aspect, et plusieurs de ses variétés ont été regardées comme des espèces: telle est la *C. scabra.*

3. C. BISANNUELLE. *C. biennis.* Tige élevée, épaisse, cylindrique, sillonnée et rude, rameuse au sommet, et terminée par un corymbe de fleurs jaunes assez grandes; feuilles hérissées, roncinées ou profondément pinnatifides, les supérieures sessiles, lancéolées, dentées; sem. marquées de côtes lisses. ♂. Dans les prés, en été. 24 à 36 p. C.

4. C. DES TOITS. *C. tectorum.* Tige grêle, droite, striée, rameuse et presque nue; feuilles glabres, sessiles, sinuées-pinnatifides; les supérieures linéaires-sagittées, entières, un peu roulées au bord; fleurs jaunes, petites, rougeâtres en dehors; involucre pubescent; semences amincies au sommet, et marquées de côtes ridées; aigrette dépassant l'involucre. ⊙. Dans les lieux secs, en été. 14 à 18 p. CC.

249. PISSENLIT. *TARAXACUM.* Involucre double; écailles extérieures courtes, souvent étalées; réceptacle nu; aigrette pédicellée, poilue; hampe uniflore; fleurs jaunes, grandes.

1. P. DES MARAIS. *T. palustre.* Diffère du suivant par les écailles extérieures de l'involucre, dressées et appliquées; et par les feuilles

plus étroites, bordées de dents simples. ♃. Dans les prés humides, Pont-Cher, en avril et mai. 6 à 8 p. C.

2. P. DENT DE LION. *T. dens leonis.* (*Leontodon taraxacum* L.) Écailles extér. de l'invol. rabattues ; feuilles roncinées, glabres, étalées en rosette. ♃. Dans les prés, toute l'année. 6 à 10 p. CC.—On le mange communément en salade, à la fin de l'hiver, sous le nom de *Cocu.*

250. HELMINTHIA. ***HELMINTHIA.*** **Involucre double, l'intérieur formé de 8 écailles égales, l'extérieur de 5 écailles foliacées, écartées ; semences striées en travers ; aigrette pédicellée, plumeuse.**

1. H. VIPÉRINE. *H. echioides.* (*Picris echioides* L.) Tige droite, rameuse, hérissée, ainsi que les feuilles, de poils durs, piquans, bifides ou crochus au sommet ; feuilles ovales, oblongues, amplexicaules ; fleurs jaunes ; écailles extér. de l'involucre ovales en cœur, presque épineuses. ⊙. Dans les champs, au bord des fossés, en été. 24-30 p. R.

251. PICRIDE. ***PICRIS.*** **Involucre caliculé ; écailles extérieures linéaires-lancéolées ; réceptacle nu ; semences striées en travers ; aigrette plumeuse, presque sessile.**

1. P. ÉPERVIÈRE. *P. hieracioides.* Tige droite, rude, rameuse dès la base ; feuilles très-rudes, lancéolées, dentées ou sinuées ; fleurs en corymbe, solitaires sur chaque pédoncule ; écailles extér. de l'invol. roulées en dehors. ♃. Lieux incultes, en été et en autom. 15-20 p. CC.

**** Fruit court, aminci au sommet et tronqué à la base ; aigrette nulle ou poilue.*

252. ÉPERVIÈRE. ***HIERACIUM.*** **Involucre imbriqué ; réceptacle nu, ou rarement chargé de poils épars, plus courts que le fruit ; aigrette sessile, poilue, ordinairement roussâtre.**

1. E. PILOSELLE. *H. pilosella.* Plante à rejets rampans et à feuilles entières, ovales, cotonneuses en dessous, couvertes de longs poils blancs épars, et formant sur le sol des rosettes d'où s'élèvent des hampes uniflores, velues, de 3 à 5 p. ; fleurs jaunes. ♃. Pelouses sèches, lieux stériles, en été. CC. — Cette plante varie à feuilles vertes des deux côtés ou blanches en dessous, et à involucres couverts de poils courts ou très-velus.

2. A. AURICULE. *H. auricula.* Plante à rejets rampans ; hampe presque nue, à 2 ou 6 fleurs jaunes, en corymbe ; feuilles entières, oblongues, glabres en dessus. ♃. Lieux stériles, Rochecorbon, en été. 9 à 12 p. C.—Elle varie aussi à feuil. presque glabres (*H. Dubium*) ou bordées de longs poils.

3. E. DES SAVOYARDS. *H. sabaudum.* De même grandeur que l'*E. des bois ;* elle en diffère par ses fleurs nombreuses, réunies par 3 ou 5 à

l'extrémité des rameaux, et formant une longue panicule : ses feuil. un peu glabres, sont ovales-oblongues, sessiles, presque amplexicaules, dentées, plus nombreuses ; involucre peu velu. ♃. Dans les bois, Grammont, en juillet et août. R.

4. E. DES BOIS. *H. sylvaticum.* Diffère de l'espèce suivante par sa tige ligneuse, plus velue et rougeâtre à la base, garnie de feuilles oblongues, fortement dentées. ♃. Dans les bois, en été. 24 à 30 p. CC.

5. E. DES MURS. *H. murorum.* Tige droite, simple, molle et presque nue, terminée par des fleurs jaunes : feuilles molles, velues en dessous, ovales, profondément dentées à la base, les infér. pétiolées, presque en cœur ; involucre hérissé. ♃. Sur les murs, dans les bois, en mai et juin. 18 p. CC.

6. E. A OMBELLE. *H. umbellatum.* Tige simple, grêle, ferme, rougeâtre et velue, terminée par un corymbe ou une ombelle de fleurs jaunes ; feuilles linéaires, à dents écartées, presque glabres ainsi que les involucres. ♃. Dans les bois, en été. 24 p. C.

L'*E. orangée (H. aurantiacum)*, se voit souvent dans les jardins : c'est une plante vivace, à rejets rampans, avec des feuilles ovales, hérissées, rudes, en rosette, et des fleurs d'un orangé-foncé, réunies en corymbe au sommet des tiges ou hampes.

253. ANDRYALE. *ANDRYALA.* Involucre imbriqué ; réceptacle chargé de poils, dépassant les semences ; aigrettes sessiles, poilues, ou quelquefois nulles dans les semences du bord.

1. A. A FEUILLES ENTIÈRES. *A. integrifolia.* Tige droite, rameuse au sommet, couverte ainsi que les feuilles d'un duvet jaunâtre ; feuilles sessiles, les infér. oblongues, roncinées, les supér. lancéolées, un peu dentées ; fleurs jaunes en corymbe ; pédoncules couverts de poils glanduleux. ⨀. Lieux stériles, Rochecorbon, Joué, le Ripault, en été. 12 à 18 pouces. R.

**** *Fruit cylindrique ; aigrette plumeuse ou écailleuse.*

254. HYPOCHÉRIS. *HYPOCHOERIS.* Anc.^t *Porcelle.* Involucre oblong, imbriqué ; réceptacle garni de paillettes ; aigrette plumeuse, pédicellée ou sessile pour les semences du centre. Fl. jaunes.

1. H. TACHETÉE. *H. maculata.* Tige hérissée, presque nue, divisée en 3 ou 5 rameaux alongés au sommet, ou quelquefois portant une seule fleur assez grande ; feuil. oblongues, un peu dentées, souvent tachées de brun ; aigrettes pédicellées. ♃. Dans les landes, en été. 10 à 12 pouces. C.

2. H. A LONGUES RACINES. *H. radicata.* Tige rameuse, nue, presque lisse ; feuilles roncinées, obtuses, rudes : pédonc. écailleux ; écaillles de l'involucre un peu hérissées sur le dos ; aigrettes pédicellées. ♃. Dans les prés et au bord des chemins, en été. 18 à 24 p. CC.

3. H. GLABRE. *H. glabra.* Tiges rameuses, nues, souvent couchées : feuil. radicales, très-glabres en dessus, hérissées de poils en dessous ; écailles de l'involucre linéaires-lancéolées, luisantes, les intérieures membraneuses ; aigrettes du centre sessiles. ⊙. Champs sablonneux, en été. 12 à 15 p. C.

255. SALSIFIX. *TRAGOPOGON.* **Involucre simple, formé de 8 à 10 écailles rapprochées ; réceptacle nu ; semences longitudinalement striées ; aigrette pédicellée, plumeuse.**

1. S. DES PRÉS. *T. pratense.* Tige droite, cylindrique, simple ou divisée en rameaux droits, arrivant tous à la même hauteur ; feuilles linéaires, canaliculées à la base et souvent roulées au sommet ; invol. glabre ainsi que les tiges et les feuilles, et formé d'écailles lancéolées-aigues aussi longues que les fleurs, qui sont jaunes et grandes. ♂. Dans les prés, au printemps, 20 à 24 p. CC.

2. S. A GROSSES FLEURS. *T. majus.* Diffère du *S. des prés* par ses fleurs plus grandes, à pédonc. renflé ; par ses feuilles plus lisses, aplaties : et par ses semences hérissées de pointes. ♃. Au bord des chemins, sur les côteaux, au printemps. C.

2. S. CULTIVÉ. *T. porrifolium.* Tige rameuse, raide, glabre et un peu glauque ainsi que les feuilles, qui sont étroites, alongées, amplexicaules et creusées en gouttière ; fleurs violettes, solitaires, à pédoncule renflé ; écailles de l'involucre prolongées en pointe, deux fois plus longues que la fleur. ♂. Cultivé dans les jardins pour sa racine ; il se trouve aussi quelquefois dans les prés, en juin.

256. THRINCIA. *THRINCIA.* **Involucre oblong, imbriqué ; réceptacle alvéolé ; aigrette sessile, plumeuse et inégale sur les semences du centre, et presque nulle sur les semences du tour.**—*Feuilles radicales, hampe à une seule fleur jaune.*

1. T. HÉRISSÉE. *T. hirta.* (*Leontodon hirtum* L.) Feuilles lancéolées, sinuées-dentées, hérissées, étalées en rosette ; involucre glabre avec de petites écailles à la base ; fleurs jaunes, formées de ligules peu nombreuses, brunes en dehors. ♃. Lieux stériles, au bord des chemins, en juin et juillet. 3 à 6 p. R.

2. T. HISPIDE. *T. hispida.* (*Hyoseris taraxacoides* L.) Un peu plus grande que l'espèce précédente, elle en diffère par ses feuilles plus étroites, quelquefois hérissées de poils fourchus, et entières ; son involucre est poilu, blanchâtre, mais sans écailles à la base. ⊙. Lieux arides et pierreux, en été. C.

257. LIONDENT. *LEONTODON.* (*Apargia* W.) **Involucre oblong, imbriqué ; réceptacle alvéolé ; aigrette plumeuse, sessile, à rayons inégaux, les uns écailleux,**

les autres soyeux ; semences hérissées.—*Feuilles radicales, hampe simple ou rameuse, fleurs jaunes.*

1. L. HISPIDE. *L. hispidum.* Racine tronquée, poussant des feuilles oblongues, découpées en lobes perpendiculaires à la nervure, hérissées de poils fourchus ; hampe uniflore, presque glabre ; écailles de l'involucre lancéolées-aigues, un peu hérissées. ♃. Lieux stériles et pierreux, en été. 16 p. C.

2. L. D'AUTOMNE. *L. autumnale.* Hampes glabres, rameuses, souvent couchées et portant quelques écailles ; feuilles glabres, étroites, lancéolées, pinnatifides ; pédoncules renflés ; involucre un peu velu. ♃. Au bord des champs et des chemins, en automne. 12 à 16 p. CC.

258. PODOSPERME. *PODOSPERMUM.* Involucre imbriqué, formé d'écailles membraneuses au bord ; semences portées sur un pédicelle creux, renflé ; réceptacle tuberculeux ; aigrette plumeuse, sessile.

1. P. LACINIÉ. *P. laciniatum.* (*Scorzonera laciniata* L.) Tige droite, rameuse ; feuilles pétiolées, pinnatifides, à lobes linéaires, aigus, le terminal très-long, linéaire-lancéolé ; feuilles supér. linéaires ; fleurs jaunes, solitaires ; écailles de l'involucre armées d'une pointe au dessous du sommet ; semences très-glabres, un peu anguleuses. ♂. Au bord des champs, Loches, en mai et juin. 18 à 24 p. R.

259. SCORZONÈRE. *SCORZONERA.* Invol. oblong, imbriqué, formé d'écailles élargies à la base et membraneuses au bord ; réceptacle nu ; semences sessiles ; aigrette plumeuse, à pédicelle court. —*Fl. jaunes.*

1. S. BASSE. *S. humilis.* Tige souvent uniflore, presque nue, cotonneuse au sommet ; feuilles infér. oblongues, lancéolées, aigues, à 5-7 nervures, les supér. linéaires, entières ; pédoncule renflé, pubescent, avec quelques écailles ; involucre presque glabre. ♃. Dans les prés, en mai et juin. 10 à 20 p. C.

2. S. D'ESPAGNE. *S. Hispanica.* Tige droite, rameuse, glabre, à 5-6 fleurs ; feuilles glabres, les infér. lancéolées, légèrement dentées, les supér. amplexicaules, alongées, aigues ; pédoncule non renflé. ♃. Cultivé dans les jardins pour ses racines, qui sont fort longues, cylindriques, à écorce noire.

260. CHICORÉE. *CICHORIUM.* Involucre caliculé ou double, l'extérieur à 5 folioles écartées au sommet, l'intérieur formé de 8 écailles soudées à la base ; réceptacle nu, ou peu garni de poils ou de paillettes ; semences couronnées par 5-6 petites écailles.

1. C. SAUVAGE. *C. intybus.* Tige droite, raide, divisée en rameaux peu nombreux, écartés, à angle droit, presque nus ; fleurs bleues, sessiles, réunies deux ensemble le long des rameaux ; feuilles ron-

cinées, à nervures un peu velues ; involucre hérissé. ♃. Au bord des chemins et dans les pâturages secs, en été. 15 à 24 p. CC. — On la cultive souvent dans les jardins, et alors elle devient beaucoup plus grande ; ses feuilles très-amères, servent en médecine ; on les mange en salade quand elles sont plus jeunes, mais pour cet usage on préfère enfouir en hiver, dans une cave, des pieds de *Chicorée* qui poussent alors des feuilles blanches alongées (ou *feuilles étiolées*) presque dépouillées de toute leur amertume. — C'est une variété de cette même plante dont la racine sert à faire le *café-chicorée*.

2. C. ENDIVE. *C. endivia.* Diffère de la *C. sauvage,* parce qu'elle est annuelle, et par ses feuilles tout-à-fait glabres, élargies vers le sommet, et dentées, entières, ou divisées en lanières frisées dans la variété appelée *Chicorée frisée ;* ses fleurs sont portées sur des pédoncules réunis deux ensemble, l'un alongé, uniflore, et l'autre très-court, quelquefois à 4 fleurs. ⊙. Cultivée dans les jardins pour être mangée en salade l'hiver ; elle fournit plusieurs variétés appelées : *Scarole* ou *Escarole, Chicorée de Malte,* etc.

Plusieurs autres plantes du sous-ordre des *Chicoracées* sont cultivées pour leurs fleurs, telles sont : 1.° la *Cupidone bleue* (*Catananche cœrulea*), plante annuelle dont les tiges grêles, hautes de 15 à 20 pouces et garnies de feuilles linéaires, velues et blanchâtres, sont terminées par des fleurs bleues assez grandes ; son invol. est formé d'écailles ovales, sèches, blanchâtres ; son réceptacle est garni de paillettes ; et ses sem. sont couronnées par 5 écailles ; 2.° la *Drépanie barbue* (*Drepania barbata*), appelée aussi *Crépide barbue*, dont les fleurs d'un jaune pâle et noires au centre, sont portées par des tiges rameuses, grêles, flexibles, de 12 à 15 pouces ; elle est aussi annuelle ; ses feuilles sont sinuées-dentées, et ses involucres sont formés d'écailles subulées, étalées et recourbées en faux ; son réceptacle est nu, et ses semences sont couronnées par un rebord membraneux, avec 2 à 10 arêtes, excepté celles du tour, qui ont une aigrette poilue, écailleuse, très-courte.

LVII. FAMILLE : LOBÉLIACÉES.

Calice adhérent à l'ovaire, entier ou à 5 lobes au bord ; corolle monopétale, fixée au calice, irrégulière et profondément découpées en 5 lobes ; 5 étamines fixées au calice, à anthères oblongues, soudées aux filamens ; style simple ; stigm. simple ; capsule à 2 ou rarement à 4 loges polyspermes, s'ouvrant au sommet. — *Herbes à feuil. alternes et à fleurs alternes ou terminales.* — *Rapportées à la famille des* Campanulacées *par beaucoup d'auteurs.*

261. LOBÉLIE. *LOBELIA.* Calice à 5 dents ; corolle à 5 lobes inégaux ; 5 étamines réunies en tube ; cap-

sule couronnée par le calice, à 2-3 loges contenant des semences très-petites et très-nombreuses.

1. L. BRULANTE. *L. urens.* Tige dressée; feuilles glabres, les inférieures arrondies, crénelées, les supér. lancéolées, dentées; fleurs bleues, en épi terminal alongé. ⊙. Dans les bois et les landes, Joué, forêt de Chinon, Semblançay, Langeais, en juillet et août. 18-24 p. C.

On a plusieurs belles *Lobélies* dans les jardins, la plus commune est la *L. cardinale (L. cardinalis)*, plante vivace, originaire de Virginie; ses feuilles sont ovales, molles; ses tiges, hautes de 2 à 3 pieds, sont terminées par un long épi de fleurs grandes, d'un rouge superbe, à lobes plats, étalés.

LVIII. FAMILLE : CAMPANULACÉES.

Calice adhérent à l'ovaire, à 5 lobes; corolle régulière ou irrégulière, insérée au sommet du calice, et divisée de même, souvent persistante quand elle est défleurie et sèche; 5 étamines alternes avec les lobes de la corolle et insérées au dessous; anthères oblongues, distinctes ou rarement soudées; ovaire glanduleux en dessus; style unique; stigmate à 3-5 divisions; capsule revêtue par le calice, à 2-5, ou plus souvent à 3 loges, avec autant de valves incomplètes, et s'ouvrant par autant de trous latéraux; semences nombreuses, attachées à l'angle intérieur de chaque loge.—*Herbes à feuilles alternes; fleurs distinctes ou réunies en tête et entourées d'un involucre.*

262. JASIONE. *JASIONE.* Calice à 5 lobes; corolle en roue, à tube très-court et à 5 lobes longs, linéaires; anthères soudées en tube; stigmate bifide; capsule à deux loges.—*Fleurs réunies en tête dans un involucre formé de plusieurs folioles.*

1. J. DES MONTAGNES. *J. montana.* Tige rameuse, redressée, hérissée à la base; feuilles obtuses, linéaires, lancéolées, ondulées, poilues; pédoncules alongés; folioles de l'involucre ovales; fleurs pédicellées, bleues, formant un capitule comme la *Scabiosa succisa,* mais plus petit. ⊙. Lieux arides et sablonneux, la Ville-aux-Dames, en été. 8 à 12 pouces. CC.

263. PHYTEUMA. *PHYTEUMA*. **Calice anguleux, à 5 lobes linéaires ; corolle en roue, à tube très-court, et à 5 lobes longs, linéaires ; anthères distinctes ; stigmate à 3 lobes ; capsule à 3 loges.**—***Fleurs réunis en épis ou en têtes, munies de bractées.***

1. P. ORBICULAIRE. *P. orbicularis*. Tige droite, simple ; feuil. glabres ainsi que la tige, les infér. pétiolées et dentées, en cœur, les supér. lancéolées, sessiles ; fleurs bleues, rassemblées en une tête arrondie de grosseur médiocre, plus longues que les bractées, qui sont lancéolées en cœur, plus larges à la base. ♃. Pâturages secs, Paulmy, Grand-Pressigny, en été. 3 à 6 p. RR.

2. P. EN ÉPI. *P. spicata*. Tige droite, glabre, simple, un peu striée ; feuilles radicales glabres, ovales en cœur, dentées et portées sur un long pétiole ailé ; feuil. supér. sessiles, linéaires, lancéolées, dentées ; bractées peu nombreuses, linéaires, lancéolées, 3 ou 4 fois plus courtes que l'épi alongé des fleurs qui sont blanchâtres, ♃. Forêt de Chinon, près du Croulay, forêt de Loches, en mai et juin. 12-20 p. R.

264. PRISMATOCARPE. *PRISMATOCARPUS*. Corolle en roue, à 5 lobes larges, presque plats ; capsule grêle, très-longue, prismatique, à 2-3 loges s'ouvrant au sommet ; stigmate à 3 lobes.

1. P. HYBRIDE. *P. hybridus*. Tige raide, rameuse à sa base, pubescente ; feuil. sessiles, oblongues, un peu crénelées : fleurs solitaires ; divisions du calice ovales, rapprochées, plus longues que la corolle. ⊙. Dans les moissons, 8 à 12 p. C.

2. P. MIROIR DE VÉNUS. *P. speculum*. (*Campanula speculum* L.) Tige étalée, très-rameuse ; feuilles sessiles, oblongues, crénelées ; fleurs violettes, solitaires ; divisions du calice très-étroites, égalant la corolle. ⊙. Dans les champs et les moissons, en été. 8 à 12 p. CC.

265. CAMPANULE. *CAMPANULA*. Calice à 5 lobes, quelquefois avec d'autres lobes intermédiaires repliés ; corolle campanulée (en cloche), à 5 lobes ; filamens des étamines plus larges à la base ; stigmate à 4 ou rarement à 5 divisions ; caps. à 3 ou rarement à 5 lobes.

1. C. CONGLOMÉRÉE. *C. glomerata*. Tige droite, simple, un peu anguleuse ; feuilles rudes, obtuses, les infér. pétiolées, oblongues, lancéolées, dentées, en cœur à la base, les supérieures sessiles, semi-amplexicaules ; fleurs bleues, sessiles, réunies en têtes axillaires ou terminales. ⊙. Lieux secs, en juillet et août. 10 à 15 p. CC.

2. C. GANTELÉE. *C. trachelium*. Tige droite, simple, rude, un peu anguleuse ; feuilles rudes, en cœur, inégalement dentées, les inférieures pétiolées ; fleurs grandes, bleues, pédonculées, axillaires, dis-

posées en panicule alongée ; calices ciliés, à lobes ovales, lancéolés. ♃. Dans les bois, en juillet. 15 à 20 p. G. — Cultivée dans les jardins, elle fournit des variétés à fleurs doubles, bleues ou blanches.

3. C. FAUSSE-RAIPONCE. *C. rapunculoides*. Tige droite, rameuse ; feuil. pétiolées, rudes, en cœur, dentées, les supér. linéaires ; fleurs pédonculées, bleues, axillaires, en épi tourné du même côté ; calice pubescent, très-étalés, à lobes linéaires. ♃. Lieux pierreux, Grammont, St.-Symphorien, en juillet et août. 20 à 30 p. C.

5. C. RAIPONCE. *C. rapunculus*. Racine fusiforme, blanche ; tige droite, striée, presque simple ; feuilles poilues, ondulées ; les infér. pétiolées, lancéolés, ovales ; les supér. linéaires ; fleurs bleues, à long pédonc. en panicule resserrée ; lobes du calice glabres, linéaires, un peu étalés. ♃. Dans les haies et les bois, en mai et juin. 18 à 24 pouces. CC. — On mange en salade cette plante jeune.

5. C. A FEUILLES DE PÊCHER. *C. persicifolia*. Tige droite, simple ; feuilles glabres ainsi que la tige, les infér. ovales, rétrécies en pétiole, les supér. sessiles, lancéolées, linéaires, un peu dentées en scie ; divisions du calice lancéolées-linéaires, ou peu étalées ; fleurs bleues, à pédoncule court, en épi lâche. ♃. Dans les bois et les haies, près de Loches, en juin. 24 à 30 p. R. *M. Diard*. — On cultive dans les jardins les variétés à fleurs doubles, bleues ou blanches.

6. C. A FEUILLES RONDES. *C. rotundifolia*. Tige grêle, couchée à la base, puis redressée, glabre ; feuilles radicales, pétiolées, arrondies en cœur, crénelées, glabres ; les supér. linéaires ; fleurs deux fois plus longues que le calice, bleues ou blanches, en panicule étalée ; lobes du calice très-étalés. ♃. Sur les vieux murs, à Loches, en été. 12 à 14 pouces. R.

La *C. pyramidale* (*C. pyramidalis*), cultivée dans les jardins, se propage d'elle-même sur les vieux murs, comme si elle était tout-à-fait indigène ; sa tige droite, épaisse, simple et haute de 3 à 4 pieds, est garnie dans toute sa hauteur de fleurs bleues très-ouvertes ; ses feuilles pétiolées, sont en cœur, luisantes, très-glabres ainsi que la tige. — On cultive fréquemment aussi la *C. à grosse fleur* (*C. medium*), vulg. *Violette marine* ; elle est caractérisée par les segmens repliés entre les lobes du calice, et cachant la capsule qui a 5 loges ; le stigmate a 5 lobes ; les fleurs bleues, violettes ou blanches, sont très-grandes, en cloche alongée ; les feuilles sont lancéolées, crénelées. — On a encore d'autres espèces de *Campanule*, et une jolie plante de la même famille, la *Trachélie bleue* (*Trachelium cœruleum*), remarquable à cause de ses fleurs très-petites, tubulées, d'un bleu violet, réunies en ombelle au sommet de la tige ; ses feuilles sont luisantes, pétiolées, ovales et dentées ; l'ovaire est une capsule arrondie, à 3 loges.

La LIX.[e] famille, celle des *Vacciniées*, est caractérisée par son calice adhérent et persistant, par sa corolle monopétale, souvent globuleuse, à 4 ou 5 lobes, avec un nombre double d'étamines ; un style ; un stigmate, et un ovaire qui devient une baie à 4 ou 5 loges, couronnée par le calice. Elle contient le genre *Airelle* (*Vaccinium*), formé d'arbustes à feuilles alternes, que l'on trouve dans les forêts de France ; une espèce appelée *Airelle myrtille*, donne un petit fruit bon à manger.

LX. FAMILLE : ÉRICINÉES.

Calice persistant, libre, à 3 ou 4, ou plus souvent à 5 lobes; corolle insérée à la base du calice, à 4-5 lobes, persistante après la dessication; étamines distinctes, insérées à la base du calice ou de la corolle, alternes avec les lobes de la corolle, et en nombre égal ou double; anthères munies de deux cornes à la base; ovaire unique, libre, avec un style et un stigmate; fruit à plusieurs loges polyspermes, en baie, ou plus souvent en capsule à plusieurs valves s'ouvrant par le milieu ou par les jointures; semences très-petites, fixées à l'axe.—*Herbes, arbustes ou arbrisseaux à feuil. alternes ou verticillées, entières ou dentées, souvent persistantes.*

266. BRUYÈRE. *ERICA*. Calice à 4 lobes; corolle campanulée, souvent renflée, à 4 lobes; 8 étamines; capsule à 4 ou 8 loges, avec autant de valves s'ouvrant par le milieu.—*Arbustes à feuilles très-petites, linéaires.*

1. B. A BALAIS. *E. scoparia*. Vulg. *Bruyère blanche, brande, bronde.* Tige élevée; rameaux grêles, dressés et rapprochés; feuilles étroites, linéaires, verticillées par trois; lobes du calice ovales; anthères terminées en pointe et renfermées dans la corolle, qui est petite, verdâtre, campanulée; stigm. saillant, élargi. ♄. Dans les landes, surtout au midi de la Loire, en mai. 24 à 36 p. CC.—Elle gèle quelquefois.

2. B. CENDRÉE. *E. cinerea*. Tige étalée; rameaux blanchâtres; feuil. glabres, verticillées par trois; fleurs pourprées, réunies en épi; divisions du calice linéaires; corolle ovoïde; étamines courtes; style saillant; stigmate en tête. ♄. Dans les bois et les landes, en été. CC.

3. B. CILIÉE. *E. ciliaris*. Tige couchée; rameaux redressés, grêles, pubescens; feuilles verticillées par 3-4, ovales, ciliées, roulées sur les bords, et blanchâtres en dessous; fleurs grosses, pourprées, en grappe alongée et tournée d'un seul côté; corolle renflée, alongée; étamines courtes; style saillant. ♄. Dans les landes, au nord de Bourgueil et Langeais, St.-Étienne, Le Serrain, en juillet et août. R.

4. B. QUATERNÉE. *E. tetralix*. Tige couchée; rameaux grêles, rougeâtres, velus; feuilles verticillées par 4, linéaires, ciliées; fleurs roses, réunies en tête; étamines et style renfermés dans la corolle, qui est grande, ovoïde; calice hérissé de poils et à lobes velus ainsi

que les pédoncules des fleurs. ♄. Dans les landes humides, en été. C. —On trouve quelquefois une variété à fleurs blanches.

267. CALLUNE. *CALLUNA.* Calice à 4 lobes, avec un second calice extér.; corolle campanulée à 4 lobes; 8 étamines ; capsule à 4 loges, dont les cloisons sont fixées à l'axe, à 4 valves s'ouvrant par les jointures.

1. C. COMMUNE. *C. erica.* (*Erica vulgaris* L.) Vulg. *Bruyère commune.* Tige étalée, rameuse, rougeâtre ; feuilles sessiles, très-petites, imbriquées sur 4 rangs; fleurs pourprées, luisantes, disposées en grappe le long des rameaux ; calice extérieur à lobes étroits, verts : calice intér. plus grand, coloré, figurant une corolle, à 4 lobes arrondis, velus ; corolle à divisions linéaires. ♄. Dans les bois et les landes, en été. CC.

On cultive dans les jardins un grand nombre de *Bruyères*, parmi lesquelles on doit remarquer, comme la plus commune, l'*E. mediterranea.*

D'autres genres de la même famille ont le même caractère pour les valves du fruit s'ouvrant au milieu, et forment la tribu des *Éricacées* ; ce sont, l'*Arbousier* (*Arbutus*), caractérisé par son calice très-petit, à 5 lobes, par sa corolle ovoïde, à bord très-petit, recourbé, à 5 lobes, avec 10 étamines et un fruit en baie à 5 loges ; et l'*Andromède* (*Andromeda*), qui en diffère par son fruit en capsule, à 5 valves. On voit souvent en pleine terre, dans les jardins, l'*Arbousier commun* (*A. unedo*), arbrisseau de 8 à 12 pieds, à feuil. ovales-oblongues, luisantes, bordées de dents obtuses : son fruit ressemble à une fraise.

Une seconde tribu, celle des *Rhodoracées*, est distinguée parce que son fruit est une capsule s'ouvrant à la jonction des valves ; elle comprend : 1.° le genre *Rhododendron*, qui a le calice à 5 lobes, et la corolle presque en entonnoir, à 5 lobes étalés, avec 10 étamines penchées ; on en cultive plusieurs espèces, notamment le *R. maximum*, arbrisseau de 5 à 6 pieds, à feuil. oblongues, et donnant en juin et juillet ses fleurs d'un rose plus ou moins rouge ; et le *R. ponticum*, plus grand, à feuilles lancéolées-aigues, à fleurs d'un rose violet, avec les étamines plus longues, paraissant en mai. 2.° Le *Kalmia*, reconnaissable à ses fleurs rosées, campanulées, à 5 lobes concaves, à 5 étamines recourbées en-dehors et logées d'abord dans un enfoncement des lobes de la corolle. 3.° Le genre *Ledum*, qui a le calice très-petit, à 5 dents, et la corolle presque divisée en 5 pétales, avec 5-10 étamines insérées au fond du calice ; les fleurs sont blanches, en corymbe, et les feuilles alongées et cotonneuses, sont roulées sur les bords ; le *Ledum latifolium*, arbuste de 2 pieds, à fleurs blanches, odorantes, est le plus commun dans les jardins. 4.° Le genre *Azalea*, dont les fleurs, réunies en têtes et un peu semblables à celles des Chèvrefeuilles, sont odorantes, blanches, jaunes, roses ou pourprées ; elles sont divisées en 5 lobes alongés, inégaux, et ont 5 étamines : on en compte un grand nombre d'espèces et de variétés, qui, de même que tous les autres arbustes de la même famille, doivent être cultivés dans la terre de bruyère.

LXI. FAMILLE : MONOTROPÉES.

Calice persistant, à 5 lobes, ou nul et remplacé par des bractées irrégulières ; corolle persistante, à 4-5 pétales tantôt réunis seulement à la base, tantôt réunis en un tube denté au sommet; étamines en nombre double insérées à la base des pétales; anthères élargies, soudées aux filets; appendices filiformes, recourbés entre les étamines; ovaire libre; un style; stigmate simple, élargi au sommet; capsule à 4-5 valves, portant au milieu une cloison soudée à la base avec l'axe; semences nombreuses, très-petites. — *Herbes sans feuilles, charnues, jaunâtres, parasites sur les racines des arbres.*

268. MONOTROPE. *MONOTROPA*. 4-5 pétales alternes avec les sépales; capsule marquée de 8-10 sillons.

1. M. SUCE-PIN. *M. hypopitys*. Fleurs tournées du même côté, et réunies en épi; les latérales à 8, celles du sommet à 10 étamines. ♃. Sur les racines du chêne, bois de Chatenay, en juin et juillet. 8 à 13 pouces. R.

Sous-Classe. III. Corolliflores.

Calice libre, d'une seule pièce; corolle monopétale, libre, hypogyne, c'est-à-dire insérée au dessous de l'ovaire; étamines attachées à la corolle; ovaire libre.

La LXII.e famille, celle des *Ébénacées* ou *Plaqueminiers*, contient des arbres propres aux pays chauds, et dont les fruits sont souvent mangeables; deux espèces sont naturalisées dans la France méridionale : 1.° le *Plaqueminier lotus* (*Diospyros lotus*), arbre à feuilles alternes, lancéolées, entières, blanchâtres et marquées de points en dessous; à fleurs dioïques, petites et solitaires à l'aisselle des feuilles; son fruit est charnu, gros comme une cerise; 2.° le *Storax* ou *Aliboufier* (*Styrax officinale*), arbrisseau de 10 à 12 pieds, semblable au Coignassier par son écorce et ses feuilles, et à l'Oranger par ses fleurs auxquelles succède un fruit charnu, arrondi, renfermant deux noyaux. Cette famille est caractérisée par sa corolle insérée au calice et divisée comme lui en 4-7 lobes, avec 6-16 étamines; un style à stigmate simple ou divisé, et un seul ovaire devant une capsule ou une baie à une ou plusieurs loges monospermes.

LXIII. FAMILLE : JASMINÉES.

Fleurs hermaphrodites (ou polygames dans le Frêne); calice tubuleux, à 4-5-8 divisions; corolle régulière à 4-5-8 lobes ou divisions, quelquefois nulle; 2 étamines à filets courts; style simple; stigmate à 2 lobes; ovaire libre, sessile, à 2 loges contenant chacune deux germes; fruit, tantôt sec, à 1-2 loges contenant une ou 2 semences, tantôt charnu, à 1-2 loges; semences revêtues d'une enveloppe membraneuse.—*Arbres ou arbrisseaux à feuilles ordinairement opposées; fleurs axillaires ou en grappes terminales.*

1re. Tribu. *JASMINÉES. Fruit charnu.*

269. TROÊNE. *LIGUSTRUM.* Calice très-petit, à 4 dents; corolle à tube court, et à 4 lobes étalés; baie à 2-4 semences.

1. T. commun. *L. vulgare.* Arbrisseau à rameaux cendrés, terminés par des grappes composées, droites; fleurs petites, blanches; feuilles simples, ovales, alongées, glabres, souvent persistantes; fruits noirs. ♄. Dans les bois et les haies, en mai. CC.—On l'emploie fréquemment à faire des bordures dans les jardins. *M. Diard* a trouvé près de Loches une variété dont toutes les feuil. sont à 3 lobes.

270. JASMIN. *JASMINUM.* Calice à 5 divisions; corolle en tube et à 5 lobes étalés, obliques; baie à 2 loges monospermes; semences arillées.

1. J. blanc ordinaire. *J. officinale.* Arbrisseau à rameaux verts, flexibles; feuilles pinnées avec impaire, à folioles ovales, aigues, la terminale plus grande, alongée; fleurs blanches; lobes de la corolle aigus; divisions du calice subulées. ♄. Originaire de l'Inde; il se voit dans tous les jardins; ses fleurs varient à 4 et à 6 lobes.

On cultive aussi en pleine terre le *J. jaune* (*J. fruticans*), et le *J. d'Italie* (*J. humile*), qui ont les fleurs jaunes, petites, inodores, et les feuilles alternes; le premier a les feuilles simples ou à 3 folioles obtuses, avec les divisions du calice subulées; le second a 3-7 folioles ovales-oblongues, aigues, et les dents du calice très-petites On a en pot le *Jasmin à grandes fleurs* (*J. grandiflorum*), appelé *jasmin d'Espagne*, quoiqu'il vienne de l'Inde; ses feuilles sont formées de 7 folioles obtuses, ainsi que les lobes de la corolle; le *J. des*

Açores (J. azoricum), dont les fleurs sont blanches, très-odorantes, et les feuilles luisantes, à 3 folioles en cœur, aigues; le *J. jonquille (J. odoratissimum)*, à fleurs jaunes, odorantes, et à folioles obtuses; le *J. triomphant (J. revolutum)*, qui en diffère par ses folioles aigues et par ses fl. plus grandes.

On appelle *Jasmin d'Arabie* un arbuste appartenant à un autre genre, le *Mogorium sambac* ou *Nyctanthes sambac* L. Sa corolle a 8 lobes.

A cette même tribu appartient l'*Olivier* (*Olea europea*), qui, planté au pied des murs ou des côteaux exposés au midi, résiste assez bien à nos hivers; c'est un arbre à écorce lisse et à feuilles simples, lancéolées, entières, d'un vert pâle en dessus, blanchâtre en dessous; ses fleurs très-petites, jaunâtres, ont un calice très-petit, à 4 dents, et une corolle à tube court et à 4 lobes; le fruit est un drupe charnu, avec un noyau très-dur.

Enfin, on a quelquefois aussi les *Filarias* (*Phyllirea*), arbrisseaux à feuil. dures, persistantes, simples, caractérisés par leurs fleurs petites; à 4 lobes aigus, recourbés, et par leur fruit en baie uniloculaire, à une seule semence ronde; une espèce de *Filaria* (*P. latifolia*), a les feuilles luisantes, ovales et dentées; une autre (*P. angustifolia*), les a linéaires, lancéolées, entières.

2e. Tribu. *LILACÉES.* *Fruit sec.*

271. LILAS. *LILAC.* Calice petit, à 4 dents; corolle en tube, à 4 lobes étalés; capsule ovoïde, comprimée, à 2 loges, à 2 valves en nacelle, portant chacune une demi-cloison au milieu; 2 semences dans chaque loge.

1. L. commun. *L. vulgaris.* (*Syringa vulgaris* L.) Grand arbrisseau à rameaux droits; feuilles pétiolées, glabres, en cœur; fleurs d'un rose pourpré, ou blanches, en grappes nombreuses, resserrées. ♄. Originaire de l'Orient; il est comme naturalisé dans les jardins et les bosquets.

Le *Lilas de Perse* (*L. persica*), beaucoup plus grêle et plus petit en tout, se voit aussi assez souvent: il a quelquefois les feuilles découpées, et alors on le nomme *Lilas à feuilles de persil*; mais on cultive de préférence le *Lilas Varin* (*L. rothomagensis*), variété ou hybride obtenu par le semis des graines du *L. de Perse*, et qui s'en distingue par ses fleurs plus grandes, plus colorées et en grappes étalées.

272. FRÊNE. *FRAXINUS.* Fleurs polygames; calice nul ou divisé en 3 ou 4 lobes; corolle nulle ou à 4 divisions, et presque à 4 pétales; capsule pendante (ou *samare*), à une seule loge monosperme à la base et terminée par une aile membraneuse.

1. F. commun. *F. excelsior.* Arbre élevé, à écorce lisse, cendrée; rameaux opposés ainsi que les feuilles qui sont pinnées avec impaire, à folioles glabres, sessiles, lancéolées et dentées en scie; fleurs privées de calice et de corolle, naissant avant les feuilles. ♄. Dans les bois. CC.

On voit souvent dans les grands jardins le *Frêne à fleurs* (*F. florifera.*— ou *F. ornus* L.), qui diffère du précédent par ses fleurs munies de calice, de pétales blanchâtres, linéaires, et formant des grappes touffues que les étamines, très-longues, font paraître chevelues; ses folioles ne sont pas sessiles; il fleurit en mai-juin; on cultive aussi quelques autres espèces de Frênes, et diverses variétés du *Frêne commun*, notamment le *F. parasol*, ainsi nommé à cause de ses rameaux recourbés et pendans.

LXIV. FAMILLE : APOCYNÉES.

Calice persistant, à 5 divisions ; corolle régulière à 5 lobes ; 5 étamines attachées au fond de la corolle et alternes avec ses lobes ; filamens libres ou soudés ; 2 ovaires ; 2 styles très-rapprochés et souvent très-courts ; stigmate en tête ; fruit formé de 2 *follicules* (ou capsules d'une seule pièce, s'ouvrant par une fente longitudinale), dont un seul se développe ; semences plates, imbriquées, fixées au bord du follicule, nues ou couronnées par une aigrette.—*Herbes ou arbrisseaux quelquefois grimpans ; à feuilles opposées, entières.*

1re. TRIBU. *ASCLÉPIADÉES. Filamens soudés ; anthères à 2 loges ou quelquefois à 4 loges incomplètes ; pollen réuni en autant de petites masses solides fixées à 5 angles saillans autour du stigmate.*

273. ASCLÉPIAS. *ASCLEPIAS.* Corolle à 5 divisions réfléchies ; filets des étamines formant un tube surmonté par une couronne de cinq folioles en capuchon ou en cornet ; anthères terminées par une membrane ; masses de pollen comprimées, suspendues par le sommet aminci ; stigmate aplati ; semences chevelues.

1. A. DE SYRIE. *A. Syriaca.* Vulg. *Herbe à la ouatte.* Tige très-simple, droite ; feuilles larges, ovales, cotonneuses en dessous : fleurs blanches ou rougeâtres, en ombelle penchée : de chaque cornet il sort une petite pointe recourbée. ♃. Originaire de l'Orient ; elle croît spontanément à Marmoutier, et provient sans doute de l'ancien jardin de cette abbaye ; en juillet et août. 36 à 48 p. RR.

On cultive plusieurs espèces d'*Asclépias*, notamment l'*A. à feuilles de saule* (*A. fruticosa*), dont les feuil. sont lancéolées, étroites, et les fl. rosées.

Une autre belle plante, *Hoya carnosa*, appelée autrefois *Asclepias carnosa*, fleurit seulement en serre chaude ; ses tiges grimpantes, sont garnies de feuilles ovales, épaisses et coriaces ; ses fleurs rosées, en ombelle, sont charnues et demi-transparentes comme de la porcelaine, luisantes avant d'être épanouies, puis veloutées.

274. CYNANQUE. *CYNANCHUM.* Corolle presque en roue, à 5 divisions; couronne d'une seule pièce, à 5 ou 10 lobes sur le tube des filets; anthères terminées par une membrane; masses de pollen ventrues, suspendues; stigmate surmonté d'une pointe; follicules lisses; semences chevelues.

1. C. DOMPTE-VENIN. *C. vincetoxicum.* (*Asclepias vincetoxicum* L.) Tige droite, presque simple, garnie de feuilles ovales, aigues, à pétiole court, qui diminuent de longueur vers le sommet, et terminée par une grappe de fleurs blanchâtres. ♃. Dans les bois, Grammont, Baudry, Amboise, en juin et juillet. 14 à 18 p. C.

Les *Stapélias* appartiennent à cette tribu : ce sont des plantes grasses sans feuilles, aussi remarquables par la bizarrerie de leurs tiges charnues, anguleuses, que par la forme et la couleur de leurs fleurs, qui sont très-grandes, charnues, en étoile, velues, d'une couleur souvent foncée, et d'une odeur de viande pourrie : elles doivent être tenues en serre chaude.

2e. TRIBU. *VINCÉES. Filets des étamines libres; anthères à 2 loges, s'ouvrant longitudinalement; pollen granuleux.*

275. PERVENCHE. *VINCA.* Calice à 5 divisions; corolle hypocratériforme, à 5 lobes, avec le tube long et la gorge saillante, à 5 angles; anthères rapprochées, poilues au sommet; 1 style; stigmate en tête muni d'un anneau à la base; follicules droits, lisses; semenc. nues.

1. P. A GRANDES FLEURS. *V. major.* Tiges longues, couchées ou droites, et hautes de 15 à 18 p.; feuilles ovales, un peu en cœur, ciliées au bord, à pétiole court; fleurs solitaires, bleues; pédoncules plus courts que les feuilles. ♃. Côteaux de Luynes, en avril et mai. R. —On la cultive dans les jardins.

2. P. A PETITES FLEURS. *V. minor.* Plus petite en tout, elle diffère aussi par ses feuilles glabres, oblongues, lancéolées; et par ses pédonc. plus longs que les feuilles. ♃. Dans les bois, en avril-mai. CC.

Elle fournit des variétés à fleurs blanches ou violettes, et doubles, cultivées dans les jardins, où l'on voit fréquemment, mais en pot, la *Pervenche de Madagascar*, ou *P. du cap (V. rosea)*, belle plante qui peut vivre plusieurs années en serre, et dont les fleurs roses ou blanches, assez grandes, ont le centre d'un rose plus vif; sa tige droite est garnie de feuilles ovales-oblongues.

Le *Laurier rose (Nerium oleander)*, arbrisseau d'orangerie très-commun, fait aussi partie de la tribu des *Vincées*; ses feuilles étroites, lancéolées, coriaces, sont verticillées par 3, et ses branches sont divisées en 3 rameaux que termine un corymbe de fleurs roses ou blanches, à 5 lobes munis à leur base d'appendices entourant la gorge; les anthères sont cotonneuses, amincies et terminées en filament au sommet, et les semences sont munies d'aigrettes.

LXV. FAMILLE : GENTIANÉES.

Calice persistant, à 4 5, ou 8 divisions, avec autant de lobes à la corolle, qui est régulière et souvent persistante après la dessication ; étamines alternes avec les lobes de la corolle et en nombre égal ; un style, quelquefois bifide, avec 1 ou 2 stigmates ; capsule polysperme à une ou deux loges et à 2 valves s'ouvrant au sommet et repliées par le bord, de manière à former une cloison quand il y a 2 loges ; semences attachées au bord des valves. — *Herbes glabres, amères, à feuilles ordinairement opposées, sessiles et entières.*

276. MÉNYANTHE. *MENYANTHES*. Calice à 5 divisions ; corolle en entonnoir, à 5 lobes étalés, chevelus à l'intérieur ; un style, stigmate en tête marqué de 2-5 sillons ; capsule uniloculaire, arrondie ; semences attachées au milieu des valves.

1. M. TRÈFLE-D'EAU. *M. trifoliata.* Tige simple, épaisse et verte, rampante au fond des eaux, redressée à l'extrémité où elle porte des feuilles alternes longuement pétiolées, à 3 grandes folioles (de 3 p.) oblongues, et des épis axillaires de fleurs blanches, rosées à l'extérieur et très élégantes. ♃. Dans les marais et les eaux peu rapides, vallée de la Choisille, bords de l'Indre, en mai. C.

277. VILLARSIA. *VILLARSIA*. Calice à 4-5 divisions profondes ; corolle en roue, à 4-5 lobes étalés, ciliés au bord ; stigmate à 2 lobes crénelés ; capsule uniloculaire, ovoïde, terminée en bec ; semences membraneuses au bord, attachées sur deux rangs aux lignes de jonction des valves.

1. V. FAUX NÉNUPHAR. *V. nymphoides.* (*Menyanthes nymphoides* L.) Tiges alongées, nageantes ; feuilles (de 2 à 3 p.) arrondies en cœur, étalées sur l'eau : fleurs jaunes, portées sur de courts pédoncules axillaires, et rassemblées presque en ombelle. ♃. Dans les eaux courantes et les étangs, dans le Cher, près St.-Sauveur, à Rillé ; en juin et juillet. R.

278. CHLORA. *CHLORA.* Calice profondément divisé en 8 dents linéaires, droites; corolle hypocratériforme à tube court et à 8 divisions; stigmate à 4 lobes; capsule uniloculaire.

1. C. PERFOLIÉE. *C. perfoliata.* Tige droite, cylindrique, rameuse au sommet, et glauque ainsi que les feuilles, qui sont ovales, aigues, soudées à la base, et traversées par la tige; fleurs jaunes, en panicule. ⨀. Terrains marneux, côteaux de la Choisille, Rochecorbon, en juin et juillet. 15 à 20 p. C.

279. GENTIANE. *GENTIANA.* Calice à 5 divisions; corolle en tube à la base, campanulée ou en entonnoir; à 4-5-6 lobes entiers ou ciliés, et quelquefois avec une dent intermédiaire; 5 étamines à anthères quelquefois soudées; style bifide; 2 stigmates; capsule uniloculaire.

1. G. CROISETTE. *G. cruciata.* Tiges couchées, puis redressées, garnies de feuilles lancéolées, obtuses, à 3 nervures, sessiles, opposées en croix, engaînantes, très-rapprochées; fleurs bleues, verticillées, sessiles, à 4 lobes non ciliés, entourées de feuilles. ♃. Pelouses sèches, vallée de Rochecorbon, la Membrolle, Loches; en juillet. 8 à 14 pouces. R.

2. G. PNEUMONANTHE. *G. pneumonanthe.* Tige presque simple, redressée; feuilles lancéolées, linéaires; fleurs grandes, bleues, en entonnoir, à 5 lobes, terminales ou axillaires, sessiles, avec deux feuilles à la base; divisions du calice linéaires. ♃. Pâturages humides; en juillet et août. 10 à 15 p. C.

280. CHIRONIA. *CHIRONIA.* (*Erythræa*). Calice à 5 divisions; corolle en entonnoir, à 5 lobes; 1 style penché; anthères tordues après la floraison; capsule à 2 loges.

1. C. PETITE CENTAURÉE. *C. centaurium.* Tige droite, rameuse, terminée par un corymbe de fleurs roses; feuilles sessiles, ovales-oblongues. ⨀. Dans les bois et les prés, en été. 8 à 15 p. CC.—Elle présente un grand nombre de variétés, parmi lesquelles il faut distinguer la *C. puchella*, dont on fait quelquefois une espèce: elle est beaucoup plus petite, et a presque toutes ses fleurs pédicellées: sa hauteur est quelquefois d'un à deux pouces. Au bord des eaux.

On cultive en pot quelques jolis *Chironias*, et surtout la *C. à feuilles en croix* (*C. decussata*), dont les tiges sont terminées par des fleurs roses assez grandes et solitaires; les feuilles sont pubescentes et rapprochées.

281. EXACUM. *EXACUM.* (*Gentianelle*). Calice à 5 divisions; corolle à tube renflé et à 4 lobes; 4 étamines; anthères non tordues; style simple; stigmate bifide; capsule à 2 loges.

1. E. de Decandole. *E. Candollii.* Petite plante à tige rameuse, étalée, très grêle; feuilles linéaires, lancéolées, à 3 nervures: fleurs roses, peu ouvertes, à pédoncules alongés; divisions du calice subulées, droites. ⨀. Pâturages marécageux, Châtenay, Neuillé, Chenonceaux, en été. 2 p. R.—Quelques auteurs en font une simple variété de l'*Exacum pusillum,* qui a les fleurs jaunes.

2. E. filiforme. *E. filiforme.* (*Gentiana filiformis* L.) Petite plante à tige droite, très mince, presque simple; feuilles infér. arrondies, les supér. subulées; fl. jaunes. ⨀. Lieux humides, Chatenay, Neuillé, Château-Regnault, étang de Jumeau: en juin et juillet. 2 à 3 p. C.

Dans la famille des Polémoniacées (la lxvi.e), sont compris les genres *Polemonium*, *Cobœa* et *Phlox;* elle diffère des Convolvulacées par ses capsules à 3 loges et à 3 valves, portant une cloison au milieu; ses feuilles sont souvent opposées. Le *Polemonium cœruleum*, vulg. *Valériane grecque*, est une plante de pleine terre, à feuilles glabres, pinnées, composées de 11 à 15 folioles lancéolées; ses fleurs bleues ou blanches, campanulées, sont en panicule à l'extrémité des tiges garnies de feuilles et hautes de 15 à 20 p. La *Cobœa scandens* est une plante grimpante, à feuilles pinnées, composées de 4-6 folioles ovales, entières, et terminées par une vrille; ses fleurs grandes, en cloche, à lobes réfléchis, sont vertes d'abord, puis violettes; elle pousse très rapidement, mais ne passe pas l'hiver en pleine terre. Les *Phlox* ont les fleurs roses, pourprées, bleues ou blanches, hypocratériformes, à tube alongé, ordinairement en panicule à l'extrémité des tiges simples, garnies de feuilles ovales ou lancéolées; on en cultive 12 ou 20 espèces, dont les plus communes sont les *P. paniculata*, *decussata*, *divaricata*, *glaberrima* et *reptans.*

Une famille voisine, celle des Bignoniacées, se distingue par sa corolle irrégulière à 5 lobes inégaux, souvent disposés en deux lèvres, avec 5 étamines rarement égales, et plus souvent avec deux plus grandes, et une ou trois sans anthères, et stériles; le style est simple, avec un stigmate bilobé, et le fruit est une capsule à une ou deux loges, à deux valves, s'ouvrant dans toute leur longueur. Elle fournit à nos jardins le *Catalpa arborea* (ou *Bignonia catalpa* L.), bel arbre de 20 à 30 pieds, à feuilles grandes, d'un vert jaunatre, en cœur, et à fleurs en corymbe, blanches, pointillées de rouge, avec deux étamines fertiles; et le *Tecoma radicans* (ou *Bignonia radicans* L.), vulg. *Jasmin de Virginie*, grand arbrisseau grimpant, à feuilles pinnées avec impaire, à folioles ovales, aigues, dentées; ses fleurs longues, d'un rouge vif, terminent les rameaux en août.

Le *Myoporum parvifolium*, arbuste d'orangerie assez commun, à rameaux flexibles, garnis de feuilles étroites granuleuses et de fleurs blanches en étoile marquées de petits points, appartient la famille des Myoporinées, qui a 5 divisions au calice et à la corolle, avec 4 étamines ou rarement 5, dont 2 plus grandes; un style simple et un ovaire à 2-4 loges contenant chacune 1-2 semences, et devenant un petit drupe charnu.

LXVII. FAMILLE : CONVOLVULACÉES.

Cal. persistant à 5 divisions; corolle régulière à 5 lobes; 5 étamines insérées au fond de la corolle et alternes avec ses lobes; style unique, divisé au sommet, quelquefois jusqu'à la base ; stigmate aigu ou en tête ; capsule à 1-4 loges, avec autant de valves fixées par leurs bords aux cloisons, ordinairement 1-2 semences dans chaque cloison. — *Herbes, arbustes ou arbres souvent grimpans ou volubles, à feuilles alternes.*

282. LISERON. *CONVOLVULUS*. Calice nu ou muni de deux bractées ; corolle campanulée, à 5 angles et à 5 plis ; étamines inégales, courtes ; ovaire à 2 loges contenant chacune 2 semences, rarement à 3 loges, et paraissant quelquefois uniloculaire à la maturité.

1. L. DES HAIES. *C. sepium*. Tige anguleuse, grêle, très-longue, s'enroulant autour des autres plantes ; feuilles sagittées, aigues ; pédoncules axillaires, à 4 angles, portant une seule fleur blanche, très grande ; calice membraneux, caché entre deux bractées en cœur ; stigmate obtus. ♃. Dans les haies, en été. CC.

2. L. DES CHAMPS. *C. arvensis*. Vulg. *Vrillée*. Tige grêle, rampante ou grimpante ; feuilles sagittées ; pédoncules anguleux, plus longs que les feuilles ; fleurs blanches ou rosées ; calice nu ; stigmate filiforme. ♃. Dans les champs, en été. CC.

Le *Liseron tricolor* ou *Belle de jour* (*C. tricolor*), est commun dans les jardins ; sa tige est faible, velue, non grimpante ; ses feuilles sont lancéolées, presque spatulées ; et ses fleurs solitaires, sont bleues au bord, blanches et jaunes au centre.

Les *Ipomea* forment un genre distingué des *Convolvulus*, seulement par sa corolle en entonnoir, et par le stigmate à 3 lobes ; le calice est toujours nu et la capsule a souvent 3 loges. On en cultive plusieurs espèces, notamment l'*I. pourpre* (*I. purpurea*), vulg. *Volubilis*, qui a les feuilles en cœur, et les fleurs grandes, d'un pourpre plus ou moins violet, ou même, roses ou panachées ; ses tiges flexibles grimpent très haut dans les treillages ; on a aussi l'*I. écarlate* (*I. coccinea*), plus petit, et à fleur d'un rouge vif.

283. CUSCUTE. *CUSCUTA*. Calice à 4-5 divisions ; corolle globuleuse, campanulée, à 4-5 lobes ; 4-5 étamines portant à leur base une petite écaille bifide ou en crête ; 2 stigmates ; ovaire à 2 loges contenant 2 semences et s'ouvrant circulairement. — *Herbes parasites, filiformes, rougeâtres, sans feuilles ; fleurs petites, réunies en têtes le long des tiges.*

1. C. A GRANDES FLEURS. *C. major*. (*C. europæa* L.) Fleurs d'un blanc rougeâtre ; lobes de la corolle réfléchis ; styles arqués et divergens à la base. ⊙. Sur beaucoup de plantes, en été. C.

2. C. A PETITES FLEURS. *C. minor*. (*C. epithymum* L.) Corolle blanche, à lobes droits ; styles divergens au sommet. ⊙. Sur beaucoup de plantes et d'arbustes, en été. R.

LXVIII. FAMILLE : BORRAGINÉES.

Cal. persistant, à 5 divisions; corolle à 5 lobes, ordinairement régulière, à gorge nue ou couverte d'écailles ; 5 étamines alternes avec les lobes de la corolle ; ovaire à 2-4 lobes (ou formé de 2 ou 4 carpelles pseudospermes) fixé sur un disque saillant, avec un seul style au milieu, à stigmate simple ou bifide. — *Herbes ou arbrisseaux à feuilles alternes, souvent rudes ; fleurs souvent disposées d'un seul côté en épi roulé en crosse.*

* *Gorge de la corolle nue.*

284. HÉLIOTROPE. *HELIOTROPIUM.* Calice tubuleux, à 5 divisions ou à 5 dents ; corolle petite, à 5 divisions séparées par 5 dents ; stigmate presque conique ; carpelles soudés.

1. H. d'Europe. *H. europæum.* Tige herbacée, droite ou couchée, pubescente ainsi que les feuilles, qui sont ovales, entières, pétiolées, ridées, un peu rudes ; fleurs blanches ou bleuâtres, en épis. ☉. Lieux cultivés, au bord des champs, en été. 8 à 10 p. C.

On voit partout l'*Héliotrope du Pérou (H. peruvianum)*, cultivé en pot ; il ressemble par ses feuilles, et surtout par ses fleurs, à l'*H. d'Europe*, mais sa tige est ligneuse, et ses fleurs très odorantes, et un peu plus colorées, forment des épis plus nombreux, réunis en corymbe.

285. VIPÉRINE. *ECHIUM.* Calice à 5 divisions profondes ; corolle évasée, régulière, à gorge nue, à 5 lobes inégaux, les 2 supér. plus longs, et l'infér. plus petit, aigu, recourbé ; étamines saillantes ; fruit tuberculeux.

1. V. commune. *E. vulgare.* Tige droite, couverte de tubercules violets, d'où partent des poils rudes ; feuilles lancéolées, sessiles, hérissées ; fleurs bleues. ♃. Sur les vieux murs, au bord des chemins, en été. 18 à 24 p. CC. — On la trouve rarement à fleurs blanches ou roses.

286. GRÉMIL. *LITHOSPERMUM.* Calice à 5 divisions ; corolle petite, en entonnoir, à gorge nue, à 5 lobes ; étamines non saillantes ; stigmate obtus, bifide ; fruits lisses et luisans, ou ridés.

1. G. VIOLET. *L. purpureo-cœruleum.* Tiges stériles alongées, couchées, et celles qui portent les fleurs redressées ; feuilles lancéolées-aigues, poilues, rudes ; fleurs assez grandes, violettes, deux ou trois fois plus longues que le calice ; fruits blancs et luisans. ♃. Dans les bois, Grammont, Chambray, Artannes, au printemps. 8 à 12 p. R.

2. G. OFFICINAL. *L. officinale* Tige droite, rameuse au sommet, velue ; feuilles sessiles, oblongues, lancéolées, velues, rudes ; fleurs blanches, dépassant à peine le calice ; fruits blancs et luisans, ce qui a fait nommer cette plante *Herbe aux perles.* ♃. Dans les champs, en été. 10 à 15 pouces. C.

3. G. DES CHAMPS. *L. arvense.* Tige droite, rameuse, rude ; feuilles lancéolées, oblongues, obtuses, poilues, rudes, à bords roulés ; fleurs blanches, dépassant à peine le calice ; fruits ridés, noirâtres. ⊙. Dans les champs, en mai et juin. 10 à 15 p. CC.

** *Gorge de la corolle garnie d'écailles.*

287. PULMONAIRE. *PULMONARIA.* Calice campanulé, à 5 angles et à 5 dents ; corolle en entonnoir, à 5 lobes dressés, à gorge velue ; stigm. obtus, échancré.

1. P. OFFICINALE. *P. officinalis.* Tige droite, hérissée de poils ainsi que les feuilles, les radicales pétiolées, ovales-oblongues, aigues, tachetées de blanchâtre, les supérieures plus étroites, amplexicaules ; fleurs assez grandes, penchées, en corymbe, d'abord pourprées, puis bleues. ♃. Dans les bois, en avril et mai. 8 à 12 p. CC.

2. P. A FEUILLES ÉTROITES. *P. angustifolia.* Elle paraît n'être qu'une variété de la *P. officinale,* dont elle diffère par ses feuilles radicales, étroites, et par sa tige plus élancée. ♃. Dans les bois, en avril et mai. 10 à 15 pouces. C.

On cultive quelquefois la *P. de Virginie* (*P. Virginica*), qui a les fleurs plus grandes, d'un bleu clair, et les feuilles glauques.

288. CONSOUDE. *SYMPHYTUM.* Cal. à 5 divisions ; corolle tubuleuse, renflée, à 5 dents peu marquées, courbées en dehors, à gorge garnie d'écailles aigues, rapprochées ; style saillant, à stigmate obtus.

1. C. OFFICINALE. *S. officinale.* Tige droite, rameuse, hérissée ; feuilles grandes, décurrentes, ovales-lancéolées, entières, hérissées ; fleurs penchées, en corymbe terminal, blanches ou violacées. ♃. Dans les prés humides, en mai et juin. 24 à 30 p. CC.

289. LYCOPSIS. *LYCOPSIS.* Calice à 5 divisions ; corolle en entonnoir, à tube courbé, à 5 lobes courts et à gorge fermée par des écailles ovales, saillantes ; fruits ridés, tronqués à la base.

1. L. DES CHAMPS. *L. arvensis.* Plante hérissée de poils rudes, blanchâtres, tuberculeux ; tige rameuse, étalée et redressée ; feuilles étroites, ondulées ; fleurs petites, bleues. ♃. Lieux secs, au bord des chemins, en été. 8 à 12 p. CC.

290. BUGLOSSE. *ANCHUSA.* Calice à 5 divisions ; corolle en entonnoir, à 5 lobes arrondis, étalés, à gorge fermée par des écailles ovales, saillantes ; fruits ridés, tronqués à la base.

1. B. OFFICINALE. *A. italica.* (*A. officinalis*). Plante hérissée de poils rudes ; tige élevée, droite, rameuse ; feuil. oblongues ; corolles bleues, assez grandes ; écailles blanches, pubescentes ; fleurs en panicule lâche, d'un seul côté des rameaux. ♃. Dans les champs, dans la Varenne, à St.-Martin-le-Beau, en été. 15 à 24 p. C.

291. BOURRACHE. *BORRAGO.* Calice à 5 divisions profondes ; corolle en roue, à tube très-court ; lobes aigus ; gorge fermée par des écailles échancrées ; étamines saillantes, aigues, rapprochées ; fruits ridés, cachés par le calice.

1. B. OFFICINALE. *B. officinalis.* Plante hérissée, à tige rameuse, droite ; feuilles grandes, ovales, pétiolées, ridées ; fleurs bleues, en panicule étalée. ⊙. Lieux cultivés, en été. 12 à 18 pouces. CC.

292. MYOSOTIS. *MYOSOTIS.* Anc.^t *Scorpione.* Calice à 5 dents ; corolle hypocratériforme, à tube court, à 5 lobes arrondis ou échancrés, avec 5 écailles glabres, rapprochées à la gorge ; 5 étamines non saillantes ; stigmate simple.

1. M. A FRUITS HÉRISSÉS. *M. lappula.* Tiges droites, velues ; feuilles lancéolées, obtuses, hérissées ; fleurs petites, bleues, en épis, d'un seul côté ; fruits hérissés. ⊙. Lieux secs et pierreux, Rochecorbon, en été. 10 à 12 p. R.

2. M. ANNUEL. *M. annua.* (*M. arvensis.—M. scorpioïdes* L.) Tige poilue, étalée ou redressée ; feuilles lancéolées, oblongues, poilues, obtuses ; fleurs bleues, très-petites, en épis. ⊙. Dans les champs, toute l'année. 4 à 10 p. CC.—Cette espèce varie beaucoup, et plusieurs de ses variétés sont même regardées comme espèces distinctes, telle est le *M. collina*, qui est très-velu et rameux, haut d'un à deux pouces, avec la corolle plus petite que le calice.

3. M. VIVACE. *M. perennis.* (*M. palustris*). Plus grande que le *M. annuel*, moins poilue, et souvent presque glabre ; il a les fleurs assez grandes, d'un beau bleu, avec le milieu jaune. ♃. Lieux humides, bord des ruisseaux, en été. 8 à 12 p. CC.— Cette charmante plante a reçu des Allemands un nom qui signifie *Ne m'oubliez pas ;* on l'appelle aussi *Pensez à moi.*

293. CYNOGLOSSE. *CYNOGLOSSUM.* Calice à 5 divisions ; corolle en entonnoir, à tube plus court que le calice, à 5 lobes arrondis ; gorge fermée par des écailles renflées ; style persistant ; fruits déprimés, épineux ou dentés au bord.

1. C. OFFICINALE. *C. officinale.* Tige droite, rameuse, pubescente ainsi que les feuilles, qui sont lancéolées, sessiles, rétrécies à la base ; fleurs d'un pourpre foncé, en épis, formant une panicule terminale ; fruits aplatis, épineux. ♂ ou ☉. Au bord des chemins, en été. 15 à 18 pouces. CC.

2. C. PEINTE. *C. pictum.* Diffère de la précédente par ses feuilles supérieures en cœur à la base ; par ses fleurs plus grandes, bleues, veinées de violet et de rose, et par ses fruits convexes. ♂. Mêmes lieux, en été. 12 à 18 pouces. CC.

On a dans tous les jardins la *C. printanière* (*C. omphalodes*), jolie plante vivace, basse, à rejets rampans, à feuilles lisses, en cœur, avec des fleurs bleues, petites, paraissant en mai ; ses fruits sont lisses, bordés d'une membrane dentée ; la *C. à feuilles de lin* (*C. linifolium*) a ses fruits de même, et les fleurs blanches, en épis alongés ; ses feuilles sont lancéolées, linéaires, blanchâtres : elle est annuelle.

LXIX. FAMILLE : SOLANÉES.

Calice à 5 divisions égales, souvent persistant ; corolle monopétale, souvent régulière, caduque, à 5 lobes ; étamines attachées à la base de la corolle et alternes avec ses lobes ; un style ; un stigmate simple ou bilobé ; ovaire simple, à 2 loges polyspermes, devenant tantôt une capsule à deux valves parallèles à la cloison, et portant les semences sur une côte saillante au milieu, tantôt une baie à réceptacle central.—*Herbes ou arbrisseaux à feuilles opposées, simples ou lobées, et souvent d'une odeur fétide.*

* *Fruit en baie.*

294. LYCIET. *LYCIUM.* Calice court, tubuleux ; corolle en entonnoir, à tube court, à 5 lobes aigus ; filets des étamines velus à la base ; stigmate sillonné ; baie arrondie.

1. L. D'EUROPE. *L. europœum.* Sous-arbrisseau à rameaux flexibles, épineux ; à feuilles glabres, oblongues : fleurs violettes ; calice à 5 dents ; baie rougeâtre. ♄. Originaire de la France méridionale ; il est tout-à-fait naturalisé dans les haies, à Ste.-Radegonde ; en été. C.

295. SOLANUM. *SOLANUM.* **Calice à 5-10 divisions ; corolle en roue, à tube très-court, à 5 lobes aigus ; 5 étamines presque sessiles ; anthères oblongues, très-rapprochées, droites, s'ouvrant par le sommet ; baie arrondie ou oblongue.**

1. S. VELU. *S. villosum.* Diffère de l'espèce suivante, dont il est peut-être une variété, parce qu'il est entièrement velu, grisâtre ; ses fruits sont jaunes ou rougeâtres. ⊙. Lieux cultivés, Rochecorbon, en été. 12 à 15 pouces. R.

2. S. NOIR. *S. nigrum.* Tige droite, rameuse ; feuilles ovales-aigues, anguleuses, dentées, glabres ; fleurs blanchâtres, penchées, presque en ombelle à l'aisselle des feuilles ; baie noire. ⊙. Au bord des chemins, en été. 12 à 14 p. CC. — Il offre des variétés à fruit jaunâtre, *S. ochroleucum* et *S. humile ;* et à fruit rouge, *S. miniatum,* qu'on regarde aussi comme de véritables espèces.

3. S. DOUCE-AMÈRE. *S. dulcamara.* Sous-arbrisseau à tiges grimpantes (de 4 à 6 pieds) ; feuilles glabres, pétiolées, ovales-lancéolées, ou en cœur, et souvent lobées à la base ou munies d'oreillettes ; fleurs violettes, en corymbes souvent opposés aux feuilles ; baies rouges, alongées. ♄. Dans les haies, en été. CC.

4. S. TUBÉREUX. *S. tuberosum.* Vulg. *Pomme de terre.* Racines garnies de tubercules ; tige herbacée, rameuse, anguleuse ; feuilles pinnées, à folioles inégales, un peu velues, entières, alternativement plus petites ; fleurs blanches ou violacées, en corymbes redressés. ♃. Apportée d'Amérique en 1590, elle est généralement cultivée, et présente une foule de variétés, surtout pour la forme, la couleur et le goût de ses tubercules.

On cultive sous le nom d'*Amomon*, le *S. pseudocapsicum*, arbuste d'orangerie à feuilles glabres, lancéolées-oblongues, un peu sinuées, à fleurs blanches, et très-joli en hiver à cause de ses baies comme des cerises, d'un rouge vif.

L'*Aubergine* ou *Melongène* (*S. esculentum* ou *S. melongena* L.), donne des baies oblongues, violettes ou blanches, très-grosses et bonnes à manger ; ses tiges et ses feuilles ovales, sinuées, sont cotonneuses et garnies d'aiguillons ; c'est une plante annuelle, cultivée dans quelques potagers.

La *Tomate* (*Lycopersicum esculentum* ou *Solanum lycopersicum* L.), est plus commune ; elle est aussi annuelle, avec les tiges faibles et étalées, les feuilles inégalement pinnatifides, à lobes découpés et glauques en dessous ; ses baies, d'un rouge vif, sont irrégulières, à grosses côtes saillantes : elles diffère du genre *Solanum,* parce que ses anthères, réunies par une membrane, s'ouvrent longitudinalement à l'intérieur, et que ses semences sont velues.

Le *Piment* (*Capsicum*) forme un genre voisin des *Solanum*, ses anthères s'ouvrent par une fente longitudinale extérieure, et ses baies, d'un rouge vif, sont rondes ou alongées et sèches à la maturité.

296. PHYSALIS. *PHYSALIS.* Vulg. *Coqueret.* **Calice à 5 divisions ; corolle en roue, à 5 lobes larges ; anthères**

oblongues, droites, rapprochées; baie globuleuse, renfermée dans le calice gonflé comme une vessie.

1. P. ALKEKENGE. *P. alkekengi.* Tige herbacée, presque simple, redressée, un peu velue; feuilles pétiolées, entières, ovales, aigues; fleurs blanchâtres, solitaires; calices et baies rouges. ♃. Dans les vignes, Luynes, Artanne, Villeloin, en été. 12 à 18 p. RR.

297. ATROPA. *ATROPA*. Calice campanulé, à 5 divisions; corolle campanulée, deux fois plus longue que le calice, à 5 lobes égaux, courts; baie globuleuse, attachée sur le calice.

1. A. BELLADONE. *A. belladona.* Tige droite, rameuse, pubescente; feuilles ovales, pétiolées, entières; fleurs d'un rouge obscur, à pédoncules courts, solitaires à l'aisselle des feuilles; baies noires. ♃. Dans les bois, côteaux du Cher, Cangé, en été. 23 à 36 p. RR.

** *Fruit en capsule.*

298. DATURA. *DATURA*. Calice caduc, grand, tubulé, ventru, à 5 angles, à 5 divisions au sommet, avec un disque persistant à la base; corolle très-grande, en entonnoir, à tube long, avec 5 plis et 5 angles terminés en pointe au bord; stigmate à 2 lobes; capsule épineuse ou lisse, ovoïde, à 2 loges partagées en deux ou plusieurs autres par une cloison saillante.

1. D. STRAMOINE. *D. stramonium.* Vulg. *Endormie, Pomme épineuse.* Tige droite, rameuse, glabre ainsi que les feuilles, qui sont grandes, pétiolées, ovales et anguleuses ou sinuées; fleurs grandes, blanches; capsule épineuse. ⊙. Lieux sablonneux, bords de la Loire, en été. 12 à 24 pouces. C.

2. D. A FLEURS VIOLETTES. *D. tatula.* Diffère du *D. stramoine* par sa tige pourprée, par ses fleurs d'un bleu pâle ou violettes, et par ses feuilles en cœur, dentées. ⊙. Mêmes lieux. R.

Plusieurs belles espèces de *Datura* sont cultivées dans les jardins; ce sont: 1.° le *D. arborea*, grand arbrisseau d'orangerie, à rameaux épais, à feuilles grandes, ovales-lancéolées, et à fleurs blanches, odorantes, longues d'un pied; 2.° le *D. fastuosa*, plante annuelle de deux pieds, à fleurs d'un blanc violâtre, souvent avec deux ou trois corolles l'une dans l'autre; et 3.° le *D. ceratocaula*, qui a les tiges cylindriques, plus alongées, et les feuilles blanchâtres en dessous.

299. JUSQUIAME. *HYOSCYAMUS*. Calice tubuleux, à 5 dents, resserré intérieurement autour de l'ovaire; corolle en entonnoir, à 5 lobes inégaux; caps. ovoïde, marquée d'un double sillon et s'ouvrant circulairem[t].

1. J. NOIRE. *H. niger.* Tige droite, rameuse, laineuse; feuilles

amplexicaules, sinuées, à découpures aigues, molles et pubescentes; fleurs jaunâtres, veinées, violettes, sessiles; capsules tournées d'un seul côté sur les rameaux alongés. ♂ ou ⊙. Au bord des chemins, en été. 18 à 24 pouces. C.

300. MOLÈNE. *VERBASCUM.* Calice à 5 divisions; corolle en roue, à 5 lobes inégaux; 5 étamines inégales, à filets penchés, ordinairement velus; capsule ovoïde ou globuleuse, à 2 valves.

* *Feuilles décurrentes.*

1. M. BOUILLON BLANC. *V. thapsus.* Tige droite, simple, couverte ainsi que les feuilles d'un duvet blanc, épais; feuilles ovales-lancéolées, entières; fleurs jaunes, grandes, en épi simple, avec de petites bractées linéaires, dépassant le calice; étamines hérissées de poils rougeâtres. ♂. Au bord des chemins, en été. 30 à 40 p. C.

2. M. THAPSIFORME. *V. thapsiforme.* Diffère de la précédente, dont elle est peut-être une variété, par ses étamines, dont 2 sont glabres, et 3 hérissées de poils jaunâtres. R.

3. M. PHLOMOÏDE. *V. phlomoides.* (*V. tomentosum* Lam.) Feuilles peu décurrentes, les inférieures rétrécies en pétiole, les supér. amplexicaules, en cœur; tige simple: fleurs jaunes, en panicule simple, avec le poil des étamines jaunâtre. ♂. Au bord des chemins, en été. 30 à 40 pouces. R.

** *Feuilles non décurrentes.*

4. M. BLATTAIRE. *V. blattaria.* Tige droite, glabre, rameuse; feuil. oblongues, amplexicaules, crénelées, glabres, les radicales pétiolées, sinuées; fleurs jaunes, pédicellées, solitaires, en épi lâche, avec les filets des étamines barbus, violets; capsule presque glabre, dépassant les lobes linéaires du calice. ♂. Au bord des chemins et des rivières, en été. 24 à 30 pouces. CC.

5. M. NOIRE. *V. nigrum.* Tige droite, simple, velue; feuilles oblongues, en cœur, aigues et crénelées, cotonneuses en dessous, les inférieures pétiolées, les supér. sessiles; fleurs jaunes, en épi simple, à filets barbus, violets, pédicellées, réunies 8-10 ensemble à l'aisselle d'une bractée courte. ♂. Lieux arides, en été. 30 à 36 p. R.

6. M. LYCHNITE. *V. lychnitis.* Tige droite, anguleuse, paniculée: feuilles ovales, crénelées, presque glabres en dessus, cotonneuses et blanches en dessous; fl. jaunes ou blanches, pédicellées et réunies en faisceaux un peu écartés; filets des étamines à poils jaunes; calice petit, à lobes linéaires, glabres au sommet, plus courts que la capsule. ♂. Au bord des chemins, St.-Barthélémy, en été. 24 à 36 p. C.

7. M. FLOCCONEUSE. *V. floccosum.* Diffère seulement de l'espèce suivante par les divisions du calice aigues, noires, et presque sans duvet ainsi que les pédicelles. ♂. Mêmes lieux. CC.

8. M. PULVÉRULENTE. *V. pulverulentum.* Tige droite, cylindrique, paniculée, couverte ainsi que toute la plante d'un duvet blanc qui se détache en flocons granuleux; feuilles radicales pétiolées, ovales,

oblongues, un peu dentées, les supérieures sessiles, en cœur ; fleurs jaunes, pédicellées, réunies en faisceaux de 3-4 un peu écartés ; anthères rouges, filets barbus, blancs ; lobes du calice linéaires, plus longs que la capsule. ♂. Au bord des chemins, en été. 30-40 p. CC.

C'est à la famille des *Solanées* qu'appartient aussi le *Tabac (Nicotiana tabacum)*, qu'on voit quelquefois dans les jardins ; c'est une grande plante annuelle, haute de 4 à 5 pieds ; à feuilles ovales-lancéolées, pubescentes, sessiles ou décurrentes ; avec les fleurs rougeâtres, en panicule terminale ; il a pour caractère générique un fruit en capsule, et une corolle régulière, en entonnoir, à tube long. On cultive aussi la *Nicotiana rustica*, la *N. glauca*, et surtout une plante d'un genre voisin, la *Petunia nyctaginiflora*, remarquable par ses fleurs blanches, nombreuses, solitaires, grandes, tubuleuses, très-longues, à bord large, étalé, à peine divisé en 5 lobes inégaux ; ses feuilles ovales, sont velues ainsi que la tige, qui est rameuse et étalée.

LXX. FAMILLE : ANTIRRHINÉES (ou PERSONNÉES).

Calice à 4-5 divisions, souvent persistant ; corolle irrégulière, souvent bilabiée, en masque (*personnée*) ; 4 étamines, dont 2 plus grandes (ou *didynames*) ; un style, stigmate simple ou bilobé ; capsule à 1-2 loges, à 2 valves concaves, quelquefois séparées par un étranglement ; cloison centrale, parallèle aux valves, tantôt simple, tantôt double et soudée avec les valves repliées ; semences nombreuses, attachées au milieu de la cloison. — *Herbes à feuilles opposées ou alternes.*

301. GRATIOLE. *GRATIOLA*. Calice à 5 divisions, avec 2 bractées à la base ; corolle tubuleuse, presque bilabiée ; lèvre supérieure échancrée, l'inférieure à 3 lobes ; 4 étamines, dont 2 stériles ; capsule ovoïde, biloculaire, à cloison simple.

1. G. OFFICINALE. *G. officinalis*. Tige droite, simple, glabre ainsi que les feuilles, qui sont opposées, sessiles, lancéolées, dentées en scie, avec 3 nervures ; fleurs rosées ou jaunâtres, pédonculées, axillaires, ♃. Au bord des eaux, en été. 10 à 15 p. CC.

302. DIGITALE. *DIGITALIS*. Calice à 5 divisions inégales ; corolle campanulée, oblique, et à 4-5 lobes inégaux ; stigm. simple ou bifide ; caps. ovoïde, aigue.

1. D. JAUNE. *D. parviflora*. (*D. lutea* L.) Tige simple, grêle, glabre ; feuilles ovales-lancéolées, un peu dentées luisantes ; fleurs petites,

d'un jaune pâle, pédicellées, en grappe alongée. ♃. Au bord des bois, Athée, Courçay, Loches. 15 à 18 p. RR.

2. D. POURPRÉE. *D. purpurea.* Tige droite, simple, terminée par un épi de grandes fleurs pourprées, tachetées et poilues à l'intérieur; feuilles grandes, pétiolées, ovales-lancéolées, crénelées, pubescentes. ♂. Dans les bois, en juin et juillet. 24 à 36 p. C.

303. ANARRHINUM. *ANARRHINUM.* (*Antirrhinum* L.) Calice à 5 dents égales; corolle tubuleuse, avec un éperon obtus, et à gorge ouverte; lèvre supérieure bilobée, lèvre infér. à 3 dents égales; capsule arrondie, s'ouvrant par 2 trous au sommet.

1. A. A FEUILLES DE PAQUERETTE. *A. bellidifolium.* Tige droite, rameuse; feuilles radicales obovées, obtuses, dentées, celles de la tige alternes, divisées en 3-5 lobes linéaires, entiers; fleurs bleues, petites, presque sessiles, en épi. ♂. Lieux stériles, dans un bois à la Ville-aux-Dames, en juillet. 15 à 24 p. RR.

304. MUFLIER. *ANTIRRHINUM.* Cal. à 5 lobes inégaux; corolle personnée, bossue à la base, sans éperon, à tube enflé; lèvre supérieure bifide, réfléchie, l'infér. à 3 lobes, creusée en dessous et fermant la gorge; capsule oblique, s'ouvrant par 3 trous au sommet.

1. M. ROUGEATRE. *A. orontium.* Tige droite, peu rameuse, pubescente et viqueuse au sommet; feuilles opposées, lancéolées-étroites, glabres; fleurs rougeâtres, presque sessiles, à l'aisselle des bractées linéaires; calice à dents foliacées, aussi longues que la corolle. ⊙. Dans les champs, en été. 8 à 12 p. CC.

2. M. DES JARDINS. *A. majus.* Vulg. *Gueule de lion*, *Mufle de veau.* Tige droite, divisée à la base en rameaux redressés, pubescente et visqueuse au sommet; feuilles lancéolées, pétiolées, glabres: fleurs grandes, pourprées ou blanches, à gorge jaune, en épi terminal; lobes du calice très-courts, arrondis. ♂. Sur les vieux murs, à Véretz, Loches, en été. 18 à 24 p. C. — Cultivé dans les jardins, il varie pour sa couleur.

305. LINAIRE. *LINARIA.* (*Antirrhinum* L.) Calice à 5 dents, dont les deux inférieures sont écartées; corolle personnée, prolongée en éperon, à tube enflé; lèvre supér. bifide, réfléchie; lèvre infér. à 3 lobes, creusée en dessous et fermant la gorge; capsule ovoïde, s'ouvrant au sommet par 2 trous en plusieurs valves.

1. L. NAINE. *L. minor.* Tige grêle, droite, très-rameuse, poilue, visqueuse; feuil. lancéolées, obtuses, poilues; fl. petites, axillaires,

d'un violet clair ; lobes du calice inégaux, plus courts que la corolle. ⊙. Dans les champs et sur les grèves, en été. 5 à 8 p. C.

2. L. CYMBALLAIRE. *L. cymballaria.* Tiges grêles, formant des touffes pendantes de 12 à 18 p., glabres ; feuilles luisantes, alternes, réniformes, à 5 lobes arrondis ; fleurs petites, d'un violet clair, portées sur de longs pédoncules axillaires et solitaires. ♃. Sur les vieux murs un peu humides, toute l'année. C.

3. L. BATARDE. *L. spurium.* Tiges grêles, rampantes, velues ainsi que les feuilles, qui sont ovales, réniformes ou en cœur ; fl. jaunes, solitaires, à lèvre supérieure violette ; pédoncule filiforme, velu. ⊙. Dans les champs, en été. C.

4. L. AURICULÉE. *L. elatine.* Tiges couchées, velues, rameuses ; feuil. velues, alternes, à petiole court, ovales, en fer de lance, avec deux oreillettes à la base ; fleurs jaunes, à lèvre supér. violette ; pédoncules axillaires, solitaires, filiformes, presque glabres, plus longs que les feuilles. ⊙. Dans les champs, en été. CC.

5. L. DE PÉLISSIER. *L. pelisseriana.* Tige droite, presque simple, glabre, avec des jets stériles, couchés, à feuilles verticillées par 3, ovales ou lancéolées ; feuilles de la tige linéaires, verticillées à la base ; fleurs petites, violettes, à gorge blanche, pédonculées, en grappes terminales courtes ; divisions du calice aigues, dépassant la capsule ; éperon droit, aigu, très-long. ♃. Lieux pierreux ou sablonneux, Couzières, en juin. 9 à 10 p. R.

6. L. DES CHAMPS. *L. arvensis.* Tige droite, rameuse, lisse ; feuilles linéaires, les infér. verticillées par 4 ; fleurs petites, bleuâtres, en grappe terminale courte ; calice velu, visqueux, à divisions linéaires, aigues, plus courtes que la capsule ; éperon recourbé, aigu. ⊙. Dans les champs sablonneux, grèves de la Loire, Saint Pierre-des-Corps, St.-Genouph, en juillet et août. 8 à 10 p. R.

7. L. SIMPLE. *L. simplex.* Tige droite, simple, glabre à la base et pubescente au sommet ; feuilles linéaires, les infér. verticillées par 4 ; fleurs jaunes, très-petites, réunies par 3-4 en grappe terminale ; calice velu, visqueux, à divisions linéaires, obtuses, plus courtes que la capsule ; éperon droit, obtus. ⊙. Champs sablonneux, près de Loches, en été. 8 à 10 p. R.

8. L. COUCHÉE. *L. supina.* Tige rameuse, étalée, un peu velue au sommet ; feuilles linéaires glauques, les infér. verticillées par 4, les super. alternes ; fleurs jaunes en grappes courtes ; éperon aigu ; calice un peu velu. ⊙. Lieux sablonneux, bords de la Loire, en été. 6 à 8 p. C.

9. L. STRIÉE. *L. striata.* (*Ant. monspessulanum* et *A. repens* L.) Racine rampante ; tige droite, rameuse, glabre ; feuilles linéaires éparses, les infér. verticillées ; fleurs rayées de blanc et de violet, en grappes alongées ; éperon court, obtus, droit. ♃. Lieux stériles, S.-Pierre-des-Corps, en été. 8 à 15 pouces. C.—Une de ses variétés (*L. repens*) a les tiges couchées ; une autre (*L. galioides*) a toutes les feuilles verticillées, et les fleurs jaunâtres.

10. L. COMMUNE. *L. vulgaris.* Tige droite, glabre, rameuse ; feuil. lancéolées, linéaires, aigues, glabres, très-rapprochées ; fleurs jaunes,

à éperon droit, à gorge orangée, en épis serrés, terminaux; divisions du calice linéaires, aigues, plus courtes que la capsule. ♃. Lieux secs, au bord des champs, en été. 12 à 18 p. CC.

306. SCROPHULAIRE. *SCROPHULARIA*. Calice à 5 lobes obtus; corolle globuleuse, resserée au bord et bilabiée; lèvre supérieure à 2 lobes, souvent avec une écaille intermédiaire, lèvre infér. plus courte, à 3 lobes; capsule arrondie, terminée en pointe, à deux valves repliées en dedans à la base; cloison double. —*Feuilles opposées.*

1. S. PRINTANIÈRE. *S. vernalis.* Tige droite, anguleuse, pubescente ainsi que les feuilles qui sont grandes, pétiolées, en cœur et doublement dentées; fleurs jaunes, en panicules axillaires. ♂. Près de Marmoutier, en mai. 14 à 18 p. RR.

2. S. AQUATIQUE. *S. aquatica.* Tige droite, presque simple, à quatre angles membraneux; feuilles glabres, pétiolées, oblongues, obtuses, crénelées, et quelquefois avec deux oreillettes à la base; fleurs d'un rouge-noir, en grappe terminale; lobes du calice arrondis, membraneux au bord. ♃. Lieux humides, au bord des eaux, en été. 24 à 36 pouces. CC.

3. S. NOUEUSE. *S. nodosa.* Diffère de la précédente par sa tige à angles arrondis, et par ses feuilles ovales, lancéolées ou en cœur, aigues; les lobes du calice ne sont pas membraneux. ♃. Au bord des eaux et dans les bois humides, en été. 18 à 24 p. C.

4. S. DES CHIENS. *S. canina.* Racine presque ligneuse; tiges nombreuses, arrondies, rameuses; feuilles pinnées, les infér. à folioles lancéolées, crénelées, les supér. finement découpées; fleurs petites, d'un rouge-noir, en grappe terminale. ♃. Lieux sablonneux et pierreux, près de la Loire, en été. 15 à 20 p. C.

307. LINDERNIE. *LINDERNIA.* Calice à 5 divisions; corolle tubuleuse, à deux lèvres, la supér. très-courte, émarginée, l'infér. à 3 divisions inégales; 4 étamines, dont 2 plus courtes ont les filets terminés par 2 dents; stigmate échancré; capsule uniloculaire.

1. L. PYXIDAIRE. *L. pyxidaria.* Tiges grêles, couchées (de 4 à 5 p.); feuilles opposées, sessiles, ovales, entières; fleurs solitaires, rougeâtres, petites; pédoncules axillaires, plus longs que les feuilles. ⊙. Bords de la Loire, en été. RR.—*M. Rouiller* l'avait trouvée fréquemment près du pont de Tours, sur la rive droite.

308. LIMOSELLE. *LIMOSELLA.* Calice irrégulier, à 5 divisions; corolle campanulée, très-petite, à 5 lobes presque égaux; 4 étamines, ou rarement 2;

stigmate globuleux ; capsule ovoïde, polysperme, à 2 valves uniloculaires, avec une cloison incomplète.

1. L. AQUATIQUE. *L. aquatica.* Très-petite plante glabre, sans tige, à rejets rampans ; feuilles radicales pétiolées, lancéolées-spatulées ; fleurs blanches, solitaires, à pédoncules plus courts que les feuilles. ⊙. Au bord des étangs et des rivières, en été. 1 p. C.

LXI. FAMILLE : OROBANCHÉES.

Calice tubuleux, souvent découpé et muni de bractées ; corolle irrégulière, bilabiée ; 4 étamines, dont 2 plus longues ; style simple ; stigmate simple ou à 2 lobes ; ovaire simple, uniloculaire, polysperme ; capsule à 2 valves libres, portant les semences sur une nervure longitudinale.—*Herbes charnues, d'une couleur terne, ordinairement parasites et sans feuilles, à hampe garnie d'écailles ou quelquefois avec des feuilles véritables ; fleurs terminales, solitaires ou en épis.*

309. OROBANCHE. *OROBANCHE.* Calice à 1-5 divisions, avec 1-3 bractées ; corolle tubuleuse, ventrue, à 2 lèvres, la supér. convexe en dessus, l'infér. à 3 lobes inégaux ; stigmate en tête, échancré ou à 2 lobes.

* *Calice à 1-2 divisions, avec une bractée ; corolle à 4 lobes ; capsule s'ouvrant latéralement ; hampe simple.*

1. O. RAVE DU GENÊT. *O. rapum.* (*O. major* Lam.) Hampe rougeâtre, renflée à la base en bulbe charnu, et couverte d'écailles hérissées de poils visqueux ; divisions du calice à deux lobes linéaires, égaux ; corolle à tube enflé ; lèvre supér. à 2 et l'infér. à 3 lobes : stigmate jaune, à 2 lobes. ♃. Dans les bois, sur les racines du Genêt des teinturiers, en mai et juin. 15 à 20 p. CC. — Une variété, deux ou trois fois plus petite (*O. affinis*), se trouve sur le *Genêt herbacé.*

2. O. DE LA LUZERNE. *O. medicaginis.* Hampe jaunâtre, à peine renflée à la base, avec des écailles nombreuses, noirâtres à la pointe; divisions du calice à deux lobes ; corolle alongée, à gorge resserrée ; stigmate bifide, réfléchi, d'un jaune rougeâtre. ♃. Sur les racines de *Luzerne* et le *Lotier corniculé*, en été. 10 à 12 p. CC.

3. O. DU TRÈFLE. *O. minor.* Hampe renflée à la base, écailles peu nombreuses ; bractées lancéolées, poilues ; divisions du calice sim-

ples ou bifides ; corolle cylindrique, recourbée, lèvre supérieure entière, crénelée, l'inférieure à 3 lobes égaux, arrondis, crénelés ; anthères noirâtres ; stigmate rougeâtre, bilobé ; fleurs d'un violet pâle ou blanchâtres. ♃. Sur les racines du *Trèfle des prés*, en été. 8 à 12 pouces. C.

4. O. DU SERPOLET. *O. epithymum.* Hampe rougeâtre, pubescente ; écailles et bractées lancéolées ; fleurs écartées, couvertes de poils glanduleux ; divisions du calice lancéolées, rarement bifides ; lèvre supér. arrondie, crénelée, l'infér. à 3 lobes ; stigmate rougeâtre. à 2 lobes ; bractées velues, plus courtes que la corolle. ♃. Dans les lieux arides, sur la racine de *Serpolet*, Vouvray, Loches, en été. 4 à 5 pouces. R.

5. O. DU GAILLET. *O. galii.* (*O. vulgaris.* — *O. cariophyllacea*). Hampe rougeâtre, écailleuse, et un peu renflée à la base ; écailles et bractées lancéolées, noirâtres ; divisions du calice lancéolées ou irrégulièrement bifides ; corolle pourprée, enflée ; lèvre supérieure émarginée en voûte, l'infér. à 3 lobes arrondis ; filets des étamines recourbés ; anthères noirâtres ; stigmate à 2 lobes, d'un rouge foncé. ♃. Lieux pierreux, sur les racines de *Gaillet blanc*, en été. 9 à 12 p. C. —Elle répand un odeur de Girofle.

6. O. DU LIERRE. *O. hederæ.* Hampe renflée, en un bulbe peu écailleux ; écailles lancéolées ; bractées amincies et repliées au sommet ; corolle rougeâtre, à 2 lévres, la supér. entière, l'infér. à 3 lobes arrondis ; divisions du calice presque entières ; étemines inférieures rapprochées, les supér. écartées ; stigmate échancré, jaunâtre. ♃. Sur le *Lierre*, Rochecorbon, en juin. 8 à 12 p. R.

7. O. DU PANICAUT. *O. eryngii.* Hampe rougeâtre, hérissée, recourbée et écailleuse à la base ; écailles nombreuses, lancéolées ; divisions du calice profondément bifides, à lobes linéaires ; corolle blanche, mêlée de rouge ; lèvre supér. en voûte, à peine bifide, l'infér. à 3 lobes, plissée ; stigmate bilobé, rougeâtre. ♃. Sur les racine de *Panicaut.* RR.—Trouvée à Fondettes par *M. Caffin.*

8. O. ÉLANCÉE. *O. elatior.* Hampe grêle, rougeâtre, poilue, visqueuse ; écailles lancéolées ; bractées dépassant les fleurs, qui sont peu nombreuses, écartées : divisions du calice bifides, à lobes linéaires ; corolle jaunâtre, rouge à l'intérieur, tubuleuse, cylindrique, veinée, bilabiée, plissée et frangée au bord ; lèvre supérieure échancrée, l'infér. à 3 lobes ; stigmate bifide, d'un jaune brunâtre. ♃ Sur les racines de la *Centaurée scabieuse* et de l'*Hélianthème*, Rochecorbon, Loches. 10 à 14 p. R.

** *Calice à 4-5 divisions, soutenu par 3 bractées ; corolle à 5 lobes; capsule s'ouvrant au sommet ; hampe simple ou rameuse.*

9. O. BLEUATRE. *O. cærulea.* Hampe simple, pubescente ; écailles oblongues ; calice à 4 lobes linéaires, dépassant la capsule ; corolle d'un bleu-violâtre, tubuleuse, presque égale, inclinée ; lèvre supèr. à 2 lobes, l'infér. à 3 lobes ; stigmate à 2 lobes, jaunâtre. ♃. Lieux

secs, côteaux de Rochecorbon, la Ville-aux-Dames, Cinq-Mars, sur les racines de l'*Armoise*; en juin. 5 à 8 p. R. — On trouve à la V.-aux-Dames et à Roche-Pinal, une variété d'un blanc jaunâtre, à fl. moins nombreuses, qu'on pourrait regarder comme une nouvelle espèce.

10. O. RAMEUSE. *O. ramosa.* Hampe rameuse, peu écailleuse; calice à 4 lobes ovales, acuminés; corolle jaunâtre, bleuâtre au sommet, tubuleuse, en entonnoir; lèvre infér. à 3 lobes égaux, arrondis; étamines pubescentes à la base; stigmate échancré, blanchâtre. ⨀. Sur les racines du *Chanvre*; St.-Martin-le-Beau, en juillet. 6 p. R.

310. LATHRÉE. *LATHRÆA.* Calice campanulé, à 4 divisions; corolle tubuleuse, à 2 lèvres, la supérieure en casque; stigmate à 2 lobes; capsule ovoïde, s'ouvrant avec élasticité en 2 valves qui portent les semences. — *Herbes blanchâtres, sans feuilles, garnies d'écailles épaisses, imbriquées.*

1. L. CLANDESTINE. *L. clandestina.* Tige souterraine, blanche, rameuse, couverte d'écailles arrondies; fleurs violettes, redressées, solitaires à l'aisselle des écailles, et formant des épis terminaux à la surface du sol. ♃. Lieux ombragés, Chenonceaux, au printemps. RR. *M. Bretonneau.*

2. L. ÉCAILLEUSE. *L. squammaria.* Rameaux nombreux à la base, courts et recouverts d'écailles blanches, charnues, serrées; hampe droite, noirâtre, avec quelques écailles, hérissée, recourbée et poilue au sommet, avec des fl. rosées, pendantes d'un côté en épi alongé. ♃. Lieux ombragés, bois de Grammont, Cangé, en mai. 3 à 6 p. R.

LXXII. FAMILLE : RHINANTHACÉES (*ou* PÉDICULAIRES).

Calice persistant, souvent divisé et tubuleux; corolle irrégulière, souvent en masque; 2-4 étamines, dont 2 quelquefois plus courtes; anthères souvent garnies de 2 pointes; style simple; capsule à 2 loges, à 2 valves réunies par une cloison fixée au milieu de chacune d'elle, et portant les semences. — *Herbes devenant souvent noires pendant la dessication; fleurs munies de bractées, et solitaires ou en épi.* — On doit peut-être réunir cette famille à celle des *Antirrhinées*, comme le font plusieurs auteurs, en les comprenant toutes deux sous le nom de *Scrophularinées*.

1re. Tribu. *PÉDICULAIRES. Corolle irrégulière, souvent à 2 lèvres; 4 étamines, dont 2 plus courtes.*

311. MÉLAMPYRE. *MELAMPYRUM.* Calice tubuleux, à 4 divisions; corolle tubuleuse, comprimée, à 2 lèvres, la supér. en casque, repliée au bord, l'infér. sillonnée, à 3 divisions; capsule oblongue, comprimée, obliquement terminée en pointe, à 2 loges monospermes; semences grandes, ovoïdes.

1. M. des champs. *M. arvense.* Vulg. *Blé de vache, Queue de renard.* Tige droite, rameuse, pubescente; feuilles linéaires; bractées pourprées, ovales, bordées de dents alongées, et formant un épi lâche avec les fleurs, qui sont rougeâtres, à gorge jaune; calice pubescent, à dents linéaires, aristées, rudes, dépassant la capsule. ⊙. Dans les moissons, en été. 10 à 14 p. CC.

2. M. à crête. *M. cristatum.* Tige droite, rameuse, pubescente; feuilles lancéolées-linéaires; bractées en cœur, dentelées, très-rapprochées, et formant avec les fleurs jaunes, mêlées de rouge, un épi compacte à 4 angles; divisions du calice linéaires, aigues. ⊙. Dans les bois et les landes à Charentilly, forêt de Chinon, en été. 9 à 12 pouces. R.

3. M. des prés. *M. pratense.* Tige droite, grêle, presque glabre; feuil. linéaires-lancéolées, glabres, les supérieures pinnatifides à la base; fleurs jaunes, à gorge fermée, axillaires, tournées d'un seul côté, et formant une grappe lâche; dents du calice linéaires, terminées en pointe, plus courtes que la capsule. ⊙. Dans les prés et les bois, en été. 10 à 15 p. CC.

4. M. des bois. *M. sylvaticum.* Diffère du précédent par ses feuilles moins découpées; par ses corolles ouvertes, et par les dents du calice aussi longues que la capsule. ⊙. Dans les bois, Chatenay, Ballan, en été. 10 à 15 p. C.

312. PÉDICULAIRE. *PEDICULARIS.* Calice ventru, à 5 divisions, ou à 2-5 lobes inégaux; corolle tubuleuse, à deux lèvres, la supér. comprimée, alongée en casque, l'infér. étalée, à 3 lobes; capsule comprimée, aigue, souvent oblique, et plus longue que le calice.

1. P. des marais. *P. palustris.* Tige élevée, rameuse; feuilles pinnées, à lobes pinnatifides, dentés; calice à 2 divisions en crête, et devenant enflés; fleurs roses, à lèvre supérieure en casque gonflé et tronqué, portant de chaque côté une petite dent en dessous du milieu. ⊙. Prés marécageux, Chanceaux, Athée, en mai et juin. 12 à 16 pouces. C.

2. P. des bois. *P. sylvatica.* Diffère de la *P. des marais* par sa tige

courte, couchée, et par la lèvre supér. en casque, avec 2 dents au sommet, et sans dents latérales. ⊙. Dans les bois marécageux, Chatenay, forêts de Chinon et d'Amboise, en mai et juin. 3 à 5 p. C.

313. RHINANTHE. *RHINANTHUS*. Vulg. *Cocriste* ou *Cocréte*. Calice ventru, à 4 divisions; corolle tubuleuse, à 2 lèvres, la supér. en casque, comprimée, échancrée, et l'infér. plane, à 3 valves; capsule comprimée, obtuse, cachée par le calice; semences comprimées, bordées.

1. R. GLABRE. *R. glabra*. (*R. cristagalli* L.) Tige droite, mince, presque simple, glabre comme le reste de la plante; feuilles opposées, sessiles, lancéolées, aigues, ridées et crénelées; fleurs jaunes, en épi; bractées ovales, aigues, dentées, blanchâtres ainsi que les calices. ⊙. Dans les prés, en mai et juin. 14 à 18 p. CC.

314. BARTSIA. *BARTSIA*. Calice non ventru, à 4 divisions; corolle tubuleuse, à 2 lèvres, la supérieure droite, entière, en casque, l'inférieure réfléchie, très-petite, à 3 lobes; étamines plus courtes que le casque; anthères cotonneuses; capsule ovoïde, comprimée, oblique.

1. B. VISQUEUSE. *B. viscosa*. Tige droite, presque simple, couverte de poils visqueux ainsi que les feuilles, qui sont lancéolées, aigues, grossièrement dentées: fleurs jaunes, axillaires, latérales, écartées; capsule hérissée, deux fois plus courte que les divisions du calice. ⊙. Dans les champs humides, Notre-Dame d'Oé, Château-Regnault, le Ripault, Savigné; en été. 10 à 16 p. R.

315. EUPHRAISE. *EUPHRASIA*. Calice à 4 divisions; corolle tubuleuse, à 2 lèvres, la supérieure en casque, échancrée, l'infér. à 3 lobes inégaux; 4 étamines, dont 2 ou 4 ont les anthères munies de pointes à la base; capsule ovoïde, comprimée, obtuse, échancrée.

1. E. OFFICINALE. *E. officinalis*. Tige droite, rameuse, grêle; feuil. ovales, à dents aigues, profondes: 2 anthères munies de pointes et ciliées à la base, plus courtes que le casque; fleurs blanches, tachetées de violet et de jaune; lobes de la lèvre infér. échancrés, gorge ouverte. ⊙. Pelouses sèches, en été. 3 à 8 p. CC.

2. E. TARDIVE. *E. odontites*. Tige droite, rameuse, pubescente; feuilles linéaires, lancéolées, dentées; fleurs rougeâtres, dépassant les bractées; toutes les anthères munies de pointes; lobes de la lèvre inférieure obtus; gorge resserrée; calice hérissé. ⊙. Dans les champs, en été. 8 à 12 p. CC.

2e. Tribu. *VÉRONICÉES.* 2 *étamines, corolle en roue, à 4 lobes inégaux.*

316. VÉRONIQUE. *VERONICA.* Calice à 4, ou rarement à 5 divisions ; corolle à 4 lobes, dont un plus petit ; capsule comprimée, ovoïde ou en cœur.

* *Espèces annuelles ; fleurs solitaires.*

1. V. A FEUILLES DE LIERRE. *V. hederæfolia.* Tige poilue, rameuse, couchée, étalée ; feuilles velues, en cœur arrondies, pétiolées, à 3-5 lobes, et dépassant les pédoncules ; fleurs petites, bleuâtres ; lobes du calice ovales, ciliés, dépassant la capsule, qui est glabre, grosse, en cœur, avec deux semences ombiliquées, concaves, dans chaque loge. ⊙. Dans les décombres et les lieux cultivés, au printemps. CC.

2. V. AGRESTE. *V. agrestis.* Tige rameuse, couchée, étalée ; feuil. pétiolées, ovales en cœur, découpées en grandes dents, toutes semblables et plus courtes que les pédoncules ; fleurs petites, bleues ; lobes du calice ovales, aigus, dépassant la capsule qui est pubescente et contient plusieurs semences ombiliquées-concaves. ⊙. Dans les lieux cultivés et sur les murs, toute l'année. CC.

3. V. DES CHAMPS. *V. arvensis.* Tige droite, divisée en rameaux redressés, pubescens ; feuilles ovales en cœur, à dents grandes, les supér. alternes, sessiles, oblongues, entières, dépassant le calice ; fleurs petites, bleues, presque sessiles ; lobes du calice lancéolés, obtus, inégaux, dépassant la capsule qui est en cœur, ciliée, avec des semences nombreuses, comprimées. ⊙. Lieux cultivés, en avril et mai. 6 à 8 p. CC.

Variété : 6. *Pulchella.* Fleurs blanches, pédoncules plus courts ; feuilles glauques. ⊙. Champs sablonneux, bords de la Loire.

4. V. TRIPHYLLE. *V. triphyllos.* Tige rameuse, étalée, pubescente ainsi que les feuilles, dont les infér. sont en cœur, dentées, et les supér. à 3 ou 5 lobes, alongés, obtus, et un peu plus courtes que les pédoncules ; fleurs bleues ; lobes du calice lancéolés-ovales, obtus ; capsule en cœur, couverte de cils glanduleux ; semences ombiliquées-concaves, ridées en dehors. ⊙. Lieux cultivés et humides, en avril et mai. 4 à 6 p. C.

5. V. A FEUILLES D'ACYNOS. *V. acynifolia.* Tige droite, rameuse, un peu pubescente ; feuilles ovales-oblongues, obtuses, crénelées, les supér. entières, presque égales aux pédoncules ; fleurs bleues ; lobes du calice ovales-obtus, plus courts que la capsule qui est profondément échancrée, en cœur et ciliée ; semences nombreuses, lisses, plates en dedans, et convexes en dehors. ⊙. Dans les vignes, les lieux cultivés et humides, Rochecorbon, en mars et avril. 4 à 5 p. C.

** *Vivaces ; fleurs en grappes.*

6. V. A FEUILLES DE SERPOLET. *V. serpyllifolia.* Tige rampante à la base ; feuilles ovales, glabres, obtuses, les infér. légèrement cré-

nelées, opposées ; fleurs blanchâtres, rayées de bleu, accompagnées de feuilles et disposées en grappes terminales. ♃. Dans les prés humides, auprès des bois, en mai. 4 à 6 p. C.

7. V. OFFICINALE. *V. officinalis.* Vulg. *Thé d'Europe.* Tiges rameuses, couchées, redressées, hérissées de poils ; feuilles ovales, crénelées, ridées, poilues ; fleurs d'un bleu pâle, en grappes axillaires, solitaires, un peu lâches ; lobes du calice linéaires, plus courts que la capsule, qui est en cœur ; semences nombreuses, aplaties. ♃. Dans les bois, en mai et juin. 5 à 7 p. C.

8. V. CHAMÉDRYS. *V. chamædrys.* Tiges faibles, couchées, puis redressées, presque simples, avec deux rangées de poils ; feuil. ovales, sessiles, ridées, grossièrement dentées, les inférieures glabres ; fleurs bleues, assez grandes, en grappes latérales, alongées ; lobes du calice linéaires, dépassant la capsule, qui est en cœur, un peu ciliée. ♃. Dans les prés, le long des haies, en avril et mai. 8 à 10 p. CC.

9. V. TEUCRIETTE. *V. teucrium.* Tiges velues, redressées ; feuilles sessiles, lancéolées, aigues, ridées, poilues et à grandes dents ; fleurs bleues, assez grandes, en grappes, opposées, au sommet des tiges, avec un rameau stérile, intermédiaire ; lobes du calice linéaires, hérissés, inégaux, et les plus grands dépassant la capsule. ♃. Pelouses sèches, au bord des bois, en mai et juin. 6 à 10 p. C.

10. V. A ÉCUSSON. *V. scutellata.* Tige faible, couchée à la base, puis redressée ; feuilles sessiles, linéaires, un peu dentées ; fleurs blanchâtres, en grappes latérales, très-lâches ; capsules pendantes, glabres, comprimées, en cœur, et plus longues que le calice, dont les lobes sont lancéolés, obtus ; semences nombreuses, lisses. ♃. Lieux marécageux, bords de la Loire, Grammont, en juin. 8 à 12 p. C.— Une variété, beaucoup plus petite, croît sur les étangs desséchés, et présente alors des capsules ciliées : *à la Gagnerie.*

11. V. MOURON. *V. anagallis.* Tige droite, épaisse, creuse et glabre ; feuilles sessiles, longues, lancéolées, un peu dentées ; fleurs petites, bleuâtres, en grappes latérales, lâches ; lobes du calice lancéolés, dépassant la capsule qui est glabre et à peine échancrée ; semences nombreuses, petites et lisses. ♃. Dans les fossés, au bord des marais ; en mai et juin. 12 à 18 p. CC.—Elle est quelquefois pubescente.

12. V. BECCABUNGA. *V. beccabunga.* Tige creuse, glabre, rampante et redressée ; feuilles opposées, glabres, ovales, obtuses, à peine dentées, un peu rétrécies en pétiole ; fl. petites, bleues, en grappes latérales, lâches ; lobes du calice lancéolés-ovales, aigus, presque égaux à la capsule qui est glabre, très-peu échancrée, et contient des semences petites et nombreuses, lisses et presque ovoïdes. ♃. Au bord des ruisseaux, en juin. 8 à 12 p. C.

On a quelquefois dans les jardins, la *Véronique à épi* (*V. spicata*), dont les tiges, hautes de 18 pouces, et garnies de feuilles opposées, lancéolées, dentées, sont terminées par de longs épis de fleurs bleues.

Plusieurs genres exotiques de cette famille, ou de celle des *Antirrhinées*, sont aussi cultivés pour leurs fleurs ; tels sont : 1.° le *Mimulus*, qui a la corolle personnée, ouverte, à 5 lobes, avec 4 étamines didynames ; et la capsule s'ouvrant en deux valves entières, sur le milieu desquelles est fixée la cloison ; on voit surtout le *M. aurantiacus*, arbuste rameux, à feuilles glutineuses, pubescentes, dentées, ovales-aigues, et dont les fleurs sont orangées; et le *M. guttatus*, espèce annuelle, dont la corolle jaune est tachetée de rouge. — 2.° La *Calcéolaire* (*Calcéolaria*), qui a le calice à 4 divisions, et la corolle presque globuleuse, à 2 lèvres, la supér. petite, entière, l'inférieure très-développée, concave et en forme de sabot, avec 2 étamines et une capsule à 2 valves bifides ; l'espèce la plus commune est la *C. rugosa*, arbuste de serre à feuilles lancéolées, dentées, ridées et ondulées, et à fleurs jaunes, nombreuses, en panicule.

LXXIII. FAMILLE : LABIÉES.

Calice tubuleux, à 5 dents ou à 2 lèvres ; corolle tubuleuse, irrégulière, ordinairement à 2 lèvres, la supérieure souvent à 2, l'inférieure à 3 divisions; étamines insérées sous la lèvre supérieure, rarement 2, plus souvent 4, dont 2 plus grandes; 1 style au milieu des 4 lobes de l'ovaire ; stigmate bifide ; 4 semences nues (ou *cariopsides*) fixées à la base du style et cachées au fond du calice, dont la gorge est quelquefois fermée par des poils. — *Herbes ou sous-arbrisseaux à tige quadrangulaire et à feuil. opposées ; fleurs opposées ou verticillées, axillaires ou en épi, souvent munies de bractées.*

* 2 *étamines fertiles.*

317. LYCOPUS. *LYCOPUS.* Calice tubuleux, à 5 divisions, à gorge nue ; corolle tubuleuse, presque égale, à 4 lobes, dont le supérieur plus large et échancré.

1. L. D'EUROPE. *L. europæus.* Tige droite, rameuse, pubescente ; feuilles ovales, sinuées-dentées profondément, presque pinnatifides à la base ; fleurs blanches, petites, en verticilles serrés, globuleux ; calice à dents épineuses. ♃. Au bord des fossés et des marais, en juillet et août. 24 à 30 p. C.

318. SAUGE. *SALVIA.* Calice campanulé, strié, à gorge nue, à 2 lèvres, la supérieure à 3 dents, et l'inférieure bifide ; corolle à long tube, renflé à la gorge et à 2 lèvres, la supér. dressée, en casque ; anthères à 2 loges, dont une stérile, séparée par un prolongement filiforme (appelé *connectif*) fixé en travers sur le filet.

1. S. OFFICINALE. *S. officinalis.* Tige ligneuse, rameaux nombreux, pubescens, blanchâtres; feuilles pétiolées, lancéolées-ovales, très-ridées, un peu crénelées et légèrement pubescentes; fleurs grandes, bleues ou roses, peu nombreuses, en verticilles, formant un épi lâche, terminal; lèvre supérieure comprimée; calice grand, à dents aigues, dépassant les bractées. ♄. Spontanée à Courçay, en été. 15 à 20 p. RR. — On la cultive souvent en bordure dans les jardins, ainsi que ses variétés.

2. S. A FEUILLES DE VERVEINE. *S. verbenaca.* Tige grêle, redressée, presque simple, velue; feuilles oblongues, obtuses, sinuées ou découpées en grosses dents; fleurs petites, bleues, plus étroites que le calice, dépassant les bractées qui sont arrondies, mucronées, et formant un épi alongé, interrompu; lèvre supér. non comprimée, à deux dents, et plus longue que le style. ♃. Lieux secs, St.-Symphorien (*près de l'Hermitage*), le Ripault, en été. 18 à 24 p. R.

3. S. DES PRÉS. *S. pratensis.* Tige droite, pubescente à la base, presque simple, et terminée par un épi alongé de fleurs bleues, grandes, en verticilles presque nus, avec des bractées plus petites que le calice; lèvre supér. comprimée et recourbée en faux; feuilles oblongues, en cœur, crénelées et ridées. ♃. Dans les prés et au bord des chemins, en mai et juin. 15 à 20 p. CC.

4. S. SAUVAGE. *S. sylvestris.* Tige droite, rameuse, pubescente; feuilles oblongues, lancéolées, presque en cœur, crénelées, ridées, velues en dessous; fleurs petites, violettes, dépassant un peu les bractées, qui sont rougeâtres et verticillées par 6, en épi grêle; style recourbé, dépassant la lèvre supér. de la corolle, qui est comprimée. ♃. Rochers de Luynes, en été. 18 p. RR.

5. S. SCLARÉE. *S. sclarea.* Anc.[1] *Orvale.* Tige élevée, épaisse, carrée, velue et rameuse; feuilles ovales en cœur, dentées, ridées et très-velues; fleurs d'un bleu pâle, en épi, à lèvre supér. comprimée et pubescente, accompagnées de grandes bractées colorées, concaves et en cœur, dépassant le calice. ♃ ou ♂. Au bord des chemins et des levées, près de Tours, Vouvray, Chenonceaux, en juillet et août. 15 à 18 p. C.

On cultive plusieurs autres espèces de *Sauges* pour l'éclat de leurs fleurs, ou plutôt de leurs bractées; telles sont : la *Sauge ormin* (*S. horminum*), plante annuelle de 15 à 20 pouces, dont les fleurs en épi sont accompagnées de bractées roses, rouges ou violettes; la *S. cardinale* (*S. coccinea*), arbuste de serre à feuilles en cœur, aigues, avec des fleurs grandes, écarlates, verticillées; et surtout la *S. éclatante* (*S. fulgens*), plante herbacée, vivace, à tiges carrées de 2 à 4 pieds, garnies de feuilles ovales, lancéolées, dentées, et terminées par des épis de fleurs d'un rouge écarlate, ainsi que les calices et les bractées.

Le *Romarin* (*Rosmarinus officinalis*), est un arbuste du Midi, très-commun dans les jardins, surtout à la campagne; ses feuilles sont dures, persistantes, linéaires, roulées sur les bords, et rapprochées de la tige; et ses fleurs, d'un bleu pâle, sont en petites grappes axillaires; il est caractérisé par son calice à deux lèvres, la supér. entière, l'infér. bifide, avec la gorge nue; et par sa corolle labiée, à lèvre supér. bifide, avec 2 étamines.

La *Monarde* (*Monarda didyma*), qu'on voit souvent en pleine terre dans les jardins, est une plante vivace de 12 à 18 p., à fleurs rouges réunies en têtes arrondies, et à feuilles ovales, aigues, dentées; elle n'a également que deux étamines enfermées dans la lèvre supér. de la corolle; son calice est à 5 dents.

** 4 *étamines fertiles.*

319. BUGLE. *AJUGA*. Calice à 5 dents presque égales; corolle tubuleuse, à 2 lèvres, la supérieure très-petite, à 2 dents, l'inférieure à 3 lobes, dont l'intermédiaire plus grand et en cœur ; graines réticulées.

1. B. IVETTE. *A. chamœpitys.* (*Teucrium chamœpitys* L.) Tige velue, rougeâtre, courte et droite, ou plus longue et couchée, rameuse; feuilles rapprochées, velues, à 3 divisions alongées, linéaires; fleurs jaunes, tachées de noir, solitaires et sessiles à l'aisselle des feuilles; calice renflé à la base. ⊙. Dans les champs, Fondettes, Ballan, en été. 3 à 6 pouces. C.

2. B. RAMPANTE. *A. reptans.* Plante basse, presque glabre, à rejets rampans; tige simple, avec deux rangées opposées de poils, et terminée par un épi de fleurs bleues entre-mêlées de bractées; feuilles ovales, oblongues ou en spatule, faiblement crénelées. ♃. Dans les prés et les bois humides, en été. 4 à 5 pouces. CC.

3. B. PYRAMIDALE. *A. pyramidalis.* Tige simple, droite, toute velue, sans rejets rampans; feuilles ovales-oblongues, sinuées au bord, les infér. pétiolées, les supér. sessiles, plus longues que les fleurs, qui sont sessiles, bleues, et forment un épi verticillé entre-mêlé de bractées. ♃. Dans les prés et les bois, prairie du Cher, en mai. 6 à 8 p. C. —Elle se rapproche souvent beaucoup de la *B. rampante.*

320. GERMANDRÉE. *TEUCRIUM*. Calice tubuleux ou campanulé, à 5 dents inégales ; corolle à tube court, à 2 lèvres, la supérieure très-courte, à 2 divisions rejetées sur les côtés ; l'infér. à 3 lobes inégaux, avec l'intermédiaire plus grand ; étamines saillantes entre les lobes de la lèvre supérieure.

1. G. SAUVAGE. *T. scorodonia.* Tiges droites, rameuses, velues; feuilles ovales en cœur, pubescentes ou un peu glabres; fleurs jaunâtres, tournées d'un seul côté, en grappes axillaires; filets des étamines rouges; calice à 2 lèvres, la supér. formée d'un seul lobe ovale-aigu, l'infér. à 4 dents courtes, aigues. ♃. Dans les bois, en été. 12 à 18 pouces. C.

2. G. BOTRIDE. *T. botrys.* Tige droite, rameuse, pubescente; feuil. pétiolées, molles, pubescentes, multifides, à lobes lancéolés-linéaires, obtus; fleurs rosées, pédonculées, réunies par 3 en demi-verticilles; calice grand, tubuleux, renflé à la base, velu et à dents aigues. ⊙. Dans les champs, Rochecorbon, en été. 8 à 10 p. R.

3. G. OFFICINALE. *T. chamædrys.* Racines presque ligneuses; tiges couchées, puis redressées, velues; feuilles pétiolées, ovales, crénelées; fleurs pourprées, réunies 3 ensemble à l'aisselle des feuilles; calice campanulé, hérissé, à dents acuminées. ♃. Lieux secs exposés au midi, côteaux de la Loire, en été. 6 p. C.

4. G. AQUATIQUE. *T. scordium.* Tiges faibles, velues, souvent couchées ; feuilles sessiles, oblongues, dentées, pubescentes ; fleurs pourprées, presque sessiles, deux ensemble à l'aisselle des feuilles ; calice velu, petit, à dents aigues. ♃. Prés marécageux, en été, 6 à 10 pouces. CC.

5. G. DE MONTAGNE. *T. montanum.* Tiges ligneuses, nombreuses et disposées en touffe étalée ; feuilles lancéolées, linéaires, entières, blanches et roulées en dessous ; fleurs jaunâtres, pédicellées et réunies en tête ; calice glabre, à dents aigues, presque égales. ♃. Pelouses sèches, vallée de Rochecorbon, en juin et juillet, 5 à 7 p. RR.

321. HYSOPE. *HYSSOPUS.* Calice cylindrique, strié, à dents égales et à gorge nue ; corolle à lèvre supér. petite, échancrée, lèvre infér. à 3 lobes, dont l'intermédiaire plus grand, échancré et crénelé.

1. H. OFFICINALE. *H. officinalis.* Arbuste à rameaux droits, arrondis, pubescens ; feuil. sessiles, lancéolées-linéaires, glabres ; fleurs bleues ou pourprées, disposées d'un seul côté en épis munis de bractées linéaires. ♄. Sur les côteaux exposés au midi, Rochecorbon, Vouvray, Château-le-Vallière, en été. 12 à 16 p. R.

322. GALÉOBDOLON. *GALEOBDOLON.* Cal. campanulé, à 5 dents inégales, aigues ; corolle plus longue que le calice, à lèvre supér. alongée, voûtée et entière ; l'infér. à 3 lobes aigus, dont l'intermédiaire plus long.

1. G. JAUNE. *G. luteum.* (*Galeopsis galeobdolon* L.) Tige faible, simple, droite, anguleuse ; feuilles pétiolées, en cœur, crénelées, velues ainsi que la tige, les supér. oblongues, sessiles ; fleurs jaunes, grandes, verticillées par 6. ♃. Dans les bois, la Membrolle, Grammont, en mai. 10 à 15 p. C.

323. LÉONURUS. *LEONURUS.* Anc.[1] *Agripaume.* Calice cylindrique, à 5 angles et à 5 dents, gorge nue ; corolle dépassant à peine le calice, velue, à lèvre supérieure entière, concave, l'infér. à 3 lobes petits et égaux ; anthères couvertes de poils brillans.

1. L. CARDIAQUE. *L. cardiaca.* Tige droite, velue, carrée et cannelée ; feuilles pétiolées, velues, les infér. à 3-5 lobes profonds et dentés ; fleurs petites, blanchâtres ou pourprées, couvertes d'un duvet blanc, en verticilles serrés. ♃. Lieux pierreux et humides, dans la Varenne, en été. 24 à 36 pouces. R.

324. MARRUBE. *MARRUBIUM.* Calice cylindrique, marqué de 10 stries, et à 5-10 dents ; cor. à 2 lèvres, dépassant peu le calice ; lèvre supér. étroite, bifide,

l'infér. à 3 divisions, dont l'intermédiaire plus large et échancrée.

1. M. COMMUN. *M. vulgare.* Plante cotonneuse, blanchâtre, à tiges nombreuses, droites; feuilles pétiolées, ovales, crénelées, épaisses et ridées; fleurs blanches, en verticilles serrés, arrondis; dents du calice amincies, recourbées. ♃. Au bord des chemins, toute l'année. 12 à 18 pouces. CC.

325. BALLOTE. *BALLOTA.* Calice campanulé à 5 angles, à 10 stries et à 5 dents; corolle à 2 lèvres, la supérieure concave, crénelée, l'infér. à 3 lobes, dont l'intermédiaire est plus grand, échancré.

1. B. FÉTIDE. *B. fœtida.* (*B. nigra* L.) Tiges droites, rameuses, peu velues; feuilles pétiolées, ovales, en cœur, crénelées, et souvent d'un vert-noirâtre; fleurs roses ou blanches, petites, velues, réunies sur un pédoncule commun en grappes axillaires. ♃. Le long des murs et des levées, en été. 12 à 18 p. CC.

326. BÉTOINE. *BETONICA.* Calice cylindrique, à gorge nue, à 5 dents aristées; corolle à tube long, courbé, grêle, et à 2 lèvres, la supér. dressée, arrondie, entière, l'infér. à 3 divisions.

1. B. OFFICINALE. *B. officinalis.* Tige droite, velue, souvent simple: feuilles en cœur, ovales ou lancéolées, obtuses, grossièrement dentées, les infér. pétiolées; fleurs rouges, en épi terminal, oblong, interrompu; calice glabre à la base et velu sur les dents, deux ou trois fois plus court que la corolle. ♃. Dans les bois, en été. 15 à 20 pouces. CC.—Elle est plus ou moins poilue, et l'une de ses variétés était appelée *B. stricta*, et regardée comme une espèce.

327. GALÉOPSIS. *GALEOPSIS.* Calice campanulé, à 5 dents aigues ou épineuses; corolle bilabiée, à tube long, élargi à la gorge, avec 2 dents au bord; lèvre supér. en voûte et crénelée, l'infér. à 3 lobes inégaux; anthères velues en dedans.

1. G. TÉTRAHIT. *G. Tetrahit.* Anc.[1] *G. chanvrin.* Tige élevée, droite, rameuse, à nœuds renflés et poilus; feuilles ovales-aigues, grossièrement dentées, presque glabres; corolle rouge, quelquefois blanche, deux fois plus longue que le calice, dont les dents sont épineuses et très-longues; verticilles de fleurs très-fournis et rapprochés. ☉. Dans les bois et les haies, Fondettes, Monnaye, Artannes, en été. 12 à 18 p. C.—Une de ses variétés, à fleurs plus grandes, jaunes, tachées de violet, et à feuilles plus larges, a été appelée *G. versicolor*.

2. G. A GRANDES FLEURS. *G. ochroleuca.* Tige droite, rameuse, pubescente ainsi que les feuilles, qui sont ovales-lancéolées, dentées,

pétiolées ; fleurs grandes, jaunâtres, tachées de jaune plus foncé ou quelquefois rougeâtres, en verticilles écartés ; bractées plus courtes que les calices. ⊙. Dans les champs, en été et en automne. 10-15 p. C.

3. G. DES CHAMPS. *G. ladanum*. Tige droite, rameuse, un peu velue ; feuilles linéaires-lancéolées, peu dentées, légèrement velues ; fleurs pourprées, assez grandes, à lèvre infér. tachée de jaune, disposées en verticilles écartés ; calices velus. ⊙. Dans les champs, en été. 8 à 10 pouces. CC.

328. LAMIUM. *LAMIUM*. Calice nu, à 5 dents aristées et écartées ; corolle plus longue, à gorge nue, dentée de chaque côté, à 2 lèvres, la supérieure entière, en voûte, l'infér. à 3 lobes, les latéraux très-petits, réfléchis, l'intermédiaire plus grand et divisé lui-même en deux autres ; anthères velues.

1. L. BLANC. *L. album*. Vulg. *Ortie blanche*. Tiges droites, un peu velues au sommet ; feuilles en cœur, pétiolées et profondément dentées ; fleurs blanches, verticillées par 12-20 : dents du calice très-longues, ciliées. ♃. Dans les haies, en avril et mai. 10 à 15 p. C.

2. L. TACHÉ. *L. maculatum*. (*L. hirsutum* Lam.) Tiges faibles, redressées, rameuses, pubescentes ; feuil. en cœur, aigues, inégalement dentées, un peu poilues, et quelquefois avec des taches blanchâtres ; fleurs grandes, pourprées, à lèvre supérieure entière, verticillées par 6-10 ; calice presque glabre. ♃. Dans les haies, toute l'année. 10 à 15 pouces. CC.

3. L. POURPRÉ. *L. purpureum*. Tiges faibles, couchées, puis redressées, presque glabres ; feuilles pétiolées, en cœur, arrondies, crénelées, écartées au milieu de la tige et très-rapprochées au sommet : fleurs pourprées, petites, en verticilles rapprochés, de 8-10 fleurs. ⊙. Lieux cultivés, au printemps. 8 à 10 p. CC.

4. L. HYBRIDE. *L. hybridum*. (*L. incisum*). Tiges rameuses, couchées, étalées, glabres ; feuilles petites, pétiolées, triangulaires, arrondies, profondément dentées ou presque découpées en lobes, les supér. sessiles ; fleurs petites, pourprées, en verticilles rapprochés. ⊙. Dans les champs, les lieux cultivés, St.-Cyr, en mai. 5 à 8 p. C.

5. L. AMPLEXICAULE. *L. amplexicaule*. Tiges glabres, couchées ; feuilles arrondies, crénelées ou découpées en lobes obtus, les infér. pétiolées, les supér. sessiles et formant une sorte de collerette autour de la tige ; fleurs pourprées, à tube grêle, alongé ; calice très-velu. ⊙. Lieux cultivés, toute l'année. 6 à 8 p. CC.

329. GLÉCOME. *GLECHOMA*. Calice nu, cylindrique, strié ; corolle bilabiée, deux fois plus longue que le calice ; lèvre supér. bifide, l'infér. à 3 divisions, dont l'intermédiaire plus grande, échancrée ; anthères rapprochées par paires, en croix.

1. G. LIERRE-TERRESTRE. *G. hederacea.* Anc.[t] *Lierret, Terrette.* Tige rampante, redressée à l'extrémité ; feuilles pétiolées, en cœur, arrondies, crénelées ; fleurs bleues ou violettes. ♃. Dans les haies, en avril et mai. 6 à 8 p. CC.

330. STACHYS. *STACHYS.* Anc.[t] *Épiaire.* Calice anguleux, à 5 divisions ou à 5 dents terminées en pointe ; corolle à tube court et à 2 lèvres, la supér. en voûte, l'infér. à 3 lobes repliés sur les côtés ; étamines dejetées de chaque côté, après la fécondation.

1. S. DES CHAMPS. *S. arvensis.* Tige faible, velue ; feuilles pétiolées, ovales en cœur, obtuses, crénelées ; fleurs rougeâtres, verticillées par 6 ; calice à 5 divisions linéaires, aigues, presque aussi longues que la corolle. ☉. Dans les champs, en été. 6 à 8 p. C.

2. S. ANNUEL. *S. annua.* Tige droite, pubescente, rameuse ; feuilles pétiolées, ovales, lancéolées, à 3 nervures, lisses, crénelées ou dentées ; fleurs blanches ou jaunâtres, verticillées par 6 et disposées en épi ; calice à divisions linéaires, subulées, deux fois plus court que la corolle. ☉. Dans les champs, en été. 6 à 8 p. CC.

3. S. SIDÉRITIS. *S. sideritis.* (*S. recta* L.) Tiges couchées, puis redressées, velues ; feuilles oblongues-lancéolées, obtuses, crénelées, rudes, les supérieures sessiles ; fleurs jaunâtres, marquées de lignes brunes, verticillées par 6, en épi terminal ; calice à divisions lancéolées, épineuses. ♃. Lieux secs, la Ville-aux-Dames, côteaux de la Loire, en été. 8 à 10 p. CC.

4. S. DES ALPES, *S. alpina.* Tige droite, élevée, presque simple, couverte de duvet ainsi que toute la plante ; feuilles pétiolées, en cœur, oblongues-ovales, obtuses, dentées ; fleurs rougeâtres, verticillées par 6 : lobes du calice ovales, mucronés ; lèvre supér. de la corolle plane. ♃. Lieux ombragés, à Connichar près Château-Regnault, et trouvée autrefois près de Tours ; en juin. 15 à 30 p. RR.

5. S. D'ALLEMAGNE. S. *germanica.* Plante couverte d'un duvet blanc laineux, très-épais : tiges droites, simples ; feuilles épaisses, ovales-lancéolées, aigues, crénelées, les infér. pétiolées, les supér. sessiles ; fleurs rougeâtres, nombreuses, verticillées en épi terminal mêlé de feuilles ; calice à 5 dents raides, aigues. ♃. Au bord des champs et des chemins, vallée de la Choisille, Chenonceaux, Rillé, Tauxigny ; en juillet. 12 à 16 p. R.

6. S. DES BOIS. *S. sylvatica.* Tige droite, rameuse, velue ; feuilles pétiolées, ovales en cœur, grossièrement dentées ; fleurs d'un rouge foncé, deux fois plus longues que le calice, et verticillées en épi lâche : divisions du calice raides, linéaires, terminées en pointe. ♃. Dans les bois, en été. 16 à 24 p. C.—Cette plante est appelée aussi *Ortie puante,* à cause de sa mauvaise odeur.

7. S. DES MARAIS. *S. palustris.* Tige droite, simple, hérissée ; feuilles sessiles, presque amplexicaules, lancéolées, oblongues, dentées en scie ; fleurs pourprées, verticillées par 6, en épi terminal alongé. ♃. Dans les fossés, au bord des eaux, en été. 24 à 36 p. CC.

331. NÉPÉTA. ***NEPETA.*** **Calice cylindrique, à gorge nue; corolle à tube long, à gorge ouverte et à 2 lèvres, la supér. échancrée, l'infér. à 3 lobes, dont les latéraux sont très-courts, réfléchis, et l'intermédiaire plus grand, crénelé, concave.**

1. N. CHATAIRE. *N. cataria.* Tige droite, rameuse, pubescente; feuil. pétiolées, ovales en cœur, grossièrement dentées, cotonneuses et blanchâtres en dessous; fleurs blanches ou rosées, pointillées de rouge, dépassant le calice, en verticilles presque pédicellées et formant des épis axillaires ou terminaux. ♃. Lieux incultes, bord des chemins, levées de la Loire, vallée de Rochecorbon, en été. 15-20 p. C.

332. LAVANDE. ***LAVANDULA.*** **Calice ovoïde, nu à l'intérieur et marqué de 13 nervures, avec 4 dents égales, au bord, et une cinquième à la partie supérieure, prolongée en appendice; lèvre supér. à deux lobes, l'infér. à 3 lobes; style simple.**

1. L. COMMUNE. *L. spica.* Arbuste très-rameux, à feuilles sessiles, linéaires, roulées au bord, et grisâtres; fleurs bleues, à calice pubescent, verticillées en épi alongé, interrompu à sa base et porté sur un long pédicelle grêle, rude. ♄. Très-commune dans les jardins, surtout à la campagne; en été. 18 à 36 p. CC.

333. SARRIETTE. ***SATUREIA.*** **Calice campanulé ou cylindrique, à 5 divisions égales; corolle à 5 lobes presque égaux; étamines écartées.**

1. S. JULIENNE. *S. Juliana.* Tiges presque simples; feuilles lancéolées-linéaires, pubescentes et roulées sur les bords; pédoncules axillaires, à 3-6 fleurs rosées, très-petites, formant avec les feuilles des anneaux le long de la tige: calice cylindrique, à 10 stries, à dents ciliées et à gorge fermée par des poils. ♃. Sur les rochers et les vieux murs, à Marmoutiers, en été. 6 à 9 p. RR.—Elle provient, sans doute, de l'ancien jardin de cette abbaye.

2. S. DES JARDINS. *S. hortensis.* Tige droite, rameuse, pubescente; rameaux dressés, grêles; feuilles linéaires, lancéolées, un peu rétrécies en pétiole; pédoncules axillaires portant 1-3 fleurs roses; calice campanulé, à gorge nue et à dents égales, lancéolées, aigues. ☉. Dans les jardins, où elle se resème elle-même, en été. 6 à 9 p. CC.

334. MENTHE. ***MENTHA.*** Calice à 5 dents égales; corolle presque égale, à 4 lobes dont le supérieur plus large, souvent échancré, et un peu plus longue que le calice; étamines écartées. — *Herbes d'une odeur agréable, appelées vulg.*[t] Baumes; *à fleurs petites, en épis ou en verticilles.*

1. M. SAUVAGE. *M. sylvestris.* Racine rampante ; tiges droites, rameuses, cotonneuses ; feuilles sessiles, oblongues, aigues, dentées, vertes en dessus, cotonneuses et blanchâtres en dessous ; fl. rosées, en épis alongés, continus ; bractées linéaires, égalant les fleurs ; calice et pédicelles hérissés ; étamines saillantes. ♃. Lieux humides, îles de la Loire, en été. 12 à 15 p. R.

2. M. A FEUILLES RONDES. *M. rotundifolia.* Plante couverte d'un duvet cotonneux, blanchâtre ; tiges presque simples, droites ; feuilles arrondies, sessiles, ridées, crénelées ; bractées lancéolées, aigues ; fleurs petites, rosées, en épis alongés, interrompus à la base ; étam. saillantes. ♃. Lieux humides, en été. 12 à 16 p. CC.

3. M. VERTE. *M. viridis.* Tiges droites, rameuses, glabres ; feuilles sessiles, lancéolées, aigues, glabres et dentées ; fleurs d'un rouge bleuâtre, en épis grêles, interrompus ; bractées linéaires, sétacées ; pédicelles glabres ; calice campanulé, glabre, à 5 dents aigues, ciliées. ♃. Lieux humides, Beaulieu, en été. 12 à 15 p. *M. Diard.* — Elle est très-commune dans les jardins.

4. M. POIVRÉE. *M. piperita.* Tiges flexueuses, dressées, rameuses au sommet, glabres ; feuilles pétiolées, ovales, aigues, dentées, un peu glabres ; bractées lancéolées-linéaires, aigues ; fleurs rosées, en épis obtus, interrompus à la base ; pédoncules axillaires, opposés, multiflores ; calices couverts de points glanduleux. ♃. Commune dans les jardins, en été. 12 à 16 pouces.

5. M. HÉRISIÉE. *M. hirsuta* L. (et *M. aquatica* L.) Tiges flexueuses, redressées, rameuses, hérissées ; feuilles ovales, pétiolées ou presque sessiles, dentées, un peu velues ; fleurs rougeâtres, réunies en tête à l'extrémité des tiges ; pédicelles hérissés ainsi que les calices, dont les dents sont aigues. ♃. Au bord des eaux, en été. 16 à 24 p. CC. — Elle varie beaucoup, tantôt presque glabre, tantôt très-poilue et à feuilles sessiles ou pétiolées.

6. M. DES CHAMPS. *M. arvensis.* Tiges velues, rameuses ; feuilles ovales-aigues, velues, dentées en scie et presque sessiles ; fleurs pourprées, nombreuses, en verticilles axillaires ; calice campanulé, hérissé, blanchâtre, à 5 dents aigues. ♃. Champs humides, après la moisson. 6 à 8 p. C.

7. M. ROUGEATRE. *M. rubra.* Tiges rougeâtres, flexueuses, redressées, rameuses ; feuilles ovales, presque sessiles, glabres, un peu dentées, souvent rougeâtres et luisantes en dessus ; fleurs pourprées, en verticilles petits, axillaires ; calice glabre à la base ainsi que les pédicelles, et à dents ciliées. ♃. Au bord des eaux, Grammont, en septembre. 15 à 18 p. RR.

8. M. POULIOT. *M. pulegium.* Tiges couchées (de 6 à 12 p.), rameuses ; feuilles petites, ovales, obtuses, presque glabres, peu dentées ; fleurs pourprées, en verticilles très-garnis ; calice fermé par des poils, à 5 dents, les 3 supér. aigues, les 2 infér. plus longues et terminées en pointe ; lobe supérieur de la corolle entier. ♃. Dans les champs humides et près des eaux, en été. CC.

335. THYM. *THYMUS*. Calice strié, à gorge fermée par des poils, à 2 lèvres, la supér. à 3 dents, l'infér. bifide ou à 2 soies ; corolle courte, labiée, à lèvre supérieure échancrée, l'infér. à 3 lobes, dont l'intermédiaire plus large, entier ou échancré.

1. T. COMMUN. *T. vulgaris.* Arbuste à rameaux grêles, nombreux, pubescens ; feuil. très-petites, linéaires-lancéolées, grisâtres, roulées au bord, réunies en faisceaux : fleurs rosées, verticillées et réunies en têtes. ♃. Cultivé dans les jardins potagers, en été. 6 à 10 p. CC.

2. T. SERPOLET. *T. serpyllum.* Tiges grêles, presque ligneuses, rampantes ; feuilles ovales ou oblongues, planes, obtuses, entières, ciliées à la base et pétiolées ; fleurs rougeâtres, verticillées en tête ; calice campanulé, hérissé, coloré, à divisions subulées. ♃. Pelouses sèches, en été. 3 à 4 p. CC.

3. T. LAINEUX. *T. lanuginosus.* Il paraît n'être qu'une variété du précédent, dont il diffère par les poils blancs et longs, nombreux, dont il est tout hérissé. ♃. Mêmes lieux. R.

4. T. DES CHAMPS. *T. acynos.* Tige couchée à la base, peu rameuse, velue ; feuilles petites, ovales, rétrécies en pétiole, dentées au sommet ; fleurs d'un bleu rougeâtre, verticillées par 5-6 : pédoncules uniflores ; calice strié, renflé à la base, courbé et resserré au sommet. ☉. Dans les champs pierreux, en été. 4 à 8 p. CC.

5. T. CHATAIRE. *T. nepeta.* (*Melissa nepeta* L.) Diffère de l'espèce suivante par ses fleurs et ses feuilles plus petites, et par ses pédoncules plus longs que les feuilles. ♃. Lieux secs, en été. 12 à 18 p. R.

6. T. CALAMENT. *T. calamintha.* (*Melissa calamintha* L.) Tige faible, redressée, velue ; feuilles pétiolées, velues, ovales, obtuses, dentées profondément ; fleurs rougeâtres, grandes : pédoncules multiflores, de la longueur des feuilles et formant une sorte de panicule axillaire ; bractées linéaires, très-minces ; calice petit, hérissé. ♃. Lieux secs et pierreux, Rochecorbon, St.-Cyr (aux *Maisons blanches*), en été. 12 à 18 pouces. C.

336. MÉLISSE. *MELISSA*. Calice raide, strié, à gorge nue, écartée, à 2 lèvres, la supér. plate, à 3 dents, l'infér. à 2 lobes terminés en pointe ; corolle à tube long, recourbé, à lèvre supérieure voûtée et bifide, l'inférieure à 3 lobes.

1. M. OFFICINALE. *M. officinalis.* Tige droite, rameuse ; feuilles pétiolées, ovales, presque en cœur, grossièrement dentées, un peu velues ; fleurs blanches, en demi-verticilles et tournées d'un seul côté ; bractées oblongues, pédicellées. ♃. Au bord des chemins et dans les haies, Semblançay, Loches, en été. 12 à 16 p. R.

337. MÉLITTE. *MELITTIS*. Calice grand, bilabié, plus large que le tube de la corolle, à 3 divisions, dont

une très-large forme la lèvre supérieure ; corolle deux fois plus longue que le calice, à tube dilaté vers l'entrée, et à 2 lèvres ouvertes, la supérieure entière, plane, l'infér. à 3 grands lobes inégaux, arrondis.

1. M. A GRANDES FLEURS. M. *melissophyllum*. Tige droite, simple, velue, garnie de feuilles grandes, ovales, pétiolées, crénelées ; fleurs blanches, avec une tache violette, réunies deux ou quatre ensemble à l'aisselle des feuilles. ♃. Dans les bois, en mai. 14 à 18 p. CC.

338. CLINOPODE. *CLINOPODIUM*. Calice bilabié, renflé à la base, strié, à gorge fermée par des poils ; lèvre supér. à 3, et l'inf. à 2 dents ; corolle à tube court, à gorge renflée, lèvre supér. droite, échancrée, l'infér. à 3 lobes, dont l'intermédiaire plus grand et échancré.

1. C. COMMUN. *C. vulgare*. Tige presque simple, velue ; feuilles pétiolées, ovales, peu dentées, velues ; fleurs rougeâtres, réunies sur des pédoncules ramifiés en un ou deux verticilles terminaux, arrondis, hérissés de poils et entourés de bractées capillaires, ciliées. ♃. Dans les haies et au bord des bois, en été. 14 à 18 p. CC.

339. ORIGAN. *ORIGANUM*. Calice inégal, variable, tantôt à 5 dents, tantôt à 2 lèvres ou à 2 divisions ; corolle bilabiée, à tube comprimé ; lèvre supérieure droite, échancrée, l'inférieure à 3 divisions presque égales. — *Fleurs axillaires entre des bractées ovales, imbriquées, et formant des épis nombreux rassemblés au sommet des tiges.*

1. O. COMMUN. *O. vulgare*. Tige droite, rougeâtre, rameuse, pubescente, dure ; feuilles pétiolées, ovales, entières ; fleurs rougeâtres, accompagnées de bractées colorées et formant des épis courts agglomérés en panicule terminale ; calice fermé par des poils. ♃. Sur les collines sèches, le long des haies, en juillet et août. 12 à 16 p. CC.

La *Marjolaine* (*O. majoranoides*), est un arbuste aromatique cultivé souvent en bordures dans les jardins ; ses feuilles sont pétiolées, ovales, molles, pubescentes, et ses fleurs rosées forment des épis arrondis, pédonculés et réunis en tête ; son calice est à deux lèvres et à gorge nue.

340. BRUNELLE. *BRUNELLA*. Calice à gorge nue, à 2 lèvres, la supérieure plane, tronquée, à 3 dents, l'infér. courte, à 2 divisions ; corolle bilabiée, lèvre supér. concave, entière ou à 2 lobes, l'infér. à 3 lobes, dont l'intermédiaire plus grand, échancré ; filets fourchus au sommet, ou munis de 2 dents, par l'une des-

quelles est portée l'anthère. — *Fleurs sessiles, accompagnées de grandes bractées et formant un épi terminal.*

1. B. COMMUNE. *B. vulgaris.* Racine rampante, tige presque simple, redressée ; feuilles pétiolées, oblongues, ovales, obtuses, dentées à la base ou entières ; fleurs bleues en épi ovale, cylindrique ; corolle égalant deux fois le calice, dont la lèvre supérieure est à 3 dents très-petites ; bractées en cœur, arrondies, ciliées au bord. ♃. Dans les bois et les prés, en été. 6 à 12 p. CC.

2. B. LACINIÉE. *B. laciniata.* Tige couchée à la base, puis redressée, velue et blanchâtre ; feuil. pubescentes, pétiolées, ovales-oblongues, obtuses, les supér. lancéolées, dentées, et pinnatifides ; fleurs violettes ou jaunâtres, en épi oblong, terminal : bractées arrondies, ciliées. ♃. Pelouses sèches, au bord des bois, Chatenay, Rochecorbon, en été. 3 à 6 pouces. C.

341. SCUTELLAIRE. *SCUTELLARIA.* Anc.[t] *Toque.*

Calice court, à 2 lèvres entières, avec une crête ou écaille arrondie, concave, fixée sur la supérieure ; corolle à tube long et courbé à la base, à 2 lèvres, la supér. comprimée, en voûte, avec 2 dents à la base, et l'infér. plus large, échancrée ; semences renfermées dans le calice comme dans une capsule.

1. S. FER DE FLÈCHE. *S. hastifolia.* Tige rameuse, droite, pubescente au sommet ; feuilles triangulaires, presque entières, avec deux oreillettes tronquées à la base, les supér. sagittées ; fleurs bleues, axillaires, plus longues que les feuilles supér., tournées d'un côté et formant un épi terminal ; écaille du calice entière. ♃. Au bord des eaux, en été. 8 à 12 p. C.

2. S. NAINE. *S. minor.* Tige rameuse, grêle, redressée ; feuil. ovales, en cœur, obtuses, entières, les supér. dépassant un peu les fleurs, qui sont rosées, axillaires et tournées d'un seul côté. ♃. Au bord des eaux, Baudry, Pernay, en été. 3 à 6 p. R.

3. S. TOQUE. *S. galericulata.* Tige droite, rameuse, lisse ; feuilles en cœur, lancéolées, crénelées, un peu obtuses, à pétiole court ; fleurs bleues, axillaires, presque sessiles, deux fois plus courtes que les feuilles, et tournées d'un seul côté ; écaille du calice échancrée. ♃. Au bord des eaux, en été. 10 à 15 p. CC.

Quelques autres genres à 4 étamines, de la famille des *Labiées*, se voient communément dans les jardins, tels sont : 1.° le *Basilic* (*Ocymum*), dont le calice a deux lèvres, la supér. plus large, arrondie, et l'infér. à 4 divisions ; la corolle est renversée, avec deux lèvres, l'une plus longue, entière, et l'autre à 4 lobes ; les filets des étamines sont penchés, et les deux plus courts ont un appendice à la base ; on en a trois espèces, *O. basilicum*, *O. bullatum*, et *O. minimum* : ce sont des herbes annuelles glabres, d'une odeur suave, à fleurs verticillées, blanches, avec des bractées vertes ou violettes ; elles diffèrent par leur grandeur et par leurs feuilles.

2.° Le *Phlomis*, qui a le calice anguleux, à gorge nue, avec 5 dents étalées, et la corolle labiée, très-longue, avec la lèvre supér. velue en dessus, comprimée et voûtée, et l'infér. à 3 lobes, dont l'intermédiaire échancré. On cultive en pleine terre le *Phlomis frutescent (P. fruticosa)*, sous-arbrisseau couvert d'un duvet cotonneux, à feuilles ovales et à fleurs jaunes réunies par 15-20 en verticilles arrondis ; et l'on a en serre le *Phlomis leonurus*, arbuste à tiges alongées, garnies de feuilles lancéolées, étroites, dentées, et de fleurs d'un rouge-orangé, très-longues, formant un épi verticillé.

LXXIV. FAMILLE : VERBÉNACÉES,

(*ou* GATILIERS, *ou* PYRÉNACÉES).

Calice tubuleux, souvent persistant ; corolle tubuleuse, caduque, souvent irrégulière ; 4 étamines didynames, ou rarement 2-6 étam. ; un style, stigmate simple ou bilobé ; ovaire libre, à 2 ou 4 loges ; fruit en drupe ou en baie, contenant 1-4 pépins monospermes renfermés quelquefois dans une membrane.—*Herbes ou arbrisseaux à feuilles opposées, sans stipules.*

342. VERVEINE. *VERBENA*. Calice à 5 divisions ; corolle à tube courbé, presque bilabiée, à 5 lobes inégaux ; 4 étamines ; 2-4 semences nues, réunies par un tissu, et enveloppées par le calice.

1. V. OFFICINALE. *V. officinalis.* Tige droite, solitaire, rameuse ; feuilles inférieures ovales, crénelées, les supér. découpées, multifides ; fleurs d'un blanc-violet, en épis filiformes disposés en panicule. ♃. Au bord des chemins, en été. 16 à 24 p. CC.

On cultive trois ou quatre autres espèces de *Verveines* : la *V. à trois feuilles (V. triphylla)*, arbrisseau d'orangerie, à feuilles lancéolées, verticillées par 3, d'une odeur agréable de citron, et à fleurs très-petites, bleuâtres, en panicule légère ; la *V. de Miquelon (V. aubletia)*, plante bisannuelle à tiges hautes d'un pied, droites ou couchées, à feuilles pinnatifides ou lancéolées, et à fleurs pourprées, en épi ; enfin, la *V. écarlate (V. coccinea)*, à tiges faibles, couchées, garnies de feuilles lancéolées, découpées, et terminées par des ombelles de fleurs assez grandes et d'un rouge superbe.

A cette famille appartiennent : 1.° le *Gatilier (Vitex agnus-castus)*, arbrisseau de pleine terre à feuilles digitées formées de 5-7 folioles étroites, lancéolées, entières et odorantes ainsi que les rameaux qui sont terminés par des panicules resserrées de fleurs bleuâtres ou violettes, petites ; sa corolle a 5-6 lobes inégaux disposés en 2 lèvres, avec 4 étamines didynames ; son fruit est un drupe sec contenant un noyeau dur à 4 loges uniloculaires. 2.° Le *Volkameria japonica*, arbuste de serre à rameaux épais, velus, garnis de feuilles d'une odeur fétide, grandes, en cœur, avec des fleurs rosées, d'une odeur suave, en corymbe terminal. 3.° Et le *Lantana camara*, autre arbuste à rameaux carrés, avec des feuilles ovales, aigues, ridées et dentées, et des fleurs en bouquets, jaunes d'abord, puis orangées ; le calice et la corolle sont à 4 lobes, et le fruit est une baie avec un noyeau à 2 loges monospermes.

La LXXV.e famille, celle des *Acanthacées*, a le calice à 4 5 divisions, persistant, souvent muni de bractées, et la corolle irrégulière, ordinairement labiée, avec 2 étamines, ou 4 dont 2 plus grandes; un style et une capsule à 2 loges formées de deux valves qui s'ouvrent avec élasticité et au milieu desquelles tient une demi-cloison transversale qui porte les semences. Elle fournit à nos jardins l'*Acanthe sans épine (Acanthus mollis)*, vulg. *Brancursine*, belle plante à feuilles très-grandes, lisses, élégamment découpées; sa tige droite, épaisse, haute de 2 à 3 pieds, est terminée par un épi de fleurs grandes, blanches ou rosées, dont le calice, presque à 2 lèvres, est divisé en 4 lobes; et dont la corolle n'a qu'une lèvre infér. à 3 lobes avec 4 étamines; les *Ruellia*, belles plantes de serre, dont les fleurs ont 5 divisions au calice et à la corolle, avec 4 étamines; et enfin, la *Carmantine* ou *Noyer des Indes (Justicia adathoda)*, arbrisseau d'orangerie, haut de 6 à 8 pieds, avec des feuilles lancéolées, pubescentes, d'un vert-clair, et des fleurs grandes, en épis axillaires, blanches, veinées de rouge, à 2 lèvres et à 2 étamines.

LXXVI. FAMILLE : LENTIBULARIÉES,

(*ou* UTRICULINÉES).

Calice divisé, persistant; corolle irrégulière, à 2 lèvres, avec un éperon; 2 étamines insérées à la base de la corolle; un style très-court; stigmate à 2 lèvres; une capsule uniloculaire, s'ouvrant au sommet; semences nombreuses, attachées à un réceptacle central, globuleux.—*Herbes aquatiques ou de marais.*

343. GRASSETTE. *PINGUICULA*. Calice campanulé et bilabié, à 5 divisions; corolle à 2 lèvres, la supérieure à 3 lobes, et l'inférieure, plus petite, à 2 lobes et munie d'un éperon à la base.

1. G. COMMUNE. *P. vulgaris*. Tige nulle; feuilles radicales en rosette, ovales, obtuses, molles et comme grasses, d'un vert-jaunâtre; hampe glabre, terminée par une fleur violette; lèvre supérieure à 2 lobes aigus, l'inférieure à 3 lobes arrondis; éperon droit, cylindrique, aussi long que la fleur. ♃ ou ⊙. Prés tourbeux, Chanceaux, Château-la-Vallière, St.-Paterne. 3 à 4 p. R.

344. UTRICULAIRE. *UTRICULARIA*. Calice divisé en 2 lèvres inégales, entières; corolle en masque, à lèvre inférieure munie d'un éperon à la base.—*Herbes aquatiques, à feuilles nageantes, en forme de racines multifides, et garnies de vésicules pleines d'air.*

1. U. COMMUNE. *U. vulgaris.* Feuilles multifides, à divisions capillaires ; éperon conique ; lèvre supérieure entière ; fleurs jaunes, assez grandes, en épi hors de l'eau, sur une hampe nue. ♃. Dans les eaux stagnantes, Chambray, la Membrole, la V.-aux-Dames, en été. C.

LXXVII. FAMILLE : PRIMULACÉES.

Calice persistant, à 4-5 lobes ; corolle régulière à 4-5 lobes plus ou moins profonds ; étamines en nombre égal et opposées aux lobes de la corolle ; un style ; capsule uniloculaire ; semences nombreuses, fixées à un support ou placenta central.

345. HOTTONIA. *HOTTONIA.* Calice à 5 divisions profondes, aigues ; corolle à tube court, à 5 lobes plats ; 5 étamines presque sessiles ; capsule globuleuse, ne s'ouvrant pas, couronnée par le style deux fois plus long.

1. H. DES MARAIS. *H. palustris.* Plante aquatique à tiges longues, (12 à 18 p.), submergées, garnies de feuilles découpées en dents de peigne, et terminées hors de l'eau par un bel épi de fleurs roses, assez grandes, verticillées par 4-5. ♃. Dans les fossés et les ruisseaux lents, en mai et juin. C.

346. LYSIMAQUE. *LYSIMACHIA.* Calice à 5 divisions ; corolle en roue, à tube très-court, à 5 lobes ovales ; 5 étamines quelquefois soudées à la base par les filets ; capsule globuleuse, polysperme, s'ouvrant au sommet à 5-10 valves.—*Herbes à feuilles opposées, à fleurs jaunes, axillaires ou terminales.*

1. L. COMMUNE. *L. vulgaris.* Tige droite, pubescente ; feuilles presque sessiles, opposées ou verticillées par trois, lancéolées, aigues, velues en dessous ; fleurs en panicule terminale ; divisions du calice ovales, aigues. ♃. Au bord des fossés et des ruisseaux, le long du Cher, en été. 20 à 24 p. C.

2. L. NUMMULAIRE. *L. nummularis.* Tige alongée, rampante (de 8 à 12 p.); feuilles ovales, arrondies, entières, presque sessiles, glabres, et d'un vert-jaunâtre ; fleurs assez grandes, solitaires, à pédoncules plus longs que la feuille. ♃. Au bord des fossés, en été. CC.

347. CENTENILLE. *CENTUNCULUS.* Calice à 4 divisions lancéolées, aigues, dépassant la corolle, qui

est en roue, à 4 lobes; 4 étamines; capsule globuleuse, s'ouvrant circulairement.

1. C. NAINE. *C. minimus.* Très-petite plante à tige rameuse, glabre, garnie de feuilles alternes, ovales, sessiles; fleurs blanchâtres, axillaires, sessiles. ⊙. Lieux humides, allées de la forêt de Chinon, bords de l'étang de Jumeau et près de Loches, en été. 1 p. R.

348. MOURON. *ANAGALLIS.* **Calice à 5 divisions aigues; corolle en roue, à 5 lobes ovales; capsule globuleuse, s'ouvrant circulairement; 5 étamines velues et soudées à la base.**

1. M. DES CHAMPS. *A. arvensis.* (*A. phœnicea* et *A. cœrulea* Lam.) Tiges rameuses, faibles, couchées, formant des touffes étalées; feuilles ovales, opposées, sessiles, pointillées en dessous; fleurs solitaires, rouges, roses ou bleues, à pédoncules axillaires, plus longs que les feuilles. ⊙. Lieux cultivés, en été. 3 à 4 p. CC.

2. M. DÉLICAT. *A. tenella.* Tiges filiformes, rampantes (de 2 à 3 p.); feuilles pétiolées, arrondies ou ovales, entières; fleurs roses, assez grandes, à pédoncules plus longs que les feuilles. ♃. Lieux humides et tourbeux, Semblançay, Château-Regnault, Savigné, en été. C.

349. PRIMEVÈRE. *PRIMULA.* **Calice à 5 dents; corolle hypocratériforme, à 5 lobes souvent échancrés, et à tube renflé à l'entrée pour loger les étamines qui sont presque sessiles; capsule ovale, à 5 ou à 10 valves s'ouvant seulement au sommet; semences nombreuses.** — *Herbes à feuilles radicales; hampe simple ou terminée par une ombelle de fleurs.*

1. P. OFFICINALE. *P. officinalis.* Vulg. *Coucou.* Feuilles ovales-oblongues, obtuses, un peu rétrécies en pétiole, crénelées, ondulées et ridées; hampe multiflore; folioles de l'involucre linéaires, aigues: fleurs jaunes, penchées d'un côté; corolle petite, à lobes redressés; calice renflé, à 5 dents lancéolées, ovales. ♃. Dans les prés et les bois, en avril et mai. 8 à 12 pouces. CC.

2. P. ÉLEVÉE. *P. elatior.* Vulg. *Printemps.* Feuilles ovales, obtuses, un peu rétrécies en pétiole, cotonneuses en dessous, sinuées ou dentelées; hampe pubescente, multiflore; pédicelles étalés; corolle jaune, à lobes larges, étalés; calice pubescent, un peu renflé, à dents aigues. ♃. Dans les bois, Grammont, en mai. 6 à 9 p. R.

3. P. A GRANDES FLEURS. *P. grandiflora.* Vulg. *Printemps.* Feuilles ovales, oblongues, obtuses, presque sessiles, dentelées, glabres en dessus, et poilues en dessous: hampe très-courte, et souvent nulle; pédoncules uniflores, plus courts que les feuilles: calice campanulé, à 5 côtes, à 5 dents aigues; corolle jaunâtre, à lobes grands, étalés. ♃. Dans les bois, Grammont, en mai. 4 à 6 p. C.

Ces deux dernières espèces ont fourni aux jardiniers une infinité de variétés de diverses couleurs. Il en est de même de la *Primevère auricule* ou *Oreille d'ours (P. auricula)*, dont les feuilles sont planes, obtuses, charnues, glauques et souvent farineuses, et qui a le calice deux ou trois fois plus petit que la corolle; sa hampe farineuse porte aussi une ombelle de fleurs; et elle varie à feuilles entières ou crénelées. On cultive aussi, mais en serre, la *Primevère de la Chine*, dont les feuilles sont presque palmées et les fleurs à calice gonflé.

350. SAMOLE. *SAMOLUS*. Calice persistant, adhérent à moitié à l'ovaire; corolle hypocratériforme, à 5 lobes, avec 5 écailles filiformes, intermédiaires et repliées en dedans; 5 étamines insérées au fond de la corolle; ovaire demi-inférieur; capsule à 5 valves au sommet.

1. S. DE VALERAND. *S. Valerandi*. Tige droite, glabre ainsi que les feuilles, qui sont alternes, ovales, spatulées, obtuses, d'un vert jaunâtres; fleurs petites, blanches, en épi terminal. ♃. Dans les prés marécageux et tourbeux, vallée de la Choisille, Semblançay, forêt de Chinon, en juin et juillet. 5 à 10 pouces. R.

La famille des *Primulacées* fournit encore à nos jardins : 1.° le *Cyclamen europœum*, anc. *Pain de pourceau*, qui est naturalisé dans les jardins : sa racine tubéreuse, aplatie, pousse chaque année des feuilles grandes, pétiolées, en cœur, anguleuses, tachetées de blanc, et des hampes terminées par une fleur blanche ou rose, renversée et à 5 lobes redressés et appliqués contre la hampe; il fleurit en automne et au printemps. 2.° le *Dodecatheon meadia*, que l'on cultive en serre; il a des feuilles radicales, lancéolées, glabres, un peu sinuées, et des fleurs un peu semblables à celles du *Cyclamen*, mais réunies au sommet d'une hampe commune.

LXXVIII. FAMILLE : GLOBULARIÉES.

Fleurs en tête, sur un réceptacle garni de paillettes, et entourées d'un involucre commun; calice tubuleux, à 5 lobes; corolle tubuleuse, à 5 lobes inégaux, insérée sur le réceptacle; 4-5 étamines fixées au tube de la corolle et alternes avec ses lobes; style bifide; ovaire monosperme, ovoïde, couvert par le calice persistant. — *Herbes ou arbustes à feuilles alternes, simples.*

351. GLOBULAIRE. *GLOBULARIA*. Mêmes caractères.

1. G. COMMUNE. *G. vulgaris*. Tige herbacée; feuilles radicales, pétiolées, ovales, spatulées, avec 3 dents au sommet; feuilles de la tige alternes, ovales, lancéolées, aigues; fleurs bleues, petites, à étamines saillantes; calices hérissés. ♃. Pelouses sèches, vallée de Rochecorbon, Nouzilly, Montbazon, côteaux de l'Indre, en juin. 3 à 9 p. R.

Sous-Classe. IV. Monochlamydées.

Périgone simple ou quelquefois double, mais sans véritable corolle, qui se trouve confondue avec le calice.

LXXIX. FAMILLE : PLUMBAGINÉES.

Périgone double, persistant, l'extérieur d'une seule pièce, tubuleux, entier ou denté, l'intérieur figurant une corolle à un ou à plusieurs pétales ; 5 étamines insérées sur le réceptacle, ou au bas des pétales s'il y en a plusieurs ; ovaire simple, libre, monosperme, devenant une capsule ; plusieurs styles, ou un seul avec plusieurs stigmates. — *Herbes ou arbustes à feuilles simples, entières, alternes ou radicales ; fleurs en tête ou en épi.*

352. STATICÉ. *STATICE.* Périgone extérieur entier, sec et plissé, l'intér. à 1 ou à 5 pétales colorés, persistans ; 5 étamines insérées sur les pétales ; 5 styles ; caps. couverte par les 2 périgones, et ne s'ouvrant pas.

1. S. A FEUILLES DE PLANTAIN. *S. plantaginea.* Feuilles oblongues, lancéolées, aigues, glabres, à 3-5 nervures ; hampe simple, glabre, 6-10 fois plus longue que les feuilles, terminée par un capitule de fleurs roses, avec un involucre commun, imbriqué, scarieux et prolongé inférieurement en tube ou en gaîne sur la hampe : périgone extérieur surmonté par des dents alongées. ♃. Lieux secs et sablonneux, la Ville-aux-Dames, en juin et juillet. 12 à 16 pouces. C.

On cultive souvent en bordure, dans les jardins, le *Statice armeria*, vulg. *Gazon d'Olympe*, qui diffère du précédent parce que ses feuil. sont linéaires, très-étroites, en touffe comme un gazon fin ; ses hampes sont plus courtes et les dents du périgone extérieur sont très-petites.

Le genre *Plumbago*, qui a donné son nom à cette famille, fournit aussi à nos jardins une espèce intéressante, *P. scandens*, arbuste de serre à rameaux verts, garnis de feuil. lancéolées, obtuses, et terminées par une grappe de fleurs assez grandes, d'un bleu pâle; le périgone extérieur est tubuleux, à 5 dents, hérissé, et l'intérieur figure une corolle en entonnoir à 5 lobes étalés; son fruit est une capsule à 5 valves, s'ouvrant au sommet.

LXXX. FAMILLE : PLANTAGINÉES.

Fleurs hermaphrodites, ou rarement monoïques, à périgone double, persistant, l'extérieur à 4 divisions, l'intérieur tubuleux, à 4 lobes; 4 étamines insérées dans le tube et alternes avec les divisions, à filets saillans; un style; ovaire libre, simple, devenant une capsule qui s'ouvre circulairement, et qui est partagée en 2 ou 4 loges par une cloison mobile, plane ou à 4 angles, à laquelle sont fixées les semences. — Dans les espèces monoïques, les étamines sont fixées au réceptacle; le périgone externe des fleurs femelles a 3 divisions, l'interne est tubuleux, entier, et l'ovaire est monosperme. — *Herbes à fleurs sessiles, en épi ou en tête.*

353. LITTORELLE. *LITTORELLA*. Plantes monoïques; fleurs mâles pédicellées, à 4 divisions; fleurs femelles sessiles.

1. L. DES MARAIS. *L. lacustris.* Tige nulle, rejets rampans; feuilles très-étroites, élargies à la base, glabres, formant des touffes dressées comme les *Graminées ;* fleurs verdâtres. ♃. Au bord des étangs et des marais, dans les Varennes, Semblançay, en juin. 2 à 3 p. R.

354. PLANTAIN. *PLANTAGO.* Fleurs hermaphrodites; capsule à 2-4 loges, à 2 semences ou polysperme.

1. P. CORNE DE CERF. *P. coronopus.* Tige nulle; feuilles radicales étalées en rosette, linéaires, pinnatifides, à lobes linéaires, écartés, un peu velues; hampes pubescentes, couchées; épi verdâtre, cylindrique; cloison de la capsule à 3-4 angles, portant une seule semence sur chaque face. ⊙. Dans les chemins, les lieux stériles, en été. CC.

2. P. DES SABLES. *P. arenaria.* Tige herbacée, droite, rameuse, pubescente; feuilles linéaires ou lancéolées-linéaires, pubescentes, visqueuses, entières ou un peu dentelées; fleurs en têtes arrondies, axillaires et terminales, verdâtres; bractées linéaires, dépassant les

divisions du périgone, les inférieures plus longues dépassent la capsule. ♃. Lieux sablonneux, stériles, bords de la Loire, Montbazon, en été. 8 à 12 pouces. C.

3. P. LANCÉOLÉ. *P. lanceolata.* Tige nulle ; feuilles radicales, oblongues-lancéolées, à 3 nervures ; hampes droites, pubescentes, sillonnées, 2 ou 6 fois plus longues que les feuilles ; fleurs en épi ovoïde, noirâtre ; bractées glabres, scarieuses, un peu aigues, égalant les divisions extérieures du périgone ; cloison de la capsule plane, avec une seule semence sur chaque face. ♃. Dans les prés secs, au bord des chemins, en été. 12 à 18 pouces. CC.

4. P. MOYEN. *P. media.* Tige nulle ; feuilles radicales ovales, pubescentes, presque sessiles, à 5 nervures ; hampes droites, 4 ou 8 fois plus longues que les feuilles ; fleurs en épi court, cylindrique, verdâtre ; filets des étamines pourprés ; bractées obtuses, un peu plus courtes que le périgone extérieur ; cloison de la capsule plane, avec une seule semence sur chaque face. ♃. Dans les lieux secs, en été. 15 à 18 pouces. CC.

5. P. A GRANDES FEUILLES. *P. major.* Tige nulle ; feuilles radicales ovales, entières ou un peu dentées, à 7 nervures, un peu rétrécies en pétiole ; fleurs en épi très-long, brunâtre ; bractées ovales, aigues, un peu plus courtes que le périgone extérieur ; cloison de la capsule plane, avec plusieurs semences de chaque côté. ♃. Dans les prés secs, au bord des chemins, en été. 12 à 15 pouces. CC.

Variété : 6. *Minima.* Très-petite plante ; feuilles ovales, à 3-5 nervures ; épi de 3-10 fleurs. ♃. Lieux humides, bords de la Loire. C.

Sous le n.° LXXXI. est décrite la famille des *Nyctaginées*, caractérisée par son involucre en forme de calice d'une seule pièce contenant une ou plusieurs fleurs, avec le périgone simple, figurant une corolle monopétale en entonnoir, resserrée au-dessus de l'ovaire et l'enveloppant par sa base, qui devient dure et coriace, tandis que la partie supérieure est caduque ; l'ovaire est simple, monosperme, avec un style et un stigmate en tête. Elle comprend les *Belles de nuit* (*Nyctago jalapæ* ou *Mirabilis jalapæ* L.), et *Nyctago longiflora*, plantes vivaces à racines charnues, originaires de l'Amérique, et naturalisées dans nos jardins ; elles ont 5 étamines, un involucre à 5 lobes, et un périgone à 5 angles ; la première a les fleurs jaunes, blanches ou rouges, pédonculées, et les feuilles glabres, ovales ; l'autre a les fleurs blanches, sessiles, à tube très-long, et les feuilles pubescentes.

LXXXII. FAMILLE : AMARANTACÉES.

Périgone simple, libre, persistant, d'une seule pièce, à 4-5 lobes, et souvent coloré ; 3 ou 5 étamines libres ou soudées à la base ; style et stigmate simples ou multiples, ovaire unique, libre ; capsule uniloculaire, à une ou rarement à plusieurs semences fixées au réceptacle central, s'ouvrant circulairement ou ne s'ouvrant pas. — *Herbes à feuilles entières ; fleurs petites, quelquefois de sexe différent, entourées d'écailles colorées, et réunies en épis paniculés ou en tête.*

355. AMARANTE. *AMARANTUS.* Fleurs monoïques, mêlées d'écailles ou de paillettes ; périgone à 3 ou 5 lobes ; fleurs mâles à 3 ou 5 étamines ; fleurs femelles à 3 styles et à 3 stigmates ; capsule monosperme, s'ouvrant circulairement, et surmontée de 3 pointes.

1. A. SAUVAGE. *A. sylvestris.* Tige rameuse, droite ou redressée, striée ; feuilles ovales, entières, obtuses, pétiolées ; fleurs verdâtres, à 3 étamines, réunies en paquets aux aisselles des feuilles ; bractées lancéolées-linéaires, aigues ; divisions du périgone linéaires, terminées en pointe. ⊙. Lieux cultivés, Loches, en été. 12 à 14 p. R.

2. A. BLITE. *A. blitum.* Souvent confondue avec l'espèce précédente, elle en diffère par ses tiges couchées (de 6 à 12 p.), avec les feuilles obtuses et un peu échancrées au sommet ; elle a ses fleurs en paquets axillaires et en épi terminal ; et les divisions du périgone, ainsi que les bractées, lancéolées-aigues. ⊙. Lieux cultivés, le long des murs, en été. C.

3. A. COUCHÉE. *A. prostratus.* Tige couchée, rameuse, striée, glabre ; feuilles pétiolées, ovales, presque rhomboïdales ; fleurs d'un vert jaunâtre, à 5 étamines, en épis serrés, aigus, axillaires ou terminaux ; bractées aigues, presque linéaires. ♃. Lieux secs, le long des murs, en été. R.

4. A. EN ÉPI. *A. retroflexus.* (*A. spicatus* Lam.) Tige droite, un peu rameuse, sillonnée, rude, pubescente ; feuilles pétiolées, ovales, obtuses, un peu échancrées ; fleurs verdâtres, à 5 étamines, en épis serrés, terminaux ; bractées lancéolées, aigues ; périgone à 5 divisions terminées en pointe. ⊙. Lieux stériles, Fondettes, en juillet. 12 à 14 pouces. C.

L'*A. à fleurs en queue* (*A. caudatus*), vulg. *Queue de renard*, est cultivée dans les jardins, et se trouve souvent spontanée le long des chemins ; elle a une tige verte, rameuse, haute de 2 à 4 pieds, des feuilles glabres, ovales-oblongues, pétiolées, et des fleurs rouges à 5 étamines, en grappes, pendantes, très-longues. On cultive quelquefois aussi l'*A. tricolore* (*A. tricolor*), dont les feuilles sont panachées de jaune, de ronge et de vert ; ses fleurs, d'un vert pâle, à 3 étamines, sont en paquets axillaires le long de la tige.

La *Celosia cristata*, vulg. *Amarante crête de coq* ou *Passe-velours*, est une plante de l'Inde, remarquable par ses fleurs d'une belle couleur cramoisie ou jaunes, en épi serré et étalé au sommet comme une crête ; sa tige, haute de 12 à 18 pouces, est garnie de feuilles sessiles, ovales, aigues ; ses fleurs ont le périgone de 5 parties, et 5 étam. soudées à la base ; la caps. est polysperme.

La *Gomphrena globosa*, vulg. *Amarantine*, *Amarantoïdes*, ou *Immortelle violette*, a les fleurs violettes ou blanchâtres, en têtes globuleuses à l'extrémité des tiges ou des rameaux ; elle est haute de 6 à 12 p. ; ses feuilles sont sessiles, opposées, ovales-lancéolées, pubescentes ; chaque fleur a 2 bractées, un périgone à 5 divisions, 5 étamines, un style et 2 stigmates ; le fruit monosperme, est couvert de duvet et ne s'ouvre pas.

[...]XIII. FAMILLE : CHÉNOPODÉES (ou ARROCHES).

Périgone libre, d'une seule pièce, à 5 divisions; étamines en nombre égal, insérées au fond du périgone; un ovaire; style simple ou multiple; fruit ne s'ouvrant pas et devenant une baie polysperme à plusieurs loges, ou, une seule graine (*cariopside*) couverte par le périgone charnu comme une baie; ou enfin, une graine nue entourée par le périg[one] ou membraneux. — *Herbes ou arbustes à feuil. simples, alternes, sans stipules et sans gaînes; fleurs très-petites, verdâtres, ordinairement hermaphrodites.*

356. POLYCNÈME. *POLYCNEMUM*. Périgone à 5 divisions; 3 étamines; style court, bifide; capsule monosperme, ne s'ouvrant pas.

1. P. DES CHAMPS. *P. arvense*. Tige couchée, rameuse, rude, formant des touffes étalées; feuilles linéaires, à 3 angles, raides; fleurs vertes, très-petites, axillaires, sessiles, avec 2 bractées scarieuses. ☉. Dans les champs, Rochecorbon, Loches, en juillet et août. RR.

357. ANSÉRINE. *CHENOPODIUM*. Périgone à 5 ou quelquef. à 3-4 divisions, persistant, non tuberculeux ni développé après la floraison; 2-4 stigmates; semence orbiculaire, recouverte par le périgone sec et resserré.

1. A. POLYSPERME. *C. polyspermum*. Tige couchée ou redressée, rameuse, glabre; feuilles pétiolées, ovales, aigues, entières, d'un vert rougeâtre; fleurs en grappes longues, sans feuilles, axillaires ou terminales. ☉. Lieux incultes, près des eaux, Rochecorbon, en été. 10 à 12 p. C. — Les tiges couchées ont quelquefois 18 à 24 pouces.

2. A. FÉTIDE. *C. vulvaria*. Tige couchée (de 8 à 12 p.), rameuse, couverte d'une poussière glauque ainsi que les feuilles, qui sont ovales, rhomboïdales, entières; fleurs réunies en petites grappes axillaires. ☉. Le long des murs, en été. C. — Elle est reconnaissable à son odeur excessivement fétide.

3. A. GLAUQUE. *C. glaucum*. Tige couchée à la base, puis redressée, rameuse, glabre, rougeâtre; feuilles ovales-oblongues, obtuses, sinuées, luisantes en dessus, glauques et blanchâtres en dessous; fleurs en grappes axillaires, lâches, simples ou composées. ☉. Dans les champs et au bord des rivières, en été. 8 à 10 p. CC.

4. A. HYBRIDE. *C. hybridum.* Tige droite, presque simple, glabre; feuilles vertes sur les deux faces, pétiolées, en cœur, triangulaires, aigues, avec 3-4 dents profondes de chaque côté : fleurs en grappes très-rameuses, terminales et sans feuilles. ☉. Lieux cultivés, en été. 16 à 20 p. C.—Cette plante froissée a une odeur désagréable.

5. A. ROUGEATRE. *C. rubrum.* Tige droite, très-rameuse, cannelée et marquée de stries vertes et rougeâtres ; feuilles en cœur, triangulaires, aigues, sinuées et dentées, luisantes en dessus, glauques en dessous, les supér. lancéolées, aigues ; fleurs vertes, puis rougeâtres, réunies en grappes composées, grêles, très-longues et garnies de feuilles. ☉. Dans les décombres et sur les fumiers, en été. 10-15 p. CC.

6. A. A GRAINES LISSES. *C. leiospermum.* (*C. viride* et *C. album* L.) Tige presque simple, droite ; feuilles pulvérulentes, blanchâtres, les inférienres ovales, rhomboïdales, inégalement sinuées-dentées, les supérieures oblongues, entières ; fleurs en grappes composées, axillaires ou terminales ; semences noires, lisses. ☉. Dans les champs, au bord des chemins, en été. 10 à 14 p. CC.—Quelquefois ses grappes de fleurs sont formées de globules arrondis.

7. A. A FEUILLES DE FIGUIER. *C. ficifolium.* Ne diffère de la précédente que par ses feuilles inférieures triangulaires ou en fer de flèche, sinuées, inégalement dentées ; et par ses semences pointillées. ☉. Mêmes lieux.

8. A. A FEUILLES D'OBIER. *C. opulifolium.* Confondue souvent aussi avec l'*A. à graines lisses ;* elle s'en distingue par ses feuilles toutes rhomboïdales, inégalement dentées, et glauques en dessous. ☉. Lieux incultes, en août et septembre. 10 à 14 p. R.

9. A. DES MURAILLES. *C. murale.* Tige très-rameuse, étalée, verte, glabre ; feuilles ovales-triangulaires, aigues, inégalement dentées, luisantes en dessus, quelquefois blanchâtres en dessous ; fleurs en grappes terminales, rameuses, étalées. ☉. Le long des murs et des chemins, en été et en automne. 8 à 10 p. CC.

10. A. A GRAPPES MENUES. *C. urbicum.* Tige droite, simple, cannelée ; feuilles vertes, toutes triangulaires, bordées de dents aigues ; fleurs en grappes nues, axillaires et terminales, raides, fort alongées et serrées contre la tige. ☉. Près des habitations, en été. 10 à 14 p. C.

11. A. BON-HENRI. *C. Bonus-Henricus.* Tige droite, épaisse, rameuse; feuilles toutes en fer de flèche, entières ; fleurs disposées en grappe nue, droite et pyramidale. ♃. Le long des murs et des chemins, vallée de la Choisille, Château-Regnault, en été. 12 à 16 p. R.

358. ARROCHE. *ATRIPLEX.* Fleurs polygames ou monoïques ; *fleurs hermaphrodites* ou *mâles* ayant le périgone à 5 divisions et à 5 étamines, avec un style court et imparfait ; *fl. femelles* à calice de deux pièces appliquées l'une sur l'autre, et se développant après la floraison pour cacher le fruit qui est droit, aplati et muni d'une double enveloppe ; style bifide.

1. A. HASTÉE. *A. hastata.* (*A. patula*). Tige droite, à rameaux écartés, les inférieurs couchés sur la terre ; feuilles pétiolées, larges, triangulaires ou en fer de lance, aigues, glabres et vertes des deux côtés ; fleurs en grappes latérales ou terminales, lâches et alongées : valves seminales, grandes, triangulaires, dentées à la base, tuberculeuses sur le dos. ⊙. Le long des murs, en été et en automne, 18 à 24 pouces. CC.

2. A. DES JARDINS. *A. hortensis.* Vulg. *Bonne-dame*, *Arrole.* Tige élevée, droite, rameuse ; feuilles larges, d'un vert jaunâtre, molles. presque triangulaires, les supér. ovales-lancéolées, obtuses, entières ; fleurs petites, en épis interrompus ; valves séminales, grandes. ovales, arrondies, entières. ⊙. Originaire d'Asie ; elle se reséme d'elle-même dans les jardins potagers, en juin. 30 à 40 pouces.

3. A. A FEUILLES ÉTROITES. *A. angustifolia.* (*A. patula* Lam.) Tige rameuse, étalée ; feuilles lancéolées, linéaires ou aigues, dentées ou entières, vertes sur les deux faces, les infér. presque en fer de lance, dentées ; fleurs réunies en grappes axillaires ou terminales, grêles, lâches et courtes ; valves séminales, lisses et en fer de lance. ⊙. Au bord des champs et des chemins, Rochecorbon, Cormery, en été et en automne. 12 à 15 pouces. C.

359. ÉPINARD. *SPINACIA.* Dioïque ; *fleurs mâles* avec 5 étamines, et le périgone à 5 divisions ; *fl. fem.* avec 4 styles, et le périgone à 2-4 divisions ; fruit couvert par le périgone, qui s'accroît après la floraison.

1. E. A GRAINES LISSES. *S. inermis.* Vulg. *Epinard de Hollande.* Cultivé comme l'espèce suivante ; il en diffère par ses fruits sans épines, et par ses feuilles ovales, oblongues.

2. E. A GRAINES ÉPINEUSES. *S. spinosa.* Tige droite, rameuse, glabre ; feuilles pétiolées, grandes, entières, en fer de flèche ; fleurs verdâtres, axillaires ; fruits sessiles, disposés en épi rameux ; périgone à 2-4 cornes aigues. ⊙ ou ♂. Cultivé dans les jardins, en juin. 15 à 18 p.

360. BETTE. *BETA.* Périgone à 5 divisions, adhérent à l'ovaire par la base ; 5 étamines ; 2 styles ; semence réniforme entourée par la base du périgone, qui devient charnu, à 5 angles.

1. B. COMMUNE. *B. vulgaris.* Tige droite, anguleuse, glabre ; feuilles larges, pétiolées, presque en cœur, plissées et ondulées sur les bords, les infér. ovales ; fleurs verdâtres, réunies 3 ou 4 ensemble en épis alongés, paniculés, grêles. ♂. On en cultive deux variétés principales : l'une à racines charnues, vulg. *Bette-rave*, qui a les racines jaunes ou rouges, plus ou moins grosses, et dont les feuilles présentent les mêmes variations de couleur ; on la cultive en grand pour la fabrication du sucre à Richelieu et à Grillemont, près de Manthelan. L'autre a les racines dures, cylindriques ; on l'appelle *Poirée* ou *Jotte*, quelques auteurs en ont fait une espèce (*Beta cycla*),

ses feuilles molles se mangent quelquefois mêlées avec l'oseille, mais plus souvent on mange seulement, sous le nom de *Cardes*, les côtes très-développées des feuilles d'une sous-variété particulière.

On cultive quelquefois, comme plante d'agrément, la *Blette* ou *Blite* (*Blitum capitatum*), vulg. *Epinard fraise*, à cause de ses fruits charnus, rouges, mais sans saveur, disposés en épi terminal ; et une seconde espèce (*B. virgatum*), dont les fruits sont disposés latéralement aux aisselles des feuilles ; elles ont le périgone à trois divisions, une étamine et deux styles : l'une et l'autre se resèment souvent d'elles-mêmes.

On a aussi le *Phytolacca decandra*, vulg. *Raisin d'Amérique*, grande plante vivace à tiges épaisses, charnues, à feuilles ovales-lancéolées, et remarquable par ses fruits en grappe, d'un rouge foncé, pleins d'un suc colorant; ses fleurs ont un périgone à 5 divisions ; 10 étamines alternes avec les divisions du périgone, et 10 styles; le fruit est une baie à 8-10 loges monospermes.

LXXXIV. FAMILLE : POLYGONÉES.

Fleurs hermaphrodites ou polygames; périgone libre, simple, persistant, profondément divisé en deux rangées de lobes, les intérieurs opposés aux côtés, et les extérieurs aux angles de l'ovaire ; 6-9 étamines insérées au fond du périgone ; plusieurs styles ou stigmates sessiles; fruit sec, monosperme (ou *cariopside*), ordinairement triangulaire, plus ou moins caché par le périgone. — *Herbes à tiges noueuses; à feuilles alternes, engaînantes à la base ou munies d'une gaîne distincte, scarieuse.*

361. RUMEX. *RUMEX*. Périgone de 6 parties, dont 3 intérieures plus grandes, s'accroissant après la floraison et souvent chargées d'un tubercule, ou granifères, et 3 extérieures plus petites, réfléchies ; 6 étamines ; 3 styles réfléchis, terminés par des stigmates plumeux ; fruit à 3 angles aigus.

§ 1. *PATIENCE* (Lapathum). *Involucelle naissant de l'articulation du pédicelle, à divisions non réfléchies: style libre.—Saveur non acide.*

* *Valves intérieures du périgone dentées, aigues au sommet, et jamais en cœur à la base.*

1. R. des marais. *R. palustris*. (*R. maritimus* Fl. F.—*R. limosus* Th.) Tige droite, rameuse, anguleuse ; feuilles lancéolées, linéaires,

longues, ondulées ; fleurs jaunâtres, rapprochées, en verticilles nombreux, formant un épi terminal ; valves du périgone granifères, ovales-lancéolées, aigues, avec 3 dents longues, sétacées. ♃. Dans les marais, la Varenne, îles de la Loire, bords du Cher ; en juillet. 12 à 18 p. C. — Cette espèce et les suivantes sont confondues sous le nom vulg. de *Raguette*.

2. R. ÉLÉGANT. *R. pulcher*. (*R. divaricatus*). Tige droite, à rameaux étalés en tout sens ; feuilles inférieures ovales en cœur, ou en forme de violon, les supér. étroites, sessiles ; fleurs en verticilles écartés, axillaires et d'un seul côté ; valves intér. du périgone granifères, ovales-triangulaires, dentées à dents aigues. ♃. Le long des haies et des chemins, en été. 12 à 18 p. CC.

3. R. A FEUILLES OBTUSES. *R. obtusifolius*. Tige droite, rameuse, striée ; feuilles infér. ovales en cœur, très-obtuses, ondulées, crénelées, un peu pubescentes en dessous, les supér. ovales-lancéolées, obtuses, à long pétiole ; fleurs en verticilles rapprochés, les supér. sans feuilles, formant des épis axillaires ou terminaux ; valves du périgone, dont une granifère, ovales, larges, à 2-4 dents. ♃. Lieux humides, le long des murs, Loches, en été. 12 à 14 p. R. *M. Diard.*

4. R. A FEUILLES AIGUES. *R. acutus*. Tige droite, presque simple, striée ; feuilles infér. lancéolées, en cœur, aigues, à bord un peu ondulé, les supér. lancéolées, très-aigues ; fleurs en verticilles très-écartés, axillaires ; valves du périgone ovales, aigues, entières, ou avec 3-4 petites dents, et toutes granifères. ♃. Lieux humides, Rochecorbon, en été. 12 à 14 p. CC. — Cette espèce est souvent confondue avec la précédente.

** *Valves intér. du périg. entières, souvent en cœur, obtuses au sommet.*

5. R. DES BOIS. *R. nemolapathum*. (*R. divaricatus* Th. — *R. virgatus*. — *R. conglomeratus*). Tige droite, élevée, divisée en rameaux grêles, étalés, nus ; feuilles pétiolées, planes, les infér. en cœur lancéolées, les supér. lancéolées, ondulées, dentées, aigues ; fleurs en verticilles peu garnis, formant des épis rameux, grêles ; valves du périgone granifères, ovales, obtuses, entières. ♃. Dans les bois humides et les marais, en été. 20 à 24 p. CC.

6. R. SANGUIN. *R. sanguineus*. Tige droite, rameuse, d'un rouge noirâtre ; feuilles pétiolées, en cœur, lancéolées, aigues, avec les nervures d'un rouge sanguin ; fleurs en verticilles peu garnis le long des rameaux supérieurs ; valves du périgone, dont une granifère, ovales-lancéolées, entières, un peu obtuses. ♃. Prés marécageux, au bord des eaux, Baudry, Rochecorbon, en été. 12 à 14 p. R.

7. R. CRÉPU. *R. crispus*. Vulg. *Patience*, *Parelle*. Tige droite, très-rameuse ; feuilles ondulées, crépues, oblongues, lancéolées, aigues ; fleurs verdâtres, mêlées de rouge, en verticilles multiflores, formant un épi rameux et garni de feuilles ; valves du périgone en cœur arrondies, granifères. ♃. Au bord des chemins, dans les fossés, en été. 12 à 24 pouces. CC.

8. R. AQUATIQUE. *R. aquaticus*. (*R. hydrolapathum*). Tige élevée, droite, rameuse ; feuilles pétiolées, grandes (de 15 à 24 p.), les infér.

en cœur, oblongues, ondulées, les supérieures lancéolées-oblongues, aigues ; fleurs en verticilles rapprochés, formant une longue panicule ; valves du périgone ovales-triangulaires, aigues, entières et chargées d'un gros grain oblong. ♃. Dans les marais et les rivières, en juillet. 36 à 48 p. CC.

§ 2. (Oseille). *Involucelle naissant loin de l'articulation du pédicelle, et à divisions réfléchies ; styles soudés supérieurement aux valves de l'ovaire.—Saveur acide.*

9. R. oseille. *R. acetosa.* Tige droite, striée, verte, avec des rameaux droits, peu nombreux ; feuilles un peu glauques en dessous ; feuilles radicales à long pétiole, oblongues-sagittées, très-obtuses, avec des oreillettes dirigées en arrière ; feuilles supér. lancéolées-oblongues, embrassant la tige, et en cœur à la base ; fleurs dioïques, rougeâtres, en verticilles nus peu garnis, formant une longue panicule : valves intér. des fleurs femelles, en cœur, arrondies, marquées d'un petit grain rond. ♃. Dans les prés, en été. 18 à 24 p. C.—Elle est cultivée dans les jardins.

10. R. petite oseille. *R. acetosella.* Vulg. *Vinette.* Tige droite ou redressée, grêle, rameuse, rougeâtre ; feuilles oblongues, en fer de lance ou linéaires, sagittées, avec des oreillettes écartées ; fl. dioïques, très-petites, rougeâtres, en épi terminal, rameux ; valves ovales, aigues. ♃. Lieux cultivés et sablonneux, champs en friche, en été. 5 à 12 p. CC.—La plante devient toute rouge à l'automne.

11. R. a écussons. *R. scutatus.* Tige droite, arrondie ; feuil. longuement pétiolées, obtuses, arrondies, en cœur ou avec 2 oreillettes ; fleurs hermaphrodites, peu nombreuses, en verticilles, formant une panicule ; valves du périgone en cœur, arrondies, entières. ♃. Sur les hauteurs, près de Loches. R.—On la cultive dans les jardins.

362. POLYGONUM. *POLYGONUM.* Anc.[t] *Renouée.* Périgone persistant, à 4-6 divisions ; 5-9 ou ordinairement 8 étamines ; 2-3 styles, et autant de stigmates ; fruit ovale ou triangulaire.

1. P. sarrazin. *P. fagopyrum.* Vulg. *Blé-noir, Blé-Sarrazin,* ou *Carabin.* Tige droite ; stipules amplexicaules, courtes, entières ; feuil. pétiolées, en cœur, sagittées ; fleurs d'un blanc rougeâtre, pédicellées, en corymbe ; fruit lisse, dépassant le périgone. ⊙. Originaire d'Asie, et cultivé surtout dans les cantons de Langeais et de Château-la-Vallière, en juillet et août. 10 à 15 pouces.

2. P. des buissons. *P. dumetorum.* Tige voluble, arrondie ; stipules courtes, amplexicaules, un peu aigues ; feuilles ovales, aigues, pétiolées, en cœur à la base ; fleurs blanches, pédicellées, en verticilles écartés, formant des grappes axillaires garnies de feuilles ; fruits lisses, triangulaires, pendans, étroitement resserrées dans le périgone, dont les valves sont prolongées en ailes. ⊙. Dans les haies, Rochecorbon, en été. CC.—Elle s'élève en grimpant jusqu'à 3 pieds.

3. P. LISERON. *P. convolvulus.* Tige voluble, anguleuse, presque droite; stipules courtes, tronquées, amplexicaules; feuil. pétiolées, en cœur, sagittées, aigues; fleurs blanchâtres, presque verticillées, en grappe interrompue garnie de feuilles; fruit triangulaire, strié, granulé, enveloppé dans le périgone. ☉. Dans les moissons et les lieux cultivés, en été. 8 à 12 p. CC.

4. P. AMPHIBIE. *P. amphibium.* Tiges rampantes, puis redressées, ou souvent submergées; stipules tubuleuses, soudées à la tige et l'entourant comme une gaîne; feuil. pétiolées, lancéolées-oblongues, rudes au bord et en cœur à la base, souvent flottantes sur l'eau; fleurs roses, en épi terminal, ovale, oblong, serré; périgone à 5 divisions; 5 étamines, 2 styles. ♃. Dans les eaux, 24 à 36 p.: ou sur les bords, 8 à 10 p. en été. CC.

5. P. POIVRE D'EAU. *P. hydropiper.* Tige droite, rameuse, à nœuds renflés; stipules dilatées, enveloppant la tige, tronquées et bordées de poils caducs; feuilles sans tache, lancéolées, rétrécies et un peu obtuses au sommet, glabres, bordées de cils rudes; fleurs roses, en épis sessiles, filiformes, très-lâches, pendans; 6 étamines; 2 stigmates; fruit aigu, à 3 angles peu marqués, luisant; périgone glanduleux. ☉. Au bord des eaux, la Ville-aux-Dames, en été. 15-18 p. C.

6. P. PERSICAIRE. *P. Persicaria.* Vulg. *Curage.* Tiges couchées ou redressées, rameuses; stipules entourant la tige, tronquées et ciliées; feuilles souvent tachées de noir, oblongues-lancéolées, aigues, un peu rudes au bord; fleurs roses, en épis oblongs; 6 étam.; 2 styles; fruit lenticulaire, aigu, lisse. ☉. Lieux humides, au bord des fossés et des chemins, en été. 12 à 15 p. CC.

Variétés: β. *P. incanum.* Feuilles sans taches, les plus anciennes pubescentes et blanchâtres en dessous. Mêmes lieux. C.

γ. *P. lapathifolium.* Stipules entières; feuil. ovales-lancéolées; fleurs en épis nombreux, oblongs et serrés, axillaires ou terminaux. Au bord des rivières. C. — Ces deux variétés sont regardées souvent comme espèces.

7. P. FLUET. *P. pusillum.* Tiges redressées, rameuses; stipules tronquées, ciliées; feuilles linéaires-lancéolées, aigues, glabres, rudes au bord; fleurs petites, roses, en épis filiformes, alongés, lâches; fruit lenticulaire, aigu, luisant. ☉. Lieux humides et sablonneux, en été. 6 à 10 pouces. C.

8. P. DES OISEAUX. *P. aviculare.* Vulg. *Renouée, Herbe aux rougets.* Tige faible, couchée, rameuse, étalée; stipules à 2 divisions, ovales-lancéolées, aigues, et ensuite frangées; feuil. petites, lancéolées, un peu obtuses; fleurs petites, rosées, pédicellées, réunies deux ou trois ensemble à l'aisselle des feuilles; fruit triangulaire, strié, granuleux. ☉. Dans les lieux incultes et les chemins, toute l'année. CC.

Variété: β. *P. Bellardi.* Tiges droites; feuilles plus étroites, aigues. ☉. Dans les champs. R.

On voit souvent dans les jardins, où elle se resème elle-même, la *grande Persicaire (Polygonum orientale)*, grande plante annuelle de 5 à 7 pieds, à feuilles très-grandes, pétiolées, ovales-lancéolées, pubescentes; et à fleurs rouges, en épis pendans.

LXXXIV. FAMILLE : THYMELÉES.

Périgone libre, coloré, tubuleux, à 4 ou rarement à 5 divisions ; étamines en nombre double, insérées dans le tube ; 1 style ; 1 stigmate ; ovaire unique, monosperme, recouvert par le périgone et devenant un fruit ou une baie. — *Herbes ou arbrisseaux à feuilles simples, entières et alternes.*

363. STELLÈRE. *STELLERA*. Périgone tubuleux, à 4 lobes ; 8 étamines ; style court ; stigmate en tête ; capsule dure, luisante, terminée en bec.

1. S. PASSERINE *S. Passerina.* Tige droite, grêle, simple ou à rameaux serrés ; feuil. sessiles, courtes, peu nombreuses, linéaires, aigues ; fleurs jaunâtres, axillaires, sessiles, à périgone velu ; fruit noirâtre. ⊙. Dans les champs, Ballan, vallée de Rochecorbon, Château-Ragnault, en août et septembre. 7 à 10 p. R.

364. DAPHNÉ. *DAPHNE*. Périgone à 4 lobes ; 8 étamines ; style court, terminal ; baie monosperme.

1. D. LAURÉOLE. *D. laureola.* Arbuste à tige peu rameuse, garnie au sommet de feuilles coriaces, persistantes, glabres, lancéolées ; fleurs verdâtres, pédicellées, à tube glabre, à lobes ovales, aigus, et réunies par 4 ou 5 en grappes axillaires. ♄. Dans les bois, la Membrolle, Ballan. 20 à 30 p. CC.

Transplanté dans les jardins, il reçoit la greffe de plusieurs autres espèces délicates de *Daphné*, notamment du *D. indica*, qui a les feuilles oblongues, glabres, et les fleurs rouges ou blanches, sessiles, en tête terminale ; du *D. Delphina*, hybride du précédent et du *D. collina ;* du *D. gnidium*, qui a les feuilles linéaires, et les fleurs rougeâtres en dehors et blanches en dedans.

On cultive aussi souvent en pleine terre de bruyère, le *D. cneorum*, anc. *Thymelée des Alpes*, charmant arbuste à feuilles petites, linéaires, et à fleurs d'un rose foncé, en bouquets.

LXXXV. FAMILLE : LAURINÉES.

Périgone libre, persistant, à 6 lobes ou à 6 divisions, imbriqué avant la floraison ; 6 étamines sur un rang, ou 12 étamines sur 2 rangs, insérées au fond du périgone ; un style ; stigmate simple ou divisé ; ovaire unique, devenant un drupe monosperme. — *Arbres ou arbrisseaux à feuilles alternes ; fleurs hermaphrodites ou dioïques.*

365. LAURIER. *LAURUS*. Périgone à 4 ou 6 divisions égales ; 6-9-12 étamines sur 2 rangs, les extérieures toutes fertiles, les intér. alternativement stériles, et avec deux glandes ou deux appendices à la base.

1. L. FRANC. *L. nobilis*. Vulg. *Laurier à sauce*. Arbre à rameaux verts, raides et dressés ; feuilles lancéolées, persistantes ; fleurs verdâtres, dioïques, à 4 divisions. ♄. Dans les jardins, où il se reséme souvent.

On cultive en serre plusieurs espèces de *Lauriers*, parmi lesquelles on peut citer le *L. camphrier* (*L. camphora*), du Japon, et le *L. cannellier* (*L. cinnamomum*), de Ceylan, dont l'écorce est la cannelle du commerce.

LXXXVI. FAMILLE : SANTALACÉES.

Périgone adhérent à l'ovaire, à 4-5 divisions demi-colorées ; 4-5 étamines opposées aux divisions du périgone, et insérées à leur base ; un style ; stigmate à un ou plusieurs lobes ; ovaire uniloculaire, à 2-4 germes supendus à un réceptacle central, et devenant un fruit monosperme, sec ou en drupe. — *Herbes ou arbustes à feuil. alternes, entières, sans stipules ; fl. petites, en panicule ou en épi.*

366. THÉSIUM. *THESIUM*. Capsule monosperme, ne s'ouvrant pas, et couronnée par le périgone persistant.

1. T. A FEUILLES DE LIN. *T. linophyllum*. Tige grêle, couchée ou redressée, garnies de feuilles écartées, linéaires, glauques, d'un vert jaunâtre ; fleurs blanchâtres, en panicule terminale. ♃. Pelouses sèches, côteaux de la Loire, Ballan, la Ville-aux-Dames, en été. 3 à 8 pouces. C.

367. OSYRIS. *OSYRIS*. Anc. *Rouvet*. Fleurs polygames ; périgone à 3 divisions ; *fleurs mâles* à 3 étam. courtes, avec un ovaire incomplet ; *fleurs hermaphrodites* à 3 étamines quelquefois avortées, avec un ovaire, un stigmate triple, un baie sèche, globuleuse, ombiliquée, et un noyau monosperme.

1. O. BLANC. *O. alba.* Arbuste à rameaux dressés, garnis de feuilles linéaires rapprochées; fleurs jaunâtres, pédicellées, rassemblées au sommet des rameaux: baies rouges. ♄. Côteaux de Rochecorbon (près de la *Lanterne*), en août. 16 à 24 p. RR.

La LXXXVII.e famille, celle des *Éléagnées*, caractérisée par ses fleurs dioïques ou hermaphrodites, ayant un périgone à 3-4 divisions, les étamines alternes, et un ovaire libre, monosperme, qui devient un drupe ou un fruit recouvert par le calice charnu, contient le *Chalef* ou *Olivier de Bohême* (*Eleagnus angustifolia*), cultivé dans quelques jardins: c'est un grand arbrisseau à feuilles lancéolées-aigues, entières, argentées; ses fleurs à 4 lobes, blanches en dehors et rougeâtres en dedans, pédicellées, sont réunies deux ou trois ensemble à l'aisselle des feuilles.

La famille des *Cytinées* (la LXXXVIII.e), ne comprend que le *Cytinus hypocistis*, plante parasite sur les racines des *Cistes*, dans la France méridionale.

LXXXIX. FAMILLE : ARISTOLOCHIÉES.

Périgone adhérent à l'ovaire, à 3 lobes, ou en tube irrégulièrement dilaté au sommet ; 6 ou 12 étamines, tantôt libres et distinctes, tantôt soudées avec le style et le stigmate (ou *épigynes*) ; 1 style court ; stigmate divisé ; ovaire à 3-6 loges polyspermes, devenant une capsule ou une baie coriace. — *Herbes ou sous-arbrisseaux à feuilles alternes, simples, pétiolées.*

368. ARISTOLOCHE. *ARISTOLOCHIA.* Périgone coloré, tubuleux, ventru à la base, et élargi au sommet en cornet prolongé d'un côté; 6 anthères presque sessiles, fixées au style ; stigmate à 6 lobes ; capsule à 6 angles et à 6 loges.

1. A. CLÉMATITE. *A. clematitis.* Tige tortueuse, simple, garnie de feuilles en cœur arrondies : fleurs droites, jaunâtres, réunies deux ou trois ensemble aux aisselles des feuilles. ♃. Dans les champs, la Varenne, Saint-Cyr, en mai et juin. 12 à 20 p. CC.

On emploie souvent pour garnir des treillages, l'*Aristoloche siphon* (*A. sipho*), arbrisseau exotique, grimpant, à feuilles très-grandes, en cœur; ses fleurs, peu apparentes, sont d'un rouge noirâtre, en forme de pipe.

On voit aussi quelquefois, dans les jardins, l'*Asarum europœum*, anc.t *Cabaret, Oreille d'homme*, dont la racine rampante pousse des tiges courtes, munies de stipules engaînantes et de feuil. pétiolées, réniformes, un peu velues; sa tige, d'un rouge noirâtre, est portée sur un court pédoncule recourbé ; le périgone est campanulé, à 3 lobes un peu velus ; les 12 étamines sont fixées à l'ovaire ; le stigmate est en étoile, à 6 lobes.

XC. FAMILLE : EUPHORBIACÉES.

Fleurs monoïques ou dioïques ; périgone d'une seule pièce, à 2-6 divisions, quelquefois nul, mais plus souvent muni à l'intérieur d'appendices en forme d'écailles ou de glandes. *Fleurs mâles* à étamines nombreuses, ou en nombre indéfini, insérées au centre de la fleur sous le pistil non développé. *Fleurs femelles* avec un ovaire supérieur sessile ou pédicellé, à 2-3 ou un plus grand nombre de loges disposées circulairement autour d'un axe, et contenant 1-2 semences arillées suspendues à la partie supérieure de l'angle interne ; styles en nombre égal à celui des loges, distincts, ou soudés, ou nuls ; stigmate multiple ou à plusieurs lobes ; capsule formée de 2 ou 3 coques bivalves, s'ouvrant avec élasticité. — *Herbes ou arbrisseaux, contenant ordinairement un suc laiteux ; feuilles ordinairement simples et alternes ; fleurs axillaires ou terminales, souvent munies de bractées, dont quelques-unes, plus grandes, forment un involucre.*

369. BUIS. *BUXUS.* Fleurs monoïques ; périgone à 3-4 divisions ; *fleurs mâles* avec une écaille à 2 lobes et 4 étamines insérées sur l'ovaire non développé ; *fleurs femelles* avec 3 écailles très-petites ; 3 styles et 3 stig. obtus ; capsule à 3 cornes, à 3 loges et à 6 semences.

1. B. TOUJOURS VERT. *B. semper virens.* Arbrisseau à écorce jaunâtre, à feuilles opposées, ovales, coriaces, luisantes, à court pétiole ; fleurs jaunâtres, en paquets axillaires. ♄. Dans les bois, sur les côteaux stériles, en avril. C.

Variété : β. *B. suffruticosa.* Plus petit ; on l'emploie pour faire des bordures dans les jardins.

370. EUPHORBE. *EUPHORBIA.* Anc.[t] *Tithymale.* Fleurs jaunâtres, monoïques, paraissant hermaphro-

dites, parce que les fleurs mâles et femelles sont dans le même involucre, qui est d'une seule pièce, à 5 divisions entières ou ciliées, avec 5 larges glandes tronquées ou en croissant, alternes avec les divisions de l'involucre et figurant des pétales. *Fleurs mâles* nombreuses (de 10 à 36), verticillées ou en ombelle, et articulées sur des pédicelles persistans, entourées de bractées ciliées, frangées, n'ayant qu'une seule étamine fertile et point de périgone. *Fleurs femelles* solitaires au centre, sans périgone, et consistant en un ovaire pédicellé, avec 3 stigmates bifurqués; capsule formée de 3 coques contenant chacune une semence.

1. E. RÉVEILLE-MATIN. *E. helioscopia.* Tige droite, simple, garnie de feuilles obovées en coin, obtuses ou échancrées et dentelées, et terminées par une ombelle à 5 rayons une ou deux fois bifides; bractées jaunâtres, glandes de l'involucre jaunâtres; ovaires lisses; semences réticulées, rudes. ⨀. Lieux cultivés, en été 6 à 10 p. CC.

2. E. DES CHAMPS. *E. platiphyllos.* (*E. serrulata* Th.) Tige simple, glabre, droite; feuil. glabres ou poilues, éparses, oblongues, aigues, ordinairement dentelées, et embrassant presque la tige; ombelle de 3-5 rayons divisés plusieurs fois et accompagnés de bractées en cœur, finement dentées; glandes de l'invol. jaunâtres, arrondies; ovaires glabres, plus ou moins verruqueux; semences brunes, luisantes. ⨀. Dans les champs secs, en été. 10 à 14 p. CC.

3. E. DOUCE. *E. dulcis.* (*E. purpurata* Th.) Tige simple; feuilles lancéolées, obtuses, entières ou finement dentées, glabres ou un peu poilues; ombelle à 5 rayons bifides, avec d'autres rameaux florifères, alternes; glandes de l'involucre arrondies, d'un rouge foncé; ovaires glabres ou poilus, chargés de verrues. ♃. Dans les bois, Chatenay, en été. 12 à 14 p. C.

4. E. VERRUQUEUSE. *E. verrucosa.* Tiges droites, simples, glabres, garnies de feuilles éparses, sessiles, oblongues, un peu dentelées au sommet, et poilues en dessous; ombelle à 4-5 rayons courts, bifurqués, avec des bractées ovales, dentelées, glabres, jaunâtres; glandes de l'involucre jaunes, arrondies; ovaires glabres, hérissés de petites verrues; semences lisses, d'un gris-roux. ♃. Lieux pierreux, dans les bois et les haies, en avril et mai. 8 à 12 p. C.

5. E. POILUE. *E. pilosa.* Tige droite, pubescente; feuilles larges, lancéolées, sessiles, dentelées et velues; ombelle à 3 rayons, avec d'autres rameaux florifères au dessous; ovaires lisses ou verruqueux, plus ou moins poilus; semences ovoïdes, luisantes, noirâtres. ♃. Dans les bois, forêts de Chinon et de Loches, en juin-juillet. 16-24 p. R.

6. E. ESULE. *E. Esula.* Diffère de l'*E. cyprès* par sa tige plus haute portant au sommet quelques rameaux stériles; par ses feuilles plus larges et moins rapprochées, et dont les inférieures ressemblent à des écailles; son ombelle, d'abord globuleuse, se développe ensuite

en 15-20 rayons une ou deux fois bifides. ♃. Lieux secs et sablonneux, grèves de la Loire, en été. 12 à 15 p. C.

7. E. A FEUILLE DE SAULE. *E. salicifolia.* Diffère de la précédente surtout par ses feuilles pubescentes, très-entières, et par les rameaux florifères nombreux, qu'elle présente au dessous de l'ombelle. ♃. Bords de la Loire, en été. 12 à 16 p. R.

8. E. CYPRÈS. *E. cyparissias.* Tiges droites, rameuses au sommet, et garnies de feuilles linéaires très-rapprochées ; ombelle de 9 à 12 rayons deux ou trois fois divisés, et portant aux bifurcations des bractées jaunâtres, en cœur, arrondies ; glandes de l'ovaire en demi-lune, presque à deux cornes ; ovaires glabres, marqués sur le dos de points rudes ; semences ovoïdes, lisses, grises ou blanchâtres. ♃. Lieux stériles, au bord des chemins, en été. 8 à 12 p. CC.

9. E. DE GÉRARD. *E. gerardiana.* Tiges simples, droites, garnies de feuilles linéaires, aigues, glabres : ombelle de 12 à 20 rayons deux fois bifides, avec des bractées en cœur, obtuses, terminées par une pointe ; glandes de l'involucre à 3 angles obtus ; ovaires glabres, marqués de très-petits points ; semences blanchâtres, lisses. ♃. Lieux stériles et pierreux, Monnaye. en été. 12 à 14 p. R.

10. E. FLUETTE. *E. exigua.* Tige droite, grêle, divisée à la base en rameaux redressés garnis de feuilles éparses, linéaires-aigues, entières, glabres ; ombelle à 3-4 rayons divisés plusieurs fois, et accompagnés de bractées plus larges que les feuilles ; glandes de l'invol. très-petites, brunes, en croissant. ⊙. Lieux cultivés, toute l'année, 4 à 6 pouces. CC.

11. E. PÉPLIDE. *E. Peplus.* (*E. rotundifolia*). Tige droite, rameuse ; feuilles éparses, arrondies, entières, rétrécies en pétiole ; ombelle plusieurs fois divisée ; glandes de l'involucre en croissant, à cornes très-longues ; ovaires glabres, marqués sur le dos de sillons et de côtes rudes ; semences grisâtres, à 6 angles obtus, marquées de points sur 4 faces et d'un sillon sur deux autres. ⊙. Lieux cultivés, en été. 8 à 10 p. CC.

12. E. EPURGE. *E. Lathyris.* Tige herbacée, glabre, épaisse, creuse, garnie de feuilles alongées, lancéolées, entières, opposées, en croix ; ombelle terminale à 4 ou 5 rayons plusieurs fois divisés, à fleurs solitaires presque sessiles dans les bifurcations ; glandes de l'involucre en croissant, à cornes dilatées, obtuses ; ovaires glabres, lisses, creusés d'un sillon profond sur le dos ; semences rudes, noirâtres. ♂. Au bord des champs, Fondettes, Loches, en été. 24 à 36 p. R.

13. E. DES BOIS. *E. sylvatica.* (*E. amygdaloides* L.) Tiges simples, un peu ligneuses, velues, rougeâtres ; feuilles persistantes, lancéolées, rétrécies en pétiole, pubescentes, entières ; ombelle de 5 rayons une ou deux fois bifurqués, avec d'autres rameaux florifères au dessous ; bractées arrondies ; glandes de l'involucre en croissant, rougeâtres. ♃ ou ♄. Dans les bois, en été. 20 à 24 p. CC.

Quelques *Euphorbes* exotiques ont l'aspect des plantes grasses, et sont cultivées pour la bizarrerie de leur forme ; telles sont : l'*E. tête de Méduse* (*E. caput Medusæ* L.), formée d'une masse charnue, d'où sortent des rameaux charnus et verts non épineux, terminés par des fleurs jaunâtres ; et l'*E. méloniforme (E. meloniformis)*, qui consiste en une masse verte, presque ronde, à plusieurs angles, avec des fleurs vertes. On les reconnaît au suc laiteux qu'elles laissent couler abondamment par la moindre blessure.

371. MERCURIALE. *MERCURIALIS.* Fleurs dioïques ou monoïques ; périgone à 3 divisions ; *fleurs mâles* à 9-10 étamines ; *fl. femelles* avec 2 styles bifurqués et un ovaire présentant 2 bosses, 2 sillons, et entourés de 2 filets stériles sortant de chaque sillon ; capsule formée de 2 coques.

1. M. VIVACE. *M. perennis.* Tige droite, simple, garnie de feuilles ovales-lancéolées, dentées, rudes et pubescentes ; fleurs à longs pédoncules ; capsules pubescentes. ♃. Dans les bois, Grammont, Ballan, en avril et mai. 6 à 10 pouces. C.

2. M. ANNUELLE. *M. annua.* Vulg. *Ramberge.* Tige droite, rameuse ; feuilles lancéolées, dentées, glabres, à pétioles courts ; fleurs mâles en épis pédonculés ; fl. fem. verticillées, axillaires ; capsules épineuses, pubescentes. ☉. Lieux cultivés, en été et en automne. 6 à 12 p. C C.

Le *Ricin* (*Ricinus communis*), vulg. *Palma-Christi*, se voit quelquefois dans les jardins : c'est une grande plante à tige droite (de 5-7 pieds), épaisse, avec des feuilles très-grandes, peltées et palmées, et des fleurs monoïques en grappes ; les fleurs mâles à la base, ont le périgone à 5 divisions, et des étamines nombreuses, à filets soudés, presque ramifiés ; les fleurs femelles au sommet, ont le périgone à 3 divisions, avec 3 styles bifides et des capsules épineuses à 3 loges monospermes.

XCI. FAMILLE : URTICÉES.

Fleurs petites, verdâtres, monoïques ou dioïques, solitaires, réunies en chaton, ou renfermées dans un involucre d'une seule pièce ; périgone persistant, à 3-5 lobes soudés à la base ; *fleurs mâles* à étamines en nombre défini, insérées à la base du périgone ; *fl. fem.* à 2 styles ou à 1 style bifide, avec un ovaire simple, libre, devenant un fruit sec ou un drupe revêtu par le périgone persistant, solitaire ou fixé sur un réceptacle charnu, dilaté.—*Herbes ou arbres à feuil. souvent hérissées.*

1.re TRIBU. *URTICÉES. Fleurs solitaires, en chaton ou en épi ; fruit sec.*

372. CHANVRE. *CANNABIS.* Dioïque ; *fleurs mâles* avec 5 étam. et un périgone à 5 divisions ; *fl. femelles*

à périgone oblong, fendu latéralement, avec 2 styles; capsule crustacée, à 2 valves presque globuleuses, couvertes par le périgone.

1. C. CULTIVÉ. *C. sativa.* Tige droite, presque simple, sillonnée, rude; feuilles pétiolées, digitées, à lobes étroits, lancéolés, fortement dentés; fleurs mâles en panicule terminale; fleurs femelles en grappes axillaires, garnies de feuilles. ☉. Originaire de l'Inde, il est cultivé partout; mais il est particulièrement l'objet d'une grande culture dans la vallée de la Loire, au dessous de Cinq-Mars, où l'on doit à M. *Odart* l'introduction de la graine du Piémont.—En juin. Haut de 4 à 8 pieds.

373. PARIÉTAIRE. *PARIETARIA*. Fleurs polygames réunies par 3-5 dans un invol. à plusieurs divisions, avec le périgone à 4 lobes; *fl. hermaphrodites* à 4 étamines, dont les filets, d'abord courbés, se redressent avec élasticité; 1 ovaire, 1 style, 1 stigm.; semence recouverte par le périgone alongé et fermé; *fleurs femelles* sans étamines.

1. P. OFFICINALE. *P. officinalis.* Tige couchée à la base, puis redressée, rameuse, pubescente; feuilles pétiolés, ovales-lancéolées, entières, velues en dessous, presque luisantes en dessus. ♃. Sur les vieux murs, en été. 6 à 10 p. CC.

374. ORTIE. *URTICA*. Monoïque ou rarement dioïque; *fl. mâles* en grappes, avec le périgone à 4 divisions et 4 étamines, dont les filets sont courbés avant la floraison; *fl. femelles* réunies en têtes formant des grappes axillaires, à périgone bivalve, avec 1 ovaire, 1 stigm.; semence entourée par le périgone membraneux.

1. O. DIOÏQUE. *U. dioica.* Tiges carrées, droites, hérissées; feuilles opposées, en cœur, grossièrement dentées, et couvertes de poils piquans: fleurs dioïques, en épis paniculés et formant à l'aisselle des feuilles deux grappes plus longues que le pétiole; périgone glabre. ♃. Le long des murs et des haies, en été. 16 à 24 p. CC.

2. O. BRULANTE. *U. urens.* Tige simple, arrondie; feuil. oppoées, ovales, decoupées, à dents aigues, et couvertes ainsi que la tige de poils très-piquans: fleurs monoïques en grappes oblongues, serrées, plus courtes que le pétiole; périgone hérissé. ☉. Lieux cultivés, en été. 6 à 12 pouces. C.

3. O. PILULIFÈRE. *U. pilulifera.* Tige droite, arrondie; feuilles oposées, ovales, dentées, à dents obtuses, et couvertes de poils très-piquans; fleurs monoïques en chatons globuleux, pédonculés, réunis deux ensemble, l'un mâle, et l'autre femelle. ☉. Lieux incultes, Luynes, en été. 10 à 14 pouces. RR.

375. HOUBLON. *HUMULUS*. Dioïque ; *fleurs mâles* en panicule, avec 5 étamines, et le périgone à 5 divisions ; *fleurs femelles* réunies en une espèce de cône formé de grandes écailles persistantes, concaves, et portant à la base un ovaire et deux styles ; semence ovale, aplatie, arillée.

1. H. GRIMPANT. *H. lupulus*. Tige voluble, de gauche à droite, rameuse, hérissée et très-rude ; feuilles pétiolées, opposées, en cœur, dentées, et simples ou divisées en 3-5 lobes. ♃. Dans les haies, en juillet. C.

2e. TRIBU. *ARTOCARPÉES*. *Fleurs réunies sur un réceptacle commun ; fruits charnus.*

276. MURIER. *MORUS*. Fleurs monoïques, en chatons de sexe différent ; périgone à 4 lobes concaves ; *fleurs mâles* à 4 étamines alternes avec les lobes du périgone ; *fl. femelles* avec un ovaire libre et 2 stigm. ; semences recouvertes par le périgone charnu.

1. M. BLANC. *M. alba*. Arbre à feuilles lisses, obliquement en cœur, échancrées ou lobées, et irrégulièrement dentées ; fruits petits, blanchâtres. ♄. Originaire de la Chine ; il est cultivé dans les campagnes pour la nourriture des vers à soie.

2. M. NOIR. *M. nigra*. Arbre à feuilles rudes, plus épaisses, ovales en cœur, ou lobées et irrégulièrement dentées ; fruits gros, d'un pourpre noir. ♄. Cultivé pour ses fruits.

377. FIGUIER. *FICUS*. Monoïque ; fleurs nombreuses pédicellées et renfermées dans un réceptacle charnu, creux à l'intérieur, et ombiliqué au sommet ; périgone à 3-5 lobes aigus ; *fleurs mâles* voisines de l'ombilic, à 3-5 étamines ; *fleurs femelles* formées d'un ovaire libre, avec 1 style, 2 stigmates ; chaque ovaire devient un petit drupe à noyau fragile engagé dans la pulpe du réceptacle.

1. F. COMMUN. *F. carica*. Arbre à suc laiteux, à rameaux épais, lisses, à feuilles pétiolées, larges, alternes, palmées ou divisées en 3-5 lobes, rudes en dessus, et pubescentes en dessous ; réceptacle en forme de poire. ♄. Dans les jardins, au pied des murs exposés au midi, où il est rarement attaqué par la gelée.—C'est son réceptacle charnu qu'on appelle *figue*.—Il y en a plusieurs variétés.

On cultive en serre plusieurs espèces exotiques de *Figuiers*, sur-tout le *F. élastique* (*Ficus elastica*), reconnaissable à ses grandes feuilles ovales-lancéolées, enveloppées avant leur développement d'une spatule rose.

Le *Broussonetier* ou *Mûrier à papier* (*Broussonnetia papyrifera*), bel arbre de la Chine, est commun dans les grands jardins et les parcs ; ses feuilles en cœur, entières ou lobées, sont très-velues ainsi que les rameaux ; il est dioïque ; les fl. mâles sont en chatons, et les fl. femelles sont en capitules.

XCII. FAMILLE : JUGLANDÉES.

Fleurs monoïques ; *fleurs mâles* en chaton ; périgone en écaille à 2-6 lobes latéraux, avec un nombre indéfini d'étamines à filets très-courts, libres ; *fl. femelles* à périgone double ou simple, adhérent à l'ovaire, l'extérieur à 4 divisions, et l'intérieur, quand il est sessile, à 4 sépales ; ovaire simple, uniloculaire, surmonté de 1-2 styles avec deux stigmates épais, ou seulement, d'un stigmate large, aplati, à 4 lobes, et devenant un drupe charnu qui renferme une noix à 2 ou 4 valves ; semence sinueuse, à 4 lobes, revêtue d'une enveloppe membraneuse.—*Arbres à feuilles alternes, pinnées, avec impaire, sans stipules.*

378. NOYER. *JUGLANS. Fleurs mâles* en chaton imbriqué ; périgone simple, à 5-6 divisions, et soudé à chaque bractée ; 14-36 étamines ; anthères épaisses ; *fleurs femelles* à périgone double, avec 2 styles très-courts et 2 stigmates épais ; noix bivalve, ridée, et irrégulièrement sillonnée.

1. N. COMMUN. *J. regia.* Feuilles à 5-9 folioles ovales, glabres, presque égales et un peu dentées ; fruits globuleux. ♄. Originaire de la Perse ; il est cultivé partout dans la campagne. — On distingue plusieurs variétés de *Noyer*, celui *à gros fruits*, dont l'amande n'occupe que le tiers de la coque, celui *à fruits anguleux*, dont la coque est très-dure et très-épaisse, etc.

On cultive en pleine terre, dans les jardins, plusieurs autres espèces de *Noyer*, tel est le *N. noir* (*J. nigra*), dont la noix petite, globuleuse et très-dure, est sillonnée de crevasses profondes et rapprochées ; ses feuilles, élégamment pinnées, à 15-19 folioles dentées, sont pubescentes ; d'autres *Noyers* ont la noix lisse, à 4 valves, et forment le genre *Carya*, qui de plus a les fleurs mâles formées de 3 à 6 étamines avec 2 ou 3 bractées, et le stigmate très-grand, aplati, à 4 lobes ; ce sont le *Noyer pacanier* (*Carya olivæformis*), dont les feuil. ont 13 à 15 folioles, et le *Noyer blanc* (*Carya alba*), dont les feuilles sont formées de 9 folioles velus en dessous.

XCIII. FAMILLE : AMENTACÉES.

Fleurs dioïques, monoïques, ou rarement hermaphrodites ; *fleurs mâles* réunies en tête ou en chaton, formées chacune d'une écaille ou d'un périgone muni d'une écaille, sur lequel sont insérées les étamines, qui ne sont presque jamais soudées entr'elles ; *fleurs femelles* solitaires, en faisceaux ou en chatons, formées d'une écaille ou d'un périgone avec un ovaire libre, simple, ou rarement multiple, et plusieurs stigmates ; une enveloppe osseuse ou membraneuse pour chaque ovaire.—*Arbres ou arbrisseaux à feuilles alternes, caduques, munies de stipules dans leur jeunesse.*

NOTA. Une I.re tribu, celle des *Celtidées*, a les fleurs hermaphrodites, avec un périgone libre, campanulé, à 5-8 divisions ; 5 étamines opposées, 2 stigm. et un ovaire simple qui devient un drupe à noyau uniloc., osseux ; elle comprend le *Micocoulier (Celtis australis)*, grand arbre du Midi, à feuil. alternes pétiolées, ovales-lancéolées, que l'on voit dans quelques jardins.

2e. TRIBU. *BÉTULINÉES. Fleurs hermaphrodites, polygames ou dioïques, diversement disposées ; périgone libre, campanulé, à 4-5 lobes ; 4-12 étamines insérées à la base du périgone, ordinairement opposées à ses lobes, et en nombre égal, ou en nombre double ou triple ; 1 ovaire avec 2 stigmates au sommet ; fruit sec à 2 loges, membraneux ou coriace, comprimé ou prolongé en aile ; semences solitaires dans chaque loge.*

1.re SOUS-TRIBU. *ULMÉES. Fleurs hermaphrodites, pédicellées, réunies en petits capitules lâches.*

379. ORME. *ULMUS.* Périgone campanulé à 4-5 dents, coloré et persistant ; 3-6 étamines ; ovaire comprimé ; 2 stigmates ; fruit monosperme (ou *samare*), muni d'un large rebord membraneux.

1. O. CHAMPÊTRE. *U. campestris.* Feuilles inégales à la base, deux fois dentées ; fleurs rougeâtres, agglomérées, presque sessiles. ♄. Dans les bois et les haies, en avril. C.

Variétés : α. *Microphylla.* Rameaux droits, feuilles rudes, samares glabres.

β. *Suberosa.* Rameaux étalés, à écorce fendillée et épaisse comme du liége ; feuilles rudes, les inférieures ovales, les supér. oblongues ; samares arrondies, glabres.

γ. *Major.* Rameaux étalés ; feuilles oblongues, très-rudes, en cœur à la base.

2.e Sous-Tribu. *BÉTULÉES. Fleurs monoïques en chatons distincts ; écailles portant à l'aisselle 1-3 fleurs sessiles.*

380. BOULEAU. *BETULA.* Chatons alongés, cylindriques ; *fleurs mâles* formées d'écailles réunies 3 ensemble, celle du milieu portant 10 à 12 étamines ; *fleurs femelles* formées d'écailles à 3 lobes, membraneuses, caduques ; 2 styles ; ovaire comprimé à 2 loges, dont une seule se développe ; noyau comprimé, membraneux au bord, uniloculaire.

1. B. blanc. *B. alba.* Arbre à écorce blanche, à rameaux rougeâtres, grêles et pendans ; feuilles ovales-triangulaires, aigues, deux fois dentées, glabres ; chatons mâles terminaux, nus, pendans, paraissant avant les feuilles ; chatons femelles solitaires, latéraux ; pétioles glabres, plus longs que les pédoncules. ♄. Dans les bois secs, surtout au nord du département ; en avril et mai. CC.

381. AULNE. *ALNUS. Fleurs mâles* en chatons alongés, cylindriques, formés d'écailles pédicellées, en cœur, portant en dessous 3 autres petites écailles arrondies, uniflores ; périgone à 4 divisions ; 4 étamines ; *fleurs femelles* en chatons ovoïdes, à pédicelles rameux, formées d'écailles coriaces, persistantes, à 2 fleurs ; ovaire comprimé ; 2 stigm. ; fruits en noix ovoïdes, nues, à 2 loges et à 2 semences, renfermés entre les écailles épaissies, qui forment une espèce de *cône* ou de *strobile*.

1. A. glutineux. *A. glutinosa.* (*Betula alnus* L.) Arbre à écorce brune, à feuilles ovales-arrondies, rétuses, visqueuses dans leur jeunesse, deux fois dentées, et poilues en dessous à l'aisselle des nervures ; chatons naissant après les feuilles. ♄. Au bord des ruisseaux, en mars et avril. CC.

3e. Tribu. *SALICINÉES. Fleurs dioïques, solitaires à l'aisselle des écailles, en chaton ;* fleurs mâles *en chaton cylindrique, à 2-30 étamines libres, ou rarement réunies par les filets, et fixées à une glande creusée en forme de coupe qui remplace le périgone;* fleurs femelles *en chaton serré, ovoïde ou cylindrique; à périgone simple, persistant ou très-petit; ovaire à une loge; style simple, avec 2 stigmates souvent bifides; capsule à 2 valves; semences nombreuses, très-petites, et entourées d'un duvet très-long.*—Arbres ou arbrisseaux à feuilles alternes, munies de stipules foliacées ou très-petites et presque nulles.

382. SAULE. *SALIX.* Fleurs dioïques, ou rarement monoïques, en chatons formés d'écailles imbriquées; étamines ou pistil entourés par la glande qui remplace le périgone; *fleurs mâles* à 2-5 étamines, plus souvent à 2 étamines quelquefois réunies en une seule, dont alors l'anthère présente 4 loges.

* *Chatons précoces, d'abord ovoïdes, oblongs; chatons femelles alongés ensuite, à ovaire cotonneux, à style court; fleurs mâles à 2 étamines libres ou soudées; feuilles ovales, obovées ou lancéolées, ordinairement cotonneuses.*

1. S. MARCEAU. *S. capræa.* Vulg. *Marsaule.* Arbre à feuil. pétiolées, ovales, ridées, cotonneuses en dessous, dentelées, aigues ou mucronées; chatons femelles sessiles. très-velus; ovaires cotonneux, pédicellés, ventrus à la base et prolongés en pointe. ♄. Dans les bois et les haies, au printemps. C.

2. S. CENDRÉ. *S. cinerea.* (*S. rufinervis* Lam.) Arbrisseau à rameaux cotonneux, cendrés; à feuilles pétiolées, ovales-oblongues, aigues, un peu crénelées ou presque entières, marquées de nervures rouges et cotonneuses en dessous; stipules arrondies, un peu dentées; chatons femelles sessiles, alongés, poilus; ovaires cotonneux, pédicellés, prolongés en pointe. ♄. Dans les prés, Grammont, en mars. C.

Variété: 6. *Acuminata.* A feuilles aigues, ondulées et dentées sur les bords, avec des stipules réniformes, crénelées.

3. S. AURICULÉ. *S. aurita.* Arbrisseau à feuilles pétiolées, obovées, obtuses ou un peu mucronées, ondulées et dentées au bord, ridées, velues en dessous, marquées de nervures; stipules dentées,, en demi-cœur; filets des étamines soudés à la base; chatons fem. ovoïdes, sessiles, poilus; ovaires cotonneux, pédicellés, coniques-oblongs, ♄. Dans les prés et les bois, en avril. C.

4. S. RAMPANT. *S. repens.* (*S. depressa* et *S. arenaria* Lam.) Arbuste à tige couchée (longue d'un pied): à feuilles pétiolées, ovales ou ovales-oblongues, aigues, entières, soyeuses et pubescentes en dessous; chatons femelles sessiles, ovoïdes, alongés; ovaires sessiles, rapprochés, soyeux, puis jaunâtres, presque glabres. ♄. Prairie de Loches, en mars. 12 à 18 pouces. R.

*** Chaton cylindrique, paraissant presque avec les feuilles ; ovaires cotonneux, rarement glabres ; style alongé ; fleurs mâles, à 2 étam. libres ou soudées ; feuilles lancéolées ou linéaires.*

5. S. DES VANNIERS. *S. viminalis.* Vulg. *Osier vert.* Arbrisseau à rameaux droits, longs, flexibles, d'un vert-jaune, souvent un peu velus ; feuilles lancéolées, linéaires, très-longues (de 6 p.). entières, aigues, argentées en dessous, et à bords roulés dans leur jeunesse : chatons sessiles, très-alongés ; style jaune, filiforme, divisé en 2-4 stigmates ; ovaires sessiles, soyeux, pubescens. ♄. Iles de la Loire. Cultivé surtout pour l'usage des vanniers, au bord des rivières. CC.

6. S. POURPRÉ. *S. monandra.* (*S. purpurea* L. et *S. helix* L.) Vulg. *Osier rouge, Osier franc.* Arbrisseau à rameaux d'un rouge violet, à feuilles sessiles, lancéolées-linéaires, aigues, bordées de dents glanduleuses au sommet, glabres, mais couvertes d'un duvet couché, dans leur jeunesse ; étamines soudées en une seule : anthères pourprées ; chatons femelles cylindriques, sessiles, à écailles rougeâtres ; ovaires globuleux, cotonneux, rapprochés. ♃. Grèves de la Loire. C. — Il varie à rameaux d'un gris-cendré, et à feuilles courtes, glauques en dessous : c'est alors le *S. helix.*

**** Chatons cylindriques, alongés, paraissant avec ou après les feuilles ; ovaires glabres ou velus ; style court ; 2-3 étamines libres ; feuilles lancéolées ou linéaires.*

7. S. AMANDIER. *S. triandra.* (*S. amygdalina* L.) Arbre à feuilles pétiolées, oblongues-lancéolées, glabres, aigues, entières, ou un peu dentées, glauques en dessous ; stipules petites, obtuses, ovales en cœur, dentelées ; 3 étamines ; chatons femelles alongés, sessiles, pubescens : ovaires glabres. ♄. Bords de l'Indre. R.

8. S. FRAGILE. *S. fragilis.* Arbrisseau à rameaux très-cassans, verdâtres, à feuilles pétiolées, oblongues-lancéolées, dentées, glabres, aigues, bordées de dents glanduleuses, les infér. plus petites, obovées ; chatons femelles pendans, alongés, pubescens, pédonculés ; ovaires longuement pédicellés, écartés, glabres. ♄. Au bord des rivières. CC.

9. S. BLANC. *S. alba.* Arbre à rameaux blanchâtres, pubescens : à feuilles presque sessiles, lancéolées-aigues, pubescentes et comme argentées en dessous, bordées de dents glanduleuses au bas de la feuilles ; chatons femelles alongés, pédonculés, pubescens ; ovaires glabres, sessiles, écartés. ♄. Dens les prés, au bord des eaux, en mai. CC. — Il s'élève naturellement à 30 ou 40 pieds, mais ordinairement, pour lui faire produire des perches, on le coupe à une certaine hauteur où il forme une tête ; on le voit souvent creux à l'intérieur, et tourné presque en vis.

10. S. JAUNE. *S. vitellina.* Vulg. *Osier jaune, Plon.* Regardé souvent comme une simple variété du *Saule blanc*, il est toujours plus petit ; ses rameaux sont jaunes et très-flexibles ; ses feuilles sont glauques, grisâtres en dessous, et peu soyeuses. ♄. Dans les vignes et sur les grèves. CC. — On le coupe presque au niveau du sol, et il forme une

tête assez grosse, d'où partent chaque année des rameaux nombreux employés à faire des liens.

11. S. PLEUREUR. *S. babylonica.* Arbre à rameaux longs, flexibles et pendans ; à feuilles linéaires-lancéolées, glabres, très-aigues, entières ou peu dentées ; chatons femelles alongés, à pédoncules courts ; ovaires rapprochés. ♄. Originaire de l'Orient ; il est très-commun dans les jardins.—On n'a que des individus femelles.

383. PEUPLIER. *POPULUS.* Dioïque ; chatons cylindriques formés d'écailles déchirées au sommet ; *fleurs mâles* à 8-10 étamines, sortant, à la base des écailles, d'une glande en calice obliquement tronqué ; *fleurs femelles* à 4 stigmates, avec un ovaire polysperme devenant une capsule à 2 valves repliées en dedans au bord, de manière à former presque deux loges.

* *Bourgeons cotonneux ou hérissés, non gluans ; 8 étamines.*

1. P. BLANC. *P. alba.* Vulg. *Blanc de Hollande, Ipreau.* Arbre à rameaux blanchâtres ; feuilles en cœur arrondies, lobées et dentées, glabres en dessus, blanches et cotonneuses en dessous ; pétioles velus. ♄. Cultivé en avenues et en plantations, en mars et avril. C.

2. P. BLANCHATRE. *P. canescens.* Vulg. *Grisard, Grisaille.* Diffère du *P. blanc* par ses feuilles plus petites, non lobées, couvertes en dessous d'un duvet grisâtre, et par ses chatons deux fois plus longs, formés d'écailles très-velues, brunes. ♄. Dans les bois et les lieux humides. C.

3. P. TREMBLE. *P. tremula.* Arbre à écorce blanchâtre, jeunes rameaux velus ; feuilles arrondies, dentées, glabres des deux côtés ; pétioles comprimés, très-mobiles ; chatons oblongs, à écailles velues. ♄. Dans les bois, en mars et avril. CC.

** *Bourgeons lisses, gluans ; 12-30 étamines.*

4. P. NOIR. *P. nigra.* Vulg. *Bouillard, Liard.* Arbre à rameaux étalés, toujours glabre ; à feuilles presque triangulaires, aigues, dentées et glabres des deux côtés ; chatons à écailles glabres. ♄. Lieux humides, en mars. CC.

5. P. PYRAMIDAL. *P. fastigiata.* Vulg. *Peuplier d'Italie.* Arbre à rameaux dressés et rapprochés de la tige ; feuilles presque triangulaires, inégalement dentées, glabres des deux côtés. ♄. Généralement cultivé.

6. P. DE VIRGINIE. *P. virginiana.* Vulg. *Peuplier suisse.* Arbre très-élevé, à rameaux étalés, à peine anguleux ; à feuilles très-larges, triangulaires, en cœur, grossièrement dentées, glabres, et portées sur de longs pétioles rouges. ♄. Cultivé en raison de sa végétation rapide.

On cultive aussi quelques autres *Peupliers* exotiques : le *P. du Canada*, qui diffère du *P. de Virginie* par ses rameaux anguleux, ses feuilles plus larges, à pétiole vert ; le *P. de Caroline*, qui a aussi les rameaux anguleux, et les feuilles en cœur, dentées, glanduleuses à la base et plus grandes qu'aucun autre ; le *P. baumier*, qui est très-odorant et ne s'élève qu'à 10 pieds, etc.

4e. Tribu. *QUERCINÉES* (*ou* Corylacées). *Fleurs monoïques :* fleurs mâles *disposées en chaton cylindrique, à périgone petit ou en forme d'écaille ;* 5-20 *étamines soudées à la base du périgone, à filets libres, rarement soudés ;* fl. femelles *formées d'un involucre variable, à une ou à plusieurs fleurs ; périgone adhérent à l'ovaire, à plusieurs dents : ovaire à plusieurs loges et à plusieurs germes ; style à* 2-3 *ou à plusieurs divisions, à stigmates distincts ; involucre s'accroissant après la floraison, cachant ou entourant un ou plusieurs fruits qui deviennent des glands ou des noix monospermes.* — Arbres ou rarement arbrisseaux à feuilles alternes.

* *Involucre épineux, fermé.*

384. HÊTRE. *FAGUS*. Monoïque ; *fleurs mâles* en chatons pendans, globuleux, serrés ; périgone à 6 lobes ; 8 étamines ; *fl. femelles* réunies deux ensemble dans un involucre à 4 lobes, hérissé à l'extérieur d'épines molles ; périg. cotonneux à 6 lobes, soudé à l'ovaire ; 3 stigmates ; ovaire à 3 angles et à 3 loges, dont une seule se développe, devenant une noix triangulaire à 1-2 semences.

1. H. des forêts. *F. sylvatica*. Vulg. *Fayard, Fouteau.* Grand arbre à écorce lisse, cendrée ; feuilles ovales, glabres, luisantes, entières, ciliées sur les bords. ♄. Forêts de Loches et de Chinon, en avril et mai. C. — Son fruit, appelé *faine*, fournit une huile estimée.

385. CHATAIGNIER. *CASTANEA*. Polygame ; *fleurs mâles* en chatons très-longs, cylindriques, interrompus ; périgone à 6 divisions ; 5-20 étamines ; *fleurs hermaphrodites* réunies 3 ensemble dans un involucre à 4 lobes, hérissé en dehors d'épines dures, rameuses ; périgone soudé à l'ovaire, à 5-6 lobes, et garni à l'intérieur d'un duvet raide ; 12 étamines avortées ; ovaire à 6 loges, dont une seule se développe en une noix uniloculaire, arrondie, contenant 1-3 semences ridées ; 6 styles.

1. C. commun. *C. vulgaris*. Vulg. *Marronnier*. Grand arbre à rameaux étalés ; feuilles longues, lancéolées, pétiolées, glabres, bordées de grandes dents aigues ; fl. jaunâtres. ♄. Dans les bois, en juin. C. — On le maintient en taillis dans quelques cantons pour en faire des cercles.

** *Involucre ouvert.*

386. CHÊNE. *QUERCUS.* Monoïque; *fleurs mâles* en chaton lâche et pendant, à périgone déchiré, et à 5-10 étamines ; *fl. femelles* formées d'écailles nombreuses imbriquées et soudées en une coupe hémisphérique, coriace ; périgone soudé à l'ovaire, à 6 lobes ; ovaire à 3 loges, dont une seule se développe ; 3 stigm. ; noix (ou gland) monosperme entouré par l'invol. à la base.

1. C. TAUZIN. *Q. toza.* Arbre peu élevé, tortueux, à racine rampante et à écorce gercée ; feuilles pétiolées, cotonneuses sur les deux faces dans leur jeunesse, puis glabres en dessus, sinuées ou pinnatifides, à lobes obtus ; fruits pédonculés, à invol. tuberculeux formé d'écailles aigues et écartées au sommet. ♄. Dans les bois, Ceré. R.

2. C. PUBESCENT. *Q. pubescens.* (*Q. lanuginosa* Th.) Vulg. *Chêne breton.* Arbre tortueux, à feuilles pétiolées, oblongues, inégalement en cœur à la base, sinuées-pinnatifides, à lobes arrondis, glabres en dessus et pubescentes en dessous; fruits sessiles, petits ; involucre à écailles ovales-obtuses, ciliées et resserrées. ♄. Dans les bois, Chatenay, Grammont, en mai. C.—Ses jeunes pousses sont blanchâtres.

3. C. A GRAPPE. *Q. racemosa.* (*Q. pedunculata* Th. — *Q. robur* L.) Vulg. *Chêne blanc, Roure* ou *Rouvre.* Arbre élevé, à écorce lisse, d'un gris-cendré et luisant sur les branches, crevassée sur le tronc, et brune sur les jeunes pousses ; feuilles très-glabres, presque sessiles, oblongues, élargies au sommet et rétrécies à la base, sinuées, à lobes arrondis ; fruits réunis sur un pédoncule commun (de 3 à 4 p.) ; involucre trois fois plus court que le gland, à écailles ovales, un peu obtuses. ♄. Dans les bois, en avril et mai. CC.

4. C. COMMUN. *Q. sessiliflora.* (*Q. robur* L.) Aussi grand que le précédent, mais rarement aussi droit, et à feuilles moins découpées, pétiolées ; fruits oblongs, presque sessiles ; involucre à écailles lancéolées, obtuses, et enveloppant à moitié le gland. ♄. Dans les bois, en avril et mai. CC.

5. C. VERT. *Q. ilex.* Arbre peu élevé, tortueux et très-rameux, à feuilles persistantes, ovales-oblongues ou lancéolées, entières ou bordées de dents quelquefois épineuses, cotonneuses et blanches en dessous ; fruits pédonculés ; invol. 3 ou 4 fois plus court que le gland. ♄. Rochers de Vouvray et de Luynes, bois de Grammont, en mai. RR.

387. COUDRIER. *CORYLUS.* Monoïque; *fleurs mâles* en chaton cylindrique, formé d'écailles velues, triangulaires, à 3 lobes dont l'intermédiaire, plus large, couvre les deux autres ; 8 étamines à anthères uniloculaires, velues ; *fleurs femelles* renfermées plusieurs ensemble dans un bourgeon écailleux ; 2 stigmates ;

1 ovaire d'abord nu, puis entouré par l'involucre qui a la forme d'un calice d'une seule pièce déchiré au bord ; noix ovale, lisse, monosperme.

1. C. NOISETIER. *C. avellana.* Petit arbre à rameaux cotonneux, à feuil. en cœur, arrondies, pubescentes, dentées : stipules oblongues, obtuses, caduques ; chatons jaunâtres, réunies par 5 ou 6. ♄. Dans les bois et les haies, en février et mars. CC.—On cultive des variétés à fruit plus gros : et l'on appelle *aveline* une grosse noisette oblongue.

388. CHARME. *CARPINUS.* Monoïque ; *fleurs mâles* en chaton alongé, cylindrique, formé d'écailles ciliées à la base ; 8-14 étamines un peu barbues au sommet ; *fleurs femelles* en chatons (ou *strobiles*) lâches, foliacés ; involucre campanulé, à 3 lobes, renfermant 2 fleurs ; ovaire dentelé au sommet, à 2 loges dont une seule se développe ; 2 stigmates ; noix osseuse, comprimée et couronnée par les segmens de l'involucre.

1. C. COMMUN. *C. betulus.* Arbre à écorce d'un brun grisâtre, tachetée de blanc, à rameaux minces, garnis de feuilles ovales, aigues, 2 fois dentées, d'un vert luisant, et plissées suivant les nervures avant leur développement. ♄. Dans les bois, en avril. CC.—On l'emploie dans les jardins à faire les palissades et les berceaux appelés *charmilles*.

5e. TRIBU. *PLATANÉES. Fleurs monoïques, réunies séparément en chatons serrés, globuleux ou oblongs, avec ou sans involucre commun à la base.* Fleurs mâles *formées de petites écailles linéaires, innombrables, entremêlées avec les étamines, et tenant lieu de périgone.* Fleurs femelles *avec ou sans écailles entremêlées, à périgone adhérent à l'ovaire, et quelquefois soudé aux périgones voisins, terminé par un rebord ou par des poils ; ovaire formé d'un ou de deux carpelles monospermes, oblongs, coriaces, cornus au sommet.*—Arbres à feuilles pétiolées, alternes, palmées ; stipules nulles ou foliacées ; bourgeons cachés dans la base du pétiole.

389. PLATANE. *PLATANUS.* Chatons nus à la base ; *fleurs femelles* avec des écailles en spatule ; ovaires filiformes, épaissis au sommet et terminés par un stigmate recourbé ; carpelles solitaires, en massue, entourés d'une aigrette à la base.

1. P. D'ORIENT. *P. orientalis.* Arbre à écorce lisse, dépouillée chaque année de son épiderme qui s'enlève par plaques ; feuil. grandes, palmées, à 5 lobes profonds, lancéolés, sinués ; stipules entières. ♄. Cultivé en avenues ; en mai. CC.

2. P. D'OCCIDENT. *P. occidentalis.* Diffère du précédent par ses feuilles plus grandes, à 5 angles, un peu lobés et dentés, couvertes en dessous d'un duvet très-fin qui se détache aisément. ♄. Culvivé de même.

XCIV. FAMILLE : CONIFÈRES.

Fleurs monoïques ou dioïques, disposées ordinairement en chatons de diverses formes ; *fleurs mâles* formées d'écailles nombreuses, portant ou entourant les anthères, qui sont en nombre variable, à une ou à plusieurs loges insérées sur les écailles ou portées par un pédicelle propre ; *fleurs femelles* formées d'écailles ou bractées diversement disposees, quelquefois renflées et succulentes après la florairon, ou soudées au fruit ; glande en forme de coupe, uniflore, double ou rarement simple, entourant l'ovaire, qui devient un fruit sec, uniloculaire, ne s'ouvrant pas, coriace ou osseux, renfermé entre les bractées ou les écailles auxquelles il adhère ; stigmate simple, sessile (excepté dans l'*Éphédra*); 2 ou plusieurs cotylédons verticillés.—*Arbres ou arbrisseaux résineux, à feuilles alternes, ou verticillées, ou en faisceaux, et souvent persistantes et piquantes, appelés communément* arbres verts.

1re. TRIBU. *TAXINÉES. Fruit axillaire, simple; bourgeons à fleurs formées d'écailles nombreuses opposées en croix et imbriquées, et contenant une ou rarement deux fleurs.*

390. IF. *TAXUS.* Fleurs dioïques ou monoïques, entourées de plusieurs écailles ; *fleurs mâles* à 8-10 étamines, réunies par les filets ; anthères élargies, à 6-8 loges ; *fleurs femelles* à stigmate concave, sessile ;

fruit en drupe charnu, s'ouvrant au sommet, et contenant un noyau monosperme.

1. I. COMMUN. *T. baccata.* Arbre à feuilles linéaires, aigues, rapprochées sur deux rangs, et d'un vert noirâtre ; fleurs axillaires, sessiles ; fruits rouges. ♄. Cultivé dans les jardins.

2.e TRIBU. *CUPRESSINÉES. Chatons femelles à écailles peu nombreuses, rapprochées et souvent soudées en cône ou en fruit globuleux ; fleurs droites ; stigmate dirigé en haut.*

391. GÉNÉVRIER. *JUNIPERUS.* Dioïque ou rarement monoïque ; *fleurs mâles* en chatons ovoïdes, formés d'écailles pédicellées et verticillées ; 4-8 anthères uniloculaires ; *fleurs femelles* en chatons globuleux, à 3 écailles concaves, soudées, à stigmate tubuleux ; fruit en baie, formé de 3 noix osseuses, monospermes, entourées d'écailles soudées et charnues.

1. G. COMMUN. *J. communis.* Arbrisseau à rameaux étalés ou pendans, garnis de feuil. verticillées par 3, écartées, aigues, piquantes, plus longues que les baies qui sont d'un bleu foncé. ♄. Dans les bois et les landes, en avril et mai. CC.

On voit fréquemment dans les jardins le *G. sabine (J. sabina)*, arbrisseau à feuilles petites, aigues, imbriquées et serrées contre la tige comme celles du *Cyprès*, et à baies petites, noirâtres ; le *G. cade (J. oxycedrus)*, arbrisseau à feuilles verticillées par 3, écartées, piquantes et plus courtes que les baies, qui sont rougeâtres, assez grosses ; et le *G. cèdre de Virginie (J. virginiana)*, bel arbre à écorce rouge et à feuilles verticillées par 3, courtes, ovales et imbriquées, ou, plus longues, aigues et écartées.

392. CYPRÈS. *CUPRESSUS.* Monoïque ; *fleurs mâles* en chaton imbriqué, à 4 anthères sessiles ; *fl. femelles* en chaton globuleux formé d'écailles ligneuses, pédicellées et anguleuses au sommet, devenant un cône globuleux, sec, et qui s'ouvre à la maturité.

1. C. PYRAMIDAL. *C. fastigiata.* (*C. semper virens* L.) arbrisseau ou arbre très-droit, à rameaux dressés et rapprochés de la tige, garnis de feuilles très-petites, obtuses, imbriquées sur 4 rangs. ♄. Cultivé fréquemment dans les jardins.

393. THUYA. *THUYA.* Monoïque ; *fleurs mâles* en petits chatons ovoïdes, formés de petites écailles peltées, portant inférieurement les anthères ; *fl. femelles* en chaton déprimé, formé d'écailles imbriquées portant 2 fleurs à la base, et devenant un cône globuleux dont les écailles ont le sommet renflé et recourbé ; noix osseuses, nues, ou munies de 2 petites ailes.

1. T. ORIENTAL. *T. orientalis.* Arbrisseau ou moyen arbre à feuilles petites, en écailles imbriquées le long des rameaux ; ramifications planes, larges et figurant des feuilles composées. ♄. Originaire de la Chine, il est très-commun dans les jardins.

3.ᵉ TRIBU. *ABIÉTINÉES. Chatons femelles à écailles nombreuses, imbriquées en cône, puis distincts à l'époque de la maturité; fleurs renversées, c'est-à-dire, soudées aux bractées dans toute leur longueur; stigmate dirigé en arrière.*

394. PIN. *PINUS.* Monoïque ; *fleurs mâles* en chatons réunis en grappes compactes et terminales, et formées d'écailles portant au sommet 2 étamines à anthères uniloculaires ; *fleurs femelles* en chatons simples, formés d'écailles imbriquées, terminées en pointe, devenant ligneuses, oblongues, en massue, anguleuses et ombiliquées au sommet ; stigmate glanduleux ; 2 ovaires devenant des noix (ou *cariopsides*, vulg. *pignons*) monospermes, couvertes d'une membrane prolongée en aile. — *Feuilles réunies 2 ou plusieurs ensemble dans la même gaîne.*

1. P. SAUVAGE. *P. sylvestris.* Arbre élevé, à branches verticillées et disposées en tête arrondie, à feuilles linéaires, raides, longues de 2 à 3 pouces, cannelées, d'un vert foncé, réunies deux ensemble ; cônes égaux aux feuilles, formés d'écailles prismatiques et munies d'une petite pointe au sommet. ♄. Dans quelques bois et dans les grands jardins. — On distingue sous le nom de *Pin rouge*, *Pin d'Écosse*, *Pin de Genève*, *Pin de Riga*, plusieurs de ses variétés.

2. P. MARITIME. *P. maritima.* Diffère du précédent par ses feuilles très-longues, d'un vert plus clair, et par ses cônes trois fois plus gros, d'un jaune brunâtre, luisant. ♄. Cultivé en grande quantité, depuis plusieurs années, dans les terrains stériles, au nord du département, à Savigné, à Sonzay, à Semblançay, etc.

On cultive dans les jardins plusieurs autres espèces de *Pins*, notamment le *Pin du lord (P. strobus)*, remarquable par son tronc très-droit, à écorce lisse, et par ses feuilles réunies 5 ensemble, en pinceaux longs et soyeux ; le *Pin cembro* (*P. cembro*), petit arbre de forme pyramidale, à feuilles courtes, serrées, d'un vert glauque, et réunies 5 ensemble, etc.

395. SAPIN. *ABIES.* Monoïque ; *fleurs mâles* en chatons solitaires, non réunis en grappes, formés d'écailles portant au sommet 2 étam. à anthères uniloculaires ; *fleurs femelles* en chatons simples, formés d'écailles

minces, arrondies, non épaisses, ni anguleuses, ni ombiliquées ; stigm. glanduleux ; 2 ovaires devenant des fruits secs, coriaces, munis d'une aile membraneuse. —*Feuilles solitaires.*

1. S. ÉLEVÉ. *A. excelsa.* (*Pinus abies* L.) Vulg. *Epicéa.* Grand arbre à tige droite et à branches horizontales ou pendantes, étagées en pyramide aigue, garnies de feuilles courtes, à 4 angles, éparses en tous sens et piquantes ; cônes pendans, cylindriques, longs de 5 à 8 pouces, et formés d'écailles planes, très-obtuses. ♄. Très-commun dans les jardins et les parcs.

2. S. COMMUN. *A. pectinata.* (*Pinus picea* L.) Diffère du précédent par ses feuilles planes, linéaires, obtuses, un peu échancrées au sommet et en deux rangées opposées ; ses cônes sont droits, formés d'écailles appliquées et terminées par une pointe. ♄. Cultivé dans les grands jardins et dans les parcs.

Le *Mélèse (Larix europœa)*, est fréquemment cultivé, c'est un arbre très-élevé, à tige droite et à rameaux étalés et étagés, garnis de feuilles éparses, caduques, qui, réunies en faisceaux au printemps, paraissent autant de houppes de soie ; ses fleurs sont disposées comme celles du Sapin, et ses cônes, encore jeunes, sont pourprés.

Le *Cèdre du Liban* (*Cedrus libani*), est cultivé dans quelques jardins (à Vernou, St.-Avertin, etc.), où il est déjà fort, et où il donne des fruits ; ses branches horizontales et disposées en pyramide élevée, sont garnies de feuil. persistantes, linéaires et piquantes, réunies en faisceaux ; ses cônes sont ovoïdes, très-gros et durs, à écailles épaisses et serrées, mais non anguleuses.

DEUXIÈME CLASSE.

Plantes Monocotylédones, ou Endogènes phanérogames.

Tronc dépourvu de moëlle centrale, de rayons médullaires et de véritable écorce, formé de fibres éparses, non de couches concentriques, et s'accroissant seulement au sommet ; feuilles souvent engaînantes, entières, à nervures simples, ou lobées, à nervures rameuses, mais jamais véritablement composées ; fleurs distinctes, dont toutes les parties sont ordinairement disposées par 3 ou 6 ; périgone simple, à deux rangs de lobes ; germe muni d'un seul cotylédon, ou plutôt à cotylédons alternes.

XCV. FAMILLE : HYDROCHARIDÉES.

Fleurs dioïques ou rarement hermaphrodites, renfermées dans une spathe qui contient une ou plusieurs fleurs mâles pédonculées, ou une seule fleur sessile, mâle, femelle ou hermaphrodite ; périgone à 6 divisions, dont les 3 extérieures foliacées, plus petites, et les 3 intér. plus grandes, figurant des pétales, et avec différens appendices dans les espèces sans tige ; 1-3 étamines fixées à l'ovaire dans les fleurs hermaphrodites, ou à la place de l'ovaire dans les fleurs mâles ; style souvent nul ; 3-6 stigmates souvent bifides ; ovaire inférieur ; fruit charnu, uniloculaire, ou presque divisé en plusieurs loges par des cloisons incomplètes ; semences nombreuses, fixées aux parois ou aux cloisons. — *Herbes aquatiques à feuilles sessiles ou pétiolées.*

396. HYDROCHARIS. *HYDROCHARIS*. Anc. *Morène*. Dioïque ; *fleurs mâles* réunies 3 ensemble dans une spathe à 2 lobes ; 9 étamines ; *fleurs femelles* à spathe sessile, uniflore ; périgone avec 6 appendices filiformes à l'intérieur ; 6 stigmates bifides ; capsule ovoïde, monosperme, à 6 loges.

1. H. GRENOUILLETTE. *H. morsus ranæ.* Tige noueuse, flottante, poussant à chaque nœud une touffe de feuilles pétiolées, arrondies (de 2 p.), flottantes ; fleurs blanches, à onglets jaunes. ♃. Dans les fossés et les eaux stagnantes, la Varenne, en juillet et août. CC.

XCVI. FAMILLE : ALISMACÉES.

Périgone libre, coloré, à 6 divisions ; 6-9 étamines (rarement plus nombreuses) ; 3-6 ovaires ou un nombre indéfini, avec autant de styles et de stigmates ; capsules bivalves, ne s'ouvrant pas, mono ou polyspermes. — *Herbes aquatiques, à feuilles radicales, alternes, engaînantes ; fleurs en épi ou en ombelle.*

1.re TRIBU. *BUTOMÉES. Les trois divisions intérieures du périgone figurant des pétales ; semences nombreuses, attachées à des veines étendues en réseau à la surface des capsules.*

397. BUTOME. *BUTOMUS*. 9 étamines, dont 3 intérieures ; 6 pistils prolongés en bec long ; capsules s'ouvrant au bord intérieur.

1. B. OMBELLÉ. *B. umbellatus.* Vulg. *Jonc fleuri.* Belle plante à feuil. radicales, longues, étroites, un peu triangulaires, et à tige droite, nue, terminée par une ombelle simple de 12 à 30 fleurs roses. ♃. Au bord des eaux courantes et des marais, en été. 24 à 30 p. CC.

2.° TRIBU. *ALISMACÉES. Les trois divisions intérieures du périgone figurant des pétales ; capsules ne s'ouvrant pas, et contenant une ou deux semences fixées à la suture.*

398. ALISMA. *ALISMA.* Anc.[t] *Flûteau.* 6 étamines ; 6-25 ovaires ; capsules distinctes, caduques, ordinairement monospermes.

1. A. RANONCULOÏDE. *A. ranunculoides.* Tige nue, droite ou redressée et terminée par 1 ou 2 verticilles de fleurs rosées, à longs pédicelles ; feuilles radicales lancéolées, étroites, comme celles de la *Renoncule flammette ;* capsules nombreuses, anguleuses, réunies en tête arrondie, hérissée. ♃. Lieux marécageux, la V.-aux-Dames, Charentilly, Saint-Martin-le-Beau, Loches, en été. 3 à 5 p. C.

Variété : б. *Repens.* Tige couchée, produisant des racines ; fleurs peu nombreuses.

2. A. NAGEANT. *A. natans.* Tige grêle, filiforme (de 6 à 18 p.), flottante ainsi que les feuilles, qui sont ovales, obtuses. pétiolées ; fleurs blanches, solitaires, asssez grandes, portées sur de longs pédoncules ; capsules oblongues, striées, réunies en cercle 15 ou 16 ensemble. ♃. Dans les étangs, Charentilly (*étang de Pouillé*), Loches, en été. R.

3. A. PLANTAIN D'EAU. *A. plantago.* Tige droite, arrondie, sans feuilles, à rameaux nombreux, deux ou trois fois verticillés ; feuilles radicales pétiolées, ovales-lancéolées, aigues, à 5 nervures ; fleurs petites, rosées, portées par des pédoncules grêles ; capsules comprimées, à 3 angles peu marqués, et réunies, au nombre de 15 à 25, en cercle. ♃. Dans les fossés et les marais en été. 12 à 24 p. CC.

Variété : б. *Angustifolia.* Plus petit dans toutes ses parties ; feuilles lancéolées, étroites. ♃. Bois humides, Chatenay. C.

4. A. ÉTOILÉ. *A. Damasonium.* Tige droite, courte, divisée en deux ou trois verticilles simples ; feuilles radicales pétiolées, oblongues, en cœur à la base ; fleurs blanches à pédoncules courts ; 6 capsules à 2 semences pointues, soudées à la base, et disposées en étoile assez grande. ♃. Dans les marais, Beaumont-lès-Tours, Vivier-des-Landes, forêt de Chinon, en été. 4 à 5 p. R.

399. SAGITTAIRE. *SAGITTARIA.* Anc.[t] *Fléchière.* Fleurs monoïques ; périgone à 6 divisions, dont les 3 extérieures persistantes, figurent un calice, et les 3 intérieures paraissent être des pétales ; *fleurs mâles* à 24 étamines ; *fleurs femelles* à ovaires nombreux fixés sur un réceptacle globuleux ; capsules comprimées, bordées, monospermes.

1. S. FLÈCHE D'EAU. *S. sagittæfolia.* Tige droite, simple, épaisse, anguleuse, terminée par un épi de fleurs blanches, assez grandes,

à pédoncule court, verticillées par 3 ; étamines noires, formant un gros bouton au centre de la fleur ; feuilles radicales, pétiolées, en fer de flèche. ♃. Dans les eaux, au bord des rivières et des fossés, en été. 15 à 20 pouces. CC.

3.e Tribu. *JUNCAGINÉES. Périgone presque uniforme, rarement nul ; 1-2 semences rapprochées, dressées ; feuilles linéaires, raides ; fleurs en épi, non colorées.*

400. TRIGLOCHIN. *TRIGLOCHIN.* Anc.t *Troscart.* Périgone caduc ; 6 étamines très-courtes ; styles nuls ; 3-6 ovaires devenant autant de caps. monospermes, droites, et soudées en une seule.

1. T. des marais. *T. palustre.* Racines fibreuses ; feuilles linéaires, engaînantes à la base ; hampe deux fois plus longue que les feuilles ; capsules appliquées contre la tige, ovales-linéaires, amincies à la base, lisses, à 3 loges. ♂. Dans les marais tourbeux, St.-Paterne, Château-Regnault, en juillet et août. R.

L'*Éphémère de Virginie* (*Tradescantia virginica*), belle plante vivace, de 15 à 18 p., commune dans les jardins, appartient à une famille voisine des *Alismacées*, celle des *Commelinées*, ses feuil. sont linéaires, larges, engaînantes, et ses fleurs ont les 3 div. extér. du périg. petites et vertes comme un calice, et les 3 intér. larges, d'un violet superbe, avec 6 étam. à filets barbus.

XCVII. FAMILLE : POTAMÉES.

Fleurs hermaphrodites ou monoïques, munies d'une spathe remplaçant le périgone, ou d'un périgone divisé plus ou moins profondément ; ovaires en nombre défini, fixés au réceptacle commun, ou axe central ; un style quelquefois nul ; un stigmate ; étamines en nombre défini, insérées sur le réceptacle ou axe central ; capsules monospermes, ne s'ouvrant pas. — *Herbes aquatiques ; feuilles simples ; fleurs solitaires ou en épi.*

401. POTAMOGÉTON. *POTAMOGETON.* Anc.t *Potamot.* Fleurs hermaphrodites, fixées sur un axe muni à la base de 2 spathes ; périgone à 4 divisions ; 4 anthères sessiles, alternes avec les divisions du périgone ; 4 ovaires formant autant de noix monosp., sessiles,

1. P. NAGEANT. *P. natans.* Tige épaisse, rameuse ; feuilles toutes flottantes et étalées sur l'eau, pétiolées, ovales-oblongues ou lancéolées (de 3 pouces), entières, arrondies et un peu en cœur à la bàse ; stipules membraneuses, lancéolées-linéaires, aigues ; épis alongés, cylindriques, serrés, pédonculés. ♃. Dans les eaux stagnantes, en été. CC.

Variété : ϐ. *Fluitans.* A tige plus grêle, à feuilles supérieures plus étroites, et à feuilles infér. linéaires, très-longues, transparentes.

2. P. LUISANT. *P. lucens.* Tiges très-longues, épaisses, molles, rameuses ; feuilles grandes, transparentes, d'un beau vert, alternes, lancéolées, obtuses, rétrécies en pétiole court, et rudes sur les bords ; stipules grandes, linéaires, lancéolées, obtuses ; épi alongé et serré, à pédoncule épais et long. ♃. Dans les marais et les rivières, en été. CC.—Les feuilles infér. sont quelquefois linéaires et très-longues.

Variété : ϐ. *Longifolium.* Feuilles pétiolées, longues, lancéolées, rétrécies aux deux extrémités, et terminées en petite pointe.

3. P. PERFOLIÉ. *P. perfoliatum.* Tiges longues, rameuses ; feuilles transparentes, luisantes, alternes, ovales, en cœur, entières, marquées de nervures et embrassant la tige ; épi court, serré, porté sur un long pédoncule. ♃. Dans les étangs et les rivières, en été. CC.

4. P. CRÉPU. *P. crispum.* Tiges comprimées, longues, grêles, peu rameuses ; feuilles sessiles, lancéolées-oblongues, dentées et ondulées sur les bords, alternes inférieurement, opposées et rapprochées au sommet ; stipules très-petites, ciliées ; épi oblong, pédonculé ; noix arrondies, terminées en bec. ♃. Dans les fossés et les marais, en été. CC.

5. P. SERRÉ. *P. densum.* Tige grêle, très-rameuse, garnie de feuilles sessiles, ovales ou lancéolées, aigues, entières, très-rapprochées et opposées sur deux rangs, d'un vert foncé, transparentes, et un peu ondulées au bord ; épi de 4 à 5 fleurs, porté sur un pédoncule axillaire, court et recourbé ; noix ovoïdes, comprimées, terminées en bec. ♃. Dans les eaux courantes, en été. CC.

6. P. A FEUILLES OPPOSÉES. *P. oppositifolium.* (*P. serratum* L.) Diffère du *P. crépu* parce que ses feuilles sont toutes opposées, disposées sur deux rangs, plus transparentes et d'un vert clair ; ses stipules sont petites, entières. ♃. Dans les ruisseaux et les marais, N.-D. d'Oé, Loches, en été. C.—Il se rapproche beaucoup aussi du *P. serré.*

7. P. HÉTÉROPHYLLE. *P. heterophyllum.* Tige grêle, rameuse ; feuil. supér. flottantes, d'un vert luisant, ovales, pétiolées ; feuilles infér. submergées, rapprochées, sessiles, étroites ou oblongues-lancéolées, aigues, ondulées ; stipules linéaires-lancéolées, aigues, plus courtes que les feuilles, mais presque de même forme ; épi serré, oblong, porté sur un pédoncule renflé ; noix arrondies, un peu comprimées, aigues, striées. ♃. Dans les marais, la Ville-aux-Dames, en été. C.

8. P. COMPRIMÉ. *P. compressum.* (*P. gramineum* L.—*P. zosteræfolium* L.) Tige rameuse, comprimée et munie d'une nervure longitudinale ; feuilles transparentes, sessiles, linéaires (larges d'une ligne et demie), obtuses, à 3 nervures, dont l'intermédiaire est prolongée en petite pointe ; épi ovoïde, peu fourni, porté sur un pédoncule plus court que les feuilles ; noix ovoïdes, comprimées, carénées. ♃. Dans les eaux stagnantes et les étangs, la Varenne, Loches, en juillet. R.

9. P. FLUET. *P. pusillum.* Tige rameuse, très-grêle; feuil. linéaires, opposées ou alternes, écartées à la base, non engaînantes; épi filiforme, peu fourni, interrompu; capsules ovoïdes, lisses, terminées par un bec obtus, très-court. ☉, Dans les marais, Notre-Dame d'Oé, Saint-Christophe, en été. R.

10. P. PECTINÉ. *P. pectinatum* L. (et *P. marinum* L.) Tiges très-longues, filiformes, rameuses; feuilles linéaires, aigues, parallèles, engaînantes à la base, alternes ou opposées seulement à l'extrémité de la tige, sans stipules; épi grêle, pédonculé, interrompu; noix lisses, ovoïdes, comprimées, terminées en bec très-court. ♃. Dans le Cher, l'Indre, etc., en été. GC.

402. ZANICHELLIA. *ZANICHELLIA*. Fleurs solitaires, monoïques; *fleurs mâles* formées d'une étamine nue, fixée extérieurement à la base du périgone campanulé des *fleurs femelles*, qui ont 2-6 ovaires devenant autant de capsules monospermes, sessiles, comprimées, bossues et crénelées à l'extérieur.

1. Z. DES MARAIS. *Z. palustris.* Tiges alongées, flottantes, très-grêles, garnies de feuilles linéaires comme celles des *Graminées*, alternes inférieurement et opposées, ou en faisceaux à l'extrémité des tiges; fleurs verdâtres; anthère à 4 loges; stigmates entiers; capsules oblongues, comprimées, aigues, réunies 4 ou 6 ensemble à l'aisselle des feuilles. ☉. Dans les eaux, S.-Pierre-des-Corps, Loches, en mai et juin. C.

403. NAYADE. *NAYAS*. Fleurs monoïques; *fl. mâles* à périgone bilobé ou nul, avec une seule étamine s'ouvrant en 4 valves au sommet; *fleurs femelles* à périgone nul, avec un ovaire, un style, 2-3 stigmates; capsule ovoïde, monosperme.

1. N. FLUETTE. *N. minor.* (*Caulinia fragilis* W. —*N. subulata* Th.) Tiges grêles, rameuses, formant au fond des eaux de petites touffes (de 8 à 10 pouces), d'un vert gai; feuilles très-étroites, subulées, amplexicaules, très-rapprochées sur 2 ou sur 3 rangs, recourbées et marquées de petites dents aigues, épineuses; fleurs très-petites, les *mâles* à périgone nul; capsule oblongue, étroite, striée. ☉. Dans le Cher et dans l'Indre, en été. R.

2. N. MARINE. *N. major.* (*N. marina* L. —*N. monosperma* W.) Tiges rameuses, cylindriques, demi-transparentes; feuilles opposées, amplexicaules, très-rapprochées sur 3-5 rangs, d'un vert gai, linéaires, (larges de 2 lignes), sinuées et garnies de dents épineuses au bord et à la surface; fleurs verdâtres, axillaires, solitaires; *fleurs mâles* pédonculées, à périgone bilobé; *fleurs femelles* sessiles; capsule lisse, arrondie. ☉. Dans le Cher, dans l'Indre, dans les marais, à la Ville-aux-Dames, en été. C.

XCVIII. FAMILLE : ORCHIDÉES.

Périgone adhérent à l'ovaire, à 6 divisions pétaloïdes, irrégulières, 3 extérieures ordinairement semblables entre elles, 3 autres dont l'inférieure, appelée *labelle*, a une forme et une direction variables ; les 5 supérieures paraissent former la véritable fleur, et sont souvent rapprochées en voûte ou en casque ; ovaire simple surmonté par la fleur, au centre de laquelle s'élève une colonne (*style*) portant l'étamine et le stigmate qui est une surface visqueuse, au sommet, sur le côté ou à la base ; 3 étamines, dont les 2 latérales (excepté dans le *Cypripedium*) sont stériles et quelquefois nulles ou remplacées par deux glandes, l'intermédiaire soudée au dos du style ; anthère à 2 loges, tantôt distinctes et soudées aux côtés du style, qui souvent est prolongé en forme de bec, tantôt rapprochées, et alors l'anthère est immobile, persistante, parallèle au stigmate, ou terminale, mobile et caduque, en forme d'opercule ; pollen formé de grains réunis en masse par une substance gluante, élastique, ou facilement séparables, ou enfin, homogènes et distribués par masses qui restent suspendues par un pédicelle à un corps arrondi, glanduleux, visqueux (*rétinacle*), près du stigmate ; capsule oblongue, uniloculaire, à 3 côtes et à 3 valves s'ouvrant latéralement entre les nervures ; semences nombreuses, très-fines, fixées au milieu des valves. — *Herbes à racines formées de tubercules arrondis ou palmés, ou de grosses fibres en faisceau ; tige ordinairement simple, nue ou garnie d'écailles ou de feuilles ; feuilles entières, amplexicaules ; fleurs munies de bractées, en épis, ou solitaires.*

404. ORCHIS. *ORCHIS*. Divisions du périgone rapprochées supérieurement en voûte ou en casque, rarement étalées ; labelle muni d'un éperon ; stigmate convexe ; anthère à 2 loges, terminale ; 2 masses de pollen profondément divisées en particules nombreuses et anguleuses, fixées au *rétinacle* par un pédicelle. —*Fleurs en épis, souvent pourprées, et appelées vulgairement* PENTECÔTES.

* *Racine formée de tubercules palmés ou de fibres cylindriques.*

1. O. VERT. *O. viridis.* (*Satyrion viride* L.—*Gymnadenia viridis* R.) Tige garnie de feuilles lancéolées ; feuilles inférieures ovales ; fleurs petites, verdâtres, en épi alongé ; bractées infér. dépassant les fleurs ; divisions supérieures du périgone ovales-oblongues, rapprochées, en casque ; labelle d'un vert plus foncé, linéaire, terminé par 3 dents ; éperon très-court, obtus. ♃. Prés humides, Monnaye, Baudry, en mai et juin. 10 à 12 p. R.

2. O. A LONG ÉPERON. *O. conopsea.* (*Gymnadenia* R.) Tige élevée, grêle, garnie de feuilles étroites, aigues, à gaînes alongées ; feuilles radicales, lancéolées ; fleurs petites, pourprées, en épi long, pyramidal : bractées dépassant les fleurs ; éperon mince, délié, deux fois plus long que l'ovaire ; labelle sans tache, à 3 lobes obtus ; divisions extérieures du périgone étalées, les intér. rapprochées. ♃. Dans les prés montueux, Monnaye, Rochecorbon, en jnin et juillet. 14 à 18 pouces. C.

3. O. MACULÉ. *O. maculata.* Tige droite, pleine ; feuilles lancéolées, aigues, ordinairement couvertes de taches noires ; fleurs blanches ou rosées, tachées de pourpre, en épi conique, serré ; bractées égalant l'ovaire ; éperon obtus, deux fois plus court ; labelle étalé, à 3 lobes, les latéraux arrondis, crénelés, celui du milieu plus petit, entier. ♃. Dans les prés et les bois, en juin. 10 à 12 p. CC.

4. O. A LARGES FEUILLES. *O. latifolia.* Tige creuse, garnie de feuilles lancéolées, aigues, engaînantes ; feuilles infér. larges, lancéolées, souvent tachées ; fleurs pourprées, en long épi, entremêlées de longues bractées qui les dépassent beaucoup ; éperon de moitié plus court que l'ovaire ; labelle taché de violet, à 3 lobes, dont les latéraux sont réfléchis et dentés ; divisions du périgone ovales, lancéolées, obtuses, rapprochées. ♃. Dans les prés humides, en mai et juin. 12 à 18 pouces. CC.

** *Racine formée de 2 tubercules ovoïdes ou arrondis.*

5. O. A FLEURS LACHES. *O. laxiflora.* Tige élevée, garnie de feuilles étroites, aigues ; feuilles inférieures lancéolées ; fleurs d'un pourpre foncé ainsi que les pédoncules, et formant un épi alongé, fort lâche ; ovaire deux fois plus long que la bractée et que l'éperon ; labelle

grand, en cœur, ou avec 2 lobes latéraux crénelés et un lobe intermédiaire plus petit et échancré ; divisions du périgone étalées. ♃. Dans les prés, en mai et juin. 12 à 18 p. CC.

6. O. MALE. *O. mascula.* Tige élevée, nue supérieurement, garnie à sa base de feuilles longues, lancéolées, souvent tachées ; fleurs d'un pourpre violet ou rarement blanches, en épi alongé, lâche ; bractées dépassant l'ovaire, qui est un peu plus long que l'éperon ; labelle à 3 lobes dentés, dont l'intermédiaire est plus long et fendu en deux ; divisions du périgone obtuses, les supérieures étalées. ♃. Dans les prés et les bois, Grammont, en mai. 14 à 18 p. C.

7. O. MORIO. *O. morio.* Tige basse, garnie de feuilles engaînantes, aigues ; feuilles radicales lancéolées, courtes, obtuses ; fleurs d'un rouge-bleuâtre, veinées de pourpre, ou blanches, en épi lâche ; bractées colorées, égalant l'ovaire : éperon plus court, obtus et redressé ; labelle large, horizontal, à 4 lobes, dont les 2 latéraux sont crénelés et réfléchis ; divisions du périgone ovales, obtuses, rapprochées en casque. ♃. Dans les bois et les prés secs, Châtenay, en mai et juin. 6 à 10 p. CC.

8. O. MILITAIRE. *O. militaris.* Tige élevée, épaisse, garnie de feuilles larges, ovales-lancéolées, obtuses, dont les supér. sont engaînantes ; fleurs grandes, d'un rouge pâle ou d'un violet brun, en épi très-long et fourni ; bractées beaucoup plus courtes que l'ovaire ; éperon plus court que l'ovaire ; labelle blanchâtre, pointillé de pourpre, à 3 divisions, dont les latérales sont linéaires, entières, et celle du milieu large, à 2 lobes anguleux ou arrondis, avec une petite pointe intermédiaire ; divisions du périgone rapprochées en casque. ♃. Dans les bois, Grammont, en mai. 16 à 24 p. C.

9. O. SINGE. *O. simia.* Tige presque nue, garnie supérieurement de feuilles engaînantes, aigues, et, à la base, de feuilles ovales, lancéolées, obtuses : fleurs d'un pourpre pâle, parsemées de tâches plus foncées, en épi ovoïde, serré, qui s'alonge ensuite ; bractées obtuses, plus courtes que l'ovaire ; éperon plus court que l'ov. ; labelle grêle, à 4 lobes linéaires, avec une petite pointe entre les 2 intermédiaires ; divisions du périgone ovales, aigues, rapprochées en casque. ♃. Dans les bois et les prés, Grammont, en mai et juin. 10 à 14 p. CC.

10. O. PUNAISE. *O. coriophora.* Tige garnie de feuilles étroites, lancéolées ; fleurs petites, d'un rouge sale mêlé de vert, exhalant une odeur de punaise, en épi alongé, serré ; bractées égalant ou surpassant un peu l'ovaire, qui est 2 ou 3 fois plus long que l'éperon ; labelle court, verdâtre, à 3 lobes arrondis, crénelés ; divisions du périgone ovales, aigues, rapprochées en casque. ♃. Dans les prés humides, Grammont, la V.-aux-Dames, en mai et juin. 12 à 16 p. C.

11. O. BRULÉ. *O. ustulata.* Tige entourée de feuilles oblongues, lancéolées ; fleurs petites, d'un pourpre noirâtre avant l'épanouissement, en épi serré, oblong ; bractées égalant l'ovaire ; éperon obtus, 3 ou 4 fois plus court ; labelle blanc, marqué de 5-6 points violets, et partagé en trois lanières courtes ; divisions du périgone droites, aigues, rapprochées en casque. ♃. Dans les prés, en mai et juin. 5 à 10 p. CC.

12. O. A DEUX FEUILLES. *O. bifolia.* (*Platanthera bifolia* R.) Tige élevée, avec quelques feuilles très-courtes, engaînantes dans sa longueur ; 2-3 feuilles radicales, grandes, ovales, oblongues, rétrécies à la base ; fleurs blanches, grêles, odorantes, en épi lâche, très-long : bractées dépassant presque l'ovaire ; éperon courbé, deux fois plus long que l'ovaire ; labelle verdâtre, alongé, linéaire, obtus, entier. ♃. Dans les bois, en juin. 12 à 20 p. CC.

13. O. BOUC. *O. hircina.* (*Loroglossum hircinum* R.—*Satyrium hircinum* L.) Tige droite, garnie dans toute sa longueur d'écailles engaînantes ; feuilles radicales, larges, lancéolées ; fleurs d'un blanc verdâtre, rayées de pourpre, d'une odeur fétide, en épi lâche, très-long (de 8 à 12 p.) ; bractées linéaires, dépassant les fleurs ; éperon cônique, très-court ; labelle linéaire, à 3 divisions, l'intermédiaire très-longue, roulée avant l'épanouissement et bifide au sommet ; divisions du périgone ovales, obtuses, rapprochées. ♃. Au bord des chemins, la Tranchée, côteaux de la Loire et de l'Indre, en juin et juillet. 18 à 30 pouces. C.

405. OPHRYS. *OPHRYS.* Divisions du périgone étalées ou rapprochées en casque ; labelle sans éperon ; stigmate convexe antérieurement ; anthère terminale, à 2 loges ; masse de pollen divisées profondément en particules nombreuses et anguleuses fixées au *rétinacle* par un pédicelle.

1. O. MOUCHE. *O. myodes.* Tige garnie de feuilles ; divisions du périgone étalées, verdâtres, les 3 extérieures lancéolées, obtuses, les 2 intérieures filiformes, courtes ; labelle velouté, brun, taché de bleuâtre, à 3 divisions, les 2 latérales plus courtes, linéaires-lancéolées, l'intermédiaire oblongue, bilobée. ♃. Pâturages secs. vallée de Rochecorbon, Larçay, Pérusson, en juin. 8 à 10 p. R.

2. O. ARAIGNÉE. *O. aranifera.* Tige garnie de feuilles oblongues, aigues ; épi de 3 à 4 fleurs ; labelle velouté, d'un brun rougeâtre, avec 2 lignes glabres, large, arrondi, échancré au sommet, avec 2 petits lobes latéraux, réfléchis en dessous à la base ; divisions extérieures du périgone oblongues, obtuses, verdâtres, étalées, les 2 intérieures plus courtes, linéaires ; bractées dépassant l'ovaire. ♃. Pâtnrages secs, sur les côteaux, en mai et juin. 6 à 10 p. C.

3. O. ABEILLE. *O. apifera.* Tige garnie de feuilles ovales, oblongues, aigues ; fleurs en épi lâche, peu fourni ; labelle velouté, d'un brun rougeâtre, avec des points jaunes, large, à 3 divisions, les latérales courtes, repliées en dessous, celle du milieu grande et terminée au sommet par 3 lobes, dont l'intermédiaire est recourbé et prolongé en pointe longue par dessous ; divisions extérieures du périgone oblongues, obtuses, roses, étalées, les intér. très-petites, linéaires. ♃. Pelouses sèches, au bord des bois, la Tranchée, Rochecorbon, Ballan, en juin. 10 à 14 p. C.

4. O. ARACHNITE. *O. arachnites.* Tige garnie de feuilles, les supér.

aigues, les inférieures ovales-oblongues ; épi lâché, de 4 à 6 fleurs ; labelle velouté, d'un brun ferrugineux, strié à sa base, convexe, divisé en 3 lobes dont l'intermédiaire, fort grand, est terminé par 3 dents courtes ; divisions extér. du périgone oblongues, obtuses, d'un blanc verdâtre, les 2 intérieures très-petites, linéaires ; bractées égalant l'ovaire. ♃. Pelouses sèches, Rochecorbon, en mai. 6-8 p. R.

406. SÉRAPIAS. *SERAPIAS*. Anc.[t] *Elleborine*. Divisions supérieures du périgone réunies en capuchon, les 3 extérieures plus grandes, les 2 intérieures très-petites ; labelle concave, aigu, sans éperon ; colonne (ou *style*) terminée en pointe longue ; stigm. concave en avant ; anthère terminale à 2 loges ; 2 masses de pollen divisées en particules anguleuses et nombreuses, fixées par leur extrémité amincie à un seul rétinacle.

1. S. LANGUE. *S. lingua.* Racine formée de deux bulbes arrondis ; feuilles linéaires, oblongues ; tige garnie de feuilles, à 2 ou 4 fleurs grandes, d'un rouge ferrugineux, munies de bractées colorées, ovales-lancéolées, plus courtes ; labelle à 3 lobes, les 2 latéraux ovales, très-obtus, droits, l'intermédiaire oblong, lancéolé-aigu, glabre et pendant. ♃. Dans les bois de la Crouzillère, à Joué. *M. Parmentier*. 8 à 12 p. RR.—Il a été probablement confondu avec l'*E. à labelle en cœur (S. cordigera),* que l'on trouve dans l'Anjou.

407. NÉOTTIA. *NEOTTIA*. Divisions supérieures du périgone rapprochées à la base et libres au sommet ; labelle ventru, creusé, en gouttière ; colonne (ou style) courte, terminée en pointe aigue, avec un stigmate oblique en avant, et une anthère biloculaire en arrière ; masses de pollen sessiles ; rétinacles nuls.

1. N. D'AUTOMNE. *N. spiralis.* (*Ophrys spiralis* L.—*Spiranthes autumnalis* R.) Feuilles radicales, ovales, oblongues, aigues, presque pétiolées ; hampe radicale, garnie d'écailles et sans feuilles, terminée par un épi pubescent, tordu en spirale, de petites fleurs blanches tournées d'un seul côté, odorantes ; labelle ovale, crénelé et ondulé au bord. ♃. Dans les prés et sur les pelouses sèches, Grammont, vallée de la Choisille, Ballan, en septembre. 6 à 8 p. C.

2. N. D'ÉTÉ. *N. æstivalis.* (*Spiranthes æstivalis* R.) Feuilles presque linéaires ; tige garnie de feuilles et terminée par un épi tordu en spirale, de petites fleurs blanches tournées d'un seul côté, presque glabres et sans odeur. ♃. Prés tourbeux, vallée du Doit, Cinq-Mars, en juillet et août. 8 à 10 pouces. RR.

408. ÉPIPACTIS. *EPIPACTIS*. Divisions du périgone droites, étalées ; labelle entier ou lobé, sans éperon ;

stigmate oblique, terminal, au devant de l'anthère, qui est ovoïde, en forme d'opercule, à 2 loges fixées à son bord postérieur, et persistante après l'émission du pollen; masses du pollen granuleuses, sessiles.

1. E. OVALE. *E. ovata.* (*Neottia ovata* R.— *Ophrys ovata* L.) Tige élevée, munie de deux larges feuilles ovales, opposées, vers le milieu de sa hauteur; fleurs verdâtres, en épi alongé; ovaire porté sur un pédicelle aussi long que les bractées; labelle étroit, oblong, bifide, pendant, trois fois plus long que les divisions supérieures du périgone; racines formées d'un faisceau de grosses fibres. ♃. Dans les prés et les bois, côteaux du Cher, Joué, Loches, forêt de Chinon, en mai et juin. 10 à 20 p. R.

2. E. NID D'OISEAU. *E. nidus-avis.* (*Neottia nidus-avis* R.—*Ophrys* L.) Feuilles nulles; tige garnie d'écailles roussâtres, engaînantes, aigues; fleurs d'un brun roussâtre, à court pédoncule, en épi alongé et serré; labelle pendant, à 2 lobes obtus, deux fois plus long que les divisions supérieures du périgone: bractées linéaires, très-petites. ♃. Dans les bois, Grammont, la Membrolle (au *petit-Bois*), forêt de Chinon, en mai et juin. 10 à 14 p. R.

3. E. EN GLAIVE. *E. ensifolia.* (*Cephalanthera* R.) Tige garnie de feuilles longues, aigues, embrassantes, presque sur deux rangs opposés; fleurs blanches, droites, sessiles, en épi alongé: bractées très-courtes; labelle rayé de jaune, obtus, entier, deux fois plus court que les divisions supér. du périgone; ovaire glabre. ♃. Dans les bois, Rochecorbon, Baudry, Loches, en mai. 10 à 16 p. C.

4. E. ROUGE. *E. rubra.* (*Serapias rubra* L.—*Cephalanthera rubra* R.) Tige élevée, garnie de feuilles oblongues-lancéolées, sessiles; fleurs grandes, pourprées, peu nombreuses, droites, en épi lâche; bractées dépassant l'ovaire, qui est glabre et sessile; labelle aigu, rayé de lignes saillantes, ondulées, plus court que les divisions du périgone. ♃. Dans les bois, Pérusson; en juin, juillet. 12-18 p. RR. *M. Diard.*

5. E. A LARGES FEUILLES. *E. latifolia.* Tige garnie d'écailles engaînantes à la base, de feuilles luisantes, larges, ovales au milieu, et de feuilles lancéolées en dessous des fleurs, qui sont petites, blanches d'abord, puis rougeâtres, pédicellées, pendantes, en épi long; ovaire pubescent, plus court que les bractées; labelle entier, aigu, court, ♃. Dans les bois, Rochecorbon, Savonnières, Loches, en juin et juillet. 12 à 18 p. C.

Variété: 6. A petites feuilles. *Microphylla.* (*Serapias microphylla*). Plus petite et très-différente par son aspect, elle pourrait être considérée comme véritable espèce; ses feuilles sont étroites, plus courtes que les entre-nœuds; son labelle est en cœur, pointu et crénelé; ses bractées sont plus courtes que les fleurs. ♃. Dans les bois, Couzières, Pérusson. R.— Elle répand une forte odeur de vanille.

6. E. DES MARAIS. *E. palustris.* (*Serapias longifolia* L.) Tige droite, pubescente, garnie de feuilles lancéolées, amplexicaules; fleurs pé-

dicellées, pendantes, d'un vert blanchâtre mêlé de rouge, en épi lâche; ovaire pubescent; labelle ovale, obtus, un peu crénelé et ondulé sur les bords, aussi long que les divisions du périgone. ♃. Dans les prés marécageux, Chanceaux, Savigné, Château-Regnault, en juillet et août. 12 à 18 pouces. C.

409. LIMODORE. *LIMODORUM.* Ovaire pédicellé, non tordu; divisions du périgone dressées et rapprochées; labelle alongé, redressé, muni d'un long éperon et soudé inférieurement par ses bords à la colonne (ou *style*) qui est très-longue, terminée en bec court, articulé; anthère presque en cœur, penchée; pollen granuleux, sessile.

1. L. AVORTÉ. *L. abortivum.* (*Orchis abortiva* L.) Feuilles nulles; tige élevée, épaisse, un peu flexueuse, garnie d'écailles lancéolées, engaînantes, colorées ainsi que la tige; fleurs violettes ou pourprées, et formant un épi lâche, très-alongé, pourvu de bractées larges, plus longues que le pédicelle de l'ovaire; labelle ovale, ondulé; racines en faisceau. ♃. Dans les bois, Vernou, près de Montbazon (*à Bourou*), forêt de Chinon, en juin. 16 à 24 p. R.

XCIX. FAMILLE : IRIDÉES.

Périgone adhérent à l'ovaire, tubuleux à la base, à 6 lobes ou divisions pétaloïdes, souvent irrégulières; 3 étamines fixées à la base des divisions externes du périgone; anthères linéaires, s'ouvrant en dehors; ovaire unique, à 3 loges, devenant une capsule à 3 valves sur le milieu desquelles sont fixées les cloisons; style unique ou nul; 3 stigmates simples ou laciniés, membraneux ou en forme de pétales; semences nombreuses, attachées sur deux rangs à l'angle interne des loges. —*Herbes à racines bulbeuses ou tubéreuses; feuil. alternes, linéaires ou en lame d'épée; spathes membraneuses, bivalves, uniflores.*

410. IRIS. *IRIS.* Périgone tubuleux inférieurement, à 6 divisions, 3 extérieures plus grandes, étalées, 3 in-

térieures plus petites, dressées ; étamines distinctes ; style court, ordinairement terminé par 3 grands lobes alongés, ressemblant à des pétales, échancrés à l'extrémité, et recouvrant les étamines ; stigmates consistant en un pli à la face inférieure des lobes du style.

1. I. GERMANIQUE. *I. germanica.* Vulg. *Flambée.* Racine charnue, épaisse, noueuse (rhizôme) ; feuilles ensiformes, sur deux rangs, engaînantes, moins longues que la tige qui est cylindrique, garnie de feuilles à la base, et terminée par 3-4 fleurs pédonculées, très-grandes, odorantes, violettes, bleues ou blanches, avec une raie barbue, à poils jaunes, sur le milieu des divisions extérieures du périgone ; tube plus long que l'ovaire. ♃. Cultivé dans les jardins, et tout-à-fait naturalisé dans les rochers de Sainte-Radegonde, en mai et juin. 18 à 30 p. C.

2. I. DES MARAIS. *I. pseudacorus.* Racine charnue, noueuse ; feuilles ensiformes, engaînantes, très-longues, égalant ou surpassant la tige qui est cylindrique, garnie de feuilles à la base, et terminée par plusieurs fleurs jaunes, veinées de noir, grandes, pédonculées, à tube très-court ; divisions intér. du périgone plus courtes que le stigmate, les extér. obovées, très-obtuses ; spathe verte. ♃. Dans les marais, au bord des rivières, en juin. 24 à 36 p. CC.

3. I. FÉTIDE. *I. fœtidissima.* Vulg. *Iris gigot.* Racine épaisse, charnue, horizontale ; feuilles ensiformes, d'une odeur fétide ; tige élevée, tranchante d'un côté, dépassant un peu les feuilles, et terminée par 2 à 3 fleurs d'un bleu grisâtre, à lobes extér. obtus ; ovaire triangulaire, creusé d'un sillon sur les angles ; semences rouges, charnues, en forme de baies. ♃. Dans les haies, côteaux de la Loire, en juillet et août. 12 à 18 p. CC.

On voit fréquemment dans les jardins : 1.° l'*Iris nain (I. pumila)*, qui ressemble un peu à l'*I. germanique* par sa racine, ses feuilles et ses fleurs violettes, barbues, mais qui ne s'élève qu'à 3 ou 5 pouces ; ses fleurs sont solitaires ; 2.° l'*I. bulbeux (I. xiphium)*, dont la racine bulbeuse pousse chaque année des feuilles glauques, longues, linéaires, striées et creusées en gouttière, et une hampe (de 15 à 20 p.) garnie de feuilles, terminée en juin par 2-3 fleurs bleues, variées de jaune, à divisions très-étroites ; 3.° l'*I. de Perse (I. persia)*, dont la racine bulbeuse produit en mars plusieurs fleurs à hampe très-courte, d'un blanc satiné, légèrement teint de bleu, à divisions étroites, avec une large tache pourpre veloutée, marquée d'une ligne orangée sur chaque division intérieure ; les feuilles, qui se développent ensuite, sont glauques, linéaires, aigues, striées et creusées en gouttière, etc.

La famille des *Iridées* fournit à la culture un grand nombre d'autres plantes, parmi lesquelles nous citerons comme très-communes et presque naturalisées : 1.° le *Glayeul commun (Gladiolus communis)*, dont la racine bulbeuse pousse une tige (de 12 à 16 p.) garnie de feuilles ensiformes, striées, engaînantes, et terminée par un épi de fleurs pourprées, munies de 2 bractées, et tournées d'un seul côté ; le périgone est en entonnoir, à 6 divisions inégales, et presque bilabié ; le stigmate est à 3 lobes étalés ; 2.° le *Safran printannier (Crocus vernus)*, dont la racine est un bulbe double, d'où sort un faisceau de feuilles linéaires, presque sétacées, et une ou plusieurs fleurs sessiles, à tube très-long, et à 6 lobes égaux, en entonnoir ; le stigmate est droit, à 3 lobes, et plus court que le périgone.

C. FAMILLE : AMARYLLIDÉES.

Périgone adhérent à l'ovaire, tubuleux, à 6 divisions pétaloïdes, dont les intérieures sont égales ou plus petites ; 6 étamines à filets libres ou soudés ; anthères s'ouvrant à l'intérieur ; style simple, stigmate trilobé ; ovaire inférieur à 3 lobes, devenant une capsule polysperme, à 3 valves au milieu desquelles sont fixées les cloisons, ou une baie à 1-3 semences. — *Herbes à racines bulbeuses ou fibreuses ; à fleurs solitaires ou en ombelle, renfermées dans une spathe membraneuse, commune ; à feuilles ordinairement radicales, étroites, alongées, renfermées dans une gaîne à leur base.*

411. NARCISSE. *NARCISSUS*. Périgone en entonnoir, à 6 divisions étalées, avec une couronne pétaloïde, entière ou divisée, cylindrique ou campanulée autour de la gorge ; 6 étamines insérées dans le tube et cachées par la couronne.—*Racine bulbeuse.*

1. N. FAUX NARCISSE. *N. pseudonarcissus.* Vulg. *OEillet de Pâques.* Feuilles plates, étroites, obtuses ; hampe striée, un peu comprimée, terminée par une seule fleur jaune, très-grande, inodore, inclinée, à tube court, avec une couronne aussi longue que les divisions du périgone, et formant un large tube cylindrique, ondulé et crépu au bord. ♃. Dans les prés hauts, les bois, Rochecorbon, en avril et mai. 10 à 14 p. C.—Il se trouve souvent en abondance, ainsi que sa variété double, dans les vignes, où il se multiplie par ses caïeux ; il a une variété, à couronne plus foncée que le périgone.

Le *N. biflore (N. biflorus)*, est presque aussi commun, et sa variété double porte le même nom vulgaire ; il est caractérisé par ses fleurs jaunes, réunies 2-3 ensemble ou solitaires, à tube long et à couronne très-courte, crépue au bord. —Le *N. des poëtes* ou *N. blanc (N. poeticus)*, à fleurs blanches, avec la couronne très-courte, à bord rouge, scarieux et crépu, se voit dans tous les jardins, ainsi que le *N. jonquille (N. jonquilla)*, dont les fleurs plus petites, sont réunies 2-6 ensemble, entièrement jaunes, avec la couronne entière, trois fois plus courte que les lobes du périgone.—On cultive encore d'autres espèces plus délicates, telles que le *N. à bouquet (N. tazetta)*, dont la hampe porte 5 à 10 fleurs petites, à tube long, et à couronne entière, trois fois plus courte que les lobes du périgone et d'une autre couleur, et ses variétés, dont l'une est appelée *N. de Constantinople*, une autre *grand Soleil d'or*, etc.

412. GALANTHINE. *GALANTHUS*. Périgone à 6 divisions, les 3 intérieures deux fois plus courtes que les autres et échancrées; stigm. simple.—*Racine bulbeuse*.

1. G. D'HIVER. *G. nivalis*. Vulg. *Perce neige*. 2-3 feuilles radicales, linéaires, obtuses, renfermées dans une gaîne membraneuse à la base; hampe grêle, lisse, comprimée, portant une seule fleur penchée, blanche, dont les lobes intérieurs sont bordés ou rayés de vert; style plus long que les étamines. ♃. Prés humides et ombragés, la V.-aux-Dames, S.-Genouph, S.-Lazarre, en février et mars. 6-9 p. R.

Le genre *Amaryllis*, qui donne son nom à cette famille, fournit à la culture un grand nombre d'espèces très-belles, parmi lesquelles on doit citer comme la plus commune, quoique de serre, l'*A. formosissima*, vulg. *Lis St.-Jacques*, dont la hampe (de 10 à 12 p.) est terminée par une fleur d'un rouge superbe, paraissant veloutée et semée de points brillans au soleil; 3 divisions du périgone sont étalées et pendantes, les 3 autres sont dressées et rapprochées. Le caractère des *Amaryllis* est d'avoir 6 petites écailles à la gorge, un stigmate trifide, et 6 étamines penchées ou inégales.

CI. FAMILLE : ASPARAGÉES.

Fleurs hermaphrodites, monoïques ou dioïques; périgone pétaloïde, libre ou adhérent à l'ovaire, à 4-8, ou plus souvent à 8 divisions, ou quelquefois à 6 lobes; étamines fixées à la base des divisions du périgone, et en nombre égal; filets libres (ou soudés dans le *Fragon*); 1-4-5 styles; 3-4 stigmates; ovaire unique, à 3 loges, et devenant une capsule sphérique ou une baie à 3-4 loges, et quelquefois à une seule loge avec 1-3 semences dans chaque loge, fixées à l'angle interne.—*Herbes ou arbustes à racine charnue ou fibreuse, jamais bulbeuse; feuilles alternes ou verticillées, quelquefois munies de stipules.*

413. ASPERGE. *ASPARAGUS*. Fleurs hermaphrodites; périgone libre, à 6 divisions, dont les 3 intérieures sont repliées au sommet; 6 étamines; 1 style; 1 stigmate à 3 angles; ovaire libre, devenant une baie à 3 loges, à 2 semences, ou rarement monospermes.

1. A. OFFICINALE. *A. officinalis.* Tige droite, élevée, cylindrique, très-rameuse ; feuilles linéaires ou filiformes, courtes, réunies en faisceaux, avec des stipules ovales, aigues, très-petites : fleurs d'un vert jaunâtre, souvent dioïques, portées sur des pédoncules articulés au milieu ; baie rougeâtre. ♃. Dans les bois et les haies, lieux sablonneux, îles de la Loire, en juin et juillet. 30 à 40 p. C.—On la cultive en grande quantité ; et ses jeunes pousses sont connues sous le nom d'*asperges.*

414. PARISETTE. *PARIS.* Périgone étalé, à 8 divisions, les 4 extérieures plus larges, figurant un calice, et les 4 intér. plus étroites, figurant une corolle ; 8 étamines ; anthères soudées au milieu des filamens ; 4 stigmates ; baie à 4 loges contenant chacune 6-8 semences.

1. P. A QUATRE FEUILLES. *P. quadrifolia.* Tige droite, simple, terminée au sommet par 4 feuilles ovales, larges, étalées, au milieu desquelles s'élève une seule fleur verte, portée sur un long pédoncule ; baie noire, globuleuse. ♃. Dans la forêt de Chinon, en mai. 6 à 9 p. RR. *M. Leclerc.*

415. CONVALLARIA. *CONVALLARIA.* Périgone globuleux ou cylindrique, à 6 dents ; 6 étamines ; baie globuleuse, tachetée avant la maturité, à 3 loges monospermes.

1. C. SCEAU DE SALOMON. *C. polygonatum.* Racine tubéreuse, noueuse : tige simple, un peu courbée au sommet, anguleuse, garnie de feuilles ovales, lancéolées, alternes, amplexicaules ; pédoncules axillaires, portant 1-2 fleurs pendantes, blanches, tubuleuses ; baie d'un bleu foncé. ♃. Dans les bois, en avril et mai. 12 à 16 p. C.

2. C. MULTIFLORE. *C. multiflora.* Diffère de l'espèce précédente par ses tiges plus élevées, arrondies, par ses feuilles plus larges, plus obtuses, et par ses pédoncules portant 4 à 5 fleurs, auxquelles succèdent des baies rougeâtres. ♃. Dans les bois, en mai. 18-24 p. CC.

3. C. MUGUET. *C. maialis.* Racine mince, rampante, garnie de fibres en dessous ; tige nue, accompagnées de 2-3 feuilles radicales, ovales, lancéolées, engaînantes, avec quelques écailles, et terminée par un épi de fleurs blanches, odorantes, assez grandes, en grelot, et tournées du même côté. ♃. Dans les bois, Luynes, forêts de Chinon et d'Amboise, en mai. 5 à 8 p. C. — On cultive dans les jardins le *Muguet*, et sa variété à fleurs doubles.

416. FRAGON. *RUSCUS.* Fleurs dioïques ou monoïques, fixées aux feuilles ; périgone à 6 divisions ; filets des étamines soudés en un tube qui est nu dans les fleurs femelles, et porte 6 anthères dans les fleurs mâles ; 1 style court ; 1 stigmate ; baie à 3 loges, con-

tenant chacune 2 semences. — On rapporte aussi ce genre à la famille des *Smilacinées*.

1. F. PIQUANT. *R. aculeatus*. Vulg. *petit-Houx, Houx-frêlon*. Arbuste à tiges vertes, rameuses, striées, garnie de feuilles sessiles, ovales, lancéolées, persistantes, terminées en aiguillon ; fleurs blanchâtres, très-petites, réunies deux ensemble, une mâle et une femelle sous la même bractée, au milieu de la face supérieure des feuilles ; baie globuleuse, d'un rouge vif. ♄. Dans les bois, en mai. 15 à 24 p. CC.

On voit souvent dans les jardins le *Fragon laurier-Alexandrin (Ruscus hypophyllum)*, qui forme des touffes de 2 à 3 pieds, toujours vertes ; les feuilles lancéolées, non piquantes, portent à leur face inférieure des grappes de petites fleurs blanches ; ses baies sont d'un rouge vif.

417. TAMIER. *TAMUS*. Fleurs dioïques ; périgone campanulé, à 6 divisions, étalé dans les fleurs mâles qui ont 6 étamines, et adhérent à l'ovaire, resserré au dessus dans les fleurs femelles ; 1 style, 3 stigmates ; baie à 3 loges. — Quelques auteurs rapportent ce genre à la famille des *Dioscorées* ou à celle des *Smilacinées*.

1. T. COMMUN. T. *communis*. Anc.[1] *Sceau-Notre-Dame*. Racine tubéreuse ; tiges faibles, rameuses, s'entortillant autour des autres plantes ; feuilles alternes, pétiolées, en cœur, aigues, lisses, avec 2 glandes alongées à la base du pétiole ; fleurs verdâtres, en grappes longues, axillaires ; fruit rougeâtre. ♃. Dans les bois, en juin. CC.

CII. FAMILLE : LILIACÉES.

Fleurs hermaphrodites ; périgone libre, souvent tubuleux, à 6 divisions ou à 6 lobes, en forme de pétales disposés sur deux rangs ; 6 étamines opposées et ordinairement soudées aux lobes du périgone ; un style, rarement nul ; 3 stigmates, ou un stigmate triangulaire ; un ovaire libre, sessile, triangulaire, devenant une capsule à 3 valves, au milieu desquelles sont fixées les cloisons ; semences nombreuses, fixées sur 2 rangs à l'angle interne de chaque loge, et munies d'une enveloppe crustacée, membraneuse ou spongieuse. —*Herbes à racine bulbeuse et à feuilles radicales, ou à racine fibreuse et à tige garnie de feuilles ;*

feuilles engaînantes ou sessiles, à nervures simples, parallèles.

1re TRIBU. *TULIPACÉES. Semences plates;* 3 *stigmates.*

418. TULIPE. *TULIPA.* Périgone campanulé, à 6 pétales, sans fossette à la base ; stigmates épais, sessiles ; capsule oblongue, triangulaire.

1. T. SAUVAGE. *T. sylvestris.* Tige uniflore, glabre, garnie de 2-3 feuilles étroites, lancéolées, aigues, et terminée par une fleur jaune un peu penchée ; pétales très-aigus, avec un faisceau de poils au sommet ; étamines barbues. ♃. Dans les champs et les vignes, la Tranchée, Rochecorbon, St.-Cyr, en avril. 12 à 18 p. C.

La *Tulipe des fleuristes (T. gesneriana)*, qui a fournit tant de belles variétés à la culture, est caractérisée par ses pétales obtus, glabres ainsi que les étamines, et par ses feuilles ondulées.

419. FRITILLAIRE. *FRITILLARIA.* Périgone campanulé, à 6 pétales creusés à la base d'une fossette pleine d'un suc mielleux.

1. F. MÉLÉAGRE. *F. meleagris.* Tige grêle, munie de 2 à 3 feuilles alternes, linéaires, creusées en gouttière, et terminée par une fleur penchée, blanche ou d'un violet clair, marquée de taches plus foncées (*comme un damier*). ♃ Dans les prés humides, (*à Rigny*) au bas de la côte de Joué, Artanne, en avril et mai. 10 à 12 p. R.

On cultive dans les jardins la *F. impériale (F. imperialis)*, vulg. *Couronne impériale*, remarquable par ses fleurs d'un rouge-orangé, pendantes, formant une couronne au dessous de la touffe de feuilles qui termine la tige.

420. LIS. *LILIUM.* Périgone campanulé, à 6 divisions droites ou roulées en dehors, creusées en dessus d'un sillon longitudinal frangé ou nu. — *Racine bulbeuse, écailleuse.*

1. L. BLANC. *L. candidum.* Tige élevée, garnie de feuilles éparses, lancéolées, qui vont en diminuant vers le haut, et terminée par une grappe lâche de fleurs blanches, pédonculées, glabres en dedans. ♃. Naturalisé dans tous les jardins ; en juin. 24 à 36 pouces.

On cultive aussi plusieurs autres espèces de *Lis* : 1.° le *L. bulbifère (L. bulbiferum)*, dont les fleurs campanulées, d'un rouge-orangé, sont tachetées de brun et rudes en dedans, et qui présente de petites bulbes noirâtres à l'aisselle des feuilles ; 2.° le *L. orangé (L. croceum)*, qui en diffère par ses feuilles plus étroites, sillonnées, sans bulbes, et par les taches plus noires et plus nombreuses de la fleur ; 3.° le *L. de Pompone (L. pomponium)*, qui a les feuilles verticillées dans le bas, et les fleurs d'un rouge-ponceau, pendantes, et à divisions roulées en dehors ; 4.° le *L. martagon (L. martagon)*, qui diffère du précédent par ses feuilles ovales, lancéolées, toutes verticillées, et par ses fleurs plus grandes, marquées de points noirs, etc.

2e. Tribu. *ASPHODÉLÉES*. *Semences rondes ou anguleuses, à enveloppe crustacée.*

421. ASPHODÈLE. *ASPHODELUS*. Périgone étalé, à 6 divisions ; filets des étamines élargis à la base et recourbés en voûte sur l'ovaire ; 1 stigmate ; capsule globuleuse, à loges monospermes.—*Racine formée d'un faisceau de fibres charnues.*

1. A. blanc. *A. albus.* (*A. ramosus* L.) Tige nue, simple ; feuilles linéaires, ensiformes, creusées en gouttière, lisses ; fleurs en grappe, sur des pédonculés rapprochés, de la longueur des bractées : capsules ridées. ♃. Forêt de Loches, en mai. 24 à 36 p. RR. *M. Diard.*

L'*A. jaune (A. luteus)*, vulg. *Baton de Jacob*, est très-commun dans les jardins ; ses feuilles sont linéaires, étroites, à 3 angles, striées ; sa tige (haute de 2 à 3 pieds) est garnie de feuilles et terminée par un épi de fleurs jaunes, dont les divisions sont linéaires.

422. PHALANGÈRE. *PHALANGIUM*. Périgone plus ou moins ouvert, à 6 divisions ; filets des étamines droits, filiformes, ordinairement glabres, insérés à la base des divisions ; stigmate simple ; capsule globuleuse, à 3 sillons et presque à 3 angles ; semences triangulaires, sur deux rangs.—*Racines formées d'un faisceau de fibres charnues.*

1. P. bicolor. *P. bicolor.* (*Anthericum planifolium* L.) Feuilles radicales, linéaires ; tige nue, rameuse au sommet, et terminée par une panicule lâche de fleurs petites, rougeâtres en dehors, blanches en dedans ; divisions du périgone étroites, oblongues ; filets pubescens : bractées plus courtes que les pédicelles : loges de la capsule à 2 semences. ♃. Dans les landes, au nord de Langeais, forêts de Loches et de Chinon, en juin. 10 à 12 p. C.

2. P. rameuse. P. *ramosum.* (*Anthericum* L.) Feuilles radicales, étroites, aigues ; tige rameuse ; fleurs petites, blanches, en panicule lâche, accompagnées de très-petites bractées ; périgone étalé, à divisions lancéolées, marquées de 3 lignes ; anthères jaunes. ♃. Près le moulin de Vaucelles, à Loches, en juin. 12 à 18 p. RR. *M. Diard.*

423. SCILLE. *SCILLA*. Périgone ordinairement étalé et caduc ; filets des étam. glabres, filiformes, insérés à la base du périgone.—*Racine bulbeuse ; fleurs en épi.*

1. S. d'automne. *S. autumnalis.* Feuilles linéaires, épaisses, un peu carénées, droites, et plus courtes que la hampe, qui est grêle, nue et terminée par une grappe de petites fleurs bleues, sans bractées ; divisions du périgone étalées, lancéolées, obtuses, égalant les éta-

mines. ♃. Lieux secs et pierreux, îles de la Loire, prairie du Cher, côteaux de l'Indre, Courçay; en septembre. 5 à 8 p. R.

2. S. A DEUX FEUILLES. *S. bifolia.* Feuilles lancéolées-linéaires, engaînantes, dépassant à peine la tige qui est terminée par une grappe peu fournie de fleurs bleues, sans bractées; pédoncules inférieurs les plus longs; segmens du périgone étalés, linéaires-lancéolés, obtus, dépassant les étamines. ♃. Lieux ombragés, bois de Ballan, en mars et avril. 8 pouces. R.

3. S. PENCHÉE. *S. nutans.* (*Hyacinthus non-scriptus* L. — *Agraphis nutans*). Feuilles larges, linéaires, rétrécies à la base, égalant presque la hampe, que termine une grappe penchée avant la floraison, redressée ensuite, et formée de 3-10 fleurs bleues, assez grandes, accompagnées de deux bractées membraneuses, inégales, linéaires: divisions du périgone rapprochées en tube à la base, et roulées en dehors au sommet. ♃. Dans les prés et les bois, Grammont, la Membrolle, en mai. 8 à 12 p. CC.

On voit souvent en bordure, dans les jardins, la *Scille étalée* (*S. patula*), qui diffère de la précédente par sa hampe plus courte que les feuilles, et terminée par une grappe courte, droite et conique, de 6 à 9 fleurs bleues, à divisions aigues, non roulées au sommet.

424. JACINTHE. *HYACINTHUS*. Périgone tubuleux, à 6 lobes alongés, étalés; étam. insérées au milieu de la longueur du périgone; capsule arrondie, à 3 angles peu marqués, à loges polyspermes.—*Racine bulbeuse.*

1. J. ORIENTALE. *H. orientale.* Feuilles étroites, creusées en gouttière, obtuses, plus courtes que la hampe qui se termine par une grappe lâche de 4-10 fleurs bleues, blanches ou roses, accompagnées de deux petites bractées; périgone en entonnoir, ventru à la base. ♃. Presque spontannée dans les jardins, où l'on cultive de préférence ses variétés à fleurs doubles: en avril. 6 à 12 p. C.

425. MUSCARI. *MUSCARI.* (*Hyacinthus* L.) Périgone ovoïde, enflé au milieu, à 6 petites dents obtuses et repliées au bord; capsule à 3 angles saillans, à 3 loges contenant chacune 2 semences. — *Racine bulbeuse; fleurs en grappe ou en épi.*

1. M. A GRAPPE. *M. racemosum.* Feuilles couchées sur la terre, linéaires, carénées, plus longues que la hampe qui est terminée par une grappe ovoïde de fleurs bleues, sessiles au sommet. ♃. Lieux cultivés, en avril. 6 à 9 p. CC.

2. M. A TOUPET. *M. comosum.* Feuilles larges, linéaires, étalées sur la terre; fleurs d'un bleu grisâtre, cylindriques, anguleuses, en grappe alongée, celles du sommet stériles, bleues, portées sur des pédicelles plus longs et formant une houppe. ♃. Lieux cultivés, en mai. 8 à 12 pouces. CC.

On cultive dans les jardins le *M. monstrueux* (*M. monstruosum*), vulg. *Lilas de terre* ou *Jacinthe de Sienne*, qui paraît être une variété du précédent, et dont les pédoncules, tous stériles, divisés en ramifications nombreuses, forment une grande grappe légère, d'un bleu violet. On a souvent aussi le *M. odorant* (*M. ambrosiacum*), dont les fleurs d'un gris jaunâtre, toutes égales, à 6 angles calleux et presque sessiles, paraissent en mai.

426. GAGEA. *GAGEA*. Périgone en forme de calice, à 6 divisions persistantes, rapprochées à la base et étalées au sommet ; filets des étamines non élargis à la base ; stigmate concave ; capsule triangulaire.—*Racine bulbeuse ; fleurs jaunes en corymbe, accompagnées de bractées foliacées, longues.*

1. G. JAUNE. *G. lutea.* (*Ornithogalum luteum* L.—*O. pratense.*—*O. bracteolaris*). Bulbe aggrégée ; 1-2 feuil. linéaires, dépassant beaucoup la hampe qui est anguleuse, sans feuilles, et terminée par des fleurs peu nombreuses, en corymbe, à pédicelles glabres, solitaires. ♃. Lieux cultivés, Joué, St.-Genouph, en mars et avril. 5 à 6 p. R.—M. Delaunay.

2. G. VELUE. *G. villosa.* (*Ornithogalum villosum* ou *arvense* ou *minimum.*) Diffère de la précédente par ses fleurs plus nombreuses, velues en dehors ainsi que les pédicelles qui sont quelquefois rameux ; bractées ciliées ; divisions du périgone un peu aigues. ♃. Dans les champs et les vignes, Fondettes, Rochecorbon, en mars. 2 à 4 p. R.

427. ORNITHOGALE. *ORNITHOGALUM*. Divisions du périgone persistantes après la dessication, rapprochées à la base et écartées au sommet ; 6 étamines, dont les extér. ont les filets élargis à la base ; stigmate très-petit, en tête ; ovaire à 3 angles peu marqués.—*Racine bulbeuse : fleurs en grappes, accompagnées de bractées membraneuses.*

1. O. OMBELLÉ. *O. umbellatum.* Vulg. *Dame* ou *Belle d'onze heures.* Feuilles linéaires, très-étroites, sillonnées ; fleurs blanches en dedans, vertes en dehors, réunies en corymbe lâche : bractées lancéolées-linéaires, aigues, deux ou trois fois plus courtes que les pédicelles ; divisions du périgone oblongues, lancéolées, obtuses. ♃. Dans les champs, en mai. 8 à 10 p. CC.

2. O. DES PYRÉNÉES. *O. pyrenaicum.* Feuilles linéaires ; hampe élevée, nue ; fleurs jaunâtres, en grappe très-longue ; bractées membraneuses, très-aigues, dilatées à la base ; divisions du périgone linéaires, obtuses, dépassant les étamines, et deux fois plus longues que l'ovaire. ♃. Lieux pierreux, au bord des bois, Mettray, Baudry, Véretz, en juin. 16 à 24 p. C.

428. AIL. *ALLIUM*. Périgone ordinairement étalé, en étoile, persistant ; stigmate simple ; capsule à 3 angles,

à 3 loges profondément divisées en deux; axe filiforme restant après la chûte des valves.—*Fl. en ombelle ou en tête, renfermées d'abord dans une spathe commune.*

* *Étamines alternativement à 3 pointes.*

1. A. POIREAU *ou* PORREAU. *A. porrum.* Feuilles planes, larges, pliées en gouttière et carénées; bulbe tuniquée: fleurs blanches ou rougeâtres, en tête arrondie. ♂. Cultivé dans les jardins potagers.—On l'appelle vulgairement aussi *pourée.*

2. A. CULTIVÉ. *A. sativum.* Feuilles planes, étroites; bulbe composée, arrondie; tige droite, garnie de feuilles à la base; fleurs blanches ou rougeâtres, souvent remplacées par de petites bulbes, et formant une tête arrondie; spathe ovale; divisions du périgone obtuses. ♃. Généralement cultivé; en juin et juillet. 12 à 14 pouces.

3. A. ÉCHALOTTE. *A. ascalonicum.* Feuilles cylindriques, creuses, formant des touffes; hampe mince, creuse; racine composée de petites bulbes oblongues; fleurs rougeâtres, peu ouvertes, en petite ombelle globuleuse; spathe bivalve; divisions du périgone linéaires, aigues, dépassant le pistil et les étamines. ♃. Généralement cultivé; fleurit rarement, en été. 6 à 8 p.— La *Ciboule* ou *Cive*, dont on a fait quelquefois une espèce sous le nom d'*A. fistulosum* ou *Cepa-fissilis*, n'est qu'une variété plus grande de l'*A. échalotte.*

4. A. A TÊTE RONDE. *A. sphærocephalum.* Feuil. demi-cylindriques, creuses; bulbe anguleuse, composée; hampe garnie de feuilles à la base; fleurs pourprées, jamais remplacées par des bulbes, formant une ombelle globuleuse; spathe blanchâtre, à 2 valves ovales, plus courtes que l'ombelle; divisions du périgone lancéolées, obtuses, carénées; étamines saillantes; anthères violettes. ♃. Lieux secs et stériles, en juin. 16 à 24 p. CC.

5. A. DES VIGNES. *A. vineale.* Feuilles cylindriques, minces, creuses; bulbe blanchâtre, composée; fleurs d'un rose pâle, ou verdâtres, peu nombreuses, souvent remplacées par des petites bulbes terminées en pointe et végétant déjà; ombelle petite, globuleuse, quelquefois composée de 2 ou 3 capitules; spathe blanchâtre, déchirée et dépassant l'ombelle; divisions du périgone lancéolées, linéaires, égalant les étamines. ♃. Dans les champs et les vignes, en juin. 15 à 18 pouces. CC.

6. A. OIGNON. *A. cepa.* Feuilles cylindriques, creuses, moins longues que la tige qui est creuse, ventrue à la partie inférieure, avec quelques feuilles engaînantes à la base, et terminée par une ombelle globuleuse de fleurs nombreuses, d'un vert blanchâtre; divisions du périgone rapprochées, lancéolées, et plus courtes que les étamines et le pistil. ♂. Abondamment cultivé dans les jardins et dans la Varenne, en été. 24 à 36 pouces.

** *Étamines simples.*

7. A. VERDATRE. *A. oleraceum.* (*A. virens* Lam.) Feuilles demi-cylindriques, sillonnées; bulbe arrondie; hampe garnie de feuilles

et terminée par une ombelle lâche de fleurs verdâtres ou d'un rose pâle, remplacées vers le centre par des petites bulbes; spathe à 2 valves écartées et terminées en pointe, dont une plus longue (de 2 à 3 p.); divisions du périgone lancéolées, obtuses, dépassant les étamines et marquées de 3 lignes plus foncées. ♃. Dans les champs et les vignes, Rochecorbon, en juin et juillet. 14 à 18 p. C.

8. A. CIVETTE. *A. schænoprasum.* Vulg. *Appetit.* Feuil. cylindriques, filiformes (de 4-5 p.), égalant presque les tiges, et formant des touffes comme un gazon fin; spathe à 2 valves arrondies, aigues, presque aussi longues que l'ombelle qui est resserrée en tête; fleurs pourprées; lobes du périg. aigus, peu ouverts, deux fois plus longs que les étamines et le pistil. ♃. Très-commun dans les jardins potagers.

9. A. INTERMÉDIAIRE. *A. intermedium.* Tige élevée, garnie de feuilles demi-cylindriques, creuses et striées; fleurs d'un blanc rosé, quelquefois remplacées par des petites bulbes et formant une ombelle lâche; spathe à deux valves ventrues à la base, linéaires, terminées par une longue pointe (de 6 à 8 p.); divisions du périgone obtuses, presque égales aux étamines; style très-court. ♃. Dans les vignes et les terrains secs, Rochecorbon, Loches, en été. 18 à 24 p. R.

10. A. PÉTIOLÉ. *A. ursinum.* Hampe triangulaire; feuil. radicales, ovales, lancéolées, pétiolées et engaînantes à la base; fl. grandes, blanches, longuement pédonculées, en ombelle lâche; spathe d'une seule pièce, ovale, aigue, dépassant un peu l'ombelle; divisions du périgone linéaires, aigues, plus longues que les étamines et le pistil. ♃. Bois humides, côteaux du Cher (*Cangé*), St.-Antoine, forêt de Chinon, en mai. 10 à 12 p. R.

On cultive dans les jardins, pour ses belles fleurs jaunes en ombelle, l'*Ail doré (A. moly)*, qui a les feuilles larges, lancéolées, engaînantes à la base; la spathe bivalve, et les divisions du périgone ovales, aigues, plus longues que les étamines et le pistil.

La famille des *Liliacées* fournit encore à nos jardins une foule de plantes remarquables, parmi lesquelles nous citerons, comme formant une 3.e tribu *(Hémérocallidées)*, caractérisée par son périgone tubuleux, marcescent: 1.o le genre *Hémérocalle (Hemerocallis)*, qui a le stigmate simple, les étamines penchées; la capsule triangulaire, et les semences rondes: on en cultive plusieurs espèces: l'*H. fauve (H. fulva)*, à feuilles très-longues, linéaires, larges et carénées, avec les fleurs d'un jaune fauve, ondulées sur les bords; l'*H. jaune (H. flava)*, vulg. *Lis jonquille* ou *Lis jaune*, à feuilles étroites, aigues, carénées, formant des touffes d'où s'élève une tige de 3 pieds terminée par des fleurs grandes, jaunes et odorantes, à divisions planes; l'*H. graminée (H. graminea)*, plus petite, à fleurs jaunes, odorantes, à lobes du périgone inégaux; l'*H. du Japon (H. japonica)*, reconnaissable à ses feuilles d'un vert jaunâtre, ovales et marquées de nervures comme celles du Plantain, mais plus grandes et portées sur de longs pétioles; ses fleurs blanches, très-odorantes, sont en épi garni de larges bractées. — 2.o L'*Agapanthe (Agapanthus umbellatus)*, qui a le périgone en entonnoir, à divisions presque égales; les étamines penchées, la capsule triangulaire et les semences entourées d'une aile membraneuse; ses feuilles sont alongées, obtuses, et sa hampe (de 24 à 30 p.) est nue et terminée par une ombelle de fleurs bleues. — 3.o La *Tubéreuse (Polyanthes tuberosa)*, qui a le périgone en entonnoir, à 6 divisions étalées; l'ovaire libre, recouvert par le périgone, et le stigmate à 3 lobes; ses feuilles linéaires, aigues, sont plus courtes que la hampe; les fleurs blanches, rosées en dehors, très-odorantes, sont en épi alongé garni de bractées.

On voit quelquefois dans les jardins l'*Yucca aloifolia*, belle *Liliacée* portant à l'extrémité d'une tige de 5 à 8 pieds, une touffe de feuilles étroites, longues et piquantes, du milieu desquelles sort une hampe rameuse garnie de fleurs blanches, pendantes.

Les *Aloès (Aloe)*, forment un autre genre très-curieux de *Liliacées* : ce sont des plantes grasses, dont les diverses espèces ont reçu les noms, d'*Aloès corne de bélier (A. fruticosa)*, *A. mitré (A. mitræformis)*, *A. langue de chat (A. lingua)*, *A. bec de cane (A. disticha)*, *A. pouce-écrasé (A. retusa)*, *A. perlé (A. margaritifera)*, etc., à cause de la forme singulière de leurs feuilles ; leur périgone est tubuleux, à 6 divisions peu profondes, avec 6 étamines insérées à la base, et un stigmate à 3 lobes ; le fruit est une capsule triangulaire, à 3 loges.

On confond ordinairement, sous le nom d'*Aloès*, une autre plante, l'*Agave americana*, naturalisée dans la France méridionale, et dont les feuilles, plus fermes, d'abord roulées ensemble, sont étalées en rosette et bordées d'aiguillons ; elle ne fleurit qu'une seule fois, après s'être développée pendant longtemps, et ses fleurs jaunes, très-nombreuses, en panicule rameuse, sur une tige de 10 à 25 pieds, ont le périgone tubuleux, à 6 divisions, adhérent à l'ovaire ; 6 étamines saillantes, et une capsule alongée, triangulaire, à 3 loges polyspermes. Elle appartient à la famille des BROMÉLIACÉES (la CIII.e), ainsi nommée du genre *Bromelia* ou *Ananas*.

CIV. FAMILLE : COLCHICACÉES.

Fleurs ordinairement hermaphrodites ; périgone coloré, à 6 divisions ; 6 étamines fixées aux lobes du périgone, avec les anthères en dehors ; 1-3 styles très-longs, ou presque nuls ; 3 ovaires tantôt presque distincts, tantôt plus ou moins soudés et formant un ovaire à 3 loges contenant des semences nombreuses fixées à l'angle interne ; fruit formé de follicules distincts, s'ouvrant à l'intérieur, ou soudés en une capsule à 3 loges, à 3 valves, dont les bords repliés servent de cloisons, et sont séparés à la maturité. — *Herbes à racine bulbeuse ou fibreuse, ordinairement simple, nue, ou peu garnie de feuilles.*

429. COLCHIQUE. *COLCHICUM.* Périgone campanulé, à 6 divisions au bord, et à tube très-long partant de la bulbe ; étamines insérées au sommet du tube ; anthères oblongues, oscillantes ; 3 styles très-longs ; stigmates recourbés ; capsule formée de 3 follicules polyspermes, renflés, droits, et soudés à la base.

1. C. D'AUTOMNE. *C. autumnale.* Vulg. *Chenard*, *Tue-chien*. Racine produisant à l'automne plusieurs fleurs roses sans feuilles, et au printemps des feuilles planes, larges, lancéolées, entourant les capsules. ♃. Très-commun dans les prés.

CV. FAMILLE : JONCÉES.

Fleurs hermaphrodites ; périgone libre, à 6 divisions, en forme de glumes ou d'écailles disposées sur deux rangs ; 3-6 étamines opposées, à filets simples et à anthères biloculaires ; 1 style et 3 stigmates filiformes, ou 1 stigmate à 3 lobes ; un ovaire devenant une capsule à 1-3 loges et à 3 valves, tantôt munies d'une cloison au milieu, et portant plusieurs semences, tantôt sans cloison, et portant une seule semence à la base. — *Herbes à racine fibreuse, à feuilles engaînantes, cylindriques, ou planes comme celles des* GRAMINÉES ; *fleurs en panicule ou en corymbe, munies de bractées.*

430. JONC. *JUNCUS*. Périgone à 6 divisions ; 3-6 étamines ; capsule à 3 loges, à 3 valves munies d'une cloison au milieu ; semences nombreuses, fixées à la cloison. — *Tiges et feuilles cylindriques, glabres.*

1. J. COMMUN. J. *communis*. Tiges lisses, un peu raides, sans feuilles ; fleurs brunâtres, en panicule latérale ; 3 étamines ; divisions du périgone linéaires, aigues, égalant presque la capsule qui est rétuse. ♃. Marais et lieux humides.

Variétés : α. Congloméré. *Conglomeratus*. Tiges molles, cassantes, remplies de moëlle blanche ; panicule resserrée, en tête. ♃. En juin. 18 pouces. CC.

β. Étalé. *Effusus*. Tiges lisses, tenaces ; panicule étalée, formée de fleurs oblongues, acuminées, souvent solitaires à l'extrémité des pédoncules. ♃. En été. 20 à 24 p. CC.

2. J. GLAUQUE. *J. glaucus*. (*J. inflexus* Lam. — *J. tenax*). Vulg. *Jonc des jardiniers*. Feuilles nulles ; tiges glauques, striées, courbées au sommet, et revêtues à la base d'écailles brunâtres ; panicule latérale étalée, courte ; 6 étamines ; stigmates rouges ; divisions du périgone étroites, aigues, un peu plus courtes que la capsule qui est ovoïde, obtuse, mucronée. ♃. Dans les fossés humides, en mai. 14-18 p. C.

3. J. DES LANDES. *J. ericetorum.* (*J. capitatus.*—*J. gracilis.*—*J. triandrus*). Feuilles radicales, filiformes, canaliculées ; tiges nues, simples, grêles, striées ; fleurs terminales, formant 1-3 petites têtes sessiles, munies de 3-4 folioles alongées et de bractées inégales, dont une surpasse le capitule ; 3 étamines ; divisions du périgone très-aigues, dépassant la capsule, qui est ovoïde, mucronée, d'un brun rouge. ☉. Landes pierreuses et humides, St.-Christophe, Varennes, St.-Cyran, en mai et juin. 2 à 6 p. R.

4. J. FLOTTANT. *J. fluitans.* (*J. uliginosus.* — *J. subverticillatus.*) Tige mince, très-longue, flottante, rougeâtre (de 18 à 24 p.), un peu anguleuse, garnie de feuilles souvent noueuses ou articulées ; fleurs d'un brun roussâtre, demi-verticillées, disposées en panicule simple, très-lâche ; 3 étamines ; divisions du périgone étroites, un peu aigues, plus courtes que le capsule, qui est oblongue et terminée en pointe courte. ♃. Dans les fossés et les marais, en juin et juillet. R.

5. J. COUCHÉ. *J. supinus.* Diffère du précédent, dont il est une simple variété pour quelques auteurs, par ses tiges redressées et formant des touffes basses d'un vert brun ; ses feuilles sont linéaires, cannelées, presque sans nœuds ; ses capitules de fleurs sont munis de 3 bractées plus longues, et ses capsules sont obtuses. ♃. Au bord des marais, bords de la Loire, en juin et juillet. 4 à 8 p. C.

6. J. PYGMÉE. *J. pygmæus.* Tiges minces, rameuses, lisses, garnies de feuilles peu nombreuses, linéaires, canaliculées, et formant des touffes basses ; panicule terminale, formée de 4-5 groupes de fleurs verdâtres, grosses, sessiles, et accompagnées de petites bractées sèches ; 3 étamines ; divisions du périgone linéaires, aigues, dépassant la capsule qui est triangulaire, alongée et pointue. ☉. Lieux humides, bords des chemins. la Ville-aux-Dames, en juillet. 2-4 p. C.

7. J. DES CRAPAUDS. *J. bufonius.* Tiges droites, rameuses, anguleuses, striées, portant une ou deux feuilles vers le sommet, et formant des touffes basses, étalées ; fleurs vertes, sessiles, solitaires, et disposées sur les rameaux en panicule très-lâche ; 6 étamines ; divisions du périgone très-aigues et dépassant la capsule, qui est oblongue, obtuse. ☉. Lieux humides, au bord des chemins, en été. 6 à 10 p. CC.

8. J. INONDÉ. *J. tenageya.* Tige arrondie, munie de 2 à 3 feuilles droites, un peu canaliculées, divisée en panicule étalée ; fleurs solitaires, sessiles, roussâtres ; 6 étamines ; divisions du périgone ovales, aigues, presque égales à la capsule, qui est globuleuse, très-obtuse, brune et luisante. ☉. Au bord des marais, Chatenay, en juillet et août. 8 pouces. CC.

9. J. BULBEUX. *J. bulbosus.* (*J. nitidiflorus*). Tige droite, lisse, comprimée et garnie dans toute sa longueur de feuilles linéaires, canaliculées et engaînantes ; fleurs petites, obtuses, roussâtres, en panicule rameuse ; 6 étamines ; divisions du périgone obtuses, deux fois plus courtes que la capsule qui est brune, luisante, arrondie et mucronée ; bractée foliacée, étalée. ♃. Marais et lieux humides, Grammont, en été. 10 à 14 p. CC.

10. J. A FRUITS LISSES. *J. lampocarpus.* (*J. articulatus* L.—*J. sylvaticus*

Var.) Tige courte, noueuse, lisse, couchée, puis redressée, garnie de feuilles comprimées, noueuses-articulées ; fleurs brunes, formant des groupes de 4 ou 7 disposées en panicule étalée ; 6 étamines ; divisions intér. du périgone lancéolées, un peu obtuses, les extér. aigues, 2-3 fois plus courtes que la capsule qui est alongée, triangulaire, très-luisante et brune. ♃. Lieux humides, bords de la Loire, en été. 10 à 14 pouces. CC.

11. J. A FLEURS AIGUES. *J. acutiflorus.* (*J. articulatus.-J. sylvaticus* Var.) Tige élevée, noueuse, lisse, garnie dans sa longueur de feuil. engaînantes, comprimées, articulées ; fleurs brunes, réunies en grouppes arrondis, sessiles ou pédonculés, formant une panicule rameuse, terminale ; 6 étamines ; divisions du périgone aigues, égalant la capsule qui est triangulaire et terminée en pointe. ♃. Lieux humides et marécageux, prairie de Chanceaux, forêt de Chinon, en été. 18 à 30 pouces. C.

12. J. A FLEURS OBTUSES. *J. obtusiflorus.* (*J. articulatus* Fl. Fr.) Tige arrondie, lisse, garnie de feuil. longues, cylindriques, engaînantes à la base, noueuses-articulées ; fleurs pâles, en grouppes de 3 à 5 pédonculés ou sessiles à l'aisselle des rameaux, formant une panicule terminale, étalée ; 6 étamines ; stigmates très-longs, plumeux ; divisions du périgone obtuses, égalant presque la capsule qui est triangulaire, d'un brun rougeâtre et terminée en pointe. ♃. Lieux humides et marécageux, Chanceaux, forêt de Chinon, en juillet. 24 à 36 pouces. C.

431. LUZULE. *LUZULA*. (*Juncus* L.) Périgone à 6 divisions égales, colorées, en forme de glumes ; 6 étamines ; 1 style, 3 stigmates filiformes ; capsule uniloculaire, à 3 semences et à 3 valves dépourvues de cloisons.—*Feuil. planes, comme celles des* Graminées, *avec des poils blancs épars.*

1. L. PRINTANIÈRE. *L. vernalis.* (*Juncus pilosus*). Racine fibreuse, avec des gaînes rouges ; feuilles radicales, linéaires, aigues, larges de 3 à 5 lignes ; fleurs brunâtres, solitaires, en corymbe très-lâche ; pédoncules penchés ; divisions du périgone égales, aigues, plus courtes que la capsule qui est globuleuse, obtuse. ♃. Dans les bois, au printemps. 8 à 10 p. R.

2. L. DE FORSTER. *L. Forsteri.* Diffère de la précédente par ses feuilles plus étroites (1 ligne), avec une gaîne rougeâtre, et par sa capsule pointue, blanchâtre ; ses gaînes sont munies d'un appendice droit. ♃. Dans les bois, au printemps. 10 à 14 p. C.

3. L. CHAMPÊTRE. *L. campestris.* Racine rampante ; feuil. étroites, peu poilues ; fleurs variées de brun et de blanc, en capitules multiflores, formant un corymbe court, resserré ; divisions du périgone lancéolées, aigues, dépassant la capsule qui est globuleuse, triangulaire, aigue. ♃. Dans les pâturages secs, en avril. 4 à 8 p. CC.

Variété : 6. Resserrée. *Congesta.* Corymbe resserré en tête ; capitules sessiles. ♃. Dans les bois. 12 à 16 p. C.

4. L. MULTIFLORE. *L. multiflora.* (*L. erecta*). Diffère de la précédente, dont elle est peut-être une variété, par sa racine fibreuse et par ses fleurs plus nombreuses, en capitules ou épi longuement pédonculés et disposés en ombelle dressée ; divisions du périgone lancéolées, aigues, un peu plus courtes que la capsule ou égales. ♃. Dans les bois, en mai. 10 à 16 p. C.

La CVI.e famille, celle des *Palmiers*, ne doit être mentionnée que pour le *Chamerops humilis*, petit palmier qui croît spontanément près de Nice, et que d'ailleurs on cultive en serre ainsi que le *Dattier* (*Phœnix dactylifera*), et d'autres Palmiers propres au régions chaudes du globe.

CVII. FAMILLE : AROIDÉES.

Fleurs monoïques, sessiles, autour d'une colonne (ou *spadice*) entourée d'une spathe, ou rarement nue, ou accompagnée d'écailles ; périgone nul ; *fleurs mâles* formées d'étamines en nombre variable ; anthères à une ou 2 loges ; *fl. femelles* consistant en ovaires tantôt mêlés aux étamines, tantôt séparés, polyspermes, à une ou rarement à 3 loges, avec autant de styles et de stigmates ; fruit en baie arrondie, ou rarement en capsule. — *Herbes sans tige, à feuilles radicales ou à tige garnie de feuilles alternes, engaînantes à la base, souvent palmées ou en cœur.*

432. ARUM. *ARUM.* Anc.t *Gouet.* Spadice nu au sommet ; anthères en plusieurs rangées sur une moitié de la longueur du spadice ; ovaires fixés à la base ; baie uniloculaire, monosperme.

1. A. COMMUN. *A. vulgare.* (*A. maculatum*). Vulg. *Pied de veau.* Racine tubéreuse ; feuilles radicales, pétiolées, en fer de flèche, à oreillettes rabattues, quelquefois tachées ; spathe verdâtre, plus longue que le spadice qui est terminé par une sorte de massue jaunâtre, et présente 2 ou 3 rangs de glandes aigues ou étamines stériles, au dessus des anthères ; baies rouges. ♃. Dans les haies et les bois, en mai. 10 à 12 p. CC.

On voit souvent dans les jardins l'*Arum serpentaire* (*A. dracunculus*), qui a une tige droite, épaisse et lisse, tachée comme la peau d'un serpent, avec des feuilles divisées en 5 ou 6 lobes lancéolés, entiers, portés sur des pétioles particuliers réunis en un seul ; la spathe est très-grande, d'un pourpre noirâtre, et exhale une odeur fétide. — Sous le nom d'*Arum d'Ethiopie*, on cultive fréquemment le *Calla ethiopica*, belle plante dont la spathe est ouverte en cornet très-blanc, avec un spadice jaune; ses feuilles sont grandes, sagittées, radicales et portées sur un long pétiole creusé en gouttière. Les caractères du genre *Calla* sont d'avoir le spadice couvert d'étamines et d'ovaires mêlés, et les baies polyspermes, à plusieurs loges.

CVIII. FAMILLE : TYPHACÉES.

Fl. monoïques, réunies en chatons unisexuels; périgone à 3 divisions ou nul; *fleurs mâles* à 3 étamines; *fl. femelles* avec un style, 1-2 stigmates, et un ovaire libre, monosperme. — *Herbes aquatiques, à feuilles alternes, ensiformes, engaînantes.*

433. TYPHA. *TYPHA.* Anc.[1] *Massette, Quenouille.* Chatons cylindriques; *fl. mâles* à périgone presque nul, avec 3 étamines réunies inférieurement en un seul filet; *fl. femelles* à périgone nul; fruit porté sur un pédicelle entouré à la base de poils longs, comme une aigrette. — *Tige sans nœuds.*

1. T. A LARGES FEUILLES. *T. latifolia.* Tige droite (de 5 à 6 pieds), entourée de feuilles linéaires, longues, aplaties: chaton femelle épais, cylindrique, d'un brun rougeâtre, et très-rapproché du chaton mâle qui est caduc et termine la tige; l'un et l'autre a souvent une spathe blanchâtre. ♃. Dans les marais, près du Cher, en été. C.

2. T. INTERMÉDIAIRE. *T. media.* Diffère de la précédente par ses feuilles plus étroites, deux fois plus courtes que la tige, et par ses chatons mâle et femelle éloignés l'un de l'autre. ♃. Dans les fossés et les marais, en été. C.

3. T. A FEUILLES ÉTROITES. *T. angustifolia.* Se distingue par ses feuil. encore plus étroites, demi-cylindriques et canaliculées, dépassant la tige; ses chatons sont écartés. ♃. Dans les marais, en été. C.

434. SPARGANIUM. *SPARGANIUM.* Anc.[1] *Rubanier, Ruban-d'eau.* Chatons globuleux; périgone formé de 3 écailles, avec 3 étamines quelquefois mêlées sans ordre; stigmate alongé, sessile, en forme de langue; fruit ovoïde, pointu, non entouré de poils.

1. S. NAGEANT. *S. natans.* Feuilles longues, étroites, molles, tombantes; tige simple, grêle (de 8 à 10 p.), un peu flexueuse, terminée par un chaton mâle, avec 2-3 autres chatons femelles plus gros et écartés au dessous; stigmate ovale, très-court. ♃. Au bord des marais et des ruisseaux, la Ville-aux-Dames, en juin. R.

2. S. SIMPLE. *S. simplex.* Feuilles triangulaires à la [illegible] planes ; tige simple, garnie de feuilles à l'aisselle desquelles [illegible] chatons femelles, sessiles ou pédonculés ; 4-5 chatons [illegible] nant la tige. ♃. Au bord des eaux, en juillet. 15 à 20 p. C.

3. S. RAMEUX. *S. ramosum.* (*S. erectum* L.) Diffère du [illegible] par sa tige rameuse et flexueuse, et par ses feuilles triangu[illegible] faces concaves. ♃. Mêmes lieux, en juin. 15 à 20 p. CC.

CIX. FAMILLE : CYPÉRACÉES.

Fleurs glumacées, en épi, hermaphrodites ou dioïques ; périgone formé par une écaille ou glume d'une seule pièce ; 3 étamines à filets très-minces ; anthères aigues au sommet, en cœur à la base ; 1 style, 2-3 stigmates ; ovaire libre, simple, devenant un fruit sec (ou *akène*), triangulaire ou comprimé, monosperme, ne s'ouvrant pas.— *Herbes vivaces, semblables aux* Graminées, *mais à tiges sans nœuds, et souvent triangulaires ; feuilles engaînantes, à gaîne entière ou non fendue.*

435. SOUCHET. *CYPERUS.* Fleurs hermaphrodites ; glumes carénées, imbriquées sur deux rangs opposés, en épilets comprimés ; style caduc ; semence nue à la base.—*Épilets réunis en ombelle.*

1. S. LONG. *C. longus.* Tige élevée, triangulaire, garnie de feuilles ; involucre de 3-4 folioles linéaires, dépassant beaucoup l'ombelle que forment les épilets d'un jaune rougeâtre, linéaires, alternes, sur de longs pédoncules nus : 3 stigmates ; glumes rétuses. ♃. Dans les marais, au bord du Cher, en juillet. 30 à 40 p. C.

2. S. BRUN. *C. fuscus.* Tige triangulaire, garnie de feuilles carénées et formant des touffes étalées ; involucre de 3 folioles, dépassant l'ombelle ; épilets noirâtres, linéaires, rapprochés ; 3 stigmates ; glumes un peu aigues : semences blanches, à angles aigus. ☉. Dans les marais, grèves de la Loire, en août. 6 à 8 p. C.

3. S. JAUNATRE. *C flavescens.* Tige triangulaire, très-basse, garnie de feuilles ; involucre de 3 folioles, dépassant l'ombelle ; épilets jaunâtres, lancéolés, presque sessiles, rapprochés ; 2 stigmates ; glumes obtuses ; semences noires, arrondies, un peu comprimées, mucronées. ☉. Au bord des marais et des rivières, en août et septembre. 2 à 6 pouces. C.

436. SCHOENUS. *SCHOENUS*. Anc. *Choin*. Fleurs hermaphrodites ; glumes imbriquées de tous les côtés, en épis, les inférieures stériles, souvent élargies en bractées ; semence nue ou entourée à la base de soies plus courtes que la glume.

1. S. NOIRATRE. *S. nigricans*. Tige nue, cylindrique, terminée par un capitule ovoïde, formé d'épilets nombreux, noirâtres, avec un involucre formé de deux folioles, dont l'une plus longue et subulée, dépasse beaucoup le capitule ; semence entourée de poils à la base. ♃. Dans les prés marécageux, Semblançay, en été. 9 à 12 p. C.

2. S. BLANC. *S. albus*. Tige triangulaire, garnie de feuilles carénées, très-étroites ; fleurs blanchâtres, réunies en paquet terminal, presque en corymbe, égalant l'involucre ; semence entourée de poils à la base, et couronnée par le style persistant et endurci. ♃. Prés tourbeux, vallée du Doit, en août. 9 à 12 p. RR.

437. SCIRPE. *SCIRPUS*. Fl. hermaphrodites ; glumes imbriquées de tous les côtés et toutes fertiles ; semences nues et entourées à la base de poils plus courts que la glume.

* (*ÉLÉOCHARIS*). *Fruit couronné par le style, avec 4-12 soies denticulées et rarement nulles à la base ; feuilles nulles ; tiges entourées à la base d'écailles engaînantes et terminées par un seul épi.*

1. S. DES MARAIS. *S. palustris*. Racine rampante ; tiges cylindriques, avec une gaîne tronquée horizontalement ; un épi nu, ovale-oblong ; glumes brunâtres, imbriquées, obtuses ; semences ovoïdes, un peu comprimées. ♃. Au bord des marais, en été. 10 à 18 p. CC.

2. S. MULTICAULE. *S. multicaulis*. Diffère du suivant par sa racine rampante ; par ses épis alongés, souvent vivipares ; avec les glumes égales, obtuses, et les semences triangulaires. ♃. Dans les marais, bords de la Loire, en été. 6 à 7 p. R.

3. S. DES TOURBIÈRES. *S. Bœothryon*. (*S. cæspitosus*. — *S. campestris*). Racine fibreuse ; tiges munies à la base d'une gaîne obliquement tronquée ; glumes obtuses, les extérieures inégales, plus courtes que l'épi terminal ; semences ovoïdes, triangulaires. ♃. Lieux marécageux, la Ville-aux-Dames. 5 à 7 p. R.

4. S. OVALE. *S. ovatus*. (*S. turgidus*). Racine fibreuse ; tige filiforme, terminée par un épi ovale, nu ; fleurs à 2 étamines ; glumes étroitement imbriquées, très-obtuses ; semences globuleuses, un peu comprimées. ⊙. Lieux humides, le Louroux : en juillet. 3 à 8 p. R.

5. S. FLOTTANT. *S. fluitans*. Tige molle, arrondie, rameuse, garnie de feuilles étroites, planes ; pédoncules nus (de 2-4 p.), alternes ; épilets ovoïdes, terminaux, solitaires, formés de 3-4 fleurs verdâtres ; glumes ovales, obtuses. ♃. Dans les étangs, Charentilly, (*à Pouillé*), en été. RR. *M. Delaunay*.

** (*ISOLEPIS*). *Semence sans poils à la base, et non couronnée par le style.*

6. S. ACICULAIRE. *S. acicularis.* Racine rampante ; tiges très-déliées, à 4 angles, sans feuilles et munies d'une gaîne tronquée à la base ; épi terminal, ovale, aigu, solitaire ; glumes aigues, les extér. plus grandes, terminées en pointe. ♃. Au bord des rivières et des marais, dans le Cher, la Loire, etc., en août. 2 à 4 p. C.

7. S. SÉTACÉ. *S. setaceus.* Racine fibreuse ; tiges déliées, étalées et recourbées, presque nues, portant latéralement vers le sommet plusieurs épis sessiles, sans bractées : glumes ovales ; semences globuleuses, longitudinalement striées. ⊙. Lieux humides où inondés, Chatenay, en juin. 2 à 3 p. C.

8. S. ÉTALÉ. *S. supinus.* Plus grand que le précédent, il en diffère parce que ses tiges portent latéralement au milieu 3-6 épis réunis en capitule ; les glumes sont ovales, avec une petite pointe ; et les semences sont globuleuses, à 3 angles, ridées en travers. ⊙. Lieux inondés, la Ville-aux-Dames, en juin et juillet. RR.

9. S. DE MICHÉLI. *S. Michelianus.* Tiges triangulaires, couchées, entourées à la base de feuilles planes et formant une touffe étalée ; épilets verdâtres, réunis en capitule, avec un involucre formé de plusieurs folioles beaucoup plus longues que sa tige ; semences presque linéaires, comprimées, aigues. ⊙. Prés et sables humides, grèves de la Loire, la Ville-aux-Dames, en août. 2 à 4 p. R.

*** (*SCIRPOIS*). *Semences entourées à la base de poils plus courts que les glumes, et non couronnées par le style.*

10. S. DES ÉTANGS. *S. lacustris.* Vulg. *jonc des chaisiers.* Tige arrondie, nue, diminuant de grosseur vers le sommet, et munie à la base de gaînes qui s'alongent en lanières flottantes dans les eaux courantes ; épilets ovoïdes, noirs, sessiles ou pédicellés, réunis en capitules pédonculés, et formant un bouquet terminal, avec une bractée à la base ; glumes larges, ovales, avec une petite pointe ; semences triangulaires. ♃. Dans les marais et les ruisseaux, en juin. 40-72 p. CC.

11. S. MARITIME. *S. maritimus.* Tige triangulaire, garnie de feuilles linéaires, planes ; épilets bruns, oblongs, sessiles, et réunis en capitules sessiles ou pédonculés, formant une panicule simple ou terminale, avec 2-3 bractées très-longues ; glumes mucronées, les extér. à 3 dents ; semences triangulaires. ♃. Au bord des eaux, en juin. 12 à 36 p. CC.

12. S. DES BOIS. *S. sylvaticus.* Tige triangulaire, garnie de feuilles linéaires, larges et planes ; épilets petits, ovoïdes, sessiles ou pédonculés, et formant une panicule composée, terminale, large, entourée de 3-5 feuilles ; glumes ovales, obtuses ; semences triangulaires, très-petites. ♃. Bois humides, Château-Regnault, en juin. 15-30 p. C.

438. ÉRIOPHORE. *ERIOPHORUM.* Anc.t *Linaigrette.*
Fleurs hermaphrodites ; glumes imbriquées de tous

côtés ; semences entourées à la base de très-longs poils blancs, formant une aigrette soyeuse.

1. E. A LARGES FEUILLES. *E. polystachium. (E. latifolium. — E. vulgare).* Tige arrondie ou peu anguleuse ; feuilles linéaires, courtes, larges (de 2 à 3 lig.) et planes, triangulaires au sommet ; pédoncules souvent rameux, penchés à la maturité ; glumes obtuses, noires ; semences triangulaires, amincies à la base. ♃. Prés marécageux, Château-Regnault, forêt de Chinon, Chemillé, près de Loches, en juin. 16 à 20 p. C.

2. E. A FEUILLES ÉTROITES. *E. angustifolium. (E. intermedium. — E. polystachium* L.) Tige arrondie ; feuilles linéaires, pliées en gouttière, et triangulaires au sommet ; pédoncules inégaux, tous simples, penchés à la maturité ; glumes oblongues, lancéolées, aigues ; semences oblongues, pointues, à 3 angles aigus. ♃. Prés marécageux, Chanceaux, Château-Regnault, en juin. 16 à 20 p. C.

439. CAREX. *CAREX.* Anc.[1] *Laîche, Caret.* Fleurs monoïques, ou rarement dioïques ; épilets tantôt *androgynes* (contenant les fleurs mâles et les fleurs femelles), tantôt unisexuels ; 2-3 stigmates ; enveloppe persistante du fruit, en forme de capsule surmontée d'un col étroit percé d'un trou. — *Feuil. souvent carénées et coupantes. — Les grandes espèces sont appelées vulg.*[1] Rouches.

§. 1. *Épi unique, simple ; 2 stigmates.*

1. C. PUCE. *C. pulicaris.* Feuilles sétacées, roulées en gouttière ; épi androgyne, mâle au sommet ; fruits oblongs, lisses, brunâtres, écartés, et par suite réfléchis, plus longs que la glume qui est persistante. ♃. Pâturages limoneux, la Ville-aux-Dames, au printemps. 4 à 8 pouces. R.

§. 2. *Plusieurs épis androgynes, mâles au sommet ; 2 stigmates.*

2. C. DISTIQUE. *C. disticha. (C. intermedia).* Tige à 3 angles aigus, rudes, garnie de feuilles linéaires. planes ; épilets nombreux, ovales, alternes, sessiles, imbriqués, en épis oblongs, les inférieurs plus écartés, ceux du milieu androgynes, les autres épilets femelles ; fruits oblongs, pointus, bordés et ciliés, égalant la glume. ♃. Dans les marais, en mai et juin. 18 à 24 p. C.

3. C. COMPACTE. *C. vulpina.* Tige droite, à 3 angles aigus, coupans, et garnie de feuilles rudes, linéaires, larges et planes ; épilets ovales, nombreux, sessiles, et formant un épi oblong, interrompu et mêlé de bractées dentelées, sétacées ; fruits ovoïdes, anguleux, comprimés, divergens, rudes aux bords, terminés par un bec bifide, et dépassant les glumes qui sont ovales, aigues. ♃. Lieux marécageux, en mai et juin. 12 à 18 p. CC.

4. C. ÉCARTÉ. *C. divulsa.* Diffère du suivant par sa tige plus faible, penchée au sommet ; par son épi plus alongé, rameux à la base, et formé d'épilets écartés ; ses fruits sont plus petits, dressés et moins divergens, terminés par un bec long, bifide. ♃. Bois humides, en juin. 18 p. R.

5. C. RUDE. *C. muricata.* (*C. virens* Lam. — *C. nemorosa*). Tige droite, à 3 angles aigus, striée, rude, garnie de feuilles linéaires, planes ; épilets ovales, rapprochés en épi alongé, verdâtre, interrompu ; fruits rudes, divergens, en étoile, ovoïdes, plans-convexes, bordés, terminés par 2 dents, et dépassant les glumes qui sont aigues. ♃. Bois humides, en mai et juin. 18 p. CC.

6. C. PANICULÉ. *C. paniculata.* Tige droite, à 3 angles, très-rude, garnie de feuil. linéaires, dures, planes ou carénées ; épilets oblongs, triangulaires, resserrés en épis, formant une panicule plus ou moins resserrée ; fruits ovoïdes, aigus, un peu ailés, ciliés, avec 2 dents au bord, et égalant la glume qui est ovale, aigue. ♃. Dans les marais, Semblançay, en mai et juin. 24 p. R.

§. 3. *Plusieurs épis androgynes, femelles au sommet ; 2 stigmates.*

7. C. OVALE. *C. ovalis.* (*C. leporina*). Tige droite, creuse, striée, à 3 angles peu marqués ; feuilles linéaires, planes ; 5-6 épilets ovales, sessiles, alternes, rapprochés en épi ovoïde ; fruits ovoïdes, aigus, bordés et ciliés, à 2 dents, et presque égaux à la glume qui est ovale, lancéolée, un peu aigue. ♃. Bois et prés humides, en mai. 9 à 18 p. C.

8. C. DE SCHREBER. *C. Schreberi.* (*C. tenella* Th.—*C. præcox.*) Racine rampante ; feuilles très-étroites ; tige à 3 angles un peu rudes ; 5-7 épilets sessiles, oblongs, cylindriques, alternes, réunis en épi ovoïde ; fruits ovoïdes, aigus, terminés par 2 dents, et égalant les glumes qui sont lancéolées, très-aigues. ♃. Pâturages sablonneux, secs, bords de la Loire, en avril et mai. 10 à 12 p. CC.

9. C. BRIZOÏDE. *C. curta.* (*C. brizoides.*—*C. tenella*). Feuil. linéaires, planes, carénées ou pliées ; tige triangulaire, striée, un peu rude, terminée par un épi court, jaunâtre, formé de 5-6 épilets sessiles, alternes, un peu écartés, les supér. plus rapprochés ; fruits ovoïdes, plans d'un côté, un peu aigus, lisses, sans dents, dressés, et dépassant les glumes qui sont ovales, aigues. ♃. Bois, pâturages un peu humides, en mai-juin. 20-24 p. RR.

10. C. A FRUITS ÉTOILÉS. *C. stellulata.* Feuilles dures, linéaires, pliées ; tige droite, lisse et peu anguleuse ; 3 à 4 épilets arrondis, sessiles, écartés, verdâtres ; fruits ovoïdes, terminés en bec, à deux dents, rudes au bord, écartés en étoile, et dépassant les glumes qui sont aigues ; bractées inférieures très-longues. ♃. Bois et prés humides, Chatenay, en mai et juin. 6 à 12 p. C.

11. C. A ÉPILETS ÉCARTÉS. *C. remota* (et *C. axillaris* L.) Feuilles linéaires, presque planes ; tiges grêles, peu anguleuses, lisses, molles et penchées ; épilets ovales, oblongs, sessiles, alternes et écartés ; bractés très-longues ; fruits ovoïdes, verdâtres, terminés en bec ou à 2 dents, un peu comprimés, rudes au bord, et dépassant les glumes

qui sont lancéolées, aigues. ♃. Lieux ombragés un peu humides, Chatenay, au printemps. 20 à 24 p. C.

§. 4. *Plusieurs épilets androgynes*; 3 *stigmates.*

12. C. RAIDE. *C. stricta.* (*C. melanochloros* Th.) Feuilles glauques, linéaires, planes ou pliées, carénées, raides; tige droite, à 3 angles aigus, un peu rude supérieurement; épi mâle presque solitaire, alongé; 2-3 épis femelles cylindriques, sessiles, écartés; fruits très-rapprochés, glabres, glauques, ovoïdes, comprimés, à bec court, percé, et plus longs que les glumes. ♃. Dans les marais, au printemps. 24 à 36 p. R.

13. C. AIGU. *C. acuta.* (*C. gracilis.*—*C. virens* Th.) Feuilles linéaires, planes, rudes au bord; tige droite, à 3 angles aigus; 2-3 épis mâles alongés; 3-4 épis femelles portés sur de courts pédoncules, un peu penchés, alongés, filiformes et écartés; fruits rapprochés et imbriqués vers l'extrémité, écartés, au contraire, à la base, oblongs, luisans, terminés par un bec court, et presque égaux aux glumes qui sont oblongues, aigues. ♃. Dans les prés, bords du Cher, en mai et juin. 24 à 36 pouces. CC.

§. 5. *Plusieurs épis de sexe différent*; 3 *stigmates*; *fruit pubescent ou velu.*

* *Épi mâle solitaire.*

14. C. COTONNEUX. *C. tomentosa.* Racine articulée, rampante; feuil. linéaires, étroites, planes ou roulées au bord, molles: tige droite, grêle, triangulaire; 1-2 épis femelles, ovales, cylindriques, un peu rapprochés, sessiles; fruits arrondis, cotonneux, blanchâtres, égalant la glume qui est ovale, aigue. ♃. Bois et prés ombragés, N.-Dame d'Oé, en avril et mai. 12 à 18 p. R.

15. C. DES MONTAGNES. *C. montana.* (*C. conglobata.*—*C. globularis*). Feuilles linéaires, planes; tige lisse, à 3 angles peu marqués; 1-2 épis femelles rapprochés, oblongs, sessiles; fruits pubescens, oblongs, terminés en bec très-court, et dépassant les glumes qui sont arrondies, obtuses. ♃. Dans les bois, Chatenay, au printemps. 8-14 p. R.

16. C. PILULIFÈRE. *C. pilulifera.* Feuilles linéaires, planes; tige grêle, lisse, triangulaire; 2-3 épis femelles presque ronds, sessiles, rapprochés; fruits ronds, pubescens, terminés en bec court, et moins longs que la glume qui est oblongue, aigue. ♃. Dans les bois, Chatenay, au printemps. 6 à 12 p. C.

17. C. PRÉCOCE. *C. præcox.* (*C. filiformis*). Feuilles dures, linéaires, planes; tige droite, lisse, à angles peu marqués; 2-3 épis femelles, oblongs, presque sessiles; fruits globuleux, triangulaires, pubescens, terminés en pointe courte, et égalant la glume qui est ovale, aigue. ♃. Lieux stériles, dans les landes, Chatenay, en avril, mai. 6 à 8 p. CC.

18. C. A ÉPI RADICAL. *C. gynobasis.* (*C. diversiflora*). Feuilles linéaires, raides, carénées, rudes, et un peu roulées au bord; tige grêle, à 3 angles; épis femelles arrondis et formés de 3 à 5 fleurs, les supér. rapprochés et portés sur de courts pédoncules, un seul porté sur un long pédoncule radical; fruits ovoïdes, à peine pubescens, terminés

18

en pointe courte, tronquée. et aussi longs que les glumes qui sont ovales-lancéolées, aigues. ♃. Sur les côteaux secs, Château-Regnault, Pérusson, en mai et juin. 8 à 12 p. R.

** *Deux ou plusieurs épis mâles.*

19. C. GLAUQUE. *C. glauca.* (*C. recurva*). Racine rampante; feuilles linéaires, planes, glauques, rudes au bord ; tige redressée, anguleuse ; 2 épis mâles, brunâtres, aigus ; 2-3 épis femelles, écartés, cylindriques, pédonculés, pendans, ou rarement sessiles ; fruits rapprochés, ovoïdes, ciliés, rudes, terminés par un bec très-court, et égalant presque les glumes. ♃. Lieux humides et marécageux, en mai et juin. 9 à 18 p. CC.

20. C. HÉRISSÉ. *C. hirta.* Feuilles linéaires, carénées, pliées, un peu hérissées ; tige lisse, à 3 angles ; 2-3 épis mâles, inégaux, hérissés ; 3 épis femelles, écartés, cylindriques, portés sur de courts pédoncules ; fruits oblongs, aigus, hérissés, terminés par 2 pointes, et plus longs que la glume qui est oblongue, aristée. ♃. Lieux sablonneux, au bord des eaux, en avril et mai. 9 à 18 p. C.

§. 6. *Plusieurs épis de sexe différent; 3 stigmates; fruits glabres ou seulement ciliés, rudes sur les angles.*

* *Épi mâle solitaire.*

21. C. JAUNE. *C. flava.* Feuilles larges, linéaires, planes ou carénées, pliées ; tige droite, presque ronde, lisse ; 2-3 épis femelles, d'un jaune doré, ovales, portés sur des pédoncules courts, cachés dans la gaîne, les supérieurs rapprochés ; fruits ovoïdes, réfléchis, terminés par un bec long, recourbé, à 2 dents, dépassant la glume qui est ovale-lancéolée, très-aigue. ♃. Prés humides, en mai. 10 à 18 p. C.

Variété : 6. d'OEder. *OEderi.* Tige très-basse ; 4 épis femelles tous rapprochés. ♃. Etangs du Louroux, Manthelan.

22. C. LISSE. *C. biligularis.* (*C. lævigata*). Feuilles larges, linéaires, planes, striées, avec 2 ligules dont l'une opposée à la feuille est libre ; tige lisse, triangulaire ; 3 épis femelles oblongs, cylindriques, écartés, les supérieurs portés sur de courts pédoncules cachés dans la gaîne, l'inférieur sur un long pédoncule et penché ; fruits ovoïdes, très-aigus, terminés par un long bec à deux pointes. rudes au bord, et dépassant un peu la glume qui est ovale, aigue. ♃. Dans les bois, en mai et juin. 20 à 30 p. R.

23. C. A ÉPIS DISTANS. *C. distans.* Feuilles linéaires, planes ; tige redressée, lisse, à 3 angles aigus ; 3 épis femelles droits, ovales, oblongs, très-écartés, le supérieur sessile, les autres portés sur de courts pédoncules cachés dans la gaîne ; fruits ovoïdes, anguleux, glabres, terminés en bec à 2 pointes, cilié et rude au bord, dépassant la glume qui est ovale, aigue ou mucronée. ♃. Dans les haies et les prés humides, en mai et juin. 15 à 24 p. C.

24. C. PANIC. *C. panicea.* Feuilles raides, planes, glauques et rudes : tige lisse, à 3 angles obtus ; 1-2 épis femelles cylindriques, écartés, portés sur des pédoncules courts, le supérieur caché, l'inférieur saillant : fruits lâches, ovoïdes, lisses, terminés en pointe très-courte,

et dépassant la glume qui est ovale, aigue. ♃. Bois et prés humides, en avril et mai. 12 à 14 p. C.

25. C. PALE. *C. pallescens.* Feuilles linéaires, planes, un peu pubescentes ; tige droite, à 3 angles aigus, rudes ; 2-3 épis femelles ovales, oblongs, un peu écartés, et penchés à l'époque de la maturité, les inférieurs pédonculés ; fruits rapprochés, ovoïdes, oblongs, luisans, un peu ventrus, égalant presque la glume qui est ovale, oblongue, terminée en pointe. ♃. Prés et bois humides, en mai-juin. 12-16 p. C.

26. C. ÉTALÉ. *C. patula.* (*C. sylvatica.*—*C. drymeia*). Feuil. linéaires, planes, rudes au bord ; tige redressée, triangulaire, lisse ; 4 épis femelles écartés, filiformes, pédonculés, penchés ; fruits très-écartés, oblongs, terminés en bec bifide, et presque égaux à la glume qui est ovale-lancéolée, aigue. ♃. Dans les bois humides, Grammont, en mai. 10 à 20 p. C.

27. C. FAUX-SOUCHET. *C. pseudocyperus.* Feuilles larges, linéaires, planes, rudes au bord ; tige redressée, triangulaire, rude ; 4 épis femelles jaunâtres, réunis par couple, pédonculés, pendans, cylindriques, accompagnés de longues bractées ; fruits très-rapprochés, ovales-lancéolés, divergens, à deux pointes, et aussi longs que les glumes qui sont lancéolées, aristées. ♃. Lieux humides, fossés, Château-Regnault, Pérusson, en juin et juillet. 24 à 36 p. R.

** *Deux ou plusieurs épis mâles.*

28. C. VÉSICULEUX. *C. vesicaria.* Feuilles très-longues, linéaires, planes, rudes au bord ; tige droite, à 3 angles aigus ; 2-3 épis mâles grêles ; 2-3 épis femelles pédonculés, droits, cylindriques ; fruits imbriqués, oblongs, coniques, enflés, terminés par un bec à deux pointes, et dépassant les glumes. ♃. Lieux humides et marécageux, dans les bois, en mai. 18 à 36 p. R.

29. C. A FRUITS ENFLÉS. *C. ampullacea.* Feuil. très-longues, linéaires, étroites, un peu canaliculées ; tige droite, lisse, à 3 angles obtus ; 2-3 épis mâles, très-grêles ; 2 épis femelles cylindriques, droits, portés sur de courts pédoncules ; fruits imbriqués, globuleux, enflés, jaunes, terminés en bec filiforme, bifide, et dépassant les glumes. ♃. Lieux marécageux, en mai et juin. 12 à 24 p. R.

30. C. DES MARAIS. *C. paludosa.* (*C. acuta*). Feuilles très-longues, glauques, planes, larges, linéaires ; tige raide, à 3 angles aigus ; 3-4 épis mâles, inégaux, bruns ; 3-4 épis femelles droits, cylindriques, amincis, les infér. pédonculés ; fruits glabres, imbriqués, très-serrés, striés, ovoïdes, terminés en bec court, échancré, plus larges et un peu plus longs que la glume qui est lancéolée, aigue. ♃. Dans les marais, en mai et juin. 24 à 36 pouces. CC.

31. C. DES RIVES. *C. riparia.* Feuilles très-longues, planes, larges, linéaires, très-rudes ; tige raide, très-rude, à 3 angles aigus ; 4-5 épis mâles presque égaux ; 3-4 épis femelles droits, cylindriques, amincis, l'inférieur pédonculé et pendant à la maturité ; fruits glabres, imbriqués, oblongs, terminés en bec bifide, aussi longs et aussi larges que la glume qui est lancéolée, aristée. ♃. Au bord des rivières, en avril et mai. 36 à 48 pouces. CC.

CX. FAMILLE : GRAMINÉES.

Fleurs glumacées, hermaphrodites, ou rarement de sexe différent; glume extérieure ordinairement bivalve, uniflore, ou renfermant plusieurs fleurs imbriquées sur 2 rangs en épilet; périgone ou glumelle analogue à la glume, et souvent bivalve pour chaque fleur; 3 étamines hypogynes; 2 stigmates; 1 ovaire libre; fruit sec, figurant une semence nue.—*Herbes à tige cylindrique* (CHAUME), *ordinairement simple, avec des nœuds; feuilles alternes, engaînantes, à gaînes fendues longitudinalement, et quelquefois munies à la base d'une membrane intérieure* (LIGULE); *fleurs en panicule ou en épi.*—**Le gazon des prairies (*gramen*) est formé de ces plantes, d'où est venu le nom de la famille.**

* FLEURS DE SEXE DIFFÉRENT, SUR DES ÉPILETS SÉPARÉS.

440. MAÏS. *MAYS.* Épilets mâles biflores, réunis en panicule terminale; épilets femelles solitaires, disposés en épi terminal; stigmates très-longs; semences arrondies, lisses, disposées en rangées.

1. M. CULTIVÉE. *M. zea.* (*Zea mays* L.) Vulg. *Blé d'Inde, Blé de Turquie.* Grande plante (de 3 à 6 pieds) à tige grosse, ferme; à feuilles larges, portant latéralement 2-3 épis enfermés dans un faisceau de feuilles, d'où sortent seulement les styles, en long faisceau de fibres blanches. ⊙. Cultivé surtout dans l'arrondissement de Chinon.

441. ANDROPOGON. *ANDROPOGON.* Anc. *Barbon.* Épilets uniflores, les uns mâles, pédicellés, sans arêtes, les autres hermaphrodites, sessiles, et portant une arête au sommet du périgone; glume velue extérieurement à sa base.—*Fleurs en épis digités ou presque en panicule.*

1. A. PIED DE POULE. *A. ischæmum.* Feuilles poilues; 6 à 10 épis droits, digités; pédicelles velus; épilets rougeâtres, réunis par couple, l'un hermaphrodite, avec une seule arête; glumes obtuses, glabres, portant à la base et au sommet de petits faisceaux de poils. ♃. Lieux secs, îles de la Loire, en été. 8 à 12 p. R.

** FLEURS HERMAPHRODITES, EN ÉPIS DIGITÉS OU EN PANICULE SPICIFORME ; ÉPILETS UNIFLORES, PÉDICELLÉS.

442. CYNODON. *CYNODON.* Glume bivalve, ouverte, lancéolée, plus courte que le périgone qui est bivalve, avec la valve extérieure très-grande, ovoïde.—4-5 *épis digités ; épilets unilatéraux, imbriqués, en une seule rangée.*

1. C. COMMUN. *C. dactylon.* (*Paspalum dactylon* Lam.—*Panicum dactylon* L.) Racine rampante, poussant çà et là des petites touffes de feuilles ciliées au bord, et des tiges de 5 à 6 pouces, terminées par des épis étalés, rougeâtres. ♃. Terrains sablonneux, grèves de la Loire, en juin et juillet. CC.—On l'emploie en médecine sous le nom de *Chiendent,* ainsi que le *Froment rampant.*

443. DIGITAIRE. *DIGITARIA.* (*Paspalum* Lam.—*Panicum* L.) Glume à 2-3 valves concaves, rapprochées, la plus extérieure très-petite et quelquefois presque invisible, la seconde variable, et l'intérieure, aussi longue que le périgone qui est bivalve, oblong, ovale et sans arêtes.—*Epis digités ; épilets disposés par couples d'un seul côté.*

1. D. SANGUINE. *D. sanguinalis.* Gaînes et feuilles poilues ; épis digités, noueux à la base intérieurement ; épilets rougeâtres, oblongs, glabres ; valves de la glume très-inégales. ⊙. Dans les jardins, le long des murs, en été. 8 à 12 p. CC.

443 *bis.* LEERSIA. *LEERSIA.* Glume nulle ; périgone fermé, à 2 valves comprimées, en nacelle et sans arêtes. —*Fleurs en panicule composée, très-lâche.*

1. L. A FLEURS DE RIZ. *L. oryzoides.* Feuil. larges, rudes ; gaînes supérieures renflées ; épilets ovales, jaunâtres, ciliés.—Au bord de la Loire, Rochecorbon ; en septembre. 18 à 36 p. RR.

444. CALAMAGROSTIS. *CALAMAGROSTIS.* Glume uniflore, bivalve ; périgone bivalve, chargé extérieurement à la base ou au dos de poils longs, soyeux.—*Fleurs en panicule.*

1. C. TERRESTRE. *C. epigeios.* (*Arundo epigeios* L.) Feuilles rudes, lisses en dessous ; panicule étroite, raide ; épilets imbriqués d'une manière lâche ; glandes aigues, ciliées, rudes, presque deux fois plus longues que le périgone ; arête dorsale, plus courte que les poils qui égalent presque la glume. ♃. Lieux argileux, près des eaux, bois de Chatenay, en été. 24 à 36 p. C.

445. AGROSTIS. *AGROSTIS.* Glume uniflore, bivalve; périgone caduc, à 2 valves dont l'une disparaît quelquefois, glabre ou légèrement pubescent; une des valves porte quelquefois une arête au dos ou à la base; semences libres.—*Fleurs en panicule.*

* *Périgone à 2 valves, sans arêtes.*

1. A. COUCHÉ. *A. decumbens.* (*A. stolonifera* Fl. F.) Vulg. *Éternue.* Chaume rampant, rameux; feuilles planes, striées, rudes; ligule oblongue, tronquée; panicule violacée, se resserrant par la dessication; glumes aigues, ciliées, rudes, égales, dépassant un peu le périgone, dont la valve intérieure est deux fois plus petite et échancrée. ♃. Champs humides, auprès des fossés, en été. 12 à 24 p. CC.

2. A. BLANC. *A. alba.* Diffère du précédent par sa panicule lâche, blanchâtre; par sa glume un peu hérissée sur la carène, et par la valve intérieure du périgone seulement rétuse. ♃. Champs humides, en été. 12 à 24 p. CC.

3. A. COMMUN. *A. vulgaris.* Vulg. *Éternue.* Peu distincte des deux premières espèces, celle-ci a le chaume redressé, les feuilles étroites, la ligule courte, tronquée, bifide, et la panicule lâche, rougeâtre; la glume est un peu hérissée sur la carène, et la valve intérieure du périgone est deux fois plus petite et rétuse. ♃. Dans les prés, les champs et les bois, en été. 12 à 24 p. CC.

Variétés: α. *Elongata.* (*A. vulgaris* Fl. F.) Chaume élevé; panicule capillaire, droite, étalée.

β. *Pumila.* (*A. pumila* L.) Chaumes réunis en touffe basse.

γ. *Dubia.* (*Trichodium.—A. dubia* Fl. F.—*A. compressa*). Périgone muni quelquefois d'une arête dorsale, courte.

** *Périgone formé d'une seule valve munie d'une arête.*

4. A. ROUGE. *A. rubra.* Chaume droit; feuilles planes, très-étroites et un peu rudes au bord; ligule oblongue, obtuse; panicule d'un vert mêlé de violet, étalée pendant la floraison, resserrée avant et après; pédoncules rudes, valves de la glume aigues, l'extér. ciliée, rude sur le dos, et dépassant le périgone; valve du périgone rétuse et munie de deux petites pointes, avec une arête dorsale, tordue, dépassant un peu l'épilet. ⊙. Dans les prés humides et au bord des chemins, en juin. 18 pouces. C.

5. A. DES CHIENS. *A. canina.* Chaume couché, géniculé, redressé; feuilles inférieures sétacées, réunies en faisceaux, les supér. planes; ligule obtuse, frangée; panicule violette, puis rousse, étalée pendant la floraison, resserrée avant et après; valves de la glume aigues, inégales, l'extérieure hérissée, rude sur le dos; valve du périgone avec deux pointes courtes et une arête dorsale dépassant l'épilet. ♃. Dans les prés un peu humides, en été. 12 p. C.

6. A. SÉTACÉ. *A. setacea.* Feuilles sétacées; ligule oblongue, aigue;

chaume dressé, raide; panicule resserrée; pédicelles rudes: valves de la glume rougeâtres, aigues, inégales, dépassant un peu le périgone qui est terminé par deux petites arêtes, et porte à la base une autre arête géniculée, dépassant l'épilet. ♃. Dans les landes, St.-Christophe, en été. 12 à 24 p. RR.

7. A. INTERROMPU. *A. interrupta.* Chaume droit, géniculé à la base; feuilles planes, étroites, rudes; panicule alongée, resserrée, interrompue, et comme formée de demi-verticilles; valves de la glume aigues, inégales, ciliées et rudes sur le dos, dépassant à peine le périgone qui est un peu cilié, rude et muni d'une arête droite, très-longue près du sommet. ♃. Champs sablonneux, le long des levées, en juin et juillet. 8 à 12 pouces. R.

*** *Périgone à 2 valves, dont l'extérieure est munie d'une arête.*

8. A. DES CHAMPS. *A. spica-venti.* Feuilles planes, rudes; panicule alongée, étalée, très-fournie; valves de la glume égales, aigues, glabres, dépassant le périgone dont la valve extérieure est aigue, munie près du sommet d'une arête raide, très-longue, et la valve intérieure un peu plus courte, terminée par deux petites pointes. ⊙. Dans les moissons. 16 à 30 pouces. CC.

446. MIL. *MILIUM.* Glume uniflore, ventrue, bivalve; périgone persistant, bivalve, plus petit que la glume, glabre ou un peu pubescent, avec la valve extérieure très-souvent munie d'une arête près du sommet, et enveloppant l'intérieure; semence entourée du périgone comme d'une écorce.—*Fleurs en panicule.*

1. M. VENTRU. *M. lendigerum.* (*Agrostis lendigera* Fl. F.—*Gastridium australe*). Feuilles planes, linéaires, rudes; panicule resserrée en forme d'épi, ovale, cylindrique; valves de la glume luisantes, ventrues à la base, terminées en arête, rudes au bord, et dépassant beaucoup le périgone, dont la valve extérieure est poilue et munie près du sommet d'une arête dépassant à peine la glume. ⊙. Lieux arides, Rochecorbon. 8 à 12 p. R.

2. M. ÉTALÉ. *M. effusum.* (*Agrostis effusa* Lam.) Feuilles larges, linéaires, planes, lisses: ligule oblongue, frangée; panicule très-lâche; pédicelles demi-verticillés, étalés; épilets écartés, lisses; valves de la glume rudes, ovales-aigues, un peu plus longues que le périgone qui est glabre. ♃. Dans les bois, côteaux du Cher (*Cangé*), en été. 24 à 36 p. R.

NOTA. On désigne communément sous le nom de *Mil* ou *Millet*, deux espèces de *Panic*: le *Phalaris des Canaries*, et le *Sorgho* ou *Mil d'Afrique* (*Holcus sorghum*), cultivé dans quelques départemens, et caractérisé par ses épilets velus, uniflores ou biflores, les uns mâles, sans arête, les autres hermaphrodites, coriaces, aristés, formant une panicule ovale, un peu lâche.

447. PANIC. ***PANICUM.*** Glume uniflore, bivalve, avec une 3.e valve extérieurement à la base ; périgone persistant, bivalve, entourant le fruit comme une écorce. *Panicule lâche, ou en forme d'épi ; fleurs souvent entourées de soies formant un involucelle.*

1. P. MILLET. *P. miliacum.* Vulg. *Millet commun.* Gaînes des feuilles hérissées ; panicule lâche, penchée ; glumes terminées par une petite pointe ; sem. très-lisses. ⊙. Originaire de l'Inde ; il est cultivé pour la nourriture des oiseaux, ou plus rarement pour celle de l'homme.

2. P. PIED DE COQ. *P. crus-galli.* (*P. echinochloa crus-galli*). Chaume couché et un peu géniculé, lisse ; panicule en forme d'épi, décomposée ; épilets assez gros, alternes, poilus à la base, un peu rameux ; fleurs aggrégées d'un seul côté ; glumes hérissées et munies d'arêtes : axe (ou *rachis*) à 5 angles. ⊙. Lieux cultivés, la Ville-aux-Dames, grèves de la Loire, en été. 12 à 20 p. C.

3. P. D'ITALIE. *P. italicum.* (*P. germanicum* W. —*Setaria italica*). Vulg. *Millet à grappe.* Panicule en forme d'épi, épaisse, interrompue à la base, presque rameuse ; épilets agglomérés ; axe hérissé. ⊙. Cultivé pour la nourriture des oiseaux de volière, en juillet. 36 à 40 p.

4. P. GLAUQUE. *P. glaucum.* (*Setaria glauca*). Plante d'un jaune roussâtre ; panicule en forme d'épi, alongée, cylindrique ; épilets resserrés ; involucelles biflores, formés de soies nombreuses (8 à 14), rudes ; semences ridées en travers. ⊙. Au bord des chemins et des champs, en été. 6 à 10 pouces. C.

5. P. VERT. *P. viride.* (*Pennisetum viride.—Setaria viridis*). Chaumes presque droits, rudes au sommet ; panicule en forme d'épi, cylindrique ; involucelles biflores, formés de soies nombreuses ; semences couvertes de très-petites pointes. ⊙. Dans les champs, en juin. 6 à 20 pouces. C.

6. P. VERTICILLÉ. *P. verticillatum.* (*Pennisetum verticillatum.-Setaria*). Chaumes rameux, un peu étalés, rudes au sommet ; panicule en forme d'épi cylindrique : épilets verticillés par 4 ; involucelles uniflores, à 2 soies. ⊙. Dans les champs, en été. 12 à 14 p. C.

448. PHALARIS. ***PHALARIS.*** Anc.t *Alpiste.* Glume uniflore, à 2 valves égales, carénées ; périgone à 2 valves inégales, concaves, aigues, plus petites que la glume.—*Panicule en forme d'épi.*

1. P. ROSEAU. *P. arundinacea.* Chaume strié ; feuil. larges, linéaires, striées, rudes ; panicule alongée, panachée de violet, plus ou moins lâche ; pédonc. rameux ; valves de la glume glabres, à 3 nervures, aigues et surmontées par une carène ailée ; périg. velu. ♃. Dans les prés humides, bords de la Loire, en été. 36 à 40 p. C.—On en cultive dans les jardins une variété à feuilles rayées de blanc, qu'on appelle *Ruban* ou *Roseau panaché.*

2. P. DES CANARIES. *P. canariensis.* Chaume presque lisse ; panicule

en forme d'épi, ovoïde, non enveloppée dans la gaîne de la dernière feuille ; glumes glabres, entières, aigues, carénées et prolongées en aile sur le dos ; périgone un peu velu. ⊙. Cultivé pour nourrir les oiseaux de volière.

3. P. FLÉOLE. *P. phleoides.* (*Phleum phalaroides.—Chilochloa Boehmeri*). Chaume simple ; gaînes un peu ventrues ; panicule alongée, cylindrique, en forme d'épi resserré, un peu tronqué ; glumes presque glabres, avec des cils courts sur le dos, qui n'est pas prolongé en aile. ♃. Dans les prés et au bord des bois, Vouvray, en mai. 12 à 15 pouces. R.

449. FLÉOLE. *PHLEUM.* Glume uniflore, à 2 valves égales, tronquées au sommet, avec une pointe formée par la carêne prolongée ; périgone à 2 valves sans arête, et plus petit que la glume.—*Panicule en forme d'épi.*

1. F. DES PRÉS. *P. pratense.* Panicule en épi serré, cylindrique ; valves de la glume couvertes d'un duvet court, ciliées sur la carêne et beaucoup plus longues que l'arête. ♃.

Variétés : α. *Elongatum.* (*P. pratense* Fl. F.) Racine peu noueuse ; panicule très-alongée. ♃. Prairie du Cher. 24 à 30 p. C.—Les Anglais l'appelle *Thymothy-grass.*

6. *Nodosum.* (*P. nodosum* L.) Racine noueuse et bulbeuse ; panicule courte. ♃. Lieux secs, au bord des chemins, Rochecorbon, forêt de Chinon, 15 à 18 pouces. C.

450. VULPIN. *ALOPECURUS.* Glume uniflore, bivalve, sans arête ; périgone univalve, égalant la glume et portant une arête extérieurement à la base.—*Panicule en forme d'épi.*

1. V. DES PRÉS. *A. pratensis.* Chaume lisse ; panicule en épi cylindrique, épais ; valves de la glume velues, aigues, presque soudées à la base, et presque deux fois plus courtes que l'arête du périgone. ♃. Dans les prés, au printemps. 12 à 24 p. CC.

2. V. DES CHAMPS. *A. agrestis.* Chaume droit, un peu rude ; panicule en épi serré, alongé, cylindrique ; valves de la glume glabres, aigues, un peu soudées à la base. ♃. Dans les prés, les champs et les vignes, en mai et juin. 12 à 20 p. CC.

3. V. GÉNICULÉ. *A. geniculatus.* Chaume géniculé, lisse : panicule en épi alongé, cylindrique, serré ; valves de la glume libres, obtuses, à carêne pubescente, et un peu plus courtes que l'arête du périgone. ♃. Dans les marais et les fossés, où il est quelquefois nageant, en juin. 6 à 8 pouces. CC.

451. CRYPSIS. *CRYPSIS.* Glume uniflore, bivalve, comprimée ; périgone à 2 valves inégales, lancéolées, sans

arête, et plus longues que la glume ; 2-3 étamines.—*Panicule en forme d'épi.*

1. C. SCHŒNOÏDE. *C. schœnoides.* (*Phleum schœnoides* L.—*Heleochloa schœnoides*). Chaumes couchés, rameux, cannelés ; panicule ovoïde, entourée d'une gaîne foliacée. ♃. Lieux humides et pierreux, bords de la Loire, St.-Pierre-des-Corps, en automne. R.

452. FLOUVE. *ANTHOXANTHUM.* Glume uniflore, bivalve ; périgone à 2 valves aigues, munies d'une arête sur le dos ; 2 étamines.—*Panicule en forme d'épi.*

1. F. ODORANTE. *A. odoratum.* Panicule ovale, oblongue, en épi irrégulier ; fleurs plus longues que l'arête ; racine odorante. ♃. Dans les prés et les bois, en été. 12 à 16 p. CC.

*** FLEURS HERMAPHRODITES, OU RAREMENT POLYGAMES, EN PANICULE, A ÉPILETS MULTIFLORES.

453. MÉLIQUE. *MELICA.* Glume bivalve, scarieuse, à 2-3 fleurs, dont 1-2 sont hermaphrodites et la terminale stérile ; périgone bivalve, un peu ventru.

1. M. UNIFLORE. *M. uniflora.* (*M. nutans* Lam.) Feuilles planes, gaînes opposées aux feuilles ; panicule lâche, rameuse, peu fournie ; épilets dressés ; fleurs hermaphrodites, solitaires ; périgone glabre. ♃. Dans les bois, Grammont, en mai. 15 à 24 p. C.

2. M. CILIÉ. *M. ciliata.* Panicule en forme d'épi alongé ; épilets panachés de violet et de blanc ; périgone cilié, très-velu. ♃. Collines et rochers stériles, Rochecorbon. 24 à 36 p. R.

454. CANCHE. *AIRA.* Glume biflore, bivalve ; périgone à 2 valves, l'extérieure portant à sa base une arête géniculée.—*Fleurs paniculées, à glume luisante.*

1. C. GAZONNANTE. *A. cæspitosa.* (*Deschampsia sæspitosa*). Feuilles planes, marquées de nervures ; ligule bifide ; panicule alongée, très-rameuse, étalée ; valves de la glume aigues, égalant presque les fleurs qui sont poilues à la base, et dont l'une est pédonculée ; arêtes droites, à peine plus longues que la glume. ♃. Dans les prés et les bois, Chatenay, en août. 24 à 30 p. R.

2. C. FLEXUEUSE. *A. flexuosa.* (*A. montana* L.) Feuilles sétacées ; ligule bifide ; panicule lâche, flexueuse, formée de peu de fleurs ; valves de la glume un peu aigues, égalant les fleurs qui sont velues à la base, et dont l'une est pédicellée : arête deux fois plus longue que la glume. ♃. Dans les bois, Chatenay, forêt de Chinon, en juin. 15 à 24 pouces. C.

3. C. CARIOPHYLLÉE. *A. cariophyllea.* Feuilles sétacées ; ligules aigues, entières, gaînes un peu rudes ; panicule étalée, blanchâtre ;

valves de la glume aigues, dépassant les fleurs qui sont glabres et sessiles; arêtes un peu plus longues que la glume. ⊙. Lieux secs et sablonneux, au printemps. 5 à 10 p. C.

4. C. BLANCHATRE. *C. canescens* (*Corynephorus canescens*). Feuilles sétacées, roulées; ligule oblongue, tronquée; panicule resserrée; glumes aigues, arêtes articulées au milieu, terminées en massue et presque égales à la glume. ⊙. Lieux sablonneux, la V.-aux-Dames, îles de la Loire, en juillet. 8 à 12 p. C.

5. C. PRÉCOCE. *A. præcox.* (*Avena præcox*). Chaume droit, grêle; feuilles sétacées, roulées; panicule resserrée, presque en épi, ovale; valves de la glume aigues, presque égales au périgone; arêtes articulées au milieu, filiformes au sommet, deux fois plus longues que la glume. ⊙. Lieux sablonneux, Chatenay, au printemps. 3-6 p. C.

455. AVOINE. *AVENA*. Glume bivalve, contenant 2 ou plusieurs fleurs toutes hermaphrodites, ou quelquefois mâles; périgone à 2 valves, dont l'extérieure porte sur le dos une arête tordue. — *Fleurs en panicule ou presque en épi.*

§ 1. *PSEUD'HOLCUS.* (Holcus L.) *Glume à 2-3 fleurs ordinairement polygames et dissemblables.*

1. A. MOLLE. *A. mollis.* (*Holcus mollis* L.) Feuilles planes, gaînes un peu glabres, nœuds velus; panicule resserrée, cylindrique, d'un vert brunâtre; épilets à 2 fleurs; valves de la glume égales; carêne ciliée et dépassant les fleurs: valve extér. du périgone glabre, avec quelques poils à la base; arête longue, droite, dépassant beaucoup la glume. ♃. Dans les prés, en été. 24 à 30 p. CC.

2. A. LAINEUSE. *A. lanata.* (*Holcus lanatus* L.) Diffère de la précédente par ses feuilles laineuses ainsi que les gaînes, et par ses fleurs d'un blanc rougeâtre, avec une arête courte, recourbée. ♃. Dans les prés, en été. 24 à 30 p. C.

3. A. ÉLEVÉE. *A. elatior.* (*Holcus avenaceus.* — *Arrhenaterum avenaceum*). Vulg. *Fromental.* Racine rampante; feuil. planes, glabres, ainsi que les nœuds; panicule un peu resserrée, penchée; épilets à 2 fleurs, dont l'inf. mâle; valves de la glume glabres, lisses, aigues, l'intér égalant presque les fleurs, l'extérieure deux fois moindre; valve extérieure du périgone à 2 dents et poilue à la base, avec une arête. ♃. Dans les prés, en été. 30 à 40 pouces. CC.

Variété: β. *Bulbosa.* (*A. præcatoria* Th.) Racine portant 5-6 tubercules arrondis, en chapelet.—Lieux secs. CC.

§ 2. *AVENASTRUM.* *Glume à 2-7 fleurs munies ordinairement d'une arête; valve extérieure du périgone entière, dentée ou bifide.*

4. A. JAUNATRE. *A. flavescens.* (*Trisetum pratense* W.) Feuil. planes, molles, les inf. pubescentes; panic. un peu resserrée, jaunâtre; épilets à 2-3 fl. luisantes, portées sur un axe pubescent, dépassant la glume

dont les valves sont aigues, et l'extér. presque deux fois plus petite : valve externe du périgone très-glabre et bifide au sommet. ♃. Collines et prés secs, en été. 12 à 24 p. C.

5. A. MENUE. *A. tenuis.* (*A. triaristata.* — *Trisetum striatum*). Feuilles glabres, étroites, courtes ; panicule grêle, lâche ; épilets à 2-4 fleurs portées sur un axe glabre, et dépassant un peu la glume, dont les valves sont aigues et l'externe deux fois plus petite ; valve externe prolongée en arête droite pour la fleur inférieure, bifide et à deux arêtes pour les autres. ☉. Lieux arides, îles de la Loire, en été. 10 à 18 p. RR.

6. A. FRAGILE. *A. fragilis.* (*Gaudinia fragilis*). Feuilles planes, velues ; épi fragile, articulé, formé d'épilets sessiles, alternes, appliqués à 4-6 fleurs ; valves de la glume très-inégales, obtuses, valve externe du périgone glabre, à 2 dents très-courtes. ☉. Au bord des champs, Ste.-Radegonde, St.-Martin-le-Beau, en juin. 12 à 18 p. C.

7. A. DES PRÉS. *A. pratensis.* (*A. bromoides* L.) Feuilles presque roulées, glabres, rudes au bord, les supér. très-courtes ; panicule droite, presque en épi ; épilets à 5-8 fleurs ; valves de la glume inégales, aigues, plus courtes que les fleurs ; axe peu velu ; valve du périgone glabre, ou un peu velu à la base, et à 2 dents au sommet. ♃. Dans les prés et au bord des bois, Chatenay, en été. 15 à 30 p. R.

8. A. PUBESCENTE. *A. pubescens.* (*A. amethystina* Fl. F.) Feuilles planes, les infér. pubescentes, ligules des supér. oblongues, obtuses ; panicule droite, presque simple ; épilets argentés-rougeâtres, à 3 fl. velues à la base, égalant presque la glume, dont les valves sont aigues, et l'externe deux fois moindre ; valve externe du périgone glabre, rongée et dentée au sommet. ♃. Dans les prés montueux, Grammont, levées du Cher, Loches, en été. 15 à 18 pouces. C.

9. A. D'ORIENT. *A. orientalis.* Vulg. *Avoine de Hongrie* ou *de Russie.* Racine fibreuse ; panicule resserrée et tournée d'un côté ; épilets à 2 fleurs plus petites que la glume, et dont l'une est sans arête ; axe glabre ; valve externe du périgone glabre, à 2 dents courtes. ☉. Cultivée ainsi que les suivantes.

10. A. NUE. *A. nuda.* Panicule lâche ; épilets à 3 fleurs, dont la dernière est sans arête ; axe glabre ; valve externe du périg. glabre, bifide ; semences lisses, nues. ☉. Cultivée plus rarement ; elle devient quelquefois sans arête. En juillet.

11. A. CULTIVÉE. *A. sativa.* Panicule lâche ; épilets à 2 fleurs ; axe glabre ; valve externe du périgone glabre, bifide et aristée ; semences lisses, enveloppées dans le périgone. ☉. Cultivée, elle est quelquefois sans arête. En juillet. 24 à 30 pouces.

12. A. FOLLE. *A. fatua.* Feuilles linéaires, planes, pubescentes ainsi que les gaînes inférieures ; ligule ovale, tronquée ; panicule lâche ; épilets à 3-5 fleurs égalant la glume, et tous munis d'aigrettes et très-hérissés à la base ; axe hérissé ; valve extér. du périgone fendue au sommet et terminée par deux arêtes. ☉. Dans les champs, en juillet. 36 à 48 pouces. CC.

456. DANTHONIA. *DANTHONIA.* Glume multiflore, à 2 valves très-grandes, concaves; périgone à 2 valves dont l'extérieure fendue au sommet et produisant du fond de la fente une arête tantôt longue, tordue, tantôt presque nulle.—*Fleurs en panicule ou en grappe.*

1. D. couchée. *D. decumbens.* (*Festuca decumbens* L.—*Poa* ou *Triodia decumbens*). Feuilles pubescentes, planes; épilets à 3-4 fleurs, avec une arête peu développée. ♃. Dans les bois et les lieux très-secs, Chatenay, forêt de Chinon, en juin. 12 à 15 p. C.

457. BROME. *BROMUS.* Glume multiflore, bivalve; périgone à 2 valves, dont l'extérieure plus grande, concave, porte une arête au-dessous du sommet, et l'intérieure, plus petite, porte en dehors une double rangée de cils.—*Fleurs en panicule.*

1. B. épais. *B. grossus.* (*B. velutinus*). Feuil. fermes, pubescentes, à gaînes sillonnées; panicule lâche, un peu penchée; épilets ovales, comprimés, pubescens, à 8-12 fleurs un peu écartées à la maturité; valves de la glume ovales; valve externe du périgone ovale, obtuse, bifide, avec une arête droite, aussi longue qu'elle. ⊙. Lieux stériles, au bord des chemins, en été. 20 à 30 p. C.

2. B. séglin. *B. secalinus.* Feuilles molles, un peu pubescentes, à gaînes sillonnées, les infér. hérissées; panicule très-lâche, penchée; épilets ovales, comprimés, à 6-12 fleurs plus écartées en mûrissant; valves de la glume ovale; valve externe du périgone un peu obtuse, bifide, avec une arête aussi longue qu'elle. ⊙. Dans les champs, en été. 15 à 30 p. CC.

3. B. mollet. *B. mollis.* Feuil. unies, couvertes ainsi que les gaînes de longs poils mous; panicule resserrée, droite; pédonc. rameux: épilets pubescens, ovales, oblongs, à 8-10 fleurs imbriquées; valves de la glume ovales-aigues; valve externe du périgone ovale, un peu obtuse, à 2 dents, avec une arête droite, aussi longue qu'elle. ⊙. Dans les prés secs, au bord des chemins, en été. 12 à 18 p. CC.

4. B. a épilets droits. *B. erectus.* Feuilles radicales, très-étroites, ciliées-poilues ainsi que les gaînes, les supér. plus larges et glabres: panicule droite, lâche; pédicelles presque simples; épilets lancéolés-oblongs, rudes, à 5-9 fleurs; valves de la glume aigues, presque glabres; valve externe du périgone aigue, bifide, avec une arête droite, beaucoup plus courte. ♃. Dans les prés, le long des haies, en été. 24 à 36 p. CC. — Il a beaucoup de rapports avec plusieurs *fétuques.*

5. B. des champs. *B. arvensis.* Feuilles fermes, poilues à la face supérieure; gaîne sillonnée; panicule droite, lâche; pédoncules alongés, rameux; épilets lancéolés, un peu glabres, à 6-8 fleurs imbriquées; valves de la glume ovales, obtuses, mucronées; valve

externe du périgone ovale, arrondie, obtuse, avec une arête droite, un peu plus courte qu'elle. ⊙. Dans les champs et les vignes, en juillet. 15 à 18 p. CC.

6. B. RUDE. *B. asper.* Feuilles dures, rudes, linéaires, larges, pubescentes à la face supér.; gaînes hérissées de poils rabattus; panicule très-lâche, rameuse, penchée; épilets un peu pubescens, linéaires, oblongs, à 8-10 fleurs peu serrées; valves de la glume inégales, l'extérieure aigue, l'intér. mucronée; valve externe du périgone aigue, à 2 dents, avec une arête droite, presque terminale, plus courte. ♃. Dans les haies et les lieux ombragés, en été. 40 à 60 p. CC.

7. B. STÉRILE. *B. sterilis.* Feuilles molles, pubescentes ainsi que les gaînes inférieures; panicule lâche; épilets oblongs, glabres, penchés, à 5-9 fleurs lâches, marquées de nervures et de sillons; valves de la glume inégales, aigues; valve externe du périg. aigue, bifide, avec une arête presque terminale, plus longue. ⊙. Le long des haies et des murs, en été. 12 à 15 p. CC.

8. B. DES TOITS. *B. tectorum.* Feuilles molles, pubescentes ainsi que les gaînes; panicule lâche, demi-verticillée et inclinée d'un seul côté; épilets linéaires, velus, pendans; à 6-7 fleurs imbriquées et écartées; valves de la glume inégales, aigues. valve externe du périgone aigue, bifide, presque égale à l'arête. ⊙. Sur les toits et les murs, en été. 12 à 16 p. CC.

9. B. DE MADRID. *B. madritensis.* (*B. rigidus*). Feuilles molles, pubescentes ainsi que les gaînes; panicule droite, un peu resserrée et peu rameuse; pédicelles rudes, ciliés, renflés au sommet; épilets linéaires, rudes, à 5-7 fleurs n'ayant souvent que deux étamines; valves de la glume aigues, inégales; valve externe du périg. aigue, bifide, deux fois plus courte que l'arête. ⊙. Lieux stériles, rochers de Rochecorbon, en été. 20 à 30 p. C.

Variété : 6. *Maximus.* Pédicelles velus; arêtes 3 fois plus longues que la glume. ⊙. Loches. *M. Diard.*

458. FÉTUQUE. *FESTUCA.* Glume bivalve, multiflore; périgone à 2 valves très-aigues, et souvent terminées par une arête.—*Fleurs en panicule.*

* *Valves de la glume très-inégales; valves du périgone avec une arête plus longue qu'elles.*

1. F. QUEUE DE RAT. *F. myurus.* (*Vulpia myurus*). Feuilles étroites, roulées; panicule alongée, resserrée en forme de long épi grêle; épilets rudes, à 4-8 fleurs n'ayant qu'une étamine; valves de la glume inégales, aigues; valves du périgone égales, aigues, l'extér. deux fois plus courte que l'arête. ⊙. Le long des murs et dans les lieux pierreux, en été. 10 à 14 p. CC.

2. F. BROMOÏDE. *F. bromoides.* (*Vulpia sciuroides*). Différant peu de la précédente : ses tiges sont plus grêles, sa ligule presque nulle, sa panicule droite, très-simple, en forme d'épi, tournée d'un côté,

ovale ; épilets glabres, à 3-4 fleurs n'ayant qu'une étamine. ⊙. Dans les champs et les prés sablonneux, Chemillé, en juin. 8 à 10 p. R.

3. F. CILIÉE. *F. ciliata.* (*F. myuros* L.) Feuilles étroites, roulées; panicule alongée, resserrée, légèrement penchée ; épilets ciliés-hérissés, à 4-6 fleurs n'ayant qu'une étamine ; valves de la glume très-courtes, l'extér. très-petite ; valves du périgone égales, aigues, l'extér. deux fois plus courte que l'arête qu'elle porte. ⊙. Dans les champs, Pérusson, en été. RR. *M. Diard.*

** *Valves de la glume presque égales ; valves du périgone portant une arête plus courte qu'elles.*

4. F. GLAUQUE. *F. glauca.* Feuilles glauques, filiformes, roulées, raides, lisses en dehors, pubescentes en dedans ainsi que les gaînes inférieures ; panicule glauque, raide, étalée en pyramide ; pédicelles rudes ; épilets à 2-5 fleurs ; valves de la glume inégales, l'extérieure aigue, l'intér. mucronée et ciliée au sommet ; valves du périgone égales, glabres ou pubescentes au sommet, l'intér. bifide, l'extér. avec une arête presque deux fois plus courte qu'elle. ♃. Lieux secs et sablonneux, côteaux de l'Indre, en été. R.

5, F. RAIDE. *F. duriuscula.* Racine fibreuse ; feuilles raides, sétacées, les inférieures anguleuses, roulées, les supér. moins roulées et glabres en dessus ; panicule raide, tournée d'un côté ; axe et pédoncules lisses ; épilets à 5-6 fleurs ; valves de la glume inégales, aigues ; valves du périgone égales, aigues, l'extér. portant une arête 2-3 fois plus courte qu'elle. ♃. Dans les prés secs, en été. 15-18 p. CC.

Variétés : α. *Glabra.* (*F. duriuscula* Fl. F.—*F. stricta*). Epilets glabres. β. *Cinerea.* (*F. cinerea* Fl. F.—*F. dumetorum*). Epilets pubescens.

6. F. ROUGE. *F. rubra.* Racine rampante ; feuilles infér. roulées, sétacées, les supér. très-étroites, planes, pubescentes en dessus ; panicule dressée, étroite, un peu lâche ; axe et pédoncules anguleux, rudes ; épilets un peu rougeâtres, à 5-7 fl. ; valves de la glume inégales, aigues ; valves du périgone égales, aigues, l'extér. portant une arête 3 fois plus courte qu'elle. ♃. Lieux secs et stériles, en été. 15-18 p. CC.

7. F. HÉTÉROPHYLLE. *F. heterophylla.* Feuilles très-longues, filiformes, molles, les supér. planes, quelquefois pubescentes ; panicule lâche, un peu étalée, penchée et dirigée d'un côté : axe et pédoncules ciliés, rudes : épilets glabres, à 4-6 fleurs : valves de la glume inégales, aigues ; valves du périgone égales, l'intér. aigue ou bifide, l'extér. terminée par une arête moins longue qu'elle. ♃. Dans les bois, Chatenay, en été. 15 à 30 p. C.

8. F. OVINE. *F. ovina.* Chaume presque carré ; feuilles filiformes, rudes ; panicule raide, resserrée, et tournée d'un seul côté ; pédoncules rudes, ciliés ; épilets à 3-8 fleurs ; valves de la glume inégales, aigues ; valves du périgone égales, l'intér. bifide, l'extér. aigue et terminée par une arête très-courte. ♃. Dans les pâturages secs et dans les landes, en été. 12 à 18 p. C.

Variété : β. *Tenuifolia.* (*F. tenuifolia* Fl. F.—*Poa capillata.*—*Poa setacea*). Feuilles plus longues et très-minces ; épilets sans arêtes.

*** *Valves du périgone aigues, sans arête.*

9. F. FAUSSE IVRAIE. *F. loliacea.* (*Schœnodorus loliaceus*). Feuilles planes, linéaires, glabres ainsi que les gaînes ; panicule droite, simple ; épilets éloignés, presque sessiles, alternes, sur deux rangs opposés, et formés de 7-12 fleurs ; valves de la glume inégales, un peu aigues ; valves du périg. égales, aigues. ♃. Dans les prés humides, en juin. 15 à 24 pouces. R.

10. F. ÉLEVÉE. *F. elatior.* (*F. pratensis.*—*Schœnodorus pratensis*). Feuilles planes, linéaires, glabres ainsi que les gaînes ; panicule droite, resserrée et tournée d'un seul côté ; épilets presque cylindriques, à 7-9 fleurs ; valves de la glume inégales, aigues ; valves du périgone presque égales, l'intér. aigue, l'extér. terminée en pointe ou en arête courte. ♃. Dans les prés, en juin. 20 à 40 p. C.

11. F. BLEUE. *F. cœrulea.* (*Aira cœrulea* L.—*Molinia cœrulea.*—*Enodium cœruleum*). Chaume presque à un seul nœud ; feuil. planes, très-glabres ainsi que les gaînes ; panicule rameuse, resserrée ; épilets cylindriques, à 2-3 fleurs distantes et panachées de violet ; valves de la glume inégales, ovales, obtuses ou mucronées ; valves du périgone égales, presque obtuses. ♃. Dans les bois, les prés ombragés, Chatenay, en août. 20-30 p. CC.

459. ROSEAU. *ARUNDO.* Glume multiflore, bivalve ; périgone bivalve, très-velu extérieurement.—*Fleurs en panicule.*

1. R. A BALAIS. *A. phragmites.* (*Phragmites communis*). Glume à 5-7 fleurs, dont l'infér. mâle ou neutre ; valve extér. de la glume aigue ; panicule lâche, noirâtre ; chaume herbacé, raide. ♃. Dans les étangs et au bord des rivières, en été. 36 à 72 p. CC.

2. R. A QUENOUILLE. *A. donax.* (*Donax arundinaceus*). Chaume presque ligneux (de 8 à 12 pieds) ; glume à 3 ou 6 fleurs, toutes hermaphrodites ; valves de la glume égales, aigues, et aussi longues que les fleurs ; valves du périgone inégales, l'extér. munie de 3 soies. ♃. Indigène dans la France méridionale ; il est fréquemment cultivé chez nous, mais ne fleurit pas.

460. DACTYLE. *DACTYLIS.* Glume multiflore, à 2 valves inégales, aigues, carénées ; périgone à 2 valves carénées, dont l'une est terminée par une arête très-courte.—*Panicule très-ramassée et tournée d'un côté.*

1. D. AGGLOMÉRÉE. *D. glomerata.* Chaume droit ; feuilles linéaires, planes, rudes au bord. ♃. Dans les prés, en été. 16 à 24 pouces. CC.

461. KOELÉRIA. *KOELERIA.* Glume bivalve, comprimée, carénée, à 2 ou à un petit nombre de fleurs ; périgone à 2 valves, l'extér. carénée, aigue ou munie d'une courte arête, et embrassant l'intérieure qui est

étroite, aigue et pliée ; semence nue.—*Panicule resserrée en forme d'épi.*

1. K. A CRÊTE. *K. cristata.* (*Aira cristata* L.—*Poa cristata* Fl. F.) Chaume glabre ; feuilles planes, les infér. pubescentes ; panicule blanchâtre, en épi interrompu à la base ; épilets linéaires-lancéolés, à 3-4 fleurs ; valves de la glume inégales, lancéolées, aigues, rudes sur le dos ; valves du périgone presque égales, aigues. ♃. Pâturages secs, lieux stériles, levée de Grammont, forêt d'Amboise, en juin. 10 à 15 pouces. C.

462. POA. *POA.* Anc. *Paturin.* **Glume bivalve, multiflore ; épilets sans arête ; périgone à 2 valves scarieuses au bord, l'externe carénée et embrassant l'interne qui est linéaire, pliée.—*Fleurs en panicule.***

§. 1. *POASTRUM. Glume à 2-12 fleurs et presque égale au périgone, dont la valve interne est terminée par 2 dents ; semences sillonnées.*

1. P. COMPRIMÉ. *P. compressa.* Racine rampante ; chaume redressé, comprimé ; feuilles carénées, pliées, lisses ainsi que les gaînes, et à ligules courtes, très-obtuses ; panicule resserrée et tournée d'un seul côté ; épilets ovoïdes, à 3-9 fleurs écartées ; valves de la glume aigues, presque égales ; valves du périgone égales, l'extér. obtuse, légèrement pubescente à la base. ♃. Dans les prés secs et sur les murs, en été. 12 à 16 p. CC.

2. P. BULBEUX. *P. bulbosa.* Chaume bulbeux à la base ; feuilles planes, étroites ; ligule alongée, aigue ; panicule courte, un peu étalée, flexueuse, et presque tournée d'un côté ; épilets ovales, à 4 fleurs ; valves de la glume presque égales, aigues ; valves du périg. inégales, obtuses, réunies à la base par un duvet. ♃. Dans les prés et sur les murs, en avril et mai. 8 à 16 pouces. CC.—La panicule est souvent vivipare.

3. P. COMMUN. *P. trivialis.* (*P. dubia.*—*P. scabra*). Racine fibreuse ; feuilles planes, rudes ainsi que les gaînes ; ligule oblongue-lancéolée, aigue ; panicule étalée, pyramidale ; pédoncules demi-verticillés ; épilets ovoïdes, à 3-4 fleurs ; valves de la glume aigues, presque égales ; valves du périgone égales, l'intér. aigue, l'extér. obtuse et pubescente à la base. ♃. Dans les prés, en été. 12 à 18 p. CC.

5. P. DES PRÉS. *P. pratensis.* Racine rampante ; feuilles supérieures planes ou pliées ; chaume et gaînes lisses ; ligule courte, tronquée ; panicule étalée ; épilets ovoïdes, à 3-4 fl. ; valves de la glume presque égales ; valves du périgone égales, réunies à la base par un duvet, l'extér. aigue. ♃. Dans les prés, en été.

Variétés : α. *Vulgaris.* (*Poa pratensis* Fl. F.) Toutes les feuil. planes. 6. *Angustifolia.* (*Poa angustifolia* L. et Fl. Fr.) Feuilles inférieures roulées, sétacées.

5. P. DES BOIS. *P. nemoralis.* Chaume très-grêle ; feuil. très-étroites, rudes ; ligules presque nulles ; panicule alongée, mince ; épilets à 2 fleurs ; valves de la glume presque égales, aigues. ♃. Dans les bois, en juillet. 12-15 p. C.

Variétés : α. *Vulgaris.* (*P. nemoralis* Fl. Fr.) Epilets linéaires, pâles; valves du périgone presque égales et un peu aigues, l'externe glabre à la base.

β. *Coarctata.* (*P. coarctata* Fl. Fr.) Panicule raide, resserrée ; épilets colorés, lancéolés ; valves du périgone presque obtuses, l'externe velue à la base.

6. P. ANNUEL. *P. annua.* Chaume comprimé ; feuilles planes, obtuses, molles ; ligule obtuse, oblongue ; panicule courte, étalée ; épilets ovales, à 3-6 fleurs peu serrées ; valves de la glume presque égales, ovales-aigues ; valves du périgone inégales, l'extér. obtuse et pubescente à la base, l'intér. aigue, ciliée. ⊙. Lieux cultivés, dans les allées des jardins et les cours entre les pavés, toute l'année. 6-12 p. CC.

7. P. AQUATIQUE. *P. aquatica.* (*Glyceria spectabilis*). Chaume droit, cylindrique ; feuil. planes, larges, glabres, aigues ; panicule grande, étalée ; épilets linéaires, à 3-8 fleurs ; valves de la glume inégales, ovales, obtuses ; valves du périgone égales, obtuses, l'extér. à 5-7 nervures. ♃. Au bord des étangs et des fossés, auprès du Cher, en juillet. 36 à 60 p. C.

§ 2. *ERAGROSTIS. Épilets alongés, à 4-20 fleurs imbriquées sur 2 rangs; glumes plus courtes que les fleurs; semences non sillonnées.*

8. P. RAIDE. *P. rigida.* (*Megastachia rigida*). Feuil. étroites, aigues ; panicule raide, resserrée, tournée d'un seul côté ; épilets alternes, presque sessiles, glabres, linéaires, à 8-14 fleurs écartées ; valves de la glume et du périgone étroites, aigues, presque égales. ⊙. Lieux sablonneux, arides, levées de la Loire, Rochecorbon, en juin. 5-6 p. C.

9. P. A LONG ÉPI. *P. Megastachya.* (*Briza eragrostis* L.—*Megastachia eragrostis*). Feuilles planes ; gaînes glabres, poilues au bord ; panicule alongée, étalée ; pédoncules glanduleux et pubescens à la base ; épilets gros, lancéolés, à 15-20 fleurs peu serrées ; valves de la glume ovales, aigues, presque égales ; valves du périg. obtuses. ⊙. Lieux sablonneux, vallée du Doit, Semblançay, Varenne (près de Loches), en août. 10 à 14 pouces. R.

10. P. POILU. *P. pilosa.* (*Eragrostis pilosa*). Gaînes glabres, poilues à l'orifice ; panicule alongée ; pédoncules flexueux ; épilets linéaires, comprimés, à 7-8 fleurs violettes ; valves de la glume très-inégales, un peu aigues ; valves du périgone inégales, obtuses. ⊙. Lieux sablonneux, grèves de la Loire, en été. 6 à 12 p. C.

§ 3. *CATABROSIA. Épilets à 2-5 fleurs ; glumes obtuses, plus courtes que les fleurs ; valve externe du périgone obtuse, à 3 nervures.*

11. P. AIROÏDE. *P. airoides.* (*Aira aquatica* L.—*Catabrosia aquatica*). Panicule lâche ; épilets lancéolés, à 2 fleurs ; valves de la glume membraneuses, inégales, obtuses. ♃. Au bord des eaux, en été. 12-18 p. R.

§ 4. *GLYCERIA. Épilets à 7-13 fleurs; glumes tronquées, beaucoup plus courtes que les fleurs; valve exter. du périg. en nacelle, irrégulièrement tronquée, l'inter. bifide et à 2 dents.--Panicule presque simple, alongée.*

12. P. FLOTTANT. *P. fluitans.* (*Festuca fluitans* L.—*Glyceria fluitans*). Chaumes couchés, puis redressés (de 20 à 30 p.) : feuilles longues, souvent flottantes ; panicule droite ; épilets alongés-linéaires, cylindriques, comprimés. ♃. Dans les étangs et les fossés, en été. CC.

463. BRIZE. *BRIZA.* Glume bivalve, multiflore ; périgone à 2 valves ventrues, obtuses, l'intér. plus petite. —*Epilets ovoïdes, très-mobiles, en panicule étalée.*

1. B. MOYENNE. *B. media.* Vulg. *Amourette.* Feuilles étroites ; ligule très-courte, obtuse ; panicule nue à la base ; pédonc lisses : épilets d'un vert rougeâtre, à 5-7 fleurs. ♃. Dans les prés et les bois, en été. 12 à 18 pouces. CC.

**** FLEURS HERMAPHRODITES ; ÉPILETS SESSILES, APPLIQUÉS CONTRE UN AXE NOUEUX (OU RACHIS).

464. CYNOSURE. *CYNOSURUS.* Anc.[1] *Crételle.* Bractées foliacées, multifides, à la base des épilets ; glume bivalve, à 2-5 fleurs ; périgone à 2 valves entières.

1. C. DES PRÉS. *C. cristatus.* Épi simple, linéaire, tourné d'un côté ; bractées pinnatifides, glabres et sans arêtes. ♃. Dans les prés et au bord des chemins, en été. 12 à 24 p. CC.

465. CHAMAGROSTIS. *CHAMAGROSTIS.* Glume uniflore, à 2 valves égales, obtuses, tronquées ; périgone membraneux, pubescent, très-petit, renflé et déchiré au bord.—*Fleurs en épi, tournées d'un côté.*

1. C. NAINE. *C. minima.* (*Agrostis minima* L.— *Sturmia minima*). Très-petite graminée à feuilles étroites, à épis violacés. ⨀. Champs sablonneux, en mars et avril. 2 à 3 p. CC.

466. NARD. *NARDUS.* Glume uniflore, bivalve, très-aigue ; périgone nul ; stigmate simple, velu, très-long. —*Épilets sessiles, tournés d'un seul côté.*

1. N. RAIDE. *N. stricta.* Feuil. roulées, glauques ; épi droit, grêle, violacé : fleurs rapprochées ; glumes terminées par une arête courte. ♃. Lieux arides, le Ripault, Manthelan, en été. 6 à 8 p. R.

467. FROMENT. *TRITICUM*. Axe de l'épi (*rachis*) denté, avec un épilet solitaire sur chaque dent et opposé à l'axe; glume bivalve, multiflore; périg. bivalve.

§ 1. *SILIGO. Epilets à 3-4 fleurs, dont les 2 infér. sont fertiles, et les supér. souvent stériles; valves de la glume larges, en nacelle, dentées; ovaire barbu au sommet. — Epi simple, étroitement imbriqué.*

1. F. CULTIVÉ. *T. sativum.* Glumes ventrues, à 4 fleurs toutes hermaphrodites. ⊙. Cultivé partout. — Il offre plusieurs variétés importantes, regardées souvent comme des espèces; tels sont: 1.° le *Blé d'hiver* (*T. hibernum* L.), ordinairement sans barbes ou arêtes; 2.° le *Blé de mars* (*T. æstivum* L.), muni de longues barbes, et que l'on sème au printemps; 3.° le *Blé poulard* (*T. turgidum* L.), à épi gros, presque carré, muni de barbes très-longues, hérissées, avec les glumes pubescentes, etc.

§ 2. *AGROPYRUM. Epilets à 3-15 fleurs toutes fertiles; valves de la glume linéaires ou lancéolées, aigues, entières; ovaire glabre. — Epi ordinairement composé; épilets écartés, non imbriqués.*

2. F. DES CHIENS. *T. caninum.* (*T. sepium* Lam. — *Elymus caninus* L. — *Agropyrum caninum*). Racine fibreuse; feuil. planes, rudes ou velues; épi très-long, simple, penché au sommet; épilets glabres, sessiles et appliqués contre l'axe, à 4-5 fleurs; valves de la glume presque égales, aristées; valves du périgone égales, l'intér. obtuse et bordée de cils courts, l'extér. munie d'une arête plus longue qu'elle. ♃. Dans les haies, en été. 20 à 30 p. CC.

3. F. RAMPANT. *T. repens.* (*Agropyrum repens*). Vulg. *Chiendent.* Racine rampante; feuilles planes ou roulées au sommet, rudes au bord; épi alongé, simple, raide, serré; axe rude; épilets glabres, sessiles, comprimés, à 4-5 fleurs; valves de la glume égales; valves du périgone égales, l'intér. obtuse, ciliée. ♃. Lieux cultivés, en été. 18 à 36 pouces. CC.

Variétés: α. *Aristatum.* Epi presque cylindrique; glume et valve extér. du périgone munies d'arêtes.

β. *Muticum.* Epi presque cylindrique; valves de la glume sans arête; valve extér. du périg. obtuse, avec une petite pointe.

γ. *Pungens.* Epi presque à 2 rangs; valves de la glume un peu aigues; valve extér. du périgone aigue; feuilles roulées, raides.

4. F. GLAUQUE. *T. junceum* L. (*T. glaucum* Fl. Fr.) Est peut-être une variété du précédent, dont il diffère par sa couleur glauque, par ses épilets à 7-9 fleurs, ayant toutes les valves obtuses, non aristées, avec l'axe lisse et les feuilles rudes en dessus. ♃. Iles de la Loire. C.

5. F. PINNÉ. *T. pinnatum.* (*T. gracile* Fl. F. — *Bromus pinnatus* L. — *Brachypodium pinnatum*). Racine rampante; feuil. étroites, pubescentes; épi simple, droit, formé de 6-7 épilets à 9-18 fleurs, presque cylindriques, courbés, et portés par de courts pédicelles sur 2 rangs

opposés ; valves de la glume inégales, aigues ; valves du périgone égales, l'intér. ciliée, obtuse, l'extér. aristée, plus longue que l'arête. ♃. Dans les bois, lieux pierreux, bord des champs, en été. 18-30 p. C.

6. F. DES BOIS. *T. sylvaticum. (Bromus sylvaticus. — Brachypodium sylvaticum).* Racine fibreuse : feuilles larges, velues ; épi simple, droit ou arqué, formé d'épilets à 8-9 fleurs, dressés, portés par de courts pédicelles, sur 2 rangs opposés, souvent velus ; valves de la glume inégales, aristées ; valves du périgone égales, l'inter. ciliée, obtuse, l'externe aristée ; arêtes supér. plus longues que la glume. ♃. Dans les bois, Chatenay, en été. 18 à 30 p. C.

7. F. FAUX-POA. *T. poa. (Brachypodium poa. — T. halleri).* Chaume grêle, raide ; feuilles étroites, roulées, raides ; épi simple, droit, alongé, formé d'épilets à 5-9 fleurs glabres, ovoïdes, sessiles, appliqués ; valves de la glume linéaires, aigues, presque égales ; valves du périgone égales, obtuses, sans arêtes. ⨀. Grèves de la Loire, en été. 5 à 18 pouces. R.

8. F. NARD. *T. nardus. (Brachypodium tenellum* et *tenuiflorum).* Feuil. étroites, roulées en gouttière ; épi simple, droit ; épilets à 5-7 fleurs glabres, appliqués, sessiles et tournés d'un côté ; valves de la glume inégales, linéaires, aigues ; valves du périgone égales, aigues, l'extér. souvent aristée. ♃. Lieux stériles, Pont de la Motte, Pérusson, en été. 6 à 8 p. R.

9. F. DÉLICAT. *T. tenuiculum. (T. festucoides).* Chaume simple, droit, nu au sommet ; feuilles étroites, roulées, glabres ; épi simple, raide : épilets à 7-9 fleurs, ovales-oblongs, glabres, sessiles et appliqués ; valves de la glume linéaires, aigues, presque égales ; valves du périg. égales, l'int. obtuse, l'ext. aigue, avec une arête deux fois plus courte. ⨀. Lieux secs ; St.-Georges, N.-D. d'Oé, en mai. 6 à 15 p. R. — C'est peut-être une variété du F. *faux-Poa,* n.° 7.

468. SEIGLE. *SECALE.* Axe de l'épi denté ; épilets solitaires sur chaque dent ; glume bivalve, à 2 ou rarement à 3 fleurs ; périgone à 2 valves, dont l'externe est munie d'une arête.

1. S. CULTIVÉ. *S. cereale.* Chaume droit, glabre, de 3 à 5 p. ; glumes étroites ; périg. rude. ⨀. Cultivé surtout dans les terrains sablonneux.

469. IVRAIE. *LOLIUM.* Axe de l'épi presque denté ; épilets solitaires sur chaque dent, et parallèles à l'axe ; glume multiflore, à 2 valves, dont l'exter. est grande, et l'int. très-petite et souvent presque nulle ; périgone à 2 valves, dont l'int. est ciliée, rude.

1. I. VIVACE. *L. perenne.* Chaume lisse ; épilets à 6-12 fleurs, comprimés, sans arêtes, et plus longs que la glume. ♃. Au bord des chemins et dans les pâturages secs, en été. 16 à 24 p. CC. — Les Anglais l'appellent *Ray-grass.*

2. I. MENUE. *L. tenue.* Diffère de la précédente, dont elle n'est

peut-être qu'une variété, par ses épilets cylindriques, de 3-4 fleurs, égaux à la glume. ♃. Mêmes lieux. 8 à 10 p. C.

3. I. ENIVRANTE. *L. temulentum.* Chaume rude; épilets de 5-9 fleurs, comprimés, égaux à la glume, et munis d'arêtes. ⊙. Dans les moissons, en juin. 20 à 30 pouces. C.

4. I. MULTIFLORE. *L. multiflorum.* Chaume presque lisse; épilets comprimés, de 20 à 25 fleurs, 2 fois plus longs que la glume, avec ou sans arêtes. ⊙. Dans les champs de trèfle, Rochecorbon, en juin. 20-30 p. R.

470. ORGE. *HORDEUM.* Axe de l'épi denté; 3 épilets sur chaque dent de l'axe, les latéraux ordinairement mâles et pédicellés, celui du milieu sessile, hermaphrodite; glume uniflore, à 2 valves souvent étalées et figurant un involucre.

1. O. COMMUNE. *H. vulgare.* Fleurs toutes hermaphrodites et munies d'arêtes, sur 6 rangs peu distincts, dont 2 plus marqués, ⊙. Cultivée fréquemment, elle se sème à l'automne; on l'appelle vulg. *Orge bechette.*

2. O. A SIX RANGS. *H. hexastichon.* Fleurs toutes hermaph., munies d'arêtes, en épi serré, sillonné, à 6 rangs. ⊙. Semée comme la précédente avant l'hiver, elle est appelée aussi *Orge d'hiver* et *Orge carrée.*

3. O. A DEUX RANGS. *H. distichum.* Epi droit, comprimé, formé de 2 rangées de fleurs fertiles, imbriquées, munies de longues arêtes; avec 2 autres rangées latérales de fleurs mâles stériles, sans arêtes. ⊙. Cultivée fréquemment, elle se sème au printemps, et fleurit en juin.

4. O. DES MURS. *H. murinum.* Feuilles molles, velues; épi long, épais, verdâtre, et garni de longues arêtes; épilets tous aristés, les latéraux mâles, pédicellés, non ciliés, l'intermédiaire hermaphrodite, sessile, à glume ciliée. ⊙. Le long des chemins et des murs, en été. 10 à 15 pouces. CC.

5. O. FAUX SEIGLE. *H. secalinum.* Diffère de la précédente par ses feuilles glabres, rudes; par son épi plus petit, presque sur 2 rangs, à arêtes plus courtes, et dont les glumes ne sont pas ciliées, mais seulement rudes. ⊙. Prés secs, lieux stériles, en été. 12 à 24 p. CC.

CXI? FAMILLE : LEMNACÉES.

(Dont la place dans cette classe est incertaine).

Fleurs monoïques, renfermées dans une spathe membraneuse, sessile, comprimée; 1-2 *fl. mâles* formées d'une seule étamine plus longue que le pistil, à 2 anthères uniloculaires, superposées, et sans périgone; une seule *fl. femelle* formée d'un ovaire uniloculaire, à 2-5 germes, et surmonté d'un style épais; capsule ne s'ouvrant pas, à une ou plusieurs semences. — *Herbes annuelles, très-petites, consistant en feuilles lenticulaires, à la surface des eaux stagnantes; fleurs et racines naissant latéralement.*

471. LENTICULE. *LEMNA*. Vulg. *Lentille d'eau* ou *Cannetille*. Mêmes caractères.

1. L. TRILOBÉE. *L. trisulca*. Feuilles minces, d'un vert pâle, lancéolées, rétrécies en pétiole, et soudées 3 à 3 en croix; racines solitaires. ⊙. Dans les fossés de la Varenne, la Ville-aux-Dames; ainsi que les suivantes, en mai et juin. C.

2. L. NAINE. *L. minor*. Feuilles petites, d'un vert gai, planes des deux côtés, soudées par la base; racines solitaires. ⊙. CC.

3. L. GIBBEUSE. *L. gibba*. Un peu plus grande que la précédente; feuilles d'un vert rougeâtre en dessus, blanchâtres et spongieuses en dessous; racines solitaires. ⊙. CC.

4. L. POLYRHIZE. *L. polyrhiza*. Feuil. larges de 5 à 6 lig., rondes, convexes et vertes en dessus, rougeâtres en dessous; racines nombreuses, en faisceau. ⊙. CC.

5. L. SANS RACINE. *L. arhiza*. Feuilles très-petites (moins d'un ligne), vertes et planes en dessus, convexes et quelquefois gonflées en dessous, solitaires ou 2 ensemble, sans racines. ⊙. R.

TROISIÈME CLASSE.

Plantes Monocotylédones, ou Endogènes cryptogames.

Tronc dépourvu de moëlle centrale, de rayons médullaires et de véritable écorce, formé de fibres éparses, s'accroissant seulement au sommet, et quelquefois souterrain et en forme de racine; feuilles souvent engaînantes, entières à nervures simples, ou lobées à nervures rameuses; fleurs non distinctes.

CXII? FAMILLE : CHARACÉES.

(Reportée par quelques botanistes près des Onagraires, et par d'autres près des Algues.)

Fleurs axillaires, monoïques, sans périgone; *fleurs mâles* formées d'un disque solitaire, rouge, entouré d'un anneau blanc et renfermant des filamens articulés ou des tubes cylindriques; *fleurs femelles* consistant en une capsule monosperme, à double enveloppe, l'extér. très-mince, transparente, et terminée au sommet par 5 dents en rosette, l'intér. dure, opaque, et formée de 5 valves étroites, tournées en spirale.—*Herbes aquatiques, submergées, d'une odeur fétide, à tiges faibles, cassantes, à rameaux verticillés, dont les supérieurs portent 3-4-5 capsules éloignées, et munies à la base de 2-3 bractées.*

472. CHARA. *CHARA*. Anc.ᵗ *Charagne*. Mêmes caractères.

1. C. COMMUNE. *C. vulgaris*. (*C. hedwigii*. — *C. fragilis*). Tiges striées, sans pointes : rameaux nus à la base, portant 3-4 fruits striés en spirale et dépassant les bractées. ♃. Dans les eaux stagnantes. C.

2. C. COTONNEUSE. *C. tomentosa*. Tiges sillonnées, un peu hérissées au sommet ; rameaux garnis de feuil. à la base : fruits solitaires, plus courts que les bractées. ⨀. Dans les fossés et dans le Cher, en été. C.

3. C. HÉRISSÉE. *C. hispida*. Tiges sillonnées, hérissées de pointes ; rameaux paraissant garnis de feuilles à la base ; fruits solitaires, plus courts que les bractées. ⨀. Dans les fossés, Saint-Martin-le-Beau, Château-la-Vallière, en juin et juillet. R.

4. C. CAPILLACÉE. *C. capillacea*. (*C. opaca*). Tiges lisses, demi-transparentes ; rameaux verticillés, alongés : fruits solitaires, ovoïdes, presque lisses, et un peu plus courts que la bractée. ⨀. Dans les eaux tranquilles, en été. CC.

5. C. TRANSLUCIDE. *C. translucens*. (*C. flexilis* DC. et Th. — *C. obtusa*. — *Nitella translucens*). Tiges et rameaux lisses, alongés, demi-transparens, d'un vert luisant ; rameaux obtus, verticillés par 5-7, presqu'aussi longs que les entre-nœuds ; fruits presque lisses, réunis en grouppes à la base des verticilles, et presque nus. ⨀. Dans les eaux stagnantes, en été. C.

6. C. FLEXIBLE. *C. flexilis*. Diffère de la précédente, dont elle est peut-être une variété, par ses tiges plus grêles, divisées en rameaux dichotômes, demi-transparens, et par ses fruits solitaires à la partie supérieure des rameaux, et presque sans bractées. ⨀. Dans les eaux stagnantes. C. — Une autre variété très-petite, a formé une espèce sous le nom de *C. gracilis*, ses rameaux, presque capillaires, sont rapprochés vers le haut des tiges.

7. C. BATRACHOSPERME. *C. batrachosperma*. (*Nitella batrachosperma*). Tiges lisses, demi-transparentes ; rameaux en verticilles rapprochés, portant 3-4 fruits, ovoïdes, striés en spirale, et plus courts que la bractée. ⨀. Eaux tranquilles, Château-la-Vallière, en été. R.

8. C. HYALINE. *C. hyalina*. (*C. tenuissima*). Tiges lisses, transparentes ; rameaux verticillés, subdivisés en 7-8 rameaux plus petits, trifides, portant chacun un fruit ovoïde sur un pédic. axillaire, réfléchi. ⨀. Etang de Rillé. R.

CXIII. FAMILLE : ÉQUISÉTACÉES,

Fructifications terminales, disposées en chaton conique, formé d'écailles peltées portant les fleurs en dessous ; involucres bivalves ; semences sphériques, nombreuses, nues, entourées par 4 filamens dilatés à l'extrémité et portant le pollen. — *Plantes sans feuil., à rameaux verticillés, sillonnés, articulés, avec une gaîne à chaque articulation.*

473. PRÊLE. *EQUISETUM*. Vulg.[1] *Queue de cheval*. Mêmes caractères.

1. P. DES CHAMPS. *E. arvense.* Tige stérile, un peu rude, à 10-12 stries, et autant de dents à la gaîne ; rameaux rudes, carrés ; tige fertile, disparaissant de bonne heure ; involucres lâches, gaîne à 12 dents. ♃. Lieux pierreux, humides, près du Cher, en avril. 10-12 p. C.

2. P. FLUVIATILE. *E. fluviatile.* (*E. telmateya.—E. eburneum*). Tige stérile, cylindrique, glabre, à 30 rameaux et 30 dents aux gaînes ; tige fertile, nue, disparaissant de bonne heure, munie de gaînes larges, alongées, à 30 dents. ♃. Dans les marais et au bord des rivières, vallée de la Choisille (*Lavaré*), Petit-Pressigny, en avril. 24-36 p. R.

3. P. DES MARAIS. *E. palustre.* (*E. tuberosum* Fl. Fr.) Tige sillonnée, un peu rude, à 7-8 sillons, autant de dents aux gaînes, et autant de rameaux carrés, souvent avortés. ♃. Dans les prés et les lieux humides, N.-D. d'Oé, en mai. 10 à 14 p. C.

Variétés : ϐ. *Polystachyon.* Rameaux alongés et terminés par des épis.
γ. *Nudum.* Gaînes dilatées ; rameaux nuls.

4. P. DU LIMON. *E. limosum.* Tige grosse, lisse, creuse, à 14-18 dents et autant de stries ; rameaux simples, souvent avortés. ♃. Dans les étangs et les fossés, près du Cher, en mai. 36 à 60 p. CC.

5. P. D'HIVER. *E. hyemale.* Tige presque nue, rude, creuse, à 18 stries ; gaînes noirâtres à la base et au sommet, à 18 dents poilues ou presque nulles. ♃. Bois humides, grèves de la Loire, la Ville-aux-Dames, en avril. 12 à 24 p. R.

6. P. MULTIFORME. *E. multiforme.* Tiges nombreuses, striées et sillonnées, un peu glabres, terminées par un épi, et munies de rameaux peu nombreux, irrégulièrement disposés ; gaînes plus ou moins sèches, à 8 dents. ♃. Lieux secs et sablonneux, la Ville-aux-Dames, en mai et juin. 8 à 14 p. C.

Variétés ; α. *Variegatum.* (*E. variegatum*). Gaînes tachetées.
ϐ. *Ramosum.* (*E. ramosum* Fl. Fr.) Gaines dilatées, lâches ; rameaux très-nombreux.
γ. *Campanulatum.* Gaînes campanulées ; tiges cendrées, profondément sillonnées.

CXIV. FAMILLE : FOUGÈRES.

Fructifications rassemblées à la face inférieure de la feuille, et souvent couvertes d'un tégument ou *induse*, rarement disposées en épi terminal. *Fleurs mâles?* consistant en très-petites anthères éparses à la surface des feuilles avant leur entier épanouissement, et couvertes d'une membrane mince ; *fleurs femelles* formées d'une capsule uniloculaire, ordinairement entourées d'un anneau articulé qui se rompt avec élasticité ou rarement bivalve, remplies de graines extrêmement petites et nombreuses. — *Feuilles alternes, paraissant radicales, souvent lobées-décomposées, roulées en crosse dans leur jeunesse.*

1re. Tribu. *OPHIOGLOSSÉES. Capsules globuleuses, coriaces, opaques, presque bivalves, et sans anneau élastique.*

474. OPHIOGLOSSE. *OPHIOGLOSSUM.* Caps. s'ouvrant transversalement, disposées sur 2 rangs, en épi.

1. O. COMMUNE. *O. vulgatum.* Tige mince (de 2 p.), terminée par une feuille ovale, engaînante, avec une languette linéaire plus longue, couverte de capsules en épis. ♃. Prés humides, Baudry, vallée de la Choisille, Loches, en mai. 5 à 7 pouces. R.

2e. Tribu. *OSMONDACÉES. Capsules sans anneau, demi-transparentes, veinées en réseau, et s'ouvrant longitudinalement.*

475. OSMONDE. *OSMUNDA.* Capsules globuleuses, pédicellées, presque bivalves, réunies en grappe terminale ou sur le dos de la feuille.

1. O. ROYALE. *O. regalis.* Feuilles bipinnées, toutes fertiles et terminées par une grappe sur-composée. ♃. Vallée du Doit (Gizeux), en été. 24 à 40 pouces. RR.

3e. Tribu. *POLYPODIACÉES. Capsules entourées lon-longitudinalement d'un anneau élastique et s'ouvrant irrégulièrement en travers.*

476. CÉTÉRACH. *CETERACH.* Caps. éparses ou diversement aggrégées, entre-mêlées d'écailles brunes, scarieuses, membraneuses ou filiformes, qui les cachent.

1. C. DES PHARMACIES. *C. officinarum.* (*Asplenium ceterach* L. — *Grammitis ceterach*). Feuilles (de 3 à 4 p.) pinnatifides ou profondément sinuées, à lobes alternes, couvertes en dessous d'écailles luisantes. ♃. Sur les vieux murs, à Ballan, Cormery, Loches, en été. R.

477. POLYPODE. *POLYPODIUM.* Capsules réunies en points ronds, épars, sans tégument.

1. P. COMMUN. *P. vulgare.* Feuilles profondément pinnatifides, à lobes oblongs, crénelés, obtus, rapprochés; tige écailleuse. ♃. Sur les murs ombragés, dans les haies, sur les troncs d'arbre, en été. 8-12 p. C.

478. POLYSTIC. *POLYSTICHUM.* Capsules réunies en points épars, arrondis, couverts d'un tégument ombiliqué, fixé par le centre, et s'ouvrant par tout son contour.

1. P. THÉLYPTÈRE. *P. Thelypteris. (Polypodium Thelypteris.— Acrostichum Thelypteris* L.) Feuil. pinnées, à divisions pinnatifides, disposées à angles droits, distinctes à la base et glabres; segmens ovales, aigus, entiers; capsules en points rapprochés près du bord: pétiole sans écailles. ♃. Parties marécageuses des bois, Château-la-Vallière, Loches, en été. 18 pouces. R.

2. P. ÉLARGI. *P. dilatatum. (P. spinulosum* Fl. Fr.—*Aspidium dilatatum).* Feuilles bipinnées, à divisions oblongues, distinctes, découpées, pinnatifides; segmens dentés, mucronés; tige garnie d'écailles. ♃. Dans les bois humides, en été. 18 à 24 p. C.

3. P. FOUGÈRE-MALE. *P. filix-mas. (Polypodium filix-mas* L.—*Aspidium filix-mas).* Feuilles bipinnées, à pinnules oblongues, obtuses, crénelées, dentées au sommet; capsules réunies en deux points arrondis de chaque côté; pétiole garni d'écailles. ♃. Dans les bois, en été. 15 à 30 pouces. CC.

4. P. A AIGUILLONS. *P. aculeatum. (Aspidium aculeatum).* Feuilles bipinnées, à pinnules raides, ovales, aigues, presque en demi-lune, décurrentes à la base, un peu dentées au bord; pétiole garni d'écailles. ♃. Dans les bois, forêts de Loches et de Chinon, en été. 18 p. C.

479. ASPIDIUM. *ASPIDIUM.* Caps. réunies en points arrondis, épars, couverts d'un tégument très-aigu, s'ouvrant de part et d'autre du sommet à la base.

1. A. FRAGILE. *A. fragile. (Cyathea fragilis).* Feuilles à divisions bipinnatifides, opposées; pinnules ovales, obtuses, découpées en lobes aigus, dentés. ♃. Dans les bois et les lieux ombragés, Fondettes. 8 à 12 p. R.—Trouvé par *M. Caffin.*

480. ATHYRIUM. *ATHYRIUM.* Capsules réunies le long des nervures en masses ovales, alongées, éparses, couvertes d'un tégument fixé latéralement, s'ouvrant au côté intérieur.

1. A. FOUGÈRE-FEMELLE. *A. filix-fœmina. (Aspidium filix-fœmina).* Feuil. bipinnées; panicules oblongues, lancéolées, aigues, découpées-dentées; découpures à 2-3 dents; pétiole garni à la base d'écailles rougeâtres. ♃. Dans les bois, Charentilly, forêt de Chinon. 12-30 p. R.

481. ASPLÉNIUM. *ASPLENIUM.* Anc.[1] *Doradille.* Capsules réunies en lignes droites, transversales ou obliques, éparses et couvertes d'un tégument s'ouvrant au côté intérieur.

1. A. ADIANTHE-NOIR. *A. adianthum-nigrum.* Vulg. *Capillaire noire.* Feuilles presque tripinnées, à pinnules ovales, lancéolées, découpées-dentées ; capsules en amas, qui finissent par se réunir. ♃. Lieux ombragés humides, sur les vieux murs, bois de Joué. 6 à 9 p. C.

2. A. RUE DES MURS. *A. Ruta muraria.* Feuilles décomposées en ramifications courtes, alternes, portant des pinnules en coin, presque à 3 lobes crénelés. ♃. Entre les fentes des vieux murs et des rochers, pont de Tours, Rochecorbon, 2 à 3 p. C.

3. A. POLYTRIC. *A. trichomanes.* Vulg. *Capillaire.* Feuil. pinnées, à pétioles noirs, et à pinnules oblongues, arrondies, obscurément crénelées. ♃. Lieux ombragés, vieux murs. 3 à 9 p. CC.

482. SCOLOPENDRE. *SCOLOPENDRUM.* Caps. réunies en lignes étroites, transversales, et couvertes par un tégument de 2 pièces s'ouvrant longitudinalement.

1. S. OFFICINALE. *S. officinale.* Feuilles simples, en cœur à la base, alongées en forme de langue ; pétiole court et couvert d'un duvet roux. ♃. Lieux ombragés, humides, entre les pierres des puits et des fontaines. 8 à 10 pouces. CC.

483. PTÉRIS. *PTERIS.* Capsules réunies en ligne continue, marginale, couvertes par un tégument formé du bord replié de la feuille, et s'ouvrant à l'intérieur.

1. P. FOUGÈRE-COMMUNE. *P. aquilina.* Feuilles très-grandes, surdécomposées, ou à pétiole divisé en 3 rameaux bipinnés, à pinnules linéaires, lancéolées, les supér. entières, les infér. pinnatifides, à lobes oblongs, obtus. ♃. Dans les bois, les landes et les lieux stériles. 24 à 60 p. CC. — La souche ou le pétiole, coupés en travers, présentent des traits irréguliers, brunâtres, qui rappellent la figure de l'aigle à deux têtes (*armes d'Autriche*).

CXV. FAMILLE : MARSILÉACÉES.

(*Rhizospermes* Fl. Fr.)

Fructifications radicales ; involucre arrondi, coriace ou membraneux, ne s'ouvrant pas, et renfermant, dans une ou plusieurs loges, les organes mâles et femelles, et ensuite plusieurs semences. — *Herbes aquatiques.*

TRIBU DES *MARSILÉES. Involucre coriace, à plusieurs loges, dans chacune desquelles sont fixées, au parois, des organes de deux sortes ; les uns en petit nombre (ovaires ou semences), munis d'une double enveloppe, l'extér. demi-transparente et gonflée par l'humidité, l'intér. dure, coriace, avec une semence, libre au milieu d'une substance gélatineuse ; les autres, plus nombreux, sont des petits sacs membraneux, s'ouvrant au sommet, et renfermant, dans une liqueur gélatineuse, des petits grains nombreux, plus petits que les semences. Feuilles roulées au sommet dans leur jeunesse, comme celles des Fougères.*

484. MARSILE. *MARSILEA*. 2-3 involucres ovoïdes, sur un pédicelle commun, et divisés en loges nombreuses par des cloisons très-minces.

1. M. A QUATRE FEUILLES. *M. quadrifolia.* Feuilles à longs pétioles, et formées de 4 folioles égales, entières, disposées en croix. ♃. Dans les marais, auprès du Cher, la Ville-aux-Dames, Manthelan, en août. C.

485. PILULAIRE. *PILULARIA*. Involucres solitaires, presque sessiles, globuleux, à 4 loges.

1. P. GLOBULIFÈRE. *P. globulifera.* Racine rampante, poussant, de distance en distance, des faisceaux de feuilles filiformes, ayant à la base quelques racines et des capsules hérissées de poils roussâtres. ♃. Dans les eaux, au bord des marais, du Cher, forêt de Chinon, en août. R.

La CXVI[e] famille, celle des LYCOPODIACÉES, comprend les *Lycopodes*, plantes semblables à de grandes mousses, que l'on trouve dans les forêts des départemens voisins.

DEUXIÈME PARTIE.

PLANTES CELLULAIRES

OU ACOTYLÉDONES.

Plantes d'une texture celluleuse, et conformées de différentes manières, dépourvues de pores corticaux, de vaisseaux propres et de trachées; organes sexuels inconnus dans la plupart; germes se développant sans cotylédons.

CXVII. FAMILLE : MOUSSES.

Fleurs hermaphrodites, dioïques ou monoïques, terminales ou latérales, toujours très-petites et entourées de feuilles florales, formant un involucre (*perichætium*); *fleurs mâles ?* consistant en petits tubes pédicellés, mêlés à des fils stériles, articulés; *fleurs femelles* consistant en un ovaire cylindrique, mêlé aux mêmes fils; fruit formé d'une urne ou capsule uniloculaire d'une seule pièce ou à 4 valves, avec un axe central, souvent cylindrique, quelquefois plissé longitudinalement, ou, encore, élargi au sommet et fermant l'entrée, que recouvre un *opercule* soudé ou caduc; urne enveloppée dans sa jeunesse par une membrane qui se déchire transversalement, laissant une petite gaîne à la base du pédicelle et une coiffe caduque en forme d'éteignoir au sommet; ouverture

de l'urne nue ou entourée d'un bord (*péristome*), formé de dents ou de cils sur un ou sur 2 rangs; un renflement charnu ou *apophyse* est quelquefois à la base de l'urne; germes pulvérulens, très-nombreux.— *Très-petites herbes à feuilles vertes, entières ou dentées, ordinairement imbriquées, et susceptibles de reprendre la vie après la dessication.*

§ 1. PÉRISTOME DOUBLE.

† *Pédicelle terminal.*

486. POLYTRICHUM. Péristome extér. à 32-64 dents courtes, recourbées, l'intér. formé d'une membrane horizontale, épaisse, fermant l'urne; coiffe petite, couverte de poils nombreux, dirigés du sommet à la base.

* *POLYTRIX. Coiffe double, l'extérieure poilue.*

1. P. JUNIPERINUM. Feuilles lancéolées, subulées, à bords roulés. un peu dentelées; urne ovoïde, à 4 angles peu marqués, à opercule conique, avec une apophyse; coiffe d'un jaune-orangé au sommet. ♃. Dans les bois arides et les landes, Chatenay. CC,

2. P. PILIFERUM. Feuilles lancéolées, à bords roulés et terminées par un long poil; urne ovoïde, à 4 angles peu marqués, avec une apophyse; opercule conique. ♃. Lieux arides, Chatenay, Dolus. CC.

3. P. COMMUNE. Tiges alongées; feuilles étalées, linéaires, à bords plats et dentés; urne droite, ovoïde, à 4 angles, avec une apophyse. ♃. Dans les bois et les landes, Chatenay. CC.

4. P. URNIGERUM. Tiges alongées, rameuses; feuilles étalés, droites, lancéolées, aigues, plates et dentées au bord; urne droite, cylindrique; apophyse nulle. ♃. Dans les bruyères, Loches. R.

5. P. SUBROTUNDUM. (*P. nanum* ou *pumilum*). Tiges courtes: feuilles linéaires, lancéolées, obtuses, à bords dentés; urne presque droite, globuleuse, sans apophyse. ♃. Bois arides, Chatenay. C.

** *OLIGOTRICHUM. Coiffe simple, garnie de poils épars et dirigés en haut.*

6. P. UNDULATUM. (*Oligotrichum undulatum* Fl. Fr. — *Catharinea undulata*). Feuilles lancéolées, ondulées, à bords plats, dentelés, et à nervure ailée, crispées par la dessication; urne cylindr., courbée; opercule subulé. ⊙ ou ♂. Lieux ombragés, Chatenay. CC.

487. BARTRAMIA. Pédicelle terminal; urne preque globuleuse; péristome double, l'extér. à 16 dents, l'int.

membraneux et divisé en 16 segmens bifides, alternes avec les dents du péristome extérieur.

1. B. POMIFORMIS. Feuil. subulées, étalées, dentelées et contournées par la dessication, avec une nervure prolongée jusqu'à l'extrémité ; pédicelle long, dressé. ♃. Sur la terre humide, Chatenay. C.

2. B. FONTANA. Tiges en touffes épaisses ; feuil. droites, raides, étroitement imbriquées, ovales ou lancéolées, acuminées, dentelées ; pédicelle long, dressé, devenant latéral par le prolongement de la tige. ♃. Dans les marais, prairie de Chanceaux. R.

488. FUNARIA. Urne terminale, oblique, en forme de poire, sillonnée en vieillissant ; péristome double, l'extér. à 16 dents, l'intér. à 16 dents opposées, horizontales et membraneuses ; coiffe grande, en forme de mitre, ventrue et carrée à la base.

1. F. HYGROMETRICA. Tige simple ; feuil. concaves, ovales, entières, terminées en pointe par la nervure prolongée ; pédicelle flexueux, courbé. ♃. Sur les murs, dans les bois, où l'on a fait du charbon. C.

489. BRYUM. Péristome double, l'extér. à 16 dents, l'intér. à 16 dents carénées, entières ou percées le long de la carêne, ou bifides au sommet, droites, réunies à la base par une membrane qui produit souvent des cils entre les dents intérieures.

§ 1. *MEESIA. Dents extérieures obtuses, beaucoup plus courtes que les dents intér.; membrane du péristome intér. très-fugace.*

1. B. TRICHODES. (*Meesia uliginosa*). Tiges peu rameuses ; feuilles linéaires, obtuses, entières ; urne obovée, recourbée, un peu penchée, lisse ; pédicelle très-long. ♃. Lieux tourbeux, Chatenay. C.

2. B. TRIQUETRUM. (*Meesia* ou *Diplocamium*). Tiges alongées, rameuses ; feuil. lancéolées, carénées, aigues, dentelées ; urne lisse, en forme de poire ; pédic. très-long. ♃. Marais tourbeux, Chanceaux. R.

§ 2. *STREPTOTHECA. Dents extérieures aigues, presque égales aux intérieures ; urne sillonnée, inégale ou penchée.*

3. B. ANDROGYNUM. (*Mnium androgynum.—Gymnocephalus androg.*) Tige presque simple ; feuilles lancéolées, dentées, à bords recourbés, et à nervure prolongée sur la tige ; urne un peu dressée, cylindrique ; opercule conique ; globules hérissés de petites folioles et portés sur des pédicelles nus. ♃. Dans les bois humides, Chatenay. C.

§ 3. *MNIUM. Dents extérieures aigues, presque égales aux intérieures ; urne lisse ; fleurs mâles en disque ; tige toujours simple, droite, presque nue à la base.*

4. B. LIGULATUM. Tiges alongées ; feuil. en lanières, ondulées, dentelées, avec une nervure prolongée en pointe ; urne ovoïde, pendante ;

opercule conique, pédicelles souvent réunis. ♃. Dans les lieux ombragés humides, et dans les marais. C.

5. B. HORNCM. (*B. stellatum*). Tiges alongées, en touffes serrées ; feuil. lancéolées, aigues, dentelées, à nervure un peu plus courte que la feuil. ; urne penchée, grosse, ovoïde, oblongue ; opercule conique, mucroné. ♃. Bois marécageux, Monnaye, Château-la-Vallière, Loches. C.

6. B. CUSPIDATUM. Tiges stériles alongées, couchées ; tiges fertiles dressées ; feuilles obovées, dentelées vers le sommet ; nervure prolongée en pointe ; urne ovoïde, pendante ; operc. conique, obtus. ♃. Lieux ombragés, humides, forêts de Chinon et de Loches. C.

7. B. PUNCTATUM. (*Mnium serpillifolium*). Tiges alongées ; feuilles obovées, arrondies, obtuses, entières ; nervure moins longue que la feuille ; urne ovoïde, pendante ; opercule avec un bec court. ♃. Prés ombragés, humides, îles de la Loire. R.

§ 4. *BRYASTRUM. Dents extérieures aigues, presque égales aux intérieures ; urne lisse ; fleurs mâles en forme de bourgeons.*

8. B. ARGENTEUM. Tiges très-basses, rameuses, en touffes ; feuil. ovales, concaves, mucronées, d'un vert-argenté, étroitement imbriquées, et avec une nervure courte ; urne en forme de poire, pendante. ♃. Sur les murs et les toits, sur la terre sablonneuse, îles de la Loire. CC.

9. B. CAPILLARE. Tiges courtes, en touffes ; feuil. étalées, obovées, tordues par la sécheresse, entières, avec une nervure prolongée en poil long ; urne oblongue, pendante. ♃. Dans les bois humides et les fossés, Chatenay, Loches. C.

10. B. CESPITITIUM. (*Pohlia imbricata. — Mnium lacustre*). Tiges courtes, en touffe serrée ; feuil. ovales, aigues, imbriquées, terminées en pointe, quelquef. dentée au sommet, un peu recourbées au bord ; nervure prolongée jusqu'au sommet ou au-delà ; urne oblongue, pendante ; pédic. nombreux, rougeâtres. ♃. Sur les murs et les toits. CC.

11. B. CARNEUM. (*B. delicatulum. — B. pulchellum*). Tige simple ; feuil. droites, un peu écartées, lancéolées, aigues, réticulées ; nerv. longue ; urne obovée, rougeâtre, pendante. ♃. Lieux ombragés, humides, Chatenay. C.

12. B. NUTANS. (*Webera nutans*). Tige courte, simple ; feuilles droites, lancéolées, aigues, carénées, à nervure de même longueur ; urne obovée, pendante ; opercule convexe, à pointe très-courte. ♃. Lieux stériles ou fangeux, Chatenay. C.

13. B. ALPINUM. Tiges raides, un peu longues, rameuses, en touffes d'un rouge-noirâtre ; feuil. ovales-aigues, carénées, roulées au bord, raides et étroitement imbriquées. ♃. La Ville-aux-Dames. R.

++ *Pédicelle latéral.*

490. DALTONIA. Péristome double, l'extér. à 16 dents, l'intér. à 16 cils naissant sur le côté des dents ; coiff en forme de mitre.

1. D. HETEROMALLA. (*Neckera-heter.*) Tige rameuse, étalée, rameaux arrondis ; feuil. ovales, aigues ; urne presque sessile ; pédicelle caché dans l'involucre ; coiffe presque entière. ♃. Sur le tronc des arbres, Monnaye, Loches. R.

491. NECKERA. Urne oblongue ; périst. double, l'ext. à 16 dents, l'int. à 16 cils alternes ; coiffe en capuchon.

1. N. VITICULOSA. (*Anomodon viticulosum*). Tige couchée ; rameaux dressés, cylindriques ; feuil. ovales-lancéolées, obtuses, entières ; nervure atteignant le sommet ; pédicelle très-long ; urne droite, cylindrique ; opercule terminé en bec. ♃. Sur les troncs d'arbres et les pierres, Rochecorbon, Semblançay. C.

492. FONTINALIS. Urne latérale, oblongue, presque sessile, presque cachée par l'involucre ; péristome double, l'extér. à 16 dents, l'intér. à 16 cils réunis par des fils transversaux, de manière à former un cône réticulé ; coiffe en forme de mitre.

1. F. ANTIPYRETICA. Tiges très-longues et flexibles, souvent submergées ; feuil. ovales-lancéolées, pliées, carénées, aigues, sans nervures, et disposées sur 3 rangs ; folioles de l'involucre arrondies. ♃. Au bord des eaux : elle fructifie rarement. CC.

493. HOOKERIA. Péristome double, l'extér. à 16 dents, l'intér. membraneux et divisé en 16 segmens entiers ; coiffe entière, glabre, en forme de mitre.

1. H. LUCENS. (*Leskea lucens* Fl. Fr. — *Hypnum lucens* L.) Tige comprimée, rameuse ; rameaux aplatis, fragiles ; feuil. ovales, entières, obtuses, réticulées, sans nervures, imbriquées sur deux rangs ; urne ovoïde, un peu penchée ; opercule conique, en pointe. ♃. Forêts de Loches et de Chinon. C.

494. HYPNUM. Urne latérale, oblongue ; péristome double, l'extér. à 16 dents, l'int. membraneux, divisé en 16 segm. égaux, entremêlés souvent de fils ; coiffe divisée.

§ 1. *Rameaux aplatis ; feuilles droites.*

1. H. COMPLANATUM. (*Leskea compl.* Fl. Fr.) Tige couchée, pinnée ; feuil. ovales, oblongues, terminées par une petite pointe, entières, sans nervures, et imbriquées sur 2 rangs ; urne ovoïde, droite ; opercule terminé en bec ; pédicelle deux fois plus long que l'involucre. ♃. Rochers, murs, troncs d'arbres. Elle fructifie rarement. CC.

2. H. TRICHOMANOIDES. (*Leskea trichomanoides* Fl. Fr.) Tige couchée, rameaux épars ; feuil. sur deux rangs, ovales, obtuses, avec une nervure qui va jusqu'au milieu ; urne oblongue, droite ; opercule terminé en bec. ♃. Sur les arbres des forêts. C.

§ 2. *Rameaux arrondis ; feuil. droites.*

** Rejets dressés, nus à la base, rameux au sommet.*

3. H. DENDROIDES. (*Leskea dend.* Fl. Fr. — *Climacium dend.*) Tige droite, surmontée par une touffe de rameaux pyramidale ; feuilles ovales, dentelées vers le sommet, avec une nervure un peu moins longue ; urne droite, oblongue ; opercule en bec. ♃. Dans les bois. Elle fructifie rarement. C.

4. H. ALOPECURUM. Tige droite, terminée par une touffe pyramidale de rameaux ; feuil. concaves, ovales, aigues, dentées et repliées au bord, avec une nervure presque de même longueur : urne ovoïde, penchée ; opercule en bec recourbé. ♃. Dans les bois humides, Ste.-Radegonde, Loches. C.

*** Rejets garnis de rameaux épars et de feuilles imbriquées, ovales, très-concaves.*

5. H. PURUM. Tiges de 2 à 9 p., rameuses, pinnées ; feuil. terminées en pointe courte, avec une nervure arrivant presque au milieu ; urne ovoïde, penchée ; opercule conique. ♃. Dans les bois et les prés. CC.

6. H. ILLECEBRUM. Diffère de la précédente par ses tiges plus faibles ; par ses feuilles finement dentées, avec une nervure prolongée au-delà du milieu. ♃. Mêmes lieux, Chatenay. C.

7. H. SCHREBERI. (*H. muticum* Fl. Fr.) Tige rameuse, pinnée, un peu comprimée ; feuil. un peu dressées, ovales, aigues, entières, avec 2 nervures courtes à la base ; urne ovoïde, penchée ; operc. conique, alongé. ♃. Au bord des bois, Chatenay. CC.

8. H. MURALE. (*H. abbreviatum*). Tige rampante ; feuilles un peu dressées, entières, et terminées par une petite pointe, avec une nervure arrivant presque au milieu ; urne ovoïde, penchée ; opercule terminé en bec courbé. ♃. Sur les murs. CC.

**** Rejets garnis de rameaux épars ; feuilles ovales, aigues, presque entières, non striées ; urne penchée.*

9. H. SERPENS. (*H. subtile.—H. fluviatile*). Tige rampante, très-délicate ; feuil. très-petites, un peu obtuses, étalées, avec une nervure de longueur variable, arrivant presque au sommet ; urne cylindrique, courbée et penchée ; operc. court, conique. ♃. Lieux ombragés. CC.

10. H. PLUMOSUM. (*H. alpinum* Fl. Fr.—*H. flagellare*). Tige rampante ; feuil. aigues, légèrement dentelées, avec une nervure dépassant un peu le milieu ; urne ovoïde, penchée ; opercule conique. ♃. Sur les pierres et au pied des arbres, N.-D. d'Oé, Baudry. C.

***** Rejets garnis de rameaux épars ; feuil. lancéolées, entières, striées.*

11. H. SERICEUM. (*Leskea sericea* Fl. Fr.) Tige rampante ; rameaux nombreux, redressés et rapprochés ; feuil. droites, étalées, soyeuses, étroitement imbriquées, avec une nervure dépassant le milieu ; urne droite, oblongue. ♃. Sur les murs et les troncs d'arbres. CC.

12. H. LUTESCENS. Tige couchée, très-rameuse ; feuil. droites, étalées, jaunâtres, avec une nervure n'arrivant pas jusqu'au sommet; urne ovoïde, penchée ; pédicelle rude ; opercule conique, aigu. ♃. Sur la terre sèche et les murs. CC.

13. H. ALBICANS. Tige redressée, rameuse ou presque simple ; feuil. blanchâtres, droites, étalées, à nervure dépassant le milieu ; urne ovoïde, penchée ; pédicelle lisse ; opercule conique, aigu. ♃. Lieux sablonneux, la Ville-aux-Dames. C.

***** *Rejets 2 ou 3 fois pinnés ; feuilles en cœur ou ovales-lancéolées ; urne ordinairement penchée.*

14. H. SPLENDENS. (*H. parietinum*). Tige rougeâtre 2 fois pinnée ; feuil. ovales, concaves, terminées brusquement en pointe, et dentelées au sommet, avec 2 nervures courtes à la base ; urne ovoïde, penchée : opercule terminé en bec, aussi long que la capsule. ♃. Dans les bois, Chatenay. C.

15. H. PROLIFERUM. (*H. tamariscinum* Fl. Fr. — *H. recognitum.* — *H. delicatulum*). Tige 3 fois pinnée, rougeâtre ; feuilles dentées et munies de papilles sur le dos, celles de la tige en cœur, aigues, striées, avec une nervure atteignant presque le sommet ; celles des rameaux ovales, avec 1-2 nervures à la base ; urne ovoïde, penchée ; opercule conique, en bec. ♃. Dans les bois. CC.

****** *Rejets irrégulièrement rameux ; feuilles obovées, lancéolées, dentées ; urne dressée.*

16. H. MYURUM. (*H. curvatum*). Tige rampante ; rameaux redressés, presque fusiformes, arqués et réunis en faisceau ; feuilles ovales, concaves, avec une nervure n'arrivant pas au milieu ; urne ovoïde. ♃. Sur les troncs d'arbres. C.

******* *Rejets irrégulièrement rameux, rarement pinnés ; feuil. ovales, lancéolées, dentées ; urne penchée.*

17. H. PRÆLONGUM. (*H. speciosum* Fl. Fr.—*H. Clarioni*). Tige rampante, presque bipinnée ; feuilles lâches, étalées, avec une nervure n'atteignant pas le sommet ; opercule terminé en bec. ♃. Sur les arbres morts, Chatenay. C.

18. H. PILIFERUM. (*H. Lamarckii* Fl. Fr.) Tige couchée ; feuilles terminées brusquement en pointe longue, avec une nervure n'arrivant pas au sommet ; urne cylindrique, arquée. opercule conique, en pointe. ♃. Au pied des arbres, dans les bois. R.

19. H. RUTABULUM. Tige couchée ; rameaux dressés, presque simples ; feuilles imbriquées, écartées, avec une nervure arrivant au milieu ; pédicelle rude, urne courbée, opercule conique, aigu. ♃. Sur la terre et les troncs d'arbre, Chatenay. CC.

10. H. VELUTINUM (et *H. intricatum* Fl. Fr.) Tige rampante ; feuil. droites, étalées, lâches, avec une nervure arrivant au milieu ; pédicelle rude ; opercule conique, obtus. ♃. Dans les bois, Chatenay. CC.

21. H. RUSCIFORME. (*H. riparioides.—H. inundatum.—H. tumidiusculum* Lam.) Tige rampante, rameuse, nue à la base ; feuil. imbriquées, lâches, un peu étalées, concaves, avec une nervure atteignant presque le sommet ; opercule en bec courbé. ♃. Au bord des eaux, Notre-Dame-d'Oé. R.

22. H. STRIATUM. (*H. longirostrum*). Tige rampante ; rameaux épars, courbés, raides ; feuilles étalées, en cœur, aigues, striées, avec une nervure dépassant le milieu ; urne grande, oblongue, arquée ; pédicelle lisse ; opercule en bec oblique, de la longueur de l'urne. ♃. Dans les bois, Chatenay. C.

§ 3. *Feuilles recourbées en crochet, rudes.*

23. H. CUSPIDATUM. Tige pinnée, un peu dressée ; rameaux aigus ; feuilles lâches, ovales, concaves, entières, lisses, et sans nervure, les infér. rudes ; urne oblongue, recourbée ; opercule conique. ♃. Fossés et ruisseaux. CC.

24. H. CORDIFOLIUM. Tige dressée ; rameaux aigus ; feuilles lâches, rudes, ovales en cœur, obtuses, concaves, entières, avec une nervure atteignant presque le sommet ; urne oblongue, recourbée ; opercule conique. ♃. Fossés et marais. R.—Elle fructifie rarement.

25. H. LOREUM. Tige rampante, alongée ; feuilles recourbées, en crochet, lancéolées, aigues, concaves, striées, dentées, souvent tournées d'un seul côté, avec 2 nervures courtes à la base ; urne arrondie, penchée ; operc. conique. ♃. Lieux secs ombragés, Chatenay. C.

26. H. STELLATUM. Tiges rameuses, faibles, en touffes, couchées ; feuilles rudes, lâches, très-étalées, en cœur, entières, prolongées en pointe effilée, avec 2 nervures courtes à la base ; urne recourbée ; opercule en pointe courte. ♃. C.

Variétés : α. *Majus.* Tiges alongées. lâches ; feuilles luisantes, d'un jaune brunâtre. ♃. Prés tourbeux, Chanceaux. C.

6. *Minus.* (*H. squarrosum*). Tiges plus courtes, rameuses, et formant des touffes ; feuilles vertes, recourbées. ♃. Sur les pierres et les murs, N.-D. d'Oé. C.—Elle fructifie rarement.

27. H. SQUARROSUM. Tige dressée, rameuse, presque pinnée ; feuil. en cœur, aigues, et recourbées au sommet, avec 2 nervures courtes à la base ; urne globuleuse, penchée ; opercule court, conique. ♃. Bois et prés humides, N.-D. d'Oé. C.

28. H. TRIQUETRUM. Tige ferme, presque droite (de 5 à 6 p.), à rameaux épars ou pinnés, grêles ou courbés ; feuil. imbriquées, étalées, rayonnantes au sommet, triangulaires. aigues, striées, dentelées, et avec 2 petites nervures à la base ; urne penchée ; operc. conique, obtus, droit. ♃. Dans les bois et les prés. CC.

§ 4. *Feuilles tournées d'un seul côté.*

29. H. MEDIUM. (*H. inundatum.* —*Leskea polycarpa* Fl. Fr.) Tige grêle, rampante ; feuil. ovales, obtuses, concaves, entières, à bords recourbés, et avec une nervure arrivant au sommet ; urne droite ; opercule conique. ♃. Au pied des arbres, Chatenay. C.

30. H. FILICINUM. (*H. Dubium* et *H. compressum* Fl.Fr.—*H. fallax*). Tige presque pinnée ; feuil. imbriquées, ovales, aigues, à peine dentées, courbées en faux, avec une nervure ; urne recourbée : opercule conique, court. ♃. Prés et bois humides, Chanceaux. C.

31. H. COMMUTATUM. (*H. glaucum* Fl.Fr.) Tige pinnée, feuilles plus grandes et moins raides, en cœur, très-aigues, recourbées en faux, dentées, et à bords repliés, avec une nervure n'atteignant pas le sommet ; urne recourbée ; opercule conique, un peu aigu. ♃. Dans les marais et les ruisseaux. C.

32. H. PALUSTRE (et *H. molendinarium* et *H. subsphærocarpon* Fl. Fr.) Tige filiforme, rampante ; rameaux simples, dressés, nus à la base ; feuilles molles, jaunâtres ou rousses, ovales, concaves, entières, à bords recourbés, avec une nervure courte, souvent bifurquée ou presque nulle ; urne un peu penchée ; opercule conique, aigu. ♃. Sur les murs humides, au bord des ruisseaux, Baudry. C.

33. H. FLUITANS. Tige grêle, rameuse, flottante ; feuilles lâches, imbriquées, lancéolées, aigues, courbées en faux, avec une nervure dépassant le milieu ; urne oblongue, recourbée : opercule conique, aigu. ♃. Dans les eaux pures stagnantes, la Ville-aux-Dames. C.— Elle fructifie très-rarement.

34. H. SCORPIOIDES. Tige redressée, presque pinnée ; rameaux courbés au sommet ; feuilles ovales, concaves, obtuses, entières, et sans nervure ; urne recourbée ; opercule conique. ♃. Dans les marais. C. —Elle fructifie rarement.

35. H. CUPRESSIFORME. Tige couchée, rameuse ; feuil. imbriquées, serrées, courbées en faux, lancéolées, avec deux nervures peu marquées à la base : urne recourbée ; opercule terminé en pointe. ♃. Sur la terre et les troncs d'arbre. CC.

Variétés : α. *Vulgare*. Tiges plus larges, demi-cylindriques ; feuilles courbées en faux.

β. *Compressum*. Tige mince, comprimée ; feuilles courbées en faux.

γ. *Tenue*. Tiges très-minces ; feuil. un peu courbées, étroites, entières.

36. H. POLYANTHOS. (*Leskea polyanthos* Fl. Fr.) Tige rampante, rameuse ; rameaux grêles, rapprochés, recourbés au sommet ; feuilles imbriquées, lancéolées-aigues, sans nerv. ; urne ovoïde, droite ; operc. conique, courbé. ♃. Dans les bois, au pied des arbres, Chatenay. C.

37. H. MOLLUSCUM. (*H. crista-castrensis* Fl. Fr.) Tiges irrégulièrement pinnées ; rameaux crépus et recourbés au sommet (en plumet) ; feuil. recourbées en faux, en cœur, très-aigues, dentées, lisses, luisantes, avec 2 nervures peu marquées à la base ; urne recourbée : opercule conique, aigu. ♃. Bois humides, prés tourbeux, Chanceaux. C.

38. H. CRISTA-CASTRENSIS. (*H. Hedwigii* Fl. Fr.) Rameaux glabres, un peu aplatis, rapprochés et pinnés sur 2 rangs ; feuilles courbées en faux, ovales, aigues, dentelées, striées, avec 2 nervures peu marquées à la base ; urne recourbée : opercule conique, avec une petite pointe. ♃. Forêts de Loches et de Chinon. R.

§ 2. PÉRISTOME SIMPLE.

(Excepté dans quelques Orthotrics et la Buxbaumia.)

+ *Coiffe en capuchon.*

495. LEUCODON. Pédic. latéral; périst. simple, à 32 dents étroites, transparentes, réunies par paires à la base.

1. L. SCIUROIDES. (*Dicranum sciuroides* et *myosuroides* Fl. Fr.—*Fissidens sciuroides*). Tige rampante; rameaux redressés, d'un vert luisant; feuilles rapprochées, imbriquées, concaves, ovales en cœur, aigues, striées, et sans nervure; urne oblongue, droite; opercule en bec très-court. ♃. Sur les vieux arbres. CC.

496. PTERIGYNANDRUM. Pédicelle latéral; péristome simple, à 16 dents entières, aigues, dressées, et également distantes.

1. P. GRACILE. (*Pterogonium gracile*). Rameaux cylindriques, réunis en faisceau et recourbés; feuil. ovales, aigues, concaves, à bord plat et denté au sommet, et avec 2 nervures peu marquées à la base; urne oblongue; opercule conique; coiffe glabre. ♃. Sur les troncs d'arbre et sur les rochers, Rochecorbon. R.

497. TORTULA. Pédicelle terminal; péristome simple, à 32 dents tordues en spirale, et plus ou moins réunies en tube par une membrane.

1. T. RIGIDA. (*Trichostomum aloides.—Bryum rigida*). Tige très-courte; feuilles peu nombreuses, linéaires, recourbées, raides, et à bords roulés, avec une nervure épaisse; urne oblongue; opercule en bec; dents du péristome courtes, écartées et peu tordues. ☉? Terrains argileux. C.

2. T. CONVOLUTA. (*Barbula conv.—Trichostomum flavisetum* Fl. Fr.) Tige courte, rameuse; feuil. lancéolées, aigues, à bords plats, celles de l'involucre obtuses, roulées en cylindre; urne oblongue; opercule en bec: pédicelle long, jaunâtre. ♃. Fossés et chemins. C.

3. T. TORTUOSA. (*Barbula tort.—Bryum tort.* L.) Tige alongée, rameuse; feuil. étalées, linéaires, subulées, carénées, ondulées, tordues par la sécheresse, celles de l'involucre subulées et engaînantes à la base; urne cylindrique; opercule en bec long. ♃. Au pied des vieux arbres, Chatenay. C.

4. T. MURALIS. Tige courte, peu rameuse; feuil. toutes semblables, étalées, étroites, oblongues, à bords recourbés, avec une nerv. forte, prolongée en poil blanchâtre; urne oblongue; opercule conique, aigu. ♃. Sur les murs. CC.

Variétés: α. *Vernalis*. (*T. pilosa* Fl. Fr.) Feuil. carénées, à poil blanc.
β. *Æstivalis*. (*Barbula mutica*). Feuil. presque planes, les inférieures avec une petite pointe, les supér. avec un poil court.

5. T. RURALIS. (*Bryum rurale* L.) Tige alongée, rameuse ; feuilles toutes semblables, ovales-oblongues, carénées, recourbées, à bord roulé, avec une nervure terminée en poil long ; urne cylindrique, dressée, un peu courbée ; opercule conique, alongé ; dents du péristome réunies en tube jusqu'au milieu. ♃. Sur les murs et sur les toits de chaume. CC.

Variétés : *a. Vulgaris.* Feuilles aigues, à poil souvent hérissé.
б. Lævipila. Feuilles obtuses, resserrées au milieu ; poil souvent lisse.

6. T. SUBULATA. Tige très-courte, presque simple ; feuilles toutes semblables, ovales, lancéolées, droites, étalées, terminées en pointe et à bord plat ; urne cylindrique, dressée et arquée ; opercule en pointe alongée : péristome en tube presque jusqu'à l'extrémité. ♃. Sur les talus, dans les chemins creux. C.

7. T. UNGUICULATA. (*T. aristata*, et *barbata*, et *apiculata.—Barbula lanceolata* et *stricta*). Tige alongée, rameuse ; feuil. toutes semblables, oblongues, lancéolées, un peu carénées, obtuses, avec une nervure prolongée en pointe ; opercule en bec arqué, presqu'aussi long que l'urne. ♃. Sur les murs et les collines arides, Rochecorbon. C.

8. T. FALLAX. (*Barbula fallax* et *brevicaulis.—Didymodon rigidulum.—Bryum linoides*). Tige rameuse, de grandeur très-variable ; feuil. toutes semblables, lancéolées, aigues, carénées, étalées ou recourbées, à bords repliés ; opercule en bec oblique, presqu'aussi long que l'urne. ♃. Sur les murs et dans les promenades. C.

498. DIDYMODON. Pédicelle terminal ; péristome simple, à 16 ou 32 dents rapprochées par paires, ou presque soudées à la base.

1. D. PURPUREUM. (*Dicranum purpureum* et *Erythropum* Fl. Fr. — *D. viridissimum*). Tige alongée, peu rameuse ; feuil. lancéol., aigues, entières, carénées, et recourbées au bord, avec une nervure rouge ainsi que le pédicelle et l'urne, qui est oblique et sillonnée lorsqu'elle est sèche. ♃. Sur la terre, les murs et les rochers. CC.

2. D. PALLIDUM. (*Trichostomum pallidum* Fl. Fr.) Tige très-courte, droite, simple ; feuilles capillaires ; urne dressée, presque cylindrique ; opercule obtus. ⊙ ? Bois humides, Chatenay. C.

499. DICRANUM. Pédicelle terminal, ou rarement latéral ; urne oblongue, recourbée, munie quelquefois d'une apophyse ; péristome simple, à 16 dents bifides, également distantes. — *Fructifiant au printemps.*

* *FISSIDENS. Feuilles sur 2 rangs, avec une carène ailée et repliée vers le sommet.*

1. D. VIRIDULUM. (*D. bryoides.—D. palmatum*). Tige courte ; feuil. infér. obovées, les supér. oblongues, lancéolées, avec une nervure prolongée jusqu'au sommet ou au-delà ; urne penchée. ♃. Lieux ombragés, humides, Chatenay. C.

2. D. ADIANTHOIDES. (*Fissidens adiant.*) Tige alongée, peu rameuse ;

feuil. lancéolées, engaînantes à la base, et plus ou moins dentées au sommet, celles de l'involucre ovales, aigues, un peu roulées ; pédicelle latéral, flexueux ; urne un peu penchée ; opercule subulé. ♃. Prés et bois humides, Chatenay. C.

3. D. TAXIFOLIUM. (*Fissidens taxifolium*). Tige courte, simple ; feuil. lancéolées, aigues, celles de l'involucre ovales, aigues, engaînantes et roulées ; pédicelle radical ; urne presque droite ; opercule en bec court. ♃. Lieux ombragés, humides. C.

** *EUDICRANUM. Feuil. presque planes et insérées de tous les côtés.*

4. D. GLAUCUM. Tiges alongées, garnies de rameaux en pyramide, et formant des grosses touffes glauques, blanchâtres ; feuil. droites, étalées, imbriquées, ovales, lancéolées, entières, réticulées, et sans nervures ; urne ovoïde, penchée ; opercule en bec. ♃. Dans les bois et les bruyères, Chatenay. CC.

5. D. SCOPARIUM. Tiges alongées, rameuses, formant des touffes ; feuil. d'un vert jaunâtre, étroites, aigues, carénées, courbées en faux, étalées au sommet : urne arquée, penchée ; opercule subulé, aussi long que l'urne. ♃. Dans les bois et les bruyères.

Variétés : α. *Vulgare.* Tige de 2 pouces, en touffes ; feuil. presque en faux ; pédicelles solitaires. ♃. Chatenay. CC.

ϐ. *Majus.* (*D. majus* Fl. Fr.) Tige forte, alongée ; feuilles longues, en faux, tournées d'un côté ; pédicelles aggrégés. ♃. Baudry. C.

γ. *Fuscescens.* (*D. longirostre* Fl. Fr. — *D. congestum.* — *D. elongatum*). Tiges de moitié plus courtes ; feuil. très-étroites, à peine dirigées d'un côté, crépues par la sécheresse ; pédicelle solitaire ; urne ovoïde. ♃. Baudry. C.

6. D. HETEROMALLUM. (*D. curvatum*). Tige courte, peu rameuse ; feuil. capillaires, élargies à la base, entières, avec une nervure, courbées et tournées d'un seul côté ; urne ovoïde, un peu penchée ; opercule en bec, aussi long que l'urne. ♃. Dans les bois. CC.

500. WEISSIA. (*Grimmia*). Pédicelle terminal ; péristome simple, à 16 dents dressées, étroites, entières, également distantes, non percées.

1. W. STARKEANA. Tige très-courte, simple ; feuil. ovales, imbriquées, avec une nervure prolongée en petite pointe ; urne dressée, ovoïde ; opercule conique ; dents du péristome étroites, aigues. ♃. Champs limoneux, Rochecorbon. R.

2. W. CONTROVERSA. Ressemblant à la suivante, mais plus petite, à tiges presque simples et formant des touffes épaisses ; feuil. linéaires, aigues, recourbées au bord et tordues par la dessication ; urne lisse, ovoïde ; opercule en bec. ♃. Lieux sablonneux, humides. C.

3. W. CIRRHATA. Tiges dressées, rameuses, en touffes, d'un vert jaunâtre ; feuil. lancéolées, linéaires, carénées, recourbées au bord, et crispées par la dessication ; urne lisse, ovoïde, droite ; opercule en pointe mince, droite. ♃. Dans les bois et sur les toits de chaume. C.

4. W. STRIATA. Tige droite, rameuse ; feuil. linéaires, imbriquées, étalées, dentelées au sommet, et crispées par la dessication ; urne ovoïde, sillonnée, dressée ; opercule presque plat, obliquement en pointe. ♃.

Variétés : α. *Minor.* (*W. fugax* Fl. Fr.) Feuilles linéaires, subulées, à peine dentelées. ♃. Sur les rochers. R.

β. *Major.* (*W. crispata* Fl. Fr. — *W. denticulata.* — *Bryum crispatum*). Feuilles larges, linéaires, dentelées. ♃. Marais. R.

++ *Coiffe en forme de mitre ou de cloche.*

501. ENCALYPTA. Pédic. terminal ; périst. simple, à 6 dents dressées, étroites, entières et également distantes ; coiffe grande, lisse, entière, en forme d'éteignoir.

1. E. VULGARIS. (*Leersia vulg.*) Tige droite, courte, presque simple ; feuilles oblongues, obtuses, avec une nervure prolongée en pointe ; urne lisse, cylindrique ; opercule en longue pointe droite ; coëffe entière à la base. ♃. Sur les murs et les rochers, dans les cavités. C.

502. CINCLIDOTUS. Pédicelle terminal ; périst. simple, à 32 dents filiformes, contournées et réunies irrégulièrement entre elles à la base ; coiffe en mitre.

1. C. FONTINALOIDES. (*Trichostomum font.* Fl. Fr. - *Fontinalis minor* L.) Tige rameuse, alongée ; feuil. imbriquées, lancéolées, aigues ; feuil. de l'invol. cachant presque l'urne qui a un pédic. très-court ; operc. conique, aigu. ♃. Eaux courantes, sur les pierres et sur les bois. R.

503. TRICHOSTOMUM. Pédic. terminal ; périst. simple, à 16 dents subulées, égales, divisées jusqu'à la base, ou à 32 dents rapprochées par paires ; coiffe en mitre.

1. T. ACICULARE. (*Dicranum aciculare* Fl. Fr.) Tige alongée, dressée, rameuse ; feuil. lancéolées, obtuses, un peu dentelées au sommet, avec une nervure n'arrivant pas au sommet ; urne dressée, oblongue, opercule en bec alongé, plus court que la capsule ; pédicelle droit, alongé. ♃. Sur les pierres, près des eaux courantes. C.

2. T. CANESCENS. (*T. ericoides*). Tige droite (1-2 p.), alongée, irrégulièrement rameuse ; feuil. d'un vert jaunâtre, rapprochées, lancéolées, aigues, diaphanes au sommet, et terminées par un poil blanc denté ; urne ovoïde, droite, sillonnée ; dents du péristome très-longues, filiformes ; opercule subulé, égalant presque l'urne. ♃. Sur les pierres et dans les lieux arides, Baudry. C.

3. T. LANUGINOSUM. (*Bryum hypnoides* L.) Tige alongée, couchée (6 à 8 p.), presque pinnée ; feuil. lancéolées, subulées, terminées en pointe longue, diaphanes et dentelées au sommet, recourbées au bord ; urne ovoïde, sillonnée ; pédicelles courts, naissant au sommet des rameaux ; opercule en bec alongé, égalant presque l'urne. ♃. Lieux sablonneux, la Ville-aux-Dames. R.

504. GRIMMIA. Pédicelle court ; péristome simple, à 16 dents également distantes, entières ou percées, rapprochées en pyramide ; coiffe en mitre.

1. G. PULVINATA. (*G. nigricans* Fl. Fr.—*Dicranum pulv.*—*Fissidens pulv.*) Tiges courtes, réunies en touffes convexes, laineuses; feuil. étroites, ovales, avec une nervure prolongée en poil blanc ; pédicelle tordu, recourbé ; urne ovoïde, striée ; opercule conique, en pointe : dents du péristome souvent fendues ou percées. ♃. Sur les murs. CC.

2. G. CRIBROSA. Tige dressée, simple ; feuil. d'un vert obscur, imbriquées, lancéolées, les supér. terminées par un poil blanc ; urne ovoïde, droite ; operc. conique, aigu ; dents du périst. percées ; pédic. droit, très-court, caché dans les feuil. ♃. Sur les pierres et les toits. R.

3. G. APOCARPA. (*G. alpicola*, et *apocaula*, et *rivularis*, et *gracilis* Fl. Fr.) Tiges rameuses, plus ou moins alongées, en petites touffes, d'un vert foncé ou roussâtre ; feuil. ovales, lancéolées, recourbées, étalées, à bords repliés, avec une nervure prolongée en poil blanchâtre, excepté dans les feuilles de l'involucre qui ont une nervure plus courte ; urne ovoïde, sessile ; opercule en bec court. ♃. Sur les pierres et les troncs d'arbre, Baudry. C.

505. ORTHOTRICHUM. Pédicelle terminal ; péristome simple ou double, à 8 dents marquées de 3 lignes, ou à 16 dents marquées d'une seule ligne et réunies par paire, avec 8-16 cils à l'intérieur ou sans cils ; axe de l'urne aigu ; coiffe en mitre.

* *Péristome simple.*

1. O. CUPULATUM. (*O. nudum*). Tiges dressées, rameuses, en touffes peu serrées ; feuil. ovales-lancéolées, droites, étalées, noirâtres, crispées et raides par la dessication ; urne presque sessile, sillonnée dans toute sa longueur ; périst. à 16 dents ; coiffe un peu poilue, et enfin, tout-à-fait glabre. ♃. Sur les murs et les troncs d'arbre, Loches. R.

2. O. ANOMALUM. (*O. saxatile*). Tige dressée, rameuse ; feuil. d'un vert foncé, ovales, lancéolées, droites, étalées, striées par la dessication ; pédicelle alongé ; urne sillonnée ; péristome à 8 dents ; coiffe poilue. ♃. Sur les murs et les toits. CC.

** *Péristome double.*

3. O. AFFINE. Tiges en petites touffes rameuses ; feuil. étalées, d'un vert jaunâtre, molles, lancéolées, entières ; urne sessile, profondément sillonnée ; péristome double, à 8 dents bifides et à 8 cils filiformes ; coiffe un peu poilue. ♃. Sur les murs et les arbres. CC.

4. O. DIAPHANUM. Tige très-courte, droite, peu rameuse ; feuilles lancéolées, aigues et diaphanes au sommet, et terminées en un poil blanc ; urne presque sessile, un peu sillonnée, avec 16 dents linéaires, étalées, et autant de cils très-minces ; coiffe à peine poilue. ♃. Sur les murs et les arbres. C.

5. O. STRIATUM. Tige alongée, droite, rameuse ; feuil. lancéolées, étalees, à bords roulés, un peu tordues par la dessication ; urne sessile, ovoïde, lisse, avec 16 dents également distantes, et 16 cils noueux ; coiffe un peu poilue. ♃. Sur les murs et les arbres. C.

6. O. HUTCHINSIÆ. Tige courte, droite, rameuse ; feuil. lancéolées, aigues, planes, dressées et raides ; pédicelle saillant ; urne oblongue, sillonnée, à 16 dents rapprochées par paires et souvent soudées à la base ; coiffe très-poilue. ♃. Sur les souches humides, N.-D. d'Oé. R.

7. O. CRISPUM. (*O. Bruchii.—O. crispulum.—Ulota crispa*). Tiges droites, rameuses, en touffes arrondies, d'un vert jaunâtre ; feuil. lancéolées, subulées, très-crispées par la dessication ; pédicelle trés-saillant : urne oblongue, en massue, sillonnée, avec 8 dents étalées, réfléchies, presque bifides, à lobes marqués d'une ligne et avec 8 cils filiformes ; coiffe très-poilue.

506. TETRAPHIS. Pédicelle terminal ; péristome simple, à 4 dents dressées et également distantes, marquées de 7 stries ou lignes ; coiffe en mitre.

1. T. PELLUCIDA. Tige grêle, alongée, droite ; feuil. imbriquées, presque sur deux rangs, ovales, aigues ; urne cylindrique. ♃. Lieux ombragés, humides. RR.

507. SPLACHNUM. Pédic. terminal ; urne munie d'une apophyse ; péristome simple, à 32 dents réunies par 2-4 et étroitement repliées ; axe de l'urne élargi au sommet ; coiffe lisse, entière à la base, fugace.

1. S. AMPULLACEUM. (*Apodanthus aphyllus*). Tiges grêles, peu rameuses, en touffes ; feuil. étroites, sans nervures, et tellement écartées que la tige paraît nue ; pédic. très-long ; urne portée sur une apophyse deux fois plus large, en forme d'ampoule. ♃. Marais tourbeux. RR.

508. BUXBAUMIA. Pédicelle terminal ; urne grande, ovoïde, oblique, à bord élevé, crénelé ; péristome double, l'extér. à cils nombreux, presque égaux, non articulés, l'intér. formé d'une membrane conique, plissée et tronquée ; coiffe en capuchon.

1. B. APHYLLA. Tige nue ; feuil. radicales, lancéolées, très-petites, ♃. Bruyères et lieux stériles, Chatenay. RR.

509. DIPHYSCIUM. Pédicelle terminal, très-court ; urne ovoïde, oblique, à bord resserré et un peu crénelé ; périst. simple, formé d'une membrane plissée et tronquée.

1. D. FOLIOSA. (*Buxbaumia foliosa* L.) Tige nulle ; feuil. de l'invol. nombreuses, dépassant l'urne, lancéolées, oblongues, avec une nerv. roussâtre, prolongée en pointe. ♃. Allées des bois, forêt de Chinon. R.

§ 3. PÉRISTOME NUL.

+ *Opercule caduc.*

510. HEDWIGIA. Pédicelle latéral, court, et muni d'une gaîne de même longueur ; urne globuleuse ou cylindrique ; opercule entier ; coiffe en capuchon.

1. H. AQUATICA. (*Gymnostomum aquat.* Fl. Fr.—*Anictangium aquat.*—*Hypnum nigricans*). Tige couchée, rameuse, alongée ; feuil. d'un vert noirâtre, imbriquées, courbées en faux et tournées d'un côté ; urnes ovoïdes ; opercule en bec oblique. ♃. Sur les pierres, dans les eaux courantes. RR.

511. ANICTANGIUM. Pédicelle terminal, long et muni d'une gaîne ; urne presque cylindrique ou turbinée ; opercule oblique, entier ; coiffe en mitre.

1. A. CILIATUM. (*Gymnostomum ciliatum* Fl. Fr.—*Hedwigia ciliata*). Tige dressée, très-rameuse ; feuilles imbriquées, ovales, lancéolées, rétrécies et diaphanes au sommet ; feuilles de l'involucre terminées par de longs poils blancs ; urne presque sessile, ovoïde ; opercule presque plat. ♃. Sur les pierres, Baudry. C.

512. GYMNOSTOMUM. Pédicelle terminal ; opercule oblique, entier ; coiffe en capuchon. — *Très-petites mousses, hautes de 2 à 4 lignes.*

1. G. MICROSTOMUM. Tiges courtes, en touffe serrée ; feuilles subulées, flexueuses, roulées au bord, crispées par la dessication ; urne ovale, oblongue, resserrée à l'ouverture ; opercule subulé et courbé. ⊙. Sur la terre nue, au printemps. C.

2. G. SPHÆRICUM. Tiges dressées, presque simples ou un peu alongées ; feuil. ovales, aigues, entières, avec une nervure n'atteignant pas le sommet ; urne droite, sphérique ; opercule convexe. ⊙. Sur la terre, Notre-Dame d'Oé. RR.

3. G. HEIMII (et *G. obtusum* et *intermedium* Fl. Fr.) Tige courte, simple, dressée ; feuil. lancéolées, un peu étalées, terminées en pointe par une forte nervure prolongée, dentées au sommet ; urne ovoïde, oblongue, droite ; opercule subulé, conique. ⊙. Forêt de Loches. R.

4. G. TRUNCATULUM. Tige simple, dressée ; feuilles obovées, étalées, presque planes, et terminées en pointe par la nervure prolongée ; urne ovoïde; operc. en bec, oblique. ♃. Sur les murs et dans les champs. CC.

5. G. OVATUM. Tige simple, dressée ; feuil. droites, ovales, concaves, terminées par un poil blanc ; nervure élargie au milieu de la feuille ; urne ovoïde ; opercule en bec long. ⊙. Sur les murs, Loches. R.

6. G. PYRIFORME. Tige simple, dressée ; feuil. étalées, ovales, aigues, concaves, dentées, non bordées ; nervure atteignant le sommet ; urne arrondie ; opercule convexe, en bec très-court ; coiffe enflée. ♃. Sur la terre humide et dans les fossés, Chatenay. C.

7. G. FASCICULARE. (*G. Rottleri.—Bryum attenuatum*). Tige simple, dressée ; feuilles étalées, oblongues, aigues, bordées, un peu planes et dentées ; nervure atteignant le sommet ; urne en forme de poire, rétrécie au bord ; opercule plat. ⊙. Sur la terre argileuse, humide, Chatenay. C.

513. SPHAGNUM. Opercule caduc, fixé sur l'axe élargi au sommet ; coiffe irrégulièrement fendue ; rameaux rassemblés en tête ; feuilles imbriquées, sans nervure.

1. S. OBTUSIFOLIUM. Rameaux gonflés ; feuil. d'un vert pâle, ovales, obtuses, concaves, rapprochées par le sommet ; urnes sphériques. ♃. Dans les marais tourbeux, forêts de Loches et de Chinon, Neuvy. — Elle forme des touffes ou des monticules sur l'emplacement des petites sources, dont l'eau s'élève jusqu'au sommet.

Variétés : α. *Vulgare*. (*S. latifolium* Fl. Fr.) Tiges de 7 à 8 pouces, en touffes lâches. C.

β. *Minus*. (*S. compactum* Fl. Fr.) Tiges de 2 à 3 p., en touffes serrées. R.

++ *Opercule persistant.*

514. PHASCUM. Pédicelle terminal ; urne ovoïde ou globuleuse, sans péristome, et caduque ; opercule toujours soudé ; coiffe courte, fugace.

1. P. SERRATUM. Très-petite plante sans tige, à rejets rampans, sans feuille, ressemblant à des conferves ; feuilles de l'invol. droites, lancéolées, dentées, et sans nervure. ⊙. Lieux sablonneux, humides, bois près de Loches. R.

2. P. CRISPUM. Tige rameuse, sans rejetons rampans ; feuil. étalées, lancéolées, subulées, flexueuses, et crispées par la dessication, les supér. entourant et dépassant l'urne. ♃. Sur la terre humide. R.

3. P. SUBULATUM. Tige simple, sans rejetons, dressée ; feuil. subulées, raides, avec une nervure n'atteignant pas le sommet, les supér. entourant et dépassant l'urne. ♃. Dans les chemins, au printemps. C.

4. S. MUTICUM. Tige presque nulle, rameaux dressés ; feuil. ovales, aigues, concaves, dentées et rapprochées, avec une nervure arrivant au sommet, les supér. entourant tout-à-fait l'urne, qui est sessile. ⊙. Le long des haies, sur la terre. C.

5. P. CUSPIDATUM (et *curvisetum* Fl. Fr.—*P. elatum*). Tige simple, dressée ; feuil. ovales, aigues, terminées en pointe par la nervure prolongée ; les infér. étalées, les supér. droites, rapprochées, plus longues que la capsule qui est presque sessile.

CXVIII. FAMILLE : HÉPATIQUES.

Plantes vertes, tantôt étalées en membrane ou en forme de feuilles sinuées ou lobées, rameuses, dichotômes, rampantes, émettant des racines pardessous, et ressemblant aux *Lichens foliacés ;* tantôt formées comme les mousses d'une tige rameuse, garnie de feuilles.—Fleurs monoïques, ou quelquefois dioïques, pédicellées ou rarement fixées sur les feuilles. *Fleurs mâles ?* consistant en globules pleins de liqueur fécondante, nus ou aggrégés dans un calice ordinairement sessile. *Fleurs femelles* formées d'un ovaire nu ou entouré d'un involucre, et devenant une capsule uniloculaire, souvent pédonculées, tantôt fermées, tantôt percées au sommet, tantôt à 2-8 valves, et sans opercule ; semences très-menues, adhérentes à des filamens soudés en spirale.

1re. Tribu. *JUNGERMANNIÉES, ou* Hépatiques-Mousses. *Capsule à plusieurs valves.*

515. JUNGERMANNIA. Réceptacle commun nul ; gaîne univalve, tubuleuse ; capsule globuleuse, solitaire, à 4 valves, et s'ouvrant au sommet, portée sur un pédicelle plus long que la gaîne.

* *Espèces munies de feuilles sans stipules.*

1. J. asplenoides. Tige dressée, rameuse (de 2-5 p.) : feuilles sur deux rangs, obovées, arrondies(de 1-2 lig.), entières, ciliées, dentées, un peu recourbées ; capsule terminale ou latérale ; gaînes oblongues, comprimées, obliques, à orifice un peu cilié. — Lieux ombragés, humides. R.

2. J. lanceolata. Tige couchée (de 3-6 lig.), presque simple ; feuil. sur 2 rangs, étalées, arrondies, entières (d'un quart de lig.) ; capsule terminale ; gaînes oblongues, resserrées et dentées à l'orifice.—Forêt de Loches, au premier printemps. R.

3. J. bicuspidata. Tige couchée, filiforme (de 12-18 lig.), rameuse, en étoile ; feuilles (d'un quart de lig.) sur 2 rangs, lâches, presque

carrées et bifides, à lobes aigus, droits, très-entiers ; caps. terminale ; gaînes oblongues, plissées, à orifice denté.—Lieux humides, Chatenay, en avril. C.

4. J. BYSSACEA. Très-petite plante à tige capillaire (de 2 à 3 lig.) : feuilles presque carrées, bifides (à peine visibles avec la loupe) ; caps. terminale ; gaînes oblong., plissées, dentées à l'orifice. —Chatenay. C.

5. J. NEMOROSA. Tige droite (de 1 à 4 p.), divisée ; feuil. (de 1/2 ou une lig.) sur 2 rangs, à bords inégaux, dentés-ciliés et repliés, les infér. plus grandes, obovées, les supér. obtuses, presqu'en cœur ; capsule terminale ; gaînes oblongues, courbées, comprimées, dentées et ciliées à l'orifice.—Bois humides, Chatenay. C.

6. J. COMPLANATA. Tige rampante (de 1 à 5 p.), irrég. rameuse ; feuil. sur 2 rangs, imbriquées vers le sommet, à 2 lobes inégaux, les supér. plus grands, arrondis, les infér. plats, ovales, appliqués ; capsule terminale ; gaînes oblongues, comprimées, tronquées.—Sur les troncs d'arbre, en hiver. CC.

*** Espèces garnies de feuilles et de stipules.*

7. J. FISSA. (*Mnium fissum* L.) Tige rampante, presque simple (de 1-2 p.) ; feuil. horizontales (de 1/2 lig.), convexes, ovales, entières ou échancrées ; stipules arrondies, échancrées, en croissant ; capsules latérales ; gaînes souterraines, oblongues, charnues, hérissées ; orifice crénelé.—Sur la terre humide, forêt de Loches. R.

8. J. BIDENTATA. Tiges (de 12 à 18 lig.) couchées, rameuses ; feuil. (de 1 lig.) larges, ovales, décurrentes, sur 2 rangs, divisées au sommet en 2 segmens égaux, très-aigus et entiers ; stipules bifides et laciniées ; capsule terminale ; gaînes oblongues, presque triangulaires, à orifice lacinié.—Dans les bois, sur les souches, en mai. C.

9. J. PLATYPHYLLA. Tige (de 1 à 5 p.) couchée, rameuse et pinnée ; feuil. étroitement imbriquées sur 2 rangs, à 2 lobes inégaux, repliés, les supér. arrondis, entiers, les infér. ainsi que les stipules, en forme de languette ; caps. latérale ; gaînes ovales, comprimées, tronquées et dentées, égalant le pédicelle.—Sur les troncs d'arbre et les pierres. C.

10. J. TAMARISCI. Tiges (de 2 à 4 p.) rampantes, rameuses et pinnées ; feuil. (de 1/3 de lig.) alternes, imbriquées, sur 2 rangs, à 2 lobes inégaux, repliés, les supér. arrondis, les infér. très-petits, obovés ; stipules presque carrées, échancrées, à bords roulés ; capsule terminant de courts rameaux ; gaîne obovée, lisse, triangulaire.—Sur les troncs d'arbre et les pierres, au printemps. C.

**** Espèces formées d'une* fronde *ou expansion foliacée.*

11. J. PINGUIS. Fronde (de 1-3 p.) oblongue, couchée, sans nervure, charnue, plane en dessus, gonflée en dessous, irrégulièrement ramifiée et sinuée au bord ; capsule sortant de la face infér. près du bord ; gaîne très-courte, à orifice dilaté, frangé ; coiffe saillante, oblongue, lisse.- Sur la terre humide, prairie de Chanceaux, en mai. R.

12. J. BLASIA. (*Blasia pusilla* L.) Fronde (de 3 à 12 lig.) oblongue, divisée, à côtes ou nervures fortes, et garnies en dessous d'écailles

éparses, dentées ; capsule sortant de la nervure supér. ; gaîne et coiffe cachées dans la fronde.—Lieux ombragés, sur la terre, la Chapelle-Blanche. R.

13. J. EPIPHYLLA. (*J. Vaillantii.—Marchantia angustifolia* Fl. Fr.) Fronde (de 1-4 p.) oblongue, presque membraneuse, irrégulièrem^{t}. divisée, à côtes peu marquées, et à bord entier ou sinué ; capsule sortant de la partie supér. de la fronde, près du sommet ; gaînes presque cylindriques, plissées, à orifice peu dilaté, denté ; coiffe saillante, lisse.—Sur la terre humide, près des fossés, Loches (au Moulin de l'étang). R.

14. J. FURCATA. Fronde (de 6 à 12 lig.) linéaire, membraneuse, divisée, à côtes ou nervures fortes, lisse en dessus, et poilue au bord en dessous ; capsule sortant de la partié infér. de la côte ; gaîne bilobée, repliée, ciliée au bord ; coiffe obovée, hérissée. — Sur les troncs d'arbre, Chatenay, au printemps. R.

516. MARCHANTIA. Réceptacle commun pédicellé, en disque ou campanulé, portant en dessous des capsules globuleuses, pendantes, à 4 valves. — *Fronde étalée, munie de nervures, tige nulle.*

1. M. POLYMORPHA. (*M. stellata* et *M. umbellata*). Fronde ou expansion membraneuse (de 1 à 2 p.), verte, divisée en lobes élargis au sommet, avec une nervure brune, fibreuse en dessous ; réceptacle femelle à 10 lobes linéaires, récep. mâle à 8 lobes arrondis, peu profonds ; les uns et les autres naissent à l'extrémité de la fronde sur laquelle on voit aussi des petites coupes sessiles, contenant des germes lenticulaires.—Sur la terre humide, au bord des fontaines et dans les grottes. C.

2. M. CONICA. Réceptacle femelle, conique, presque ovoïde, à 6-7 lobes, à 5-7 capsules ; récep. mâles sous la forme de disques, sessiles, granuleux, au bord des lobes ; fronde (de 3 à 4 p.) d'un vert foncé, couverte de pores saillans, et divisée en lobes obtus. — Lieux humides, Loches (au Moulin de l'étang). R.

2e. TRIBU. *HOMALOPHYLLÉES, ou* HEPATIQUES-LICHENOÏDES. *Capsule ne s'ouvrant pas.*

517. RICCIA. Capsule presque globuleuse, logée dans la fronde et munie d'un tube court, à peine saillant, percé au sommet.

1. R. GLAUCA. Frondes planes, d'un vert glauque, en rayons partant d'un centre et divisés (comme une croix de Malte), paraissant réticulées vues à la loupe.—Sur la terre humide, Chatenay, au premier printemps. R.

2. M. BIFURCA. Frondes canaliculées, concaves en dessus, non réticulées, et disposées en rayons partant d'un centre et plusieurs fois bifurqués.—Sur la terre humide ou inondée, Rochecorbon. RR.

CXIX. FAMILLE : LICHENS.

Plantes formées de tissu cellulaire, en 2 couches, l'extérieure ou *corticale* diversement colorée, l'intér. ou *médullaire* verte, au-dessous de la précédente, et blanche ou rarement colorée au milieu ; *thalle* ou développement du lichen en forme de couche pulvérulente, de croute, ou de fronde, et, dans ce cas, foliacé, ramifié comme un arbuste, ou filamenteux ; fructifications, ou *apothécies*, formées d'une partie intérieure contenant des germes ou *gongyles*, soit nus, soit renfermés dans un noyau ou une *lame proligère*, et d'une partie extér. figurant un réceptacle plus ou moins fermé, ou bien ouvert et dilaté. — *Plantes absorbant, par toute leur surface, l'humidité atmosphérique, et reprenant la vie après la dessication.*

---

† APOTHÉCIES OU RÉCEPTACLES EN TUBERCULES OU EN ÉCUSSONS (*scutelles*) PLUS OU MOINS ARRONDIS ET FIXÉS SUR UN THALLE FOLIACÉ.

518. ENDOCARPON. Réceptacles globuleux, engagés dans le thalle, sur lequel ils font une saillie à la maturité, avec une ouverture très-fine, protubérante, et renfermant un noyau rond. — *Thalle crustacé ou cartilagineux, appliqué, à peine distinct ou foliacé.*

1. E. HEDWIGII. (*E. pusillum.* — *E. hepaticum*). Thalle appliqué, arrondi, anguleux et lobé, coriace, écailleux, brun ou verdâtre, plus pâle à la circonférence en dessous, puis noirâtre et garni de fibres ; orifices des réceptacles noirs. — Sur la terre et les pierres, Loches. RR.

519. UMBILICARIA. Réceptacles orbiculaires, appliqués, noirs et bordés, renfermant un parenchyme solide ; disque couvert de papilles dans sa jeunesse, puis marqués de plis concentriques ou en spirale. — *Thalle*

foliacé, coriace-cartilagineux, étendu en écusson, d'une seule pièce dans sa jeunesse, puis lobé.

1. U. PUSTULATA. (*Gyrophora pustulata*). Thalle verruqueux, cendré-verdâtre ou olivâtre en dessus, brunâtre, lisse en dessous, et marqué de côtes saillantes, laissant entr'elles des vides ; réceptacles rares, plats et bordés.—Sur les rochers. R.

520. PELTIGERA. Réceptacles déprimés ou aplatis, en écusson ; lame proligère, libre, arrondie, soudée au thalle, et couverte d'une membrane très-mince qui se déchire de bonne heure. — *Thalle membraueux, déprimé ou redressé, lobé, découpé, chargé de veines ou d'un duvet laineux en dessous.*

§ 1. *SOLORINA. Réceptacles fixés au milieu du thalle en devant.*

1. P. SACCATA. Thalle coriace, appliqué, lobé, d'un cendré-verdâtre en dessus, plus blanc et chargé de fibres noirs en dessous ; réceptacles globuleux, ensuite déprimés en sac, d'un noir-brunâtre. —Sur la terre, au pied des arbres, forêt de Loches. R.

§ 2. *NEPHROMA. Apothécies fixés par derrière, au bord du thalle.*

2. P. RESUPINATA. Thalle coriace, lobé, d'un gris-plombé-verdâtre ; lobes arrondis, sinués, crénelés, plus pâle et rude en dessous ; apothécies roux, arrondis, à bord déchiré et analogue au thalle. — Sur la terre, les pierres et les arbres. R.

§ 3. *PELTIDEA. Apothécies fixés en devant, presqu'au bord.*

3. P. HORIZONTALIS. Thalle lacinié-lobé, glabre, d'un glauque-roux, et devenant d'un vert-brun quand il est humecté ; lobes arrondis, crénelés, blanchâtres en dessous, avec des veines spongieuses, brunes ou noires, en réseau ; apothécies terminaux, plats, solitaires, horizontaux, ovales, oblongs, roux ou bruns, à bord entier.—Dans les bois, sur les pierres, entre la mousse, Loches. R.

4. P. CANINA. Thalle sinué-lobé, d'un roux-cendré, devenant glauque ou d'un vert-sale par l'humidité, couvert d'un duvet très-léger et fugace ; à lobes arrondis, blanchâtres en dessous, avec des fibres de même couleur au bord, et des fibres brunâtres au milieu ; apothécies verticaux, arrondis, roux ou bruns, plats, puis convexes et à bords crénelés.—Sur la terre, dans les bois. CC.

5. P. POLYDACTYLA. Thalle sinué-lobé, d'un cendré-verdâtre, luisant et d'un brun-vert par l'humidité ; lobes redressés, arrondis : lobes fertiles digités, couverts en dessous (au bord) d'un duvet spongieux, blanc, et chargé au centre de veines brunes ; apothécies terminaux, verticaux, arrondis-oblongs, convexes, d'un brun foncé. —Dans les bois, sur la terre. C.

521. STICTA. Réceptacle en forme de disque, presque marginal, formé en dessous par le thalle, auquel il adhère par un point; lame proligère lisse, presque cornée, entourée par un rebord saillant; thalle foliacé, coriace-cartilagineux, lobé, muni en dessous de fossettes ou taches d'une autre couleur, au milieu d'un duvet laineux.—*Odeur fétide.*

1. S. SYLVATICA. Thalle grand, foliacé, membraneux, profondément lobé, d'un brun-olivâtre et rude en dessus, à lobes étalés, redressés, difformes, sinués et crénelés, bruns et laineux en dessous, avec des fossettes blanches; apothécies marginaux, bruns, ovales. —Au pied des arbres, entre les mousses. —Elle ne fructifie jamais en Europe. C.

2. S. FULIGINOSA. Thalle arrondi, membraneux, ferme, d'un brun couleur de cuir; couvert de poils noirs, rudes, à lobes arrondis, presque entiers, velus et d'un brun-cendré en dessous, avec des fossettes blanches; apothécies épars, ferrugineux, puis noirâtres. —Au pied des arbres.—Fructifications très-rares. R.

3. S. PULMONACEA. (*Lobaria pulm.*) Thalle coriace, profondément sinué-lacinié, olivâtre, avec des cavités réticulées, et vert par l'humidité, avec des verrues grises, rudes, rapprochées; lobes alongés, tronqués, couverts en dessous de saillies pâles, avec les interstices bruns, cotonneux; apothécies plats, d'un brun roux, à bord entier finissant par disparaître.—Dans les bois, au pied des arbres. R.

522. PARMELIA. (*Imbricaria* Fl. Fr.) Récept. grands, concaves, puis plats, épars, presque membraneux, formés en dessous par le thalle auquel ils adhèrent par un point central; lame proligère, colorée, très-mince, entourée par un rebord. — Thalle foliacé, coriace, lobé ou à divisions laciniées, planes et étendues, glabre ou garni de fibres en dessous.

* *Apothécies d'un rouge-brun, ou d'un brun plus ou moins foncé.*

1. P. ACETABULUM. Thalle orbiculaire, finement ridé; glauque-verdâtre, puis d'un brun-verdâtre, à lobes découpés, arrondis, lâches, plissés et imbriqués: apothécies larges, flexueux, concaves, roux, à bord ridé ou crénelé.—Sur l'écorce et le tronc des vieux arbres. CC.

2. P. CAPERATA. Thalle orbiculaire, d'un jaune-verdâtre, pâle, ridé, puis granuleux, à lobes arrondis, plissés, entiers, noirs et hérissés en dessous; apothécies concaves, d'un brun-roux, à bord recourbé, crénelé.—Sur les arbres et les rochers. CC.

3. P. TILIACEA. Thalle orbic., membraneux, d'un glauque verdâtre-sale, un peu couvert de poussière, à lobes sinués, laciniés, les derniers arrondis, crénelés, brun-noirâtre en dessous, avec des fibres

noires ; apothécies épars, concaves, un peu bruns, à bord entier. —Sur l'écorce des arbres. CC.

4. P. SAXATILIS. (*I. retriruga* Fl. Fr.) Thalle en rosette irrégulière, grisâtre, rude, à divisions sinuées, découpées et obtuses au sommet, avec des nervures saillantes, réticulées, noir et couvert de fibres en dessous ; apothécies grands, concaves, épars, d'un roux-pâle, à bord mince, crénelé.—Sur les troncs d'arbre. R.

5. P. OLIVACEA. Thalle orbiculaire, olivâtre-foncé, plus ou moins raboteux, à lobes plats, étalés en rayons arrondis et crénelés, brunâtre et plus pâle en dessous, rude, avec de petites fibres ; apothécies de même couleur, ou roussâtres, à bord replié, un peu crénelé. —Sur les troncs d'arbre et les pierres. C.

** *Apothécies noirs.*

6. P. ULOTHRYX. Thalle en étoile, membraneux, d'un gris-noirâtre, un peu glauque, à lobes écartés, plats, multifides, bordés de cils noirs et plus larges au sommet, noir et garni de fibres en dessous ; apothécies épars, noirs-brunâtres, à bord élevé, entier, de même couleur que le thalle, et ciliés en dessous.—Sur l'écorce des Ormes et des Noyers. R.

7. P. CYCLOSELIS. Diffère de la précédente par la couleur cendrée de son thalle, qui n'est point cilié au bord.—Sur les troncs d'arbre. R.

*** *Apothécies couverts d'une poussière bleuâtre.*

8. P. PULVERULENTA. Thalle en étoile, couvert d'une poussière blanche-ardoisée, devenant gercé et irrégulier au centre, lacinié à la circonférence, à lobes multifides, séparés, aplatis, ondulés et obtus, noir et hérissé en dessous ; apothécies à bords épais, flexueux. — Sur l'écorce des arbres fruitiers. L'humidité la rend d'un vert-brunâtre. C.

9. P. AIPOLIA. Diffère de la *P. stellaris,* dont elle est peut-être une variété, par son thalle plus étendu, à divisions alongées, partagées en lobes larges et arrondis au sommet, un peu crénelés ; par ses apothécies plus larges, d'un beau noir, rassemblés au centre.— Sur les arbres fruitiers. C.

10. P. STELLARIS. Thalle en rosette (de 1 à 2 p.), ridé, plissé, d'un vert-cendré, à divisions linéaires, convexes, multifides, blanc en dessous et couvert de fibres cendrées ; apothécies plats, noirs-ardoisés, puis concaves, noirs, à bord cendré, entier, devenant ensuite flexueux et crénelé.—Sur les arbres. CC.

11. P. CÆSIA. Thalle crustacé, en rosette, blanc un peu ardoisé, et couvert de paquets pulvérulens, à lobes convexes, multifides, presque imbriqués, soudés au centre, aplatis et crénelés à la circonférence, cendré en dessous et couvert de fibres noires : apothécies épars, un peu concaves, noirs, à bord replié, blanchâtre, entier.—Sur les rochers, les vieux bois et les écorces. C.

12. P. PITYREA. Thalle membraneux, orbiculaire, cendré : lobes du centre plissés, crépus, gris, pulvérulens, ceux du contour plats, arrondis, crénelés, couverts de poussière ; blanc en dessous, avec quel-

ques fibres noires ; apothécies concaves, noirs-brunâtres, couverts d'une poussière grise, à rebord gonflé, entier. — Sur les troncs d'arbre.—Fructifications rares. CC.

**** *Apothécies jaunes.*

13. P. PARIETINA. Thalle orbiculaire, très-jaune, à lobes rayonnans, plats, appliqués, dilatés au sommet, arrondis, crénelés, crépus ; apothécies de même couleur, à bord mince, entier.—Sur les murs, les toits et les arbres. CC.

14. P. CANDELARIA. (*Placodium candelaria* Fl. Fr.) Thalle d'un jaune orangé, irrégulièrement étalé, imbriqué, formé d'écailles lobées, très-serrées, déchiquetées, quelquefois redressées, à bords pulvérulens, granuleux ; apothécies plats, de même couleur, à bord entier.—Sur les troncs d'arbre et sur les murs. C.

523. PANNARIA. Réceptacles petits, d'abord plats, puis convexes ou globuleux, épars, adhérens par dessous au thalle, qui leur fournit un rebord mince finissant par disparaître ; lame proligère, d'un rouge-brun.—Thalle épais, plat, étalé, de couleur plombée, à divisions linéaires, soudées au centre ; cotonneux comme du drap en dessous, et surtout au contour.

1. P. PLUMBEA. (*Imbricaria plumbea* Fl. Fr.) Thalle en rosette, orbiculaire, granuleux au centre, et à 4 lobes peu distincts, couvert en dessous d'un duvet spongieux, épais, d'un noir-bleuâtre.—Sur les troncs d'arbre et les rochers. R.

2. P. MUSCORUM. (*Lecanora muscorûm*). Thalle presque orbiculaire, cartilagineux, d'un brun-livide, formé d'écailles lobées, à lobes irrégulièrement et profondément déchiquetés, à bords un peu granuleux, dressés au centre, imbriqués au contour ; apothécies petits, épais, plats, d'un roux plus ou moins foncé, à bord plus pâle, entier, finissant par disparaître.—Sur les vieilles mousses, forêt de Loches. *M. Diard.* R.

524. COLLEMA. Réceptacles sessiles, bordés, en forme d'écusson ou scutelle, formés de la même substance que le thalle, gélatineux par l'humidité, cartilagineux par la sécheresse.—Thalle foliacé, de forme variable, presque gélatineux, devenant souvent cartilagineux par la dessication.

1. C. NIGRESCENS. Thalle membraneux, demi transparent, formé d'une seule feuille orbiculaire, aplatie, d'un vert-noir, ridée et plissée en rayonnant, à lobes arrondis, plus pâle et glabre en dessous ; apoth. nombreux, rassemblés au centre, petits, convexes, d'un brun-roux, à bord mince, entier.—Sur les troncs d'arbre et les pierres. C.

2. C. PLICATILE. Thalle orbiculaire, gélatineux, un peu charnu, d'un brun-olivâtre, et noirâtre par la dessication, formé de lobes arrondis, dressés, plissés circulairement, ondulés et entiers ; apothécies épars, sessiles, concaves, d'un brun-roux, à bord épais, entier. — Sur les pierres et les murs humides. R.

3. C. JACOBEÆFOLIUM. (*C. melænum*). Thalle en rosette (de 2-3 p.), d'un vert-brunâtre foncé, à lobes imbriqués, déchiquetés ou circulairement plissés, à bords élevés, ondulés, crépus et crénelés ; apothécies grands, marginaux, plats, de même couleur ou roussâtres, à bord entier ou crénelé. — Sur la terre et les pierres humides. C.

4. C. FURVUM. Thalle membraneux, foliacé, d'un noir-verdâtre, ridé, plissé, et granuleux sur les deux faces, à lobes irrégulièrement découpés, ou crépus et entiers ; apothécies épars, plats, d'un noir-brun, à bord entier. — Sur les troncs d'arbre. C.

* *Apothécies rouges.*

5. C. LACERUM. Thalle foliacé, membraneux, presque transparent, mou, d'un brun-verdâtre, réticulé et un peu ridé, à lobes petits, presque imbriqués, rapprochés et dressés, déchiquetés, dentés et ciliés : apothécies épars, concaves, à bord gonflé, entier, pâle. — Entre les mousses. C.

6. C. CORNICULATUM. (*C. palmatum.*) Thalle presque foliacé, d'un brun-verdâtre pâle, à lobes épais, linéaires, redressés, dilatés et palmés au sommet ou multifides ; apothécies épars, d'un brun-roux. — Sur la terre humide et au pied des arbres. C.

7. C. CRISPUM. Thalle orbiculaire, pulpeux, olivâtre ou d'un vert-noir, à lobes imbriqués, épais et plissés, ceux du tour arrondis et crénelés, ceux du centre granuleux ; apothécies roux, à bord un peu crénelé. — Sur la terre, entre les mousses. C.

Variétés : *α. pulposum.* Thalle presque orbiculaire, lobes nus, sinués-crénelés ; apothécies plats, rassemblés au centre.

β. crenulatum. Thalle presque orbiculaire, lobes du centre dressés, granuleux, ceux du tour plus grands, aplatis, obtus ; apothécies un peu concaves.

γ. cristatum. Lobes découpés, dentés ; apothécies plats, larges, à bord presque entier.

δ. granulatum. Lobes du centre graniformes, ceux du tour presque entiers ; apothéc. larges, à bord granuleux, et réunis au milieu.

** *Thalle écailleux-lobé, en forme de croûte.*

8. C. TENUISSIMUM. (*C. byssinum.* — *C. granosum*). Thalle étroitement imbriqué, granuleux, d'un vert-noir par l'humidité, et d'un brun-noirâtre lorsqu'il est sec, à lobes déchiquetés, petits, rapprochés et un peu redressés ; apothécies d'un brun-rouge, épars, plats, à bord flexueux, plus pâle. — Sur la terre. R.

*** *Thalle rameux, en touffe.*

9. C. SINALYSSUM. (*C. conglomeratum*). Thalle sec, noir, à lobes petits, graniformes, ou formant des petites touffes distinctes, pédi-

cellées ; apothécies très-petits, épars, de même couleur, d'abord concaves et à bord entier, puis réunis en capitules pédicellés.— Entre les mousses, Loches. R.

10. C. FUSCICULARE. Est peut-être un état particulier de l'espèce précédente.— Thalle gélatineux, presque orbiculaire, d'un vert-noir, imbriqué, lobé et plissé au centre, à plis redressés, lobes du tour arrondis, découpés ; apothéc. d'un roux foncé, à bord saillant, pédicellés et groupés près du bord.—Sur la terre et les troncs d'arbre. C.

525. PHYSCIA. Apothécies en forme d'écussons ou *scutelles*, membraneux, libres, sessiles ou pédicellés, formés en dessous et bordés par le thalle ; lame proligère, mince, colorée.—Thalle foliacé ou cartilagineux, divisé en rameaux glabres, redressés.

§ 1. *EVERNIA. Apothécies sessiles, libres ; rameaux du thalle anguleux ou comprimés.*

1. P. PRUNASTRI. (*Ramalina prunastri*). Thalle mou, ridé, bosselé, formant une touffe blanchâtre, rameuse, à lobes multifides, dressés, linéaires, plats, quelquefois pulvérulens ; apothécies presque marginaux, concaves, roux, bordés. — Sur les branches d'arbre. CC. —Fructifications rares.

2. P. FURFURACEA. Thalle ramifié, cendré, farineux, formant une touffe tombante, canaliculé et noirâtre en dessous ; divisions rameuses, linéaires, rétrécies ; apothécies presque marginaux, roux, concaves, à bord mince, presque entier.—Sur la terre, les pierres et les arbres, Loches. R.—Fructifications très-rares.

§ 2. *BORRERA. Apothécies pédicellés.—Thalle cartilagineux, souvent canaliculé en dessous et cilié au bord.*

3. P. CHRYSOPHTALMA. Thalle en touffe (de 5 à 6 lig.), d'un jaune orangé des deux côtés ; rameaux linéaires, plats, pinnatifides, garnis de fibres au sommet ; apothécies presque terminaux, plats, orangés, bordés de cils.—Sur les arbres. C.

4. P. CILIARIS. Thalle en touffe (de 2 p.), rameux, glauque-verdâtre, blanc en dessous ; rameaux linéaires, divisés, rétrécis, chargés au sommet de cils noirs, et canaliculés en dessous ; apothécies presque terminaux et pédicellés, d'abord concaves, puis plats, d'un noir-brun ou ardoisé, à bord crénelé et frangé.—Sur les arbres. CC. Pourrait être une transformation de la *Parmelia cycloselis* ou *ulothryx*?

5. P. TENELLA. Thalle en touffe étalée, presque en rosette, d'un blanc-cendré et nu des deux côté ; rameaux linéaires, pinnatifides, redressés, dilatés et garnis de cils noirâtres au sommet ; apothécies épars, plats, d'un noir-ardoisé, à bord blanc, saillant, entier.— Sur l'écorce des arbres. C.

§ 3. *CETRARIA. Apothécies soudés obliquement au bord du thalle. Thalle foliacé, irrégulièrement découpé.*

6. P. GLAUCA. Thalle membraneux, large, étendu, lisse, glauque en dessus et brun-noirâtre en dessous, à lobes dressés, sinués, découpés et pliés ; apothécies élevés, d'un roux-jaunâtre, à bord ridé.—Sur les arbres et sur les rochers. C.

Variété : 6. *fallax.* (*P. fallax* Fl.Fr.) Thalle blanc des deux côtés, avec des taches noires éparses en dessous.

526. RAMALINA. (*Physcia* Fl.Fr.) Apothéc. en forme de scutelles, épais, pédicellés, libres et plats en dessous, bordés et formés tout entiers par la substance corticale du thalle.—Thalle cartilagineux, rameux-lacinié, presqu'en forme d'arbuste.

1. R. FRAXINEA. Thalle en touffe rameuse, cendré-verdâtre, glabre des deux côtés ; rameaux plats, sinués-laciniés, bosselés et couverts de veines réticulées ; apothécies plats, couleur de chair, pâles, devenant très-grands.—Sur les arbres. CC.--Elle varie à rameaux très-longs, linéaires, presque simples, et à rameaux très-larges et frangés.

2. R. POLLINARIA. (*Physcia squarrosa* Fl.Fr.) Thalle en touffe rameuse, blanchâtre (de 8 à 12 lignes) ; rameaux plats, multifides-dentés, parsemés de verrues dilatées, plates, pulvérulentes ; apothécies presque terminaux, s'élargissant beaucoup, couleur de chair, glauques en dessous, à bord élevé, un peu replié.—Sur les rochers et sur les arbres. C.

3. R. FASTIGIATA. Thalle en touffe rameuse (de 1 p.), glauque-blanchâtre, à rameaux aplatis, lacuneux, glabres, lisses, renflés supérieurement et de même hauteur ; apothécies terminaux, peltés, sessiles, d'un blanc couleur de chair, à bord très-mince.—Sur les arbres. C.

4. R. FARINACEA. Thalle en touffe rameuse, blanc, un peu cendré ; rameaux plats, presque linéaires, simples ou très-divisés, lacuneux, couverts de verrues pulvérulentes, blanches ; apothécies épars, pédicellés, plats, d'une couleur de chair-jaunâtre, à bord presque nul.—Sur les arbres. C.—Fructifications très-rares.

---

†† APOTHÉCIES OU RÉCEPTACLES INSÉRÉS SUR UN THALLE FILAMENTEUX OU DÉVELOPPÉ EN ARBUSTE.

527. USNEA. Apothécies en forme de scutelles, ronds, peltés, entièrement formés de la substance corticale du thalle, ordinairement ciliés autour, et à bord nul. —Thalle en arbuste solide, cylindrique, très-rameux, à écorce crustacée.

1. U. BARBATA. Thalle très-rameux, pendant, verdâtre-pâle, très-rude, cylindrique ; rameaux écartés, garnis de fibres éparses, à angle droit, et capillacés au sommet ; apoth. épars, convexes, couleur de chair, à bord entier. — Sur les vieux arbres, dans les forêts. R.

2. U. PLICATA. Thalle pendant, lisse, blanchâtre ; rameaux lâches, très-divisés, garnis de fibres inclinées et capillacées au sommet ; apothécies arrondis, plats, de même couleur, et bordés de cils minces, rayonnans, très-longs.—Sur les branches des vieux arbres, Loches. R.—Fructifications rares.

Variétés : β. *comosa.* Thalle dressé, presque en arbuste ; rameaux latéraux, rapprochés, très-écartés, cendrés, rudes, verruqueux, d'abord pâles, puis blancs.—Fructifications très-rares.

γ. *hirta.* Thalle dressé, presque en arbuste, cendré-jaunâtre, un peu pulvérulent, rude ; rameaux flexueux, entremêlés et garnis de fibres.—Fructifications très-rares.

3. U. FLORIDA. Thalle dressé ou pendant, rude, garni de fibres, cendré-verdâtre, à rameaux très-étalés, presque simples, à angle droit ainsi que les fibres ; apothéc. orbiculaires, plats, très-larges, d'une couleur de chair pâle, ciliés, à cils rayonnans, alongés.—Sur les arbres. C.

Variétés : β. *rigida.* Thalle raide, plus grêle, pendant, rude ; rameaux alongés, flexueux.

γ. *villosa.* Rameaux étalés, couverts de cils ou poils serrés et courts.

528. CORNICULARIA. Apothécies en forme de scutelles, membraneux, sessiles ou obliquement peltés, entièrement formés de la substance corticale. — Thalle cartilagineux, en arbuste solide, à rameaux filiformes, cylindriques.

1. C. ACULEATA. Thalle en forme de buisson (de 8 à 12 lig.), raide, glabre, d'un brun-marron ; rameaux flexueux, à divisions fourchues, écartés et dentés, épineux au sommet ; apothéc. de même couleur, devenant convexes, à bord un peu denté, replié. —Dans les bruyères. R.

529. SPHÆROPHORUS. Apothéc. globuleux, sessiles, terminaux, entièrement formés par le thalle, et renfermant une masse ronde, noire, pulvérulente, s'ouvrant irrégulièrement et restant vides, concaves.— Thalle crustacé, cartilagineux, en arbuste solide, à rameaux arrondis.

1. S. FRAGILIS. (*S. cœspitosus* Fl. Fr.) Thalle d'un brun-cendré, en touffe arrondie, serrée, à rameaux nombreux, courts, obtus, fragiles, atteignant tous la même hauteur.—Sur la terre, dans les bois. R.— Fructifications rares.

530. STEREOCAULON. Apothéc. hémisphériques, sessiles, solides, formés en dessous par le thalle ; lame proligère, épaisse, d'abord concave et entourée d'un rebord fourni par le thalle, puis concave, dilatée, colorée et recouvrant le bord.—Thalle crustacé, cartilagineux, solide, en forme d'arbuste, à rameaux cylindriques, granuleux ou garnis d'écailles.

1. S. NANUM. Thalle en touffe serrée, blanchâtre, grêle, filiforme ; rameaux pulvérulens ; apoth. latéraux, convexes, d'un noir-brun. —Collines sèches, sur la terre. R.

531. CENOMYCE. (*Cladonia*). Apoth. arrondis, non bordés, devenant convexes, en petites têtes terminales et fixées au contour du thalle ou sur des pédicelles ; lame proligère, épaisse, colorée, convexe, repliée sur les bords et couverte en dessous, par le thalle, d'une enveloppe floconeuse.—Thalle crustacé, cartilagineux, foliacé ou presque nul, remplacé par des pédicelles ou des tiges fistuleuses, stériles ou fertiles.

§ 1. (*Vermiculares.*)—*Thalle nul ; tiges flexueuses, presque fistuleuses, en alène.*

1. C. VERMICULARIS. Apoth. inconnus ; tiges lisses, très-blanches, couchées.—Sur la terre, entre les mousses. R.

§ 2. (*Retiporæ.*) — *Thalle un peu crustacé, uniforme ; tiges ventrues.*

2. C. PAPILLARIA. Thalle granuleux, blanchâtre ; tiges glabres, blanches, simples ou un peu rameuses, s'élevant toutes à la même hauteur ; apothécies d'un roux-brun.—Sur la terre humide, entre les bruyères, Loches. R.

§ 3. (*Unciales.*)—*Thalle nul ; tiges alongées, rameuses ; apoth. terminaux.*

3. C. UNCIALIS, (*Clad. ceranoides* Fl. Fr.) Tiges (de 2 p.) glabres, d'un jaune-soufré pâle, 1-2 fois dichotômes, percées de trous larges aux bifurcations, et terminées au sommet par 2 pointes courtes, écartées ; apoth. terminaux, bruns.—Lieux stériles, sur la terre. R.

§ 4. (*Rangiferinæ.*)—*Thalle nul ou rarement foliacé ; tiges alongées, rameuses ; apothéc. globuleux, bruns, aggrégés.*

4. C. SYLVATICA. Un peu plus grande que l'espèce suivante, elle en diffère aussi par sa couleur très-blanche, par ses rameaux moins rapprochés, à peine percés.—Lieux arides, sur la terre, entre les mousses. C.

5. C. RANGIFERINA. Tiges dressées, un peu rudes, cendrées (de 2-3 p.), percées aux bifurcations ; rameaux infér. écartés, un peu rabattus,

les supér. rapprochés, dressés et penchés au sommet ; apoth. terminaux.—Dans les landes. CC.

6. C. PUNGENS. Tiges d'un blanc-cendré, entrelacées, raides, un peu renflées et dressées ; rameaux obtus, rayonnans, écailleux à la base, glabres et nus supérieurement, non percés.—Sur la terre. C.

§ 5. (*Furcatæ.*)—*Thalle nul ou presque nul; tiges alongées, dichotômes; rameaux fourchus au sommet; apoth. aggrégés, globuleux, bruns.*

8. C. FURCATA. Tiges lisses, glauques-verdâtres ou brunâtres pâles, non percées ; rameaux alongés, raides et minces.—Sur la terre, dans les bois et dans les bruyères. C.

9. C. RACEMOSA. (*Clad. subulata* Fl. Fr.) Tiges droites, alongées, (de 2 p.), glabres, d'un blanc-verdâtre, renflées et courbées ; rameaux écartés, dirigés d'un côté, à pointes aigues, écartées au sommet ; apoth. d'un brun pâle.—Sur la terre et sur les troncs d'arbres. C.

§ 6. (*Graciles.*)—*Thalle nul; tiges alongées, simples, terminées par des entonnoirs ou calices, au bord desquels sont fixées des apoth. bruns.*

10. C. GRACILIS. (*C. ecmocyna.* — *Scyphophorus cornutus* Fl. Fr.) Tiges lisses, livides-brunâtres, terminées par des entonnoirs prolifères et inégalement dentés. — Lieux stériles, sur la terre, avec la *C. rangiferina.* C.

§ 7. (*Squamosæ.*)—*Tiges plus ou moins alongées, portant des entonnoirs, et munies d'écailles foliacées, ou d'un thalle foliacé, très-petit, écailleux-lobé; apothécies aggrégés, terminaux.*

11. C. SQUAMOSA. (*C. coronata*). Thalle foliacé, lobé-crénelé ; tiges renflées, alongées, en touffes, granuleuses, verruqueuses, écailleuses, blanchâtres, avec des ouvertures ventrues, irrégulières ; apothécies pédicellés, d'un brun pâle.—Sur les souches et les vieux arbres. C.

12. C. DELICATA. (*Helopodium delicatum* Fl. Fr.) Thalle foliacé, à lobes petits, déchiquetés, granuleux, d'un gris sale ; tiges glabres, courtes, pâles, divisées au sommet en quelques rameaux très-courts ; apothécies terminaux, agglomérés.—Sur l'écorce des vieux arbres. C.

13. C. PITYREA. Thalle foliacé, à lobes petits, crénelés, pulvérulens ; tiges grêles, cylindriques, pulvérulentes, blanchâtres, tronquées et portant des coupes peu ouvertes, irrégulières, munies de franges rayonnantes ; apothécies pédicellés, presque percés.—Au pied des arbres, sur la terre, entre les mousses pourries. R.

§ 8. (*Cornutæ.*)—*Thalle foliacé, lacinié et crénelé ; tiges droites, longues, cylindriques, portant des coupes ou des rameaux prolifères ; apothécies agglomérés, bruns-pâles.*

14. C. CORNUTA. (*Scyphoporus cornutus* Fl. Fr.) Thalle très-petit, à folioles crénelées, imbriquées ; tiges droites, blanchâtres, cylindriques, souvent stériles, amincies au sommet et sans coupe, un peu dilatées en entonnoir quelquefois frangé ; apothécies bruns, petits. —Sur la terre. C.

15. C. CONIOCRÆA. Thalle très-petit, arrondi, crénelé, vert en dessus, blanchâtre en dessous ; tiges alongées, en alène, simples, portant des entonnoirs, glabres et verdâtres à la base, pulvérulentes au milieu, et blanchâtres supérieurement.—Sur la terre et les troncs d'arbres, dans les forêts.

§ 9. (*Pyxidatæ.*)—*Thalle foliacé, lobé-crénelé ; tiges alongées, ventrues, cylindriques, fistuleuses, terminées en forme d'entonnoir ; apothécies bruns ou noirâtres, rarement d'une couleur de chair pâle.*

16. C. PYXIDATA. (*Scyphophorus pyxidatus* Fl.Fr.) Thalle à folioles crénelées, imbriquées ; tiges toutes en forme de coupes évasées et prolifères, glabres d'abord, puis granuleuses, rudes, d'un gris-verdâtre ; apothéc. bruns.—Sur la terre, dans les bruyères et sur les murs. CC.

17. C. POCILLUM. Diffère de la précédente par ses folioles plus larges, lobées et crénelées, vertes et luisantes en dessus, blanches en dessous, par ses entonnoirs réguliers, fermés par un diaphragne.—Lieux stériles, sur la terre. R.

18. C. DEGENERANS. Thalle à folioles larges, crénelées, découpées ; tiges un peu longues, glabres, verruqueuses, d'un glauque-blanchâtre ou verdâtre, et noires à la base avec des points blancs ; entonnoirs irréguliers, déchirés comme une crête au bord, et produisant des rameaux foliacés ; apothécies bruns, réunis au bord.—Sur la terre, dans les bois. R.

19. C. ENDIVIÆFOLIA. Thalle foliacé, très-grand, d'un glauque-verdâtre en dessus, blanc en dessous, à lobes multifides, flexueux et crépus, imbriqués ; tiges turbinées ou en forme de tubes ou d'entonnoirs simples ; apothécies roux. — Lieux stériles, sur la terre, la Ville-aux-Dames. R.

20. C. CLADOMORPHA. Thalle foliacé, à divisions étroites, crénelées, découpées, d'un glauque-verdâtre et blanches en dessous ; tiges un peu alongées, glabres, verruqueuses, glauques-noirâtres, paraissant dichotômes par suite du peu de développement des entonnoirs ; rameaux élargis, un peu écailleux, radiés au sommet ; apothécies en petites têtes, bruns. — Sur la terre, dans les champs et les bois. C.

21. C. CERVICORNIS. Thalle foliacé, d'un gris-ardoisé, verdâtre, à lobes dressés, multifides, étroits, un peu dentés et sinués, blanchâtres en dessous : tiges cylindriques, courtes, glabres, livides, puis devenant noires et portant toutes des coupes petites, régulières, dilatées, entières ; apothécies d'un noir-brun, sessiles au bord.—Sur la terre et sur les pierres. C.

§ 10. (*Cespititiæ.*)—*Thalle foliacé, lobé-crénelé ; tiges courtes, presque fistuleuses, cylindriques, simples, un peu divisées au sommet ; apothécies réunis, bruns.*

22. C. CESPITITIA. Thalle à folioles petites, pinnatifides, crépues ; tiges très-courtes, lisses, en entonnoirs réguliers. — Sur la terre et les arbres morts, entre les mousses. RR.

§ 11. (*Cocciferæ.*) — *Thalle foliacé ; tiges fistuleuses, dilatées, en entonnoir ou amincies en alène ; apothécies d'un rouge vif ou foncé.*

23. C. COCCIFERA. (*C. coccinea.*) Thalle à folioles arrondies, crénelées, nues en dessous ; tiges en entonnoir alongé, nues, verruqueuses, rudes, d'un blanc-jaunâtre ou verdâtre, pulvérulentes, à bord étendu, chargé d'apothécies pédicellés, convexes, d'un rouge vif. — Sur la terre, dans les bois. R.

24. C. DEFORMIS. Thalle à folioles larges, découpées, crénelées, nues en dessous ; tiges alongées, épaisses, un peu renflées, d'un jaune pâle, pulvérulentes, portant des coupes étroites, crénelées, qui plus tard sont dilatées et déchirées. — Sur la terre et dans les bois. R.

25. C. DIGITATA. Thalle à folioles petites, arrondies, crénelées, d'un jaune-verdâtre, et pulvérulent en dessous ainsi que les tiges ; coupes étroites, un peu recourbées au bord, produisant d'autres tiges qui, par leur déformation, paraissent des rameaux digités. — Sur les arbres et les bois morts. R.

26. C. BACILLARIS. Thalle à folioles petites, lobées, découpées et crénelées, nues en dessous ; pédicelles cylindriques, simples ou un peu rameux au sommet, d'un blanc-cendré, granuleux, pulvérulens, portant rarement des coupes étroites, qui par suite sont divisées en rayons. — Sur les troncs d'arbres morts. R.

NOTA. Presque toutes les espèces de ce genre présentent un grand nombre de variétés.

532. ISIDIUM. Apothécies arrondis, convexes, puis globuleux, solides, formés en dessous par le thalle, qui leur fournit aussi des supports ou pédicelles, lame proligère, d'abord enfermée par le bord que forme le support, puis convexe, épaisse, colorée, non bordée ni réfléchie. — Thalle en croûte uniforme, appliquée, d'où sortent des pédicelles courts, solides.

1. I. CORALLINUM. (*Stereocaulon madreporiforme*). Croûte raboteuse, gercée, blanche-cendrée ; pédicelles rapprochés, très-courts, s'alongeant ensuite, simples, ou rarement un peu rameux ; lame proligère, brunâtre-cendrée. — Sur le pierres. C. — Il pourrait être une transformation de la *Pertusaria communis,* ainsi que les suivans ?

2. I. COCCODES. (*Lepra obscura* Fl. Fr.) Croûte d'un gris-jaunâtre : pédicelles globuleux ou cylindriques, en forme de papilles très-serrées, simples ou rameuses au sommet ; lame proligère brune, couverte d'une poussière cendrée. — Sur les vieilles écorces. R.

3. I. PHYMATODES. (*Variolaria flavida* Fl. Fr.) Croûte gercée, verruqueuse, pulvérulente, d'un jaune-soufré ; pédicelles courts, réunis, devenant cylindriques, simples ou un peu rameux ; lame proligère d'un jaune-brunâtre. — Sur l'écorce du charme. RR.

††† RÉCEPTACLES PÉDONCULÉS OU SESSILES, SUR UN THALLE PULVÉRULENT.

533. BÆOMYCES. Apothécies en forme de têtes comme des champignons globuleux, renflés, et portés sur des pédicelles solides ; lame proligère colorée, convexe, non bordée, couvrant tout l'apothécie. — Thalle en croûte pulvérulente.

1. B. ERICETORUM. (*B. roseus*). Croûte verruqueuse, blanchâtre, inégale ; pédicelles très-courts ; apothécies rosés, pâles.—Sur la terre argileuse, humide. CC.

2. B. RUFUS. (*B. rupestris. — B. byssoides*). Croûte pulvérulente, raboteuse, cendrée-verdâtre : pédicelles courts, un peu comprimés ; apothécies roux, ou d'un brun foncé, solitaires ou réunis.—Sur la terre argileuse et sur les pierres. C.

534. CALYCIUM. Apothécies en forme de petites coupes, ou en petits chapeaux pédicellés ou sessiles, contenant une masse compacte, pulvérulente, plane en dessus ou presque globuleuse et formant un disque nu.—Thalle étalé en croûte pulvérulente, granuleuse, uniforme.

* (*Conyocybe.*) — *Apothécies en petits chapeaux, à disque floconneux-pulvérulent.*

1. C. CANTARELLUM. (*Cyphelium cantarellum*). Croûte mince, blanchâtre ; apothécies lenticulaires, de couleur de chair, puis roux, couverts de poussière blanche ; pédic. filiformes, nus, pâles, devenant bruns ou noirs.—Sur le bois pourri et l'écorce des vieux arbres. C.

2. C. FURFURACEUM. (*C. sulphureum* Fl. Fr.—*C. capitellatum.—Sclerophora membranacea*). Croûte étalée, jaune-verdâtre : apothécies globuleux, à pédicelles filiformes, alongés, flexueux, jaunes, pulvérulens, puis bruns.—Sur la terre, les écorces et les pierres. C.

** (*Calycioïs.*) — *Apothécies en forme de petites coupes, à disque pulvérulent ou nu.*

3. C. CHRYSOCEPHALUM. Croûte jaune, formée de grains globuleux ; apothécies presque turbinés, à disque convexe, brunâtre, avec un bord jaune, pulvérulent ; pédicelles filiformes, rougeâtres, pulvérulens, noirs à la base.—Sur les écorces. R.

4. C. CINEREUM. (*Cyphelium cinereum*). Croûte un peu cartilagineuse, granuleuse, d'un blanc-verdâtre ; apothécies petits, couverts d'une poussière cendrée, à disque convexe, d'un noir-olivâtre ; pédicelles un peu longs, brunâtres.—Sur l'écorce des vieux Chênes. R.

5. C. HYPERELLUM. (*C. abietinum* Fl. Fr.) Croûte cartilagineuse, ridée et gercée, glabre, d'un jaune-verdâtre ; apothécies en forme

de lentilles ferrugineuses, pulvérulentes, presque turbinées ; pédic. forts, cylind., d'un brun-noir, plus épais à la base.—Sur les écorces. R.

6. C. CLAVICULARE. (*C. clavellum* Fl. Fr.—*C. salicinum*). Croûte étalée, ridée, granuleuse, cendrée ; apoth. turbinés, devenant lenticulaires, cendrés-noirâtres ; pédicelles cylindriques, épais, noirs.—Sur les poutres et les vieilles écorces. R.

7. C. SPHÆROCEPHALUM. Croûte membraneuse, très-mince, lisse, cendrée ; apothéc. presque lenticulaires, à disque brunâtre, concave, puis gonflé et à bord plus pâle ; pédicelles filiformes, cylindriques, noirs.—Sur le vieux bois. R.

8. C. SESSILE. Croûte inégale, blanchâtre ; apothécies sessiles, pyriformes, alongés, noirs, luisans, à disque concave, à bord épais, replié, plus pâle.—Sur les écorces, souvent sur la croûte des autres *Lichens*. R.

---

†††† RÉCEPTACLES EN FORME DE POINTS PLUS OU MOINS ALONGÉS SUR UN THALLE CRUSTACÉ.

535. OPEGRAPHA. (*Arthonia* et *Graphis*). Apothécies noirs ou couverts d'une poussière ardoisée, en forme de points arrondis, oblongs ou linéaires, alongés (figurant des lettres), enfoncés ou un peu saillans ou sessiles, s'ouvrant longitudinalement, formés d'une substance propre, et souvent bordés.—Th. en croûte très-mince.

* *Apothécies noirs, simples, courts, oblongs.*

1. O. VERRUCARIOIDES. (*Verrucaria salicina* Fl. Fr.) Croûte blanchâtre ou olivâtre, ridée, mince ; apothécies rapprochés, petits, presque globuleux, à disque en forme de point, ou quelquefois ovales, à disque en forme de fente.—Sur les arbres morts et sur les pierres. C.

2. O. RADIATA. (*Arthronia astroidea*). Croûte membraneuse, circonscrite, lisse ou peu gercée, blanche ou cendrée ; apoth. appliqués sur la croûte et disposés en étoiles irrégulières.—Sur les écorces. C.

3. O. OBSCURA. Croûte orbiculaire, membraneuse, lisse, blanchâtre-enfumée ou olivâtre ; apothéc. petits, aplatis, ovales ou réniformes, un peu ridés.—Sur l'épiderme et sur l'écorce des arbres. C.

4. O. NOTHA. Croûte mince, rude, blanche ou cendrée ; apothécies sessiles, orbiculaires, en nacelle ou elliptiques, quelquefois réunis, à bords saillans et à disque concave d'abord, puis renflés et cachant les bords.—Sur les écorces. C.

5. O. SAXATILIS. Croûte rude, pulvérulente, blanche et souvent nulle ; apoth. sessiles, saillans, petits, oblongs-arrondis ou linéaires, souvent réunis : disque concave ; bords flexueux, finissant par disparaitre.—Sur les rochers. R.

6. O. MACULARIS. Croûte circonscrite, inégale, d'un brun-noir ou nulle ; apothécies petits, enfoncés, ovales, devenant rudes ou tuber-

culeux, à disque en forme de fente, et rassemblés en taches arrondies.—Sur les écorces. CC.

Variétés : *α. faginea.* Apothécies aggrégés et presque confondus en taches larges.—Sur le Hêtre et le Charme.

ϐ. quercina. Apothécies distincts, et formant des taches plus petites. —Sur l'écorce lisse du Chêne.

7. O. HERPETICA. Croûte un peu membraneuse, ridée et gercée, d'un brun-olivâtre, bordée de noir ; apothécies petits, enfoncés dans la croûte, rapprochés, convexes, ovales, oblongs, droits, avec le disque en forme de fente.— Sur les écorces. C.

*** Apothécies noirs, plus ou moins alongés, rameux.*

8. O. ATRA. Croûte membraneuse, circonscrite, presqu'en cercle, blanche ou d'un gris sale ; apoth. sessiles, linéaires, libres, flexueux, disposés sans ordre ou en étoile ; disque creusé, bords relevés. — Sur les écorces. C.

9. O. CALCARIA. Croûte rude, pulvérulente, très-blanche ; apoth. droits, renflés, rassemblés en étoiles éparses ; disque en forme de fente.—Sur les murs et sur les rochers calcaires. R.

10. O. RUFESCENS. (*O. siderella.* — *O. rubella.* — *O. ænea*). Croûte étalée, membraneuse, très-mince, d'un vert roussâtre ou olivâtre ; apoth. enfoncés, d'abord ovales, puis linéaires, flexueux, simples ou rameux, en étoile ; disque creusé, presque plat.—Sur les écorces. R.

11. O. EPIPASTA. (*O. dispersa* Fl. Fr.) Croûte très-mince, presque circonscrite, lisse ou luisante, blanche ou cendrée ; apothéc. un peu saillans, petits, convexes, ridés, opaques, les uns plus petits en forme de points, les autres plus grands, très-longs, grêles et flexueux, un peu rameux ; disque et bords très-minces. — Sur l'écorce lisse de l'Érable, du Noisettier, etc. CC.

**** Apothécies noirs, couverts d'une poudre grisâtre.*

12. O. PRUINOSA. (*Patellaria detrita* Fl. Fr.) Croûte épaisse, étalée, un peu rude et inégale, gercée, d'un blanc-cendré ; apothéc. plats, enfoncés, rapprochés, anguleux, arrondis ou difformes, à peine distincts, couverts d'une poudre ardoisée, puis devenant bruns-foncés. —Sur les vieux bois et sur les écorces. C.

13. O. CÆSIA. (*Graphis cæsia*). Croûte étalée, épaisse, un peu rude, inégale, lisse, blanche ; apothécies un peu saillans, simples, ovales-oblongs, quelquefois alongés, flexueux, à disque creusé ou plat, couvert d'une poudre ardoisée.— Sur les vieilles écorces. C.—Pourrait être une forme différente de l'*O. notha.*

14. O. SULCATA. (*Graphis elegans*). Croûte mince, étalée, large, presque membraneuse, luisante, granuleuse, blanche ; apoth. épars, un peu saillans, épais, alongés, étroits, droits ou un peu flexueux, simples ou rarement rameux, à disque creusé, quelquefois pulvérulent et à bords renflés.—Sur les écorces lisses. C.

15. O. SCRIPTA. Croûte membraneuse, lisse ou inégale, circonscrite, un peu luisante, blanche ou cendrée ; apothécies linéaires, rappro-

chés, simples ou rameux, couronnés par le thalle et souvent pulvérulens : disque très-étroit, se dilatant ensuite et cachant les bords. —Sur les écorces lisses. CC.

Variétés : α. *limitata*. (*O. limitata* Fl. Fr.) Croûte mince, cendrée ou nulle ; apothécies saillans, flexueux, à disque creusé, nu.

β. *Cerasi*. (*O. Cerasi* et *O. Betulæ* Fl. Fr.) Croûte mince, blanchâtre-glauque, luisante ; apothécies saillans, droits, alongés, simples, parallèles ; disque creusé, un peu pulvérulent.

γ. *pulverulenta*. (*O. pulverulenta* Fl. Fr.) Croûte mince, étalée, blanchâtre ; apothécies saillans, flexueux, à disque creusé ou plat, pulvérulent ; bord formé par le thalle, et finissant par disparaître.

δ. *serpentina*. (*O. serpentina* Fl. Fr.) Croûte un peu épaisse, pulvérulente, ridée ; apothécies enfoncés, alongés, flexueux et rapprochés ; disque pulvérulent, plat ; bord épais, formé par le thalle, et finissant par disparaître.

16. O. DENDRITICA. Croûte presque cartilagineuse, inégale, très-blanche ; apothécies enfoncés, rameux, flexueux, quelquefois pulvérulens, à ramifications bifurquées, aigues, à disque large, plat, et à bord formé par le thalle, susceptible de disparaître. --Sur les écorces. C.

536. STIGMATIDIUM. Apothécies en forme de points aggrégés, presque en rangées ou isolés, enfoncés, ne s'ouvrant pas, formés d'une substance propre, et sans bords.—Thalle en croûte épaisse.

1. S. CRASSUM. (*Opegrapha crassa* Fl. Fr. —*Porina aggregata*). Croûte inégale, ondulée, glabre, grise, olivâtre ou verdâtre, gercée et traversée par des lignes noires ; apoth. très-petits.—Sur les écorces. C.

---

††††† APOTHÉCIES EN TUBERCULES, PLUS OU MOINS ARRONDIS, SUR UN THALLE CRUSTACÉ OU EN CROUTE CARTILAGINEUSE.

537. VERRUCARIA. Apothécies ordinairement d'une autre couleur que le thalle, hémisphériques ou globuleux, enfoncés ou sessiles, cornés, uniloculaires, formés d'une substance propre, et munis au sommet d'une petite ouverture, quelquefois couverts par le thalle, qui est crustacé.

* *Sur les écorces.*

1. V. GALACTITES. Croûte très-mince, lisse, étalée, blanche ; apoth. petits, épars, arrondis, ou difformes, avec un pore très-petit.—Sur l'écorce lisse. C.

2. V. EPIDERMIDIS. (*Sphæria epidermidis*). Croûte très-mince, étalée, blanche ou cendrée ; apothécies petits, convexes, ovales, arrondis,

enfoncés, déprimés sur le contour, et munis d'une très-petite pupille.—Sur l'épiderme du Bouleau. C.

Variétés : 6. *Cerasi.* (*V. Cerasi* Fl.Fr.) Croûte luisante, d'un gris-argenté.—Sur l'écorce du Cerisier, du Prunier et du Chêne. CC.

3. V. PUNCTIFORMIS. (*V. hyloica* et *mycrocarpa* Fl.Fr.) Croûte très-mince, à peine circonscrite, lisse, brunâtre ou presque nulle ; apothécies petits, presque globuleux, à pore peu visible, et à noyau globuleux, blanc.—Sur les écorces lisses. C.

Variété : 6. *atomaria.* (*V. atomaria* et *Hippocastani* Fl.Fr.) Croûte cendrée-plombée, un peu luisante ; apothécies avec un petit pore enfoncé, ou une papille.

4. V. CINEREA. Croûte mince, étalée en membrane cartilagineuse, blanchâtre, devenant gercée ; apothécies noirs, petits, hémisphériques, rapprochés, presque contigus, à pore peu visible ; noyau globuleux, cendré.—Sur les écorces lisses. C.

5. V. OLIVACEA (et *V. punctiformis* Fl.Fr.) Croûte mince, luisante, un peu olivâtre, à peine circonscrite ; apothécies presque sessiles, épars, hémisphériques, munis de papilles ; noyau blanc.—Sur les écorces lisses. C.

6. V. NITIDA (et *V. maxima* et *populnea* Fl.Fr.) Croûte mince, étalée en membrane cartilagineuse, luisante, blanchâtre-olivâtre, traversée par des lignes plus foncées ; verrues coniques, formées par le thalle, entourant les apothécies, dont le sommet est percé d'une petite ouverture déprimée ; noyau blanc et cendré. — Sur les écorces. C.

** *Sur les pierres, ou rarement sur la terre.*

7. V. EPIGÆA. Croûte mince, étalée, inégale, d'un jaune pâle, pulvérulente par la sécheresse, et presque gélatineuse par l'humidité ; apothécies globuleux, enfoncés, noirs, très-petits, souvent percés au sommet.—Sur la terre limoneuse, Loches. R.

8. V. RUPESTRIS. Croûte mince, étalée, rude, blanche ou cendrée ; apothécies petits, rapprochés, presque globuleux, transparens et grisâtres à l'intérieur, devenant saillans sur les alvéoles de la croûte, et marqués d'un pore au sommet.—Sur les rochers calcaires. C.

Variété : 6. *calciseda.* Croûte très-blanche ; apothécies nombreux, très-petits.

9. V. MACROSTOMA. Croûte un peu épaisse, presque contigue, circonscrite et bordée de noir, gercée, brune-olivâtre ; apothécies rapprochés, enfoncés, puis devenant à moitié saillans, convexes et prolongés en col ouvert ; noyau blanchâtre. — Sur les murs et sur les roches calcaires. C.

10. V. MURALIS. (*V. ruderum* et *concentrica* Fl. Fr.) Croûte rude, gercée, blanche, très-mince ou presque nulle ; apothéc. globuleux, enfoncés et surmontés de papilles, avec une petite ouverture qui finit par s'élargir ; bords blancs, pulvérulens, et noirs à l'intérieur.—Sur les vieux murs. C.

11. V. NIGRESCENS. (*Pyrenula nigrescens.*) Croûte rude, un peu gercée, inégale, d'un brun-cendré ou presque noire ; verrues formées par le thalle, élargies à la base, et entourant en grande partie les apothécies, qui sont munis d'une papille, et avec un noyau d'un noir-cendré.—Sur les rochers et sur les pierres. C.

538. PATELLARIA. (*Lecidea*). Apothécies d'une autre couleur que le thalle, en forme de scutelles, sessiles, revêtus d'une membrane cartilagineuse colorée, à disque égal, et à bord nul ou de même couleur et finissant par disparaître.—Thalle en croûte étendue, uniforme ou fendillée.

§ 1. *PATELLASTRUM.* (*Patellaria* Fl. Fr.) *Thalle en croûte uniforme, simple.*

* *Apothécies* (*ou* patelles) *noirs, de même couleur à l'intérieur.*

1. P. PETRÆA. Croûte mince, arrondie, presque pulvérulente ou égale, un peu gercée, blanche ou cendrée ; apothécies incrustés, épais, puis saillans, à bord élevé, gonflé, disparaissant ensuite.—Sur les rochers. C.

2. P. ULIGINOSA. Croûte étalée, granuleuse, presque gélatineuse, cendrée ou d'un brun-noir ; apothécies rapprochés, appliqués, plats, bordés et devenant convexes. — Sur la terre, dans les lieux tourbeux, Loches. R.

3. P. NIGRA. (*Collema nigra* Fl. Fr.) Croûte arrondie, d'un brun-noir, presque gélatineuse, très-adhérente, gercée, un peu écailleuse : écailles du bord découpées-crénelées, celles du centre en forme de grains ; apothécies appliqués, noirs, bordés et devenant convexes. —Sur les pierres calcaires. C.

4. P. ALBA. (*Lepra lactea* Fl. Fr.) Croûte un peu gercée, blanche, couverte d'une poussière agglomérée, blanche ou verdâtre ; apothécies épars, petits, plats, appliqués, noirs, un peu bordés.—Sur les mousses et sur les troncs d'arbre. CC.—Elle fructifie rarement.

5. P. PARASEMA. Croûte mince, presque membraneuse (de 1 p.), d'un blanc-grisâtre, bordée de noir, puis éparse et presque granuleuse; apothécies épars, plats, sessiles, bordés.—Sur les écorces. CC.

Variétés : β. *punctata.* (*P. punctiformis* Fl. Fr.) Croûte étalée (de 2 à 4 p.), cendrée ou glauque ; apothécies très-petits, rapprochés.

γ. *myriocarpa.* (*P. myriocarpa* Fl. Fr.) Croûte longue, étroite, rude ou inégale, pulvérulente, cendrée-verdâtre ou nulle ; apothécies petits, très-rapprochés, convexes, non bordés.

6. P. SABULETORUM. Croûte étalée, granuleuse, un peu verruqueuse, mince, cendrée-blanchâtre, quelquefois un peu verte : apothécies rapprochés, sessiles, d'abord plats et bordés, puis hémisphériques,

presque contigus, non bordés. — Sur les mousses décomposées et sur la terre humide. R.

Variété : 6. *geochroa*. (P. *muscorum* Fl. Fr.) Croûte d'un blanc-ardoisé ou d'un brun-cendré : apothécies presque globuleux, agglomérés, luisans.

** *Apothécies noirs, cornés à l'intérieur.*

7. P. CONFLUENS. Croûte épaisse, rude, un peu étalée, fendillée, égale, de couleur plombée ; apothécies grands, sessiles, devenant irréguliers, convexes, presque globuleux, contigus, non bordés.— Sur les rochers, Loches. R.

8. P. LAPICIDA. Croûte très-épaisse, rude, gercée, d'un blanc-cendré; apothécies larges, plats, enfoncés dans les fentes de la croûte, à bord très-mince, puis devenant convexes et presque contigus. — Sur les pierres dures. C.

9. P. IMMERSA. Croûte mince, peu apparente, blanchâtre ; apothécies un peu concaves, puis convexes, enfoncés dans la pierre, bordés, noirs, à disque un peu pulvérulent, et devenant rouges par l'humidité, blanchâtres en dedans..—Sur les pierres tendres. CC.

10. P. ALBOZONARIA. (*Lecidea ochrochlora*). Croûte mince, rude, granuleuse, raboteuse, puis finement gercée, d'un blanc-jaunâtre ; apothécies à demi-enfoncés ou sessiles, plats, bordés, puis hémisphériques non bordés, noirs, avec un noyau corné entouré d'un cercle blanc.—Sur les pierres dures. C.

*** *Apothécies noirs, blancs à l'intérieur.*

11. P. SYNOTHEA. Croûte rude, un peu gélatineuse, granuleuse, inégale, d'un noir-verdâtre ; apothécies petits, incrustés, convexes, rudes, puis bosselés, presque sans bord.—Sur les vieux bois. C.

12. P. FUSCO-ATRA. Croûte étalée, très-mince, brune, terne, divisée en plaques bordées de noir ; apothécies un peu convexes, aplatis, bordés.—Sur les pierres. C.

**** *Apothécies noirs, rouges à l'intérieur.*

13. P. SANGUINARIA. (*Verrucaria sanguinaria* Fl. Fr.) Croûte un peu ridée, d'un blanc-cendré ; apothécies grands, sessiles, plats, bordés, puis convexes, hémisphériques, un peu tuberculeux. — Sur les bois et sur les pierres. CC.

***** *Apothécies couverts d'une poussière ardoisée.*

14. P. ALBO-CÆRULESCENS. Croûte rude, égale, puis gercée, blanche ou cendrée ; apothéc. sessiles et saillans, plats, noirs, couverts d'une poussière bleue, à bord nu, flexueux, noirs en dedans, avec une mince couche cendrée sous le disque.—Sur les pierres. C.

15. P. CORTICOLA. Croûte étalée, un peu rude, granuleuse, gercée, inégale, très-blanche ; apothécies plats, petits, rapprochés, un peu enfoncés, puis globuleux, non bordés, noirs, cendrés à l'intérieur. —Sur les écorces. C.

16. P. EPIPOLIA. Croûte rude, circonscrite, blanche, rarement grise, inégale, gercée, et formée de plaques gonflées ; apothécies sessiles, rapprochés, hémisphériques, noirs en dedans, et entourés à la base d'un bord mince, blanchâtre.—Sur les pierres et sur les murs. C.

****** *Apothécies bruns.*

17. P. INCANA. (*Lepra incana* Fl. Fr.) Croûte étalée, molle, farineuse, d'un glauque-verdâtre ou blanchâtre ; apothécies épars, sessiles, à bord entier, plus pâle. — Sur la terre et sur les écorces. C. — Elle fructifie rarement.

18. P. DECOLORANS. (*Lecanora minutula.*) Croûte épaisse, granuleuse, étalée, inégale, d'un blanc-cendré ou grise, puis verdâtre, pulvérulente ; apoth. plats, couleur de chair, livides, ou d'un brun-noir, à bord élevé, plus pâle, flexueux. — Sur les mousses décomposées à terre, et sur le vieux bois. C.

19. P. ANTHRACINA. (*Lepra fuliginosa* Fl. Fr.) Croûte étalée, un peu rude et inégale, d'un noir-brun ; apoth. très-rares, très-petits et invisibles à l'œil nu, plats, d'un brun-roux, à bord plus pâle, devenant convexes et bruns.—Sur les pierres et sur les troncs d'arbre. R.

20. P. ANOMALA. Croûte mince, un peu cartilagineuse, gercée, un peu lisse, devenant inégale, verruqueuse, d'un blanc-cendré, et quelquefois presque nulle ; apoth. rapprochés, couleur de chair, pâles ou bruns, plats, à bord à peine élevé, plus pâle, blanchâtres à l'intérieur, et devenant convexes, contigus, difformes et non bordés. — Sur les écorces. R.

21. P. VIRIDESCENS. Croûte étalée, mince, granuleuse-farineuse, d'un vert-bronzé ; apoth. épars, sessiles, convexes, irréguliers, bruns, soudés entr'eux, à bord entier, plus pâle, et devenant ridés, d'un brun-noir.—Sur les troncs d'arbre humides. C.

22. P. VERNALIS. (*P. rubella* et *sphæroidea* Fl. Fr.—*Lecidea luteola.*) Croûte très-mince, peu distincte, d'un blanc-verdâtre, couverte de grains presque globuleux, pâles, puis d'un gris-sâle ; apoth. sessiles, rapprochés, rosés, ou d'un roux-ferrugineux, à bord gonflé, plus pâle, devenant globuleux, sans bords, et agglomérés.—Sur les écorces et sur les vieilles mousses. C.

Variété : 6. *sphæroidea.* (*P. rosella* Fl. Fr.) Croûte un peu cartilagineuse, fendillée, puis granuleuse.

******* *Apothécies d'un rouge-brun, ou rouges.*

23. P. FUSCO-LUTEA. (*P. sinapisperma* Fl. Fr.) Croûte mince, étalée, membraneuse, d'un blanc-cendré, granuleuse, à grains réunis en groupes ; apoth. superficiels, plats, d'un rouge-jaunâtre, puis d'un brun-roux, cendrés à l'intérieur, à bord plus pâle, élevé, puis flexueux. —Sur les mousses à demi-décomposées. R.

24. P. ÆRUGINOSA. (*Bæomyces æruginosus* et *cleveloides* Fl. Fr.) Croûte rude, inégale, un peu granuleuse, d'un blanc-verdâtre ; apothécies presque sessiles, plats, couleur de chair, puis convexes, flexueux,

ridés, à bord mince, presque nul.—Sur les mousses, sur les troncs d'ardre et sur le vieux bois. C.

25. P. FERRUGINEA. Croûte mince, inégale, un peu gercée, d'un blanc-cendré, puis nulle : apothéc. nombreux, presque plats, d'un rouge-ferrugineux, devenant anguleux, difformes, luisans, un peu convexes, à bord mince, persistant.—Sur les écorces. C.

26. P. LAMPROCHEILA. Croûte très-mince, fendillée, d'un gris-ardoisé ou jaunâtre ; apoth. plats, rapprochés, d'un roux-orangé, à bord gonflé, luisant, très-entier, persistant, plus pâle.—Sur les pierres. C.

27. P. ERYPHROCARPIA. Croûte rude, circonscrite, divisée en plaques, blanche, un peu pulvérulente ; apoth. petits, rapprochés, appliqués sur la croûte, un peu concaves, puis convexes, d'un brun-rouge, à bord mince, plus pâle.—Sur les rochers calcaires. C.

28. P. RUPESTRIS. Croûte mince, continue, rude, d'un blanc-cendré ou verdâtre, quelquefois couverte de points jaunes ; apoth. à demi-enfoncés, plats, bordés, puis convexes, roussâtres en dehors et en dedans.—Sur les rochers. C.

******** *Apothécies jaunes.*

29. P. LUCIDA. Croûte rude, pulvérulente, floconneuse, circonscrite, d'un jaune-verdâtre ; apothécies un peu convexes, jaunâtres, pâles, à peine bordés.—Sur les pierres. R.

§ 2. *RHIZOCARPON. Thalle divisé en plaques diversement colorées et portées sur une couche très-mince de petites fibres noires.*

30. P. GEOGRAPHICA. (*Lecidea atro-virens*). Plaques d'un jaune-verdâtre, plates, anguleuses, petites, rapprochées, cachant presque la couche noire, bordées de noir au contour et traversées de lignes noires ; apothécies noirs, plats, arrondis ou oblongs, naissant de la couche inférieure.—Sur les pierres dures. C.

31. P. ATRO-ALBA. (*Rhizocarpon confervoides* Fl.Fr.) Plaques d'un gris-blanc, convexes, anguleuses, petites, couvrant la couche noire d'où naissent les apothécies qui sont un peu convexes, noirs, arrondis.—Sur les pierres siliceuses. C.

Variété : β. *dendritica*. (*Rhizocarpon asteriscus* Fl. Fr.) Couche inférieure ramifiée, comme une arborisation.

539. PSORA. Apoth. d'une autre couleur que le thalle, sessiles, revêtus d'une membrane cartilagineuse, colorée, à disque d'abord concave, puis convexe, à bord de même couleur finissant par disparaître, et fixés au bord des écailles.—Thalle en croûte foliacée, épaisse, formé d'écailles distinctes, rapprochées, planes ou convexes.

1. P. RETICULARIS (et *P. opuntioides* Fl.Fr.) Croûte épaisse, un peu imbriquée, d'un brun-noir, couverte d'une poudre ardoisée; écailles distinctes, entières, obovées et renflées; apoth. noirs, plats, bordés, puis hémisphériques, à bord nul, blancs à l'intérieur.—Lieux arides, sur la terre. C.

2. P. CANDIDA. Croûte très-épaisse, blanche, pulvérulente, formée d'écailles rapprochées, crénelées, repliées, obovées et renflées, puis ridées; apoth. appliqués, noirs, couverts d'une poussière glauque, bordés, puis convexes, contigus et difformes, noirs à l'intérieur.—Sur les rochers et sur les débris de mousses. C.

3. P. LURIDA. Croûte imbriquée, d'un brun-verdâtre; écailles plus pâles en dessous, un peu concaves, arrondies et crénelées; apoth. plats, à bord épais, d'un brun-noir, blancs à l'intérieur, et devenant convexes, noirs et sans bord.—Sur la terre près des rochers. C.

4. P. DECIPIENS. Croûte un peu imbriquée, couleur de chair ou brunâtre, à écailles presque distinctes, peltées, arrondies et concaves, blanches en dessous et au bord, et devenant convexes, flexueuses; apothécies près du bord, convexes, non bordés, noirs, blancs à l'intérieur.—Sur la terre; Loches. R.

540. SQUAMMARIA. Apothécies colorés, en forme de scutelles, presque sessiles, formés en dessous par le thalle, qui leur fournit un rebord.—Thalle en croûte foliacée, épaisse, cartilagineuse, formé d'écailles distinctes ou soudées, ordinairement imbriquées, en rosette, et portant en dessus les apothécies.

1. P. CRASSA. (*Lecanora crassa*). Croûte imbriquée, mêlée de blanc et de brun-verdâtre, formée d'écailles appliquées, découpées-crénelées, ondulées, irrégulières; apoth. épars, à disque plat, d'un roux-fauve, puis d'un brun-noir, à bord flexueux, entier, disparaissant ensuite.—Sur la terre. Loches. R.

541. PLACODIUM. Apothécies ou scutelles sessiles, formés en dessous par le thalle, qui leur fournit un rebord épais.—Thalle en croûte foliacée, orbiculaire, rayonnante, granuleuse au centre, où il porte les apothécies, et plissé en rayons au contour.

1. P. OCHROLEUCUM. Croûte presque imbriquée, ridée, écailleuse, inégale, jaunâtre ou gris-verdâtre pâle; apothécies très-rapprochés, à disque plat, d'un jaune-fauve et à bord plus pâle, flexueux et crénelé.—Sur les murs. CC.

2. P. CANESCENS. Croûte orbiculaire, raboteuse, plissée, granuleuse, pulvérulente, d'un glauque-blanchâtre ou cendrée; apoth. rares, à disque plat, puis convexe, noir, un peu pulvérulent, avec un rebord propre, élevé, de même couleur, et un autre rebord fourni par le thalle et à peine visible.—Sur les murs et sur les troncs d'arbre. CC.

3. P. TEICHOLYTUM. (*P. versicolor* Fl. Fr.) Croûte presque continue, rude, granuleuse, pulvérulente, d'un blanc-cendré, plissée, lobée et crénelée au contour ; apoth. épars, appliqués, à disque plat, rouge, à bord épais, flexueux, pulvérulent, blanchâtre.—Sur les murs. CC.

4. P. FULGENS. Croûte presque orbiculaire et continue, jaunâtre-pâle, inégale, pulvérulente, à lobes plissés et flexueux au contour ; apoth. épars, sessiles, très-rouges, avec un rebord blanchâtre, épais, élevé, puis flexueux, crénelé, et disparaissant enfin.—Sur la terre. R.

5. P. MURORUM. Croûte orbiculaire, gercée, plissée et ridée, à surface jaune, pulvérulente, à lobes plissés en rayons linéaires, convexes et découpés ; apothéc. rapprochés, à disque un peu concave, plus foncé, puis convexe, avec un bord flexueux, entier ou un peu crénelé.—Sur les pierres. CC.

Variété : 6. *oblitteratum*. (*Patellaria oblitterata* Fl. Fr.) Croûte étalée, verruqueuse et fendillée, d'un rouge-jaunâtre, à pourtour irrégulier ou presque effacé ; apothécies rapprochés, convexes, de même couleur, à bord plus pâle.—Loches. R.

6. P. ELEGANS. Croûte presque orbiculaire et imbriquée, plissée, ridée, d'un jaune-orangé, à lobes linéaires, laciniés, flexueux, convexes, rayonnans ; apothécies épars, à disque un peu concave, de même couleur et à bord plus pâle, un peu flexueux, entier.—Sur les rochers. C.

542. LECANORA. (*Patellaria* Fl. Fr.) Apothécies ou scutelles sessiles, formés en dessous par le thalle, qui leur fournit un rebord épais. — Thalle étendu en croûte uniforme, circonscrite ou étalée.

* *Apothécies jaunes.*

1. L. VITELLINA. Croûte étalée, indéterminée, granuleuse, jaune ; apothécies rapprochés, à disque plat, de même couleur, devenant convexe, plus foncé et difforme, à bord élevé, mince, puis flexueux et disparaissant enfin.—Sur les murs. C.

2. L. SALICINA. Croûte granuleuse, inégale, d'un jaune-sale ; apothécies à disque plat, d'un jaune-orangé, puis convexe et à bord mince, un peu crénelé, disparaissant enfin.—Sur l'écorce du Saule, de l'Orme, etc. C.

3. L. LUTEO-ALBA. Croûte nulle ; apothécies un peu concaves, puis convexes et hémisphériques, jaunes, à bord mince, de même couleur, entier, ou blanchâtre, crénelé.—Sur les écorces. C.

Variété : 6. *aurantiaca*. (*Patellaria aurantiaca* et *P. ulmicola* Fl. Fr.) Croûte nulle ; apothéc. rapprochés, un peu convexes, orangés, à bord très-mince finissant par disparaître, ou blanchâtre entier, ou un peu crénelé.—Loches.

4. L. CERINA. Croûte étalée, indéterminée, mince, inégale, blanche ou cendrée ; apoth. à disque plat, puis convexe, d'un jaune de cire, à bord élevé, entier, ensuite un peu crénelé, d'un blanc-cendré.—

Sur les écorces et sur les palissades de bois. CC.—Ainsi que la précédente, c'est peut-être une transformation de la *Parmelia parietina*.

5. L. HÆMATITES. Croûte étalée, mince, inégale, un peu gercée, d'un bleu-ardoisé, souvent bordée de noir ; apoth. à disque plat, d'un brun-rouge, puis convexes, à bord élevé, replié, entier ou crénelé, gris, pulvérulent.—Sur l'écorce du Peuplier d'Italie. R.

** *Apothécies bruns.*

6. L. SUBFUSCA. Croûte mince, continue, cartilagineuse, lisse, puis granuleuse, inégale, blanche et cendrée ; apoth. sessiles, à disque un peu convexe, d'un brun-roussâtre, à bord gonflé, entier, puis flexueux, et crénelé.—Sur les écorces et sur le vieux bois. CC.

7. L. POPULICOLA. Croûte granuleuse, inégale, cendrée, noirâtre, entourée d'un cercle blanc ; apoth. à disque un peu concave, pâle ou livide, et à bord élevé, crénelé.—Sur l'écorce du Peuplier blanc. C.

8. L. EFFUSA. Croûte étalée, mince, presque pulvérulente, d'un cendré-verdâtre ; apoth. nombreux, petits, appliqués, à disque plat, puis convexe, d'un brun-roussâtre, pâle, et à bord mince, pâle.—Sur les Saules creux. C.

9. L. VARIA. Croûte inégale, granuleuse, un peu verruqueuse, d'un jaune-verdâtre, pâle ; apothéc. petits, rapprochés, à disque plat ou concave, brunâtre, pâle, et à bord élevé flexueux, puis crénelé.—Sur les palissades de bois. C.

10. L. DETRITA. Croûte verruqueuse, plissée, raboteuse, d'un blanc-cendré ; apoth. plats, incrustés, irréguliers, pâles, puis d'un brun-roussâtre ou noirs, à bord épais, flexueux et crénelé.-Sur les écorces. R.

11. L. BADIA. Croûte étalée, inégale, granuleuse, ou un peu écailleuse et verruqueuse, d'un brun-olivâtre, glabre ; apoth. appliqués, à disque plat, puis convexe, d'un rouge-brun et à bord épais, plus pâle.—Sur les pierres. C.

*** *Apothécies rouges ou roses.*

12. L. RUBRA. Croûte étalée, presque membraneuse, lisse, puis inégale, granuleuse, pulvérulente, blanche ; apothécies à disque concave, d'un rouge pâle. et à bord gonflé, un peu crénelé, blanc, pulvérulent.—Sur les écorces. C.

**** *Apothécies roussâtres.*

13. L. BRUNNEA. Croûte granuleuse, presque imbriquée, d'un vert-brun, demi-gélatineuse ; apothécies incrustés, très-rapprochés, puis difformes, à disque un peu convexe, roussâtre, ou d'un brun-roux, et à bord élevé, crénelé.—Sur la terre et sur les mousses pourries. C.

***** *Apothécies pâles, livides, ou couverts de poussière.*

14. L. PARELLA. Croûte étalée, plissée, gercée et verruqueuse, blanche ou verdâtre ; apoth. épais, rapprochés, difformes, à disque un peu concave, puis convexe, d'une couleur de chair pâle, et à bord gonflé, entier.—Sur les vieux arbres, sur les rochers et sur les murs. C.

15. L. TARTAREA. Croûte étalée, granuleuse, bosselée, blanche-cendrée ; apoth. épars, épais, à disque plat, un peu convexe, ridé, d'un rouge briqueté pâle, et à bord renflé, replié, puis crénelé.—Sur les rochers. C.

16. L. LUTESCENS. Croûte étalée, mince, membraneuse, verruqueuse, pâle, et couverte d'une poussière pâle, d'un vert-jaunâtre ; apothécies épars, presque incrustés, à disque plat, jaunâtre-pâle, puis convexe, presque globuleux, roussâtre, couvert d'une poussière ardoisée, et surpassant le bord qui est flexueux.—Sur les troncs d'arbre. C.

****** *Apothécies noirs.*

17. L. EXIGUA. Croûte étalée, gercée, granuleuse, inégale, d'un cendré-verdâtre ; apoth. rapprochés, à disque plat, ridé, noir, puis convexe et globuleux, un peu difforme, à bord flexueux, d'un cendré-verdâtre.—Sur les clôtures en bois et sur l'écorce des vieux Chênes. C.

18. L. SOPHODES. Croûte presque circonscrite, verruqueuse, granuleuse, cendrée ou brune-verdâtre ; apoth. petits, rassemblés, à disque plat, puis convexe, et à bord gonflé, très-entier.—Sur les écorces. C.

19. L. METABOLICA. Croûte mince, membraneuse, puis rude, gercée, inégale, d'un brun-cendré ou verdâtre ; apoth. très-petits, rapprochés, à disque un peu concave, puis convexe, et à bord un peu épais, élevé, entier, blanc, puis brun et presque noir.—Sur l'écorce de l'Orme et du Chêne. C.

20. L. ATRA. (*Patel. tephromelas* Fl. Fr.) Croûte presque circonscrite, gercée, granuleuse, blanche ou cendrée ; apoth. plus ou moins grands, à disque plat, puis renflé, et à bord élevé, blanc, puis flexueux et crénelé.—Sur les rochers et sur les écorces. C.

543. URCEOLARIA. Apoth. plats ou concaves, enfoncés dans le thalle, qui leur forme un rebord ; lame proligère colorée, souvent munie d'un rebord propre très-mince. — Thalle en croûte rude, uniforme, circonscrite ou étalée, gercée ou verruqueuse.

1. U. SCRUPOSA. (*U. gibbosa*). Croûte étalée, rude, granuleuse, gercée et divisée en plaques ridées, verruqueuses, d'un blanc-cendré ; lame proligère creusée, noire, couverte d'une poussière cendrée, puis dilatée, à bord épais, granuleux, replié.—Sur la terre et les rochers. C.

2. U. CINEREA. (*U. tessulata* Fl. Fr.) Croûte gercée et divisée en plaques verruqueuses, cendrée, d'un gris-jaunâtre, ou d'un blanc-bleuâtre, quelquefois bordée de noir ; lame proligère enfoncée dans les verrues, d'abord en forme de point noir, puis élargie, orbiculaire, elevée, munie quelquefois d'un rebord particulier, très-mince, avec le bord épais, entier, fourni par le thalle.—Sur les rochers. C.

3. U. CALCARIA. Croûte circonscrite, un peu farineuse, fendillée en plaques, blanche ; lame proligère petite, un peu concave, noire, couverte d'une poussière ardoisée ; bord formé par le thalle, un peu saillant, puis distinct, et bord propre du disque mince, distinct.—Sur les pierres calcaires. C.

544. PERTUSARIA. (*Porina*). Apothécies ordinairement renfermés plusieurs ensemble dans les verrues du thalle, non bordés, demi-globuleux ou difformes, et percés de petits trous.—Thalle en croûte cartilagineuse, uniforme.

1. P. COMMUNIS. Croûte membraneuse, égale, lisse, étalée, d'un blanc-cendré : verrues des apothécies rapprochées, à plusieurs petits trous, enfoncés, noirs.—Sur les troncs d'arbre. C.

2. P. WULFENII. Croûte un peu étalée, membraneuse, glabre, plissée et ridée, d'un gris-olivâtre ou verdâtre ; verrues des apothécies rapprochées, arrondies, puis difformes, anguleuses et aplaties en dessus, avec un rebord flexueux, gonflé ; pores solitaires ou nombreux, puis réunis et élargis, noirs.—Sur les écorces. C.

3. P. LEIOPLACA. Croûte membraneuse, très-mince, lisse, puis gercée, blanche ; verrues des apoth. éparses, convexes ; pores brunâtres, solitaires ou nombreux, arrondis, et se réunissant souvent en une seule ouverture irrégulière.—Sur les troncs d'arbre. C.—Ainsi que la précédente, ce n'est peut-être qu'une altération de la *Pertusaria communis*.

545. THELOTREMA. (*Volvaria* Fl. Fr.) Apoth. membraneux, solitaires, renfermés dans des verrues formées par le thalle et ouvertes au sommet.—Thalle uniforme, appliqué, en croûte cartilagineuse.

1. T. LEPADINUM. (*Volvaria truncigena* Fl. Fr.) Croûte mince, étalée, membraneuse, blanchâtre ; verrues des apothécies sessiles, coniques, quelquefois réunies, tronquées et ouvertes au sommet ; bord de l'ouverture mince, simple, un peu resserré ; fond de l'ouverture noirâtre, couvert par une membrane qui se rompt.—Sur l'écorce des vieux Chênes. Loches. R.

---

†††††† APOTHÉCIES PULVÉRULENS OU NULS, SUR UN THALLE PULVÉRULENT.

546. VARIOLARIA. Apoth. en forme de verrues, sessiles, formés par le thalle, ordinairement blancs et chargés de corps pulvérulens (*sorédies*); lame proligère comprimée, renfermée dans la verrue qui le recouvre.—Thalle crustacé, uniforme.

1. V. COMMUNIS. Croûte cartilagineuse, lisse, blanchâtre, puis inégale, cendrée, couverte de sorédies blanches : verrues des apothécies globuleuses, pulvérulentes ; noyau plat, membraneux, pâle, se trouvant enfin à découvert. — Sur les écorces, le vieux bois et les pierres. CC.—Croûte presque sans saveur.

2. V. DISCOIDEA. Croûte étalée, ridée et gercée, inégale, plus ou moins pulvérulente, blanche ou cendrée ; verrues des apothécies appliquées, plus ou moins rapprochées, un peu concaves, bordées, et portant des sorédies de même couleur. —Sur les vieux arbres. C. —Croûte d'un saveur très-amère.

547. CONIOCARPON. (*Spiloma*). Apoth, ou gongyles formés de petits corps réunis en amas, plats, homogènes, presque pulvérulens, difformes, d'une autre couleur que le thalle qui est crustacé, uniforme, appliqué.

1. C. CINNABARINUM. (*Spiloma tumidulum.*) Croûte presque cartilagineuse, blanchâtre : apoth. rapprochés, gonflés, difformes, oblongs, rudes, d'un brun-noirâtre, et un peu pulvérulens, devenant roussâtres, puis rouges. —Sur l'écorce des arbres et surtout du Charme. C.

2. C. NIGRUM. Croûte mince, un peu membraneuse, inégale, presque pulvérulente, blanchâtre, quelquefois marquée ou bordée de lignes noires : apothécies convexes, ovales, arrondis ou difformes, rudes et noirs. —Sur les écorces. C.

3. C. OLIVACEUM. Croûte blanchâtre ; apoth. arrondis, convexes, puis réunis, pulvérulens, jaunes, et devenant bruns-olivâtres. —Sur l'écorce des vieux Saules. R.

548. LEPRA. Apothécies nuls ou inconnus ; croûte irrégulière, étendue, pulvérulente ou presque filamenteuse. —Les plantes comprises dans ce genre ne sont peut-être que des espèces imparfaites de Lichen déjà décrites, ou bien des Algues ou des Champignons, qu'un développement incomplet empêche de rapporter à leur vraie famille.

1. L. FLAVA. Croûte mince, très-jaune. —Sur les écorces et sur les murs. C. —Peut-être la *Patellaria candelaria* non développée ?

2. L. LEIPHÆMA. Croûte très-mince, blanche. —Sur les écorces. C. —Peut-être la *Lecanora hæmatomma ?*

3. L. SULPHUREA. Croûte égale, d'un glauque-verdâtre, puis d'un vert très-pâle. —Sur les écorces. R. —Peut-être la *Lecanora lutescens ?*

4. L. BOTRYOIDES. (*Byssus botryoides* L.) Croûte mince, pulvérulente, d'un vert foncé, formée de grains liés entr'eux. — Sur la vieille écorce. R. —(C'est une *Chaodinée* sèche, suivant *Bory*).

5. L. RUBENS. (*L. odorata* Fl. Fr.) Croûte étalée, rouge, puis d'un jaune-grisâtre, formée de grains floconneux et presque liés entr'eux. —Sur les bois pourris et sur les écorces. R.

6. L. ANTIQUITATIS. (*Byssus antiquitatis* L.) Croûte noire, très-mince. —Sur les pierres et sur les statues. C.

CXX. FAMILLE : HYPOXYLÉES.

Végétaux ordinairement noirs, sans fronde et sans thalle, parasites sur les plantes mortes ou vivantes, ou dans leur épaisseur, et formés de réceptacles solitaires, ou aggrégés, ou réunis par une base commune (*stroma*), compactes, coriaces ou ligneux, d'abord fermés, puis percés d'un trou ou fendus au sommet, avec un noyau distinct, plus mou ; germes ou sporules enveloppés dans une substance muqueuse, ou rangés dans des sacs (*thèques*) membraneux, sphériques, cylindriques ou en massue, fixés par la base avec symétrie, et mêlés à un mucus gélatineux.

1re. Tribu. *SPHÉRIACÉES. Récept. s'ouvrant par un trou ou par une fente, et rempli de thèques.*

549. SPHÆRIA. Récept. osseux, arrondis, solitaires, ou réunis par une base commune (*stroma*), charnue ou coriace, et percés chacun d'un trou (*ostiole*) au sommet ; thèques alongées, sortant avec la substance gélatineuse qui les entoure.

§ 1. EUSPHERIA. Récept. s'ouvrant par un trou rond.

A. — *Composées.*

I. PEPIPHERICÆ. Récept. fixés, en s'écartant, sur le contour de la base ; ostiole sans col. — Croissant a la surface du sol.

1. Clavæformes. *Stroma dressé en tige simple ou rameuse; réceptacles situés au contour, puis saillans.*

* *Voile nul ; réceptacles pâles, placés sur un support particulier. — Espèces charnues, d'une consistance fibreuse.*

1. S. militaris. (*Clavaria militaris* L.) Capitule orangé, divisé en plusieurs petites massues. — Sur la terre. R.

2. S. ophioglossoides. (*Clavaria radicosa*). Massue d'un brun-olivâtre, à pédicelle (de 1-2 p.) plus pâle. — Dans les bruyères. Loches. R.

** *Voile pulvérulent, fugace ; stroma contigu au pédicelle, terminé par un sommet stérile et contenant les récept. noirs.—Espèces subéreuses.*

3. S. DIGITATA. Massues d'un brun-noirâtre (de 2 à 3 p.), terminées en pointe blanche, et soudées dans une partie de leur longueur. C.
4. S. POLYMORPHA. Massues noirâtres, élargies et divisées au sommet, soudées à la base, et à chair blanche. R.
5. S. HYPOXYLON. (*S. cornuta*). Tiges noires, velues, simples, subulées (de 2-3 p.) ou rameuses, et aplaties au sommet, qui est blanchâtre. C.

2. CUPULÆFORMES. *Stroma bordé, en forme de coupe ouverte, pédicellée ; réceptacles ovales, placés dans le disque de la coupe, à ostioles saillans.*

6. S. PUNCTATA. (*Poronia*). Pédicelle noirâtre, alongé (de 6-12 lig.), évasé en coupe, à disque blanc, semé de points noirs. - Sur le crottin. C.

3. PULVINATÆ. *Stroma sessile, convexe, non bordé ; récept. situés sur le contour.*

* *Voile pulvérulent, fugace ; récept. noirs ; thèques linéaires en massue ; sporidies cloisonnés, s'échappant comme une poussière noire.*

7. S. FRAGIFORMIS. Tubercules globuleux, de la grosseur d'un pois ou d'une noisette, rouges, puis bruns, et enfin noirs. R.
8. S. FUSCA. Tubercules (de 2 à 3 lignes) bruns, saupoudrés.—Sur le noisettier. C.
9. S. ARGILLACEA. Diffère de la précédente par ses tubercules réunis, d'un jaune terreux, et pulvérulens à l'extérieur. C.
10. S. GRANULATA. Tuberc. plus gros qu'une noisette, souvent réunis, noirs, granuleux, couverts d'une poussière ferrugineuse. CC.

** *Voile nul ; réceptacles membraneux ; thèques pleins de sporidies simples, pâles.*

11. S. GELATINOSA. Tubercules (de 1-3 lignes) de consistance molle et jaunâtres, pâles, aggrégés et soudés. C.

4. CONNATÆ. *Stroma large, plat et indéterminé, naissant avant les réceptacles, qui sont peu saillans et dépourvus de col.*

* *Réceptacles membraneux, saillans ; sporidies simples.*

12. S. CITRINA. Pellicule jaune, étalée, lisse, avec de petits réceptacles globuleux, à demi-enfoncés, brunâtres.—Sur la terre. R.
13. S. ROSEA. Pellicule rose, étalée, à bords filamenteux, blanchâtres, avec des réceptacles saillans, plus foncés.—Sur la terre. RR.
14. S. TYPHINA. Couche charnue, blanchâtre, puis jaune, à points plus foncés, entourant les tiges de Graminées vivantes. C.

** *Réceptacles un peu cornés, noirs, couverts d'un voile fugace ; sporidies cloisonnés.*

15. S. RUBIGINOSA. Plaque peu épaisse, pulvérulente, d'abord jaunâtre, puis ferrugineuse, et enfin noire.—Sur le bois mort. C.

16. S. SERPENS. Couche mince, noire, en longues lignes, couverte d'abord d'un duvet cendré, dans les arbres creux ; réceptacles saillans, grouppés par 5 ou 6.—C.

17. S. CONFLUENS. Plaque mince, noire (de 1 lig. sur 3), dans les saules creux, couverte d'abord d'un duvet muqueux, blanchâtre, puis luisante et humide ; récept. saillans, disposés en lignes.—C.

II. HYPOPHERICÆ. RÉCEPT. ENFONCÉS VERTICALEMENT DANS LE STROMA, ET AMINCIS EN COL, DEVENANT LIBRES.

5. GLEBOSÆ. *Stroma étalé, circonscrit ou globuleux, et devenant sec, fragile ; récept. grands, ovoïdes ; ostioles égaux, un peu saillans et noirâtres.--Sur le bois pourri.*

18. S. DEUSTA. Couche (de 1 à 3 p.) noire, comme de la poix, dans les arbres creux, et d'abord blanchâtre-cendrée, charnue.—C.

19. S. NUMMULARIA. (*S. anthracina*). Plaque ronde, noire, convexe (de 6 à 24 lignes), lisse.—CC.

6. LIGNOSÆ. *Stroma étalé, mince, plat, ligneux et entouré d'une ligne noire ; récept. nombreux, enfoncés ; ostioles saillans en forme de papilles.*

20. S. BULLATA. Pustules noires (de 2 à 4 lig.), blanches en dedans ; récept. globuleux.—Sur le Saule et le Noisettier. C.

21. S. STIGMA. Couche d'un brun-noirâtre, étalée sur les écorces des palissades, devenant gercée, couverte de points enfoncés.—CC. Variété : 6. *decorticata.* Plus épaisse, et à ostioles saillans.

22. S. DISCIFORMIS. Pustules orbiculaires, brunes, lisses, parsemées de points noirs, et blanches à l'intérieur.—CC.

23. S. VERRUCÆFORMIS. Tubercules (de 3 lig.) anguleux, ridés, noirs en dehors et en dedans, et entourés par l'épiderme déchiré en étoile ; récept. ovoïdes ; ostioles presque cachés.—R.

24. S. UDA. Masses noires (de 2-3 lig.), oblongues, lisses ; récept. peu nombreux, produisant des saillies.—C.

7. VERSATILES. *Stroma pustuleux, caché, ensuite saillant, coriace, puis friable, non entouré d'une ligne noire à la base ; réc. enfoncés verticalem^t, à cols distincts, droits.*

25. S. SCABROSA. Tubercules saillans, difformes, d'un rouge-brun, distincts, puis soudés entr'eux en plaques noirâtres.—C.

26. S. FRIABILIS. Tubercules noirs, très-saillans, oblongs (de 1-2 l.),

plissés, remplis d'ume substance blanchâtre, friable; réceptacles noirs.—Sur le Saule. R.

27. S. FERRUGINEA. Tubercules (de 2 à 3 lig.) rompant l'épiderme en travers, oblongs ou irréguliers, raboteux, noirs, remplis d'une poussière ferrugineuse, avec des récept. noirs.—C.

28. S. STRUMELLA. Réceptacles globlueux, grouppés par 7 ou 8, sans stroma, en un petit tubercule ovale.—R.

29. S. INSITIVA. Tubercules charnus, blanchâtres ou rosés, puis brunâtres, convexes, réunis en rangées dans les fentes de l'écorce de vigne, au printemps; réceptacles noirs.—C.

8. CONCRESCENTES. *Stroma incrusté dans l'écorce, étalé, mince, non circonscrit; réceptacles nombreux, enfoncés, distans et appliqués; ostioles saillans, hors du bois, solitaires.*

30. S. SPINOSA. Ostioles sortant du bois comme des pointes rapprochées, et formant de grandes plaques noires.—C.

31. S. LATA. Ostioles en points noirs, très-petits et très-nombreux, couvrant de grands espaces sur les branches mortes, qui prennent une teinte brune.—R.

32. S. DECIPIENS. Plaques noires très-étendues, visibles quand on enlève l'épiderme, hérissées de papilles fragiles (de 1 lig. 1/2), droites ou couchées.—Sur le Charme. C.

III. AMPHIPHERICÆ. RÉCEPT. CONVERGENS EN CERCLE, ENTOURÉS D'UN FAUX STROMA PUSTULEUX, ET AMINCIS EN COL. — ENFONCÉS DANS L'ÉCORCE.

9. CIRCUMSCRIPTÆ. *Faux-stroma arrondi, enfermé dans un conceptacle noir, ventru, adhérent à la base, entier et resserré au sommet, sans disque hétérogène; réceptacles noirs, irrégulièrement en cercle, avec des cols longs et convergens vers le centre.—En forme de pustules soudées au bois; ostioles distincts de l'épiderme, qu'ils traversent.*

33. S. PRUNASTRI. Tuberc. arrondis, noirâtres, contenant les réceptacles, et surmontés de 8 ou 10 ostioles tronqués.—Sur le Prunier. CC.

34. S. ENTEROLEUCA. (*S. ceratosperma* Fl. Fr.) Tubercules de la grosseur d'un pois, noirâtres, blancs en dedans, en partie enfoncés dans l'écorce du Charme.—CC.

35. S. ANOMIA. (*S. irregularis* Fl. Fr.) Tuberc. d'un brun-noir, rapprochés dans les fentes des branches mortes du Robinia pseudo-acacia. R.

36. S. FIBROSA. Croûte noire, sous l'épiderme des branches mortes du Prunier, chargée de pustules d'où sortent 6 ou 8 ostioles lisses. —C.

37. S. BETULI. (*S. Carpini*). Pustules nombreuses, noirâtres, enfoncées; ostioles prolongés, rompant l'épiderme en étoile.—C.

10. Incusæ. *Faux-stroma arrondi, soudé inférieurement à un support particulier, et supérieurement à l'épiderme, et finissant par montrer au dehors un disque plat, peu consistant; récept. irrégulièrement en cercle, entourés supérieurem. par le stroma, avec des cols perçant le disque.—En forme de pustules sous l'épiderme.*

38. S. nivea. Pustules saillantes, nombreuses, à disque blanc parsemé de papilles ou de points noirs.—C.

39. S. leucostoma. Plus petite que la précédente, elle n'a que 2 ou 3 pores ouverts, noirs.—R.

40. S. scutellata. Pustules (de 1 à 2 lig.) arrondies, nombreuses, convexes, d'un brun-noirâtre, avec un ou plusieurs becs aigus, saillans.—Sur l'Aulne. C.

41. S. radula. Intermédiaire entre la précédente et la *S. nivea*, elle a le disque blanc, avec des becs saillans et rudes.—R.

42. S. tessella. Becs des réceptacles ou ostioles noirs, disposés symétriquement et entourés d'une ligne noire.—Sur le Saule. R.

11. Obvallatæ. *Stroma cortical, sans conceptacle propre; réceptacles minces, enfoncés, en cercle, dans l'écorce inférieure, avec des cols convergens et réunis par un disque élevé en tubercule.*

43. S. ciliata. Pustules arrondies, déchirant l'épiderme, et surmontées par des ostioles sétacés, divergens.—Sur l'Orme, en hiver. C.

44. S. coronata. Réceptacles inclinés, et formant une pustule saillante d'où sortent des ostioles en petites massues, divergentes en couronne.—Sur l'Alizier. R.

45. S. salicina. Petites pustules peu saillantes, à disque blanchâtre, puis noir, avec des petits points noirs enfoncés.—Sur le Saule. CC.

46. S. ambiens. Petites pustules blanchâtres, puis noires et aplaties au milieu, entourées par un cercle d'ostioles.—CC.

12. Circinnatæ. *Stroma nul; récept. simples, d'abord pâles, puis noirs, réunis en cercle et cachés par l'épiderme que traversent leurs cols amincis, qui d'abord réunis, sont ensuite libres, sans conceptacle et sans disque.— Sur l'écorce intérieure.*

47. S. pulchella. Réceptacles très-nombreux, globuleux, couchés, formant des groupes orbiculaires, et prolongés en becs (de 1 lig.) convergens.—Sur le Cerisier. C.

48. S. quaternata. 3 ou 4 récep. ovoïdes, réunis en rosette, et rapprochés au sommet par des ostioles courts, formant une pustule noire. R.

49. S. convergens. Pustules ovales, saillantes, d'où sortent 9 ou 10 ostioles cylind., droits, un peu aigus.—Sur le Bouleau, en hiver. R.

IV. EPIPHERICÆ. (*Peu composées*). RÉCEP. NUS, PLACÉS HORIZONTALEMENT SUR UN STROMA, MAIS D'ABORD CACHÉS PAR L'ÉPIDERME, ET SANS COL.

13. CESPITOSÆ. *Stroma arrondi, convexe, grumeleux et un peu incrusté; récep. superficiels en touffes, à ostioles égaux.*

50. S. CINNABARINA. (*S. pezizoidea* Fl. Fr.) Récept. nombreux, plissés et ridés, formant des tubercules d'un rouge foncé.—En hiver. CC.

51. S. COCCINEA. Diffère de la précédente par ses réceptacles lisses, globuleux, d'un rouge vif, avec un ostiole non déprimé.—Sur les écorces, et souvent parasite sur d'autres *Sphéries*. C.

52. S. RIBIS. Diffère de la *S. cinnabarina* par ses réceptacles lisses, agglomérés, et par un stroma jaunâtre.—Sur le Groseiller. C.

53. S. LABURNI. Turbercules larges, anguleux, noirâtres, saillans, formés de réceptacles nombreux, arrondis et comprimés, blanchâtres à l'intérieur.—Sur le Cytise. C.

54. S. POPULINA. Réceptacles saillans, lisses, réunis en touffe noire divergente par un stroma compacte. — Sur le Peuplier. Loches. R.

55. S. BERBERIDIS. Réceptacles gros comme une tête d'épingle, granuleux, rouges d'abord, puis noirs, réunis en petites touffes; ostioles nuls.—Sur l'Épine-vinette. R.

56. S. VARIA. Récept. inégaux, en groupes peu distincts ou formant des masses noires, granuleuses (de 2-3 lig.). ou des traînées (de 1 p.); sans ostioles.—Sur le Cerisier et l'Orme. Loches. R.

57. S. CUPULARIS. Réceptacles très-petits, noirs, semblables à des cupules agglomérées.—En hiver. R.

14. CONFLUENTES. *Stroma mince, arrondi ou étalé, incrusté; réceptacles minces, simples, mous, soudés d'abord, puis devenant presque libres; col nul.*

58. S. ACINOSA. Récept. très-nombreux, arrondis, ridés, formant des plaques noires (de 3-6 lig.) irrégulières.--Sur l'orme et le tilleul. R.

59. S. FULIGINOSA. Récept. noirs, arrondis, lisses, grouppés 6-8 ensemble sur un support brun.-Sur les rameaux du Saule et de l'Acacia. R.

60. S. SPARTII. Tubercules arrondis, nombreux, formés de 3 ou 4 réceptacles d'abord distincts, puis confondus avec le stroma.—Sur le Cytise à balais. C.

15. SERIATÆ. *Stroma mince, étalé, indéterminé, incrusté, granuleux ou nul; récept. d'abord cachés par l'épiderme, puis nus, globuleux, disposés en rangées parallèles, souvent soudés, à ostioles courts.—Incrustés sur les tiges des herbes mortes ou languissantes.*

61. S. JUNCI. Récept. en forme de points noirs, simples, puis réunis en lignes.—Sur le Jonc, en automne. C.

62. S. NEBULOSA. Récept. noirs, très-petits, nombreux, formant des taches en lignes interrompues, grisâtres.—Sur les *Ombellifères*. C.

16. Confertæ. *Stroma étalé, incrusté, granuleux, formé du parenchyme de la feuille, ou nul ; récept. minces, simples, aggrégés, noirs, cachés par l'épiderme devenu noir, d'abord pleins, puis vides.—Naissant sur les feuilles languissantes ou mortes.*

63. S. graminis. Couche ridée, noire, saillante ; récept. globuleux, presque en rangées ; ostioles cachés.—Sur les *Graminées*. R.

64. S. Trifolii. Tubercules (de 1/2 lig. à 1 l. 1/2) noirs, ridés, formés de réceptacles blancs à l'intérieur, et entourés d'un stroma pulvérulent.—Sous les feuilles de Trèfle, en automne et en hiver. R.

65. S. fimbriata. Taches noires, convexes, formées de 8 à 10 récept. cylindriques, raides, dont les ostioles sont entourés d'une frange blanche, formée par l'épiderme des feuilles du Charme. C.

66. S. Coryli. Diffère de la précédente parce que ses réceptacles sont distincts.—Feuilles du Noisettier, en automne. R.

67. S. bifrons. Pustules noires, aplaties, quelquefois réunies et visibles sur les deux faces de la feuille morte du Chêne ; récept. peu nombreux ou solitaires, convexes et saillans en dessus, puis ombiliqués. R.

B.—*Simples.*

V. SUPERFICIALES. Récept. a double écorce, ou d'abord avec un voile libre, superficiel, sur un stroma étalé, velu.

17. Byssisedæ. *Réceptacles libres, glabres, fixés sur un support cotonneux, formé de fibres entrelacées ; ostiole court.—Sur les corps pourris.*

68. S. aquila. Récept. grands, presque globuleux, d'un brun-noirâtre, rassemblés sur un support d'où ils sortent à moitié.—Sur le bois, en hiver. C.

69. S. byssiseda. Diffère de la précédente parce que ses réceptacles plus pâles, sont épars sur un support d'un brun-cendré. — Sur les branches mortes du Saule, au printemps. C.

70. S. tristis. Réceptacles très-petits et très-nombreux, ridés, sur une sorte de feutre mince, étalé, noirâtre. — Sur le Chêne, au printemps. C.

18. Villosæ. *Récept. presque libres, fermés, ovoïdes, couverts d'un duvet persistant, non entre-croisé ; ostiole égal, en papille rarement alongée.—Sur les plantes mortes.*

71. S. ovina. Réceptacles d'un blanc sale, recouverts d'un duvet épais, blanchâtre.—Sur les troncs pourris, en automne. C.

72. S. mucida. Réceptacles bruns, réunis dans un duvet mince, brun.—Entre les fentes du bois pourri. C.

73. S. canescens. Réceptacles hérissés de poils cendrés et grouppés sur les branches mortes du Chêne.—C.

74. S. hirsuta. Réceptacles fragiles, noirs, anguleux, hérissés, en groupes irréguliers sur le bois pourri.—CC.

75. S. pilosa. Réceptacles noirs, très-petits, lisses, hérissés de poils courts ; ostioles peu saillans.—Sur le Chêne. C.

19. Denudatæ. *Support nul ; récept. nus, presque libres, ovoïdes ou globuleux, devenant glabres ; ostiole court, presque en papille, persistant.—Incrustées à la surface du vieux bois, et couvertes d'un voile dans leur jeunesse.*

76. S. Peziza. Réceptacles gros comme une tête d'épingle, rougeâtres-orangés, réunis en groupes.—Loches. C.

77. S. sanguinea. Réceptacles très-petits, d'un rouge-pourpre, lisses, épars et percés d'un pore arrondi.—C.

78. S. pomiformis. Récept. très-petits, noirs, lisses, rapprochés par plaques, les uns avec un ostiole saillant, les autres en cupule. R.

79. S. mammæformis. Réceptacles globuleux, lisses, d'un noir-brun, trois fois plus gros que dans la précédente.—Loches. C.

80. S. stercoraria. Récept. noirs, lisses, globuleux, fermes et luisans, solitaires, en groupes 2 ou 3 ensemble.—Sur les excrémens. C.

81. S. spermoides. Récept. noirs, très-nombreux et très-rapprochés, semblables à des graines de pavot, formant une croûte noire.—CC.

82. S. moriformis. Récept. noirs, tuberculeux, comme une petite mûre, rapprochés sur une étendue de quelques pouces.—C.

83. S. pulvis-pyrius. Récept. très-nombreux, inégaux, ressemblant à de la poudre à canon.—Sur les bois secs. CC.

20. Pertusæ. *Récept. nus, fermes, glabres, plats et incrustés à la base ; ostiole égal, en forme de papille caduque.*

84. S. mobilis. Récept. arrondis, lisses, formant des petits points noirs, saillans.—Sur les branches d'arbre sans écorce. C.

85. S. mycophila. Récept. noirs, lisses, hémisphériques, à moitié enfoncés à la surface des *Polypores*. C.

VI. SUBIMMERSÆ. Réceptacles enfoncés, et souvent sortant à la maturité ; ostiole remarquable, élargi ou aminci en col.

21. Platysomæ. *Récept. cachés dans leur jeunesse, puis nus, glabres, fermes ; ostiole très-large, comprimé, s'ouvrant par une fente longitudinale.—Éparses sur le bois ou l'écorce en crêtes saillantes.*

86. S. barbara. (*Hysterium cinereum* Fl. Fr.) Récept. de la grosseur d'un grain de chenevis, cendrés, avec une fente blanchâtre.—Sur le Saule et le Frêne, au printemps. CC.

87. S. CRISTATA. (*S. crenata.*) Récept. noirs, epars ou groupés, globuleux, saillans, et surmontés d'une crête dentée.—C.

88. S. COMPRESSA. Récept. noirs, épars, globuleux, cachés dans le bois et surmontés d'une petite crête non dentée.—C.

22. CERASTOMÆ. *Récept. d'abord cachés, et souvent entourés deduvet, puis nus, solides, noirs, terminés par un bec ou ostiole cylindrique, plus long qu'eux-mêmes.—Epars ou groupés sur le bois ou l'écorce.*

89. S. LAGENARIA. Réceptacles d'abord mous, jaunâtres, et entourés d'un duvet épais, puis noirs, solides ; ostiole très-long.—Sur les champignons. R.

90. S. PILIFERA. (*S. dryina.*) Récept. noirs, très-petits, globuleux, épars, prolongés en longs cils flexueux.—Sur le Chêne. Loches. R.

91. S. ROSTRATA. Récept. globuleux, ridés, noirs, avec un bec très-long.—Loches. R.

23. OBTECTÆ. *Récept. toujours enfoncés et cachés, avec un col court, saillant, dilaté au sommet.—Eparses ou groupées, et constamment enchassées dans les parties durables des végétaux.*

92. S. DECEDENS. Récept. noirs, surmontés d'un ostiole droit, court, entourés d'une ligne noire.—Sur le Noisettier. C.

93. S. CORTICIS. (*S. populina*). Récept. noirs, globuleux, rassemblés, perçant l'écorce du penplier par ses ostioles en forme de pointes. C.

94. S. TILIÆ. Récept. en forme de tubercules noirs, sous l'écorce du tilleul, qu'elle déchire ; ostioles plats, dilatés. C.

95. S. INQUINANS. Réceptacles noirs, lisses, globuleux, épars sous l'écorce de l'Érable.—En automne. R.

VII. SUBINNATÆ. RÉCEPT. FIXÉS EN DESSOUS A L'ÉPIDERME, SANS VOILE, ET LONGTEMPS REMPLIS DE GÉLATINE.

24. OBTURATÆ. *Réceptacles d'abord cachés par l'épiderme, puis nus, épais, presque superficiels ; ostiole nu, en papille ou fendu.*

96. S. CONIGENA. Récept. d'abord mous et bruns, puis durs et noirs, avec un noyau blanc, réunis sur les cônes de Sapin. R.

25. SUBTECTÆ. *Récept. d'abord cachés et soudés à l'épid. puis saillans, dépouillés en dessus, et sans ostiole proéminent.-Noires, très petites, rassemblées sous l'épid. des rameaux et des feuilles persistantes, qu'elles déchirent.*

97. S. ATRO-VIRENS. (*S. Visci* Fl. Fr.) Récept. d'abord verts, puis noirs,

disposés en quinconce sur les feuilles et les tiges de Gui et de Buis. —Au printemps. R.

Variété : 6. *Buxi.* Plus petite à la surface inférieure des feuilles de Buis et de Fragon.

98. S. Ilicis. (*Xyloma Aquifolii* Fl.Fr.) Réceptacles en points noirs, nombreux.—Sur le Houx. C.

26. Caulicolæ. *Réceptacles d'abord cachés, puis découverts par le déchirement de l'épiderme, dont ils sont séparés.—Sur les herbes mortes.*

99. S. rubella. Récept. en points noirâtres, saillans, sur des taches vineuses, arrondies.—Au printemps. C.

100. S. acuta. Récept. noirs, hémisphériques, lisses, et surmontés d'un ostiole en bec aigu, raide.—Au printemps. C.

101. S. complanata. Récept. épars, lisses, noirs, globuleux, puis déprimés, avec une petite papille.—Au printemps. C.

102. S. doliolum. Réceptacles saillans, noirs, coniques, avec un ou deux plis circulaires.—CC.

103. S. herbarum. Réceptacles arrondis, déprimés au centre, et munis d'une petite papille.—Réunis sur les tiges d'herbes. C.

27. Foliicolæ. *Récept. minces, soudés à l'épiderme des feuilles qui les cache, ne se déchire jamais, et n'est point taché à l'extérieur.*

104. S. tubæformis. Récept. nombreux, hémisphériques. saillans, noirâtres, avec un bec raide, d'un gris-fauve, trois fois plus long. C.

105. S. gnomon. Récept. très-petits, noirs, lisses, avec un ostiole droit, alongé en massue.—Sur les feuilles du Noisettier. C.

106. S. setacea. (*S. ciliaris*). Récept. très-petits, cachés, avec un ostiole alongé, sétacé.—Sur les feuilles du chêne. C.

107. S. Solani. Récept. à peine visibles, sous l'épid. des tubercules ramollis de pomme de terre, avec des ostioles grêles, flexueux. —Au printemps. C.

108. S. Hederæ. Récept. noirs, lisses, épars, soulevant l'épiderme des feuil. sèches du lierre, avec un ostiole percé, blanc.—Loches. R.

109. S. artocreas. (*Xyloma lenticulare*). Réceptacles noirs, nombreux, orbicelaires, d'abord lisses, puis ridés et plissés après leur chute.—Au printemps. CC.

110. S. myriadea. Récept. à peine visibles, en petits points noirs innombrables, formant des taches irrégulières, cendrées.—Sur les feuilles sèches du Chêne, au printemps. C.

111. S. maculæformis. (*Xyloma punctulatum*). Réceptacles en points noirs, saillans, réunis en tache inégale sous les feuilles au printemps.—CC.

112. S. punctiformis. (*S. craterium*). Récept. en petits points noirs saillans et luisans, ombiliqués.—En hiver. CC.

§ 2. **DEPAZEA.** (*Sphæria lichenoides* Fl.Fr.) SIMPLE; RÉCEP. CACHÉS PAR L'ÉPID., S'OUVRANT PAR UN PORE OU UN OPERCULE ET FORMANT DES TACHES DÉCOLORÉES SUR LES FEUILLES.

113. S. BUXICOLA. Taches épaisses, d'un blanc d'ivoire, et entourées de noir, sous les feuilles du Buis, avec des réceptacles formés de points noirs épars. — C.

114. S. ILICICOLA. Taches roussâtres (de 2 à 3 lig.), puis blanchâtres au centre et bordées de violet, avec des réceptacles en points noirs épars. — R.

115. S. HEDERÆCOLA. Taches blanchâtres, à bord large, brun ; réceptacles réunis ou épars, noirs, convexes. — C.

116. S. TREMULÆCOLA. Taches rondes (de 1 à 2 lig.), brunes, avec des réceptacles luisans à la face supérieure de la feuille. — C.

117. S. FRONDICOLA. Taches (de 1 à 6 lig.) d'un blanc-cendré, bordées de brun, avec des réceptacles nombreux, noirs, puis tronqués, à disque blanchâtre, avec un point noir au centre. — C.

118. S. JUGLANDINA. (*Xyloma Juglandis* Fl. Fr.) Taches (de 2 à 3 l.) orbiculaires, d'un roux-pâle ; réceptacles nombreux, noirs, plats, arrondis. — En automne. C.

119. S. CASTANEÆCOLA. Taches de grandeur et de forme variable ; d'un jaune pâle, entourées d'une ligne noire, flexueuse : réceptacles rares, en points noirs épars. — C.

120. S. CORNICOLA. Taches (de 1 à 2 lig.) arrondies, grises, et entourées d'une tache plus foncée ou pourprée ; réceptacles épars, arrondis et déprimés au centre. — C.

121. S. DIANTHI. (*S. Saponariæ* Fl. Fr.) Taches blanchâtres, éparses, à la face sup.re des feuil. et recouvertes de petits points noirâtres. R.

122. S. BRASSICÆCOLA. Taches (de 2 à 3 lig.) vertes, roussâtres au centre ; récept. très-petits, nombreux, arrondis, noirâtres, lisses. R.

123. S. VAGANS. Taches blanchâtres, entourées de brun ; récept. noirs, très-petits, épars. R.

550. **DOTHIDEA.** Cellules arrondies, nombreuses ou solitaires, dans un stroma sans réceptacle particulier ; ensuite ouvertes par un trou simple et remplies par un noyau en consistance de cire, formé de thèques droites mêlées de matière gélatineuse. — Tubercules charnus, noirâtres, sur le bois mort et sur les feuilles.

I. *Incrustées en partie, puis se dégageant. — Sous l'épiderme des rameaux et des feuilles persistantes.*

1. D. RIBESIA. Tubercules nombreux, distincts, ovales, très-saillans, lisses, noirs en dehors, blanchâtres en dedans, avec un grand nombre de petits globules blancs. — Sur les branches mortes du groseiller, en hiver. R.

2. D. Sambuci. Diffère de la précédente par ses tubercules plus petits (de 1 lig.), moins saillans, réunis 2 ou 3 ensemble, et entourés par l'épiderme qu'ils traversent. R.

3. D. genistalis. Pustules noires, groupées et souvent contigues sous l'épid. du *Genêt herbacé*, avec des globules pâles, peu nombreux. R.

4. D. Juglandis. Pustules convexes, noires, entourées par l'épider. avec des cellules peu nombreuses, plus pâles. —Sur le Noyer. R.

II. *Incrustées et couvertes par l'épid. soudé au stroma. —Sur les parties annuelles des végétaux.*

* (*Polystigma* Fl. Fr.) *Multiloculaires, cellules enfoncées, puis vides ; ostioles à peine visibles.*

5. D. rubra. (*Xyloma rubrum*). Taches (de 2 lig.) orbiculaires, rouges, puis brunes sous les feuilles ; cellules nombreuses, rouges. —Sous les feuilles du Prunier. C.

6. D. fulva. Taches angulenses, jaunâtres, puis fauves, à cellules nombreuses, très-petites, de même couleur. — Sous les feuilles du Prunier et du Cerisier. C.

7. D. Ulmi. (*Sphæria xylomoides* Fl. Fr.) Taches rondes d'ungris-noir réunies sur les feuil. ; cellules blanches. —Sur les feuil. de l'Orme. C.

** (*Stigmea*). *Composées de tubercules saillans, réunis, à contour simple, uniforme.*

8. D. lonicera. Tuberc. saillans (de 1 l. 1/2), arrondis, d'un noir luisant, visibles sur les deux faces des feuil. du Chèvre-feuille xylostéon. R.

*** (*Asteroma* Fl. Fr.) *Cellules très-petites, saillantes, réunies et presque confondues, à contour formant tache, ou composé de fibrilles soudées, rayonnantes. —Plus jeunes, elles ne sont qu'une tache stérile, fibreuse, rayonnante.*

9. D. limantia. Taches noires, étalées. —Sur les tiges de grandes Ombellifères. R.

10. D. reticulata. Fibrilles noires, libres, très-déliées, réunissant les cellules qui sont très-petites. — Sur les feuilles du *Convallaria polygonatum*, en automne. R.

11. D. Asteroma. (*A. Polygonati*). Taches orbiculaires, noires, avec des cellules très-nombreuses, très-petites, et des fibrilles roussâtres au centre. —Sur les feuilles de *Convallaria*. R.

12. D. Solidaginis. (*Xyloma Virgæ-aureæ* Fl. Fr.) Taches irrégulières, très-minces, d'un roux-brun, sous les feuilles de la Verge-d'or.

**** (*Pseudosphæria*). *Uniformes, simples, ou quelquefois en rangées, sans fibrilles, et ne formant pas de tache sèche sur les feuilles.*

13. D. Hederæ. Pustules nombreuses, arrondies, noires-cendrées en dedans. —Sur les feuilles de Lierre. R.

14. D. Robertiani. Pustules noires, hémisphériques, lisses, blanches en dedans. —Sur les feuilles du *Geranium Robertianum*. C.

551. LOPHIUM. Récept. verticaux, comprimés, presque membraneux et en crête, fermés, s'ouvrant par une fente longitudinale ; thèques droites, renfermant des sporules simples, et se réduisant en poussière pour sortir du réceptacle.

1. L. MYTILINUM. (*Hysterium ostreaceum* Fl. Fr.) Très-petits champignons noirs, rétrécis à la base, striés, groupés sur les écorces.—C.

2e. TRIBU. *PHACIDIACÉES. Réceptacles s'ouvrant par une ou plusieurs fentes, à disque ouvert; thèques droites, fixes, persistantes.*

552. HYSTERIUM. Réceptacles simples, sessiles, ovales ou alongés, d'abord fermés, puis s'ouvrant par une fente longitudinale ; noyau linéaire, persistant, portant le disque ; thèques droites, fixes, alongées, remplies de sporules sur un seul rang.—Très-petits champignons groupés, puis soudés.

* *Sur les parties persistantes des plantes.*

1. H. PULICARE. Réceptacles oblongs, noirs, nombreux, striés, nus. —Sur les vieilles écorces du Chêne. C.

2. H. LINEARE. Récept. étroits, alongés, linéaires, noirs, à lèvres lisses, nues.—Entre les fibres du bois mort. C.

3. H. FRAXINI. Récept. ovales, noirs, à lèvres gonflées, lisses, sous des taches blanchâtres à l'épid. du Frêne, qu'ils déchirent ensuite. C.

4. H. CONIGENUM. Récept. en petits points noirs, un peu oblongs, enfoncés.—Sur les écailles des cônes de Pin sylvestre. R.

5. H. PINASTRI. (*Lophoderma pinastri*). Réceptacles noirs, en points saillans, oblongs, et à lèvres quelquefois rougeâtres. — Epars sous l'épiderme des feuilles de Pin. C.

6. H. RUBI. Récept. noirs, alongés, aigus, lisses, d'abord aplatis, puis relevés en crête, gris à l'intérieur. — Sur les branches mortes de la Ronce. C.

** *Sur les parties annuelles des plantes.*

7. H. COMMUNE. (*Hypoderma virgusltorum* Fl. Fr.) Diffère du précédent par ses lèvres déprimées, un peu ridées.—Sur les tiges mortes. C.

8. H. SCIRPINUM. Récept. surmontés d'une crête, en taches (de 2 l.) —Le long des tiges sèches de *Scirpus lacustris*. C.

9. H. ARUNDINACEUM. Récept. nombreux, à peine saillans, en petites taches noires sur les tiges sèches de Roseau. C,

10. H. CULMIGENUM. Récept. très-petits, noirs, lisses et saillans, réunis sur des taches pâles.—Chaumes secs de *Graminées*, au printemps. C.

11. H. FOLIICOLUM. (*Hypoderma xylomoides* Fl. Fr.) Récept. noirs, ovales, obtus, lisses, avec une fente déprimée.—Sur les deux faces des feuilles de *Rosacées*. C.

553. PHACIDIUM. Réceptacles sessiles, arrondis, déprimés, d'abord fermés, puis s'ouvrant en plusieurs lanières du centre à la circonférence, distincts du noyau persistant ; thèques droites, fixes, contenant des sporules en une seule rangée.

1. P. PINI. (*Xyloma Pini* Fl. Fr.) Récept. (de 1 à 2 lig.) noirs, tronqués, à divisions obtuses, et à disque brun. — Sur l'écorce de Pin. Loches. R.

2. P. CORONATUM. (*Xyloma pezizoides* Fl. Fr.) Récept. noirs, orbiculaires, à disque jaunâtre.—Groupés sur les deux faces des feuilles sèches du Chêne. C.

3. P. DENTATUM. Récept. noirs, très-petits, carrés, souvent en 4-5 valves aigues, à disque jaunâtre.—Sur les feuilles de Chêne, où ils produisent des taches pâles. CC.

554. RHYTISMA. (*Xyloma* Fl. Fr.) Réceptacles simples, distincts du noyau, d'abord fermés, puis s'ouvrant par des fentes transversales, irrégulières ; noyau composé, presque multiloculaire, présentant, après la rupture du réceptacle, une sorte de placenta charnu ; thèques droites, avec des sporules sur un seul rang.

1. R. SALICINUM. Réceptacles noirs, blancs à l'intérieur, formant des taches bosselées, inégales.—Sur les feuilles de Saule. C.

2. R. ACERINUM. Récept. noirs, à disque blanchâtre, formant de larges taches granuleuses sur les feuilles d'Érables. C.

3. R. PUNCTATUM. Diffère du précéd. par ses récept. plus petits, groupés 20 ensemble en taches rondes sur les feuil. d'*Erable Sycomore*. R.

4. R. ONOBRYCHIS. Récept. d'abord en forme de petits points noirs, puis réunis en larges taches ridées sur les feuilles de Sainfoin. R.

3°. TRIBU. *CYTISPORÉES. Réceptacles s'ouvrant par un ostiole ou par une fente ; noyau rempli de sporules ; thèques nulles ou détruites.*

555. SPHÆRONEMA. Récept. alongés, presque cylindriques, bosselés, ouverts par un pore simple et renfermant, dans un sac très-mince, des sporules muqueuses,

très-petites, réunies en un globule qui se dissout ensuite.

1. S. CYLINDRICUM. Réceptacles à peine visibles, noirs, lisses, avec un globule blanc, saillant.—Sur le bois pourri. R.

556. CYTISPORA. Réceptacles en forme de cellules difformes, membraneuses, enfoncées sous l'écorce ou dans un tubercule bosselé, presque soudées en cercle autour d'un colonne centrale, et réunies au sommet en un tube commun, ouvert, et traversant le disque saillant comme un ostiole unique. — Matière gélatineuse contenant les sporules, sans thèques, s'écoulant au dehors sous forme d'un filet contourné qui se durcit.

1. C. CHRYSOSPERMA. Stroma olivâtre, cendré, pulvérulent, présentant au dehors un petit disque noirâtre ; filet gélatineux jaune. —Sous l'épiderme des branches mortes de Peuplier. C.

2. C. LEUCOSPERMA. Cellules noires, réunies en disques ou petits boutons aplatis; filet blanc.—Sous l'épiderme des branches mortes de Charme, de Rosier, etc. CC.

3. C. FUGAX. Cellules noires, réunies en petites pustules brunâtres; filet grisâtre.—Sous l'épiderme du Saule. C.

557. CEUTHOSPORA. Réceptacles formés de cellules enfoncées, sans orifice, s'ouvrant irrégulièrement et renfermant un noyau noir ; sporules cylindriques, s'échappant du noyau dissous.— Petits champignons naissant sur les feuilles mortes.

1. C. PHACIDIOIDES. (*Xyloma multivalve* Fl. Fr.) Récept. (de 1 lig.) épars, réunis, noirs, luisans, et s'ouvrant en 3-5 lobes pâles et courts. —Sur les feuilles du Houx. R.

558. LEPTOSTROMA. Réceptacle comprimé, incrusté, lisse, étalé, en forme de tache relevée au centre, cachant des sporules sans ostiole, puis se séparant tout entier de sa base, et laissant les sporules à nu.—Très-petits points noirs sur les feuilles.

1. L. JUNCINUM. Taches oblongues, très-minces, sur le Jonc commun desséché.—C.

2. L. FILICINUM. (*Hypoderma striæforme* Fl. Fr.) Taches noires, luisantes, alongées comme des stries, sur les Fougères. C.

3. L. VULGARE. Petits points ronds, simples, ridés et luisans, sur les tiges sèches des plantes. C.

559. ACTINOTHYRIUM. Récept. incrusté, en forme d'écusson, cachant des spor. fusiformes, puis se détachant

sous la forme d'un operc. membraneux, fibreux-radié.

1. A. GRAMINIS. Petites taches noires (de 1/2 ou 1/3 de lig.), plates, avec une petite pointe au centre, sur les tiges sèches de *Graminées*, au printemps. C

560. PHOMA. Récept. nul; noyau grumeleux renfermé dans un tubercule formé par le support, puis restant vide après la sortie des sporules par une ouverture simple; thèques nulles.—Petits champignons en forme de pustules brunâtres sur les feuilles mortes.

1. P. SALIGNUM. (*Xyloma salignum* Fl. Fr.) Taches très-petites, convexes, nombreuses, sur les feuilles de Saule.—C.

CXXI. FAMILLE : CHAMPIGNONS. (*Fungi*).

Réceptacles charnus, spongieux, gélatineux ou en consistance de liège, sans fronde ni croûte, de formes diverses, globuleux, en coupes, en massue ou en chapeau, d'un tissu solide, filamenteux ou vésiculeux, couverts d'une membrane fructifère (*hymenium*) dans laquelle sont placés les germes ou sporules, soit nus, soit enfermés dans des thèques, souvent munis de racines à la base, et quelquefois munis d'un *voile* (membrane couvrant le chapeau ou sa partie supérieure), ou plus rarement d'une coiffe (*volva*) qui les enveloppe entièrement d'abord, et se rompt ensuite.—*Végétaux naissant sur la terre, sur le bois, sur le fumier, etc.; mais jamais parasites sur les plantes vivantes.*

1re. TRIBU. *TREMELLINÉES. Difformes, membraneux ou gélatineux, mous, d'un tissu filamenteux; hymenium confondu avec le récep.; thèques nulles; sporules nues.*

561. AGYRIUM. Récept. compacte, humide, gélatineux, homogène, en consistance de cire, sessile, sphérique, lisse, et fructifiant sur toute sa surface.—Très-petits

champignons en forme de points réunis sur le vieux bois.

1. A. RUFUM. Couleur de chair lorsqu'il est humide, et brunâtre lorsqu'il est sec, souvent entouré d'une tache blanche. R.

2. A. NIGRICANS. Brun-noirâtre, et ridé. R.

562. DACRYMYCES. (*Tremella* Fl. Fr.) Récept. arrondi, presque sessile, charnu-gélatineux, homogène, fructifiant sur toute sa surface, puis devenant presque liquide; contexture filamenteuse; sporules éparses entre les filamens saillans. — Espèces très-petites, groupées.

1. D. DELIQUESCENS. Arrondi, convexe, puis plié, jaune-orangé. — Réunis en groupes (de 1 à 4 lig.) sur le bois de sapin travaillé. C.

2. D. URTICÆ. Petits points d'un rouge-orangé sur les tiges sèches d'Ortie dioïque. C.

563. ACROSPERMUM. Alongé, presque en massue, souvent pédicellé, homogène, cartilagineux, charnu à l'intérieur, et recouvert d'une écorce très-mince, membraneuse, adhérente, couvert de sporules comme une poussière à la surface.

1. A. COMPRESSUM. Petits champignons (de 2 lig.) d'un noir-olivâtre, lancéolés, réunis sur les végétaux morts; spor. blanches. C.

564. TREMELLA. Réceptacle gélatineux, mou, homogène, presque diaphane, lobé ou plissé, lisse, d'une contexture fibreuse et celluleuse; sporules éparses à la surface. — Champignons de grandeur moyenne, et croissant à l'air sur le bois mort, mais enfonçant une sorte de racine au-dessous de l'écorce.

* (*Mesenteriformes*). *Cartilagineuses-gelatineuses, molles, divisées en lobes minces flexueux, réunies en touffes.*

1. T. FIMBRIATA. (*T. mesenteriformis* Fl. Fr.) D'un rouge-brun, puis noirâtre et colorant les doigts, en touffes (de 2 à 3 pouces) sur les Aulnes, etc. C.

2. T. FRONDOSA. Expansions larges et contournées, d'une couleur bistrée-claire, lisses. — Sur les vieux Chênes. R.

3. T. LUTESCENS. Plus petite (de 1/2 à 1 p.), très-molle, jaunâtre-pâle. — Sur le bois mort. R.

** (*Cerebrinæ*). *Pulpeuses-gélatineuses, d'abord presque compactes, puis couvertes d'une poussière légère.*

1. T. MESENTERICA. De forme très-variable, à lobes contournés et dressés, orangés. — Sur le bois mort. CC.

5. T. ALBIDA. (*T. cerebrina* Fl. Fr.) Plus petite et blanchâtre. — C.

*** (*Coryne*). *Dressées, presque en massue, comprimées-lobées ou cylindriques ; sporules rassemblées vers le sommet.*

6. T. SARCOIDES. Visqueuse et molle, couleur de chair pâle.—En touffes sur le bois mort. R.

565. EXIDIA. Réceptacle mou, gélatineux, horizontal, presque bordé, velu ou ridé en dessous, et fructifiant seulement en dessus ; hyménium persistant, couvert de papilles, puis plissé ou ondulé ; sporules sortant de tubes plus ou moins visibles.—Champig. de grandeur moyenne, irrégulièrement arrondis, concaves ou plats en dessus, isolés ou rarement groupés sur le vieux bois.

1. E. AURICULA-JUDÆ. (*Peziza auricula* L.) Sessile, concave et pliée en forme d'oreille, noirâtre, un peu velue en dessous.—En touffes (de 2 à 3 p.) sur les vieux troncs de Sureau. C.

2. E. GELATINOSA. (*Peziza* Fl. Fr.) Très-molle, en forme d'oreille, (de 1/2 à 1 p.) plate, d'un brun-jaune, puis noire en se desséchant, rude en dessous, et portée par un pédicelle très-court, excentrique, oblique.—En groupes sur les troncs pourris de Saule. C.

3. E. GLANDULOSA. (*Tremella glandulosa* Fl. Fr.) Aplatie, irrégulière, ondulée, épaisse, noirâtre, chargée de papilles aigues, ridée, un peu velue et cendrée en dessous.—Sur les vieux troncs. CC.

2e. TRIBU. *FONGINÉES. Champignons de forme diverse, charnus ou subéreux ; hyménium distinct et limité ; sporules contenues dans des thèques.*

1re. Sous-Tribu. HELVELLACÉES. RÉCEPTACLES EN GODET, EN CHAPEAU OU EN MITRE ; HYMÉNIUM COUVRANT LA SURFACE SUPÉRIEURE ; THÈQUES ALONGÉES.

1re. Section. *PÉZIZÉES. Réceptacle en godet, d'abord fermé.*

566. SOLENIA. Récept. alongé en tube simple, membraneux, droit, et terminé par un disque très-petit, en forme de coupe, à ouverture entière, resserrée, sans hyménium distinct ; sporules à peine visibles.—Petits champignons mous à la surface du vieux bois.

1. S. FASCICULATA. Tubes (de 1 à 3 lignes) blancs, glabres, rapprochés en faisceau. R.

567. STICTIS. Petits champignons simples, réunis et enfoncés dans l'écorce ou la tige des plantes, avec le bord

seul visible ; thèques minces, fixées à l'hyménium qui est lisse, en cupule, et constitue tout le végétal.

1. S. RADIATA. En forme de cupule sphérique, blanchâtre ou roussâtre, et ne montrant d'abord qu'un point blanc à travers l'épiderme. C.

568. CENANGIUM. Récept. d'abord étroitement fermé, ensuite plus ou moins ouvert, bordé par l'épiderme épais et d'une autre couleur ; hyménium lisse, persistant ; thèques souvent soudées par le mucus, avec lequel elles sont entremêlées. — Petits champignons presque difformes, groupés et fixés par le centre.

* (*Scleroderris*). *Devenant libres en perçant l'écorce ; réceptacle d'abord semblable à une* Sphæria, *puis ouvert par un orifice entier, arrondi.*

1. C. RIBIS. (*Peziza ribesia* Fl. Fr.) Cupules d'un brun-noirâtre, à disque pâle et à bord frangé. — Sur les branches mortes de Groseiller. C.

2. C. CERASI. (*Sphæria achroa* et *Peziza Cerasi* Fl. Fr.) D'abord en forme de tubercules pâles, roussâtres, ridés, puis en cupules plates (de 1 lig.), noirâtres. — Sur le Cerisier. C.

3. C. PRUNASTRI. (*Peziza Prunastri* Fl. Fr.) Nu, presque corné ; noirâtre, en cupules d'abord étroites, puis ouvertes, concaves (de 1 lig.) — Sur le Prunier. C.

Variété : C. *rigidum*. (*Sphæria rigida* Fl. Fr.) D'abord prolongé en bec, puis élargi en cupule portée sur un pédicelle étroit.

** (*Triblidium*). *Réceptacle devenant libre et pédicellé après avoir percé l'écorce, d'abord rond, puis s'ouvrant par plusieurs fentes rayonnantes.*

4. C. CALICIFORME. Solitaire, presque sessile (de 1 lig.), noir et ridé, à disque pâle. — Sur les troncs de Chêne. C.

*** (*Clithris*). *Devenant libres, presque sessiles, d'abord comprimés, un peu pulvérulens, puis s'ouvrant par une fente comme les* Hystérium.

5. C. QUERCINUM. (*Hypoderma quercinum* Fl. Fr.) Alongé (de quelques lignes), flexueux, d'un noir-cendré, à disque pâle. CC.

569. TYMPANIS. Réceptacle en forme de coupe, entouré d'un rebord, à disque corné ; hyménium d'abord recouvert par une membrane mince, puis se détachant avec les thèques qui y sont fixées. — Très-petits champignons noirs ou bruns, cachés sous l'écorce qu'ils percent ensuite.

1. T. CONSPERSA. (*Sphæria versiformis* Fl. Fr.) Cupules inégales, en petits groupes serrés, déchirant l'épiderme. — Branches mortes. C.

570. BULGARIA. (*Peziza*). Récept. orbiculaire, bordé, ventru, d'abord fermé, puis ouvert, aplati, gélatineux à l'intérieur, ridé en dehors ; hyménium nu, lisse et persistant ; thèques grandes, distinctes, d'abord cachées, puis sortant avec élasticité. — Champig. épais comme une gélatine élastique, naissant sur les écorces.

1. B. INQUINANS. Brune, à disque noir, couverte d'une poussière noire, tachante.—Groupée sur le bois à brûler. CC.

2. B. SARCOIDES. Cupules (de 3 à 12 lig.) d'un rouge-incarnat, veinées en dehors.—Sur le bois pourri. C.

571. ASCOBOLUS. (*Peziza*). Récept. arrondi, bordé, ou en forme de cupule charnue; hyménium persistant, portant des thèques distinctes, grandes, saillantes, en massue, se rompant avec élasticité et contenant 8 sporules sur un rang. - Petits champig. d'abord fermés, puis ouverts, naissant en groupes sur le fumier de vache.

1. A. FURFURACEUS. (*Peziza stercoraria* Fl. Fr.) Sessile, brun ou verdâtre, pulvérulent à l'extérieur (de 1 à 2 lignes). C.

2. A. GLABER. Sessile, petit, glabre, luisant, jaunâtre, puis noir. C.

572. PEZIZA. Champignons charnus, ou en consistance de cire, en forme de patelle ou de cupule sessile ou pédicellée, d'abord presque fermée, couverte supérieurement par un hyménium lisse, persistant, formé de thèques assez grandes, répandant avec élasticité les sporules qu'elles contiennent au nombre de huit.

§ 1. PEZICA. *Récept. en cupule ; thèques distinctes, entremêlées de paraphyses ou thèques avortées.*

1re. *Série.* ALEURIA. CUPULES CHARNUES, MOLLES, COUVERTES D'UNE POUSSIÈRE GLAUQUE.--GRANDES ESPÈCES CROISSANT PRESQUE TOUTES SUR LA TERRE.

I. (*Helvelloidea*). *Voile mince ; cupule toujours ouverte, entière, divisée ou contournée ; sporidies doubles.*

1. P. ACETABULUM. Cupule mince, fragile, grande (de 1 à 2 p.), d'un brun pâle, se déchirant d'elle-même, avec des veines rameuses partant d'un pédicelle court.—Dans les bois, au printemps. C.

2. P. BADIA. Cupule (de 1 p.) sessile, à bords entiers, flexueux, d'abord roulés, brune en dedans, d'un brun-olivâtre et un peu farineuse en dehors, velue à la base.—Dans les bois. C.

3. P. AURANTIACA. (*P. coccinea* Fl. Fr.) Cupules (de 1 à 2 p.) irrégu-

lièrement roulées, d'un rouge-orangé en dessus, et blanches en dessous, réunies en touffes ou en rangées.—C.

4. P. COCHLEATA. (*P. umbrina*). Cupules groupées (de 2 p.), irrégulièrement roulées (imitant une oreille d'homme), minces, brunâtres, pulvérulentes en dehors.—C.

5. P. CEREA. Cupule grande (de 1 à 2 p.), en entonnoir, sinuée, jaunâtre, couverte en dehors, à la base, d'un duvet blanc.—Sur les fumiers. C.

6. P. LYCOPERDIOIDES. Cupule globuleuse, puis campanulée (de 1 à 3 p.), à bord crénelé, d'un blanc-roux ou brunâtre, et pulvérulente en dehors.—Sur les fumiers. C.

7. P. PUSTULATA. Cupule (de 6 lig.) d'un blanc-sale-enfoncé.—Aux lieux où on fait du charbon. C.

II. (*Geopyxis*). *Voile soudé; cupule globuleuse dans sa jeunesse; sporidies simples*

8. P. STIPITATA. Cupule (de 1 à 2 p.) grise, hérissée et verruqueuse, d'abord penchée, portée sur un pédic. long et épais.—Dans les bois. R.

9. P. TUBEROSA. Cupule (de 4 à 5 lig.) mince, fragile, jaunâtre, puis brunâtre, en entonnoir, à pédicelle alongé (de 1 à 3 p.), enfoncé comme une racine.—C.

10. P. RAPULUM. Diffère de la précédente par sa couleur plus pâle, et par son pédic. tordu et muni de longues fibres.—Dans les bois. R.

11. P. CUPULARIS. (*P. crenata* Fl. Fr.) Cupule aussi grande que celle du gland de chêne, transparente, d'un gris-jaunâtre, à bord crénelé. C.

12. P. GRANULOSA. Cupules petites, d'abord globuleuses, puis aplaties, dentelées au bord, d'un rouge-orangé, couvertes en dehors de papilles granuleuses.—Sur le fumier de vache, en automne. R.

III. (*Humaria*). *Voile mince, presque filamenteux, fugace: cupule petite, sessile, entière, hémisphérique, plate, charnue; sporidies simples.*

13. P. ARANEOSA. Cupules (de 3 à 6 lig.) turbinées, à pédicelle épais, court, d'un rouge-orangé, glabres en dedans, et couvertes en dehors d'une sorte de duvet ressemblant à une toile d'araignée. — Sur la terre. C.

14. P. OMPHALODES. Cupules petites, épaisses, groupées, d'un jaune-orangé, un peu velues en dessous.—Sur la terre. C.

IV. (*Encœlia*). *Voile fugace; cupule très-profonde, membraneuse. —Sur les écorces.*

15. P. POPULNEA. Cupules (de 4 lig.) hémisphériques, à bord sinueux, noirâtres et farineuses en dehors.—Réunies 5 ou 6 ensemble sur les troncs pourris de Saule ou de Tremble. R.

16. P. FURFURACEA. (*P. Coryli* Fl. Fr.) Cupules (de 5 à 6 lig.) solitaires ou groupées, sessiles, à disque d'un noir-roux, pâles en dehors, et couvertes d'une poussière épaisse comme du son.—Sur le Noisettier. RR.

2e. *Série.* LACHNEA. Cupules charnues, membraneuses, ou plus ordinairement d'une consistance de cire, velues extérieurement.— Espèces plus petites, croissant sur les végétaux morts.

V. (*Sarcoscypha*). *Cupule charnue ou membraneuse ; support nul.—Sur la terre ou sur le bois entièrement pourri.*

18. P. coccinea. (*P. epidendra* Fl. Fr.) Cupule d'abord globuleuse, blanchâtre, et cotonneuse en dehors : disque glabre, d'un rouge vif ; pédicelle épais (de 5 à 6 lignes). C.

19. P. melastoma. Cupule d'abord globuleuse, puis hémisphérique, à bords rentrans, roussâtre et velue en dehors, glabre et noire en dessus.—C.

20. P. nigrella. Cupules (de 4 à 6 lig.) hémisphériques, noires, couvertes de duvet en dehors.—Groupées sur le bois mort et sur la terre. R.

21. P. hemispherica. (*P. lanuginosa* et *P. labellum* Fl. Fr.) Cupule (de 2 à 12 lignes) globuleuse, puis évasée et bordée de cils caducs, blanche en dedans, et couverte en dehors d'un duvet roux, épais. C.

22. P. scutellata. Cupules (de 3 lig.) aplaties, rouges, plus pâles en dessous, et hérissées de cils noirs près du bord.—R.

23. P. crinita. Cupule très-petite, mince, grisâtre, velue en dessous et bordée de longs cils noirs, rouge en dedans.—R.

24. P. stercorea. Cupules (de 1 à 2 lig.) groupées, très-ouvertes, jaunes, puis brunes à l'intérieur, poilues en dehors et bordées de cils.—Sur le crottin de cheval, C.

VI. (*Dasyscypha*). *Cupule mince, en consistance de cire, sèche, à disque glabre, et velue de tous côtés en dehors ; support nul.—Très-petites, fermées par la sécheresse, et ouvertes par l'humidité : sur les plantes mortes et sur les branches sèches.*

25. P. virginea. (*P. lactea* Fl. Fr.) Cupules très-petites, blanches, aggrégées, velues en dehors ; pédicelle alongé.—R.

26. P. bicolor. Cupule très-petite, globuleuse, presque sessile, cotonneuse, blanche en dehors, et d'un rouge-orangé à l'intérieur. C.

27. P. cerina. Cupule presque sessile, jaunâtre ou olivâtre, velue en dehors, d'abord globuleuse, puis ouverte, à disque jaune. C.

28. P. clandestina. Cupules très-petites, évasées, cotonneuses en dehors, d'une couleur fauve-pâle et plus claire au bord ; pedicelles d'une demi-ligne. — Sur les branches mortes du Sureau et de la Ronce, au printemps. CC.

29. P. corticalis. Cupules d'abord globuleuses, sessiles, fermes, d'un gris-roussâtre, hérissées et couvertes d'aspérités en dehors.— Sur les écorces. C.

30. P. rufo-olivacea. Cupules éparses, d'un vert-olivâtre en dedans, et couvertes en dehors d'un duvet roussâtre, très-court.—C.

31. P. papillaris. Cupules très-petites, blanchâtres, globuleuses d'abord, puis évasées et couvertes de papilles en dessous.—R.

32. P. sulphurea. Cupules très-petites, éparses, d'un jaune-pâle et cotonneuses en dehors, blanches en dedans.—C.

33. P. VILLOSA. Cupules éparses, cendrées, tout hérissées de poils, à chair épaisse, rose intérieurement.—R.

VII. (*Tapezia*). *Cupules en consistance de cire ou un peu coriaces, et réunies, presque sessiles, sur un support un peu cotonneux.—Sur le bois ou rarement sur les feuilles*

34. P. ANOMALA. Cupules minces, régulières, contigues, crispées par la dessication, d'un jaune-sale ou ferrugineux, velues en dehors.--R.

35. P. ROSÆ. Cupules arrondies, concaves, d'un brun presque noir, coriaces, sessiles, sur un duvet brun.—Au printemps. R.

36. P. FUSCA. Cupules d'abord concaves, brunes, puis aplaties, grisâtres, sessiles, sur un duvet brun.—C.

37. P. SANGUINEA. Cupules noires. petites, presque plates, entourées d'un duvet rouge.—Sur le tronc du Hêtre. R.

VIII. (*Fibrina*). *Cupules en consistance de cire ou un peu coriaces, couvertes de poils ou de fibres couchées, à bord déchiré ; support nul.*

38. P. FARINACEA. Cupule petite, presque sessile, d'un brun-noir, plus pâle au centre.—Sur l'écorce du Pin. R.

3e. *Série.* PHIALEA. CUPULES EN CONSISTANCE DE CIRE OU MEMBRANEUSES, TRÈS-GLABRES, OUVERTES ; VOILE ET SUPPORT NULS. — PETITES ESPÈCES, SUR LES PLANTES MORTES.

IX. (*Hymenoscypha*). *Cupule mince, membraneuse, sur un pédic. grêle ; hyménium distinct ; thèques grandes, en massue.—Sur les rameaux, sur les fruits et sur les tiges sèches.*

39. P. SUBULARIS. Cupule évasée, d'un rouge de brique, portée sur un pédicelle très-long. — Sur les graines pourries d'*Hélianthus* et de *Bidens*. R.

40. P. ECHINOPHILA. Cupule évasée (de 2 à 4 lig.), d'une couleur de cannelle claire ; pédicelle de 6 lignes.—Sur le brou de Châtaigne. R.

41. P. FRUCTIGENA. Cupule (de 1 à 2 lig.) évasée, d'un blanc-sale ; pédicelle long, flexueux.—Sur les glands pourris du Chêne. R.

42. P. CORONATA. Cupule petite (de 1 lig.), blanchâtre, glabre et bordée de cils ; pédicelle recourbé (de 1 à 2 lignes).—C.

43. P. URTICÆ. Cupule d'un blanc-brunâtre, plissée par la dessication et pulvérulente.— Tiges sèches de l'Ortie dioïque, au printemps. C.

44. P. CYATHOIDES. Cupule petite, pâle, devenant presque plate ; pédicelle long, filiforme.—CC.

X. (*Calycina*). *Cupule épaisse, ferme, en entonnoir, amincie en pédicelle ; hyménium distinct, plus mince que le support ; thèques petites. —Sur le bois mort.*

45. P. CITRINA. Cupules aggrégées, d'un jaune-citron (de 1 à 2 lig.), devenant plates ; pédic. court, épais, plus pâle.—En automne. CC.

46. P. LENTICULARIS. Diffère de la précédente par sa cupule d'abord turbinée, devenant convexe et d'un jaune plus vif ; pédic. noir.—C.

47. P. ferruginea. Plus petite, elle diffère des précédentes par sa couleur ferrugineuse.—Sur les vieux troncs de Chêne. C.

48. P. imberbis. Cupule glabre, flexueuse, blanche ou cendrée, fragile et transparente comme de la cire.—En automne. CC.

49. P. herbarum. Cupules (de 1 lig.) aggrégées, flexueuses, convexes, blanches, puis roussâtres; pédic. très-court.—Sur les plantes sèches. C.

XI. (*Mollisia*). *Cupule turbinée, pédicellée ou sessile, molle, aqueuse, entière; hyménium soudé; thèques minces ou nulles.*

50. P. chrysocoma. (*P. aurea*). Cupules aggrégées, d'un jaune foncé, d'abord globuleuses et grosses comme un pois, puis concaves et presque plates.—C.

51. P. cinerea. (*P. callosa*). Cupules irrégulières, d'un gris-verdâtre ou brun presque noir, à bord épais, plus pâle.—CC.

52. P. atrata. Très-petite, concave, un peu ridée à l'extérieur, noire au centre, et plus pâle au bord.—C.

XII. (*Patellea*). *Cupule sessile, en partie incrustée, sèche, aplatie, ouverte et bordée; hyménium assez distinct; thèques minces.*

53. P. salicaria. Cupules très-petites, concaves, comprimées et flexueuses, éparses ou groupées sur le bois pourri de Saule.—R.

54. P. juncina. Cupules petites (de 1 ligne), brunes, éparses sur le Jonc commun.—R.

§ II. Patella. *Récept. en forme de patelle, avec un rebord; thèques soudées et entremêlées de paraphyses.*

55. P. Patellaria. Très-petite, noire, à disque un peu pulvérulent (semblable à un apothécie de Lichen).—Sur le bois mort. CC.

573. HELOTIUM. Réceptacle nu, non bordé, pédicellé, d'abord ouvert, plat, puis convexe, hémisphérique; hyménium lisse, persistant, distinct; thèques grandes, lançant avec élasticité les sporules. — Petits champignons en consistance de cire.

1. H. agariciforme. Chapeau mince, blanc, puis cendré (de 1 à 2 lignes); pédicelle mince (de 3 à 6 lig.), ferme.—Sur le bois pourri, en automne. C.

2. H. fimetarium. Chapeau un peu anguleux, d'un rose vif; pédic. d'une demi-ligne.—En groupes sur le fumier de vache sec. R.

574. RHIZINA. Récept. mince, étalé, en croûte bosselée, concave en dessous et munie de fibres nombreuses, éparses, en forme de racines; hyménium lisse, occupant toute la surface supérieure, et formé de thèques

grandes.—Champignons persistans, charnus, fragiles, naissant sur la terre sans pédicelle.

1. R. UNDULATA. (*Helvella acaulis* Fl. Fr.) Étalée (de 1 à 3 p.), jaunâtre, ondulée, à bord chargé d'un duvet pâle.—R.

2e Section. *HELVELLÉES. Réceptacle en coupe renversée ou en mitre, jamais fermé.*

575. HELVELLA. Champignons membraneux ou en consistance de cire, fragiles, pédiculés, à chapeau lisse, irrégulier, bombé, lobé ou plissé.

I. (*Pezizoideæ*). *Pédicule alongé, mince, d'abord plein, puis creux; chapeau membraneux, lisse, toujours libre.—Grêles, non comestibles.*

1. H. ELASTICA. Blanche ou brunâtre, haute de 3 à 4 p.; chapeau (de 9 à 12 lig.) à 2 ou 3 lobes.—Dans les bois, sur la terre. Loches. R.

II. (*Mitræ*). *Pédicule ferme, renflé; chapeau renflé, en consistance de cire, d'abord soudé au pédicule, puis libre.—Grandes, et comestibles.*

2. H. CRISPA. Pédicule blanc, lacuneux, solitaire, (de 3 à 5 p.); chapeau lobé et contourné, roussâtre, pâle.—Dans les bois, en automne. R.

3. H. LACUNOSA. Chapeau à 2 ou 4 lobes, peu découpé, d'un gris-noir; pédicule fistuleux, marqué de côtes.— Sur la terre et sur les troncs pourris. C.

576. MORCHELLA. Champignons à chapeau plissé-réticulé et creusé de cellules membraneuses, irrégulières; hyménium persistant, occupant la surface supérieure; pédicule creux.

1. M. ESCULENTA. (*Morille comestible*). Chapeau ovoïde, blanchâtre, grisâtre, ou jaunâtre; pédicule mou, blanc.—Sur la terre sablonneuse, parmi le gazon, (de 2 à 5 pouces).—C.

577. VERPA. Champignons à chapeau pédiculé, campanulé, charnu, portant sur toute sa surface un hyménium lisse ou rugueux.

1. V. AGARICOIDES. (*Morchella agar.* Fl. Fr.) Chapeau (6 lig.) roux en dessus, plus pâle en dessous; pédic. de 3 p.—Dans les bois, Loches. R.

578. LEOTIA. Champignons à chapeau orbiculaire, pédiculé, à bords roulés et couverts d'un hyménium ondulé ou lisse, persistant; thèques cylindr., en massue.

1. L. GELATINOSA. Pédicule (de 1 à 3 p.) creux, jaunâtre; chapeau (de 9 à 12 lig.) sinué, gélatineux et humide, d'un jaune-verdâtre. —Dans les bois, Chatenay. R.

2e. Sous-Tribu. CLAVARIÉES. Récept. droit, en forme de massue, cylindrique, simple ou rameux; hyménium lisse, couvrant une grande partie du réceptacle, et portant des thèques presque linéaires.

579. MITRULA. Champ. en massue, ovale, lisse, entourant étroitement, à la base, un pédicule distinct.

1. M. phalloides. (*Helvella Bulliardi* Fl. Fr.) Petits champignons jaunâtres, fragiles, à pédicule pâle, simples, groupés sur les feuilles pourries, dans les marais.—R.

580. TYPHULA. (*Clavaria*). Très-petits champignons cylindriques, distincts du pédicule, qui est capillaire, souvent pubescent; thèques d'une petitesse extrême. —Sur les plantes mortes.

1. T. gyrans. Champignon glabre, simple, blanc, à long pédicelle (de 3 à 5 lig.) pubescent, faible, sortant d'un petit tubercule blanc, lisse.—Sur les feuilles. C.

2. T. erythropus. Plus grande, elle diffère de la précédente par son pédicule d'un rouge-noir.—R.

3. T. filiformis. Très-grêle, un peu rameuse, brune ou rougeâtre, pubescente, à massues renflées, couvertes de poils blancs.—Sur les feuilles. C.

4. T. penicillata. (*Penicillaria multifida*). Très-grêle, d'un jaune-orangé, glabre, divisée au sommet en pinceau.—Sur le bois mort. R.

581. PISTILLARIA. (*Clavaria* Fl. Fr.) Très-petits champignons cylindriques, sans pédicule distinct; hyménium lisse, couvrant presque toute la surface, mais portant des sporules seulement au sommet; thèques nulles ou presque invisibles.

1. P. micans. Haute de 1 à 2 lignes, rose, luisante, à pédicule très-court, blanchâtre.—Groupée sur les herbes et les feuilles sèches, au printemps. R.

582. GEOGLOSSUM. Champignons charnus, simples, noirâtres ou verts, en massue droite ou en spatule, et amincis en pédicule; hyménium entourant le réceptacle, mais distinct du pédicule, portant des thèques alongées sur toute sa surface.

1. G. hirsutum. Champ. (de 1 à 3 p.) hérissés, noirs, à massue alongée, comprimée, glabre, souvent soudée à la base.—Dans les marais. R.

2. G. glabrum. Glabre, sec, noirâtre; pédicule un peu écailleux. —Dans les bois, sur le gazon. C.

583. CLAVARIA. Champ. charnus ou cornés-gélatineux, comestiques, renflés en massue, simples ou rameux; hyménium lisse, occupant toute la surface, mais chargé de thèques seulement dans le haut.

§ 1. (Calocera). *Espèces cornées-gélatineuses, visqueuses. —Sur le vieux bois.*

1. C. cornea. (*C. aculeiformis*). Très-petit, d'un jaune-orangé.— En groupes. C.

§ 2. (Clavariastrum). *Espèces charnues ou visqueuses. —Sur la terre.*

* (*Corynoideæ*). *Simples, solitaires ou groupées, amincies à la base.*

2. C. fragilis. (*C. eburnea* Fl. Fr.) Massues (de 1 à 3 p.) fragiles, blanches ou jaunâtres, creuses, amincies à la base, solitaires ou en groupes.—Dans les bois. C.
3. C. helvola. (*C. lutea* Fl. Fr.) Massues obtuses (de 1 à 2 p.), d'un beau jaune, amincies à la base, fragiles, réunies en faisceau.— Dans les prés et les bois. C.
4. C. juncea. Mince, presque fistuleuse, pâle ou roussâtre, molle, longue de 2 à 5 pouces.—Dans les bois, sur les feuilles pourries. C. Variété: 6. *vivipara*. (*C. fistulosa* Fl. Fr.) Filiforme et couverte par des fibres latérales, courtes, caduques.
5. C. pistillaris. Massue grande (de 4 à 5 p.), solitaire, glabre, ferme, d'un jaune-roussâtre, obtuse.—Dans les bois. Aut. C.

** (*Ramariæ*). *Rameuses, à tronc dressé, mince, et à rameaux plus grêles.*

6. C. pratensis. (*C. fastigiata* Fl. Fr.) Petite (1 p.), en touffes jaunes, tronc mince, rameaux courts, moux, inégaux, obtus.—Dans les prés. C.
7. C. rugosa. Assez grande (1 p. 1/2), renflée, en touffe simple ou rameuse, ridée, blanche; rameaux peu nombreux, obtus.—Dans les lieux humides. R.
8. C. cristata. En touffe rameuse (de 1 à 2 p.), lisse, glabre, blanche, puis enfumée; rameaux dilatés en crête au sommet.— Dans les bois, sur la terre humide. R.
9. C. amethystea. Très-rameuse (de 2 p.), lisse, violacée; rameaux alongés, arrondis, obtus, multifides au sommet.—Dans les bois. R.
10. C. muscigena. (*C. muscoides* Fl. Fr.) Grêle, fragile, glabre, très-rameuse, d'un jaune-fauve; tronc mou (de 1 à 3 pouces): rameaux flexueux, multifides, écartés.—Au pied des arbres. Loches. R.

*** (*Botryoideæ*). *Très-rameuses, à tronc épais, à rameaux obtus.*

11. C. cinerea. En touffe (de 2 à 3 p.) d'un gris-roussâtre, à rameaux glabres, solides, dilatés, en forme de Madrépore.—Dans les bois. C.
12. C. coralloides. Droite, blanche et glabre, à tronc épais et à rameaux alongés, dichotomes, inégaux, aigus.—Dans les bois. Loches. R.

13. C. FLAVA. Tronc épais, pâle ; rameaux droits, arrondis, jaunes, à divisions obtuses, très-glabres, et formant une touffe de 3 à 4 p. —Dans les bois. R.

14. C. FORMOSA. Tronc épais de plus d'un pouce, un peu couché, blanchâtre ; rameaux alongés, d'un rouge-orangé, à divisions jaunes. —Dans les bois. Chatenay. R.

584. MERISMA. (*Clavaria* Fl.Fr.) Champig. coriaces, digités ou divisés en feuilles élargies et filamenteuses ; hyménium lisse, occupant les deux faces, mais principalement chargé en dessous de thèques distinctes.

1. M. CORALLOIDEUM. Très-rameux, dressé, coriace un peu mou, d'un brun-noirâtre ; rameaux striés, dilatés, frangés, cotonneux et blanchâtres au sommet.—Sur la terre, entre les feuilles. Chatenay. R.

2. M. PALMATUM. En touffe droite, d'un brun-pourpre (de 1 à 2 p.), à rameaux aplatis, palmés, pubescens et blanchâtres au sommet.—Dans les bois. C.

Variété : 6. *anthocephalum*. (*Clavaria anthocephala* Fl.Fr.) Rameaux couleur de rouille, rapprochés, à découpures obtuses.

3. M. CRISTATUM. (*Clavaria laciniata* Fl.Fr.) D'abord étalé en croûte blanchâtre, puis chargé de rameaux plats, découpés et frangés.—Sur la terre, près des Pins. R.

4. M. FASTIDIOSUM. Blanc, incrustant les corps voisins, et formant des touffes de rameaux aplatis.—Odeur dégoûtante. Dans les bois. Chatenay. R.

3e. Sous-Tribu. AGARICÉES. RÉCEPT. CHARNU OU EN CONSISTANCE DE LIÈGE, HORIZONTAL, TANTÔT EN CHAPEAU, TANTÔT RENVERSÉ, EN CROUTE ÉTALÉE ; HYMÉNIUM INFÉRIEUR, RAREMENT LISSE, PORTANT DES THÈQUES FIXES, LINÉAIRES ; PÉDICULE DROIT OU REDRESSÉ, SOUVENT NUL.

Section 1. *AURICULARINÉES. Hyménium lisse ou chargé de papilles.*

585. THELEPHORA. Champignons, grands ou moyens, à chapeau coriace, persistant, de forme variée, irrégulier, couvert en dessous par l'hyménium lisse ou chargé de papille obtuses, confondu avec le chapeau, et portant des thèques minces, enfoncées sur toute sa surface.

§ 1. *(Leiostroma). Récept. renversé, étalé, presque contigu, glabre, lisse ou chargé de papilles imparfaites ; thèques nulles ; contexture grumeleuse. —Espèces étroitement fixées au bois, non charnues, mais fibreuses.*

1. T. CINEREA. Large d'un pouce, étalée, mince, glabre, d'un gris-cendré.—Sur les branches d'arbre. C.

§ 2. *(Phylacteria). Récept. étalé, coriace-membraneux, imbriqué ou irrégulièrement en entonnoir; hyménium presque lisse, glabre, avec des petites soies* (sporidies) *disposées en rangées de quatre. — Espèces terrestres à pédicule très-court.*

2. T. CARIOPHYLLÆA. Chapeau contourné (de 1 p. 1/2), entier ou découpé, d'un brun-pourpré, à bord droit, blanchâtre. — Sur la terre, dans les bois. Loches. R.

3. T. TERRESTRIS. Chapeau d'un brun-pourpré, à bord blanchâtre, épais, imbriqué ou soudé par le bord avec ceux qui l'entourent, et formant une touffe sur la terre.—Chatenay. C.

4. T. PHYLACTERIS. Membrane étendue, rampante, plus large que la main, d'un brun-noirâtre, plissée, à bord un peu replié, cotonneux.—Dans les bois, au pied des arbres. C.

§ 3. *(Stereum). Récept. en chapeau, coriace-subéreux, renversé ou étalé, à bord libre; hyménium couvert de tubercules ou de papilles distinctes. —Sur les troncs ou sur les branches sèches.*

5. T. HIRSUTA. Chapeau imbriqué, étalé, coriace, hérissé, marqué de zones pâles, glabre en dessous, jaunâtre, brun ou gris.—CC.

6. T. PAPYRINA. Chapeau imbriqué, étalé, mince, presque membraneux, strié, pubescent, glabre, puis poreux en dessous, jaunâtre, à zones plus foncées.—Loches. R.

7. T. TABACINA. (*T. reflexa* Fl. Fr.) Chap. imbriqué, étalé, mince, soyeux, d'un rouge ferrugineux luisant, à bord ondulé, doré ou blanchâtre.—R.

8. T. RUBIGINOSA. (*T. ferruginea* Fl. Fr.) Imbriquée, presque ligneuse, marquée de zones d'un jaune-rougeâtre, couverte en dessous de papilles velues.—CC.

9. T. PURPUREA. Imbriquée, coriace-molle, hérissée de papilles, pâle et marquée de zones enfoncées, brunes, glabre et pourprée en dessous.—C.

10. T. CORTICALIS. Chapeau retourné, coriace, membraneux, étalé en longueur, couleur de chair, à bord roulé, libre et noirâtre en dessous.—C.

11. T. RUDIS. Chapeau retourné, de la grandeur de la main, et couvrant les branches, jaunâtre, pâle, à surface inégale, gercée et hérissée en dessous.—C.

12. T. DISCIFORMIS. Chapeau mince, retourné, arrondi (de 6-12 lig.), concave, coriace, blanchâtre, glabre ou chargé de papilles, à bord libre.—C.

§ 4. *(Corticium). Réceptacle retourné, étalé, à bord tout adhérent, non libre; papilles ordinairement visibles.—Sur le vieux bois.*

13. T. ALUTACEA. Large, arrondie, étalée sur les écorces, à disque ridé, de couleur de peau, à bord large, lisse, blanchâtre.—C.

14. T. ROSEA. Membraneuse, mince, étalée (de 2 p.), rose, cotonneuse en dessous, à bord blanc, filamenteux.—C.

15. T. SALICINA. Charnue, molle, large comme la main, étalée sur

les vieux Saules, d'abord blanchâtre, puis couleur de chair, à surface tuberculeuse, pulvérulente.—C.

16. T. POLYGONIA. Appliquée sur les écorces, glabre, couleur de chair, opaque, couverte de tubercules grands, à facettes.—R.

17. T. SEBACEA. Lisse, blanchâtre, puis roussâtre, molle, presque charnue.—Étalée comme du suif sur les *Graminées* et sur les feuilles, à terre, après les pluies, en été. R.

18. T. FERRUGINEA. Cotonneuse, d'un roux-ferrugineux. — Étalée en plaque orbiculaire (de 3 p.) dans les fentes des troncs et sous l'écorce des branches. C.

19. T. CÆRULEA. Un peu cotonneuse, d'un beau bleu, chargée de papilles aigues. — Étalée en plaques alongées sur le bois à moitié pourri. C.

20. T. GLOBULOSA. Petite, glabre, cendrée, brune à l'extérieur. — Appliquée en lignes ou en paquets irréguliers sur les perches de Saule des palissades. C.

21. T. CRETACEA. Large, mince, blanche, un peu molle, à bord filamenteux, couverte de papilles courtes. — Sur les planches de Sapin, dans les celliers humides. C.

22. T. CALCEA. Petite, glabre, fendillée, d'un blanc-brunâtre, avec quelques papilles grises très-obtuses.—Formant des plaques longues de 2 pouces et larges de 6 lignes, sur les écorces. Loches. R.

586. CONIOPHORA. Champig. membraneux, moux, orbiculaires, tuberculeux et ridés, adhérens au vieux bois par leur face stérile ; hyménium confondu avec le chapeau et portant des sporules réunies en paquets, pulvérulens, concentriques.

1. C. MEMBRANACEA. Très-large (de 4 à 5 p.), mince, membraneuse, blanche, marquée de zones brunes, à bord filamenteux, pâle.— Dans les caves. C.

587. AURICULARIA. Champignons cartilagineux, sessiles, d'abord en forme de croûte, puis en demi-cercle, attachés par le côté ; hyménium lisse ou un peu plissé et fendillé, gélatineux, occupant la face inférieure du chapeau ; thèques nulles ; sporules nues, éparses.

1. A. MESENTERICA. (*Thelephora tremelloides* Fl. Fr.) Chapeau hérissé, devenant replié, couvert de bandes brunes-grisâtres, à disque pourpré, plissé.—Sur les troncs d'arbre. C.

Section 2. *HYDNÉES. Hyménium chargé de pointes ou de tubercules.*

588. HYDNUM. Chapeau de forme variable, pédicellé ou sessile, confondu avec l'hyménium, qui est formé

d'aiguillons coniques ou comprimés, portant à l'extrémité des thèques minces, souvent nulles.

I. (*Mesopus*). *Pédicelle solide, ferme, souvent très-court, fixé perpendiculairement au milieu du chapeau, qui est charnu ou subéreux, arrondi, plat, presque entier.—Espèces terrestres, souvent comestibles.*

1. H. REPANDUM. Chapeau charnu, irrégulier (de 2 à 6 p.), un peu sinué, glabre, ridé, d'un blanc-roussâtre ou rosé, à aiguillons inégaux, pâles.—Dans les bois, en automne. Chatenay. C.

2. H. RUFESCENS. Pédicelle mince (de 1 à 3 p.); chapeau (de 2 p.) charnu, plat, mince, orbiculaire, un peu cotonneux, couleur de chair, roussâtre, avec des zones peu distinctes; aiguillons minces, presque égaux, couleur de chair, jaunâtres. — Avec le précédent, dont il est peut-être une variété? C.

3. H. CYATHIFORME. Pédicule de 1 pouce; chapeau coriace (de 6 à 24 lig.), en entonnoir plat, ridé, fibreux, marqué de zones glabres, ferrugineuses: aiguillons roussâtres.— Non comestible, en touffes dans les bois. Baudry, Chatenay. C.

II. (*Tremellodon* ou *Pleuropus*). *Pédicule court, irrégulier, simple, souvent horizontal; chapeau mou, inégal, excentrique. — Espèces charnues, croissant sur le bois.*

4. H. ERINACEUM. (*Hericium erinaceum*). Très-grand (de 3 p.), en cœur, d'un blanc-jaunâtre; chapeau recouvert de fibres; aiguillons très-longs (de 18-30 lig.), pendans.—Sur les vieux Chênes. Loches. R.

III. (*Hericium*). *Charnus; chapeaux confondus avec le pédicelle ou transformés en massues rameuses ou en tronc épais.—Sur le bois.*

5. H. CORALLOIDES. Grand (de 5 à 12 p.), très-rameux, blanc, puis jaunâtre: rameaux entrelacés, amincis; aiguillons pendans d'un seul côté.—Comestible. Sur les vieux arbres. R.

IV. (*Odontia*). *Chapeau retourné, étalé, mince, adhérent presque effacé ou filamenteux au bord.—Espèces croissant sur le bois pourri.*

6. H. MEMBRANACEUM. D'abord pâle, puis brun-ferrugineux, glabre; aiguillons cylindriques, égaux.—Sur le bois mort, en été. Loches. R.

7. H. FERRUGINEUM. Membrane (de 2 à 3 p.) d'un roux-ferrugineux, formée d'un duvet serré; aiguillons égaux, velus, quelquef. bifides. —Sur les vieux troncs d'arbre, en automne. R.

8. H. NIVEUM. D'abord blanc, puis un peu coloré, presque membraneux, à bord filamenteux; aiguillons égaux, courts, glabres, un peu aigus.—Sur l'écorce de Chêne. R.

9. H. BARBA-JOVIS. Blanc, puis d'un jaune-roussâtre, étalé (de 1 pied), membraneux, cotonneux; aiguillons (de 2 lig.) cylindriques, blancs, pubescens, et chargés au sommet d'une barbe orangée.— Sur les troncs pourris. C.

10. H. FIMBRIATUM. Membraneux, étalé, couleur de chair, roussâtre,

à bord frangé, blanc, avec des côtes alongées en forme de racines ; aiguillons granuleux, puis multifides. — R.

11. H. QUERCINUM. (*H. membranaceum* Fl. Fr. — *Sistotrema quercinum*). Etalé (de 2 à 3 p.), glabre, blanchâtre : aiguillons épais, difformes, entiers ou découpés, jaunâtres. — R.

12. H. PARADOXUM. (*Sistotrema digitatum*). Croûte membraneuse, blanche, glabre, filamenteuse au bord ; aiguillons (de 1 l. 1/2) épais, réunis, digités, velus au sommet. — Sur le bois de Chêne ou de Saule, au printemps. R.

589. FISTULINA. Récept. en demi-chapeau, charnu, imparfaitement pédiculé ou sessile ; hyménium formé d'une substance propre, mais soudé avec les fibres du récept. et chargé de verrues qui s'alongent en tubes libres, cylindriques, d'abord fermés, puis ouverts et renfermant des petites thèques.

1. F. HEPATICA. (*Boletus hepaticus* Fl. Fr.) Champignon de forme très-variable, entier ou lobé, sessile ou obliquement pédiculé, épais, mou, viqueux, roux, puis brun ; tubes blancs, jaunâtres, roux ou violets, très-serrés, longs de 4 à 5 lignes, et un peu dentelés au bord. — Au pied des vieux Chênes. Chatenay. C.

Section 3. *POLYPORÉES. Hyménium poreux ou sinueux.*

590. BOLETUS. Champignons à chapeau charnu, mou, avec un pédicule central, souvent réticulé ; hyménium formé d'une sublance propre, distinct du chapeau, et tout formé de tubes longs et faciles à séparer, réunis en une couche poreuse, et portant des thèques cylindriques à l'intérieur.

I. (*Velati*). *Munis d'un voile souvent fugace ; pédic. solide ; tubes jaunes ou ferrugineux ; sporidies jaunâtres.*

1. B. LUTEUS. (*B. annularis* Fl. Fr.) Chapeau (de 2 à 4 p.) jaunâtre ou brun, d'une seule couleur, ou roux avec des taches brunes ; pédicule (de 2 p.) muni d'un anneau. — En groupes dans les bois. Aut. C.

2. B. GRANULATUS. Chapeau large (de 2 à 6 p.), sinué, compacte, jaunâtre, couvert d'une matière gluante brune, d'un jaune pâle, non changeant à l'intérieur ; tubes jaunes, assez larges ; pédic. (de 2 p.) d'abord blanc, puis jaunâtre, et couvert au sommet d'aspérités noires. — En groupes circulaires, dans les bois et les prés. CC.

3. B. PIPERATUS. Chapeau (de 1 à 3 p.) un peu irrégulier, glabre, de couleur cannelle, et jaune, non changeant, à l'intérieur ; tubes ferrugineux, grands, décurrens ; pédicule lisse, jaune à l'intérieur et à la base. — Dans les bois et les landes. Été et aut. C. — Saveur âcre.

4. B. PARASITICUS. Chapeau (de 1 à 2 p.) convexe, glabre, un peu

coriace, brunâtre, puis fendillé : tubes petits, décurrens, jaunes ; pédic. (2 p.) mince, recourbé. — Parasite sur le *Scleroderma verrucosum*. R.

5. B. SUBTOMENTOSUS. (*B. chrysenteron* Fl. Fr.) Chapeau de grandeur moyenne, convexe, un peu cotonneux, d'un jaune plus ou moins rougeâtre, se gerçant par la sécheresse : tubes grands, anguleux, jaunes ; chair jaune, devenant souvent bleuâtre ; pédicule ferme, lisse, souvent rouge. — Dans les bois. Été et aut. CC. — *Comestible.*

6. B. LURIDUS. Chapeau (de 2 à 8 p.) convexe, un peu cotonneux, olivâtre, puis un peu visqueux, brun ; chair jaune, changeant promptement en bleu ; tubes presque libres, très-longs (de 6 lig.), jaunes, à orifice rouge ; pédicule (de 2 p.) épais, bulbeux à la base, réticulé, rouge. — Dans les bois. Été et aut. C. — *Vénéneux.*

Variétés : β. *tuberosus.* Chapeau hémisphérique, olivâtre-bronzé ; pédicule très-court, tubéreux.

γ. *erythropus.* Plus petit, à chapeau brun ou jaunâtre ; tubes petits, d'un rouge-orangé ; pédicule court, aminci, poudreux.

7. B. TESTACEUS. Chapeau (de 4 à 7 p.) un peu convexe, épais de 6 lignes, glabre et rouge de brique, ainsi que le pédicule qui est haut de 3 pouces ; chair blanche, non changeante ; tubes égaux. — R.

8. B. CASTANEUS. Chapeau (de 2 à 3 p.) ferme, un peu velu, d'un brun-marron-rougeâtre, à chair blanche, non changeante ; tubes presque libres, petits, d'un blanc-jaunâtre ; pédicule (de 2 à 3 p.) presque lisse et fauve. — En automne. CC. — *Comestible ?*

9. B. EDULIS. Chapeau convexe, glabre, brunâtre, roux ou blanchâtre-enfumé ; chair blanche, non changeante, ou devenant roussâtre ; tubes petits, blancs, puis jaunes-verdâtres ; pédicule (de 4 à 5 p.) épais, ventru, réticulé, roussâtre-pâle. — C. — *Comestible.*

10. B. ÆREUS. Chapeau compacte, glabre, noirâtre-bronzé ou brun, à chair épaisse, ferme, blanche, devenant verdâtre à l'air ; tubes presque libres, courts, d'un jaune-soufré ; pédicule long, réticulé, jaunâtre. — C. — *Comestible.*

II. (*Dermini*). *Munis d'un voile fugace ; pédicule solide, écailleux ; tubes blancs, puis un peu colorés en roux-ferrugineux par les sporidies.*

11. B. VISCIDUS. Chapeau (de 2 à 4 p.) convexe, glabre, humide, gluant, à chair blanche, non changeante, puis noirâtre ; tubes libres, arrondis ; pédicule long, ferme, chargé d'écailles rudes. — En été et en automne. C. — *Comestible.*

Variétés : α. *scaber.* (*B. scaber* Fl. Fr.) Chapeau brunâtre ou roussâtre ; écailles du pédicule noirâtres.

β. *aurantiacus.* (*B. aurantiacus* Fl. Fr.) Chapeau d'un roux-orangé ; écailles du pédicule blanches ou orangées.

III. (*Hyporrhodii*). *Voile nul ; tubes blancs ou d'un jaune-citron ; sporidies blancs ou roses.*

12. B. FELLEUS. Chapeau (de 3 à 4 p.) mou, glabre, convexe, puis aplati, fauve ou enfumé ; chair blanche, devenant rose à l'air ; tubes

très-longs, anguleux, d'un blanc-rosé; pédicule (de 3 p.) ventru, réticulé, olivâtre en dehors, blanc à l'intérieur. — En été et en automne. C. — *Saveur amère.*

13. B. CYANESCENS. Chapeau (de 2 à 3 p.) raide, un peu cotonneux, pâle ou enfumé; chair blanche, devenant d'un beau bleu à l'air, et donnant un suc bleu; tubes courts, ronds, libres, égaux, blancs ou jaunes; pédicule lisse, plein et ventru. — Été et automne. R.

NOTA. Les espèces comestibles (dans leur jeunesse seulement) portent le nom vulgaire de *Ceps* ou *Artichauts de terre.*

591. POLYPORUS. (*Boletus* Fl.Fr.) Chapeau charnu-coriace ou en consistance de liége, sessile ou rarement pédiculé, et quelquef. retourné; hyménium confondu avec le chapeau, et percé de trous ronds, réguliers, portant des thèques minces sur leurs cloisons.

§ 1. MICROPORUS. PORES ARRONDIS, TRÈS-PETITS.

† (*Milleporus*). *Pédicule solide, contigu au chapeau et fixé presque au centre; chapeau déprimé.*

1. P. MELANOPUS. Chapeau (de 2 p.) ombiliqué, épais d'une ligne, d'un brun foncé, à pores plus pâles, et à pédicule mince, noir. — Sur les branches tombées dans les bois. C.

Variété: 6. *infundibuliformis.* Chapeau (de 2 à 3 p.) charnu, en entonnoir, blanchâtre-enfumé; pores blancs. — Au pied des arbres; en automne. R. — *Comestible.*

2. P. FULIGINOSUS. (*B. Polyporus* Fl.Fr.) Chapeau glabre, charnu, mince, en forme de coupe, d'un gris-enfumé; chair et pores blancs, puis cendrés; pédicule central, plus pâle. — Sur la terre; en automne. Loches. R. — *Comestible.*

3. P. PERENNIS. Chapeau mince, coriace, velu, d'abord en entonnoir, puis presque plat, de couleur cannelle ainsi que le pédicule, et marqué de zones; pores de même couleur, petits, puis déchirés. — En groupes sur la terre et sur les vieux troncs; en automne. C.

Variété: 6. *fimbriatus.* Chapeau frangé au bord, de couleur sombre; pores irréguliers.

4. P. RUFESCENS. (*Sistotrema rufescens*). Chap. (de 2 à 4 p.) coriace, hérissé, roussâtre, ainsi que le pédicule qui est court, presque tubéreux. — Sur la terre, dans les bois; en automne. C.

Variété: 6. *biennis.* (*Hydnum bienne* Fl.Fr.) Chapeau épais, d'un roux-ferrugineux; pores cendrés, communiquant comme un labyrinthe, puis déchirés; pédicule laineux. — Sur la terre et sur le bois pourri. C.

†† (*Pleuropus*). *Pédicule latéral, simple, presque horizontal : chapeau difforme, devenant dur. — Sur les vieux arbres.*

5. P. VARIUS. (*B. calceolus* Fl. Fr.) Chapeau (de 2 à 4 p.) brunâtre, gris, jaunâtre ou blanchâtre, lisse, glabre, coriace, et devenant raide en séchant ; pores plus pâles ; pédicule court, lisse, pâle, et souvent taché de noir.—C.

Variété : 6. *nummularius* (Fl. Fr.) Plus petit, pâle, à chapeau régulier, à pédicule perpendiculaire, presque central. — Sur les branches tombées.

6. P. LUCIDUS. (*B. obliquatus* Fl. Fr.) Chapeau presque subéreux, glabre, luisant, d'abord jaunâtre ou rougeâtre, puis d'un brun-marron, ainsi que le pédicule qui est central, latéral ou nul ; pores égaux, pâles, très-longs.—En été. R.

††† (*Merismois* ou *Flabellaria*). *Champignons très-rameux, imbriqués, à pédicule presque latéral ou nul ; substance charnue blanche ; pores décurrens, minces, inégaux, déchirés sur les parties obliques.—Grandes espèces en touffes, au pied des vieux arbres.*

7. P. FRONDOSUS. Demi-chapeaux (de 1 à 2 p.), ridés, d'un gris-enfumé ; pores blancs.—En touffes de 6 à 12 p. Aut. R.—*Comestible.*

8. P. GIGANTES. (*B. acanthoides* Fl. Fr.) Chapeaux très-grands, marqués de zones d'un gris-jaunâtre pâle ; pédicule très-court, épais. —En grandes touffes de 1 à 2 pieds. Été.—*Comestible.*

9. P. SULPHUREUS. Chapeaux larges, imbriqués, presque sessiles, glabres, ondulés, d'un jaune-rougeâtre ; pores petits, jaunes.—En touffes de 1 à 2 pieds sur les troncs de Chêne, de Prunier, etc. Été. R.

10. P. IMBRICATUS. Chapeaux très-larges, presque sessiles, imbriqués, glabres, ondulés, d'un jaune-fauve ; pores petits, pâles.—En groupes très-nombreux sur les vieux troncs de Chêne. Aut. RR.

Variété : 6. *ramosus* (Fl. Fr.) Étendu en rameaux tubuleux, presque cylindriques.—Sur les poutres à demi-pourries dans les caves. RR.

†††† (*Retiporus*). *Demi-chapeau sessile, latéral, horizontal ou replié, bordé.—Sur les vieux arbres.*

* *Annuels ; pores en une seule couche.*

11. P. BETULINUS. Chapeau grand, convexe, charnu, glabre, lisse, réniforme, d'un brun-roussâtre ; pores inégaux, blancs.—Sur le Bouleau ; en été. C.

12. P. DESTRUCTOR. Chap. inégal, ridé, blanchâtre, glabre, charnu, mou et fibreux, et devenant friable par la dessication : pores arrondis.—Dans les bois humides et dans les lieux renfermés. R.—*Odeur désagréable.*

13. P. HISPIDUS. Chapeau charnu-fibreux, épais, velu, d'un roux-ferrugineux, puis noir; pores longs, plus pâles, pouvant se séparer. C.

14. P. CUTICULARIS. Chapeau charnu-subéreux, cotonneux, d'un roux-ferrugineux, à bord sinué, et marqué de zones peu distinctes; pores petits, déchirés.—R.

15. P. ADUSTUS. (*B. pelleporus* Fl.Fr.) Chapeaux charnus-tenaces, velus, d'un brun pâle, avec des zones peu distinctes, à bord raide, noirâtre; pores courts, d'abord argentés; pédicules cendrés.— En groupes; en automne. C.

16. P. SUAVEOLENS. Chapeau (de 2 à 4 p.) charnu-subéreux, solitaire, velu, blanc, sans zones; pores assez grands, brunâtres.— Sur les vieux Saules; en automne et en hiver. R.

17. P. POPULINUS. Plus petit que le précédent, dont il est peut-être une variété, sans odeur, blanc; chapeaux (de 6 lig.) charnus-subéreux, velus, sans zones, imbriqués; pores ronds, petits, égaux, blancs. —Sur le Peuplier; en automne. R.

18. P. HIRSUTUS. Chapeau (de 2 p.) subéreux-coriace, hérissé, blanc et marqué de zones; pores arrondis, gris ou brunâtres.—Souvent imbriqué. Eté et automne. R.

19. P. ZONATUS. Chapeau subéreux-coriace, jaunâtre ou cendré, à bord blanc ou jaune. velu, marqué de zones, tubéreux à la base; pores un peu anguleux, blanchâtres.—Sur le Peuplier Tremble. Été et aut. R.

20. P. VERSICOLOR. Chapeaux coriaces, velus, bleuâtres, avec plusieurs zones de diverses couleurs; bord mince, souvent glabre, pâle; pores petits, ronds, blancs.—Eté et automne. CC.

21. P. CINNABARINUS. (*B coccineus* Fl.Fr.) Chapeaux (de 3 à 4 p.) coriaces-subéreux, d'un rouge uniforme de vermillon, ridés et marqués de zones légères; pores ronds, visibles. — En groupes sur le Cerisier, le Cormier, le Bouleau, etc. Automne. R.

** *Vivaces; chapeaux renflés, convexes, très-durs; pores très-petits, égaux, disposés par couches.*

22. P. FRAXINEUS. Chapeau (de 6 à 10 p.) épais de 1 à 2 pouces, glabre, marqué de zones et de rides, roussâtre-pâle; pores petits, d'un roux-ferrugineux.— Sur les troncs de Frêne presque morts. R.

23. P. DRYADEUS. Chapeau (de 1 à 2 pieds) épais de 2 à 3 pouces, sans zones, aplati, mou, tuberculeux, presque de couleur cannelle, à bord gonflé, blanchâtre, puis brunâtre ainsi que les pores.—Sur le Chêne. C.

24. P. FOMENTARIUS. (*B. ungulatus* Fl.Fr.) Chapeau grand, presque triangulaire ou en demi-cercle, glabre, blanchâtre-enfumé, mou à l'intérieur; bord et pores très-petits, glauques-pâles, puis ferrugineux.—Sur les Chênes, les Pruniers, les Hêtres, etc. CC.

Variété: 6. *applanatus*. Elargi, presque plat sur les deux faces; chapeau glabre, tuberculeux, ridé, roussâtre; pores d'abord blanchâtres, puis roussâtres.

25. P. IGNIARIUS. (*B. obtusus* Fl. Fr.) Chapeau dur, épais, obtus, presque lisse, d'un gris-ferrugineux, avec le bord et les pores de couleur cannelle.—Sur le tronc des Saules, des Frênes, etc. R.—*Il sert à faire l'amadou.*

Variété : 6. *pomaceus.* Chapeau (de 2 p.) presque lisse, d'un gris-brunâtre, marqué de bandes presque effacées ; pores d'un roux-ferrugineux.—Sur le Cerisier et le Prunier. CC.

26. P. TORULOSUS. Demi-chapeau élargi, plat (de 6 à 9 p.), subéreux, de couleur cannelle, couvert d'un duvet très-mince, tuberculeux-ridé, à bord obtus, renflé ; pores très-petits.—Sur les Chênes morts. C.

27. P. RIBIS. Demi-chapeau (de 4 p.) subéreux, mince, ridé, aplati, un peu pubescent, jaunâtre, à zones peu marquées, de couleur cannelle en dessous.—Au pied des Groseillers. G.

28. P. CONCHATUS. Très-voisisin du *P. igniarius* (n.° 25), il est dur, jaunâtre, à chapeau mince (de 3 lig.) et large de 2 pouces.—Sur les vieux Saules. C.

29. P. CRYPTARUM. Croûte coriace-spongieuse, étalée et repliée en amas, d'un brun-ferrugineux ; pores très-longs. — Sur les poutres dans les caves. C.

††††† (*Poria*). *Chapeau retourné, étalé, entièrement adhérent et percé de pores, sans rebord, et souvent filamenteux au contour.*

* *Pores colorés à l'intérieur.*

30. P. SALICINUS. Croûte (de 1 pied) large, étalée, dure, ondulée, ridée, glabre, de couleur cannelle.—Dans les Saules creux. R.

31. P. OBLIQUUS. Croûte dure, très-large, jaunâtre, puis brune ou noire, à bord redressé en crête ; pores petits, souvent obliques.—Sur les vieux troncs. C.

32. P. UNDATUS. En large plaque mince, brunâtre, à pores très-petits, obliques, se détachant aisément.—Dans les vieilles pompes. R.

33. P. UMBRINUS. En plaque alongée (de 7 à 8 p.) sombre, à bord glabre ; pores droits, égaux, très-petits.—Sur les Ormes. R.

34. P. FUSCO-CARNEUS. En plaque charnue (de 1 p. sur 6 p.), d'un brun-pourpré, à bord épais, cotonneux. et à pores distincts, arrondis.—Sur les branches tombées. R.

** *Pores blancs à l'intérieur.*

35. P. MEDULLA-PANIS. Croûte de 3 à 4 p. sur 1 p. de largeur, coriace, dure, glabre, sèche et blanche ; pores petits, égaux.—Sur le vieux bois couché. C.

36. P. VULGARIS. Croûte longue d'un pied, étalée, mince, sèche, lisse, blanche, à bord un peu pubescent ; pores petits, égaux.—Sur le vieux bois. C.

37. P. Radula. Croûte de 1 à 3 p. sur 6 lignes de largeur, molle, blanche, un peu cotonneuse, à pores inégalement saillans, anguleux, dentés.—Sur le bois mort. R.

38. P. terrestris. Croûte filamenteuse, très-délicate et très-fugace, blanche, avec des pores très-petits, roussâtres au centre.—Sur la terre humide. R.

39. P. Vaillantii. Croûte filamenteuse, blanchâtre, traversée par des côtes : pores assez grands, charnus, irréguliers, groupés çà et là. —Sur la terre et sur le vieux bois dans les caves. C.

40. P. molluscus. Croûte étalée, molle, blanche, à bord élargi, filamenteux, ou formé de longues fibres couchées ; pores très-petits, serrés, inégaux.—Sur le bois pourri. C.

Variété : 6. *epiphyllus*. Très-mince, blanc, à bord large, membraneux, à pores aigus.—Sur les feuilles mortes entassées. C.

§ 2. FAVOLUS. Pores larges, a 4 ou 6 angles, imitant des cellules d'abeilles.

41. P. gallicus. (*B. favus* Fl. Fr.) Chapeau presque triangulaire, étalé et replié, marqué de zones, coriace-subéreux, brun, hérissé d'écailles.—Sur les arbres morts. RR.

42. P. squamosus. (*B. Juglandis* Fl. Fr.) Chapeau grand (de 3 à 6 p.), charnu, d'un gris-jaunâtre, chargé d'écailles plus foncées, noirâtres; pores grands, flexueux, pâles ; pédicule presque latéral, épais, noirâtres.—En touffe ou solitaire sur les Noyers. C.—*Odeur forte.*

592. DÆDALEA. (*Boletus* Fl. Fr.) Chapeau subéreux ou coriace, rarement pédiculé ; hyménium sinueux ou creusé de cavités variables, figurant tantôt des lames anastomosées, tantôt des pores alongés, flexueux ; thèques minces.

1. D. suaveolens. Chapeau sessile, glabre, marqué de zones rudes en dessus, d'abord blanc, puis roussâtre ; pores alongés, irréguliers, roussâtres.—Sur les vieux Saules. Aut. R.—*Odeur agréable d'anis.*

2. D. variegata. (*B. coriaceus*). Chapeau sessile, marqué de zones ou bandes glabres et velues, de diverses couleurs ; cavités alongées, flexueuses, glabres.—Sur le tronc des Charmes. Aut. C.

3. D. unicolor. Sessile, coriace, flexible, cendré, avec des zones velues, devenant brun par l'humidité ; pores flexueux, puis déchirés.—Sur les troncs d'arbre. Aut. C.

4. D. suberosa. Sessile, mou, aqueux, puis coriace, glabre, roussâtre, marqué de rides ou de zones ; pores larges, irréguliers, séparés par des lacunes.—Sur les troncs, les poteaux, etc. C.

5. D. abietina. (*Agaricus abietinus* Fl. Fr.) Sessile (de 1 à 2 p.), subéreux, coriace, d'abord couvert d'un duvet brun, puis glabre, noi-

râtre, avec des zones ; lames inférieures droites, presque rameuses, glauques.—Sur le vieux bois. R.

6. D. SEPIARIA. Sessile, coriace, dur, marqué de zones, et couvert d'un duvet jaunâtre réuni en pointes droites, puis noirâtre ; lames infér. rameuses, jaunâtres, puis brunâtres.—Sur le bois pourri. R.

7. D. BETULINA. (*Agaricus betulinus.* — *Agaricus coriaceus* Fl. Fr.) Sessile, pâle, coriace, cotonneux, avec des zones concentriques ; lames droites, un peu rameuses, puis déchirées au bord.—Sur les arbres morts. CC.

8. D. QUERCINA. (*Agaricus quercinus* Fl. Fr.) Sessile, couleur de bois, épais, subéreux, ridé. glabre ; lames épaisses, contournées et repliées, sinueuses.—Sur les troncs d'arbre. CC.

Section 4. *AGARICINÉES.* *Hyménium plissé ou en lames.*

593. SCHIZOPHYLLUM. Demi-chapeau subéreux, coriace, presque sessile, garni en dessous de lames rayonnantes, dichotômes, mais non anastomosées, entremêlées de lames plus courtes, toutes longitudinalement bifides ; lames roulées au bord, et portant des thèques seulement à la surface extérieure.

1. S. COMMUNE. (*Agaricus alneus* Fl. Fr.) Large de 1 pouce, blanc-grisâtre, cotonneux, à bord lobé, souvent multifide ; lames d'un gris-pourpré, velues.—En groupes sur les troncs d'Aulne, etc. C.

594. MERULIUS. Chapeau irrégulier, sessile, retourné, étalé, mince, rarement replié et circonscrit ; hyménium veiné ou chargé de plis sinueux, anastomosés, inégaux, formant des cellules irrégulières, soudées et homogènes avec le chapeau, et portant par intervalle des thèques épaisses. — Sur le bois pourri, dont ils hâtent la destruction.

1. M. LACRYMANS. Croûte étalée, très-large, d'un jaune-ferrugineux, à bord large, blanc, cotonneux ; plis larges, orangés ; sporidies de couleur cannelle.—Lieux humides. R.

2. M. TREMELLOSUS. Étalé et replié, presque imbriqué, charnu, de la consistance d'une tremelle, cotonneux, blanc ; plis petits, aigus, rougeâtres, contournés de manière à former presque des pores.—En été et en automne. C.

595. CANTHARELLUS. (*Merulius* Fl. Fr.) Chapeau charnu ou membraneux, presque horizontal, à bord

libre, et quelquefois avec un pédicule marginal, marqué en dessous de plis rayonnans, rameux, presque parallèles, confondus avec l'hyménium, qui porte des thèques sur toute sa surface.

* *(Leptopilus). Pédicule court, latéral, vertical ou nul ; chapeau étalé, mince, presque membraneux, inégal.—Sur les végétaux.*

1. C. TENELLUS. Petit (de 4 lig.), sessile, presque gélatineux, noir en dessus, et brunâtre en dessous ; veines saillantes, inégales.—Sur les poutres pourries. C.

2. C. LÆVIS. (*Thelephora muscigena* Fl. Fr.) Petit (de 3 à 5 lignes), charnu-membraneux, mou, vertical, blanc ; veines peu apparentes : hyménium un peu ridé.—En groupes entre les mousses. C.

3. C. MUSCIGENUS. Chapeau (de 9 à 12 lig.) membraneux, horizontal, blanchâtre, cendré ou enfumé, avec des zones peu marquées, ridé et entaillé sur le côté ; pédicule épais, vertical (de 9 lig.), velu à la base ; plis luisans, rameux.—Sur les mousses vivantes. Aut. C.

** *(Craterellus). Pédicule central, élargi en chapeau bordé, en entonnoir ou déprimé ; plis décurrens.*

4. C. UNDULATUS. Chapeau (de 1 à 2 p.) coriace, membraneux, aplati, ondulé, roussâtre, ridé et plus pâle en dessous ; pédicule (de 6 à 12 lig.) mince, ferme ; hyménium glabre, à veines peu marquées.—Sur la terre, dans les bois. C.

5. C. CORNUCOPIOIDES. Chapeau membraneux, un peu ondulé, de grandeur variable, en forme de trompette, écailleux, brun-noirâtre, à bord réfléchi, d'un glauque-cendré en dessous, avec des rides peu marquées ; pédicule noir, élastique. — En touffes sur la terre, dans les bois ; en automne. C.

6. C. HYDROLIPS. Diffère du précédent par ses plis plus marqués, épais, luisans et tendres. —C.

7. C. LUTESCENS. Chapeau (de 1 à 4 p.) membraneux, mou, en entonnoir, ondulé, un peu floconneux, d'un brun-jaunâtre ; veines entrelacées, d'un gris-jaune ; pédicule (de 2 p.) creux, jaune, souvent comprimé. — En touffes ; lieux humides, sur les *Sphagnum ;* en été et en automne. R —*Odeur un peu alcoolique.*

8. C. TUBÆFORMIS Chapeau (de 6 à 24 lig.) un peu membraneux, ombiliqué, ridé-écailleux, brunâtre, puis ondulé ; plis droits, dichotômes, d'un gris-jaune ; pédicule creux, renflé, jaune.—En touffes sur la terre et sur le bois pourri. Aut. C.

9. C. CIBARIUS. (*Merulius cantharellus* Fl. Fr.) Chapeau charnu, ferme, sans odeur, glabre, un peu sinué, jaune ; plis gonflés, écartés ; pédicule solide, aminci au sommet.— Dans les bois. Été et aut. C.—*Comestible.*

596. AGARICUS. Chapeau charnu ou membraneux, garni de lames en dessous, à bord libre, replié dans sa jeunesse, et à pédicule jamais réticulé, rarement nul ; lames simples, distinctes du pédicule, rayonnantes du centre ou de la base, et entremêlées ordinairement de lames plus courtes, composées d'une membrane repliée en double et soudée, portant les thèques.

§ I. Coprinus. *Lames libres, inégales, minces, simples, se réduisant en un liquide noir; voile peu distinct, floconneux, fugace ; thèques grandes, contenant des sporules noires, en quatre rangées ; pédicule fistuleux, alongé, blanchâtre ; chapeau membraneux, rarement un peu charnu, d'abord ovoïde, conique, puis campanulé, et enfin déchiré, roulé en dessus, et se dissolvant.*

1. A. radiatus. (*A. stercorarius* Fl. Fr.) Chap. très-tendre, d'abord ovoïde, puis plat (de 1 à 2 lig.) et déchiré, cendré, cotonneux, jaunâtre au centre ; lames peu nombreuses.—Sur les fumiers. CC.

2. A. Ephemerus. Chapeau (de 6 lig.) mince, glabre, cendré, roussâtre au centre, campanulé, puis étalé, déchiré, et disparaissant promptement ; lames écartées ; pédicule (de 2 p.) glabre. — En groupes sur le fumier. CC.

3. A. ephemeroides. Chapeau petit. écailleux, conique, blanchâtre, à bord strié, jaune au centre, avec des lames noires ; pédicule presque bulbeux, fistuleux, renfermant un fil hérissé et muni d'un anneau d'abord fixe, puis mobile.—Sur le fumier. CC.

4. A. cinereus. Chapeau (de 1 à 2 p.) membraneux, un peu cotonneux, cendré, lisse et jaunâtre au centre, conique, puis roulé et déchiré sur les bords ; lames étroites, pointillées ; pédic. blanc, long, cotonneux et écailleux.—Sur le fumier. CC.

Variété : 6. *tomentosus* (Fl. Fr.) Lames nombreuses, pâles, noires au bord ; pédicule court, mince, cotonneux.—C.

5. A. deliquescens. Chapeau (de 1 à 2 p.) mince, strié, brunâtre, d'abord hémisphér., puis en cloche alongée : lames étroites, d'abord rosées, puis noires ; pédic. (4 p.) mince.—En groupes dans les prés. C.

6. A. atramentarius. Chapeau un peu charnu, d'abord globuleux, puis campanulé (de 2 p.), et enfin étalé (de 4 p.) et roulé, brunâtre, écailleux au sommet ; lames ventrues. blanchâtres, puis pourprées et brunes ; pédicule ferme, nu, blanc. — En touffes dans les lieux humides près des maisons et au pied des arbres. CC.

7. A. picaceus. Chapeau (de 2 p.) très-mince, blanc, campanulé, puis divisé en larges écailles ; lames noires, serrées ; pédic. (de 5 p.) très-long, bulbeux, nu.—Lieux ombragés. Aut. C.

8. A. comatus. (*A. typhoides* Fl. Fr.) Chapeau un peu charnu, d'a-

bord cylindrique, puis conique, blanc, et enfin étalé (de 3 p.) et divisé en écailles chevelues ; lames larges de 3 lignes, rapprochées, blanches, puis pourprées ; pédicule très-long (de 6 à 7 p.), un peu bulbeux, muni d'un anneau mobile.—Dans les jardins, au pied des haies, etc. En automne. C.

§ II. Pratellus. *Lames enfumées, changeant de couleur et se dissolvant ; voile floconneux, et non comme des fils d'araignée ; sporules d'un brun pourpré.*

1. (*Coprinarius*). *Voile attaché au bord, rarement en anneau, ordinairement très-fugace ; pédicule fistuleux, distinct du chapeau, qui est charnu ou membraneux, presque persistant ; lames devenant presque liquides ; sporules noirâtres.*

9. A. digitaliformis. Chapeau (de 4 à 8 lig.) blanc ou d'un roux-blanc, d'abord ovoïde, puis en dé à coudre, roux au centre, avec des stries noires au bord ; lames libres, d'abord blanches, puis noirâtres et devenant liquides ; pédicule (de 18 lig.) nu et mince.— Sur les vieux Saules, etc. C.

10. A. disseminatus. Chapeau (de 3 lig.) ovoïde-campanulé, plissé, blanchâtre, puis cendré ; lames blanchâtres, puis noires et devenant liquides ; pédicule (de 12 lig.) épais, recourbé, glabre.—En touffes au pied des Saules, des Peupliers, etc. CC.

11. A. hydrophorus. Chapeau (de 12 à 18 lig.) campanulé, puis conique, lisse et roussâtre au centre, à bord déchiré, strié, gris, replié en dessus ; pédicule (de 3 à 4 p.) fistuleux, blanc, glabre ; lames nombreuses, inégales, rosées, puis noires.—En touffes sur la terre. C.

12. A. striatus. Chap. (de 12 à 18 lig.) roux-blanchâtre, conique, puis convexe, et enfin plat, lisse et roussâtre au centre, sillonné de plis rayonnans ; lames arrondies, brunes, inégales : pédicule (de 2 à 4 p.) mince, fistuleux, nu.—Solitaire sur la terre. C.

13. A. fimicola. Chapeau (de 6 à 12 lig.) un peu charnu, hémisphérique, couleur de peau-brunâtre ; pédicule (de 2 à 3 p.) de même couleur, glabre, blanc et pulvérulent au sommet ; lames larges, d'un gris-noir.—Dans les prés. R.

14. A. papilionaceus. Diffère du précédent par sa forme en cloche et par sa couleur plus foncée, noirâtre ; ses lames sont variées de gris et de noir avec le bord blanc, et son pédicule est noir, pulvérulent au sommet.—Sur les feuil. mortes, dans les bois. Été et Aut. C.

15. A. fimiputris. Chap. un peu charnu, campanulé, cendré, pâle ; lames noirâtres, devenant liquides ; pédic. (de 2 à 4 p.) brun, muni d'un anneau dechiré. -En groupes sur le terreau et sur le fumier. Aut. C.

16. A. separatus. (*A. nitens* Fl. Fr.) Chap. (de 1 p.) un peu charnu, campanulé, puis convexe, visqueux, couleur de terre, blanchâtre ; lames noirâtres : pédicule (de 6 p.) mince, renflé à la base, portant un anneau entier, persistant, blanc. — Sur les bouzes de vache, dans les prés et les bois ; en été. C.

2. *(Psathyra). Voile attaché au bord, très-fugace ; pédicule blanc, fistuleux ; chapeau un peu membraneux, sec, fragile, souvent couvert de papilles ou de fibres ; lames brunâtres, rarement libres ; sporules d'un brun-pourpré ou noirs.*

17. A. COPROPHILUS. Chap. (de 8 à 14 lig.) un peu charnu, lisse, étalé, relevé au centre, d'un brun-roussâtre ; lames larges, arquées, livides; pédic. (2-3 p.) nu, hérissé, cendré.-Sur le fumier. CC.

18. A. APPENDICULATUS. (*A. violaceo-lamellatus* Fl.Fr.) Chapeau (de 2 à 4 p.) lisse, gris-jaunâtre, puis blanc ; lames violettes, d'abord avec le bord blanc ; pédic. (de 3 p.) strié, chargé de fibres ; voile formant une frange.—En touffes sur la terre et sur le vieux bois. C.

19. A. HYDROPHILUS. Chapeau (de 2 à 3 p.) glabre, gris-jaunâtre, à bord strié ou sinué ; lames rapprochées, couleur de chair, brunâtres ; pédicule (de 2 à 3 p.) glabre ; voile formant une frange blanche.—Dans les bois après la pluie. CC.

3. *(Psilocybe). Voile marginal, mince, fugace ; pédic. tenace ; chapeau un peu charnu, glabre, souvent visqueux, distinct du pédicule ; lames assez larges, ne devenant pas liquides.*

20. A. VENTRICOSUS. Chapeau (de 2 p.) conique, puis campanulé, et enfin étalé, lisse, brunâtre-pâle ; lames pâles, un peu décurrentes ; pédicule (de 2 p.) couleur de peau, renflé à la base, et prolongé en racine.—Sur le terreau ; en été. C.

21. A. CALLOSUS. Chapeau (de 6 à 8 lig.) blanc, jaune ou gris-jaunâtre, conique, un peu strié au bord ; lames d'un noir-pourpré ; pédicule (de 2 à 3 p.) souvent flexueux, glabre, pâle.—En touffes le long des chemins ; en automne. C.

4. *(Hypholoma). Voile fixé au bord du chapeau et au pédicelle, tissu comme une toile et fugace ; pédicule un peu creux, ferme, distinct du chapeau, qui est charnu, convexe, puis plat : lames nombreuses, devenant liquides.*

22. A. FASCICULARIS. (*A. pulverulentus* Fl. Fr.) Chap. (de 6 à 12 lig.) renflé au centre, jaunâtre, très-mince et plus pâle au bord ; lames verdâtres ; voile noirâtre ; pédicule (de 2 à 3 p.) jaune.—En touffes sur les troncs d'arbre pourris. CC.—*Saveur très-amère.*

23. A. LATERITIUS. (*A. amarus* Fl. Fr.) Chap. (de 12 à 18 lig.) obtus, un peu visqueux, fauve ou couleur de brique, à bord jaunâtre ; lames un peu verdâtres, puis noires ; pédic. (de 2 à 3 p.) jaune, plein, ferme ; voile noirâtre.—En touffes sur les troncs pourris. C.—*Saveur amère.*

24. A. LACRYMABUNDUS. Chap. (de 2 à 3 p.) campanulé, poilu-écailleux, fragile, blanchâtre, puis brun ; lames blanchâtres, puis brunes-pourprées, larges de 3 lig. ; pédic. (de 2 p.) épais, brunâtre, creux.—Sur les souches et sur la terre, dans les bois : en automne. C.

5. *(Psalliota). Voile en forme d'anneau, presque persistant ; pédic. ferme, distinct du chapeau, qui est plus ou moins charnu, campanulé, puis étalé ; lames larges, brunâtres.*

25. A. ÆRUGINOSUS. (*A. cyaneus* Fl.Fr.) Chap. de grandeur variable, charnu, jaune, enduit d'un mucus bleu, vert à l'intérieur ; lames d'un

brun-pourpré ; pédic. creux, écailleux, muni d'un anneau incomplet, fugace.—Sur la terre et sur les troncs d'arbre, en automne. C.

26, A. SQUAMOSUS. Chap. (de 1 à 3 p.) aplati, renflé au centre, un peu visqueux, charnu, jaune, chargé d'écailles éparses, concentriques ; lames noirâtres, blanches au bord ; pédicule (de 3 à 4 p.) épais, solide, pulvérulent au dessus de l'anneau et velu en dessous. —Groupé sur les feuilles mortes entassées. CC.

27. A. SEMI-GLOBATUS. Chap. (de 6 à 8 p.) hémisphérique, lisse, visqueux, jaune ; lames noires ; pédic. (de 3 p.) pâle, fistuleux, glabre, muni d'un anneau et pointillé de noir au sommet.—En groupes sur le fumier, dans les bois et les prés. C.

28. A. MELANOSPERMUS. Chap. (de 2 p.) convexe, lisse, jaune, puis aplati, sinué ; lames arrondies, jaunâtres, puis noires ; pédic. (de 2 p.) creux, blanchâtre, avec un anneau. — Dans les pâturages gras ; en automne. C.

29. A. SPHALEROMORPHUS. Chap. (de 2 à 3 p.) hémisphérique, blanchâtre ; lames nombreuses, décurrentes, jaunâtres, puis noires ; pédicule (de 3 p.) solide, glabre, avec un anneau.—Sur la terre ; en été et en automne. C.

30. A. HÆMATOSPERMUS. Chap. (de 2 p.) un peu membraneux et écailleux, mince, glabre, couleur de terre, jaunâtre ; lames ventrues, couleur de brique ; pédic. (de 2 p.) creux, mince, avec un anneau.—En groupes sur la terre. C.

31. A. CORONILLA. Chapeau (de 12 à 18 lig.) lisse, très-convexe, d'un fauve-roussâtre ; lames arrondies, blanches, puis rouges, et enfin noires ; pédicule creux, blanc, avec un anneau.— Dans les bois. C.

32. A. CAMPESTRIS. (*A. edulis* Fl. Fr.) Chapeau charnu, sec, blanc, ou roussâtre, un peu écailleux ou soyeux, lisse ; lames nombreuses, ventrues, roses, puis brunes ; pédicule plein, long, bulbeux, muni d'un anneau blanc, variable.—Dans les prés et les bois, et sur des couches préparées. CC.—*Comestible. Sans odeur.*

33. A. CRÉTACEUS. (*A. cepæstipes* Fl. Fr.) Chap. (de 3 p.) blanc, sec, presque lisse ou couvert par les écailles que forme l'épid. en séchant ; lames blanches, puis brunes et se dissolvant ; pédicule (de 3 p.) creux, ferme et lisse, avec un anneau. — Dans les ruines et sur le terreau ; en automne. C.

6. (*Volvaria*). *Voile* (volva) *simple, complet, distinct, enveloppant d'abord le champignon jeune, comme un œuf, puis déchiré par l'alongement du pédicule ; chapeau charnu, campanulé, puis étalé ; lames libres, ventrues, larges, changeant de couleur et susceptibles de se dissoudre.*

34. A. PUSILLUS. Chapeau (de 4 lig.) blanchâtre, sec, puis se dissolvant ; lames ventrues, roses ; pédicule (de 1 p.) fistuleux, blanc.— En groupes dans les bois ; en août. C.

35. A. BOMBYCINUS. (*Amanita incarnata*). Chap. (de 3 à 7 p.) soyeux, blanc ; lames couleur de chair ; pédicule (de 3 à 6 p.) solide. — Dans les bois. R.—*Comestible ? Odorant.*

§ III. Derminus. *Lames persistantes, changeant de couleur ; voile floconneux, non semblable à une toile d'araignée ; sporules couleur de rouille.*

7. *(Crepidotus). Voile très-mince, formé de fibres ; chapeau inégal, excentrique ou latéral ; lames inégales.*

36. A. variabilis. Chapeau (de 4 à 5 lig.) très-variable, retourné et replié, couvert d'un duvet soyeux, blanc ; lames minces, blanchâtres, teintes de rouille ; pédicule d'abord central, puis latéral et presque nul.—Sur les troncs pourris et sur la terre ; en automne. C.

37. A. mollis. Chap. (de 1 à 3 p.) pâle, presque sessile, lisse, mou, un peu visqueux ; lames nombreuses, linéaires, blanchâtres ou grises, puis de couleur cannelle. — Sur les troncs d'arbre ; en automne. C.

8. *(Tapinia). Voile marginal, velu, très-fugace ; pédicule égal, s'élargissant pour former le chapeau, qui est plus ou moins charnu, d'abord un peu convexe, à bord roulé, velu, puis enfoncé et ombiliqué ; lames décurrentes.*

38. A. involutus. Chapeau (de 3 à 4 p.) d'une couleur ferrugineuse, changeante par le contact, à bord roulé, cotonneux ; lames dichotomes, formant des pores à la base ; pédic. (de 2 à 5 p.) plein et épais de 6 à 12 lig.—Sur la terre, dans les bois, ou sur les troncs. Aut. C.

39. A. eriocephalus. Chap. (de 1 p.) campanulé, puis convexe, couvert de duvet surtout au bord, roussâtre ainsi que les lames qui sont inégales ; pédic. (1 à 2 p.) plein, roux ou blanc.—Sur le bois mort. R.

40. A. cupularis. Chapeau (de 6 à 12 lig.) lisse, jaunâtre ; lames nombreuses, plus foncées, arquées, larges d'une lig. 1/2 ; pédicule (de 3 p.) blanchâtre, creux.—Sur la terre. R.

9. *(Galera). Voile floconneux, très-fugace ; pédicule fistuleux, grêle, distinct du chapeau qui est membraneux, en cloche, un peu strié, lorsqu'il est humide, et lisse par la sécheresse.*

41. A. hypnorum. Chapeau (de 3 à 5 lig.) tendre, d'un jaune-ferrugineux ; lames écartées ; pédicule (de 12 à 15 lignes) flexible, plus pâle.—Entre les mousses. Été et Aut. C.

42. A. melinoides. Chap. (de 6 lig.) de couleur d'ocre ou cannelle ; lames un peu dentelées, plus pâles ainsi que le pédic. qui est long (2 p.), un peu poudreux.—En groupes sur le gazon et sur la mousse. Aut. C.

43. A. tener. *(A. foraminulosus)*. Chap. (de 4-6 l.) jaune-d'ocre ou ferrugineux, quelquefois poilu ainsi que le pédic. qui est long de 4 p., de même couleur.—Sur le gazon, au bord des chemins. C.

10. *(Naucaria). Voile confondu avec l'épid. du chapeau, très-fugace ; pédic. écailleux ; chapeau charnu-membraneux, d'abord campanulé, puis aplati, couvert d'écailles ou de fibres couchées ; lames de couleur cannelle.*

44. A. pygmæus. Chap. (de 6 lig.) glabre, roux, à bord strié ; lames libres ; pédicule (de 1 p.) mince, fistuleux, blanc, hérissé de poils à la base.—En touffes sur le bois mort. C.

45. A. SEMI-ORBICULARIS. Chapeau (de 8 à 10 lig.) luisant, jaunâtre ; lames nombreuses, libres, d'abord grises ; pédic. (de 1 p. 1/2 à 2 p.) roux, nu, ferme. — Sur le gazon, au bord des chemins. C.

46. A. FURFURACEUS. (*A. squarrosus* Fl.Fr.) Chap. (de 4 à 12 lignes) roussâtre, écailleux ; lames un peu décurrentes ; pédic. (de 1 à 2 p.) gris-jaunâtre, renflé à la base. — Sur les feuil. mortes entassées. Aut. C.

11. *(Flammula). Voile marginal, formé de fibres et très-fugace ; pédic. ferme, un peu élargi pour former le chapeau qui est charnu, convexe, étalé, lisse ; chair ferme ; lames non échancrées.*

47. A. FLAVIDUS. Chapeau (de 1 à 2 p.) renflé au milieu, jaunâtre ; lames d'un jaune-ferrugineux ; pédic. couvert de fibres ou d'écailles. — En touffes sur les troncs pourris. Aut. C.

48. A. CARBONARIUS. Chapeau (de 1 p.) visqueux, fauve : lames nombreuses, de couleur terreuse : chair jaune ; pédic. raide, écailleux. — Groupé aux lieux où l'on a fait du charbon. R.

49. A. LENTUS. Chapeau (de 2 à 3 p.) plat, visqueux, blanchâtre ; lames nombreuses ; pédicule (de 2 à 3 p.) solide, fibreux-écailleux. — En groupes sur la terre et sur les branches mortes. Aut. R.

12. *(Hebeloma). Voile adhérent au bord, floconneux, sec, fugace ; pédic. ferme, chargé de fibres ou d'écailles ; chapeau charnu, convexe, puis plat, humide et visqueux ; lames nombreuses, échancrées à la base.*

50. A. CRUSTULINIFORMIS. Chapeau blanc, jaune, roux ou grisâtre, à lames de couleur cannelle-claire ; pédic. (de 1 p. 1/2 à 3 p.) blanc. — Dans les bois et les prés. Été et Aut. C. — *Vénéneux et d'une odeur fétide.*

13. *(Pholiota). Voile sec, en anneau, floconneux, radié ou membraneux ; pédicule un peu écailleux : chapeau convexe, puis plat, non ombiliqué ; lames sèches.*

51. A. MUTABILIS. Chapeau un peu charnu, glabre, convexe, puis plat, de couleur cannelle-claire ; lames nombreuses, un peu décurrentes ; pédicule mince, de longueur variable. — Sur la terre et au pied des arbres. C. — *Comestible.*

52. A. SQUARROSUS. (*A. squamosus* Fl.Fr.) Chapeau de grandeur variable, charnu, sec, d'un jaune vif ferrugineux, couvert d'écailles recourbées, et à bord un peu cilié ; lames olivâtres, pâles, puis rougeâtres ; chair jaune ; pédicule hérissé d'écailles. — Au pied des arbres, dans les bois ; en automne. C.

53. A. RADICOSUS. Chap. (de 3 à 5 p.) dur, un peu convexe et renflé au milieu, glabre, pâle, puis taché de roux ; lames nombreuses, arrondies, roussâtres : pédic. (de 3 à 4 p.) épais, écailleux, prolongé en racine. — Groupé au pied des arbres dans les bois. Aut. C. - *Saveur âcre.*

54. A. TOGULARIS. Chapeau (de 3 p.) charnu, glabre, presque plat, de couleur terreuse ou ferrugineuse ; chair molle, blanche ; lames arrondies ; pédicule (de 3 p.) mince, creux, glabre, avec un anneau blanc, replié. — Sur la terre, en été. C.

55. A. PUDICUS. Chap. (de 2 à 4 p.) blanc ou brunâtre, globuleux,

puis aplati ; lames arquées ; pedicule (de 18 à 30 p.) ferme, taché de jaune, avec un anneau large.—Dans les bois. Eté et Aut. C.

56. A. AUREUS. Chapeau (de 2 à 4 p.) globuleux, puis convexe, d'un jaune-fauve, avec quelques écailles poilues, noires ; chair jaune, amère ; lames étroites, blanches ; pédic. (de 4 à 6 p.) plein, glabre, avec un petit anneau.—Dans les bois ; en été. R.

14. *(Inocybe). Voile très-fugace, formé de fibres longitudinales, fixées au chapeau ; pédicule ferme, couvert d'écailles ou de fibres, distinct du chapeau qui est plus ou moins charnu, en cloche, puis étalé, sec, ferme, couvert d'écailles ou de fibres soyeuses ; chair blanche ; lames changeant de couleur ; sporules d'un jaune-ferrugineux.*

57. A. REPANDUS. Chap. (de 3 p.) soyeux, lisse, couleur de brique pâle et à bord flexueux ; lames de 2 à 3 lig., arrondies, pâles ; pédicule (de 2 à 2 p. 1/2) solide, blanchâtre, chargé de fibres.—Dans les bois, au printemps et en été. C.—*Odeur fétide.*

58. A. PYRIODORUS. (*A. furfuraceus* Fl.Fr.) Chap. (de 2 p.) pulvérulent, jaunâtre, à bord un peu sinué ; lames blanches, puis jaunâtres ; pédic. (de 2 p.) blanc, fibreux.—Dans les bois. Été. C.—*Odeur suave.*

59. A. LANUGINOSUS. Chapeau brun, couvert d'un duvet laineux, disparaissant peu à peu ; lames libres, brunes-rousses ; pédicule (de 18 lig.) fibreux ou strié.—Dans les bois. Print. et Aut. C.

60. A. RIMOSUS. Chap. (de 1 à 2 p.) fendillé, d'un brun-jaunâtre ; lames larges, olivâtres, blanches au bord ; pédic. (de 1 à 2 p.) solide, pâle, farineux, blanc au sommet, un peu tubéreux à la base.—Dans les bois. Printemps et Été. C.

61. A. GEOPHILUS (et *A. inodorus* Fl.Fr.) Chap. (de 6 à 8 lig.) conique, puis étalé et fendillé, soyeux, blanc-jaunâtre ou lilas, à bord sinueux ou déchiré ; lames larges, couleur de terre, brunâtres ; pédic. (de 2 p.) plein, mince, pulvérulent, blanc.—Dans les bois. Aut. C.

§ IV. CORTINARIUS. *Voile semblable à une toile d'araignée ; lames changeant de couleur et se desséchant ; sporules couleur d'ocre.*

15. *(Dermocybe). Voile très-fugace ; pédicule ferme, égal et chargé de fibres ; chapeau charnu ou membraneux, conique ou convexe, puis étalé, couvert de fibres ; lames larges, inégales, nombreuses.*

62. A. CASTANEUS. Chap. un peu charnu, brun-marron ; lames violacées, puis rougeâtres ; pédicule (de 1 à 2 p.) raide, chargé de fibres, blanc.—En groupes dans les bois. Aut. C.—*Inodore. Comestible.*

63. A. LEUCOPODIUS. Chap. (de 1 p.) mince, glabre, un peu charnu, jaune-fauve, puis couleur de peau ; lames couleur cannelle ; pédicule (de 1 p.) creux, luisant, blanc.—Dans les bois. Aut. C.

64. A. LAMPROCEPHALUS. (*A. lucidus*). Chapeau (de 2 à 3 p.) charnu, luisant, de couleur ferrugineuse ; lames décurrentes, puis foncées ; péd. (2 p. 1/2) plein, un peu recourbé.—Sur la terre. Print. et Aut. C.

65. A. ARMENIACUS. (*A. helvolus*). Chap. (de 2 à 4 p.) de couleur can-

nelle pâle ; lames de couleur cannelle ; pédicule (de 2 à 3 p.) plein, blanc, chargé de fibres, et violacé au sommet. — En groupes dans les bois et sur les pelouses. Aut. C.—*Un peu odorant.*

66. A. URENS. Chap. (de 1 p. 1/2 à 2 p.) presque glabre, de couleur cannelle, ainsi que les lames et le pédicule qui est très-long (de 4 à 5 p.), solide, pâle, velu à la base, et taché de stries rousses. — Sur les feuilles mortes. C.—*Odeur et saveur du Raifort.*

67. A. CINNAMOMEUS. Chap. (de 1 à 3 p.) soyeux, un peu écailleux, de couleur cannelle : lames brillantes, d'un rouge de sang ou jaunâtres ; pédic. (3 p.) mince, chargé de fibres, jaunâtre.—Dans les bois et les lieux marécageux, de juin en décembre. C.--*Odeur et saveur du Raifort.*

68. A. PURPUREUS. Chap. (de 2 p.) charnu, d'un rouge vif, écailleux, à bord un peu soyeux, quelquefois jaunâtre ; lames plus foncées ; pédicule (de 18 à 24 lig.) épais, égal, jaune à l'intérieur.—Dans les bois ; en automne. C.—*Odeur forte.*

16. (*Inoloma*). *Voile fixé au bord et se décomposant en filamens libres ; pédicule solide, bulbeux, chargé de fibres et élargi pour former le chapeau qui est charnu, convexe, puis aplati, chargé de fibres, ou visqueux ; lames échancrées.*

69. A. VIOLACEUS. (*A. araneosus* Var. Fl.Fr.). Chapeau (de 3 à 6 p.) convexe, violet foncé, velu-écailleux, sec ; lames écartées, d'un noir-violet : pédic. (de 4 p.) spongieux, et d'un gris-violet à l'intérieur. —Dans les bois. Aut. C.

70. A. VIOLACEO-CINEREUS. Chap. (de 2 à 3 p.) brun-violet, sec, chargé de petites écailles grises ; lames écartées, brunes-pourprées, de couleur cannelle sur le côté ; pédicule (de 2 à 3 p.) bulbeux, brun-violet.—Dans les bois. Aut. C.

71. A. ALBO-VIOLACEUS. Chap. (1 à 3 p.) soyeux, gris-violet, argenté, sec ; lames rapprochées, d'un violet pâle, puis de couleur cannelle claire, un peu dentelées ; pédicule (de 2 p.) violacé. — Dans les bois. Aut. C.—*Sans odeur.*

72. A. PSAMMOCEPHALUS. (*A. arenatus*). Chapeau (de 1 à 4 p.) épais, sec, renflé, d'un gris-fauve, avec des écailles relevées, poilues, brunes ; lames rapprochées, violettes, puis d'un gris-cannelle ; pédic. (de 2 à 4 p.) violet, avec des écailles noirâtres, et lisse au sommet. —Dans les bois. Aut. C.

73. A. EUMORPHUS. Chap. (de 1 à 4 p.) obtus, sec, presque glabre, gris-enfumé, puis brun-fauve ; lames dentelées, d'un gris-violacé, puis d'un gris-cannelle ; pédic. (de 3 à 5 p.) mince, écailleux, renflé à la base, blanc-violacé, puis jaunâtre.—Dans les bois. Aut. C.

74. A. CALLOCHROUS. Chap. (de 1 à 3 p.) presque plat, visqueux, jaunâtre, lilas, pourpré ou brunâtre ; lames rapprochées, d'un violet-pourpré, puis de couleur cannelle ; chair et pédic. blancs ou violets. —Dans les bois et les prés. Aut. R.—*Sans odeur et sans saveur.*

75. A. GLAUCOPUS. Chap. (de 2 à 5 p.) brun-olivâtre, d'abord visqueux, puis inégal, à bord souvent bleuâtre, velu ; lames d'uue couleur terreuse-bleuâtre, puis cannelle, dentelées ; pédic. (de 2 à 3 p.) épais,

bleuâtre. — Souvent en groupes dans les bois et les landes. Aut. C. — *Sans saveur.*

76. A. VARIUS. Chapeau de grandeur variable, ferme, jaune, un peu écailleux, humide et visqueux ; lames rapprochées, dentelées, d'un blanc-bleuâtre, puis fauves, pâles ; pédic. aminci, blanc. — Dans les bois et les bruyères. Aut. C.

77. A. TURBINATUS. Chap. (de 2 à 3 p.) mou, visqueux, lisse, jaune ou fauve, puis sec, luisant ; lames entières, rapprochées, d'un jaune-fauve ; pédicule (de 3 à 4 p.) bulbeux, blanc. — Dans les bois, en automne. C. — *Odeur agréable.*

17. *(Phlegmatium). Voile visqueux, mince, fugace, et se décomposant en fils comme comme ceux de l'araignée ; pédicule solide, un peu écailleux ; chapeau plus ou moins charnu, en cloche ou convexe, puis aplati, un peu visqueux ; chair succulente ; lames un peu décurrentes.*

78. A. COLLINITUS. (*A. mucosus* Fl. Fr.) Chapeau (de 2 à 4 p.) lisse, orangé-fauve, très-gluant ; lames dentelées, pourprées, puis d'un roux-ferrugineux ; pedicule (de 4 à 8 p.) mince, fendillé, en écailles bleuâtres. — Dans les bois ; en été et en automne. C.

18. *(Telamonia). Voile en anneau, tissu de fibres minces ; pédic. solide, ferme, chargé de fibres ; chapeau un peu charnu, à bord mince, étalé, sec, écailleux ou fibreux ; chair sèche ; lames larges.*

79. A. BIVELUS. Chapeau (de 2 à 5 p.) obtus, fauve ou couleur de brique ; lames échancrées, fauves ; pédic. (de 2 p.) blanchâtre, un peu bulbeux ; anneau blanc. — En groupes dans les bois. Été et Aut. C.

80. A. AIMATOCHELIS. Chap. (de 2 à 5 p.) écailleux, rouge de brique ; lames écartées, échancrées, de couleur cannelle pâle, puis ferrugineuses : pédicule (de 3 à 6 p.) bulbeux, roussâtre ; voile rouge. — Dans les bois ; en automne. R.

81. A. UMBRINUS. (*A. araneosus*). Chapeau (de 3 p.) gris-roussâtre, fibreux ; lames écartées, pourprées, puis brunes ; anneau blanc, engaînant dans la moitié inférieure le pédicule qui est violet (de 3 à 5 p.), épais de 6 à 12 lignes. — Dans les bois : en automne. R.

§ V. HYPORRHODIUS. *Voile nul ; lames changeant de couleur ; sporules roses.*

19. *(Nola). Pédicule distinct du chapeau, qui est membraneux, en cloche, puis étalé, sans écailles fibreuses, strié et demi-transparent par l'humidité, pâle lorsqu'il est sec.*

82. A. PLEOPODIUS. Chapeau (de 8 à 12 lignes) jaune-pâle, lisse ; lames libres, arquées, rousses ; pédicule (de 1 à 2 pouces) blanc, plein. — Dans les bois ; en automne. C.

83. A. SERICEUS. Chapeau (de 6 à 18 lignes) noir-brunâtre ; lames grises ou jaunâtres ; pédicule (de 1 à 3 pouces) gris, creux. — Dans les bois ; en automne. C.

20. (*Leptonia*). *Pédicule cartilagineux, bleuâtre, distinct du chapeau qui est charnu-membraneux, un peu convexe, sec, à surface fibreuse ou écailleuse; lames non décurrentes.*

84. A. COLUMBARIUS. Chap. (de 6 à 8 lig.) bleu-violet, en cloche, puis convexe, strié de noir, à bord sinué, soyeux ; lames libres, arquées à la base ; pédicule (de 18 à 24 lig.) glabre.—Dans les bois. C. Variété ; 6. *serrulatus*. Chapeau ombiliqué, un peu écailleux, noirâtre, puis brun ; lames d'un gris-lilas, bordées de noir.

85. A. GLAUCUS. Chap. (de 1 p.) écailleux, bleu ; lames d'un blanc-bleuâtre, puis pourprées, fixées au pédic., qui est glabre, épais d'une lig. et long de 18 à 24 lig.—Parmi le gazon. De juillet à septembre. C.

86. A. SALICINUS. Chap. (de 12 à 14 lig.) d'un gris-ardoisé, ridé au centre ; lames libres, roses ; pédicule (de 1 à 2 p.) mince, plein, chargé de fibres.—Sur les Saules, en septembre. R.

87. A. GRISEO-CYANEUS. Chap. (de 10 à 12 lig.) écailleux, d'un gris-lilas ; lames libres, pourprées ; pédic. (de 18 lig.) creux, chargé de fibres.—Parmi le gazon, dans les bois, en août et septembre. R.

21. (*Eccilia*). *Pédic. mince, non bleuâtre, un peu élargi pour former le chapeau qui est mince, membraneux, convexe, puis plat et ombiliqué, strié ; lames un peu décurrentes, larges et écartées.*

88. A. POLITUS. Chapeau (de 12 à 18 lig.) d'un gris-ardoisé, livide ainsi que le pédicule (de 2 à 3 p.) qui est creux, raide ; lames blanches, puis rosées.—Dans les bois, en automne. R.

22. (*Clitopilus*). *Pédic. charnu ; chap. charnu, convexe, puis aplati, sec, non ombiliqué ; lames inégales, plus ou moins décurrentes.*

89. A. PLUTEUS. Chap. (de 3 à 5 p.) charnu, glabre, noir-brunâtre, luisant, avec des zones concentriques ; lames rapprochées, libres, d'abord blanches, puis roses ; pédic. (de 3 p.) solide, blanc, avec des fibres noires.—Sur la terre, en été et automne. C.

90. A. ARDOSIACUS. Chap. (de 3 p.) glabre, déprimé, à bord sinué, gris de plomb ; lames rapprochées, larges, d'un roux-ferrugineux ; pédicule (de 4 à 5 p.) creux, glabre, gris de plomb.—Dans les prés humides, en automne. C.

91. A. SINUATUS. Chap. (de 6 p.) glabre, sinué, puis aplati, blanc-jaunâtre ; lames (de 6 à 9 lig.) très-serrées, roussâtres ; pédicule (de 3 à 5 p.) épais, dur, blanc.—Sur la terre, en automne. C.

92. A. PHONOSPERMUS. Chapeau (de 3 p.) glabre, pâle-livide ; lames distinctes, incarnates ; pédicule (de 3 p.) plein, glabre, blanchâtre.—Dans les prés et le long des haies et des bois, en automne. C.

93. A. RHODOPOLIUS. (*A. hydrogrammus*). Chapeau un peu soyeux, livide ; lames d'un blanc rosé ; pédicule (de 2 à 4 p.) creux, glabre, fragile.—Lieux humides, dans les bois, en eté et automne. C.

94. A. HORTENSIS. Chap. (de 2 p.) noirâtre, brun-livide ou roussâtre, relevé au centre ; lames décurrentes, un peu contournées, blanchâtres ; pédic. (de 2 p. 1/2) creux, épais.—En touffes sur la terre. R.

95. A. PRUNULUS. (*A. albellus* Fl. Fr.) Vulg. *Mousseron.* Chapeau (de 2 p.) souvent excentrique, aplati, blanc, à bord anguleux ou ondulé ; lames très-rapprochées, inégales, décurrentes, blanches, puis incarnates ; pédicule (de 12 à 15 lignes) épais.—Dans les bois, en été et automne. CC.—*Comestible. Odeur de farine nouvelle.*

§ VI. LEUCOSPORUS. *Lames persistantes, ne changeant pas de couleur; voile variable ou nul; sporules blanches.*

23. (*Pleurotus*). *Chap. inégal, excentrique ou latéral, quelquef. sessile; lames inégales.—Persistans et croissant souvent sur le bois.*

96. A. APPLICATUS. (*A. epixylon* Fl. Fr.) Chap. (de 2 à 4 lig.) d'abord en forme de coupe, presque sessile, membraneux, d'un gris-foncé, velu à la base ; voile nul ; lames pourprées, puis noires.—Sur les troncs pourris. CC.

97. A. ALGIDUS. Chap. (de 2 p.) sessile, charnu, sombre, glabre et gélatineux en dessus ; lames pâles, puis jaunâtres.—Sur le Bouleau. R.

98. A. STYPTICUS. Pédicule court, élargi en chapeau coriace, charnu, réniforme, couleur de peau ; épiderme se détachant en écailles comme du son ; lames de couleur cannelle, soudées en réseau.—En touffes sur les troncs morts, en automne et hiver. C.—*Saveur âcre.*

99. A. PALMATUS. Chapeau (de 2 à 4 p.) glabre, roussâtre ; lames de même couleur fixées au pédicule (de 1 à 2 p.) qui est épais, blanchâtre.—En touffes sur le vieux bois, en automne. C.

100. A. ULMARIUS. Chap. (de 3 à 6 p.) charnu, compacte, glabre, pâle ou marbré ; lames très-larges, échancrées, blanches ; pédicule (de 2 à 3 p.) un peu cotonneux.—Sur les troncs. Octobre et décemb. C.

101. A. SALIGNUS. Chapeau (de 4 à 6 p.) convexe, étalé, brunâtre, blanc ou couleur d'ocre ; lames un peu rameuses, blanchâtres, décurrentes ; pédicule latéral, presque nul, blanc, cotonneux.— En groupes sur les troncs de Saule et d'Aulne. Octobre à Janvier. C.

102. A. OSTREATUS. (*A. dimidiatus*). Chapeau charnu, glabre, d'abord noir, puis brun ou gris, et enfin pâle ; lames blanches, quelquefois jaunes au bord, anastomosées, décurrentes sur le pédicule qui est latéral, presque nul.—Sur les souches. C.—*Comestible.*

103. A. GLANDULOSUS. Chap. (de 4 à 6 p.) compacte, presque latéral, d'un brun pâle ; lames blanches, décurrentes, glanduleuses sur les côtés ; pédicule roux, épais.—Dans les bois, en touffes au pied des arbres. Octobre et décembre. C.

104. A. CONCHATUS. Chap. difforme, de couleur cannelle-incarnate ou jaune d'ocre ; lames entières, pâles ; pédicule court, irrégulier, pubescent à la base.—Sur les vieux troncs, en été. C.

105. A. ORCELLUS. Chap. (de 2 à 4 p.) pâle, aplati, presque excentrique, tacheté ; lames rapprochées, entières, incarnates ; péd. (1 à 2 p.) lisse, blanc.—En groupes sur les souches et sur la terre. Été et Aut. C.

106. A. DRYINUS. Chap. (de 2 p.) oblique, dur, presque glabre, blanchâtre, chargé d'écailles brunâtres ; voile fugace ; lames un peu écartées ; pédicule (de 1 p.) blanc, un peu écailleux.—Sur les arbres. C.

24. (*Lentinus*). *Pédicule solide, élargi en chapeau charnu-coriace, humide, presqu'en entonnoir; lames simples, soudées au pédicule ou dentées, déchirées.—Sur le bois.*

107. A. COCHLEATUS. Chap. (de 12 à 14 lig.) un peu lobé, contourné, glabre, lisse, roussâtre ou jaunâtre; lames dentées, pâles; pédicule (de 1 à 3 p.) ferme, sillonné, roussâtre.—Sur les vieux troncs. Printemps et automne. R.—*Odeur persistante, anisée.*

108. A. TIGRINUS. Chap. (de 2 p.) régulier, mince, ombiliqué, blanc, avec des écailles poilues, noirâtres; lames dentelées, blanches; pédicule (de 1 à 2 p.) mince, couvert de petites écailles.—En groupes sur les troncs, dans les bois, en été. C.

25. (*Mycena*). *Pédicule creux, grêle, velu à la base, distinct du chapeau qui est membraneux, en cloche, rarement étalé, sans écailles; lames inégales, presque sèches.—Espèces plus petites et grêles.*

109. A. CORTICALIS. Chap. (de 2 à 4 lig.) mince, hémisphérique, puis ombiliqué, strié, brunâtre, roux, bleu, incarnat ou blanchâtre; lames décurrentes, écartées, blanches; pédic. (de 3 à 7 l.) recourbé, glabre. —Groupé sur les écorces gercées, couvertes de *Lichens*. Aut. et Hiv. C.

110. A. VARIEGATUS. Chap. (de 4 à 6 lig.) lisse ou garni de papilles, et marqué de stries rousses; lames décurrentes, blanches; pédic. (de 2 à 3 p.) mince, glabre, blanc.—Groupé parmi le gazon. C.

111. A. PELLUCIDUS. Chapeau (de 5 à 6 lignes) roussâtre, à bord strié; lames décurrentes, très-larges; pédicule (de 18 lig.) mince, plein.—Dans les bois, en été et automne. C.

112. A. EPIPTERYGIUS. Chap. (de 6 à 12 lig.) blanc, bleu, jaune, roux, blanc ou gris, un peu lisse et visqueux ainsi que le pédicule qui est alongé, d'un jaune de soufre; lames écartées, décurrentes. —Parmi la mousse, en automne. C.

113. A. STYLOBATES. Chapeau (de 2 à 3 lig.) tendre, strié, un peu poilu, blanc ou blanc-cendré; lames libres, distinctes; pédicule (de 1 à 2 p.) dilaté à la base en membrane striée.—Sur les branches et les feuilles mortes, en automne. R.

114. A. TORQUATUS. Chap. (de 4 à 6 lig.) blanc, plissé, glabre; lames inégales, dont les plus longues partent d'un anneau libre; pedicule (de 6 à 24 lignes) évasé à la base en membrane arrondie. — Sur les débris de végétaux, en automne. R.

115. A. LACTEUS. Chapeau (de 3 à 7 lig.) en cloche, un peu strié, blanc-jaunâtre; lames presque libres; pédic. (de 18 à 36 lig.) blanc, mince, raide, un peu hérissé à la base.—En groupes dans les bois, en été et automne. C.

Variété: β. *pumilus* (Fl. Fr.) Chapeau jaune, lames libres, pédicule court et sans racine.

116. A. LINEATUS. Chapeau (de 3 à 5 lig.) sec, strié, jaune; lames écartées, adhérentes au pédicule, blanchâtres; pédic. (de 2 p.) mince, couvert de duvet blanc à la base.—Entre la mousse, en automne. C.

117. A. ADONIS. Chapeau (de 3 à 4 lignes) lisse, en cloche, obtus,

blanc, rose ou verdâtre; lames blanches, non décurrentes; pédicule (de 24 à 30 lig.) filiforme, lisse.—En groupes dans les bois. Aut. R.

118. A. PURUS. Chap. (de 1 à 3 p.) renflé au milieu et strié au bord, charnu-membraneux, blanc, rose, pourpré, violet ou brun; lames arrondies, plus pâles; pédicule (de 2 à 4 p.) creux, lisse, velu à la base.—En groupes dans les bois. En été et automne. C.

119. A. GALOPUS. Chapeau de grandeur variable, en cloche, strié, glauque-noirâtre; lames un peu écartées, blanchâtres, adhérentes au pédicule qui est grêle, alongé et plein d'un suc laiteux.—Entre la mousse, en automne. C.

120. A. POLYGRAMMUS. Chap. (de 6 lig.) grisâtre, un peu strié et souvent denté au bord; lames blanches, rétrécies; pédicule (de 2 à 5 p.) raide, strié, d'un gris-argenté. — En groupes ou en touffes dans les arbres creux et sur les feuilles mortes, en automne. C.

121. A GALERICULATUS. Chap. (de 6 à 20 l.) de grandeur et de couleur très-variables, souvent grisâtre, plus ou moins strié, et un peu ridé, sec; lames cendrées, puis incarnates, décurrentes au moyen d'une petite dent; pédicule lisse, tenace, prolongé en racine. — Sur les souches, en automne. CC.—*Inodore*.

Variétés: *a. præmorsus*. Plus grand, à chapeau charnu-membraneux, ridé; pédicule raide.—Sur la terre.

b. gracilis. Grêle, à chapeau presque hémisphérique, chargé de papilles; pédicule filiforme, mou.—Sur la terre.

122. A. ALCANINUS. Chap. (de 6 lig.) strié, cendré, roux ou noirâtre; lames glauques-blanchâtres: pédicule lisse, ferme, velu à la base, jaune ou gris.—En groupes au pied des arbres, au printemps et en automne. C.—*Odeur forte, nitreuse*.

123. A. FILOPES. Chapeau (de 6 l.) obtus, strié, d'un brun-livide; lames libres, ventrues, blanches; pédicule (de 3 p.) livide ou brun, très-mince, hérissé à la base.—Entre les mousses. Août-Octobre. CC.

124. A. ALLIACEUS. Chap. (de 12 à 15 lig.) humide, blanc-brunâtre; lames libres, blanchâtres; pédicule (de 5 à 6 p.) presque corné, poudreux, velouté, noirâtre.—Dans les bois humides, parmi les feuilles pourries, en automne. R.—*Odeur d'ail*.

26. (*Collybia*). *Voile nul; pédicule presque corné, fistuleux ou plein; chapeau coriace-charnu ou membraneux, un peu convexe, puis aplati; lames écartées, tronquées en arrière.—Petites espèces sèches.*

125. A. EPIPHYLLUS. Chapeau (de 2 à 5 lig.) ridé, blanc ainsi que les lames qui sont peu nombreuses, veinées; pédicule (de 6 à 12 l.) blanchâtre au sommet, creux, un peu velouté. — Sur les feuilles tombées, en automne et hiver. C.

126. A. ANDROSACEUS. Chap. (de 2 à 3 l.) convexe, plissé, blanc, puis roussâtre, lames simples, distinctes, adhérentes au pédicule qui est long de 18 lignes, très-mince, tenace, glabre, noir.—Sur les feuilles tombées, dans les bois. CC.

127. A. ROTULA. Chap. (de 3 à 4 lig.) ombiliqué, blanc ou jaunâtre,

plissé et crénelé au bord ; lames blanches, toutes réunies en anneau libre autour du pédic. qui est long de 12 à 15 lig., creux, glabre, noirâtre.—Sur les feuilles mortes et sur les souches, dans les bois. C.

128. A. VAILLANTII. Chap. (de 6 l.) plat, plissé et ridé, blanc ainsi que les lames qui sont simples, écartées, larges et adhérentes à la base ; pédic. (de 1 p.) solide, glabre, d'un gris-jaunâtre, noir à la base, très-tenace.—Sur les feuil. mortes, dans les bois. Août-Septembre. C.

129. A. PARASITICUS. Chapeau (de 10 à 12 lig.) gris-pâle, poudreux ; lames écartées, épaisses, plus foncées ; pédicule recourbé, velu.—En groupes sur les Agarics pourris, en automne. C.

130. A. AMADELPHUS. Chap. (de 3 lig.) souvent excentrique, concave, puis aplati, jaune-pâle ; lames un peu décurrentes, roussâtres ; pédicule court, plein, recourbé, blanchâtre.—En groupes sur l'écorce des arbres. CC.

131. A. RAMEALIS. Chapeau (de 3 à 4 lig.) blanc-roussâtre, devenant ridé ; lames étroites, adhérentes, rapprochées, blanches ; pédicule (de 3 à 5 lig.) mince, blanchâtre ou roussâtre.—Sur les branches sèches, en automne. CC.

132. A. CLAVUS. Chapeau (de 1 à 2 lig.) roux-orangé ; lames adhérentes, blanches ainsi que le pédicule qui est filiforme, court.—Sur le bois pourri et sur les feuilles mortes. Août-Octobre. C.

133. A. OCELLATUS. Chap. (de 2 à 4 lig.) plat, blanc, jaune ou roussâtre, ombiliqué et plus foncé au centre ; lames adhérentes, blanches ; pédicule (de 1 à 3 p.) creux, presque filiforme, roussâtre.—Parmi les feuilles mortes, en automne. C.

134. A. CONIGENUS. Chapeau (de 8 à 15 lig.) mince, relevé au centre, puis plat, inégal, brun-livide ; lames libres, linéaires, rapprochées, blanchâtres ; pédicule filiforme, creux, blanc. — Sur les cônes de Pin et parmi les feuilles mortes. Septembre-Décemb. Chatenay. R.

135. A. ALLIATUS. Chapeau (de 4 à 8 lig.) plat, ridé, blanc ainsi que les lames qui sont rapprochées, crispées ; pédicule (de 12 à 14 lig.) mince, creux, glabre, roux.— Dans les bruyères, en automne. R. —*Comestible. Odeur d'ail.*

136. A. PORREUS. (*A. alliaceus* Fl. Fr.) Chap. (de 6 à 14 lig.) blanc, puis roussâtre ; lames de la même couleur ; pédicule (de 3 p.) creux, rougeâtre.—Dans les bois, en automne. C. —*Odeur d'ail.*

137. A. OREADES. (*A. tortilis* Fl. Fr.) Vulg. *Mousseron d'automne.* Chap. (de 6 à 12 lig.) charnu, d'un blanc-roussâtre ou fauve ; lames écartées, pâles ; pédicule (de 2 p.) solide, arrondi, velu, pâle.—En groupes dans les pâturages et les champs incultes. C. — *Comestible. Odeur faible.*

138. A. PERONATUS. Chap. (de 1 à 2 p.) charnu, convexe, puis coriace, ridé et aplati ; lames écartées, jaunes ou pâles ; pédicule (de 2 à 3 p.) solide, blanc, recourbé et couvert d'un duvet épais jaunâtre à la base.—Sur les feuilles mortes entassées, en automne. R.

139. A. CHRYSENTERUS. Chapeau (de 18 à 24 p.) charnu, hémisphérique, puis plat, d'un jaune de cire ainsi que les lames ; pédicule (de 2 p.) solide, un peu recourbé, hérissé de poils blancs à la base.—Sur le bois mort et sur les feuilles, en automne. C.

27. (*Omphalia*). *Voile nul ; pédicule plein, puis souvent creux et revêtu de fibres ; chapeau ombiliqué ou en entonnoir ; chair légère.*

140. A. FIBULA. Chapeau (de 2 à 5 lig.) délicat, glabre, couleur d'ocre, rougeâtre, puis blanchâtre ; lames plus blanches, écartées, décurrentes ; pédic. (de 12 à 15 lig.) jaunâtre.—Entre les mousses. Mai-Octobre. R.

141. A. PIXYDATUS. Chapeau de grandeur variable, en entonnoir, strié, gris-jaunâtre ou brun ; lames étroites, jaunâtres, écartées, décurrentes ; pédicule ferme, alongé, pâle. —En groupes sur la terre. R.

142. A. UMBELLIFERUS. (*A. pseudo-androsaceus* Fl. Fr.) Chap. (de 4 à 5 lig.) membraneux, strié, blanc, jaunâtre ou gris ; lames très-larges à la base, blanches, écartées, décurrentes ; pédicule (de 10 à 12 l.) court, pubescent à la base.—En groupes dans les landes. R.

143. A. UMBILICATUS. Chap. (de 9 à 12 lig.) blanc-luisant ; lames jaunes : pédicule (de 1 à 2 p.) raide, creux, lisse.—Sur les feuilles mortes, dans les bois, en automne. C.

144. A. CYATHIFORMIS. Chap. (de 1 p. 1/2 à 3 p.) en entonnoir, lisse, noirâtre, à bord réfléchi ; lames écartées, décurrentes, cendrées ; pédic. (de 2 à 4 p.) foncé, velu à la base.—Entre les mousses. Aut. C.

145. A. HYDROGRAMMUS. Chap. (de 2 p.) mou, profondément ombiliqué, glabre, livide ou blanchâtre, strié au bord ; lames rapprochées, décurrentes ; pédicule (de 2 à 3 p.) sec, blanchâtre. — En touffes parmi les feuilles mortes, en automne. CC.

146. A. CHRYSOLEUCUS. (*A. mollis* Fl. Fr.) Chapeau (de 1 à 2 p.) profondément ombiliqué, mou, glabre, blanchâtre, à bord réfléchi, strié ; lames étroites, inégales, rapprochées et décurrentes, jaunes ; pédic. (de 12 à 15 l.) plein.—Sur les troncs pourris. Août-Septemb. C.

147. A. SQUAMULOSUS. Chapeau (de 12 à 18 lig.) mou, couvert d'écailles comme du son, couleur de peau, obtus, puis en entonnoir ; lames blanches, décurrentes ; pédicule (de 18 lig.) plein, tenace.—Sur la terre après les pluies, en été. C.

148. A. GIBBUS. Chap. (de 1 à 2 p.) mince, jaunâtre ou brunâtre, pâle, renflé au milieu, puis en entonnoir, glabre ; lames décurrentes, blanches ; pédic. (de 18 à 24 lig.) plein, élastique, muni d'un duvet blanc à la base.—Dans les champs et les bois. Juin à Octobre. C.—*Odeur agréable.*

Variété : 6. *geotropus* (Fl. Fr.) Chap. (de 3 à 4 p.) blanchâtre ; pédicule (de 3 p.) épais d'un pouce.

149. A. INFUNDIBULIFORMIS. Chap. (de 3 à 4 p.) jaune-ferrugineux, brillant, en entonnoir, à bord réfléchi ; lames étroites, inégales ; pédicule (de 18 à 24 lig.) plein, épais, tubéreux. — En groupes sur les feuilles tombées, en automne. C.

150. A. GILVUS. Chapeau (de 3 à 4 p.) convexe, puis en entonnoir, lisse, raide ; lames décurrentes, d'un gris-jaunâtre, pâles ou brunâtres ; pédicule long ou très-court, épais de 6 lignes, plein, velu à la base.— Entre les mousses et les feuilles mortes, en automne. C.

28. (*Clitocybe*). *Voile nul ; pédicule égal ou aminci vers le haut ; chapeau plus ou moins charnu, d'abord en cloche, puis convexe, et enfin étalé ; lames distinctes, inégales, sèches, non changeantes.*

151. A. HARIOLORUM. Chapeau (de 12 à 14 lig.) sec, presque plat, lisse, couleur de peau ; lames libres, rapprochées, étroites, de la même couleur ; pédic. (2 à 3 p.) un peu fistuleux, tout hérissé.—En touffes sur les feuilles pourries, dans les bois. C.

152. A. AQUOSUS. Chapeau (de 12 à 24 lig.) aplati, un peu charnu, mou, aqueux, blanc-jaunâtre, à bord strié ; lames libres, un peu dentées ; pédicule (de 1 à 3 p.) creux, fauve. — Entre les mousses, dans les bois, en septembre. C.

153. A. DRYOPHILUS. Chapeau (de 2 p.) variable, blanc, jaunâtre ou roussâtre, aplati, lisse, un peu charnu ; lames presque libres, rapprochées, blanches ; pédicule (de 12 à 18 lig.) creux, glabre, jaunâtre.—Dans les bois. C.

154. A. COLLINUS. Chapeau (de 12 à 15 lig.) un peu charnu, roux-pâle, strié ; lames écartées, libres ; pédic. (de 3 à 4 p.) creux, raide, lisse, un peu pubescent à la base, pâle.—Sur le gazon, en automne. C.

155. A. ERYTHROPUS. Chap. (de 12 à 15 lig.) hémisphérique, pâle ; lames libres, de même couleur ; pédic. (de 2 p.) creux, alongé, glabre, noir-rougeâtre, velu et renflé à la base.--Entre les feuil. mortes. Aut. C.

156. A. PHAIOPODIUS. Chap. (de 18 à 24 lig.) brun foncé, charnu, renflé au milieu et sinué au bord ; lames blanches, arquées à la base, inégales, presque libres ; pédicule (de 2 à 3 p.) plein, noir-brun, glabre.—Sur la terre, en automne. C.

157, A. BUTYRACEUS. Chapeau (de 2 à 3 p.) sec, charnu, convexe, glabre, roux ; lames presque libres, crénelées, blanchâtres ; pédicule (de 2 à 3 p.) plein, à écorce cartilagineuse, strié, roussâtre.—Entre les feuilles mortes, en été et en automne. C.

158. A. FUSIPES. Chapeau (de 1 à 5 p.) charnu, brun-roussâtre ou pâle, à bord flexueux ; lames blanchâtres, presque libres, écartées, dentées ; pédicule creux, ventru, sillonné, blanc.—En groupes sur les troncs pourris, en été et automne. C.—*Comestible. Saveur acide.*

159. A. VELUTIPES. (*A. nigripes* Fl. Fr.) Chap. (de 6 à 18 l.) inégal, fauve, gluant, strié au bord ; lames ventrues, jaunâtres ; pédicule (de 18 à 24 lig.) recourbé, velouté, brun noirâtre.—En touffes sur le vieux troncs, en automne et en hiver. C.

160. A. RADICATUS. (*A. longipes* Fl. Fr.) Chap. (de 3 à 4 p.) glabre, écailleux ou cotonneux, roux, gris, brun ou blanchâtre, gluant ; lames blanches, non décurrentes ; pédicule (de 5 à 7 p.) plein, strié, jaunâtre, prolongé en racine.—Sur les troncs pourris, dans les bois ; de juin à septembre. R.

161. A. PLATYPHYLLUS. (*A. grammocephalus* Fl. Fr.) Chap. (de 3 à 4 p.) fragile, convexe, puis plat, rayé, gris-soyeux, membraneux au bord ; lames larges de 6 à 7 lignes, écartées, tronquées à la base, jaunes-pâles : pédicule (de 3 à 4 p.) épais de 6 lignes, strié, jaunâtre.—Sur les troncs, en été et en automne. C.

162. A. MURINACEUS. Chap. (de 1 à 4 p.) un peu charnu, difforme,

fragile, fendillé, écailleux, cendré, rayé de noir ; lames écartées, larges, blanches, puis cendrées ; pédic. (de 1 p. 1/2 à 2 p.) épais, strié, gris foncé. — Dans les prés et les bois. Août-Octobre. C. — *Od. nitreuse.*

163. A. SULPHUREUS. Chapeau (de 1 à 2 p.) charnu, un peu soyeux, couleur de brique-jaunâtre ; lames arquées, adhérentes, un peu écartées, d'un jaune-soufré ainsi que le pédicule (de 2 à 4 p.) — Dans les bois, en automne. C. — *Odeur fétide.*

164. A. OVINUS. Chapeau (de 18 à 30 lig.) charnu, un peu écailleux, brunâtre, à bord déchiré ; lames arquées, adhérentes, blanches ; pédicule (de 1 à 2 p.) épais de 6 lignes, cendré. — Dans les prés. Août-Octobre. C. — *Odeur de farine.*

165. A. ARCUATUS. Chap. (de 2 à 4 p.) charnu, roussâtre, écailleux au centre ; lames arquées, décurrentes, un peu rapprochées, pâles ; pédicule (de 1 p. 1/2 à 3 p.) blanc, strié, souvent rayé de roux. — Sur la terre, en automne. C.

166. A. IONIDES. Chapeau (de 2 p.) rouge lorsqu'il est humide, et couleur de peau par la sécheresse ; lames larges, arquées, blanches ou jaunâtres ; pédicule (de 2 à 3 p.) glabre, rose. — Sur la terre où sur les feuilles pourries, dans les bois ; en été et en automne. C.

167. A. LACCATUS. Chapeau (de 6 à 15 lignes) tenace, écailleux, pâle ; lames décurrentes, écartées, couleur de chair, rosées ou violettes foncées, ainsi que le pédicule. — Sur la terre humide. Été et Aut.

Variétés : α. *subcarneus.* Chapeau roux ou couleur de chair, et jaunâtre lorsqu'il est sec.

β. *amethysteus* (Fl. Fr.) Chapeau violet, et gris lorsqu'il est sec.

168. A. COCCINEUS. (*A. scarlatinus*). Chapeau (de 12 à 15 lignes) d'abord visqueux, d'un rouge vif, puis sec et pâle ; lames de diverses couleurs, avec une dent décurrente ; pédicule (de 2 p.) strié, creux, rouge. — Sur les pelouses sèches, en automne. C.

169. A. PUNICEUS. (*A. coccineus* Fl. Fr.) Chap. (de 2 à 4 p.) humide, un peu visqueux, rouge vif, puis sec et pâle ; lames adhérentes, jaunes ; pédic. (de 3 p.) épais, ventru, plein, blanc à la base. — Dans les prés. Août-Octobre. C.

170. A. DENTATUS. (*A. croceus* Fl. Fr.) Chap. (1 à 2 p.) conique, aigu, un peu lobé, humide, visqueux, jaune-orangé, brun ou noirâtre, et noircissant dans la cassure, à bord strié, un peu lobé ; lames rapprochées, ventrues, libres ; pedicule (de 3 à 4 p.) souvent tordu. — Dans les prés. Mai-Octobre. C.

171. A. CERACEUS. Chapeau (de 6 à 15 lig.) jaune-luisant, un peu strié, visqueux ; lames décurrentes, écartées, jaunes ainsi que le pédicule. — En groupes dans les prés, en automne. C.

172. A. PSITTACINUS. Chap. (de 1 p.) visqueux, varié de vert et de fauve plus ou moins vif, strié lorsqu'il est humide ; lames adhérentes, un peu écartées, d'un jaune d'or ; pédicule (de 18 à 24 lignes) lisse. — Dans les prés, en automne. C.

173. A. VIRGINEUS. Chapeau (de 8 à 12 lig.) blanc, mince, humide, convexe, puis ombiliqué, à bord strié ; lames décurrentes, écartées ; pédicule (de 2 p.) creux, mince. — En groupes dans les landes et les prés, en automne. C. — *Comestible.*

174. A. FICOIDES. Chapeau (de 12 à 15 lig.) ferme, fauve ou blanc, glabre ; lames épaisses, décurrentes, liées à la base par des veines ; pédic. (de 18 l.) plein, pâle.—En groupes dans les prés. Août-Nov. C.

175. A. OEDEMATOPUS. (*A. fusiformis* Fl. Fr.) Chapeau (de 1 pouce) conique, pulvérulent, roux ; lames décurrentes, roussâtres ainsi que le pédic. (de 2 à 3 p.) qui est solide, poudreux, renflé au milieu.— —Dans les bois. Printemps et automne. C.

176. A. RAMOSUS. Chap. (de 2 p.) blanc, sec, hémisphérique, puis convexe, orbiculaire, glabre ; lames étroites, adhérentes : pédicules (de 4 p.) solides, glabres, soudés entr'eux à la base et figurant des rameaux,—En touffes sur les vieux troncs, en automne. C.

177. A. ODORUS. Chap. (de 1 à 3 p.) charnu, aplati, lisse, blanc, puis vert-sale ; lames rapprochées, décurrentes ; pedicule plein, inégal, glabre.—Dans les bois. Aut. R.—*Comestible. Odeur d'anis ou de musc.*

178. A. FUMOSUS. Chap. (de 1 à 3 p.) raide, charnu, glabre, brun-noirâtre, puis gris-livide ; lames rapprochées, blanchâtres ; pédicule (de 2 à 3 p.) plein, lisse.—En groupes dans les bois. Aut. R.

179. A. NEBULARIS. (*A. pileolarius* Fl. Fr.) Chap. (de 2 à 5 p) hémisphérique, puis convexe, à bord replié, cendré, lisse ; lames un peu décurrentes, rapprochées, blanchâtres : pédicule (de 3 p.) plein, blanc, strié.—Dans les bois. Aut. C.—*Comestible.*

29. (*Galorrheus*). *Voile nul ; pédicule ferme, élargi pour former le chapeau, qui est charnu, aplati ou ombiliqué : lames simples, inégales ; contenant un suc laiteux, rétrécies et décurrentes à la base.*

180. A. VELLEREUS. Chap. (de 2 à 3 p.) blanc, cotonneux, raide ; lames étroites, écartées ; suc laiteux, blanc ; pédicule (de 1 à 2 p.) pubescent, épais, solide,—Dans les bois et les buissons, en automne. —*Vénéneux. Odeur désagréable.*

Variété : 6. *exsuccus*. Chapeau en entonnoir, duvet aplati ; lames larges, crispées, pâles.

181. A. PIPERATUS (*A. acris* Fl. Fr.) Chap. (de 4 à 6 p.) en entonnoir, raide, glabre, blanc, puis jaunâtre, à bord replié ; lames très-étroites, rapprochées, dichotômes : suc laiteux, âcre ; pédicule (de 1 à 2 p.) épais, solide.—Dans les bois, en automne. C.—*Comestible. Il perd son âcreté par la cuisson.*

182. A. DYCMOGALUS. Chapeau (de 2 à 3 p.) glabre, convexe, puis aplati, couleur de brique ou orangé, et quelquefois avec des bandes grises ; lames inégales, blanchâtres ou couleur d'ocre : suc laiteux, sans saveur ; pédicule (de 2 p.) solide, blanc.—Dans les bois. Aut. R.

183. A. ZONARIUS. Chap. (de 2 à 4 p.) convexe, puis aplati, un peu concave, couleur de chair-jaune, avec des bandes ; lames blanches ; suc laiteux, âcre : pédicule (de 8 à 12 lig.) souvent excentrique, plein, blanc.—Sur les pelouses et dans les bois. Juillet-Octobre. C.

184. A. AZONITES. Chapeau (de 2 à 3 p.) convexe, puis concave, flexueux, gris-brunâtre, sans zones ; lames jaunes ; suc laiteux, blanc ; pédic. (de 2 p.) plein, cendré.—Dans les bois. R.

185. A. PYROGALUS. Chapeau (de 2 à 3 p.) sec, glabre, gris-brun, avec 5 ou 6 bandes ; lames écartées, d'un jaune-rougeâtre ; suc laiteux, doux, puis très-âcre ; pédicule (de 18 à 24 lig.) creux, cendré. —Dans les bois et les prés. Août-Octobre. C.

186. A. PLUMBEUS. Chapeau (de 5 à 8 p.) en entonnoir, sec, noir-brun, sans bandes, à chair blanche, compacte ; lames jaunâtres ; suc blanc, très-âcre ; pédicule (de 2 p.) brun-jaunâtre, devenant creux.—Dans les bois, en août et septembre. C.

187. A. RUFUS. Chap. (de 2 à 4 p.) renflé au milieu, puis en entonnoir, sec, poli, d'un rouge-sale ; lames roussâtres ; chair et suc blancs ; pédic. (de 2 p.) plein, roussâtre, pubescent à la base.—Sur la terre. Juillet-Octobre. C.—*Sans odeur.*

188. A. THEIOGALUS. Chapeau (de 2 p.) convexe, puis aplati, sec, glabre, roux-fauve, avec des bandes ; lames jaunâtres ; suc jaune ; chair blanche, deven. jaune ; péd. solide, roux.—Dans les bois. Aut. C.

189. A. SUBDULCIS. Chapeau (de 2 à 3 p.) aplati, souvent renflé au milieu, glabre, poli, sec, roussâtre ; lames incarnates, puis ferrugineuses ; suc blanc, un peu doux ; pédicule (de 2 p.) glabre.—Dans les bois, en été et en automne. R.

Variété : *b. camphoratus.* Odorant : chapeau avec des zones peu distinctes ; lames jaunes. R.—*Saveur désagréable.*

190. A. QUIETUS. Chapeau (de 3 p.) obtus, lisse, sec, de couleur cannelle-foncée, puis pâle, à bord pendant ; lames couleur de brique, roussâtres ; pédic. (de 2 à 3 p.) épais, solide, roux.—Dans les bois, en automne. R.—*Saveur douce, odeur nulle.*

191. A. AURANTIACUS. Chapeau (de 1 à 2 p.) aplati, un peu visqueux, orangé, sans bandes ; lames rapprochées, jaunes ; suc blanc, âcre ; pédic. (de 3 p.) lisse.—Dans les bois, entre les mousses. Août-Oct. R.

192. A. ACRIS. Chapeau (de 2 p.) aplati, un peu oblique, visqueux, brun-cendré ; lames un peu écartées, blanches, puis jaunes ; suc blanc, devenant rose, puis jaune ; pédicule court, plein, blanc.—Dans les bois, en automne. R.

193. A. NECATOR. Chap. (2 à 3 p.) aplati, ferme, visqueux, glabre, brun-olivâtre, marqué de bandes, à bord velu, roulé, puis étalé ; lames blanches ou un peu rosées ; suc blanc ; pédicule court, plein, plus pâle que le chapeau.—Dans les bois. Aut. C.—*Très-vénéneux.*

194. A. TORMINOSUS. Chapeau (de 3 à 4 p.) glabre, rougeâtre ou jaunâtre, avec des bandes pâles et le bord roulé, barbu ; lames blanches ; suc très-âcre ; pédicule (de 2 à 4 p.) creux, lisse.—Dans les landes, en été et en automne. R.—*Vénéneux.*

30. *(Russula). Voile nul ; pédicule égal, glabre ; chapeau charnu au centre et mince au bord, d'abord en cloche, puis plat, enfoncé au centre, à bord jamais roulé ; lames égales ou presque égales ; sporules blanches ou jaunâtres.*

195. A. NIGRICANS. Chap. (de 3 à 6 p.) compacte, olivâtre, puis noirâtre et fendu, à bord lisse ; lames épaisses, écartées, inégales, blan-

ches ; pédicule (de 18 à 24 lig.) épais, cendré, nu.—Dans les bois et les landes.—*Vénéneux. Odeur faible.*

196. A. FURCATUS. Chapeau (de 3 à 4 p.) plat, à bord pendant, puis presque en entonnoir, verdâtre, à bord lisse ; lames blanches, fourchues ; pédicule (de 18 à 24 lig.) plein, puis creux et spongieux, blanc.—Dans les bois, en août et septembre. C.—*Vénéneux, inodore, saveur nauséabonde, puis amère.*

Variété : 6. *heterophyllus. (A. pectinaceus* Var. Fl.Fr.) Doux : chapeau aplati, blanchâtre, livide ou verdâtre-sale ; lames inégales.

197. A. FOETENS. Chap. (de 4 à 5 p.) visqueux, jaune, à bord tuberculé et sillonné : lames blanches, quelques-unes moitié plus courtes, d'autres bifurquées à la base ; pédicule blanc, creux.—Dans les bois, en août et septembre. C.—*Vénéneux, âcre et fétide.*

198. A. RUBER. Chapeau (de 3 à 4 p.) compacte, sec, rouge-sanguin, à bord lisse ; lames presque décurrentes, deux ou trois fois divisées, blanches ; pédicule (de 2 p.) plein, ferme, puis spongieux, souvent rose.—Dans les bois. Juillet-Septembre. C.— *Vénéneux, très-amer.*

199. A. PECTINACEUS. Chapeau (de 2 à 6 p.) rose, rouge, bleu, vert, olivâtre, jaune-gris, à bord sillonné ; lames larges, blanches ; pédicule (de 12 à 18 lig.) plein, cylindrique, blanc. — Dans les bois, en été et automne. CC.—*Vénéneux.*

200. A. NITIDUS. Chapeau (de 12 à 18 lig.) fragile, mince, pourpré, roux, olivâtre ou jaune, à bord sillonné ; lames larges, écartées, égales, jaunes ; pédic. (de 1 p.) mince, plein, spongieux, blanc ou jaunâtre.—Dans les bois. Août-Octobre. R.—*Saveur nauséabonde.*

201. A. ALUTACEUS. Chapeau (du 2 à 6 p.) de couleur très-variable, souvent visqueux, à bord sillonné ; lames larges, égales, couleur de peau ; pédic. (de 1 à 2 p.) épais, blanc. — Dans les bois, en août et septembre. C.—*Comestible. Saveur douce.*

31. (*Tricholoma*). *Voile attaché au bord, formé de fibres et très-fugace ; pédicule ferme, écailleux, ou strié par des fibres adhérentes ; chapeau charnu, à bord mince, replié dans sa jeunesse, et contigu au voile ; lames inégales, échancrées ou arrondies.*

202. A. NUDUS. Chapeau (de 24 à 30 lig.) variable, violet, brunâtre, jaunâtre ou roussâtre ; lames rapprochées, arrondies, d'un violet-pâle ; pédic. (2 p.) solide, égal, nu.—En groupes dans les bois. Aut. C.

203. A. CINERASCENS. Chapeau (de 2 à 3 p.) cendré, fragile, à bord sinué ; lames cendrées, larges, serrées, inégales ; pédic. (de 2 à 3 p.) plein, égal.—Dans les bois, en automne. C.

204. A. ACERBUS. Chap. (de 4 p.) glabre, jaune-fauve, à bord roulé, sinué ; lames rapprochées, échancrées, étroites, pâles ; pédicule (de 2 p.) épais, solide, presque bulbeux, ponctué-écailleux, de même couleur que le chapeau.—Presque en touffes sur la terre. R.

205. A. MOLYBDOCEPHALUS. Chapeau (de 5 à 6 p.) glabre, brun-bronzé ; lames larges (de 1 p.), arrondies, pâles ; pédic. (de 4 à 6 p.) solide, couvert d'écailles grises au sommet. — Sur la terre. Aut. R.

206. A. FRUMENTACEUS. Chap. (de 2 à 3 p.) glabre, jaune-fauve, rougeâtre, marbré de roux ; lames libres, jaunâtres ; pédicule (de 2 p.)

solide, égal, strié de roux. — En grouppes dans les bois. Septemb. R.

207. A. CARTILAGINEUS. Chapeau (de 2 à 3 p.) charnu, ondulé, un peu difforme, glabre, noirâtre ; lames arrondies, rapprochées, presque libres, couleur de peau ; pédicule (de 2 à 3 p.) solide, égal, gris, avec des stries rousses, et blanc à la base. — Sur la terre. Aut. R.

208. A. LEUCOCEPHALUS. Chap. (de 2 à 3 p.) blanc, d'abord en cloche, puis plat, irrégulier, et souvent gercé et écailleux ; lames échancrées, rapprochées ; pédicule (de 18 lignes) épais de 9 à 12 lignes, solide, glabre, avec des taches noires. — Dans les bois. Août-Octobre. C.

209. A. TERREUS. Chapeau (de 2 à 4 p.) ferme, un peu irrégulier, aplati, sec, glabre ou un peu écailleux, brun-livide ; lames échancrées, écartées, blanches ; pédic. (de 2 à 3 p.) solide, inégal. — Dans les bois, en automne. R.

210. A. RUTILANS. Chapeau (de 2 à 4 p.) sec, jaune, couvert d'un duvet écailleux, rougeâtre ; chair jaune ; lames arrondies, libres, rapprochées, jaunes ; pédicule (de 2 à 3 p.) solide, de même couleur que le chapeau. — Dans les bois. Août-Octobre. R.

211. A. FULVUS. Chapeau (de 2 à 6 p.) visqueux, un peu écailleux, brun-jaunâtre, tacheté ; lames jaunes, tronquées à la base ; pédicule (de 3 à 4 p.) creux, égal, roussâtre. — Dans les bois et les prés. Aut. R.

212. A. GLUTINOSUS. (*A. albo-brunneus*). Chapeau (de 3 p.) lisse, visqueux, brun ou roux ; lames adhérentes, blanches ; pédic. (de 4 à 3 p.) roux et glabre à la base, blanc, avec des écailles noires au sommet. — Dans les bois, en automne. R.

32. *(Limacium). Voile visqueux, mince, très-fugace, complet ; pédicule écailleux ou taché, non lisse ; chapeau charnu, convexe, puis aplati, ferme ; chair blanche ; lames décurrentes, inégales, écartées.*

213. A. EBURNEUS. Chap. (de 2 à 3 p.) visqueux et gluant, blanc ; lames larges ; pédic. (2 à 4 p.) long, écailleux, blanc. — Dans les bois. Aut. C.
Variété : 6. *ericetorum* (Fl. Fr.) Chapeau convexe, jaunâtre ; pédicule nu au sommet. — C.

214. A. CARNOSUS. (*A. rubescens*). Chapeau (de 3 p.) aplati, lisse, blanc-rougeâtre, à bord roulé, cotonneux ; lames raides, écartées ; pédicule (de 2 à 3 p.) renflé en haut, écailleux, un peu visqueux. — Dans les bois, en automne. R.

215. A. CHRYSODON. Chapeau (de 18 lig.) blanc, à bord roulé, floconneux, jaune ainsi que le centre ; lames crispées, blanches ou incarnates ; pédicule (de 2 p.) solide, entouré au sommet d'un duvet jaune, écailleux, en anneau. — Parmi les feuilles pourries. Aut. C.

33. *(Armillaria). Voile partiel, simple, distinct, en forme d'anneau ; pédicule solide, ferme ; chapeau charnu, convexe, étalé ; chair blanche, ferme ; lames larges, inégales.*

216. A. ANNULARIUS. Chapeau (de 2 à 5 p.) jaune-sale, hérissé d'écailles poilues, noirâtres ; lames décurrentes, écartées, pâles, puis tachées de rouille ; pédicule gris-olivâtre. — En touffes dans les bois, sur les troncs d'arbre, en automne. CC. — *Vénéneux.*

34. *(Lepiota). Voile simple, complet, soudé à l'épiderme du chapeau, puis formant un anneau presque persistant; pédicule creux, rempli à l'intérieur de flocons plus ou moins serrés; chapeau un peu charnu, d'abord ovoïde, puis en cloche, et enfin étalé; chair blanche, molle; lames inégales.*

217. A. RAMENTACEUS. Chap. (de 24 à 30 l.) aplati, terreux au centre, avec des écailles noirâtres et jaunâtres au bord; lames enfumées; pédic. (de 2 p.) blanc ou taché de jaune, égal.—Sur la terre. Aut. CC.

218. A. MESOMORPHUS. Chap. (de 9 l.) un peu membraneux, relevé en pointe aigue, sec, lisse, jaune ainsi que le pédicule (de 2 p.) qui est mince, glabre; lames libres, très-larges, blanches; anneau dressé. —Sur le gazon, dans les landes et les bois, en automne. C.

219. A. CLYPEOLARIUS. Chapeau (de 2 p.) pâle et couvert par des écailles roussâtres, grandes, provenant de la rupture de l'épiderme; lames rapprochées, blanches, libres; pédic. (de 2 p.) blanc, écailleux, mou, avec un anneau fugace.—Dans les bois, en automne. C. —*Odeur et saveur nulles.*

220. A. EXCORIATUS. Plus petit que le suivant, il en diffère par son chapeau plus foncé, sans écailles, et par ses lames larges.—Dans les champs, en été. C.—*Comestible.*

221. A. PROCERUS. Vulg. *Commère.* Chapeau (de 3 à 7 p.) gris-brun, avec des écailles au centre, blanc et fibreux au bord; lames écartées, blanches; pédicule (de 8 à 12 p.) très-long, bulbeux à la base, avec un anneau cartilagineux, mobile. — Dans les champs et les bois. Août-Novembre. CC.—*Comestible.*

35. *(Amanita). Voile double, l'un* (volva) *complet, distinct du chapeau, l'autre partiel, en forme d'anneau membraneux, réfléchi, presque persistant; chapeau en cloche, puis plat, un peu verruqueux; chair blanche; lames libres, rapprochées.*

222. A. ASPER. (*A. verrucosus*). Volva presque nul; chap. (de 2 p.) lisse au bord, rougeâtre-enfumé et hérissé de verrues aigues; lames rapprochées, blanches; pédicule (de 2 à 3 p.) écailleux.— Dans les bois. Juillet-Octobre. C.—*Vénéneux.*

223. A. SOLITARIUS. Volva presque nul; chapeau (de 3 à 9 p.) strié au bord, blanchâtre, verruqueux et rude au milieu; lames larges, libres; pédicule (de 5 à 7 p.) solide, écailleux, bulbeux.—Dans les bois, en été et en automne. R.—*Vénéneux?*

224. A. PANTHERINUS. Volva presque nul; chapeau (de 2 à 3 p.) à bord strié, brun-olivâtre, chargé de petites verrues blanches, égales; lames blanches; pédic. (de 2 à 3 p.) blanc, épais.—Dans les bois. R. —*Vénéneux.*

225. A. MUSCARIUS. Vulg. *Fausse-Oronge.* Volva incomplet, fugace, blanc; chapeau (de 3 à 5 p.) à bord strié, charnu, rouge-orangé ou jaunâtre, couvert de verrues blanches, anguleuses, irrégulières; pédicule épais, creux, bulbeux, blanc ainsi que les lames. — Dans les bois, en automne. C.—*Très-vénéneux.*

226. A. Cæsareus. (*A. aurantiacus* Fl. Fr.) Vulg. *Oronge*. Volva complet, lâche ; chap. (de 4 à 5 p.) à bord strié, rouge-orangé, non tacheté ; lames ventrues, jaunes ainsi que l'anneau ; pédicule (de 4 à 7 p.) plein, blanc. — Dans les bois. Juillet-Octobre. C. — *Comestible*.

227. A. vaginatus. Volva complet, en forme de gaîne cylindrique ; chapeau (de 3 à 5 p.) à bord sillonné, blanc, gris, bleuâtre, jaunâtre ou fauve ; lames blanches ; pédic. (de 4 à 7 p.) creux, presque nu. — Dans les bois, en été. R. — *Comestible ?*

228. A. phalloides. Volva complet, ventru ; chapeau (de 2 p.) convexe, blanc, jaune ou vert, irrégulièrement écailleux, à bord lisse ; lames blanches ; pédic. (de 3 p.) bulbeux à la base et soudé au volva. — Dans les bois. Juillet-Octobre. R. — *Très-vénéneux*.

229. A. vernus. Volva complet, lâche ; chap. (de 2 à 4 p.) blanc, un peu écailleux, à bord lisse ; pédicule (de 3 à 6 p.) plein, long, presque égal. — Dans les bois. Printemps et Été. C. — *Vénéneux, âcre*.

IIIe. Tribu. *CHLATHRACÉES. Champignons de forme variée, sortant d'une coiffe* (volva) *sessile, qu'ils déchirent au sommet avec élasticité; sporules logées dans une couche extér. de mucus, et s'écoulant avec lui.*

597. PHALLUS. Volva arrondi, formé d'une double membrane gélatineuse et se déchirant en plusieurs lobes ; pédicule long, creux, criblé de trous, distinct du chapeau en cloche ou conique qui le surmonte.

1. P. impudicus. Champignon (de 6 à 8 p.) blanchâtre, gluant, à tête (ou chapeau) réticulée, presque aussi large que le pédicule. — Dans les bois, Grammont, Chatenay, en été. R. — *Vénéneux, odeur cadavéreuse*.

CXXII. FAMILLE : LYCOPERDACÉES.

Réceptacle (*peridium*) sans fronde ou croûte, fibreux ou formé de filamens entrelacés, quelquefois double, d'abord fermé, puis s'ouvrant au sommet, renfermant des sporules (ou sporidies) très menues, entremêlées de filamens, d'abord en masse fluide ou molle, ensuite dure et sèche, et enfin pulvérulentes.

1re. Tribu. *LYCOPERDÉES. Peridium distinct, de forme déterminée, souvent pédicellé, s'ouvrant régulièrement, spor. nues, pulvérulentes, mêlées à des filamens.*

1re. Sous-Tribu. *LYCOPERDINÉES. Péridium charnu, d'abord mou, puis ferme, subéreux ou coriace, persistant, souvent double, l'extér. se détachant comme une écorce écailleuse ou pulvérulente; filamens nombreux; sporules également agrégées. — Espèces grandes croissant sur la terre.*

598. SCLERODERMA. (*Lycoperdon* Fl. Fr.) Peridium globuleux, sessile ou pédicellé, simple, subéreux, avec une écorce verruqueuse, muni de racines, s'ouvrant irrégulièrement.

1. S. aurantium. Peridium (de 3 à 4 p.) jaune-orangé, et roux à l'intérieur, couvert d'écailles polygonales. — Dans les bois. Aut. R.

2. S. verrucosum. Peridium (de 2 à 3 p.) jaune-brunâtre, et lilas à l'intér., ridé, fendillé et chargé de verrues.—Dans les bois. Aut. R.

599. GEASTRUM. Peridium globuleux, double, l'extér. distinct, coriace, se divisant en lanières rayonnantes, l'intérieur membraneux, muni d'une ouverture plus ou moins irrégulière, quelquefois prolongée en bec, sporules éparses sur les filamens floconneux.

1. G. hygrometricum. Peridium (de 1 pouce) sessile, gris-roux, l'extérieur d'un brun-marron, divisé en 6 ou 9 rayons roulés en dessous.—Dans les bois sablonneux, en automne. C.

600. BOVISTA. Peridium globuleux, double, l'extérieur celluleux, se divisant en écailles, l'intérieur membraneux, se déchirant irrégulièrement au sommet; sporules pédicellées et fixées aux filamens.

1. B. plumbea. (*Lycoperdon ardosiaceum* Fl. Fr.) Peridium sessile, l'intérieur lisse, de couleur ardoisée; chair ferme, rouge; sporules sortant en poudre brune; peridium extérieur blanc. — Sur les pelouses et dans les prés, en automne. C.

601. LYCOPERDON. Vulg. *Vesse de loup.* Pédicelle plus ou moins long; peridium double, l'extérieur peu distinct, se réduisant en écailles ou en verrues, l'intérieur membraneux, se déchirant irrégulièrement au sommet; sporules agglomérées sur les filamens.

1. L. MOLLE. Peridium roussâtre, mou, en forme de poire, haut de 2 p. et épais de 14 lig., couvert de petites papilles pulvérulentes et glabre à la partie inférieure. — Lieux ombragés. Loches. Aut. R.

2. L. HYEMALE. Peridium (de 18 à 24 lig.) régulier, presque rond, blanc ou un peu teint de rouille, couvert de petites verrues caduques, puis lisse et prolongé en pédicelle épais, plissé. — Sur les pelouses, à la fin de l'automne. C.

3. L. PYRIFORME. Peridium petit, en forme de poire, un peu plissé vers le pied, brun-pâle, couvert de papilles arrondies, très-petites, enfumées.—En groupes de 2 à 4 sur les troncs pourris. Aut. R.

4. L. ECHINATUM. (*L. proteus* Fl. Fr.) Péridium (de 2 p.) turbiné, d'abord jaune d'ocre, puis enfumé, couvert de verrues compactes, épineuses, écartées, et porté par un pédicelle (de 12 à 18 lig.) presque nu, avec des racines blanches.—Dans les bois. Aut. R.

5. L. UTRIFORME. Péridium (de 2 à 3 p.) obové, presque lisse, jaunâtre, puis enfumé, prolongé en pédicelle.—Sur la terre. Aut. R.

6. L. PRATENSE. Périd. large (de 18 lig.), hémisphérique, blanc, luisant, avec des verrues rares; pédic. très-court.—Dans les prés. Aut. C.

7. L. CÆLATUM. Périd. (de 2 à 5 p.) pâle, turbiné et plissé en dessous, fendillé en écailles un peu larges; racine en touffe.—Sur le gazon, en automne. C.

8. L. MACRORHIZON. Péridium grand, blanc, presque cylindrique, avec des écailles épineuses.—Dans les bois, Chatenay. Aut. R.

602. TULOSTOMA. Périd. globuleux, pédicellé, double, l'extér. adhérent et se réduisant en poussière, l'intér. membraneux, s'ouvrant par un orifice bordé au sommet; sporules agglomérées sur les filamens.

1. T. BRUMALE. (*Lycoperdon pedunculatum* L.) Blanc, un peu déprimé; pédicelle creux, de 2 pouces.—Lieux sablonneux, en hiver. R.

603. ASTEROPHORA. (*Merulius* Fl. Fr.) Périd. simple, arrondi, muni de lames en dessous, circulairement séparé du pédicelle, s'ouvrant régulièrement au sommet pour la sortie des sporules anguleuses.

1. A. LYCOPERDIOIDES. Cotonneux, blanc, puis gris-fauve et brun, avec des lames rayonnantes, ardoisées, noirâtres en dessous; péridium (de 1 à 2 p.) strié, cendré, fibreux.—Sur les Agarics pourris.

2ᵉ. SOUS-TRIBU. *TRICHIACÉES. Péridium mince, d'abord mucilagineux, puis membraneux et se déchirant irrégulièrement : sporules réunies en amas sur les filamens. — Petits champignons parasitees.*

684. ONYGENA. Péridium arrondi, simple, coriace, formé de filamens entre-croisés.

1. O. EQUINA. (De à 3 lig.) grisâtre; pédicelle court.—En groupes sur les ongles des chevaux, et les cornes de bœuf à la voirie. R.

605. CRIBRARIA. Péridium arrondi, simple, membraneux, disparaissant dans sa moitié supérieure; sporules agglomérées dans un réseau libre.

1. C. VULGARIS. (*Trichia semi-cancellata* Fl. Fr.) Petits champignons jaunes, avec un pédicelle roux, flexueux, en touffes sur les troncs pourris. —Dans les bois. C.

606. DICTYDIUM. Péridium globuleux, simple, membraneux, couvert de filamens en réseau adhérent, qui, quand il se détruit, le font paraître percé à jour; sporules agglomérées et entourées d'une chevelure. — Très-petits champignons pédicellés.

1. D. UMBILICATUM. Brun-pourpré; périd. ombiliqué, nu, penché: pédicelle flexueux, recourbé.—En groupes sur les troncs pourris. R.
2. D. TRICHIOIDES. (*Trichia reticulata* Fl. Fr.) Rouge, nu, droit; pédicelle court, plus épais.—Sur le bois mort. R.

607. ARCYRIA. (*Trichia* Fl. Fr.) Péridium membraneux, simple, presque cylindrique, divisé circulairement en deux parties, dont la supér. très-fugace, et l'inférieure persistante, en forme de coupe; sporules éparses sur des filamens entrelacés, partant de la base et s'étalant avec élasticité en chevelure; axe nul.

1. A. FLAVA. (*T. nutans* Fl. Fr.) Jaune-sale; pédic. court, conique; chevelure alongée, penchée.—En groupes sur le bois mort. C.
2. A. CINEREA. Blanc-sale; pédicelle court, filiforme; péridium ovoïde, d'abord mou et blanc; chevelure alongée.—En groupes sur les troncs pourris. R.
3. A. INCARNATA. Couleur de chair-grisâtre; pédic. court; chevelure oblongue, caduque.—En groupes sur le bois mort à terre. Aut. R.
4. A. PUNICEA. (*T. cinnabarina* Fl. Fr.) Rouge, jaunâtre vif; pédicelle court: périd. ovoïde; chevelure oblongue; d'un brun foncé; sporules rouges.—Sur le bois mort. C.
5. A. COCCINEA. Rouge-écarlate; pédicelle simple, lisse; chevelure caduque.—Sur le bois mort, au printemps et en automne. C.

608. STEMONITIS. Périd. globuleux ou alongé, simple, membraneux, très-fugace; pédicelle alongé en axe ou en columelle saillante; filamens en réseau partant de la columelle; sporules éparses.

1. S. FASCICULATA. Péridium ovale, blanchâtre; sporules d'un brun ferrugineux; pédicelle noir.—En touffes sur le bois mort. R.
2. S. TYPHINA. Périd. cylindrique blanc, puis brun; pédic. noir. C.

3. S. LEUCOPODIA. Péridium ovale, violet; pédicelle et chevelure blancs.—En groupes sur une croûte blanche. C.

4. S. OVATA. Péridium arrondi, brun; pédicelle noir, pénétrant jusqu'à moitié.—En touffes. R.

609. LEANGIUM. (*Diderma* Fl. Fr.) Péridium globuleux ou irrégulier, simple, formé d'une membrane crustacée, fragile; filamens épars, partant de la base; columelle nulle ou peu saillante; sporules agglomérées.—Sur le bois mort.

1. L. FLORIFORME. Péridium gris-jaunâtre, coriace, puis fendu en lobes repliés; pédic. grêle, alongé; colum. grande.—En groupes. R.

2. L. STELLARE. Péridium lenticulaire, brun, puis fendu en étoile; pédicelle court, épais; columelle rousse.—En touffes. R.

3. L. VERNICOSUM. Péridium oblong, gris-fauve, luisant; pédicelle grêle, blanc, élargi à la base; filamens blancs; sporules noires.—En touffes dans les bois. C.

610. CRATERIUM. Péridium ovoïde, simple, semblable à du papier, lisse, tronqué au sommet et fermé par une membrane plate; filamens très-minces, sortant avec les sporules.—Sur le bois et sur les feuil. mortes.

1. C. VULGARE. Péridium en cloche, brun-marron; opercule ferme, blanc; pédicelle jaune; sporules noires.—En automne. C.

611. DIDYMIUM. Péridium globuleux ou irrégulier, double, l'un et l'autre en membrane crustacée et se rompant, l'extérieur en écailles; filamens partant de la base; columelle saillante ou nulle.

1. D. DIFFORME. Périd. oblong, lisse, sessile, adhérent: membrane extér. blanche, et l'int. bleue.—En groupes sur les plantes pourries. R.

2. D. TESTACEUM. Périd. hémisphérique, sessile: membrane extér. blanche-rosée, l'intér. roussâtre.—En groupes sur les feuil. mortes. C.

612. TRICHIA. Périd. globuleux ou irrég., simple, membraneux, persistant; spor. éparses sur les filamens, qui sont tordus, fixés à la base, et s'étendent avec élasticité après la rupture du péridium.—Sur les troncs pourris.

1. T. RUBIFORMIS. Péridium couleur de rouille, luisant, turbiné; pédicelles courts et soudés en faisceau.—En automne. R.

2. T. FALLAX. Péridium rouge, puis brun-noirâtre, en forme de poire, et plissé inférieurement.—En automne. C.

3. T. ANTIADES. Péridium roux-ferrugineux, marqué de lignes flexueuses; pédicelles noirs, souvent rameux.—En groupes sur une couche blanchâtre. C.

4. T. NIGRIPES. (*T. pyriformis* Fl. Fr.) Périd. jaune, luisant, en forme de poire; pédic. court, noir.—En groupes sur une couche blanche. C.

5. T. NITENS. (*T. chrysosperma* Fl. Fr.) Péridium groupés, ronds, sessiles, jaunes-orangés, brillans.—C.

6. T. SERPULA. Péridium filiforme, alongé, flexueux, jaune; filamens fauves, en réseau.—Dans les bois. R.

613. PHYSARUM. Périd. globuleux ou irrégul., simple, membraneux, se déchirant au sommet, puis se brisant en écailles; filamens fixés au fond du périd.; columelle saillante ou nulle; spor. agglomérées.-Sur le bois mort.

1. P. HYALINUM. (*Trichia utricularis* Fl. Fr.) Péridium blanc, lisse; pédicelle court, roux.—C.

2. P. NUTANS. (*Tr. alba* Fl. Fr.) Périd. lenticulaire, glabre, blanc-cendré, penché; pédicelle blanchâtre; filamens bruns.—C.

3. P. LUTEUM. (*Tr. lutea* Fl. Fr.) Péridium lenticulaire, granuleux, blanc; pédicelle alongé, grêle; filamens et sporules jaunes.—C.

4. P. VIRIDE. (*Tr. viridis* Fl. Fr.) Périd. lenticul., granuleux, vert; pédic. alongé, grêle, rougeâtre; filamens et sporules noirâtres.—C.

5. P. AURANTIUM. (*Tr. aurantia* Fl. Fr.) Péridium arrondi, jaunâtre; pédicelle noir, strié, renflé en bas; sporules noirâtres.—C.

6. P. BIVALVE. (*Reticularia sinuosa* Fl. Fr.) Périd. alongé, flexueux, sessile, comprimé et bivalve, blanc-cendré ainsi que les sporules. R.

614. LICEA. Périd. simple, semblable à du papier, globuleux ou cylindrique, puis déchiré circulairem.t ou irrégulièrem.t; sporules opaques, entassées et entremêlées de filamens rares ou nuls.—Sur le bois mort.

1. L. CIRCUMSCISSA. Péridium globuleux, aplati, fendu circulairement, gris-jaunâtre; sporules jaunes.—En automne. C.

2. L. CYLINDRICA. (*Tubulina cylindrica* Fl. Fr.) Péridium tubuleux, sessile, droit, blanc au sommet, puis entièrement roux; sporules brunes.—En groupes sur une couche blanche. C.

3. L. FRAGIFORMIS. (*Tubulina fragiforma* Fl. Fr.) Périd. tubuleux, courbé, rouge; spor. brunes.—En amas sur une couche blanche. R.

615. LYCOGALA. Péridium arrondi, double, l'extérieur se divisant en verrues, l'intérieur persistant, semblable à du papier, rempli d'abord d'une masse pulpeuse, liquide, et à la maturité de sporules entremêlées de quelques fils.—Sur le bois mort.

1. L. PUNCTATA. Péridium gris-roux, marqué de points résineux; sporules de même couleur.—En groupes, en automne. C.

2. L. MINIATA. Péridium rouge vif, puis brun, pointillé; sporules roses.—En groupes, en été. R.

2e. Tribu. *FULIGINÉES. Péridium sessile, irrégulier ou de forme indéterminée, fugace, composé de filamens lâchement entrelacés ou de cellules membraneuses; spor. nues, en amas, rarement entremêlées de filamens.*

616. RETICULARIA. Péridium simple, membraneux, se déchirant; sporules en amas, entremêlées de flocons rameux partant de la base.—Même port que le *Fuligo*.

1. R. argentea. (*Lycogala argentea* Fl.Fr.) Grande, presque hémisphérique, lisse, argentée, très-fragile; spor. noirâtres.—Aut. R.

617. FULIGO. (*Reticularia* Fl.Fr.) Péridium difforme, double, l'extér. fibreux, fugace, l'intér. membraneux, cellulaire, se dissolvant; sporules en amas séparés par des couches membraneuses.—Plantes d'abord molles, pulpeuses, puis se dissipant en poussière légère, et jamais renfermées dans une membrane commune.

1. F. flava. Étalée ou presque ronde, jaune et ressemblant à une écume légère, puis solide, à surface cotonneuse.— Sur les plantes mortes, en automne. C.

2. F. carnosa. Petite, presque ronde, blanche ou jaune, dure soyeuse; sporules noires.—Sur la terre. R.

618. SPUMARIA. Péridium irrégul., simple, celluleux, spongieux, ressemblant à de l'écume, et se décomposant au centre; spor. en amas dans les plis intérieurs.

1. S. alba. Périd. grands, ardoisés-blanchâtres, en amas souvent pendans; sporules noires.—Sur les feuil. et les tiges mortes. Aut. C.

619. TRICHODERMA. Péridium irrégulier, simple, formé de filamens lâches, rameux, disparaissant ensuite vers le centre; sporules très-petites, agglomérées, toujours pulvérulentes.

1. T. viride. Arrondi et étalé (de 2 à 3 l.), très-mou; poussière verte, duvet blanc.—Sur les branches mortes après la pluie. Aut. CC.

3e. Tribu. *ANGIOGASTRES. Périd. distinct, arrondi, se rompant au sommet, et contenant un ou plusieurs péridiums partiels ou sporidies, formés de très-petites sporules globuleuses; filamens nuls.*

1re. Sous-Tribu. *CARPOBOLÉES. Péridium arrondi, puis ouvert, et rejetant au dehors un seul péridium partiel vésiculeux.*

620. THELEBOLUS. Périd. sessile, ventru, gros comme

un grain de mil ; sporules muqueuses, sortant par l'orifice du péridium partiel.

1. T. STERCOREUS. Jaune vif, fixé en groupes par des poils rayonnans. — Sur le fumier, en automne. R.

621. CARPOBOLUS. Pér. globul., sessile, double, l'ext. fendu en étoile ouverte, l'intér. membraneux, formant une sphère lancée au dehors et s'ouvrant en dessous.

1. C. STELLATUS. Gros comme un grain de mil, jaunâtre, à orifice régulier, denté en étoile ; péridium intérieur blanc, transparent. — Sur les débris de végétaux, en été et en automne. R.

2e. SOUS-TRIBU. *NIDULARIÉES. Périd. de forme variable, puis irrégulièrement ouvert et contenant plusieurs périd. partiels libres et fermés.*

622. CYATHUS. Périd. coriace, filamenteux en dehors, arrondi ou en forme de coupe, d'abord rempli d'une gélatine mêlée aux péridiums partiels, puis vernissé à l'intérieur par suite de l'absorption de cette gélatine, et présentant des péridiums partiels groupés au centre. —Sur la terre et sur le bois mort.

1. C. STRIATUS. Couvert en dehors d'un duvet brun-ferrugineux, et gris de plomb, strié en dedans ; périd. partiels pâles. —Automne. C.

2. C. VERNICOSUS. (De 6 à 8 lig.) jaune-ferrugineux et un peu cotonneux en dehors, gris de plomb luisant en dedans ; périd. partiels gris-jaunâtres. —Dans les jardins et les champs. Été et Aut. C.

3. C. CRUCIBULUM. (*C. lævis* Fl. Fr.) Presque glabre, jaune-ferrugineux, lisse et jaune-pâle en dedans ; périd. partiels blancs. —Été et Aut. R.

3e. SOUS-TRIBU. *TUBÉRÉES. Péridium épais, arrondi, sessile, sans racine, charnu et veiné à l'intérieur ; péridiums partiels petits membraneux, à peine distincts.*

623. RHIZOPOGON. Périd. s'ouvrant irrégulièrement ; péridiums partiels sessiles sur les veines intér., d'abord pulpeux, pleins de spor., puis vides. —Sur la terre.

1. R. ALBUM. (*Tuber album* Fl. Fr.) Ridé, d'abord blanc, puis roussâtre, avec quelques fibres à la base. — Lieux sablonneux. Aut. R.

624. TUBER. Péridium toujours fermé ; péridiums partiels petits, membraneux, pédicellés, sur les veines intérieures. —Champignons souterrains.

1. T. CIBARIUM. (*Truffe comestible*). Verruqueuse, noirâtre. —Dans les lieux sablonneux, en hiver. C. —On recueille une grande quantité de *Truffes* dans les cantons de Richelieu et de l'Ile-Bouchard.

4e. TRIBU. *SCLÉROTIACÉES. Périd. contigu, compacte, rempli d'une substance celluleuse entremêlée de sporules peu distinctes, jamais pulvérulentes.*

1re. SOUS-TRIBU. *SCLÉROTIÉES. Péridium confondu avec la substance intérieure.*

625. RHIZOCTONIA. Tubercules difformes, charnus-cartilagineux, avec une écorce très-mince, membraneuse, adhérente, liés entr'eux par les fibres qui naissent aux angles, en faisceaux; fructification inconnue. —*Champignons naissant sur les racines des plantes vivantes, qu'elles font périr.*

1. R. MEDICAGINIS. D'un violet-pourpré, avec des filamens très-minces appliqués sur les racines de la *Luzerne.*—R.

626. RHIZOMORPHA. Péridiums compactes, puis pulvérulens, presque globuleux, à 2 pointes au sommet desquelles ils s'ouvrent, fixés sur une couche de fibres raides, encroûtées, alongées en forme de racines; fructification inconnue.—*Genre dont la place est incertaine, et qui appartient peut-être aux* Lichens, *aux* Champignons, *ou aux* Byssacées?

1. R. FRAGILIS. Presque libre, comprimée sous les écorces; filamens principaux très-longs, parallèles et liés par des fibres transversales. C.
2. R. INTESTINA. Noire, très-mince, comprimée, serpentant entre les couches ligneuses des vieux Chênes. —R.
3. R. SETIFORMIS. Noire, filiforme, raide, très grêle, un peu rameuse au sommet.—Sur les poutres dans les caves et sur les f.lles pourries. C.
4. R. BYSSOIDEA. D'abord blanche, puis d'un noir-brun, très-rameuse, en filamens déliés, blancs et écartés au sommet. — Sur les poutres dans les caves. C.

627. ERYSIPHE. Péridium globuleux, charnu, d'abord transparent, puis noirâtre, opaque, muni à la base de filamens qui s'alongent et forment un réseau blanchâtre à la surface des feuil. vivantes.—Sur les plantes trop arrosées ou croissant dans des lieux étouffés humides; elles constituent la maladie appelée *Blanc* par les jardiniers.

1. E. OXYACANTHÆ. Sur les feuilles de l'*Aubépine.* C.
2. E. MALI, Sous les feuilles de *Pommier,* de *Cerisier,* etc. C.
3. E. COMMUNIS, Présentant quelques différences suivant qu'elle

s'est développée sur les *Légumineuses*, sur les *Ombellifères*, sur les *Graminées*, telles que le *Blé*, sur les *Labiées*, sur les *Chicoracées*, sur les *Renonculacées*, sur les *Polygonées* ou sur les *Convolvulacées*.—CC.

4. E. LAMPROCARPA. (*E. Galeopsidis* Fl. Fr.) Diffère de la précédente par ses péridiums plus grands. —Sur le *Galeopsis* ou le *Plantain*. C.

5. E. COMPOSITARUM. Sur les feuilles de la *Bardane*, de l'*Armoise*, du *Cirsium eriophorum*, etc. C.

6. E. BETULÆ. Filamens roussâtres formant une couche sous les feuilles de *Bouleau*. R.

7. E. ADUNCA. (*E. Populi* et *E. Prunastri* Fl. Fr.) Filamens blancs, dressés et crochus.—Sur les *Peupliers* et sur le *Prunier épineux*. C.

8. E. DIVARICATA. (*E. Frangulæ* et *E. Loniceræ* Fl. Fr.) Fil. grisâtres, repliés et bifurqués.—Sur les feuil. de *Bourdaine* et de *Chèvrefeuille*. R.

9. E. PENICILLATA. (*E. Alni* et *E. Berberidis* Fl. Fr.) Filam. dressés, en pinceau.—Sous les feuilles d'*Aulne*, d'*Épine-vinette*, etc. C.

10. E. EVONYMI. Filamens serrés, argentés, brillans. — Sous les feuilles de *Fusain*. R.

11. E. ASTRAGALI. Filamens formant une couche velue sous les feuilles d'*Astragale*. R.

12. E. GUTTATA. (*E. Coryli* et *E. Fraxini* Fl. Fr.) Sous les feuilles de *Noisettier* et de *Frêne*. C.

13. E. SALICIS. Filamens blancs, les uns couchés et entrelacés, les autres courts, droits, égaux, puis repliés.—Sur les *Saules*. C.

628. SCLEROTIUM. Périd. arrondi ou irrégul., charnu-cartilagineux, homogène, couvert d'une écorce très-mince, membraneuse, adhérente ; spor. très-petites, logées à l'intérieur, puis sortant sous forme de poussière.—*Très-petits champignons parasites, en groupes sur les plantes mortes ou vivantes.*

1. S. CLAVUS. (*Spermoedia clavus*). Vulg. *l'Ergot du Seigle.* En forme de corne (de 5 à 6 lig.) noire-pourprée, blanche en dedans, et poudreuse à la surface.—Dans les graines du *Seigle*, qu'elle remplace, et qu'on appelle alors *Seigle ergoté*.-CC.—*Nuisible.*

2. S. SEMEN. Libre, sphérique, blanc-jaunâtre, puis ridé, noirâtre.—Sur les plantes pourries et sur les fanes de pomme de terre. Hiver. C.

3. S. STERCORARIUM. Arrondi ou difforme, noirâtre, un peu ridé, charnu et blanc à l'intérieur.—Sous les bouses de vache. Aut. R.

4. S. FUNGORUM. Difforme, lobé, glabre, pâle, puis fauve-noirâtre, blanc à l'intérieur.—Dans les Agarics pourris. Aut. R.

5. S. GLOBULARE. Globuleux (de 1/2 lig.), noir, luisant, assez dur, et rempli à l'intérieur d'une chair molle, jaunâtre.—A moitié enfoncé dans le bois pourri. R.

6. S. VARIUM. Arrondi ou oblong (de 1/2 à 2 lignes), presque lobé, blanc, puis roussâtre, et enfin noir. — Sur les Choux et les Carotes conservés à la cave en hiver. R.

7. S. COMPACTUM. Tuberc. irréguliers, de forme variable, souvent

soudés en réseau, noirâtres.—Dans les Citrouilles et dans le réceptacle de l'*Hélianthe*. R.

8. S. BULLATUM. Arrondi ou ovale, concave en dessous, formant des taches noires (de 1 à 2 lig.) sur l'écorce de la *Gourde*. R.

9. S. DURUM. Tubercules noirs, durs, oblongs, peu saillans, sur les tiges sèches des grandes *Ombellifères*, en hiver. C.

10. S. PUSTULA. Tuberc. (de 1 à 2 lig.) arrondis, convexes, durs, d'un roux-pâle, puis noirs, blancs à l'intérieur.—Sur les feuilles sèches. C.

629. XYLOMA. Substance brunâtre, difforme, homogène, charnue ou subéreuse, compacte, sans sporules distinctes, naissant sous l'épider. des plantes vivantes qu'elle ne déchire point. — *Genre douteux, dont les espèces sont peut-être d'autres végétaux non développés, ou bien une maladie de la plante qui les porte.*

1. X. POPULINUM. (*Sclerotium populinum* Fl. Fr.) Pustules roussâtres, puis brunes-foncées, nombreuses, sur les feuilles de *Peuplier*. C.

2. X. SALICINUM. (*Sclerotium salicinum* Fl. Fr.) Pustules arrondies ou anguleuses, jaunes-pâles, puis brunâtres. —Sous les feuil. de *Saule*. C.

3. X. HERBARUM. Pustules arrondies ou oblongues, roussâtres, puis noires. —Sur les *Potentilles*, les *Céraistes*, les *Epilobes*, etc. Aut. C.

2°. SOUS-TRIBU ? *APIOSPORÉES*. *Péridium libre, velu ou pulvérulent en dehors, presque gélatineux en dedans ; sporules rassemblées au centre.*

630. CHÆTOMIUM. Péridium presque globuleux, membraneux, poilu, s'ouvrant au milieu ; sporules transparentes au milieu d'une masse gélatineuse.

1. C. ELATUM. (*Conoplea cylindrica*). Pér. (de 1 l.) noir, poils du sommet très-longs, entrelacés : spor. oblongues.--Sur les plantes sèches. C.

631. ILLOSPORIUM. Très-petits champignons gélatineux à l'intérieur et remplis de sporules, globuleux, transparens, groupés sur le thalle des *Lichens*.

1. I. ROSEUM. (*Tubercularia rosea* Fl. Fr.) Orbiculaire ou lobé, d'un beau rose.—R.

CXXIII. FAMILLE : URÉDINÉES.

Sporidies simples ou rarement cloisonnées, contenant des sporules très-petites et fixées sur un réceptacle ou stroma vrai ou formé par l'épiderme, solide, persistant, superficiel ou libre, formant une couche, un pédicelle, ou une tête.

1re. Tribu. *TUBERCULARIÉES. Sporidies simples.*

1re. Sous-Tribu. *CÉPHALOTRICHÉES. Réceptacle ou stroma en tête ou rameux, alongé en massue, formé de filamens entrelacés, et couvert de filamens ou d'écailles chargés de sporidies.*

632. CEPHALOTRICHUM. Réceptacle en forme de pédicelle, simple, raide, persistant, terminé par une tête distincte, oblongue, formé de filamens tordus et entremêlés de sporidies globuleuses.

1. C. virescens. Haut d'une ligne, noir, divisé en fibrilles floconneuses.—Sur les vieux troncs, au printemps. R.

633. PERICONIA. Récept. en forme de pédic. ferme, sec, terminé par une petite tête ronde, couverte de sporules.

1. P. stemonitis. Pédic. (de 1 à 2 lig.) noir, entouré au sommet de sporidies grises.—Sur le vieux bois et sur les débris. R.

2. P. byssoides. Pédicelle (de 1/8 de ligne) noir, avec des sporidies noires réunies en tête.—Formant des taches irrégulières, grises, sur les tiges mortes de *Malvacées*, etc. C.

634. ISARIA. Récept. alongé, simple ou rameux, renflé, fibreux à l'extérieur, ou charnu et couvert de filamens saupoudrés de spor. très-petites.-*Petits champ. fugaces, blancs, gris ou jaunâtres, sur les insectes morts, etc.*

1. I. crassa. Blanche (de 1 p.), divisée en rameaux tronqués.—Sur les Larves et les Chrysalides mortes. C.

2. I. Eleutheratorum. Pédicelle (de 3 lig) filiforme, blanc, divisé en rameaux étalés.—Sur les Carabes morts. R.

3. I. Agaricina. Pédicelle (de 3 lignes) blanc, tout filamenteux, très-rameux.—En touffes sur les Agarics, en automne. C.

2e. Sous-Tribu. *SCORIADÉES. Réceptacle variable, formé de filamens entrelacés, et plus ou moins étalé horizontalement.*

635. CERATIUM. Récept. membraneux, plissé, un peu rameux, tissu de filamens saillans au sommet, et portant des sporidies solitaires.

1. C. hydnoides. Pédicelles blancs, rameux, à peine visibles, couverts d'un duvet raide.—En rangées sur les troncs pourris; en été, après la pluie. R.

3ᵉ. SOUS-TRIBU. *FUSARIÉES. Réceptacle arrondi ou étalé, libre ou incrusté d'abord, couvert de sporidies.*

636. ÆGERITA. Sporidies globuleuses, éparses sur un stroma libre, granuleux.

1. Æ. CANDIDA. Petits grains blancs, épars sur l'écorce des arb. morts. R.

637. TUBERCULARIA. Récept. tuberculeux, compacte, charnu, sessile, souvent rétréci en col à la base, entouré d'une couche de spor. globuleuses, formant une écorce.

1. T. VULGARIS. Récept. (de 1/2 à 1/3 de lig.) enfoncés, rouges, blancs au sommet.—En groupes sur les arbres et les arbustes morts. C.
2. T. CONFLUENS. Récept. (de 1/4 de ligne) enfonces, rougeâtres ou blancs, arrondis ou anguleux. contigus.—Sur les branches mortes. C.
3. T. GRANULATA. Récept. enfoncés, blancs, arrondis, à pédicelle très-court, couverts d'une couche de sporidies d'abord rouge-sale, puis noire.—Sur les branches mortes de l'Érable, du Tilleul, etc. R.
4. T. NIGRICANS. Récep. enfoncés, rouges, d'abord cachés par des filam. puis saillans, hémisphér., lisses, noirs.—Sur les branches mortes. R.

638. FUSARIUM. Sporidies en fuseau, étendues sur un stroma charnu, sessile ou presque pédicellé.

1. F. PALLENS. Tuberc. alongés, bordés par l'épiderme, blanchâtres, puis roussâtres; sporidies cloisonnées.—Sur les branches mortes. C.
2. F. ROSEUM. Tuberc. hémisphériques ou grains rouges nombreux, non bordés.—Sur les débris de végétaux, surtout de *Malvacées*. C.

2ᵉ. TRIBU. *MÉLANCONIÉES. Sporidies naissant sous l'épiderme des plantes, qu'elles déchirent, et fixées par un stroma faux ou presque nul.*

1ʳᵉ. SOUS-TRIBU. *SPORIDESMIÉES. Sporidies en forme de filamens cloisonnés, réunis par un réceptacle commun et gélatineux.*

639. GYMNOSPORANGIUM. Spor. à une seule cloison, pédicellées, sur un stroma vesicul. qui perce l'épiderme.

1. G. JUNIPERI. (*G. conicum* Fl. Fr.) Stroma simple, conique, puis étalé, orangé.—Sur le Genevrier, au printemps. R.

640. PODISOMA. Sporidies à une seule cloison, portées sur des pédicelles très-longs, réunis par la base sur un stroma gélatineux, en massue.

1. P. CLAVARIÆFORME. Stroma en languettes simples ou bifurquées, fauves.—Sur l'écorce du Genevrier. R.

641. SPORIDESMIUM. Sporidies en fuseau, opaques, cloisonnées, pédicellées sur un stroma étalé.

1. S. ATRUM. Stroma noir; sporidies en massue, puis en fuseau, tortueuses.—Sur les plantes pourries. R.

642. CORYNEUM. Sporidies en fuseau, cloisonnées, opaques, droites, pédicellées, sur un stroma en forme de verrues plates.

1. C. UMBONATUM. Stroma (de 2 lignes) noir, relevé au milieu.—Sur les branches tombées. C.

643. EXOSPORIUM. (*Conoplea*). Sporidies oblongues ou linéaires, cloisonnées, opaques, sessiles, sur un stroma en forme de verrue.—*Ressemblant à une Sphœria.*

1. E. TILIÆ. Stroma noir, petit, convexe. — En groupes sur les *Tilleuls* morts. C.
2. C. HYPODERMIUM. Formant de petites lignes noires sur les tiges sèches d'*Ombellifères*. R.
3. C. ERYNGII. Points noirs groupés sur les tiges sèches d'*Eryngium*. C.
4. C. DEMATIUM. (*Sphœria pilifera* Fl. Fr.) Stromas noirs, groupés et contigus sur les herbes sèches. CC.

2e. SOUS-TRIBU. *STILBOSPORÉES. Sporidies oblongues, cloisonnées, libres, en amas sur un faux-stroma.—Sous l'épiderme du bois mort.*

644. STILBOSPORA. Sporidies cloisonnées, ovales ou oblong., non pédicellées, réunies en amas irréguliers.

1. S. MACROSPORA. Pustules noires, pulvérulentes, soulevant l'épiderme du Charme. En automne. C.
2. S. ANGUSTATA. Pustules noires, couvertes par l'épiderme; cloisons des sporidies peu distinctes.—Sur les branches tombées. R.

645. DIDYMOSPORIUM. Sporidies divisées par un étranglement, avec une cloison, non pédicellées.

1. D. BETULINUM. (*D. elevatum*). Pustules coniques, noires, sur un stroma étalé, jaune, perçant l'épiderme du Bouleau. C.

646. MELANCONIUM. (*Stilbospora* Fl. Fr.) Sporidies libres, rondes, non cloisonnées ni pédicellées, en amas sur un faux-stroma.

1. M. CONGLOMERATUM. Petites pustules noires, d'abord couvertes par l'épiderme.—Sur le bois mois mort. C.
2. M. SPHÆROIDEUM. Pustules hémisphériques, noires, soulevant l'épiderme qui s'ouvre au sommet. — Sur les branches mortes. CC.

3. M. SPHÆROSPERMUM. Taches noires, linéaires, sur les *Graminées* sèches. C.

4. M. OVATUM. Pulpe noire, composée de spor. assez grosses, déchirant l'épiderme pour se répandre. — Sur le bois mort de l'Orme. Aut. C.

3°. SOUS-TRIBU. *NÉMASPORÉES. Sporidies petites, agglutinées avec le stroma.*

647. NEMASPORA. Spor. globul., simples, pédicellées, s'écoulant avec le stroma en filam. comme de la gomme.

1. N. CROCEA. (*Myxosporium croceum*). Filamens orangés, longs. — Sur le Hêtre. C.

648. SEPTARIA. Sporidies cylindriques, transparentes, non pédicellées, cloisonnées et s'écoulant en filamens comme de la gomme. — Peut-être que ce genre appartient aux *Hypoxylées* ?

1. S. ULMI. (*Stilbospora uredo* Fl. Fr.) Pustules nombreuses, rougeâtres, sous les feuilles d'Orme. C.

4°. SOUS-TRIBU. *ÆCIDINÉES. Sporidies variables, naissant sur le parenchyme des plantes vivantes, et déchirant l'épiderme pour sortir.*

649. PHRAGMIDIUM. Sporidies cylind., pédicellées, à 3 cloisons ou davantage. — Très petits champ. en amas.

1. P. OBTUSUM. (*Puccinia Potentillæ* Fl. Fr.) Noir ou brun, à pédicelle blanc, égal. — Sur les Potentilles. R.

2. P. INCRASSATUM. (*Puccinia Rosæ* et *Puccinia Rubi* Fl. Fr.) Noir, à pédicelle renflé, blanc. — Sous les feuil. de *Framboisier* et de *Rosier*. C.

650. TRIPHRAGMIUM. Sporid. arrondies, pédicellées, divisées en 3 loges. — Très petits champig. en amas.

1. T. ULMARIÆ. (*Puccinia Ulmariæ* Fl. Fr.) Brun, à pédicelle blanc. — Sur la *Spirée ulmaire*. R.

651. PUCCINIA. Sporidies pédicellées, oblongues, à une ou rarement à deux cloisons transversales, quelquefois peu distinctes. — Très petits champignons bruns-noirs ou violets, en amas sur les feuilles vivantes.

* *Pédicelle alongé.*

1. P. LYCHNIDEARUM. (*P. Dianthi* et *P. Lychnidis* et *P. spergulæ* Fl. Fr.) — Sur diverses *Cariophyllées*. C.

2. P. BUXI. Pustules convexes, très-saillantes, entourées ou couvertes par l'épiderme déchiré. — Sur le *Buis*, au printemps. C.

3. P. MENTHÆ (et *P. Stachydis* Fl. Fr.) — Sous les feuilles de *Menthe* et de *Stachys*. C.

4. P. GLECHOMÆ. (*Diocoma verrucosum*). — Sous les feuilles de *Glechoma hederacea*. C.

5. P. AVICULARIÆ. Pust. brunes. — Sur le *Polygonum aviculare*. Aut. C.

6. P. GRAMINIS. Pustules linéaires, brunes-jaunâtres, puis noires. —Sur les *Graminées*. C.

7. P. CARICIS. (*P. striola*). Pustules linéaires ou ovales, en rangées sur diverses *Cypéracées*. C.

8. P. ASPARAGI. Pustules noirâtres, petites, très-nombreuses ; sporidies resserrées au milieu. —Sur l'*Asperge*. R.

*** Pédicelle court.*

9. P. POLYGONORUM. Pustules roussâtres, très-petites, groupées irrégulièrement sur les feuilles de *Polygonum amphibium*. C.

10. P. COMPOSITARUM. (P. *Calcitrapæ* et P. *Centaureæ*, etc. Fl. Fr.)— Sur les feuilles de diverses *Composées*. C.

11. P. ERYNGII. Pustules noires, irrégulières, remplissant quelquefois l'intervalle des nervures de l'*Eryngium*. C.

12. P. UMBELLIFERARUM. Pustules petites, rondes, noires ou brunes. —Sur les feuilles de diverses *Ombellifères*. R.

13. P. PRUNI. Pustules très-petites, brunâtres, plates. —Sur l'épiderme des feuilles de *Prunier*. C.

14. P. VIOLÆ. Pustules petites, brunes, couvertes puis entourées par l'épiderme. —Sous les feuilles de *Violette*. C.

15. P. BETONICÆ. Pustules petites, roussâtres, entourées par l'épiderme déchiré. —Sur la *Betoine*. C.

652. UREDO. Spor. libres, non cloisonnées, très-petites, rarement pédicellées, formant des amas d'abord couverts par l'épiderme. — Sur les plantes vivantes.

** Sporidies blanches.*

1. U. CANDIDA (et *U. Cruciferarum* et *U. Tragopogi* et *U. inaperta* Fl. Fr.) Pustules blanches sur les *Crucifères* et les *Chicoracées*. C.

*** Sporidies jaunes semblables entr'elles.*

2. U. LINEARIS. Pustules jaunes-brunâtres, linéaires. —Sur les feuil. des *Céréales* et des autres *Graminées*. C.

3. U. OVATA. (*Cæoma allochruum*). Sous les feuil. de *Peuplier-tremble*. C.

4. U. SENECIONIS. Sous les feuilles de divers *Séneçons*. C.

5. U. TUSSILAGINIS. Sous les feuilles du *Tussilage pas-d'âne*. C.

6. U. SONCHI. (*U. Rubigo* Var. Fl. Fr.) Sous les feuil. du *Laitron*. C.

7. U. ROSÆ. (*Cæoma Rosæ*). Pustules d'un jaune-orangé sous les feuilles des *Rosiers*. CC.

8. U. RUBORUM. Sous et rarement sur les feuilles de *Ronce* et de *Framboisier*. C.

9. U. PUSTULATA. Pustules très-petites, jaunes-pâles, fermées sous les feuilles d'*Épilobe*. C.

10. U. PUNCTATA. Sous les feuilles des *Euphorbes*. CC.

11. U. SYMPHYTI. Pustules très-petites, d'un jaune de rouille, sous les feuilles de la *Consoude*. C.

**** Sporidies jaunes dissemblables.*

12. U. LONGICAPSULA (et *U. Betulina*). Sporidies cylindriques, alongées. — Sur le *Peuplier* et le *Bouleau*. C.

13. U. VITELLINÆ. Sporidies, les unes globuleuses, les autres plus rares, longuement pédicellées. — Sous les feuilles des *Saules blanc, fragile*, etc. C.

14. U. CAPRÆARUM. Sporidies globuleuses, ou rarement pyriformes et oblongues. — Sous les feuilles des *Saules marceau, cendré*, etc. C.

15. U. EUPHORBIÆ. (*U. Helioscopiæ* Fl. Fr.) Sur les feuilles et les capsules des *Euphorbes*. CC.

***** Sporidies brunes, pédicellées toutes ou en partie.*

16. U. SCUTELLATA. Pustules saillantes, rangées de chaque côté des nervures d'*Euphorbe à feuilles de Cyprès*. C.

17. U. CICHORACEARUM (et *U. Cyani* Fl. Fr.) En très-petits amas sur les *Chicoracées* et les *Centaurées*. R.

18. U. FABÆ (et *U. Trifolii* et *U. Cytisi* Fl. Fr.) En amas arrondis sur les *Légumineuses*. C.

19. U. APPENDICULATA. (*U. Pisi* et *U. Orobi* et *U. Phaseolorum* Fl. Fr.) Sur les *Légumineuses*. C.

****** Sporidies brunes, toutes sessiles.*

20. U. RUBIGO-VERA. Pustules d'abord jaunes, puis rousses. — Causant aux Céréales la maladie appelée *Rouille*. C.

21. U. RUMICUM. Pustules rousses-brunâtres sur différens *Rumex*. C.

22. U. BETÆ. Pustules rousses, saillantes. — Sur les deux faces de la feuille de *Bette-rave*. C.

23. U. CYNAPII. Pust. rousses, oblong., sur les feuil. d'*Ombellifères*. C.

24. U. LABIATARUM. Pustules arrondies, sous les feuilles de *Labiées*. C.

25. U. FICARIÆ. Pustules arrondies, brunes, entourées par l'épiderme déchiré. — Sur la *Ficaire*. R.

******* Sporidies violettes ou noires.*

26. U. RANUNCULACEARUM. Pustules noires, arrondies, larges. — Sur diverses *Renonculacées*. C.

27. U. VESICARIA. Pustules noires, oblongues, sur les pétioles et les feuilles de la *Violette*, qu'ils déforment. R.

28. U. CARBO. Vulg. *Charbon* ou *Nielle*. Poussière noire dans les glumes des Céréales. CC.

29. U. MAYDIS. Poussière noire, inodore, formant des tumeurs dans la tige ou dans l'épi du *Maïs*. R.

30. U. CARIES. Causant la maladie appelée *Carie* au froment dont les grains sont alors remplis d'une poussière noire fétide. R.

31. U. URCEOLORUM. (*Cæoma Caricis*). Sporidies noires, plus grandes, encroûtant les capsules des *Carex*. C.

32. U. RECEPTACULORUM. En poussière noire dans les réceptacles des *Chicoracées*, au printemps. CC.

33. U. ANTHERARUM. En poussière violette dans les anthères de *Cariophyllées*. C.

653. ÆCIDIUM. Spor. globuleuses ou ovoïdes, libres, très-petites, non cloisonnées, réunies en pustules régulières, et entourées par l'épiderme formant un faux péridium tubuleux ou en forme de coupe.—Très-petits champignons parasites sur les plantes vivantes.

I. *(Roestelia). Épiderme élevé en tubercules, d'où sortent latéralement les faux péridiums divisés par des fentes nombreuses.*

1. Æ. CANCELLATUM. Tubercules jaunes-bruns, écailleux, sous les feuil. du *Poirier ;* faux périd. alongés, blanchâtres ; spor. rousses. CC.

II. *(Ceratites). Épider. formant un tube déchiré en lobes écartés au sommet.*

2. Æ. LACERATUM. Tubercules brunâtres ; faux-péridiums pâles, fendus en soies droites.—Sur l'*Aubépine,* etc. C.
3. Æ. BERBERIDIS. Taches épaisses, d'un jaune-orangé, sous les feuilles d'*Épine-vinette.* R.

III. *(Cæoma). Épiderme formant un calice autour des amas de sporidies.*

4. Æ. RANUNCULACEARUM. Taches jaunâtres sous les feuilles de *Renonculacées ;* sporidies orangées. C.
5. Æ. CRASSUM. Epais, jaune, sur les feuilles et les fleurs de *Bourdaine,* qu'il déforme. R.
6. Æ, OROBI. Taches jaunâtres ou brunes sur les feuilles d'*Orobe,* de *Trèfle* ou de *Haricot ;* sporules blanches. C.
7. Æ. BARBAREÆ. Taches roussâtres sur les feuilles de diverses *Crucifères ;* sporidies orangées. C.
8. Æ. URTICÆ. Taches brunâtres sur les tiges et les feuilles d'*Ortie ;* sporidies jaunes-orangées. R
9. Æ. ASPERIFOLII. Taches brunes-jaunâtres sur les tiges et les feuilles de *Borraginées ;* sporidies orangées. C.
10. Æ. GERANII. Taches roussâtres sous les feuilles de *Geranium ;* sporidies jaunes, puis brunâtres. C.
11. Æ. GROSSULARIÆ. Taches rougeâtres sur les feuil. de *Groseiller ;* réceptacles en groupes arrondis par dessous. C.
12. Æ. RUBELLUM. Taches rouges sur les feuilles de *Rumex ;* réceptacles en cercle par dessous. C.
13. Æ. TUSSILAGINIS. Taches jaunes-rougeâtres sous les feuilles de *Tussilage.* C.
14. Æ. EUPHORBIARUM. Réceptacles nombreux, orangés, sur les feuilles d'*Euphorbe,* qu'ils déforment. C,
15. Æ. PERICLYMENI. Taches arrondies, jaunâtres, sur le *Chèvre-feuilles des bois.* C.
16. Æ. VIOLARUM. Taches jaunes épaisses sur les feuil. de *Violette.* C.
17. Æ. CHICHORACEARUM. Récept. nombreux, petits, jaunes, dans les feuil. de *Salsifis* et de *Scorzonères,* dont ils changent peu la couleur. C.

CLXIV FAMILLE : MUCÉDINÉES.

Filamens tubuleux ou terminés en tête, plus ou moins alongés, simples ou rameux, continus ou cloisonnés, stériles ou fertiles, et dans ce cas portant extérieurement ou à l'intérieur des sporules nues, simples, ou des sporidies composées.—Naissant libres, ou d'abord cachés, sur les végétaux morts, rarement sur les plantes vivantes, ou sur diverses substances pourries.

1re. TRIBU. *PHYLLÉRIÉES. Filamens simples, continus, renfermant des sporules.—Sur les feuilles vivantes.*

654. ERINEUM. Filamens transparens, presque simples, réunis en touffes larges.--*Ce pourrait être une maladie, appelée vulg.* Brouée, Brouissure, *de diverses plantes?*

I. *(Phyllerium). Filamens simples, contournés.*

1. E. RUBI. Petites touffes blanches, puis gris-verdâtres.—Sur les *Ronces*. C.
2. E. TILIACEUM. Filamens pâles ou brunâtres, entrelacés et crochus.– Sur le *Tilleul*. C.
3. E. JUGLANDIS. Filamens dressés, entrelacés, amincis au sommet, blancs.—Sur le *Noyer*. C.
4. E. PYRINUM. Filamens pâles ou rougeâtres, obtus ou tronqués. —Sur les feuilles et les pétioles du *Poirier*. C.
5. E. ACERINUM. Filamens blanchâtres, puis rougeâtres, formant des taches sous les feuilles d'*Érable*. CC.
6. E. VITIS. Filamens blancs-rougeâtres, puis jaunâtres, formant des taches enfoncées sous les feuil. de *Vigne*, qu'on dit alors être *brouies*.

II. *(Grumaria). Filamens en tête ou en massue.*

7. E. POPULINUM. Filamens pâles, puis roussâtres et gris-jaunâtres. —Sur le *Peuplier-tremble*. C.
8. E. ALNEUM. Filamens blancs-jaunâtres, puis roux, formant des taches sur les feuilles d'*Aulne*. R.
9. E. FAGINEUM. Fil. blancs, puis jaunâtres ou brunâtres, sur le *Hêtre*. C.

III. *(Taphria). Filamens très-petits, ovoïdes ou granuliformes.*

10. E. AUREUM. Filamens jaunes, très-courts, formant des taches enfoncées sur le *Peuplier*. C.

2e. Tribu. *MUCORÉES. Filamens transparens, cloisonnés, fugacés, terminés par une tête membraneuse renfermant les sporules.*

655. PILOBOLUS. Filamens dressés, simples, humectés de gouttelettes d'eau, couronnés par un péridium globuleux qui se déchire ensuite avec élasticité ; sporules distinctes, globuleuses.

1. P. crystallinus. Filamens jaunâtres ; péridium hémisphérique, noir. — En touffes sur le crottin de cheval. C.

656. STILBUM. Filamens dressés, charnus, égaux, solides, terminés par une tête molle, gélatineuse, remplie de sporules très-petites. — Très-petits champignons fugaces, en touffes dans les lieux humides.

1. S. rigidum. Pédicelle raide, noir, persistant ; tête blanche, aqueuse, puis grise, caduque. — Au printemps. C.

2. S. vulgare. Tête globuleuse, blanche, puis jaunâtre. — Sur les herbes mortes, en automne. CC.

3. S. tomentosum. Tête globuleuse, blanche ; pédicelle (de 1/2 lig.) glanduleux, partant d'un support cotonneux. — Sur les mousses pourries, en été, après la pluie. C.

4. S. piliforme. Tête blanchâtre, aqueuse ; pédic. (de 1/2 l.) noir, persistant, en faisceau. — Sur les herbes mortes, au printemps. C.

657. MUCOR. (*Moisissure*). Filamens stériles couchés, entrecroisés, ressemblant à de la laine ; filam. fertiles droits, cloisonnés, simples ou rameux, terminés par des petites têtes ; sporules simples, globuleuses.

1. M. fimetarius. Filamens blancs (de 1 à 2 lig.) très-rameux ; têtes noires. — Sur le fumier de vache. C.

2. M. truncorum. Filamens blancs, rameux ; têtes brunes. — En touffes assez grandes sur les troncs pourris. C.

3. M. ramosus. Filam. blancs, rameux ; têtes blanches, puis roussâtres ou noires. — Sur les champig. pourris et sur d'autres corps. C.

4. M. Juglandis. Filamens blancs, rameux, courts ; têtes jaunes. — Dans les Noix rances. C.

5. M. fodinus. Filamens bruns, à peine rameux ; têtes brunes. — En duvet mou très-épais sur les murs de cave. C.

6. M. mucedo. Filamens entrecroisés, blancs, fertiles, simples ; péridium et sporules blancs, puis noirâtres. — Sur différens corps et sur le pain moisi, qu'il entoure de duvet. CC.

7. M. Ascophorus. (*M. mucedo* Fl Fr) Filamens blancs, fertiles, dressés, simples ; périd. noirâtre. — Sur différens corps pourris. CC.

8. M. caninus. Filamens fertiles, blancs, dressés, simples ; péridiums jaunâtres. — Sur les excrémens de chien, en hiver. C.

658. THAMNIDIUM. Filamens tous fertiles, cloisonnés, simples, dressés, portant au sommet un péridium sphérique rempli de sporules, avec des rameaux épars à la base, terminés par des sporidies solitaires.

1. T. ELEGANS. Filamens (de 2 à 3 lig.) blancs ainsi que les péridiums.—Sur la colle gâtée et desséchée. C.

659. ASPERGILLUS. (*Monilia* Fl.Fr.) Filam. cloisonnés, libres, stériles, couchés; ou fertiles, dressés, simples, rameux; ou divisés et renflés au sommet; spor. globul., simples, en rangées, sortant par le sommet.

1. A. CANDIDUS. Filamens simples, en flocons blancs. — Sur des légumes à la cave, sur les confitures, etc. CC.
2. A. FLAVUS. Filamens blancs, puis jaunes, simples. — Sur les plantes en herbier, etc. C.
3. A. GLAUCUS. Petites touffes cendrées ou glauques. — Sur divers corps moisis. CC.
4. A. ROSEUS. (*Botrytis glomerulosa* Fl.Fr.) Filamens blancs, simples; péridiums roses.—Sur le papier moisi, le linge, etc. CC.

660. EUROTIUM. (*Mucor* Fl.Fr.) Filamens rampans, rameux, cloisonnés; péridiums (ou vésicules) sessiles, sphériques, contenant des sporules agglomérées.

1. E. HERBARIORUM. Flocons blancs sur les plantes en herbier, et sur les paniers dans les caves; péridiums jaunes. CC.

3e. TRIBU. *BOTRYTIDÉES. Filamens distincts ou lâchement entrecroisés, transparens, fugaces, souvent cloisonnés; sporules éparses ou formées par les derniers articles des filamens qui se séparent.*

661. STACHYLIDIUM. Filamens couchés, d'où naissent des filamens droits, cloisonnés, à rameaux ou sporidies opposés ou verticillés, oblongs.

1. S. TERRESTRE. Blanc, couvrant la terre humide comme une toile d'araignée. C.

662. VERTICILLIUM. Filamens droits, rameux, cloisonnés, en touffes; sporules simples, globuleuses, solitaires à l'extrémité des rameaux qui sont verticillés.

1. V. TENERUM. En couche farineuse, rouge-grisâtre, sur les plantes mortes, en automne. C.

663. ACREMONIUM. Filamens rampans, cloisonnés, peu rameux ; sporules solitaires, simples, globuleuses à l'extrémité des rameaux.

1. A. verticillatum. Flocons blanchâtres, couvrant ou entourant les troncs pourris. C.

664. MYCOGONE. Filamens couchés, entrecroisés, rameux, cloisonnés ; sporules nombreuses, non cloisonnées, munies d'un appendice globuleux et filiforme.

1. M. rosea. Couvrant les champignons pourris d'une couche mince de filamens blancs ; sporules rouges. C.

665. COREMIUM. Filamens cloisonnés, droits, réunis en pédicelle et écartés au sommet en pinceau, portant des sporules simples, éparses.

1. C. glaucum. Pédicelle jaunâtre, sporules glauques.—En gazon sur les fruits gâtés. CC.

2. C. candidum. Pédic. et spor. blancs.—Sur les fruits gâtés. C.

666. PENICILLIUM. Fil. stériles couchés, cloisonnés, libres, simples ou rameux ; fil. fertiles droits, en pinceau au sommet; spor. simples, rassemblées sur les pinceaux.

1. P. candidum. Couvrant les végétaux pourris comme une toile d'araignée ; sporules blanches. C.

2. P. roseum. Filamens blancs, minces, fugaces ; sporules roses. —Sur les tiges pourries des plantes. R.

3. P. glaucum. (*Monilia digitata* Fl.Fr.) Pellicule épaisse. blanche ; sporules glauques.—Sur les confitures, etc. CC.

667. BOTRYTIS. Filamens simples ou rameux, épars ou agrégés, cloisonnés, libres ; filamens fertiles droits, simples au sommet ; sporules simples, non cloisonnées, réunies autour du sommet des filamens.

1. B. ramulosa. Flocons blancs, épais, sur les tiges des plantes. C.

2. B. dendroides. Larges touffes blanches, hautes de 1 à 2 lignes, sur les champignons pourris et sur l'empois. C.

3. B. capitata. (*Sporocephalum capitatum*). Filamens simples ; sporidies en tête.—Touffes blanchâtres sur le vieux bois. C.

4. B. lignifraga. Petites touffes verdâtres partant de l'écorce du *Bouleau* et écartant l'épiderme. R.

5. B. macrospora. (*Cladobotrys macrospora*). Filamens en corymbe; flocons roses sur les feuilles mortes. C.

6. B. fulva. (*Dematium ollare*). Flocons roussâtres, serrés, sur la terre et sur les vases dans les celliers. C.

7. B. POLYACTIS. Filamens divisés au sommet, gris, en touffes hautes d'une ligne à un pouce.—Sur les débris de végétaux. C.

8. B. RACEMOSA. Filamens droits, très-rameux, en touffes grises sur les plantes pourries. C.

9. B. GRISEA. (*Haplaria grisea*). Filamens (de 1/2 lig.) gris, épars; sporules caduques.—Sur les feuilles sèches de *Sparganium*. C.

10. B. RAMOSA. (*Spicularia ramosa*). Flocons gris, étalés, hauts de 2 lignes; filam. divisés en 4 au sommet.—Sur les plantes pourries. C.

11. B. UMBELLATA. (*Spicularia* ou *Polyactis umbellata*). Touffes noirâtres sur les confitures et les fruits gâtés. CC.

12. B. NIGRA. (*Virgaria nigra*). Flocons noirs, veloutés; filamens à rameaux redressés.—Sur le bois mort. C.

668. SPOROTRICHUM. Filamens rameux, cloisonnés, couchés et entrelacés; sporidies éparses, nues, simples, non adhérentes.—Duvet étendu sur les plantes pourries, sur les murs, sur les vitres, etc.

I. (*Sporothryx*). *Filamens entrelacés.*

1. S. LAXUM. Comme une toile d'araignée (large de 2 p.) sur les vieilles souches; sporidies blanches. C.

2. S. FRUCTIGENUM. Petit. touffes blanches sur les fruits aqueux gâtés. C.

3. S. FUNGORUM. Sur les vieux *Agarics*, comme une laine très-fine; sporidies blanches. C.

4. S. DENSUM. En petits flocons (2 à 3 l.) épais, sur les insectes morts. C.

5. S. SPORULOSUM. Croûte blanche, farineuse; sporidies blanches ou roses.—Sur diverses substances pourries. C.

6. S. GRISEUM. Formant une pellicule cotonneuse et farineuse sur les plantes enfouies; sporidies grises. C.

7. S. LUTEO-ALBUM. Etendu comme une toile d'araignée sur les tiges sèches d'*Ombellifères*; sporidies jaunes. C.

8. S. FLAVISSIMUM. Flocons épais, larges, d'un jaune vif, sur les vieilles solives dans les caves. C.

9. S. FUSCO-ALBUM. Flocons blancs, étalés, couverts de sporidies brunes.—Sur les écorces pourries. C.

10. S. AUREUM. Flocons épais, blancs, puis d'un jaune-orangé.—Sur le bois pourri, sur les tonneaux, dans les caves. C.

11. S. LATERITIUM. Flocons blancs au bord; sporidies nombreuses, jaunes-rougeâtres.—Sur les tiges d'*Ortie* et de *Chardon*. R.

12. S. SCOTOPHILUM. (*Ægerita cinnabarina* Fl. Fr.) Sporidies rouges.—Sur les excrémens secs. C.

13. S. PARIETUM. En larges taches sur les murs humides nouvellement blanchis; sporidies noires réunies au centre. C.

14. S. CALCIGENUM. Flocons noirs, plus serrés, couverts partout de sporidies noires.—Mêmes lieux. C.

15. S. LYCOCCON. Filamens blancs; sporidies noires. — En amas sur les abricots gâtés. C.

16. S. COLLÆ. Flocons blanchâtres, avec des sporidies noires.—En amas sur la colle desséchée. C.

II. (*Byssocladium*). *Filamens étalés.*

17. S. FENESTRALE. Taches grises (de 1 à 2 lignes), rayonnantes, sur les vitres sales. C.

669. TRICHOTHECIUM. Filamens rameux, entremêlés, cloisonnés ; sporidies nues, ovoïdes, divisées par une cloison, éparses sur les filamens.

1. T. ROSEUM. (*Trichoderma roseum* Fl. Fr.) Plaques (de 1 à 2 lig.) veloutées, blanches, puis roses.—Sur les corps pourris. C.

670. SEPÈDONIUM. Filamens entremêlés, cloisonnés ; sporidies globul., simples, agglomérées, puis éparses.

1. S. MYCOPHILUM. Filamens blancs étendus sur les champignons pourris, et remplacés par les sporidies en poudre jaune. R.

671. SPORENDONEMA. Fil. courts, simples ou rameux, continus, dressés, en touffes épaisses, renfermant des sporidies grandes, rondes, très-serrées sur une ligne.

1. S. CASEI. (*Ægerita crustacea* Fl. Fr.) Taches blanches, puis rouges, sur les fromages salés. CC.

672. FUSISPORIUM. Filamens rameux, couchés, entrelacés, en touffes, cloisonnés, souvent très-fugaces ; sporidies en fuseau, agglomérées, simples ou à cloisons peu distinctes.

1. F. AURANTIACUM. Filamens blancs ; sporidies orangées. — En petites touffes sur les tiges de *Maïs*, sur les *Melons*, etc. C.
2. F. ROSEUM. Filamens en touffe laineuse, blanche ; sporidies éparses, roses.—Sur les chaumes de *Graminées*. R.
3. F. GRISEUM. (*Fusidium griseum*). Taches grises (de 1 à 5 lignes), farineuses.—Sur les feuilles mortes de *Chêne*. C.

673. ACLADIUM. Fil. simples ou peu rameux, droits, en touffes, cloisonnés ; sporidies oblongues, éparses.

1. A. CONSPERSUM. En larges flocons jaunes ou olivâtres sur les troncs pourris. R.

4e. TRIBU. *BYSSACÉES. Fil. distincts, mais étroitement entrelacés, opaques, continus ou rarement cloisonnés ; spor. éparses ou formées par les articul. supérieures.*

1re. SOUS-TRIBU. (*Chloridées*). *Filamens continus, rarement cloisonnés ; sporidies éparses, extérieures.*

674. CHLORIDIUM. Filamens simples ou peu rameux,

groupés, opaques, continus ; sporidies nombreuses, globuleuses, simples, éparses.

1. C. VIRIDE. En petits flocons peu visibles, verts, sur le bois pourri. C.

675. CONOPLEA. Filamens droits, raides, simples ou peu rameux, en touffes rondes, à cloisons peu distinctes ; sporidies globuleuses, simples, réunies en boules à la base des filamens.

1. C. HISPIDULA. Petits faisceaux noirs, bien visibles, sur les feuil. sèches de *Graminées*. R.

676. RACODIUM. Filamens rameux, couchés, persistans, continus, entrelacés, en duvet épais, et couverts de filamens articulés d'où sortent des sporules simples.

1. R. CELLARE. (*Byssus cryptarum* Fl. Fr.) Flocons bruns, abondans, sur divers objets dans les caves. CC.

677. HELMISPORIUM. Filam. droits, raides, simples ou rameux, opaques, non cloisonnés ; sporidies cloisonnées, transparentes, éparses sur les filamens.

1. H. VELUTINUM. (*Sphæria ciliaris* Fl. Fr.) Taches velues, noires, sur les branches tombées à terre. C.

2. H. SIMPLEX. Duvet noir, serré, étendu dans l'intér. des vieux Saules. R.

2e. SOUS-TRIBU. (*Cladosporiées*). *Filamens divisés entièrement ou au sommet en articles qui se séparent et forment des sporidies.*

678. CLADOSPORIUM. Touffes droites de filamens cloisonnés au sommet.

1. C. HERBARUM. (*Byssus herbarum* Fl. Fr.) Tubercules cotonneux, rudes, d'un vert-olivâtre. — Sur les plantes mortes. C.

2. C. FUMAGO. Duvet mince, très-noir. — Sur les feuilles malades de différens arbres. CC.

679. ALTERNARIA. Filamens droits, simples, épars, opaques, formés d'articulations ovales, et séparés par une partie filiforme.

1. A. TENUIS. Duvet noir étendu sur les tiges d'herbes sèches. R.

680. TORULA. Filam. simples, droits ou couchés, entrelacés, tout formés d'articles renflés qui se séparent.

1. T. ANTENNATA. En taches brunâtres sur les copeaux de Chêne, et sur les surfaces coupées. C.

2. T. HERBARUM. En touffes noires sur les tiges sèches des plantes. C.

681. OIDIUM. Fil. simples ou peu rameux, très-minces, cloisonnés, distincts ou à peine entrecroisés, en petites touffes, et formés d'articles qui se séparent en sporidies.

1. O. AUREUM. En petits groupes jaunes sur l'écorce pourrie des arbres. C.

2. O. FRUCTIGENA. En petits flocons arrondis, jaunâtres, sur les poires et les pêches gâtées. C.

3. O. MOLINIOIDES. En petites taches alongées, blanches ou jaunes, sur les feuilles mortes. C.

4. O. CHARTARUM. En taches noires, pulvérulentes, sur le papier moisi. CC.

3e. SOUS-TRIBU. (*Byssinées*). *Filamens continus ou cloisonnés, couchés et entrecroisés, sans sporidies ni articulations détachées.*

682. ATHELIA. Filamens entrecroisés, rayonnans, resserrés au milieu en une pellicule mince, lisse, aplatie.

1. A. STRIGOSA. (*Thelephora byssoidea* Fl. Fr.) En plaques d'un jaune-sale sur les mousses et sur le bois mort R.

683. DEMATIUM. Fil. rameux, couchés, entrecroisés, non cloisonnés, opaques, en duvet étalé, persistant. —*Peut-être sont-ce d'autres plantes non développées?*

1. D. ALUTA. (*Byssus aluta* Fl. Fr.) En pellicule mince, d'une couleur tannée. — Dans les arbres creux et sur les poutres dans les caves. C.

2. D. GIGANTEUM. En plaques comme un cuir blanchâtre, longues de 2 à 3 pieds, dans les fentes des vieux arbres. C.

684. BYSSUS. Filamens rameux, couchés, entrecroisés, très-minces, non cloisonnés, demi-transparens, très-fugaces, et disparaissant par le contact.

1. B. FLOCCOSA. (*Hypha bombycina*). Flocons d'un beau blanc, s'affaissant quand on les touche, dans les caves. CC.

2. B. ARGENTEA. (*Himantia parietina*). Filamens blancs, étendus en membrane mince, dans les caves sur les planches pourries. CC.

685. OZONIUM. Fil. rameux, couchés, les uns plus grands, non cloisonnés, les autres plus petits, cloisonnés.

1. O. AURICOMUM. (*Byssus aurantiaca* Fl. Fr.) Filamens jaunes, en touffes épaisses, couchées et étalées sur le bois pourri. C.

2. O. CANDIDUM. (*Byssus candida* Fl. Fr.) Fil. blancs, très-rameux, étalés en rayons ou en pinceau sur les feuil. et les branches tombées. CC.

CXXV. FAMILLE : ALGUES.

Plantes ordinairement aquatiques, gélatineuses, membraneuses ou coriaces, étalées en fronde ou en filamens, vertes, olivâtres ou pourprées.—Famille contenant des plantes tellement différentes qu'on a peine à trouver des caractères communs.

§ I.—DÉVELOPPÉES EN FRONDE.

Les 4 premières tribus de cette famille ne contiennent que des plantes marines, telles que le *Fucus vesiculosus* et le *Fucus serratus*, qui sont apportées quelquefois en grande quantité avec les huîtres.

5e. Tribu. *ULVACÉES. Fronde verte, membraneuse, d'une contexture molle, celluleuse ou rarement filamenteuse, plate ou fistuleuse, simple ou rameuse ; sporules très-petites, dispersées dans toute la fronde.*

686. ULVA. Fronde celluleuse, plate ou en tuyau, membraneuse, molle.

1. U. intestinalis. Tuyau vert, très-long, simple, renflé par intervalle et contenant des bulles d'air.—Dans les eaux stagnantes. R.
2. U. minima. Fronde globul., puis membraneuse, étalée, d'un beau vert, glissante ; spor. presque groupées par 4.—Dans les ruisseaux. R.
3. U. gelatinosa. Fronde tubuleuse, gélatineuse, d'un vert faible ; spor. groupées par 4.—Dans les fossés, au premier printemps. C.
4. U. lubrica. Fronde simple, ondulée, sinueuse, glissante ; sporules réunies par 4.—Dans les ruisseaux. C.

6e. Tribu. *CHÆTOPHOROIDÉES. Fronde verte, rarement colorée, gélatineuse, globuleuse ou alongée, remplie à l'intérieur de filamens simples ou rameux, continus ou articulés, épars ou en rayons.*

687. NOSTOC. Fronde gélatineuse, étalée, plissée ou globuleuse, et remplie de filam. en chapelet, courbés.

1. N. commune. Membrane difforme, ondulée, d'un vert-roussâtre, ressemblant à une feuille pourrie.—Sur la terre, après la pluie. CC.
2. N. sphæricum. En petits globules solides, lisses, d'un brun-verdâtre. C.

688. RIVULARIA. Fronde gélatineuse, presque globuleuse, formée de filam. simples, rayonnans, marqués d'anneaux, et terminés par des appendices très-fins.

1. R. NATANS. (*Gaillardotella natans*). Globules d'un vert-sale, variant de la grosseur d'un grain de mil à celle d'une noisette. — Sur les plantes aquatiques, au fond de l'eau. C.

689. CHOETOPHORA. Fronde gélatineuse, globuleuse ou lobée, remplie de filam. rayonnans, ou partant d'une base commune, alongés, articulés, rameux, et terminés par des appendices très-minces, en forme de cils.

1. C. PISIFORMIS. Fronde globuleuse, d'un vert-pâle; filam. entrelacés, rameux. — Dans les fossés. CC.

2. C. ENDIVIÆFOLIA. Fronde cylindrique, rameuse, d'un vert-pâle, à rameaux élargis au sommet. — Dans les eaux. La Choisille. R.

690. CLUZELLA. (*Hydrurus*). Fronde gélatineuse, alongée, très-rameuse, formée de filamens transparens, soudés et contenant, surtout vers l'extrémité, des sporidies ovoïdes, en rangées.

1. C. FOETIDA. Fronde brune-verdâtre, compacte à la base et divisée au sommet en rameaux grêles. — Au fond des ruisseaux. C. — *Od. fétide.*

691. PALMELLA. Masse gélatineuse, demi-transparente, remplie de globules solitaires.

1. P. HYALINA. Fronde irrégulière, verdâtre. — Dans les eaux tranquilles, au printemps. C.

§ II. — FILAMENTEUSES.

La 7e. tribu, celle des CÉRAMIAIRES, est composée d'espèces, presque toutes marines, à filamens articulés, et à fructifications sous forme de conceptacles particuliers ou de tubercules globuleux, dans les rameaux gonflés

8e. TRIBU. *VAUCHÉRIÉES. Filamens verts, minces comme des cheveux, simples ou rameux, continus, membraneux; sporules extér. sessiles ou pédicellées.*

692. VAUCHERIA. (*Ectosperma*). Fil. cylindriques, plus ou moins transparens, remplis de matière verte, granuleuse; sporules arrondies ou ovoïdes, solitaires, géminées ou agrégées, et remplies de grains.

1. V. DICHOTOMA. Fil. gros comme des soies de porc, dichotômes, en touffes; sporules sessiles, solitaires. — Dans les fossés. R.

2. V. SESSILIS. Fil. rameux, capillaires, en touffes serrées; spor. souvent par paires, avec une corne intermédiaire. — Dans les fossés. Aut. C.

3. V. ovata. Fil très-longs, peu rameux, en touffes, d'un vert foncé; sporules solitaires, pédicellées.—Dans les fossés, en hiver. C.

4. V. hamata. Fil. peu rameux, en touffe serrée; spor. terminales; pédicelles munis d'une corne recourbée, latérale.—Dans les fossés, au premier printemps. R.

5. V. terrestris. Fil. petits, raides, entrelacés, en touffes serrées; sporules solitaires, fixées au dos d'un pédicelle cornu.—Sur la terre, en automne et au printemps. C.

6. V. cespitosa. Filam. rameux, en touffes serrées, d'un vert-noir; sporules sessiles, par paires, avec une corne intermédiaire. — Dans les eaux pures. C.

7. V. racemosa. Filamens capillaires, rameux, en touffes épaisses; sporules en grappe pédicellée.—Dans les fossés, au printemps. C.

9e. Tribu. *ZYGNÉMÉES. Filamens verts ou verts-jaunâtres, capillaires, simples, membraneux, articulés, s'accouplant deux à deux à une certaine époque par des tubes partant du milieu de chaque article, et servant au passage de la matière verte de l'un dans l'autre où elle forme des globules destinés à la propagation.*

693. ZYGNEMA. Mêmes caractères.

* *(Salmacis). Matière verte disposée en spirale.*

1. Z. nitidum. (*Conferva jugalis* Fl.Fr.) Articles presqu'aussi larges que longs, avec plusieurs spirales minces, serrées; sporules ovoïdes. —Dans les eaux stagnantes. CC.

2. Z. quininum. (*C. porticalis* Fl.Fr.) Articles 2 ou 3 fois plus longs que larges; spirales simples, d'abord serrées, puis arquées; sporules ovoïdes.—Dans les eaux tranquilles. La Choisille. CC.

3. Z. condensatum. (*C. condensata* Fl.Fr.) Articles aussi longs que larges, avec 2 spirales simples, très-serrées.—Dans les rivières. C.

4. Z. adnatum. (*C. adnata* Fl.Fr.) Articles une fois 1/2 aussi longs que larges; spirales minces, serrées en croix.—Dans les ruisseaux, attachée aux pierres. C.

5. Z. elongatum (*C. elongata* Fl.Fr.) Art. 6-8 fois plus longs que larges; spirales alongées, simples, très-lâches.—Dans les fossés. C.

** *(Tendaridea). Matière verte formant une double étoile.*

6. Z. gracile. (*C. gracilis* Fl.Fr.) Filamens très-minces, d'un vert foncé; articles 3 à 4 fois plus longs que larges: matière verte, d'abord continue, puis séparée en deux étoiles.—Dans les fossés. C.

7. Z. lutescens. (*C. lutescens* Fl.Fr.) Filamens très-minces, glissans, jaunâtres ou noirâtres; articles 2 à 3 fois plus longs que larges; matière verte, d'abord continue, linéaire, puis formant 2 globules. —Dans les fossés. C.

8. Z. cruciatum. (*C. cruciata* Fl. Fr.—*Tend. Castor* B.) Articles 2 fois aussi longs que larges; matière verte, formant deux étoiles.— Dans les fossés. La Choisille. C.

*** *(Zygnema* B. ou *Mougeotia). Matière verte remplissant le tube.*

9. Z. GENUFLEXUM. Filamens droits, puis pliés en genou et soudés entr'eux par les angles ; articles 4 à 6 fois plus longs que larges : matière verte, en masse rectangulaire.—Dans les fossés. C.

10ᵉ. TRIBU. *CONFERVÉES. Filamens verts, minces, simples ou rameux, gélatineux ou membraneux, articulés, jamais accouplés, mais paraissant avoir des sporules ou germes quelquefois doués du mouvement.*

694. LEMANEA. (*Nodularia*). Fil. raides, non gélatineux, cylindriques, articulés, simples ou peu rameux, souvent noueux et renflés par intervalle, et contenant à l'intérieur des filamens très-minces, en pinceau.

1. L. FLUVIATILIS. Fil. droits, garnis de papilles ; art. oblongs, 4-5 fois plus longs que larges.—Dans les eaux courantes, fixée aux pierres. R.

695. BATRACHOSPERMUM. Filamens gélatineux, flexibles, cylindr., très-rameux, articulés ; rameaux très-petits, moniliformes, en verticilles fournis aux articulations, et terminés par un poil très-délié ; gemmules globuleux, épars sur les rameaux.

1. B. MONILIFORME. Filamens gélatineux et très-glissans, garnis dans toute leur longûeur de verticilles globuleux, d'un vert-noirâtre ou grisâtre, comme des perles enfilées. — Dans les ruisseaux, fontaine de Groison. C. — Nous en avons une autre espèce beaucoup plus petite, qui nous paraît nouvelle.

696. DRAPARNALDIA. Filam. gélatineux, très-flexibles, cylindr., rameux, articulés ; rameaux articulés, réunis en faisceau ou en pinceau, et terminés par un poil mince.

1. D. PLUMOSA. (*Batrachospermum plumosum* Fl. Fr.) Filam. grêles, alongés ; rameaux réunis en pinceaux, presque opposés, lancéolés, aigus ; art. une fois 1/2 plus longs que larges.—Dans les ruisseaux. R.

697. CONFERVA. Fil. simples ou rameux, cylind., flexibles, membraneux, transparens, articulés, à art. remplis de matière verte, qui, dans quelques espèces, s'échappe sous forme d'animalcules vivans appelés *zoocarpes.*

* *Rameuses.*

1. C. PUSILLA. Fil. très-courts et très-minces, réunis en faisceau globuleux, d'un vert-gai ; rameaux alternes amincis ; articles infér. 4-5 fois plus longs que larges.—Dans le ruisseau d'écoulement des bains et dans celui du puits artésien du quartier de cavalerie. R.

2. C. GLOMERATA. (*Chantransia glomerata* Fl.Fr.) Fil. très-alongés, flexueux, très-rameux, d'un vert foncé ; articles 3 à 4 fois plus longs que larges.—Dans les eaux pures, fixée aux pierres. CC.

3. C. CRISPATA. Fil. alongés, flexueux, en touffes vertes, puis jaunâtres, étroitement entremêlées ; rameaux alternes écartés ; articles 6-10 fois plus longs que larges. —Dans la Loire et dans les fossés. CC.

** *Simples.*

4. C. CAPILLARIS. (*Chantransia capillaris* et *Ceramium cap.*Fl.Fr.)—*Tiresias crispa* B.) Filamens minces, crispés et prolifères, lâchement entrecroisés ; articles 2 fois aussi longs que larges.—Dans les eaux. C.

5. C. RIVULARIS. (*Chant. rivul.* Fl.Fr.—*Prolifera rivul.*) Fil. très-longs, droits ou contournés ; art. 2-4 fois aussi longs que larges ; mat. verte, remplissant tout l'artic., ou resserrée en ligne large.-Rivières. C.

6. C. PARASITICA. Fil. très-minces, flexueux, obtus ; articles un peu plus longs que larges.—Sur les herbes aquatiques. C.

7. C. VESICATA. (*Chant. vesic.* Fl. Fr.) Fil. minces, alongés, entrelacés en touffe ; articles une fois et demie aussi longs que larges, renflés par intervalle en globules.—Dans les eaux. C.

8. C. FLOCCOSA. (*Monilina floc.* B.) Fil. très-minces, muqueux, en flocons d'un vert-jaunâtre, remplis de bulles d'air ; art. aussi longs que larges ; mat. verte, resserrée en globules, puis en lignes.—Fossés. C.

9. C. ERICETORUM Fil. très-fins, d'un brun-violet, entrelacés ; art. 1 f. ou 1 f. 1/2 aussi longs que larges.—Lieux tourbeux, dans les landes. C.

698. HYDRODYCTION. Filam. verts, formant par leur réunion une sorte de filet ou réseau à mailles pentagonales, en sac ; ensuite chaque côté d'une maille se sépare et se dévelope à son tour en réseau.

1. H. UTRICULATUM.—Dans les fossés. C.

La 11e. tribu, celle des BANGIÉES, contient des plantes filamenteuses, colorées, presque toutes marines, remplies de globules ou de grains plus ou moins rapprochés.

12e. TRIBU. *LYNGBYÉES. Filam. très-minces, bruns, noirâtres ; bronzés ou d'un vert-foncé, fixés à la base, libres, marqués intérieurement de lignes rapprochées et peu visibles.*

699. LYNGBYA. Fil. très-minces, alongés, libres, non enveloppés d'un mucus commun, flexibles et non oscillans. — Paraissent ne différer des *Oscillaires* que par l'absence du mouvement.

1. L. MURALIS. (*Oscillatoria* ou *Conferva mur.*) Formant une couche verte sur la terre et sur les murs, dans les lieux ombragés humides.

13e. Tribu. *DIATOMEES. Filam. très-délicats, transparens ou peu colorés, cylindriques ou comprimés, se divisant par des fentes transversales.*

700. MYCODERMA. Filam. comme des fils d'araignée, rameux, imparfaitement articulés, entrelacés en une gelée informe ou en membrane colorée dans les liquides végétaux.—Suivant quelques observateurs, ces filamens résultent de l'agrégation d'animalcules très-petits, d'autres y voient des végétaux se séparant en germes animés ou *zoocarpes*.

On regarde comme des espèces particulières ceux qui se forment sur la *bierre*, sur la *colle de farine*, sur la *solution de gomme*, sur l'*encre* et sur le *vin*.—Ce dernier (*Mycoderma vini*) forme des petites plaques blanches légères, appelées vulg.t *fleurs* ou *fleuré*.

701. LEPTOMITUS. Filamens minces comme des fils d'araignée, imparfaitement articulés, droits, libres et non articulés.

Nous en observons une espèce formant un duvet peu coloré sous les feuilles de *Nymphea*.

702. FRAGILLARIA. (*Nematoplata*). Fil. simples, plats, marqués de stries transversales très-rapprochées, suivant lesquelles ils se séparent en fragmens qui ne restent point adhérens par les angles. — Formant un duvet très-mince sur les plantes aquatiques.

Le microscope nous en montre, parmi les *Conferves*, au moins deux espèces, qui sont *F. striatula* et *F. pectinalis*.

703. ACHNANTHES. Fil. presque carrés, plats, formés de 1-6 ou plus souvent de 4 articles un peu courbés.

Nous en avons une espèce munie d'un filament très-fin à chaque angle, et figurée dans le dictionnaire des Sciences naturelles.

704. DIATOMA. Filamens articulés, simples, plats, se divisant transversalement en articles qui restent adhérens par les angles en zig-zag.

Nous observons quelquefois, sur les *Conferves*, le D. TENUE, dont les articles sont trois fois plus larges que longs.

705. ECHINELLA. Filamens très-courts, simples, non articulés, raides, linéaires, presque égaux, tronqués de part et d'autre, partant d'une base commune, en forme de rayons.

Nous en voyons une espèce qui paraît être la *Bacillaria communis* de Bory.

14e. TRIBU ? *BACILLARIEES. Petits corps transparens, amincis aux deux extrémités, ou en forme de coin, solitaires ou aggrégés, fixés sur les plantes aquatiques, puis libres.*

706. FRUSTULIA. Petits corps raides, cylindriques ou comprimés. — Répartis avec raison, par d'autres auteurs, dans divers genres.

Nous observons souvent, 1°. la F. *circularis* (*Echinella ventilatoria* Bory), formée de petits triangles alongés, disposés en éventail ou en cercle ; 2°. la F. *obtasa*, en groupes de deux ou trois ; 3°. la F. *acuta* (*Lunulina diaphana* B.), solitaire, amincie aux deux extrémités ; 4°. la F. *olivacea* (*Lunulina olivacea* B.), solitaire, en forme de coin, tronquée ; et enfin, une 5e. espèce que nous devons regarder comme la F. *cuneata* (*Echinella cuneata* Bory).

707. STYLLARIA. Petits corps microscopiques, en forme de coin, portés sur un pédicelle non articulé, simple ou rameux.

Nous en avons une espèce parasite sur les *Conferves*, mais nous pensons que ce genre ne diffère pas du précédent.

15e. TRIBU ? *OSCILLARIÉES. Filamens simples, cylindriques, formés de 2 tubes marqués de lignes transversales, très-rapprochées, l'intér. rempli de matière colorée, et l'extér. formant une gaîne transparente. Ces filamens, disposés en couche, mêlés de mucus et doués d'un mouvement lent d'oscillation et de reptation, peuvent également être pris pour des animaux ou pour des végétaux.*

708. ANABAINA. Filament intérieur en chapelet.

1. A. OSCILLARIOIDES. En couche d'un vert-noir sur les plantes aquatiques. C.

2. A. MEMBRANINA. Fil. très-déliés, entrelacés, en membrane très-mince, d'un bleu-vert.—Sur les *Conferves*, dans les fossés. C.

3. A. LICHENIFORMIS. Fil. assez épais, courts, en couche visqueuse et glissante, d'un vert-noir. — Sur la terre humide et ombragée. R.

709. MICROCOLEUS. Fil. très-minces, non enveloppés dans un mucus commun, renfermés à la base dans une gaîne d'où ils sortent en faisceaux, puis changés en gaîne à leur tour.

1. M. TERRESTRIS. (*Vaginaria* B. — *Rhizomorpha muralis* Fl. Fr.) Faisceaux noirs, capillaires, flexueux.—Sur la terre humide. C.

710. OSCILLARIA. Fil. entourés d'un mucus commun, à fil. intér. marqué de lignes laissant entr'elles des intervalles carrés, et s'alongeant plus ou moins dans le tube extér. qui reste ainsi quelquefois vide à l'extrémité.

1. O. PARIETINA. Filam. d'un noir-vert, droits, raides, en couche noire, luisante, muqueuse. — Dans les marais, sur les murs et le long des rues. CC.

2. O. FUSCA. (*O. urbica*). Fil. très-déliés, d'un gris-noirâtre et d'un noir-bleuâtre par la dessication, amincis à l'extrémité, en couche noire, épaisse au centre.—Sur la terre et sur les murs humides. C.

3. O. PRINCEPS. Fil. capillaires, alongés, d'un bleu-vert, fugaces, marqués de lignes très-minces, et arrondis au sommet, d'abord rampans au fond de l'eau, puis en couche gélatin., noirâtre, flottante. C.

4. O. LIMOSA. Filamens obtus, minces, en couche gélatineuse, d'un beau vert-bleu.—Dans les fossés. CC.

5. O. VIRIDIS. (*O. smaragdina*). Fil. verts, très-minces, demi-transparens, amincis, rayés de lignes à peine visibles, en couche muqueuse d'un vert d'émeraude.— Sur le limon, dans les eaux tranquilles. C.

6. O. RUPESTRIS. Fil. très-déliés, flexueux, d'un noir-vert, transparens; en couche noire, muqueuse, très-serrée. —Sur les pierres et le limon dans les ruisseaux. C.

7. O. PANNOSA. Fil. assez épais, bruns, raides, en couche épaisse, ronde, compacte, d'un vert-bronzé, puis d'un noir-olivâtre.—Sur les pierres dans les fontaines. C.

NOTA. Le puits artésien de LA RICHE fournit une *Algue* en couche verte, spongieuse, adhérente aux cailloux, que nous n'avons pu rapporter à aucun des genres précédens; elle contient des filamens (d'un cinquantième de millimètre) courts, très-flexueux, obtus, un peu rameux et cloisonnés; mais nullement gélatineux.

Les genres de ces dernières tribus forment en quelque sorte la limite du règne végétal et du règne animal, et leur nature équivoque a été un des principaux motifs pour commencer la FLORE par les *Dicotylédones* plutôt que par les *Acotylédones ;* en effet, on voit le mouvement presque continuel dans les *Oscillaires*, l'émission de germes vivans dans quelques *Conferves*, et un indice de volonté ou de sensibilité dans l'union des *Zygnèmes.* C'est là ce qui a conduit M. Bory de St.-Vincent à proposer l'établissement d'un quatrième règne, intermédiaire entre les végétaux et les animaux, le règne *Psychodiaire*, pour y mettre toutes les productions, sur la nature desquelles on n'ose prononcer. D'autres observateurs, d'un grand mérite, les ont classées toutes parmi les animaux sous le nom de *Némazoaires.* Suivant eux, des *navicules*, petits êtres en forme de navette, doués d'un mouvement propre, très-lent, et des *bacillaires*, également doués du mouvement, s'unissent en grand nombre dans un certain ordre, soit par le simple contact, soit en pénétrant dans une matière muqueuse qui se produit spontanément dans les eaux, et forment ainsi des corps composés, d'apparence végétale.

Tous ces objets ne peuvent être observés qu'à l'aide d'un microscope ; mais on est bien dédommagé de la peine qu'on prend à acquérir l'usage de cet instrument, par la connaissance de tous ces êtres si nouveaux pour la science, et de beaucoup d'autres, tels que les *Lunulines*, les *Héliérelles*, les *Burselles*, etc., que nous trouvons avec les *Conferves* et les *Diatomées*, et que nous aurions pu faire entrer dans la FLORE.

Le microscope nous montre aussi, en quelque sorte, l'origine des végétaux ; soit dans les *Mucédinées* et les *Algues*, formées de filamens ou tubes très-fins et de globules ; soit dans ces élémens isolés du végétal, tels que les *Protonéma*, filamens d'une ténuité extrême qui se développent seuls dans les infusions, les *Protosphæria*, globules également déliés, ou la *Globuline*, assemblage de globules plus gros, susceptibles d'accroissement et de multiplication, et paraissant former le tissu cellulaire par leur rapprochement. Ces commencemens de la végétation, encore peu étudiés, ont reçu des noms différens : on a appelé *Matière verte* cette couche verte qui se forme sur les pierres humides ou dans l'eau gardée long-temps, que d'autres observateurs ont regardée comme produite par le développement incomplet des germes d'une foule de *Cryptogames* tellement déliés, que le vent et la pluie les transportent en tous lieux.

M. Bory de St.-Vincent a donné le nom de *Chaos* à une matière muqueuse qui se forme soit dans l'eau, soit sur la terre humide, et qui, pénétrée par des globules ou des navicules de diverses couleurs, prend une teinte verte, brune ou couleur de sang ; et il est parti de là pour faire une famille des *Chaodinées*, où rentrent toutes les *Algues* enduites d'une mucosité, et même les *Batrachospermes*, dont l'organisation est très-complexe. *

FIN.

* On trouve chez M. Vion, opticien à Tours, des microscopes simples grossissant le diamètre de 10 à 50 fois, dans le prix de 40 à 60 francs, et des microscopes composés grossissant de 50 à 300 fois, dans le prix de 150 à 200 fr.

ADDITIONS ET CORRECTIONS.

Pages. Lignes.

2 — 10 — à feuilles alternes ; *ajoutez :* ou radicales.

2 — 31 — Espèce douteuse ou confondue avec le *P. penché*, qui a été planté au même lieu.

3 — 26 — 1, *lisez* 2.

7 — Après le genre DAUPHINELLE, *ajoutez :*

13 *bis*. ACONIT. *ACONITUM*. Calice irrégul., figurant des pétales ; sépale sup. concave, en forme de casque ; 2 pétales supér. en capuchon, cachés dans le casque.

1. A. NAPEL. *A. napellus.* Feuilles palmées, à lobes pinnatifides ; tige de 2 à 3 pieds, terminée par un épi de fleurs bleues ; 3 ou rarement 5 ovaires. ♂. A Cinq-Mars et dans la vallée du Doit. R.

10 *dernière* — *Ajoutez*, vallée du Doit.

15 — 9 — Cette plante a été indiquée d'après un renseignement inexact.

17 — 29 — PASSE-RAGE, *lisez*, LÉPIDIER.

20 — *avant-dernière.* — silicules ; *lisez*, silique.

21 — Après la M. D'ORIENT, *ajoutez :*

5. M. BLANCHE. *S. alba.* Feuilles en lyre, presque glabres ; siliques bosselées, hérissées, écartées, plus étroites que le bec en forme d'épée qui les surmonte. ⊙. Dans les lieux incultes, autour des jardins. C.

24 — 2 — capsules ; *ajoutez :* elle n'a pas de rejets rampans.

25 — 28 et 31 — *Ajoutez :* vallée du Doit.

25 — 28 — 6 à 10 pouces ; *lisez :* 4 à 6 pouces.

27 — 2 — *Après* étamines ; *ajoutez*, ordinairement.

28 — 18 — *Ajoutez :* 10 étamines et 3 styles.

32 — 43 — commune ; *lisez*, commun.

37 — 7 — Platiphylla ; *lisez*, *platyphylla.*

47 — 24 — plan ; *lisez*, plat.

51 — Après le CYTISE A BALAIS, *ajoutez :*

C. EN TÊTE. *C. capitatus.* Tiges dressées ; rameaux raides, hérissés ; feuil. ovales, velues ; fleurs nombreuses, en tête, à l'extrémité des rameaux ; cal. et légumes hérissés. ♄. Forêt de Chinon. *M. Leclerc.* RR.

52 — 40 — *Ajoutez*, levée de Grammont. C.

53 — 24 — *Ajoutez*, levée de Grammont. C.

54 — *dernière* — *Ajoutez*, levée de Grammont. C.

57 — 25 — trios ; *lisez*, trois.
59 — 22 — *Ajoutez :* trouvé une seule fois par *M. Diard*.
60 — Avant le genre FÈVE, *ajoutez* le genre CHICHE :

104 *bis*. CHICHE. *CICER*. Calice à 5 lobes terminés en pointe, à tube plus ou moins renflé à la base en dessus ; légume velu, gonflé, à 2 semences ventrues.

1. C. CULTIVÉ. *C. arietinum*. Tige de 14 pouces, ferme, couverte de poils gluans ainsi que les feuilles, qui sont composées de 13 folioles ovales-obtuses, dentées ; fleurs roses ⊙. Cultivé dans la Varenne.

70 — Après le C. TARDIF, *ajoutez :*

C. ODORANT. *C. mahaleb*. Vulg. *Bois de S.te Lucie*. Fleurs blanches, en grappes, garnies de feuilles naissant des rameaux ; feuil. en cœur, arrondies, dentelées, glanduleuses, courbées ; fruits noirs ♄. Cultivé comme arbre d'ornement, il commence à être fort employé pour recevoir la greffe des autres espèces. — Son bois, brun et odorant, sert aux ébénistes et aux tourneurs.

71 — Après les SPIRÉES, *ajoutez :*

Le *Corchorus japonicus*, regardé aujourd'hui comme une SPIRÉE, est un arbuste très-commun dans les jardins : ses feuil. sont ovales, aigues, dentées, et ses fleurs jaunes sont toujours doubles, ce qui empêche de l'étudier.

73 — 32 — en été ; *lisez*, au printemps.
77 — 32 — *Cinnamoneæ*, lisez, *Cinnamomeæ*.
91 — Après le M. VERTICILLÉ, *ajoutez :* Étang de Rillé. R.

92 — A la fin des *Haloragées*, ajoutez :

3e. TRIBU. (*Hippurideæ*). *Calice entier, très-petit ; pétales nuls ; 1 étamine ; fruit en noix monosperme.*

144 *bis*. HIPPURIS. *HIPPURIS*. Style filiforme reçu dans un sillon de l'étam. ; fruit couronné par le calice.

1. H. COMMUNE. *H. vulgaris*. ♃. Étang de Rillé. *M. Leclerc*. RR.

99 — 14 Chez nous, *lisez :* que lorsqu'il est fort.
101 — 26 *Ombrosa*, lisez, *umbrosa*.

Après les SAXIFRAGÉES, *ajoutez en note :* C'est dans cette famille que se place l'*Hortensia*, dont le calice ressemble à une corolle.

102 — Avant la tribu des *DAUCINÉES*, ajoutez :

1re. TRIBU. *THAPSIÉES*. 5 *côtes principales filiformes, 4 côtes secondaires ailées.*

158 *bis*. LASER. *LASERPITIUM*. Calice à 5 dents ; pétales obovés, échancrés, avec une languette repliée ;

fruit comprimé par le dos, muni de 8 ailes ; involucre et involucelle de plusieurs folioles.

1. L. A GRANDES FEUILLES. *L. asperum.* (*L. latifolium* Fl. Fr.) Feuilles 2 ou 3 fois pinnées, à folioles ovales-oblongues, obliquement en cœur, dentées ; fleurs blanches, en larges ombelles ; semences à ailes crispées. ♃. Au Ripault et près de Château-Regnault. R.

106 — 30 — *Selimum*, lisez, *selinum.*
108 — 9 — Juillet, *lisez*, septembre.
118 — 5 — 195, *lisez*, 195 *bis.*
120 — 3 — 197, *lisez*, 197 *bis.*
130 — 1 — CORYMBYFÈRES, *lisez*, CORYMBIFÈRES.
130 — 28 — *Ajoutez*, bords de l'Indre, étang de Rillé. R.
133 — 31 — *Ajoutez*, forêt de Chinon, près de Leugny.
137 — 12 — pailles, *lisez*, paillettes.
137 — 18 — de l'involucre, *lisez*, du réceptacle.
146 — 28 — 239, *lisez*, 239 *bis*
158 — 7 — très-étalés, à lobes linéaires ; *lisez*, à lobes linéaires très-étalés.
160 — 12 — linéaires, *lisez*, plus petites.
160 — 16 — mileu, *lisez*, milieu.
175 — 6 — *Ajoutez*, Véretz, Savonnière. R.

183 — 4 — Cette variété d'*Orobanche* a été retrouvée sur les grèves de Rochecorbon par M. *Derouet*, qui la croit parasite sur les racines du Saule ; elle doit faire une espèce nouvelle, à tige rameuse et à bulbes fasciculés garnis de fibres nombreuses ; d'ailleurs, ses fleurs ne diffèrent de l'*O. bleue* que par leur couleur jaune.

188 — 4 — annuelle, *lisez*, vivace.
202 — 32 — *nummularis*, lisez, *nummularia.*
209 — 19 — 257, *lisez*, 357.
211 — 13 — *Ajoutez :* elle a une variété à feuilles rouges.

215 — *Ajoutez en note :* A cette famille appartient la *Rhubarbe* (*Rheum*) cultivée dans quelques jardins.

223 — 34 — oppoées, *lisez*, opposées.
224 — 13 — 276, *lisez*, 376.
224 — *dernière* — Spatule, *lisez*, spathe.
234 — 7 — culvivé, *lisez*, cultivé.
240 — 34 — R. *lisez*, C.
240 — 35 — 398, *lisez*, 399.
251 — 37 — Persia, *lisez*, Persica.
270 — 20 — aveé, *lisez*, avec.
277 — 38 — glandes, *lisez*, glumes.
280 — 29 — juin, *lisez*, août.
282 — 29 — sœspitosa, *lisez*, cœspitosa.
286 — *dernière* — canicule, *lisez*, panicule.
293 — 28 — 3 à 5 p., *lisez*, 3 à 5 pieds.

329 — 4 — FUSCICULARE, *lisez*, FASCICULARE.
335 — 7 — *Ajoutez*, à Joué.
335 — 34 — le pierres, *lisez*, les pierres.
340 — 1 et 2 — pupille, *lisez*, papille.
344 — 10 — ERYPHROCARPIA, *lisez*, ERYTHROCARPIA.
351 — 22 — PEPIPHERICÆ, *lisez*, PERIPHERICÆ.
354 — 6 — globueux, *lisez*, globuleux.
360 — 35 — orbicelaire, *lisez*, orbiculaire.
362 — 22 — LONICERA, *lisez*, LONICERÆ.
362 — 28 — LIMANTIA, *lisez*, HIMANTIA.
363 — 33 — *virguslorum*, lisez, *virgultorum*.
367 — 38 — 1, *lisez*, 4.
377 — 2 — comestiques, *lisez*, comestibles.
377 — 9 — *ou visqueuses*, lisez, *non visqueuses*.
385 — 22 — GIGANTES, *lisez*, GIGANTEUS.

TABLE GÉNÉRALE

DES FAMILLES,

DES GENRES, DES DÉNOMINATIONS SYNONIMES,

VULGAIRES OU ANCIENNES,

et Vocabulaire des termes de Botanique.

Nota. Les termes de botanique sont indiqués par *.
V. signifie *voyez*; G. *genre*; Esp. *espèce*; F. ou Fam. *famille*; Tr. *tribu*.

A.

Abies. *V.* Sapin. *page* 236
Abricotier. G. de *Rosacées.* 68
Absinthe. Esp. d'Armoise. 138
Acacia blanc. *V.* Robinier. 57
Acacia rose.—A. visqueux, etc. 58
Acacia. G. de *Légumineuses.* 66
ACANTHACÉES. Famille de *Corolliflores.* 201
Acanthe-*us.* G. d'*Acanthacées.* 201
Acer. *V.* Erable. 39
ACÉRINÉES. F. de *Thalamifl.* 39
Ache. G. d'*Ombellifères.* 110
Achillée-*a.* G. de *Composées.* 137
Achnanthes. G. d'*Algues.* 444
Acladium. G. de *Mucédinées.* 436
Aconit-*um.* G. de *Renonculacées.* 449
ACOTYLÉDONES (4.e classe des végétaux). 434
Acremonium. G. de *Mucédinées.* 434
Acrospermum. G. de *Champign.* 367
Acrostichum. *V.* Polystic. 300
Actynothyrium. G. d'*Hypoxylées* 365
* Acuminé. — Aminci ou terminé en pointe.
Adianthum-nigrum. *V.* Asplenium. 301
Adonide-*is.* G. de *Renonculacées.* 3
Adoxa. G. de *Saxifragées.* 101
Æcidium. G. d'*Urédinées.* 430
Ægerita. G. d'*Urédinées.* 425
Ægopodium. *V.* Podagraire. 109
Æsculus. *V.* Marronnier. 40
Æthuse-*a.* G. d'*Ombellifères.* 111
Agaric-*us.* G. de *Champignons.* 391
Apaganthe-*us.* G. de *Liliacées.* 261
AGARICÉES. Sous-tribu des *Champ.* 378
Agave. G. de *Broméliacées.* 262
Agnus-castus. *V.* Gatilier. 200
Agrimonia. *V.* Aigremoine. 75
Agropyron. *V.* Froment. 292
Agrostema. *V.* Lychnis. 29
Agrostis. G. de *Graminées.* 278
Agyrium. G. de *Champignons.* 366
Aigremoine. G. de *Rosacées.* 73
* Aigrette. — Touffe de poils sur les graines.
Ail. G. de *Liliacées.* 259
Ail de serpent. *V.* Muscari, ail des vignes, etc.
Ailante-*us.* G. de *Térébinthacées.* 49
*Ailé (fruit).—Muni de membranes élargies en ailes.
Aira. *V.* Canche. 282
Airelle. G. de *Vacciniées.* 158
Ajonc. G. de *Légumineuses.* 50
Ajuga. *V.* Bugle. 199
Alaterne. Esp. de Nerprun. 48
Alchimille-*a.* G. de *Rosacées.* 75
ALGUES. Fam. d'*Acotylédones.* 439
Alibousier. *V.* Storax. 161
Alisier. *V.* Poirier. 83
Alisma. G. d'*Alismacées.* 240
ALISMACÉES. F. de *Monocotyl.* 235
Alleluia. *V.* Oxalis. 49
Alliaire-*aria.* G. de *Crucifères.* 16

Allium. *V.* Ail. 262
Alnus. *V.* Aulne. 259
Aloès.—*Aloe.* G. de *Liliacées.* 227
Alopecurus. *V.* Vulpin. 281
Alpiste. *V.* Phalaris. 280
Alsine. *V.* Stellaire des oiseaux. 31
Alsinées. Tribu des *Cariophyllées.* 30
Alternaria. G. de *Mucédinées.* 437
Althea. *V.* Guimauve. 28
Althea-frutex. *V.* Ketmie. 28
Alyssinées. Tribu des *Crucifères.* 13
Alyssum. G. de *Crucifères.* 13
Amandier. G. de *Rosacées.* 67
Amanite-*a.* *V.* Agaric. 412
AMARANTACÉES. Fam. de *Monochlamydées.* 217
Amarante-*us.* G. d'*Amarantac.* 208
Amarantoïdès. *V.* Gomphrène. 208
AMARYLLIDÉES. Fam. de *Monocotylédones.* 252
Amaryllis. G. d'*Amaryllidées.* 253
Amberboi. *V.* Centaurée. 146
Ambrette. *V.* Centaurée. 146
Amélanchier. G. de *Rosacées.* 80
Amellus. *V.* Aster. 135
AMENTACÉES. Fam. de *Monochlamydées.* 226
Amomon. *V.* Solanum pseudo-capsicum. 174
Amorpha. G. de *Légumineuses.* 58
AMPÉLIDÉES. F. de *Thalamifl.* 40
Ampélopsis. G. d'*Ampélidées.* 40
* Amplexicaule.—Embrassant la tige.
Amygdalées. Tribu des *Rosacées.* 00
Amygdalus. *V.* Amandier. 67
Anabaina. G. d'*Algues.* 445
Anagallis. *V.* Mouron. 203
Ananas. G. de *Broméliacées.* 262
Anarrhinum. G. d'*Antirrhinées.* 178
Anchusa. *V.* Buglosse. 172
Ancolie. G. de *Renonculacées.* 6
* Androgyne (épi) contenant des fleurs de sexe différent.
Andromède-*a.* G. d'*Éricinées.* 160
Androsême-*um.* G. d'*Hypéricin.* 37
Andropogon. G. de *Graminées.* 276
Andryale-*a.* G. de *Composées.* 152
Anémone. G. de *Renonculacées.* 2
Aneth-*um.* *V.* Fenouil. 112
Angélique. G. d'*Ombellifères.* 107
Angélique des confiseurs. *V.* Archangélique. 107
Anictangium. G. de *Mousses.* 318
Anis. *V.* Boucage. 108
Angiogastres. Tr. des *Lycoperd.* 419
Anthemis. *V.* Camomille. 137
Anthriscus. Esp. de Turgenia. 104
Anthyllis. G. de *Légumineuses.* 52
ANTIRRHINÉES. F. de *Corollifl.* 171
Antirrhinum. *V.* Muflier. 178
* Anthère. Sac contenant la poussière fécondante.
Anthoxanthum. *V.* Flouve. 282
Apargia. *V.* Liondent. 153
Aparine. Esp. de Gaillet. 122
* Apétale (fleur). Sans corolle.
Aphaca. Esp. de Gesse. 63
Aphanes. *V.* Alchimilla. 75
* Aphylle (plante). Sans feuilles.
Api ou Celleri. *V.* Ache. 111
Apium. *V.* Ache. 110
APOCYNÉES. F. de *Corollifl.* 164
Appetit. Esp. d'Ail. 261
Aquifolium. *V.* Houx. 48
Aquilegia. *V.* Ancolie. 6
Arabidées, tribu des *Crucifères.* 11
Arabette. *Arabis.* G. de *Crucifères.* 12
Arachis. G. de *Légumineuses.* 66
ARALIACÉES. F. de *Caliciflor.* 117
Arbousier. G. d'*Éricinés.* 160
Arbre de Judée. *V.* Cercis. 66
Arbre de soie. *V.* Acacia-julibrizin. 60
Arbres verts. *V.* Conifères, Buis, etc.
Arbutus. *V.* Arbousier. 160
Archangélique-*ca.* G. d'*Ombellif.* 107
Arcyria. G. de *Lycoperdacées.* 416
Arenaria. *V.* Sabline. 31
* Arête. Filet raide.
Argentine. *V.* Potentille ansérine. 74
et Cerastium tomentosum. 33
* Arille. Enveloppe particulière qui se détache de la graine.
Aristoloche. G. d'*Aristolochiées.* 218
ARISTOLOCHIÉES. Fam. de *Monochlamydées.* 218
Armeniaca. *V.* Abricotier. 68
Armoise. G. de *Composées.* 138
AROIDÉES. F. de *Monocotyléd.* 266
Arrhenaterum. *V.* Avoine élevée. 283
Arroche. G. de *Chénopodées.* 210
ARROCHES. Fam. de *Monochlamydées.* V. *Chénopodées.* 209
Artemisia. *V.* Armoise. 138
* Articulé. Formé d'articles, ou articulations, mis bout à bout.
Arthonia. *V.* Opegrapha. 337
* Aristé. Qui porte une arête.
Artichaut. G. de *Composées.* 144
Artocarpées. Tr. des *Urticées.* 224
Arum. G. d'*Aroïdées.* 266
Arum d'Ethiopie. *V.* Calla. 266
Arundo. *V.* Roseau. 288
Asarum. G. d'*Aristolochiées.* 218
Asclépiadées. Tr. des *Apocynées.* 164
Asclepias. G. d'*Apocynées.* 164
Ascobolus. G. de *Champignons.* 370
ASPARAGÉES. F. de *Monocot.* 253
Asparagus. *V.* Asperge. 253
Asperge. G. d'*Asparagées.* 253
Aspergillus. G. de *Mucédinées.* 435
Asperule-*a.* G. de *Rubiacées.* 123
Asphodèle-*us.* G. de *Liliacées.* 257
Aspidium. G. de *Fougères.* 300
Asplenium. G. de *Fougères.* 301

Aster. G. de *Composées*. 135
Asteroma. *V.* Dothidea. 363
Asterophora. G. de *Lycoperdac*. 415
Astragale-*us*. G. de *Légumineuses*. 58
Astrance-*tia*. G. d'*Ombellifères*. 116
Astrocarpe-*us*. G. de *Résédacées*. 25
Astrolobium. G. de *Légumineuses*. 59
Athamanthe-*a*. *V.* Peucedanum. 106
Athelia. G. de *Mucédinées*. 438
Athyrium. G. de *Fougères*. 300
Atragène. Esp. de Clématite. 2
Atriplex. *V.* Arroche. 210
Atropa. G. de *Solanées*. 175
Aubépine. G. de *Rosacées*. 80
Aubergine. *V.* Solanum. 174
Aucuba. G. de *Cornées*. 117
Aulne. G. d'*Amentacées*. 227
Aunée. Esp. d'Inule. 133
AURANTIACÉES. Fam. de *Dicotylédones*. 37
Auricularia. G. de *Champignons*. 399
Auricule. Esp. de Primevère. 204
* Auriculée (feuille). Munie d'oreillettes à la base.
Aurone. Esp. d'Armoise. 138
Avoine. *Avena*. G. de *Graminées*. 238
* Axillaire. A l'aisselle des feuilles.
Aylanthe. G. de *Térébinthacées*. 49
Azalée-*a*. G. d'*Ericinées*. 160
Azarero. Esp. de Cerisier. 70
Azédarach. G. de *Méliacées*. 40
Azérolier. Esp. d'Aubépine. 80

B.

Bacillaria. *V.* Échinella. 444
Bacillariées. Tribu des *Algues*. 445
Bæomycès. G. de *Lichens*. 336
Baguenaudier. G. de *Légumineus*. 58
* Baie. Fruit charnu contenant plusieurs semences.
Ballote-*a*. G. de *Labiées*. 192
Balsamine-*a*. G. de *Balsaminées*. 45
BALSAMINÉES. Fam. de *Thalamiflores*. 45
Balsamite-*a*. G. de *Composées*. 141
Bangiées. Tribu des *Algues*. 443
Barbarée-*a*. G. de *Crucifères*. 12
Barbeau. *V.* Centaurée bluet. 145
Barbon. *V.* Andropogon. 276
Barbula. *V.* Tortula. 312
Bardane. G. de *Composées*. 142
Barkhausia. G. de *Composées*. 149
Bartramia. G. de *Mousses*. 304
Bartsia. G. de *Rhinanthacées*. 185
Basilic. G. de *Labiées*. 199
Bassinet. *V.* Renoncule âcre. 4
Bâton de Jacob. *V.* Asphodèle jaune. 257
Batrachosperme-*um*. G. d'*Algues*. 442
Baumes. *V.* Menthe. 195
Beccabunga. Esp. de Véronique. 187
Bec de grue. *V.* Géranium. 42
Belladone. *V.* Atropa. 175
Belle de jour. Esp. de Liseron. 169
Belle de nuit. G. de *Nyctaginées*. 207
Bellis. *V.* Pâquerette. 133
Benoîte. G. de *Rosacées*. 73
BERBÉRIDÉES. Fam. de *Thalamiflores*. 7
Berberis. *V.* Épinevinette. 7
Berce. G. d'*Ombellifères*. 105
Bergamotte. Esp. de Citronnier. 37
Berle. G. d'*Ombellifères*. 109
Bétoine-*onica*. G. de *Labiées*. 192
Bette. *Beta*. G. de *Chénopodées*. 211
Betterave. Variété de Bette. 211
Betula. *V.* Bouleau. 227
Bétulinées. Tr. d'*Amentacées*. 226
Bident-*ens*. G. de *Composées*. 140
* Bifide. Fendu en deux.
Bigarade. Esp. de Citronnier. 37
Bignonia. *V.* Catalpa *et* Tecoma. 168
BIGNONIACÉES. Fam. de *Corolliflores*. 168
* Bilabiée (corolle). A 2 lèvres.
* Bilobé-ée. A 2 lobes.
* Biloculaire. A 2 loges.
* Bipinnée (feuille). Deux fois pinnée.
* Bipinnatifide. Deux fois pinnatifide.
* Bivalve. A 2 valves.
Blanc. *V.* Erysiphe. 421
Blanc de Hollande. E. de Peuplier. 230
Blé. *V.* Froment. 292
Blé de Turquie. *V.* Maïs. 276
Blé-noir *ou* Sarrasin. *V.* Polygonum.
Blé-de-vache. *V.* Melampyrum. 184
Blete. *V.* Blite. 212
Bluet. Esp. de Centaurée. 145
Blite-*um*. G. de *Chénopodées*. 212
Bois de Ste-Lucie. Esp. de Cerisier. 450
Bolet-*us*. G. de *Champignons*. 382
Bonduc. G. de *Légumineuses*. 66
Bon-Henri. Esp. d'Anserine. 210
Bonne-Dame. *V.* Arroche. 210
Bonnet d'électeur. Esp. de Courge. 87
Bonnet de prêtre. *V.* Fusain. 47
BORRAGINÉES. Fam. de *Corolliflores*. 170
Borrago. *V.* Bourrache. 172
Boucage. G. d'*Ombellifères*. 108
Bouillon-blanc. *V.* Molène. 176
Boule-de-neige. *V.* Viorne-obier. 118
Bouleau. G. d'*Amentacées*. 227
Bourbonnaise. *V.* Lychnis. 29
Bourdaine. Esp. de Nerprun. 48
Bourrache. G. de *Borraginées*. 172
Bourse-à-pasteur. Esp. de Capselle. 17
Boursette. *V.* Valerianelle. 124
Bouton-d'or. *V.* Renoncule-âcre. 4
Bouton-d'argent. *V.* Achillée-ptarmique. 137
Botrytidées. Tr. des *Mucédinées*. 433

Botrytis. G. de *Mucédinées.* 434
Bovista. G. de *Lycoperdacées.* 414
Brachypodium. *V.* Froment. 292
* Bractée. Feuille différente des autres et accompagnant la fleur.
Branc-ursine. *V.* Acanthe. 201
Brassica. *V.* Chou. 19
Brassicées. Tribu des *Crucifères.* 19
Brize-*a.* G de *Graminées.* 219
Brocoli. *V.* Chou. 19
Brome-*us.* G. de *Graminées.* 285
BROMÉLIACÉES. Fam. de *Monocotylédones.* 262
Broussonetia. G. d'*Urticées.* 225
Brugnon. *V.* Pêcher lisse. 68
Brunelle-*a.* G. de *Labiées.* 198
Bruyère. G. d'*Ericinées.* 159
Bruyère du cap. *V.* Phyllica. 48
Bryone-*ia.* G. de *Cucurbitacées.* 86
Bryum. G. de *Mousses.* 305
Bugle. G. de *Labiées.* 190
Buglosse. G. de *Borraginées.* 172
Bugrane. *V.* Ononis. 51
Buis. G. d'*Euphorbiacées.* 219
Buisson-ardent. Esp. d'Aubépine. 80
* Bulbe *ou* oignon. — Bouton charnu placé sur la racine.
Bulgaria. G. de *Champignons.* 370
Buplèvre-*um.* G. d'*Ombellifères.* 107
Butome-*us.* G. d'*Alismacées.* 239
Butomées. Tribu des *Alismacées.* 239
Buxbaumia. G. de *Mousses.* 317
Buxus. *V.* Buis. 219
Byssacées. Tr. des *Mucédinées.* 436
Byssus. G. de *Mucédinées.* 438

C.

Cabaret. *V.* Asarum. 218
Cactées. *V.* *Nopalées.* 99
Cactus. G. de *Nopalées.* 99
* Caduc. Qui tombe aisément.
Cæoma. *V.* Uredo. 428
Cæsalpiniées. Section des *Légumineuses.* 60
Café-chicorée. *V.* Chicorée. 155
Caféier. G. de *Rubiacées.* 124
Caillelait. *V.* Gaillet. 121
Calamagrostis. G. de *Graminées.* 277
* Calathides. Fleurs des *Composées.*
Calceolaria. G. de *Rhinanthacées.* 188
Calendula. *V.* Souci. 140
* Caliculé (calice). Muni d'une enveloppe extérieure.
Calla. G. d'*Aroïdées.* 266
Callitriche. G. d'*Haloragées.* 91
Callune-*a.* G. d'*Ericinées.* 160
Caltha. *V.* Populage. 6
Calycanthe-*us.* G. de *Calycanth.* 84
CALYCANTHÉES. Fam. de *Caliciflores.* 84
Caliciflores. 2e. sous-classe de *Dicotylédones.* 47
Calycium. G. de *Lichens.* 336
Camara. Esp. de Lantana. 200
Cameline-*a.* G. de *Crucifères.* 16
Camelinées. Tr. des *Crucifères.* 16
Camérisier. Esp. de Chèvrefeuille. 119
Camomille. G. de *Composées.* 137
CAMPANULACÉES. Fam. de *Caliciflores.* 156
Campanule-*a.* G. de *Campanulac.* 157
* Campanulé. En forme de cloche.
Canada. Nom vulgaire du Topinambour. 139
* Canaliculé. Creusé en gouttière.
Canche. G. de *Graminées.* 282
Cannabis. *V.* Chanvre. 222
Cantharellus. G. de *Champign.* 389
* Capitule (fleurs en). En petite tête.
Capparis. *V.* Caprier. 22
CAPPARIDÉES. Fam. de *Thalamiflores.* 22
Caprier. G. de *Capparidées.* 22
CAPRIFOLIACÉES. Fam. de *Caliciflores.* 117
Caprifolium. *V.* Chèvrefeuille. 119
Capselle-*a.* G. de *Crucifères.* 17
Capsicum. *V.* Piment. 174
* Capsule. Ovaire sec en forme de petit coffre.
Capucine. G. de *Tropæolées.* 45
Cardamine. G. de *Crucifères.* 13
Cardère. G. de *Dipsacées.* 127
Cardon. Esp. d'Artichaut. 144
Cardoncelle-*uncellus.* G. de *Composées.* 142
Carduus. *V.* Chardon. 143
* Caréné. Marqué d'une carène ou côte saillante.
Carex. G. de *Cypéracées.* 271
CARIOPHYLLÉES. Fam. de *Thalamiflores.* 26
Carline-*a.* G. de *Composées.* 146
Carmantine. G. d'*Acanthacées.* 201
Carotte. G. d'*Ombellifères.* 102
Carpinus. *V.* Charme. 233
Carpobolus. G. de *Lycoperdac.* 420
Carthame-*us.* *V.* Kentrophyllum. 146
Carum. G. d'*Ombellifères.* 110
CARYOPHYLLÉES. *V.* *Cariophyllées.* 26
Casse-*ia.* G. de *Légumineuses.* 66
Cassis. Esp. de Groseiller. 100
Catabrosia. *V.* Poa. 290
Castanea. *V.* Châtaignier. 231
Catananche. *V.* Cupidone. 155
Catalpa. G. de *Bignoniacées.* 168
Caucalinées. Tr. d'*Ombellifères.* 103
Caucalis. G. d'*Ombellifères.* 103
Caucalis. *V.* Turgenie, Torilis et Orlaya. 103-104
* Caulinaire (feuil.) Qui part de la tige.

Cédrat. Esp. de Citronnier. 37
Cèdre-*us*. G. de *Conifères*. 237
CÉLASTRINÉES. F. de *Calicifl*. 47
Céleri. *V*. Ache. 111
Celtis. *V*. Micocoulier. 226
Célosie-*a*. G. d'*Amarantacées*. 208
Cenangium. G. de *Champignons*. 369
Cenomyce. G. de *Lichens*. 332
Centaurée-*a*. G. de *Composées*. 145
Centaurée (petite). *V*. Chironie. 167
Centenille. G. de *Primulacées*. 202
Centranthe-*us*. G. de *Valérianées*. 125
Centunculus. *V*. Centenille. 202
Cephalanthera. *V*. Epipactis. 249
Cephalanthus. G. de *Rubiacées*. 124
Cephalotrichum. G. d'*Urédinées*. 424
Céraiste-*astium*. G. de *Cariophyl*. 32
Cerasus. *V*. Cerisier. 70
Ceratium. G. d'*Urédinées*. 429
Ceratophylle-*um*. G. de *Cératophyllées*. 92
CÉRATOPHYLLÉES. Famille de *Caliciflores*. 92
Cercis. G. de *Légumineuses*. 66
Cerfeuil. *V*. Anthriscus *et* Chærophyllum. 114
Cerisier. G. de *Rosacées*. 70
Ceterach. G. de *Fougères*. 299
Cetraria. *V*. Physcia. 329
Ceutospora. G. d'*Hypoxylées*. 365
Chærophyllum. G. d'*Ombellif*. 114
Chætophora. G. d'*Algues*. 440
Chætomium. G. de *Lycoperdac*. 423
CHÆTOPHOROÏDÉES. Tr. d'*Algues*. 439
Chamæcerasus. *V*. Chèvrefeuillle. 187
Chamædrys. Esp. de Teucrium. 190
Chamæpytis. Esp. de Bugle. 190
Chamærops. G. de *Palmiers*. 266
Chamagrostis. G. de *Graminées*. 291
Chantransia. *V*. Conferva. 443
Chanvre. G. d'*Urticées*. 222
Chara. G. de *Characées*. 297
CHARACÉES. Fam. de *Monocotylédones-Cryptogames*. 296
Charagne. *V*. Chara. 297
Chardon. G. de *Composées*. 143
Chardon-bénit. *V*. Kentrophyllum 146
Chardon-étoilé. *V*. Centaurée. 146
Chardon-à-foulon. *V*. Cardère. 127
Chardon-hémorrhoïdal. *V*. Cirse-des-champs. 144
Chardon-Marie. *V*. Silybum. 143
Chardon-rolant. *V*. Panicaut. 116
Charme. G. d'*Amentacées*. 233
Chasselas. Variété de Vigne. 42
Châtaigne-d'eau. *V*. Mâcre. 90
Châtaignier. G. d'*Amentacées*. 231
Chataire. *V*. Nepeta. 195
Chausse-trappe. Esp. de Centaurée. 146
Cheiranthus. *V*. Giroflée. 11
Chélidoine-*onium*. G. de *Papavéracées*. 9
Chêne. G. d'*Amentacées*. 232
Chenevis. *V*. Chanvre. 222
CHÉNOPODÉES. Famille de *Monochlamydées*. 209
Chenopodium. *V*. Anserine. 209
Cheveux de Vénus. *V*. Nigelle. 6
Chèvrefeuille. G. de *Caprifoliac*. 119
Chiche. G. de *Légumineuses*. 450
CHICORACÉES. S.-ord. de *Compos*. 147
Chicorée. G. de *Composées*. 154
Chien-dent. *V*. Cynodon *et* Froment.
Chimonanthus. G. de *Calycanth*. 84
Chironia. G. de *Gentianées*. 167
CHLATHRACÉES. Tr. des *Champ*. 413
Chlora. G. de *Gentianées*. 167
CHLORIDÉES. S.-tr. des *Mucédin*. 436
Chloridium. G. de *Mucédinées*. 436
Choin. *V*. Schœnus. 269
Chondrille-*a*. G. de *Composées*. 148
Chou. G. de *Crucifères*. 19
Chrysanthême-*um*. G. de *Compos*. 136
Chrysocome-*a*. G. de *Composees*. 132
Ciboule. Esp. d'Ail. 260
Cicer. *V*. Chiche. 450
Cichorium. *V*. Chicorée. 154
Cicuta. *V*. Ciguë. 113
Cierge *ou* Cactier. G. de *Nopalées*. 99
Ciguë. G. d'*Ombellifères*. 113
Ciguë. *V*. Conium, æthusa *et* œnanthe phellandrium. 115—111—113
Cinara. *V*. Artichaut. 144
CINAROCÉPHALES. S.-ord. de *Comp*. 141
Cinclidotus. G. de *Mousses*. 315
Cinéraire-*aria*. G. de *Composées*. 135
Circée-*cæa*. G. d'*Onagraires*. 90
Cirse-*ium*. G. de *Composées*. 143
Ciste-*us*. G. de *Cistinées*. 23
CISTINÉES. F. de *Thalamiflores*. 22
Citronelle. *V*. Armoise-aurone. 138
Citronnier. G. d'*Aurantiacées*. 37
Citrouille. Esp. de Courge. 87
Citrus. *V*. Citronnier. 37
Cive *et* Civette. Esp. d'Ail. 260
Cladobotrys. *V*. Botrytis. 434
Cladonia. *V*. Cenomyce. 332
Cladosporium. G. de *Mucédinées*. 437
Clarckia. G. d'*Onagraires*. 89
Clavaire-*aria*. G. de *Champig*. 377
CLAVARIÉES. S.-tr. de *Champig*. 376
Clématite. G. de *Renonculacées*. 2
Clinopode-*ium*. G. de *Labiées*. 198
Cluzella. G. d'*Algues*. 440
Cobæa. G. de *Polémoniacées*. 168
Cochléaria. G. de *Crucifères*. 14
Cocrête *et* Cocriste. *V*. Rhinanthe. 185
Coccigrue. *V*. Peziza-coccinea. 372
Coignassier. G. de *Rosacées*. 84
COLCHICACÉES. Fam. de *Monocotylédones*. 262
Colchique-*cum*. G. de *Colchicac*. 262
Collema. G. de *Lichens*. 327
Coloquinte. Esp. de Courge. 87

Colutea. *V.* Baguenaudier. 58
Colza. Esp. de Chou. 20
Comarum. Esp. de Potentille. 74
COMPOSÉES. F. de *Caliciflores*. 128
Concombre. G. de *Cucurbitacées*. 86
Conferve-*a*. G. d'*Algues*. 442
Confervées. Tribu des *Algues*. 442
CONIFÈRES. F. de *Monochlam*. 234
Coniocarpon. G. de *Lichens*. 350
Coniophora. G. de *Champignons*. 380
Conium. G. d'*Ombellifères*. 115
Conoplea. G. de *Mucédinées*. 437
Consoude. G. de *Borraginées*. 117
Convallaria. G. d'*Aspargées*. 254
CONVOLVULACÉES. Famille de *Corolliflores*. 168
Convolvulus. *V.* Liseron. 169
Conyocybe. *V.* Calycium. 336
Conyze-*a*. G. de *Composées*. 135
Coquelicot. Esp. de Pavot 9
Coquelourde. *V.* Lychnis coronaria 29
Coqueret. *V.* Physalis. 174
Corbeille-d'or. *V.* Alyssum saxatile. 14
Corbeille-d'argent. *V.* Cerastium-tomentosum. 33
* Cordiforme. En forme de cœur.
Coremium. G. de *Mucédinées*. 434
Coreopsis. G. de *Composées*. 141
Coriandre-*um*. G. d'*Ombellif*. 104
Coriandrées. Tribu des *Ombellif*. 104
Coriaria *et* Coriariées. 47
Cormier. *V.* Poirier. 83
Cornicularia. G. de *Lichens*. 331
Cornouiller. *Cornus*. G. de *Caprifoliacées*. 117
Corolliflores. 3.e sous-classe de *Dicotylédones*. 167
Coronille-*a*. G. de *Légumineuses*. 58
Coronopus. Espèce de Sennebiera, 17 et de Plantain. 206
Correa. G. de *Rutacées*. 47
Corrigiole-*a*. G. de *Paronychiées*. 95
Corydalis. G. de *Fumariacées*. 10
Corylus. *V.* Coudrier. 232
Corymbifères. S.-ord. de *Compos*. 130
* Corymbe. Touffe de fleurs sur une même tige arrivant toutes à la même hauteur.
Coryne. *V.* Tremella. 368
Coryneum. G. d'*Urédinées*. 426
Cotonnier. G. de *Malvacées*. 28
* Cotylédons. Lobes accompagnant le germe et servant à le nourrir.
Cotylédon. G. de *Crassulacées*. 98
Coucou. *V.* Primevère. 203
Coudrier. G. d'*Amentacées*. 232
Courge. G. de *Cucurbitacées*. 87
Couronne impériale. *V.* Fritillaire. 258
Cranson. *V.* Cochlearia. 14
CRASSULACÉES. F. de *Calicifl*. 96
Crassule-*a*. G. de *Crassulaées*. 98
Cratægus. *V.* Aubépine. 80
Crepis-*ide*. G. de *Composées*. 150
Crépide-rose. *V.* Barckausia. 150
Cresson. G. de *Crucifères*. 11
Cresson-Alénois. *V.* Lépidier *ou* Passerage. 18
Cresson de fontaine. *V.* Narturtium. 11
Cresson de jardin. *V.* Barbarée. 12
Crête de coq. *V.* Célosie. 208
Crêtelle. *V.* Cynosurus. 291
Crithmum. G. d'*Ombellifères*. 113
Criste-marine. *V.* Crithmum. 113
Cribraria. G. de *Lycoperdacées*. 46
Crocus. *V.* Safran. 251
Croix de Malte *ou* de Jérusalem. *V.* Lychnis. 29
Crucianelle-*a*. G. de *Rubiacées*. 123
CRUCIFÈRES. F. de *Thalamifl*. 11
Crypsis. G. de *Graminées*. 281
* Cryptogames. Plantes sans fleurs visibles.
Cucubale-*us*. G. de *Cariophyllées*. 28
Cucumis. *V.* Concombre. 86
CUCURBITACÉES. Fam. de *Caliciflores*. 85
Cucurbita. *V.* Courge. 87
* Cunéiforme (feuille). En forme de coin.
Cupidone. G. de *Composées*. 155
Cupressinées. S.-ord. de *Conifèr*. 235
Cupressus. *V.* Cyprès. 235
* Cupule. Petite coupe
Curage. *V.* Polygonum-persicaire. 215
Cuscute-*a*. G. de *Convolvulacées*. 169
Cyanus. *V.* Centaurée-bluet. 145
Cyathus. G. de *Lycoperdacées*. 420
Cyclamen. G. de *Primulacées*. 204
Cydonia. *V.* Coignassier. 84
Cymballaire-*aria*. Esp. de Linaire. 179
Cynanque-*anchum*. G. d'*Apocyn*. 165
Cynara. *V.* Artichaut. 144
Cynarocéphales. Sous-ordre des *Composées*. 141
Cynodon. G. de *Graminées*. 277
Cynoglosse-*um*. G. de *Borragin*. 173
Cynosurus. G. de *Graminées*. 291
CYPERACÉES. F. de *Monocotyl*. 268
Cyperus. *V.* Souchet. 268
Cyphelium. *V.* Calycium. 336
Cyprès. G. de *Conifères*. 235
Cytispora. G. d'*Hypoxylées*. 365
Cytisporées. Tr. d'*Hypoxylées*. 364
Cytise-*us*. G. de *Légumin*. 80-448

D.

Dacrymyces. G. de *Champignons*. 367
Dactyle-*is*. G. da *Graminées*. 288
Dædalea. G. de *Champignons*. 388
Dahlia. G. de *Composées*. 141
Daltonia. G. de *Mousses*. 306
Damasonium. Esp. d'Alisma. 240

Dame d'onze-heures. *V.* Ornithogale.
Damier. *V.* Fritillaire. 258
Danthonia. G. de *Graminées.* 285
Daphne. G. de *Thymelées.* 216
Datura. G. de *Solanées.* 175
Daucinées. Tr. d'*Ombellifères.* 102
Daucus. *V.* Carotte. 102
* Décurrente. Prolongée sur la tige.
Dauphinelle. G. de *Renonculacées.* 7
* Déhiscent. S'ouvrant de lui-même.
Delphinium. *V.* Dauphinelle. 7
Dematium. G. de *Mucédinees.* 438
* Demi-fleuron. Fleur ligulée.
Depazea. *V.* Sphæria. 361
Dentelaire. *V.* Plumbago. 205
* Diadelphes (étamines). Réunies en deux faisceaux.
Dianthus. *V.* OEillet. 27
Diatoma. G. d'*Algues.* 444
Diatomées. Tribu des *Algues.* 444
DICOTYLÉDONES. 1.re classe. 1
* Dichotome. Divisé en rameaux successivement divisés en deux.
Dicranum. G. de *Mousses.* 313
Dictamne-*us.* G. de *Rutacées.* 46
Dictydium G. de *Lycoperdacées.* 416
Diderma. *V.* Leangium. 417
Didymium. G. de *Lycoperdac.* 417
Didymodon. G. de *Mousses.* 313
Didymosporium. G. d'*Urédinées.* 426
* Didynames (étamines). Deux grandes et deux petites.
Digitaire-*aria.* G. de *Graminées.* 277
* Digité-ée. Fendu comme la main.
Digitale-*is.* G. d'*Antirrhinées.* 177
* Dioïques (fleurs). Mâles et femelles sur des pieds différens.
Dioscorées. *V.* Tamier. 255
Diosma. G. de *Rutacées.* 46
Diospyros. *V.* Plaqueminier. 161
Diphyscium. G. de *Mousses.* 317
Diplotaxis. G. de *Crucifères.* 21
DIPSACÉES. F. de *Caliciflores.* 126
Dipsacus. *V.* Cardère. 126
* Disperme. A 2 semences.
* Distique. Sur 2 rangs opposés.
Dodecatheon. G. de *Primulacées.* 204
Dolichos. G. de *Légumineuses.* 65
Dompte-venin. Esp. de Cynanque. 165
Doradille. *V.* Asplenium. 301
Doronic-*um.* G. de *Composées.* 131
Dothidea. G. d'*Hypoxylées.* 361
Douce-amère. Esp. de Solanum. 174
Douve. Esp. de Renoncule. 4
Drave. *Draba.* *V.* Erophila. 14
Draparnaldia. G. d'*Algues.* 442
Drepania. G. de *Composées.* 155
Drepanophylle-*a.* G. d'*Ombellif.* 110
Drosera. *V.* Rossolis. 25
DROSÉRACÉES. F. de *Thalamif.* 25
* Drupe. Fruit contenant un noyau.
Drupacées. Tribu de *Rosacées.* 67
Dryadées. Tribu de *Rosacées.* 71
Dulcamara. Esp. de Solanum. 174

E.

ÉBÉNACÉES. Fam. de *Corollifl.* 161
Ébenier-faux. *V.* Cytise. 51
Ebulus. *V.* Yèble. Esp. de Sureau. 118
Echalotte. Esp. d'Ail. 260
Echinella. G. d'*Algues.* 444
Echinochloa. *V.* Panic. 280
Echinops. G. de *Composées.* 141
Echium. *V.* Vipérine. 170
Eclaire. *V.* Chélidoine 9
Ectosperma. *V.* Vaucheria. 440
Eglantier. Esp. de Rosier. 78
Elatine. G. de *Cariophyllées.* 30
Elæagnus. *V.* Chalef. 218
ÉLÉAGNÉES. F. de *Monochlam.* 218
Eleocharis. *V.* Scirpe. 269
Elleborine. *V.* Serapias. 249
Elychrysum. G. de *Composées.* 135
* Émarginé *ou* échancré. Entaillé à l'extrémité.
Encalypta. G. de *Mousses.* 315
Endive. Esp. de Chicorée. 155
Endocarpon. G. de *Lichens.* 323
* Endogènes. Plantes dont la tige s'accroît par le prolongement des fibres intérieures.
Endogènes Cryptogames, 3e classe, 296
Endogènes Phanérogames 2e classe 238
* Engaînantes (feuilles). Entourant la tige comme une gaîne.
Énothère. G. d'*Onagraires.* 89
* Ensiforme. En forme d'épée.
Enula-campana. *V.* Inula. 133
Épervière. G. de *Composées.* 151
Éphémère. G. de *Commelinées.* 241
Épi d'eau. *V.* Potamogéton. 241
Epiaire. *V.* Stachys. 194
* Épigynes (étam.) Insérées sur l'ovaire.
Épicea. *V.* Sapin. 237
* Épilet *ou* épillet. Epi partiel.
Épilobe-*ium.* G. d'*Onagraires.* 88
Épinard. G. de *Chénopodées.* 211
Épine-blanche. *V.* Aubépine. 80
Épine-noire. *V.* Prunier-épineux. 68
Épinevinette. G. de *Berbéridées.* 7
Épipactis. G. d'*Orchidées.* 248
* Épiphylle. Sur les feuilles.
Épurge. Esp. d'Euphorbe. 221
ÉQUISETACÉES. Fam. de *Monocotylédones-Cryptogames.* 297
Equisetum. *V.* Prêle. 298
Érable. G. d'*Acérinées.* 39
Erica. *V.* Bruyère. 159
ÉRICINÉES. F. de *Corolliflores.* 159
Érigéron. G. de *Composées.* 132
Erineum. G. de *Mucédinées.* 431
Ériophore-*um.* G. de *Cypéracées.* 270
Erodium. G. de *Géraniées.* 44

Erophile-*a*. G. de *Crucifères*. 14
Ers. *Ervum*. G. de *Légumineuses*. 61
Eryngium. V. Panicaut. 116
Erysimum. G. de *Crucifères*. 16
Erysiphe. G. de *Lycoperdacées*. 421
Erythræa. V. Chironia. 167
Esparcette. V. Onobrychis. 60
Estragon. Esp. d'Armoise. 138
Esule-*a*. Esp. d'Euphorbe. 220
Eternelle. V. Gnaphalium orientale. 135
Eternue. V. Agrostis vulgaris *et* decambens. 278
Eteignoir. V. Encalypta. 315
Ethuse. G. d'*Ombellifères*. 111
* Etendard. Pétale supérieur des *Légumineuses*.
Eupatoire-*orium*. G. de *Compos*. 130
Euphorbe-*ia*. G. d'*Euphorbiac*. 219
EUPHORBIACÉES. Fam. de *Monochlamydées*. 219
Euphraise-*asia*. G. de *Rhinanth*. 185
Eurotium. G. de *Mucédinées*. 433
Evernia. V. Physcia. 329
Evonymus. V. Fusain. 47
* Exogènes. Plantes dont la tige s'accroît par des couches ligneuses superposées.
Exacum. G. de *Gentianées*. 167
Exidia. G. de *Champignons*. 368
Exosporium. G. d'*Urédinées*. 426

F.

Faba. V. Fève. 60
Fabagelle. G. de *Zygophyllées*. 46
Fagopyrum. Esp. de Polygonum. 214
Fagus. V. Hêtre. 231
Faîne, fruit du Hêtre. 231
Farouche. V. Trèfle incarnat. 54
Faux-ébénier. V. Cytise. 51
Favolus. V. Polyporus. 388
Fayard. V. Hêtre. 231
Fenouil. G. d'*Ombellifères*. 112
Fenu-grec. V. Trigonelle. 53
Fétuque. *Festuca*. G. de *Gramin*. 286
Fève. G. de *Légumineuses*. 69
Févier. G. de *Légumineuses*. 66
Ficaire *aria*. G. de *Renonculacées*. 5
Ficoïde. G. de *Ficoïdées*. 99
FICOIDÉES. F. de *Caliciflores*. 99
Figuier. *Ficus*. G. d'*Urticées*. 224
Filago. V. Gnaphalium. 134
Filaria. G. de *Jasminées*. 163
* Filet *ou* Filament. Support de l'anthère.
Filipendule. Esp. de Spirée. 71
Filix. V. Fougère. 300
* Fistuleux. Creux et cylindrique.
Fistulina. G. de *Champignons*. 382
Fissidens. V. Leucodon *et* Dicramum. 313
Flambée V. Iris germanique. 251
Flammette-*ula*. Esp. de Renoncule. 4
* Flabelliforme. En éventail.
Fléchiaire. V. Sagittaire. 240
Fléole. G. de *Graminées*. 281
Fleur de la Passion. V. Passiflore. 87
* Fleuron. Fleur partielle de Composées
Flosculeuses. V. Cynarocéphales. 141
Flouve. G. de *Graminées*. 282
Flûteau. V. Alisma. 240
Fœniculum. V. Fenouil. 112
Fœnum-græcum. V. Trigonelle. 53
* Foliole. Feuille partielle.
FONGINÉES. Tr. des *Champignons*. 368
Fontinale-*is*. G. de *Mousses*. 307
* Follicule. Capsule d'une seule pièce et s'ouvrant de côté.
FOUGÈRES. Fam. de *Monocotylédones-Cryptogames*. 298
Fougère commune. V. Pteris. 301
Fougère femelle. V. Athyrium. 300
Fougère mâle. V. Polystic. 300
Fouteau. V. Hêtre. 231
Fragaria. V. Fraisier. 73
Fragillaria. G. d'*Algues*. 444
Fragon. G. d'*Asparagées*. 254
Fraisier. G. de *Rosacées*. 73
Framboisier. Esp. de Ronce. 72
Frangula. Esp. de Nerprun. 48
Fraxinelle. Esp. de Dictamnus. 46
Frêne. *Fraxinus*. G. de *Jasminées*. 163
Fritillaire. G. de *Liliacées*. 256
Froment. G. de *Graminées*. 292
Fromental. V. Avoine élevée. 283
* Fronde. Feuillage des *Cryptogames*.
Frustulia. G. d'*Algues*. 445
Fuchsia. G. d'*Onagraires*. 89
Fucus. G. d'*Algues*. 439
FULIGINÉES. Tr. de *Lycoperdac*. 419
Fuligo. G. de *Lycoperdacées*. 419
Fumago. Esp. de Cladosporium. 437
Fumaria. V. Fumeterre. 10
FUMARIACÉES. F. de *Thalamifl*. 10
Fumeterre. G. de *Fumariacées*. 10
Funaria. G. de *Mousses*. 305
Fungi. V. *Champignons*. 366
Fusain. G. de *Célastrinées*. 47
Fusarium. G. d'*Urédinées*. 425
Fusidium. V. Fusisporium. 436
* Fusiforme. — En fuseau.
Fusiporium. G. de *Mucédinées*. 436
Fustet. Esp. de Sumac. 49

G.

Gagea. G. de *Liliacées*. 259
Gaillardotella. V. Rivularia. 440
Gaillet. G. de *Rubiacées*. 121
* Gaîne. Tube enveloppant la tige à la base des feuilles.
Gaînier. V. Cercis. 66
Galanthine-*thus*. G. d'*Amaryllid*. 253

Galega. G. de *Légumineuses.* 58
Galéobdolon. G. de *Labiées.* 191
Galeopsis. G. de *Labiées.* 192
Garais. V. Fusain. 47
Galium. V. Gaillet. 121
Garance. G. de *Rubiacées.* 120
Gardenia. G. de *Rubiacées.* 123
Gastridium. V. Mil. 279
Gatilier. V. *Verbénacées.* 200
GATILIERS. V. *Verbénacées.* 200
Gaude. Esp. de Réséda. 25
Gaudinia. V. Avoine fragile. 284
Gaura. G. d'*Onagraires.* 89
Gazon de Mahon. V. Malcomia. 16
Gazon d'Olympe. V. Statice. 201
Gazon turc. V. Saxifraxe-mousse. 101
Geastrum. G. de *Lycoperdacées.* 414
* Géminées (feuilles). Deux ensemble.
Genêt. *Genista.* G. de *Légumin.* 50
Genêt d'Espagne. V. Spartium. 51
Genevrier. G. de *Conifères.* 235
Genistées. S.-tr. de *Légumineus.* 50
Gentiane-*a.* G. de *Gentianées.* 167
GENTIANÉES. F. de *Corollifl.* 166
Gentianelle. V. Exacum. 167
Geoglossum. G. de *Champignons.* 376
Georgina. V. Dahlia. 141
GERANIACÉES. F. de *Thalamifl.* 42
Geranium. G. de *Geraniacées.* 42
Germandrée. G. de *Labiées.* 190
Gerson ou Gersan. V. Ers hérissé. 61
Gesse. G. de *Légumineuses.* 62
Geum. V. Benoîte. 72
Giraumon. Esp. de Courge. 87
Giroflée. G. de *Crucifères.* 11
* Glabre. Sans poil ni duvet.
Glaciale. Esp. de Ficoïde. 99
Glayeul. *Gladiolus.* G. d'*Iridées.* 251
Glecome-*choma.* G. de *Labiées.* 193.
Gleditschia. V. Févier. 66
Globulaire-*aria.* G. de *Globular.* 204
GLOBULARIÉES. F. de *Corollif.* 204
Globuline. 446
Glouteron. Esp. de Lampourde. 139
* Glume. Enveloppe de la fleur dans les *Graminées.*
Glyceria. V. Poa. 290
Glycyrrhiza. V. Réglisse. 57
Gnaphale-*ium.* G. de *Composées.* 134
Gnavelle. V. Scleranthe. 96
Gomphrène-*a.* G. d'*Amarantac.* 208
Gossypium. V. Cotonnier. 28
Gouet. V. Arum. 266
Gourde. G. de *Cucurbitacées.* 85
Goutte de sang. V. Adonide. 3
GRAMINÉES. F. de *Monocotyl.* 270
GRANATÉES. F. de *Caliciflores.* 84
Graphis. V. Opegrapha. 387
Grassette. G. de *Lentibulariées.* 201
Grateron. Esp. de Gaillet. 122
Gratiole-*a.* G. d'*Antirrhinées.* 177
Gremil. G. de *Borraginées.* 170
Grenadier. G. de *Granatées.* 84
Grenadille. V. Passiflore. 87
Grenouillette. V. Hydrocharis. 239
Grimmia. G. de *Mousses.* 316
Groseiller. G. de *Grossulariées.* 100
GROSSULARIÉES. F. de *Caliciflores.* 100
Guède. V. Pastel. 18
Gueule de lion. V. Muflier. 178
Gui. G. de *Loranthées.* 120
Guilandina. V. Bonduc. 66
Guimauve. G. de *Malvacées.* 36
Gymnosporangium. G. d'*Urédin.* 425
Gymnostomum. G. de *Mousses.* 318
Gypsophile-*a.* G. de *Cariophyllées.* 27

H.

HALORAGÉES. Fam. de *Caliciflores.* 90
* Hampe. Tige sans feuilles terminée par les fleurs.
Haricot. G. de *Légumineuses.* 64
Haplaria. V. Botrytis. 435
* Hastée (feuille). En fer de hallebarde.
Hedera. V. Lierre. 117
Hedwigia. G. de *Mousses.* 318
Hedysarées. Tr. de *Légumineuses.* 58
Hedysarum. V. Sainfoin. 60
Helenium. Esp. d'Inule. 133
Hélianthe-*us.* G. de *Composées.* 139
Hélianthème-*um.* G. de *Cistinées.* 22
Héliotrope-*ium.* G. de *Borragin.* 170
Héliotrope d'hiver. V. Tussilage. 130
Hellébore-*us.* G. de *Renonculacées.* 6
Helminthia. G. de *Composées.* 151
Helmisporium. G. de *Mucédinées.* 437
Helosciadium. G. d'*Ombellifères.* 112
Helopodium. V. Cenomyce. 333
Helotium. G. de *Champignons.* 394
Helvella. G. de *Champignons.* 375
Helvellacées. Sous-tribu de *Champignons.* 368
Hémérocalle-*is.* G. de *Liliacées.* 261
Hémérocallidées. Tr. de *Liliac.* 261
Hépatique-*ca.* G. de *Renonculacées.* 3
HÉPATIQUES. F. d'*Acotyléd.* 320
Heracleum. V. Berce. 105
Herbe à Robert. Esp. de Geranium. 43
Hericium. V. Hydnum. 381
* Hermaphrodite (fleur). A étamines et pistil.
Herniaire-*aria.* G. de *Paronich.* 95
Hesperis. V. Julienne. 16
Hêtre. G. d'*Amentacées.* 231
Hibiscus. V. Ketmie. 36
Hieracium. V. Epervière. 151
Himantia. V. Byssus. 438
HIPPOCASTANÉES. Fam. de *Thalamiflores.* 39
Hippocrepis. G. de *Composées.* 59

Hippuris. G. d'*Haloragées*. 450
* Hispide. Hérissé de poils raides.
Holcus. V. Avoine. 283
Holostée-*um*. G. de *Cariophyl*. 30
Hookeria. G. de *Mousses*. 307
Hordeum. V. Orge. 294
Hortensia. G. de *Saxifragées*. 450
Hottonia. G. de *Primulacées*. 202
Houblon. *Humulus*. G. d'*Urtic*. 224
Houlque. V. Avoine. 283
Houx. G. de *Célastrinées*. 47
Houx-frélon, petit Houx. V. Fragon.
Hoya. G. d'*Apocynées*. 164
Hyacinthus. V. Jacinthe. 258
* Hybride. Plante provenant des graines d'une plante fécondées par le pollen d'une autre.
Hydnum. G. de *Champignons*. 380
Hydrocaryes. Tr. d'*Onagraires*. 90
HYDROCHARIDÉES. Fam. de *Monocotylédones*. 238
Hydrocharis. G. d'*Hydrocharid*. 239
Hydrocotyle. G. d'*Ombellifères*. 116
Hydrodyction. G. d'*Algues*. 443
HYGROBIÉES. Fam. V. *Haloragées*. 90
Hydropiper. Esp. de Polygonum. 215
Hydrurus. V. Cluzella. 440
Hyoscyamus. V. Jusquiane. 175
Hyoseris. V. Lampsana *et* Thrincia.
HYPERICINÉES. Fam. de *Thalamiflores*. 37
Hypericum. V. Millepertuis. 38
Hypha. V. Byssus. 438
Hypnum. G. de *Mousses*. 307
Hypochéris. G. de *Composées*. 152
Hypoderma. V. Hysterium *et* Leptostroma. 363—365
* Hypogynes (étamines). Insérées sous l'ovaire.
HYPOXYLÉES. F. d'*Acotyléd*. 351
Hysope. *Hyssopus*. G. de *Labiées*. 191
Hysterium. G. d'*Hypoxylées*. 363

I.

Ibéride-*is*. G. de *Crucifères*. 15
If. G. de *Conifères*. 234
Ilex. V. Houx. 47
Illécébrées. Tr. de *Paronychiées*. 95
Illecebrum. V. Paronyque. 96
Illosporium. G. de *Lycoperdac*. 423
*Imbriquées (feuilles). Disposées comme les écailles d'un poisson.
Imbricaria. V. Parmelia. 325
Immortelle. V. Xeranthemum, 147
Elichrysum *et* Gnaphalium. 135
Impatiens. G. de *Balsaminées*. 45
Imperatoria. V. Angélique. 107
Impériale. Esp. de Fritillaire. 256
* Indéhiscent. Ne s'ouvrant pas.
Indigo-bâtard. V. Amorpha. 58
* Infundibuliforme. En entonnoir.
* Induse. *Indusia*. Tégument des fructifications de Fougère.
Inule-*a*. G. de *Composées*. 133
*Involucre. Enveloppe extérieure des fleurs. V. *Composées*, *Ombellifères*.
Ipomée-*a*. G. de *Convolvulacées*. 169
Ipreau. V. Peuplier blanc. 230
IRIDÉES. F. de *Monocotyléd*. 250
Iris. G. d'*Iridées*. 250
Isaria. G. d'*Urédinées*. 424
Isatidées. Tribu de *Crucifères*. 18
Isatis. V. Pastel. 18
Isidium. G. de *Lichens*. 335
Isnarde-*ia*. G. d'*Onagraires*. 89
Isolepis. V. Scirpe. 270
Isopyre-*um*. G. de *Renonculacées*. 6
Ivraie. G. de *Graminées*. 293

J.

Jacée. Esp. de Centaurée. 145
Jacée des jardiniers. V. Lychnis. 29
Jacinthe. G. de *Liliacées*. 258
Jacobée-*a*. Esp. de Séneçon. 130
Jarosse. V. Gesse chiche. 63
Jasione. G. de *Campanulacées*. 156
Jasmin-*um*. G. de *Jasminées*. 162
JASMINÉES. F. de *Corolliflores*. 162
Jonc. G. de *Joncées*. 263
Jonc des chaisiers. V. Scirpus. 270
Jonc fleuri. V. Butome. 239
JONCÉES. F. de *Monocotyléd*. 263
Joncaginées. Tr. d'*Alismacées*. 240
Jonquille. Esp. de Narcisse. 252
Jotte. V. Bette. 211
Joubarbe. G. de *Crassulacées*. 98
JUGLANDÉES. F. de *Monoch*. 225
Juglans. V. Noyer. 225
Jujubier. G. de *Rhamnées*. 48
Julienne. G. de *Crucifères*. 16
Juncus. V. Jonc. 263
Jungermannia. G. d'*Hépatiques*. 320
Juniperus. V. Genevrier. 235
Jusquiame. G. de *Solanées*. 175
Jussiées. Tribu d'*Onagraires*. 69
Justicia. V. Carmantine. 201

K.

Kalmia. G. d'*Éricinées*. 160
Kennedia. G. de *Légumineuses*. 65
Kentrophyllum. G. de *Composées*. 146
Ketmie. G. de *Malvacées*. 36
Knautia. G. de *Dipsacées*. 127
Kœleria. G. de *Graminées*. 288

L.

* Labelle. Lobe inférieur des fleurs d'*Orchidées*.

LABIÉES. F. de *Corolliflores.* 188
Lactuca. V. Laitue. 146
Laîche. V. Carex. 271
Laitron. G. de *Composées.* 147
Laitue. G. de *Composées.* 148
Lamium. G. de *Labiées.* 193
Lampourde. G. de *Composées.* 139
Lampsane. G. de *Composées.* 149
* Lancéolé. En fer de lance.
* Languette. V. Ligule.
Lappa. V. Bardane. 142
Lappula. Esp. de Myosotis. 172
Larbrea. G. de *Cariophyllées.* 31
Larix. V. Mélèze. 237
Laser. *Laserpitium.* G. d'*Ombellifères.* 450
Lathrée-*œa.* G. d'*Orobanchées.* 183
Lathyris. Esp. d'Euphorbe. 221
Lathyrus. V. Gesse. 52
Lauréole. Esp. de Daphne. 216
Laurier. G. de *Laurinées.* 217
Laurier-Alexandrin. V. Fragon. 255
Laurier-amandier. V. Cerier. 70
Laurier-cerise. V. Cerisier. 70
Laurier-rose. V. Nérium. 165
Laurier-S.-Antoine. V. Epilobe. 88
Laurier à sauces. V. Laurier-franc. 217
Laurier-tin. V. Viorne. 118
LAURINÉES. F. de *Monochlam.* 216
Laurus. V. Laurier. 216
Lavande-*dula.* G. de *Labiées.* 195
Lavatère. G. de *Malvacées.* 36
Leangium. G. de *Lycoperdacées.* 417
Lecanora. G. de *Lichens.* 346
Lecidea. V. Patellaria. 341
Ledum. G. d'*Ericinées.* 160
Leersia. G. de *Graminées.* 277
* Légume. Fruit des *Légumineuses.*
LÉGUMINEUSES. Fam. de *Caliciflores.* 49
Lemanea. G. d'*Algues.* 442
Lemna. V. Lenticule. 295
LEMNACÉES. F. de *Monocotyl.* 294
Lens. V. Ers. 61
LENTIBULARIÉES. Fam. de *Corolliflores.* 201
Lenticule. G. de *Lemnacées.* 295
Lentille. V. Ers. 61
Lentille d'eau. V. Lenticule. 295
Leontodon. V. Liondent. 153
Léonurus. G. de *Labiées.* 191
Leotia. G. de *Champignons.* 375
Leonurus. Esp. de Phlomis. 200
* Lepicène. V. Glume.
Lépidier. *Lepidium.* V. Passerage. 16
LÉPIDINÉES. Tribu des *Crucifères.* 16
Lepra. G. de *Lichens.* 350
Leptomitus. G. d'*Algues.* 444
Leptostroma. G. d'*Hypoxylées.* 365
Leskea. V. Hypnum. 307
Leucanthème. Esp. de Chrysanthème. 136
* Lèvres. Parties de la fleur des *Labiées.*
Leucodon. G. de *Mousses.* 312
Licea. G. de *Lycoperdacées.* 418
LICHENS. F. d'*Acotylédones.* 323
Lierre. G. de *Caprifoliacées.* 117
Lierre-terrestre. V. Glecome. 193
* Ligule ou Languette. Prolongement latéral d'une fleur.
* Ligulée (fleur). Prolongée en ligule.
Ligusticum. V. Livêche. 109
Ligustrum. V. Troène. 162
LILACÉES. Tribu des *Jasminées.* 163
Lilas. *Lilac.* G. de *Jasminées.* 163
Lilas de terre. V. Muscari monstrueux. 259
LILIACÉES. F. de *Monocotylèd.* 255
Lilium. V. Lis. 256
Limodore-*rum.* G. d'*Orchidées.* 251
Limoselle-*a.* G. d'*Antirrhinées.* 180
Lin. *Linum.* G. de *Linées.* 34
Linaigrette. V. Eriophore. 270
Linaire-*aria.* G. d'*Antirrhinées.* 178
Lindernia. G. d'*Antirrhinées.* 179
* Linéaire (feuille). Très-étroite.
LINÉES. F. de *Thalamiflores.* 33
Linosyris. V. Chrysocôme. 132
Liondent. G. de *Composées.* 153
* Lirelle. Fructification d'Opegrapha.
Lis. G. de *Liliacées.* 256
Lis d'étang. V. Nénuphar. 8
Lis St.-Jacques. V. Amaryllis. 253
Liseron. G. de *Convolvulacées.* 169
Lithospermum. V. Gremil. 170
Littorelle-*a.* G. de *Plantaginées.* 206
Livêche. G. d'*Ombellifères.* 109
Lobaria. V. Sticta. 325
* Lobée (feuille). Découpée en lobes.
LOBÉLIACÉES. F. de *Calicifl.* 155
Lobélie-*a.* G. de *Lobéliacées.* 156
Lolium. V. Ivraie. 293
Lonicera. V. Chèvrefeuille. 118
Lophium. G. d'*Hypoxylées.* 363
LORANTHÉES. F. de *Calicifl.* 120
Loroglossum. V. Orchis. 247
LOTÉES. Tribu des *Légumineuses.* 50
Lotier. *Lotus.* G. de *Légumineus.* 57
Lunaire-*aria.* G. de *Crucifères.* 14
Lunulina. V. Frustulia. 443
Lupin-*us.* G. de *Légumineuses.* 65
Lupuline. Esp. de Luzerne. 52
Lupulus. V. Houblon. 224
Luzerne. G. de *Légumineuses.* 52
Luzule. G. de *Joncées.* 265
Lychnis. G. de *Cariophyllées.* 29
Lychnitis. Esp. de Molène. 176
Lyciet-*cium.* G. de *Solanées.* 173
Lycogala. G. de *Lycoperdacées.* 418
LYCOPERDACÉES. Fam. d'*Acotylédones.* 413
LYCOPERDÉES et LYCOPERDINÉES. 414
Lycoperdon. G. de *Lycoperdac.* 414
Lycopersicum. V. Tomate. 174

Lycopode, Lycopodiacées. 302
Lycopsis. G. de *Borraginées*. 171
Lycopus. G. de *Labiées*. 188
Lyngbia. G. d'*Algues*. 443
LYNGBIÉES. Tribu des *Algues*. 443
* Lyrée (feuille). Pinnatifide, à lobe terminal très-grand.
Lysimaque-*chia*. G. de *Primulac*. 202
LYTHRARIÉES. F. de *Calicifl*. 93
Lythrum. V. Salicaire. 93

M.

Maceron. G. d'*Ombellifères*. 115
Mâche. V. Valérianelle. 124
Mâcre. G. d'*Haloragées*. 90
Mahaleb. Esp. de Cerisier. 449
Mai. V. Aubépine. 80
Maïs. G. de *Graminées*. 276
Majaufe. Esp. de Fraisier. 73
Malcomia. G. de *Crucifères*. 16
Malus. V. Poirier-pommier. 82
Malva. V. Mauve. 35
MALVACÉES. F. de *Thalamifl*. 34
Mamillaria. G. de *Nopalées*. 99
Marceau. Esp. de Saule. 228
* Marcescent.— Qui se dessèche sans tomber.
Marchantia. G. d'*Hépatiques*. 322
* Marginé. Muni d'un rebord.
Marguerite. V. Paquerette *et* Chrysanthême. 133—136
Reine - Marguerite. V. Aster de la Chine. 135
Marjolaine. V. Origan. 198
Maroute. V. Camomille. 137
Marronier. G. d'*Hippocastanées*. 40
Marronier. V. Chataignier. 231
Marrube-*ium*. G. de *Labiées*. 191
MARSILÉACÉES. Fam. de *Monocotylédones-Cryptogames*. 301
Marsile-*ea*. G. de *Marsileacées*. 302
Martagon. Esp. de Lis. 256
Massette *et* Masse-d'eau. V. Typha. 267
Mathiola. V. Giroflée des jardins. 11
Matière verte. 446
Matricaire. G. de *Composées*. 137
Matricaire. Esp. de Chrysanthême. 136
Mauve. G. de *Malvacées*. 35
Mays. V. Maïs. 276
Meesia. Section du G. Bryum. 305
Medicago. V. Luzerne. 52
Mélampyre-*um*. G. de *Rhinanth*. 188
MÉLANCONIÉES. Tr. des *Urédinées*. 425
Melanconium. G. d'*Urédinées*. 426
Mélèze. G. de *Conifères*. 237
Mélia. V. Azédarach. 40
MÉLIACÉES. F. de *Thalamifl*. 40
Mêlier. V. Néflier. 81
Mélianthe-*us*. G. de *Zygophyllées*. 46
Mélilot-*us*. G. de *Légumineuses*. 53
Mélique-*ica*. G. de *Graminées*. 282
Mélisse-*a*. G. de *Labiées*. 197
Mélitte-*is*. G. de *Labiées*. 197
Melon. V. Concombre. 86
Mélongène. Esp. de Solanum. 174
Menthe-*a*. G. de *Labiées*. 195
Menyanthe. G. de *Gentianées*. 166
Mercuriale-*is*. G. d'*Euphorbiac*. 222
Merisier. Esp. de Cerisier. 70
Merisma. G. de *Champignons*. 378
Mérule-*ius*. G. de *Champignons*. 389
Mesembrianthemum. V. Ficoïde. 99
Mespilus. V. Néflier. 81
Microcoulier. G. d'*Amentacées*. 226
Micocoleus. G. d'*Algues*. 446
Mignardise. Esp. d'Œillet. 28
Mil *ou* Millet-*Milium*. G. de *Graminées*. 279
Millet. V. Panic *et* Phalaris. 279-280
Millefeuille. Esp. d'Achillée. 138
Millepertuis. G. d'*Hypéricinées*. 38
Mimosa. G. de *Légumineuses*. 56
Mimulus. G. de *Rinanthacées*. 187
Mirabilis. V. Belle de nuit. 207
Miroir de Vénus. V. Prismatocarpe. 157
Mitrula. G. de *Champignons*. 376
Mnium. V. Bryum. 305
Mogorium. G. de *Jasminées*. 163
Moisissure. V. Mucor. 432
Molène. G. de *Solanées*. 176
Molinia. V. Fétuque bleue. 288
Moly. Esp. d'Ail. 261
Momordique. G. de *Cucurbitac*. 87
* Monadelphes (étamines). Soudées par les filets.
Monarde. G. de *Labiées*. 189
Monilia. V. Aspergillus *et* Penicillium. 433—434
* Moniliforme. En chapelet.
Monilina. V. Conferva. 443
MONOCHLAMYDÉES. 4.e sous-classe des *Dicotylédones*. 205
MONOCOTYLÉDONES. 2.e classe des végétaux. 238
* Monoïque (plante). A fleurs de sexe différent.
* Monopétale (corolle). D'une seule pièce.
* Monophylle (involucre). D'une seule pièce.
* Monosépale (calice). D'une seule pièce.
* Monosperme (fruit). A une seule semence.
Monotrope-*a*. G. de *Monotropées*. 161
MONOTROPÉES. F. de *Calicifl*. 160
Montia. G. de *Portulacées*. 94
Morchella. G. de *Champignons*. 375
Morelle. V. Solanum. 174
Morène. V. Hydrocharis. 239
Morgelline. V. Stellaire des oiseaux. 31
Morille. V. Morchella. 375

Mors du diable. V. Scabieuse. 126
Morus. V. Mûrier. 224
Moschateline. V. Adoxa. 101
Mougeotia. V. Zygnema. 442
Mouron. G. de *Primulacées*. 203
Mouron des oiseaux. V. Stellaire. 31
Mousseron. Esp. d'Agaric. 401—404
MOUSSES. F. d'*Acotylédones*. 303
Moutarde. G. de *Crucifères*. 20
MUCEDINÉES. F. d'*Acotyléd.* 431
Mucor. G. de *Mucédinées*. 432
MUCORÉES. Tr. des *Mucédinées*. 432
* Mucroné-ée. Terminé brusquement en pointe courte.
Muguet. Esp. de Convallaria. 254
Mufle de veau. V. Muflier. 178
Muflier. G. d'*Antirrhinées*. 178
* Multifide (feuille). Divisée en lobes étroits et nombreux.
Mûre des haies. V. Ronce. 72
Mûrier. G. d'*Urticées*. 224
* Muriqué. Couvert d'aspérités.
Muscari. G. de *Liliacées*. 258
Muscipula. V. Silène. 29
* Mutique. Sans aspérités ou sans épines.
Myagrum. G. de *Crucifères*. 18
Mycoderma. G. d'*Algues*. 444
Mycogone. G. de *Mucédinées*. 434
Myoporum et Myoporinées. 168
Myosotis. G. de *Borraginées*. 172
Myosurus. V. Ratoncule. 3
Myriophylle-*um*. G. d'*Halorag.* 91
MYRTACÉES. F. de *Dicotyléd.* 85
Myrte-*us*. G. de *Myrtacées*. 85
Myrtille. V. Airelle. 158
Myurus. Esp. de Fétuque. 286
Myxoporium. V. Nemaspora. 427

N.

Naïade. *Nayas*. G. de *Potamées*. 243
Napel. Esp. d'Aconit. (additions). 448
Narcisse-*us*. G. d'*Amaryllidées*. 252
Narcissées. V. Amaryllidées. 252
Nard-*us*. G. de *Graminées*. 291
Nasitort. V. Cresson. 11
Nasturtium. V. Cresson. 11
Navet. Esp. de Chou. 20
* Naviculaire (valve). En forme de nacelle.
Neckera. G. de *Mousses*. 307
* Nectaire. Corps glanduleux dans la fleur.
Néflier. G. de *Rosacées*. 81
Negundo. Esp. d'Erable. 39
Nemaspora. G. d'*Urédinées*. 000
Nematoplata. V. Fragillaria. 444
Nemolapathum. Esp. de Rumex. 213
Nenuphar. G. de *Nymphéacées*. 8
Neottia. G. d'*Orchidées*. 248
Nepeta. G. de *Labiées*. 195
Nerium. G. d'*Apocynées*. 165
Nerprun. G. de *Rhamnées*. 40
Neslia. G. de *Crucifères*. 16
Nez-coupé. V. Staphyllea. 48
Nicotiane-*a*. V. Tabac. 177
NIDULARIÉES. Tr. de *Lycoperdac.* 425
Nielle. V. Lychnis *et* Uredo. 19—429
Nigelle-*a*. G. de *Renonculacées*. 6
Nissolia. Esp. de Gesse. 63
Nitella. V. Chara. 297
Noisettier. V. Coudrier. 232
NOPALÉES. F. de *Caliciflores*. 99
Nostoc. G. d'*Algues*. 439
NOTORHIZÉES. Sous-ordre des *Crucifères*. 15
Noyer. G. de *Juglandées*. 225
Nuphar. G. de *Nymphéacées*. 8
NYCTAGINÉES. F. de *Dicotyl.* 207
Nyctago. V. Belle de nuit. 207
Nyctanthes. G. de *Jasminées*. 163
Nymphea. V. Nénuphar. 8
NYMPHÉACÉES. F. de *Thalamifl.* 8

O.

Obier. Esp. de Viorne. 118
* Obové, obovale. En ovale rétréci à la base.
Ocymum. V. Basilic. 199
OEillet. G. de *Cariophyllées*. 27
OEillet d'Inde. V. Tagètes. 141
OEil de Christ. Esp. d'Aster. 135
OEil de paon. Esp. d'Anémone. 3
OEnanthe. G. d'*Ombellifères*. 113
OEnothera. V. Enothère. 89
Oïdium. G. de *Mucédinées*. 438
Oignon. Esp. d'Ail. 259
Olea. V. Olivier. 163
Oligotrichum. V. Polytrichum. 304
Olivier. G. de *Jasminées*. 163
OMBELLIFÈRES. F. de *Calicifl.* 102
* Ombelle, ombellule. Disposition des fleurs en parasol.
ONAGRAIRES. F. de *Caliciflores*. 88
Onagre. V. Enothère. 89
Onobrychis. G. de *Légumineuses*. 60
Ononis. G. de *Légumineuses* 51
Onoporde-*um*. G. de *Composées*. 142
Onygena. G. de *Lycoperdacées*. 415
Opegrapha. G. de *Lichens*. 337
* Opercule. — Couvercle.
Ophioglosse-*um*. G. de *Fougères*. 299
Ophrys. G. d'*Orchidées*. 247
Opulus. V. Obier. 118
Opuntia. G. de *Nopalées*. 99
Oranger. Esp. de Citronnier. 37
* Orbiculaire. Arrondi en cercle.
ORCHIDÉES. F. de *Monocotyl.* 244
Orchis. G. d'*Orchidées*. 245
Oreille-d'homme. V. Asarum. 218
Oreille-d'ours. Esp. de Primevère. 204
Orge. G. de *Graminées*. 294

Origan-*um*. G. de *Labiées*. 198
Orlaya. G. d'*Ombellifères*. 103
Orme. G. d'*Amentacées*. 226
Ornithogale-*um*. G. de *Liliacées*. 259
Ornithopus. G. de *Légumineuses*. 59
Orobanche. G. d'*Orobanchées*. 181
OROBANCHÉES. F. de *Corollif*. 181
Orobe-*us*. G. de *Légumineuses*. 64
Orpin. V. Sedum. 77
Ortie. G. d'*Urticées*. 223
Ortie blanche. V. Lamium. 193
Ortie puante. V. Stachys. 194
ORTHOPLOCÉES. Sous-ordre des *Crucifères*. 19
Orthotrichum. G. de *Mousses*. 316
Orvale. Esp. de Sauge. 189
Oscillaria. G. d'*Algues*. 446
OSCILLARIÉES. Tribu des *Algues*. 445
Oscillatoria. V. Oscillaria. 446
Oseille. Esp. de Rumex. 214
Osier. Esp. de Saules. 229
OSMONDACÉES. Tr. des *Fougères*. 299
Osmonde. G. de *Fougères*. 299
Osyris. G. de *Santalacées*. 217
* Ovaire. Partie du pistil contenant les germes.
OXALIDÉES. F. de *Thalamifl*. 45
Oxalis. G. d'*Oxalidées*. 45
Oxyacantha. Esp. d'Aubépine. 80
Ozonium. G. de *Mucédinées*. 438

P.

Pæonia. V. Pivoine. 7
*Paillette. Poils élargis, sur le réceptacle des *Composées*, etc.
Pain de pourceau. V. Cyclamen. 204
* Paléacé (récept.) Garni de paillettes.
Palma-Christi. V. Ricin. 222
* Palmée (feuille). En forme de main ouverte.
PALMIERS. F. de *Monocotylécl*. 266
Palmella. G. d'*Algues*. 440
Panais. G. d'*Ombellifères*. 106
Panic. G. de *Graminées*. 280
Panicaut. G. d'*Ombellifères*. 116
* Panicule. Grappe ramifiée.
Pannaria. G. de *Lichens*. 327
Papaver. V. Pavot. 9
PAPAVÉRACÉES. Fam. de *Thalamiflores*. 8
* Papilionacées. Corolle des *Légumineuses*.
Paquerette. G. de *Composées*. 138
Paradis. Variété de Pommier. 83
Pariétaire. G. d'*Urticées*. 223
Paris-*ette*. G. d'*Asparagées*. 254
Parmelia. G. de *Lichens*. 325
Parnassia. G. de *Droséracées*. 25
PARONYCHIÉES. F. de *Calicifl*. 96
Paronyque-*ychia*. G. de *Paronychiées*. 96
Parthenium. Espèce de Chrysanthème. 136
Pas-d'âne. Esp. de Tussilage. 130
Paspalum. V. Digitaire. 277
Passe-rage *ou* Lépidier. G. de *Crucifères*. 16
Passe-rose. V. Althea-rosea. 36
Passe-velours. V. Celosie. 208
Passiflore-*a*. G. de *Passiflorées*. 87
PASSIFLORÉES. F. de *Caliciflores*. 87
Pastel. G. de *Crucifères*. 18
Pastèque. Esp. de Concombre. 86
Pastinaca. V. Panais. 106
Patellaria. G. de *Lichens*. 341
Patience. V. Rumex. 213
Paturin. V. Poa. 289
Pavia. G. d'*Hippocastanées*. 40
Pavot. G. de *Papavéracées*. 9
Pêcher. G. de *Rosacées*. 67
* Pectinée (feuille). Découpée en dents de peigne.
Pédane. V. Onoporde. 142
* Pédicelle. Pédoncule partiel.
Pédiculaire-*aria*. G. de *Rhinanthacées*. 184
* Pédicule. — Support du réceptacle dans les *Champignons*.
* Pédoncule. — Support de la fleur ou du fruit.
Peigne. V. Cardère. 127
Peigne de Vénus. Esp. de Scandix. 115
Pélargonium. G. de *Géraniées*. 43
* Peltée (feuille). Portée par le milieu comme un bouclier.
Peltigera. G. de *Lichens*. 324
Penicillaria. V. Typhula. 376
Penicillium. G. de *Mucédinées*. 434
Pennisetum. V. Panic. 280
Pensée. Esp. de Violette. 24
Pentecôtes. V. Orchis. 245
Peplis. G. de *Lythrariées*. 108
Perce-feuille. V. Buplèvre. 108
Perce-mousse. V. Polytrichum. 304
Perce-neige. V. Galanthine. 203
* Perfoliées (feuilles). Traversées par la tige.
* Périanthe. Enveloppe de la fleur (calice et corolle).
* Périchèze-*etium*. Involucre des fructifications de *Mousses*.
Periclymenum. V. Chèvrefeuille. 119
Periconia. G. d'*Urédinées*. 424
* Péridium. Réceptacle des *Acotylédones*.
* Périgone. Enveloppe simple de la fleur.
* Périgynes (étamines). Autour du pistil.
* Péristome. Bord de l'urne des *Mousses*.
Persica. V. Pêcher. 67
Persicaire. Esp. de Polygonum. 215

Persil. G. d'*Ombellifères*. 110
* Personnée (corolle). En masque ou en gueule.
PERSONNÉES. Fam. V. *Antirrhinées*. 177
Pertusaria. G. de *Lichens*. 349
Pervenche. G. d'*Apocynées*. 165
Pessé. V. Hippuris. 448
* Pétales. Divisions de la corolle.
Pétasite. Esp. de Tussilage. 130
* Pétiole. Support de la feuille.
Petite-Centaurée. V. Chironia. 167
Petite-Ciguë. V. Ethuse. 111
Petit-Houx. V. Fragon. 255
Petroselium. V. Persil. 120
Petunia. G. de *Solanées*. 117
Peucedanum. G. d'*Ombellifères*. 106
Peuplier. G. d'*Amentacées*. 230
Peziza. G. de *Champignons*. 370
Phacidiacées. Tr. des *Hypoxylées*. 363
Phacidium. G. d'*Hypoxylées*. 364
Phalangère-*gium*. G. de *Liliacées*. 257
Phalaris. G. de *Graminées*. 280
Phallus. G. de *Champignons*. 413
* Phanérogames (plantes). A fleurs distinctes.
Phascum. G. de *Mousses*. 319
Phaséolées. Tr. des *Légumineus*. 64
Phaseolus. V. Haricot. 64
Phellandrium. Esp. d'OEnanthe. 113
Philadelphus. V. Syringa. 85
Phleum. V. Fléole. 281
Phlomis. G. de *Labiées*. 199
Phlox. G. de *Polémoniacées*. 168
Phoma. G. d'*Hypoxylées*. 366
Phragmidium. G. d'*Urédinées*. 427
Phragmites. Esp. de Roseau. 288
Phyllériées. Tr. des *Mucédinées*. 431
Phyllica. G. de *Rhamnées*. 48
Phyllirea. V. Filaria. 163
Physalis. G. de *Solanées*. 164
Physarum. G. de *Lycoperdacées*. 418
Physcia. G. de *Lichens*. 329
Phyteuma. G. de *Campanulac*. 157
Phytolacca. G. de *Chénopodées*. 212
Picride. *Picris*. G. de *Composées*. 151
Pied-d'alouette. V. Dauphinelle. 7
Pied-de-griffon. Esp. d'Hellébore. 6
Pied-de-veau. V. Arum. 266
Pigamon. G. de *Renonculacées*. 2
Pilobolus. G. de *Mucédinées*. 432
Piloselle-*a*. Esp. d'Epervière. 151
Pilulaire-*aria*. G. de *Marsiléac*. 302
Piment. G. de *Solanées*. 174
Pimpinella. V. Boucage. 108
Pimprenelle. G. de *Rosacées*. 76
Pimprenelle d'Afrique. V. Melianthus. 46
Pin. *Pinus*. G. de *Conifères*. 236
Pinguicula. V. Grassette. 201
* Pinnée (feuille). A folioles opposées.
Pissenlit. G. de *Composées*. 150
* Pinnatifide (feuille). Découpée comme les nageoires d'un poisson.
Pistache de terre. V. Arachis. 66
Pistachier-*cia*. G. de *Térébinthac*. 49
* Pistil. Ovaire surmonté du style et du stigmate.
Pistillaria. G. de *Champignons*. 376
Pisum. V. Pois. 62
Pivoine. G. de *Renonculacées*. 7
* Placenta. Support des graines.
Placodium. G. de *Lichens*. 345
PLANTAGINÉES. Fam. de *Monochlamydées*. 206
Plantain. *Plantago*. G. de *Plantaginées*. 206
Plantes grasses. 96
PLAQUEMINIERS. V. *Ébénacées*.
Plaqueminier. G. d'*Ébénacées*. 161
Platane-*us*. G. d'*Amentacées*. 233
Platanthera. V. Orchis. 247
Pleurorhizées. Sous-ordre de *Crucifères*. 11
Plon. V. Osier, esp. de Saule. 229
PLOMBAGINÉES. Fam. de *Monochlamydées*. 205
Plumbago. G. de *Plombaginées*. 205
Pneumonanthe. Esp. de Gentiane. 167
Poa. G. de *Graminées*. 289
Podagraire-*aria*. G. d'*Ombellif*. 109
Podisoma. G. d'*Urédinées*. 425
Podosperme-*um*. G. de *Compos*. 151
Pohlia. V. Bryum. 306
Poirée. V. Bette. 211
Poireau. Esp. d'Ail. 260
Poirier. G. de *Rosacées*. 81
Pois. G. de *Légumineuses*. 62
Pois de brebis. V. Gesse cultivée. 63
Pois de senteur. V. Gesse odorante. 64
Poivre-d'eau. Esp. de Polygonum. 215
POLÉMONIACÉES. Fam. de *Corolliflores*. 168
Polemonium. G. de *Polémoniac*. 168
* Pollen. Poussière fécondante des étamines.
Polyactis. V. Botrytis. 435
Polyanthes. V. Tubéreuse. 261
Polycnème-*um*. G. de *Chénopod*. 209
Polygala. G. de *Polygalées*. 26
POLYGALÉES. Fam. de *Thalamiflores*. 26
POLYGONÉES. Fam. de *Monochlamydées*. 214
Polygonum. G. de *Polygonées*. 212
* Polypétale (fleur). A plusieurs pétales.
Polypodiacées. Tr. des *Fougères*. 299
* Polyphylle. A plusieurs folioles.
Polypode-*ium*. G. de *Fougères*. 300
Polypore-*us*. G. de *Champign*. 384
* Polysperme (fruit). A plusieurs semences.
Polystic-*chum*. G. de *Fougères*. 300

Polystigma. *V.* Dothidea. 362
Polytric-*chum*. G. de *Mousses*. 304
POMACÉES. Tribu de *Rosacées*. 80
Pomme-épineuse. *V.* Datura. 175
Pomme de terre. Esp. de Solanum. 174
Pommier. Esp. de Poirier. 82
Pompadoura. *V.* Calycanthus. 84
Ponceau. *V.* Pavot-coquelicot. 9
Populage. G. de *Renonculacées*. 6
Populus. *V.* Peuplier. 230
Porcelle. *V.* Hypocheris. 152
Porreau. *Porrum*. Esp. d'Ail. 260
Porina. *V.* Pertusaria. 349
Portulaca. *V.* Pourpier. 94
PORTULACÉES. Fam. de *Caliciflores*. 94
POTAMÉES. Fam. de *Monocotylédones*. 241
Potamogéton. G. de *Potamées*. 241
Potamot. *V.* Potamogéton. 241
Potentille-*a*. G. de *Rosacées*. 73
Poterium. *V.* Pimprenelle. 76
Potiron. *V.* Courge. 87
Pouliot. Esp. de Menthe. 196
Pourpier. *V.* *Portulacées*. 94
Prêle. G. d'*Équisétacées*. 298
Prenanthe-*es*. G. de *Composées*. 149
Primevère. *Primula*. G. de *Primulacées*. 203
PRIMULACÉES. Fam. de *Corolliflores*. 202
Printemps. *V.* Primevère. 203
Prismatocarpe-*us*. G. de *Campanulacées*. 157
Prolifera. *V.* Vaucheria. 442
Prunellier. *V.* Prunier-épineux. 68
Prunier. *Prunus*. G. de *Rosacées*. 68
* Pseudosperme (carpelle). Ressemblant à une graine nue.
Psora. G. de *Lichens*. 344
Ptelea. G. de *Térébinthacées*. 49
Pterigynandrum. G. de *Mousses*. 312
Pteris. G. de *Fougères*. 301
* Pubescent. Couvert de poils mous, courts.
Puccinia. G. d'*Urédinées*. 427
Pulmonaire-*aria*. G. de *Borragin*. 171
* Pulpeux. Charnu et gonflé de suc.
Punica. *V.* Grenadier. 84
PYRENACÉES. *V.* *Verbénacées*.
Pyramidale. Esp. de Campanule. 158
Pyrus. *V.* Poirier. 81

Q.

Quamoclit. *V.* Ipomea. 169
Quenouille. *V.* Typha. 267
Quercus. *V.* Chêne. 232
QUERCINÉES. Tr. des *Amentacées*. 231
Queue de cheval. *V.* Prêle. 298
Queue de renard. *V.* Amarante. 208

R.

Racodium. G. de *Mucédinées*. 439
* Rachis. Axe d'un épi.
* Radical. Partant de la racine.
* Radicante. Qui produit des racines.
* Radiée. Fleur de Composées.
Radiole-*a*. G. de *Linées*. 34
Radis. G. de *Crucifères*. 21
Raifort. *V.* Radis. 21
Raifort (grand). *V.* Cochlearia. 14
Raiponce. Esp. de Campanule. 158
Ramalina. G. de *Lichens*. 330
Ramberge. *V.* Mercuriale. 222
Ranunculus. *V.* Renoncule. 3
RAPHANÉES. Tr. des *Crucifères*. 21
Raphanus. *V.* Radis. 21
Raponcule. *V.* Phyteuma. 157
Raquette. *V.* Opuntia. 99
Ratoncule. G. de *Renonculacées*. 3
Rave. *V.* Radis. 21
Rave-du-genêt. *V.* Orobanche. 181
Ray-grace. *V.* Ivraie vivace. 293
* Réceptacle. Support des parties de la fleur, ou support commun des fleurons dans les Composées.
Réglisse. G. de *Légumineuses*. 57
Reine-Marguerite. *V.* Aster. 135
Reine des prés. *V.* Spirée. 71
* Réniforme. En forme de rein.
RENONCULACÉES. Fam. de *Thalamiflores*. 2
Renoncule. G. de *Renonculacées*. 3
Renouée. *V.* Polygonum. 214
Reprise. Esp. de Sedum. 97
Réséda. G. de *Résédacées*. 24
RÉSÉDACÉES. F. de *Thalamifl*. 24
Reticularia. G. de *Lycoperdacées*. 419
* Rétuse (feuille). Très-obtuse.
Réveille-matin. *V.* Euphorbe. 22
RHAMNÉES. F. de *Caliciflores*. 48
Rhamnus. *V.* Nerprun. 48
RHINANTHACÉES. Fam. de *Corolliflores*. 183
Rhinanthe-*us*. G. de *Rhinanthacées*. 183
Rhizina. G. de *Champignons*. 374
Rhizocarpon. *V.* Patellaria. 344
Rhizoctonia. G. de *Lycoperdac*. 421
* Rhizôme.
Rhizomorpha. G. de *Lycoperdac*. 421
Rhizopogon. G. de *Lycoperdac*. 420
RHIZOSPERMES. *V.* *Marsiléacées*. 301
Rhododendron. G. d'*Éricinées*. 160
RHODORACÉES. Tr. des *Éricinées*. 160
Rhus. *V.* Sumac. 49
Rhytisma. G. d'*Hypoxylées*. 364
Ribes *V.* Groseiller. 100
RIBÉSIÉES. *V.* *Grossulariées*. 100
Riccia. G. d'*Hépatiques*. 322
Ricin-*us*. G. d'*Euphorbiacées*. 222

Rivularia. G. d'*Algues*. 440
Robinier-*nia*. G. de *Légumineuses*. 57
Rochea. G. de *Crassulacées*. 98
Rœstelia. *V.* Æcidium. 430
Romarin. G. de *Labiées*. 189
Ronce. G. de *Rosacées*. 72
* Roncinée (feuille). A découpures aigues et dirigées en bas.
ROSACÉES. F. de *Caliciflores*. 66
Rosage. *V.* Rhododendron. 160
Rose d'Inde. *V.* Tagètes. 140
Rose de Noël. *V.* Hellebore. 6
Roseau. G. de *Graminées*. 288
Rosées. Tribu des *Rosacées*. 76
Rosier. *Rosa*. G. de *Rosacées*. 76
Rosmarinus. *V.* Romarin. 189
Rossolis. G. de *Droseracées*. 25
* Rostré. Terminé en bec.
Rouche. *V.* Carex. 271
Rouille. *V.* Uredo rubigo-vera. 429
Rouvet. *V.* Osyris. 217
Rouvre *ou* Roure. *V.* Chêne. 232
Ruban-d'eau, Rubannier. *V.* Sparganium. 267
Rubia. *V.* Garance. 120
RUBIACÉES. F. de *Caliciflores*. 120
Rubus. *V.* Ronce. 72
Rue. *Ruta*. G. de *Rutacées*. 46
Rue des prés. *V.* Pigamon. 2
Rumex. G. de *Polygonées*. 212
Russula. *V.* Agaric. 409
Ruscus. *V.* Fragon. 254
RUTACÉES. F. de *Thalamiflores*. 46
Rutabaga. Esp. de Chou. 20

S.

Sabline. G. de *Cariophyllées*. 31
Safran. G. d'*Iridées*. 251
Sagine-*a*. G. de *Cariophyllées*. 30
Sagitaire-*aria*. G. d'*Alismacées*. 240
* Sagittée (feuille). En fer de flèche.
Sainfoin cultivé. *V.* Onobrychis. 60
Sainfoin d'Espagne. 60
Salicaire. G. de *Lythrariées*. 93
Salicinées. Tr. des *Amentacées*. 227
Salix. *V.* Saule. 228
Salmacis. *V.* Zygnema. 441
Salsifis. G. de *Composées*. 153
Salvia. *V.* Sauge. 188
Sambucus. *V.* Sureau. 118
Samole-*us*. G. de *Primulacées*. 204
Sanguisorbe-*a*. G. de *Rosacées*. 75
Sanguisorbées. Tr. des *Rosacées*. 75
Sanicle-*cula*. G. d'*Ombellifères*. 115
SANTALACÉES. Fam. de *Monochlamydées*. 217
Santoline-*a*. G. de *Composées*. 140
Sapin. G. de *Conifères*. 236
Saponaire-*aria*. G. de *Cariophyl*. 28
Sarrasin. *V.* Polygonum Blé-noir. 214
Sarrête. G. de *Composées*. 143
Sarriette. G. de *Labiées*. 195
Satureia. *V.* Sarriette. 195
Satyre. *V.* Phallus. 413
Satyrium. *V.* Orchis. 247
Sauge. G. de *Labiées*. 188
Saule. G. d'*Amentacées*. 228
Saxifrage-*a*. G. de *Saxifragées*. 101
SAXIFRAGÉES. F. de *Calicifl*. 100
Scabieuse-*osa*. G. de *Dipsacées*. 126
* Scabre. Rude ou couvert d'aspérités.
Scandix. G. d'*Ombellifères*. 114
* Scarieux. Membraneux et sec.
Scarole *ou* Scariole. *V.* Chicorée. 155
Sceau de Salomon. *V.* Convallaria. 254
Sceau-notre-Dame. *V.* Tamier. 255
Schænus *ou* Schœnus. G. de *Cypéracées*. 269
Schizophyllum. G. de *Champign*. 389
Scille-*a*. G. de *Liliacées*. 257
Scirpe-*us*. G. de *Cypéracées*. 269
Scléranthe-*us*. G. de *Paronych*. 96
Scleroderma. G. de *Lycoperdac*. 414
Sclérotiacées. Tribu des *Lycoperdacées*. 421
Sclerotium. G. de *Lycoperdacées*. 421
Scolopendre-*a*. G. de *Fougères*. 301
Scordium. Esp. de Germandrée. 191
Scorpione. *V.* Myosotis. 172
Scorzonère-*a*. G. de *Composées*. 154
Scrophulaire-*aria*. G. d'*Antirrhinées*. 180
SCROPHULARINÉES. Fam. *V.* *Antirrhinées*. 177
Scutellaire-*aria*. G. de *Labiées*. 199
*Scutelle. Fructification des *Lichens*.
Scyphophorus. *V.* Cenomyce. 333
Secale. *V.* Seigle. 293
Securidaca. *V.* Coronille. 59
Sedum. G. de *Crassulacées*. 97
Seigle. G. de *Graminées*. 293
Selinum. *V.* Peucedanum. 106
Semiflosculeuses. *V.* *Chicoracées*. 147
Sempervivum. *V.* Joubarbe. 98
Seneçon-*cio*. G. de *Composées*. 130
Sennebière-*a*. G. de *Crucifères*. 17
Sensitive. *V.* Mimosa. 66
Septaria. G. d'*Urédinées*. 427
* Sépale. Division du calice.
Sepedonium. G. de *Mucédinées*. 436
Serapias. G. d'*Orchidées*. 248
Serpentaire. Esp. d'Arum. 265
Serpolet. *Serpyllum*. Espèce de Thym. 197
Serratula. *V.* Sarrête. 143
* Sessile. Sans pétiole ou pédoncule.
Seseli. G. d'*Ombellifères*. 111
* Sétacé. Comme des soies de porc.
Setaria. *V.* Panic. 280
Sherarde-*ia*. G. de *Rubiacées*. 123
Silaus. *V.* Peucedanum. 106
Silène. G. de *Cariophyllées*. 28

Silénées. Tr. de *Cariophyllées.* 27
* Silique *ou* Silicule. Fruit de *Crucifères.*
Silphium. G. de *Composées.* 141
Silybum. G. de *Composées.* 142
Sinapis. *V.* Moutarde. 20
Sison. G. d'*Ombellifères.* 111
Sisymbre-*ium.* G. de *Crucifères.* 15
Sisymbriées. Tr. des *Crucifères.* 15
Sium. *V.* Berle. 109
Smilacinées. *V.* Tamier. 255
Smyrnium. *V.* Maceron. 115
SOLANÉES. F. de *Corolliflores.* 173
Solanum. G. de *Solanées.* 174
Soleil. *V.* Hélianthe. 136
Solenia. G. de *Champignons.* 368
Solidago. *V.* Verge-d'or. 132
Solorina *V.* Peltigera. 324
Sonchus. *V.* Laitron. 147
Sophora. G. de *Légumineuses.* 52
Sorbier. Esp. de Poirier. 83
Sorgho. *Sorghum* G. de *Gramin.* 272
Souchet. G. de *Cypéracées.* 268
Souci. G. de *Composées.* 140
Souvenez-vous de moi. *V.* Myosotis. 172
Sparganium. G. de *Typhacées.* 267
Spartium. G. de *Légumineuses.* 51
* Spathe. Bractée enveloppant les fleurs.
Spermodermia. *V.* Sphæria. 355
Spergule-*a.* G. de *Cariophyllées.* 30
Spermœdia. *V.* Sclerotium. 422
Sphæria. G. d'*Hypoxylées.* 351
Sphæronema. G. d'*Hypoxylées.* 364
Sphærophorus. G. de *Lichens.* 331
Sphagnum. G. de *Mousses.* 319
Spicularia. *V.* Botrytis. 435
Spiloma. *V.* Coniocarpon. 350
Spinacia. *V.* Epinard. 211
Spiranthes. *V.* Neottia. 248
Spiréacées. Tribu des *Rosacées.* 71
Spirée-*a.* G. de *Rosacées.* 71
Splachnum. G. de *Mousses.* 317
Sporendonema. G. de *Mucédin.* 436
Sporidesmium. G. d'*Urédinées.* 426
Sporocephalum. *V.* Botrytis. 434
Sporotrichum. G. de *Mucédinées.* 435
Squammaria. G. de *Lichens.* 345
Stachylidium. G. de *Mucédinées.* 433
Stachys. G. de *Labiées.* 194
Stapelia. G. d'*Asclépiadées.* 165
Staphylea. G. de *Célastrinées.* 48
Statice. G. de *Plombaginées.* 205
Stellaire-*aria.* G. de *Cariophyl.* 31
Stellère-*a.* G. de *Thymelées.* 216
Stemonitis G. de *Lycoperdacées.* 416
Stereocaulon. G. de *Lichens.* 332
Sticta. G. de *Lichens.* 325
Stictis. G. de *Champignons.* 368
* Stigmate. Extrémité du pistil.
Stigmatidium. G. de *Lichens.* 339
Stilbospora. G. d'*Urédinées.* 426
Stilbum. G. de *Mucédinées.* 432
* Stipules. Expansions foliacées accompagnant les feuilles.
Storax *et* Styrax. G. d'*Ébénacées.* 161
Stramoine-*onium.* *V.* Datura. 175
* Strié. Marqué de lignes saillantes.
* Style. Colonne portant le stigmate.
Styllaria. G. d'*Algues.* 445
Sumac. G. de *Térébinthacées.* 49
Sturmia. *V.* Chamagrostis. 291
* Subulé. En alène.
Sureau. G. de *Caprifoliacées.* 118
Surelle. *V.* Oxalis. 45
Sycomore. Esp. d'Érable. 39
Sylvie. *V.* Anémone des bois. 3
Symphoricarpos. G. de *Caprifol.* 119
Symphytum. *V.* Consoude. 171
Synanthérées. *V.* *Composées.* 128
Syringa. G. de *Myrtacées.* 85

T.

Tabac. G. de *Solanées.* 177
Tabouret. *V.* Thlaspi. 14
Tagetès. G. de *Composées.* 140
Tamarisc-*ix.* G. de *Tamariscin.* 94
TAMARISCINÉES. F. de *Calicifl.* 94
Tamier. *Tamus.* G. d'*Asparag.* 255
Tanaisie-*acetum.* G. de *Compos.* 139
Taraspic. *V.* Ibéride. 15
Taraxacum. *V.* Pissenlit. 150
Taxinées. Tribu de *Conifères.* 234
Taxus. *V.* If. 234
Tecoma. G. de *Bignoniacées.* 168
Teesdalia. G. de *Crucifères.* 15
Tendaridea. *V.* Zygnema. 441
TÉRÉBINTHACÉES. Fam. de *Caliciflores.* 49
Térébinthe. Esp. de Pistachier. 49
* Ternées (feuilles). Réunies par trois.
* Tétradynames (étamines). 4 grandes et 2 petites.
Tétragonolobe-*us.* G. de *Légumineuses.* 57
Tetraphis. G. de *Mousses.* 317
Tetraspora. *V.* Ulva. 439
Teucrium. *V.* Germandrée. 190
THALAMIFLORES. 1re S.-classe. 1
Thalictrum. *V.* Pigamon. 2
* Thalle. Feuillage ou expansion des *Lichens.*
Thamnidium. G. de *Mucédinées.* 433
Thapsiées. Tr. des *Ombellifères.* 450
Thelebolus. G. de *Lycoperdacées.* 419
Thelephora. G. de *Champignons.* 378
Thelotrema. G. de *Lichens.* 349
Thesium. G. de *Santalacées.* 217
Thlaspidées. Tr. des *Crucifères.* 14
Thlaspi. G. de *Crucifères.* 14
Thimothy. *V.* Fléole. 281
Thrincia. G. de *Composées.* 153

Thuya. G. de *Conifères*. 235
Thym-*us*. G. de *Labiées*. 197
THYMELÉES. Fam. de *Monochlamydées*. 216
Tithymale. *V*. Euphorbe. 219
TILIACÉES. Fam. de *Thalamifl*. 36
Tilleul. *Tilia*. G. de *Tiliacées*. 36
Tillée-*œa*. G. de *Crassulacées*. 97
Tomate. G. de *Solanées*. 174
Topinambour. *V*. Hélianthe. 139
Toque. *V*. Scutellaire. 199
Tormentille. Esp. de Potentille. 73
Tournesol. *V*. Hélianthe. 139
Torilis. G. d'*Ombellifères*. 104
Tortula. G. de *Mousses*. 312
Torula. G. de *Mucédinées*. 437
Tourette. G. de *Crucifères*. 12
Toutesaine. *V*. Androsème. 37
Trachélie-*ium*. G. de *Campanul*. 158
Tradescantia. *V*. Ephémère. 241
Tragopogon. *V*. Salsifis. 153
Trapa. *V*. Mâcre. 90
Trèfle. G. de *Légumineuses*. 54
Trèfle-d'eau. *V*. Ményanthe. 166
Tremble. *Tremula*. Esp. de Peuplier. 230
Tremella. G. de *Champignons*. 367
TRÉMELLINÉES. Tr. des *Champig*. 366
Triacanthos. *V*. Gleditschia. 66
Trichia. G. de *Lycoperdacées*. 417
TRICHIACÉES. Sous-tribu de *Lycoperdacées*. 415
Trichoderma. G. de *Lycoperdac*. 419
Trichostomum. G. de *Mousses*. 315
Trichothecium. G. de *Mucédin*. 436
TRIFOLIÉES. Tr. de *Légumineuses*. 52
Trifolium. *V*. Trèfle. 54
Triglochin. G. d'*Alismacées*. 241
Trigonelle-*a*. G. de *Légumineus*. 53
Triodia. *V*. Danthonia. 285
Triphragmium. G. d'*Urédinées*. 427
Trisetum. *V*. Avoine-jaunâtre. 283
Triticum. *V*. Froment. 292
Troëne. G. de *Jasminées*. 162
TROPÆOLÉES. Fam. de *Thalamiflores*. 44
Tropæolum. *V*. Capucine. 45
Troscart. *V*. Triglochin. 241
Truffe. *Tuber*. G. de *Lycoperdac*. 420
Tubercularia. G. d'*Urédinées*. 425
Tubéreuse. G. de *Liliacées*. 261
Tubulina. *V*. Licea. 418
Tulipe-*a*. G. de *Liliacées*. 256
Tulostoma. G. de *Lycoperdac*. 415
Turgenia. G. d'*Ombellifères*. 104
Turneps. Esp. de Chou. 20
Turritis. *V*. Tourette. 12
Tussilage-*o*. G. de *Composées*. 130
Tympanis. G. de *Champignons*. 369
Typha. G. de *Typhacées*. 267
TYPHACÉES. F. de *Monocotyl*. 267
Typhula. G. de *Champignons*. 376

U.

Ulex. *V*. Ajonc. 50
ULMÉES. S.-tribu des *Amentacées*. 226
Ulmus. *V*. Orme. 226
Ulve-*a*. G. d'*Algues*. 439
ULVACÉES. Tribu d'*Algues*. 439
* Uniloculaire. A une loge.
Umbilicaria. G. de *Lichens*. 323
* Urcéolé. En forme de burette.
Urceolaria. G. de *Lichens*. 348
URÉDINÉES. F. d'*Acotylédon*. 423
Urédo. G. d'*Urédinées*. 428
Urtica. *V*. Ortie. 223
URTICÉES. F. de *Monochlamyd*. 222
Usnea. G. de *Lichens*. 330
Utriculaire-*aria*. G. de *Lentibulariées*. 201

V.

VACCINIÉES F. de *Caliciflores*. 158
Vaccinium. *V*. Airelle. 158
Vaginaria. *V*. Microcoleus. 446
VALÉRIANÉES. F. de *Calicifl*. 124
Valériane-*a*. G. de *Valérianées*. 125
Valantia. *V*. Gaillet croisette. 121
Valérianelle-*a*. G. de *Valérian*. 124
Valériane grecque. *V*. Polemonium. 168
* Valves. Pièces de la capsule.
Variolaria. G. de *Lichens*. 349
VASCULAIRES (plantes). 1
Vaucheria. G. d'*Algues*. 430
Vélar. *V*. Erysimum. 16
Verbascum. *V*. Molène. 176
VERBÉNACÉES. F. de *Corollifl*. 200
Verge-d'or. G. de *Composées*. 132
Vergerette. *V*. Erigeron. 132
Vernis du Japon. *V*. Ailanthe. 49
Verveine. *Verbena*. G. de *Verbénacées*. 200
Véronique-*ca*. G. de *Rhinanth*. 186
Verpa. G. de *Champignons*. 375
Verrucaria. G. de *Lichens*. 339
* Verticille (en) *ou* Verticillées. En cercle autour du même point de la tige.
Verticillium. G. de *Mucédinees*. 433
Vesce. *Vicia*. G. de *Légumineuses*. 60
Vesse de loup. *V*. Lycoperdon. 414
Viburnum. *V*. Viorne. 118
VICIÉES. Tr. de *Légumineuses*. 60
Vigne. G. d'*Ampelidées*. 40
Villarsia. G. de *Gentianées*. 166
Vinca. *V*. Pervenche. 165
VINCÉES. Tribu des *Apocynées*. 165
VIOLARIÉES. F. de *Thalamifl*. 23
Violette. *Viola*. G. de *Violariées*. 23
Vinettier. *V*. Epinevinette. 7
Vinette. *V*. Rumex. 214
Viorne. G. de *Caprifoliacées*. 118
Viorne. *V*. Clématite. 2

Vipérine. G. de *Borraginées.* 170
Viscum. *V.* Gui. 120
Vitex. *V.* Gatilier. 206
Vitis. *V.* Vigne. 40
Volant-d'eau. *V.* Myriophylle. 91
Volet. *V.* Nénuphar *et* Nuphar. 8
Volkameria. G. de *Verbénacées.* 200
Volubilis. *V.* Liseron *et* Ipomea. 169
Vrillée. *V.* Liseron des champs. 169
Vulpia. *V.* Fétuque. 286
Vulpin. G. de *Graminées.* 281

W.

Weissia. G. de *Mousses.* 314

X.

Xanthium. *V.* Lampourde. 139
Xéranthême-*um*. G. de *Compos.* 147
Xyloma. G. d'*Urédinées.* 423

Y.

Yèble. Esp. de Sureau. 118
Yeuse. *V.* Chêne vert. 232
Yucca. G. de *Liliacées.* 262

Z.

Zanichellia. G. de *Potamées.* 243
Zea. *V.* Maïs. 276
Zinnia. G. de *Composées.* 141
Zizyphus. *V.* Jujubier. 48
Zygnema. G. d'*Algues.* 441
ZYGOPHYLLÉES. Fam. de *Thalamiflores.* 46

FIN DE LA TABLE.

Tours.—Imprimerie de Mame.

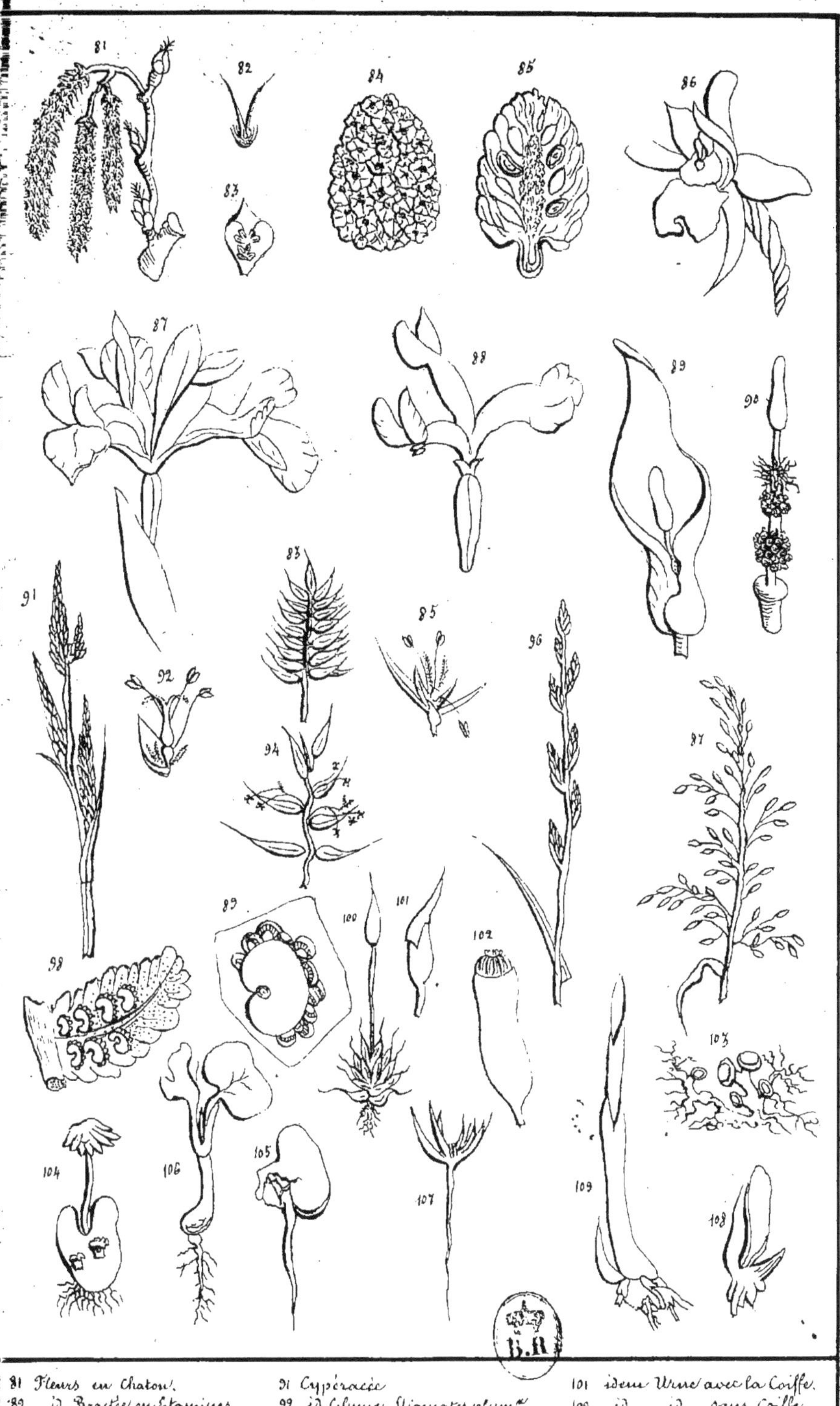

81 Fleurs en Chaton.
82 id. Bractée en Etamines.
83 id. Fleur Femelle.
84 Cône.
85 id. Coupé.
86 Orchis.
87 Iris.
88 Carpelles et Ovaire.
89 Fleur en spadix.
90 Idem sans spathe.
91 Cypéracée
92 id. Glume, Stigmates plum.ᵉˢ
93 Epillet de Graminée.
94 id. plus ouvert.
95 Glume uniflore.
96 Epi distique.
97 Panicule de Graminée.
98 Fougère avec fructification.
99 id. Fructification grossie.
100 Mousse.
101 idem Urne avec la Coiffe.
102 id. id. sans Coiffe.
103 Lichen.
104 Hépatique.
105 Germination de Dicotylédone
106 id. plus avancée.
107 id de Conifère.
108 Germination de Monocotyléd.ᵉ
109 id plus avancée.
110

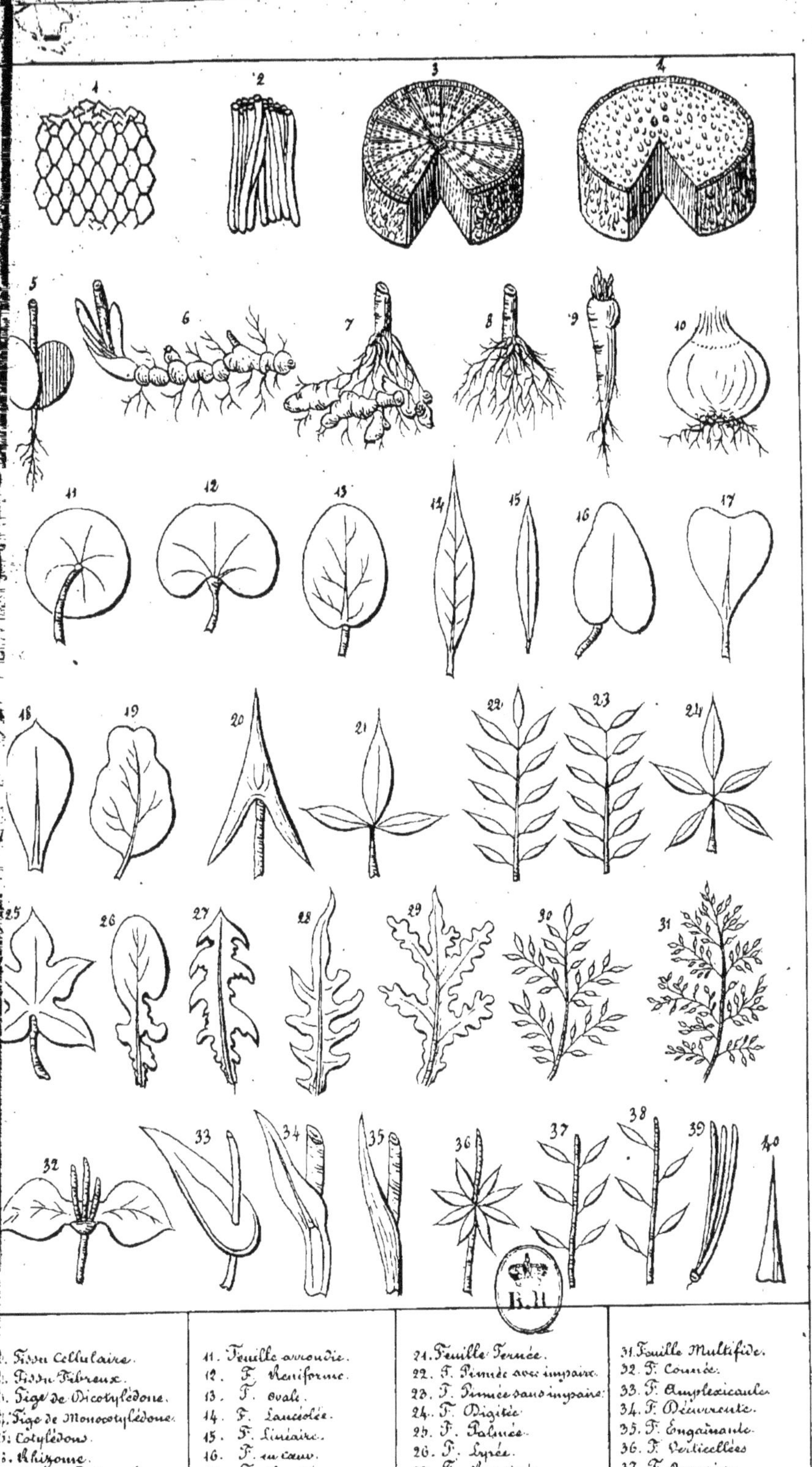

1. Tissu Cellulaire.
2. Tissu Fibreux.
3. Tige de Dicotylédone.
4. Tige de Monocotylédone.
5. Cotylédons.
6. Rhizome.
7. Racine Tuberculeuse.
8. Racine fibreuse.
9. Racine Pivotante.
10. Racine Bulbeuse.

11. Feuille arrondie.
12. F. Reniforme.
13. F. ovale.
14. F. Lancéolée.
15. F. Linéaire.
16. F. en cœur.
17. F. Obcordée.
18. F. Spatulée.
19. F. Rétuse.
20. F. sagittée.

21. Feuille Ternée.
22. F. Pinnée avec impaire.
23. F. Pinnée sans impaire.
24. F. Digitée.
25. F. Palmée.
26. F. Lyrée.
27. F. Roncinée.
28. F. Pinnatifide.
29. F. Bipinnatifide.
30. F. Bipinnée.

31. Feuille Multifide.
32. F. Connée.
33. F. Amplexicaule.
34. F. Décurrente.
35. F. Engainante.
36. F. Verticellées
37. F. Opposées.
38. F. Alternes.
39. F. Aciculaire.
40. F. Subulée.

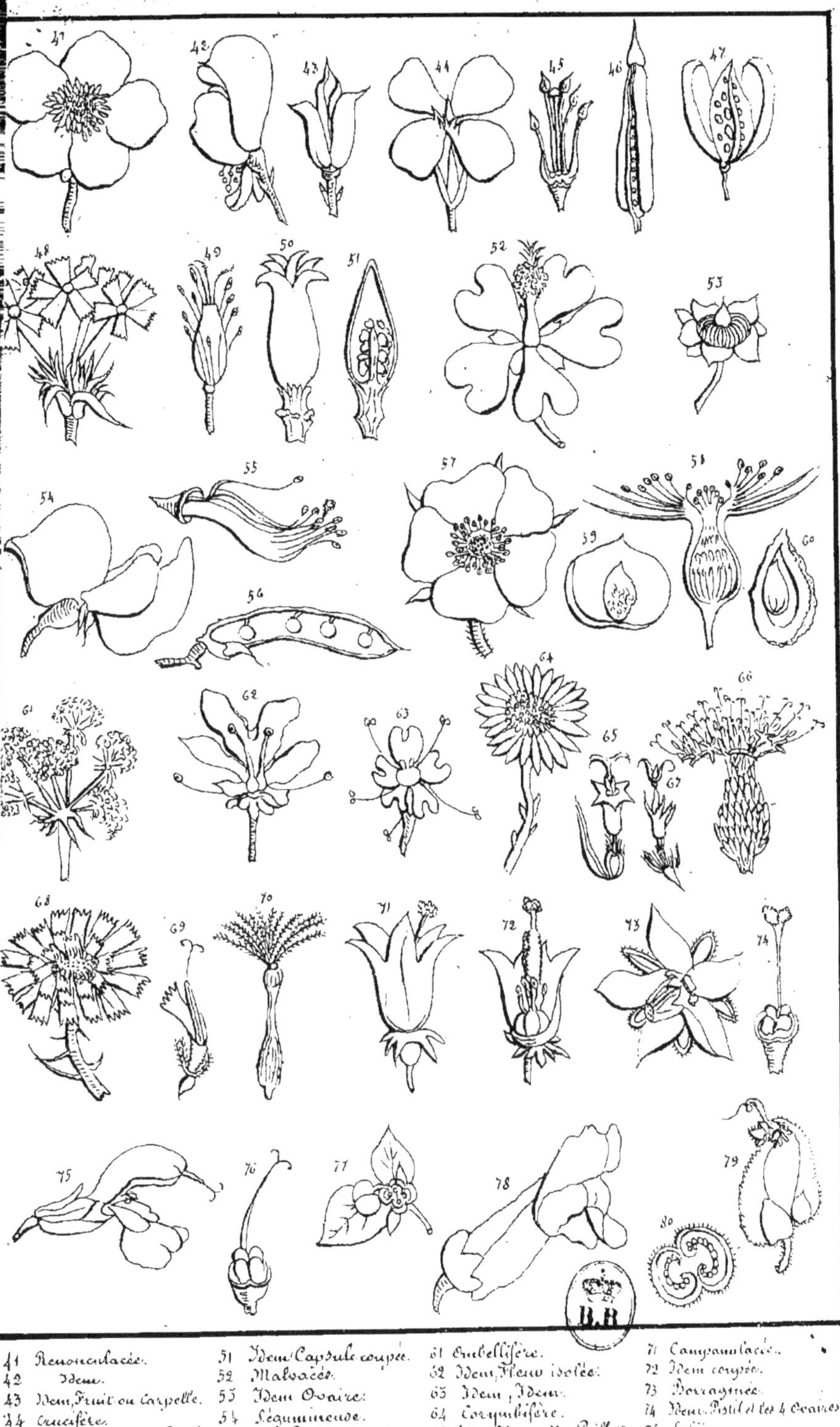

41 Renonculacée.
42 Idem.
43 Idem, Fruit ou Carpelle.
44 Crucifère.
45 Idem Etamine et Pistil.
46 Idem, Silique.
47 Idem, Silicule.
48 Cariophyllée.
49 Idem Etamines & Pistil.
50 Idem Capsule ouverte.
51 Idem Capsule coupée.
52 Malvacée.
53 Idem Ovaire.
54 Légumineuse.
55 Idem Pistil et Etamines
56 Idem Légume coupé.
57 Rosacée.
58 Idem Coupée.
59 Idem Drupe & Noyau
60 Idem Amande.
61 Ombellifère.
62 Idem, Fleur isolée.
63 Idem, Idem.
64 Corymbifère.
65 Idem Fleuron & sa Paillette
66 Cynarocéphale.
67 Idem Fleuron isolé.
68 Chicoracée.
69 Idem demi-Fleuron isolé.
70 Idem Fruit et son aigrette
71 Campanulacée.
72 Idem coupée.
73 Borraginée.
74 Idem Pistil et les 4 Ovaires
75 Labiée.
76 Idem, intérieur.
77 Euphorbiacée.
78 Antirrhinum.
79 Idem Fruit.
80 Idem Fruit coupé.

www.ingramcontent.com/pod-product-compliance
Ingram Content Group UK Ltd.
Pitfield, Milton Keynes, MK11 3LW, UK
UKHW020150250726
13967UKWH00002B/982